全国一级造价工程师职业资格考试辅导教材

建设工程技术与计量

（土木建筑工程）

全国一级造价工程师职业资格考试用书编写组　组编

哈爾濱工程大學出版社
Harbin Engineering University Press

内 容 简 介

本书主要根据考试大纲要求，从造价工程施工的实践出发，在紧扣法规、标准及规范的基础上，针对土木建筑工程地质、构造、材料、施工技术、计量等相关知识进行编写，旨在加强考生对理论知识的掌握，提高应用专业技术知识和工程量计算规则对土木建筑工程进行计量的能力。全书以图文并茂的形式，透彻研析考试大纲和历年真题，精心编写“命题分析”“考点精讲”“同步自测”和“答案详解”四个模块，对考试内容进行解读，并对重点、难点和延伸的知识点进行多层次地专项解读，旨在帮助考生更好地理解和掌握知识点，使考生能在有限的时间内科学、有效地备考。

图书在版编目(CIP)数据

建设工程技术与计量. 土木建筑工程 / 全国一级造价工程师职业资格考试用书编写组组编. — 哈尔滨 : 哈尔滨工程大学出版社，2023.4(2025.6 重印)
全国一级造价工程师职业资格考试辅导教材
ISBN 978-7-5661-3874-3

Ⅰ. ①建… Ⅱ. ①全… Ⅲ. ①土木工程－建筑造价管理－资格考试－自学参考资料 Ⅳ. ①TU723.3

中国国家版本馆 CIP 数据核字(2023)第 047731 号

建设工程技术与计量(土木建筑工程)
JIANSHE GONGCHENG JISHU YU JILIANG(TUMU JIANZHU GONGCHENG)

选题策划 李惊宇
责任编辑 张 彦
封面设计 天 一

出版发行 哈尔滨工程大学出版社
社　　址 哈尔滨市南岗区南通大街 145 号
邮政编码 150001
电　　话 0451-82519989
经　　销 新华书店
印　　刷 新乡市春风印务有限公司
开　　本 787 mm×1 092 mm 1/16
印　　张 25
字　　数 640 千字
版　　次 2023 年 4 月第 1 版
印　　次 2025 年 6 月第 4 次印刷
书　　号 ISBN 978-7-5661-3874-3
定　　价 68.00 元
http://www.hrbeupress.com
E-mail:heupress@hrbeu.edu.cn

使用说明

INSTRUCTION

为了满足广大考生的应试复习要求，便于考生明晰现行考试考情，更好地备战全国一级造价工程师职业资格考试，我们认真研究现行考试要求，严格依据考试大纲，以章节为顺序编排，并结合现行法律法规、国家标准及行业规范，准确把控和解读历年考试命题点，以创新性的形式整合知识体系编写了本系列图书。

图书特色

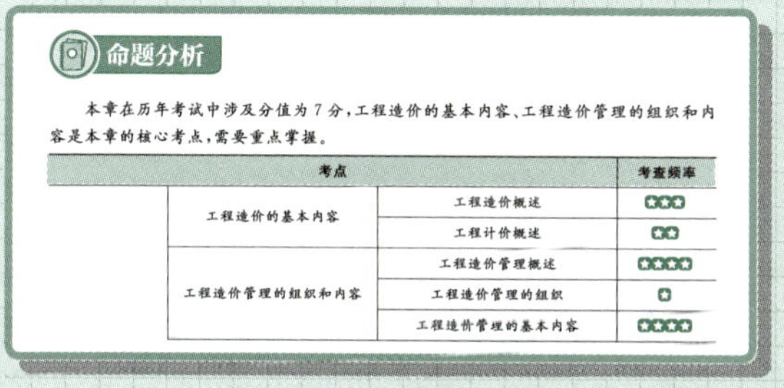

命题分析

本章在历年考试中涉及分值为7分，工程造价的基本内容、工程造价管理的组织和内容是本章的核心考点，需要重点掌握。

考点		考查频率
工程造价的基本内容	工程造价概述	★★★
	工程计价概述	★★
工程造价管理的组织和内容	工程造价管理概述	★★★★
	工程造价管理的组织	★
	工程造价管理的基本内容	★★★★

归纳主干知识系统
明确考点考查频率
帮助掌握备考重点

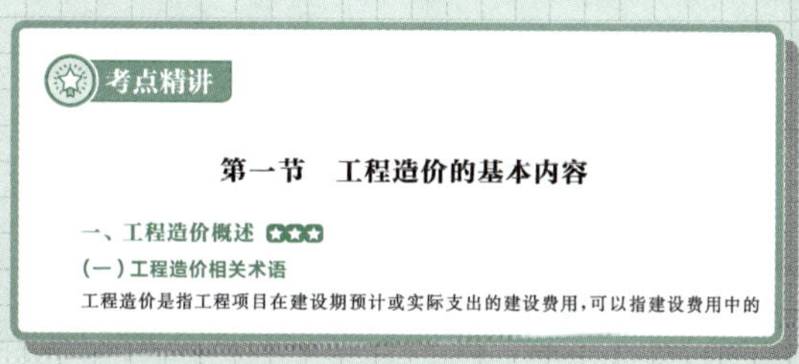

考点精讲

第一节　工程造价的基本内容

一、工程造价概述 ★★★

（一）工程造价相关术语

工程造价是指工程项目在建设期预计或实际支出的建设费用，可以指建设费用中的

深入解读考试要点
引用图表强化模块
快速抓取关键内容

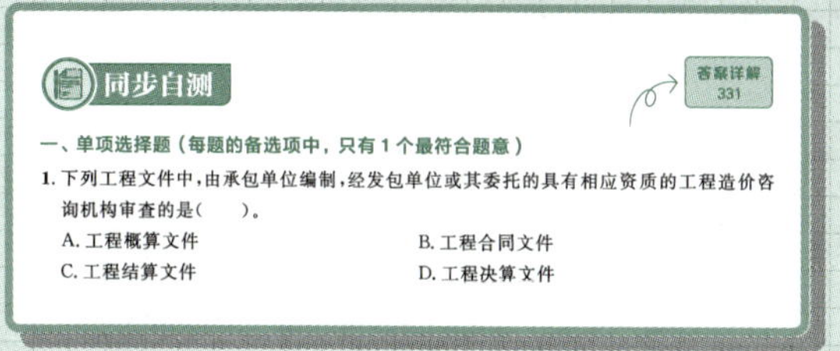

同步自测

答案详解 331

一、单项选择题（每题的备选项中，只有1个最符合题意）

1. 下列工程文件中，由承包单位编制，经发包单位或其委托的具有相应资质的工程造价咨询机构审查的是（　　）。

A. 工程概算文件　　B. 工程合同文件

C. 工程结算文件　　D. 工程决算文件

选取常考考点设题
检查本章学习成果
学练结合加深记忆

答案详解

第一章　工程造价管理及其基本制度

一、单项选择题

1. C。【解析】工程结算是指发承包双方根据国家有关法律、法规规定和合同约定，对合同工程实施中、终止时、已完工后的工程项目进行的合同

审核，并配合设计方案比选、优化设计、限额设计等工作进行工程造价分析与控制。(3)建设项目合同价款的确定(包括招标工程工程量清单和标底、投标报价的编制和审核)；合同价款

试题要点讲解详细
逐层分析深度记忆
辅助强化巩固考点

图表结合视觉清新
内容简洁层次分明
备考方便逻辑清晰

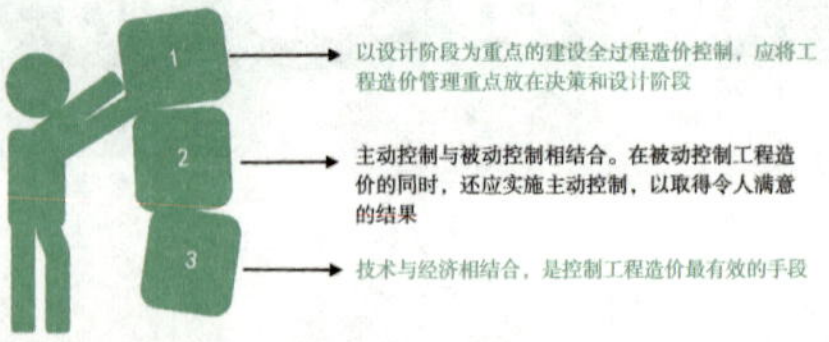

阶段	可接受委托承担的工作
决策阶段	(1)投资估算的编制与审核。 (2)建设项目经济评价
设计阶段	(1)设计概算的编制、审核与调整。 (2)施工图预算的编制与审核

知识助记

知识拓展

温馨提示

的

差

运

除了上述阶段，历年考试中会考查招投标阶段造价管理内容，即：标段的划分；发承包模式的选择；合同形式的选择；标底或最高投标限价的编制等。

多维创新复习模块
知识总结深入讲解
分块学习灵活记忆

考题探究

【单选题】下列费用中，属于建设工程静态投资的是（　　）。

A. 涨价预备费　　B. 基本预备费

C. 建设期贷款利息　　D. 资金占用成本

【细说考点】本题主要考查建设工程静态投资的内容，需熟记并理解建设工程静态投资的含义和组成内容。建设工程静态投资和建设工程动态投资的内容应注意区分。静态投资包括工程费用（建筑工程费、安装工程费、设备购置费）、工程建设其他费和基本预备费，是以某一基准期建设要素的价格为依据所计算出的建设投资。选项 A、C、D 均属于建设工程动态投资。本题选 B。

帮助熟悉考题特点
探究要点活学活用
随学随练查漏补缺

※ 以上图片仅为示例，具体内容以实际为准。

图书增值

扫描小程序码
获取课程和题库

赠送 配套增值产品

扫码进入激活路径

课程 + 题库 + 答疑

目　录 CONTENTS

第四章 工程施工技术 177—296

第五章 工程计量 297—386

答案详解 387—394

第一章　工程地质

命题分析

本章在历年考试中涉及分值为10分，所占分值不高。本章属于土木建筑工程的基础知识，理解的内容较多，需熟悉了解相关知识，为学习其他章节奠定良好的基础。矿物与岩石、地质构造、隧道与地下工程中的地质问题是本章的核心考点，需要重点掌握。

考点			考查频率
工程地质	岩体的特征	矿物与岩石	★★★★★
		岩体	★★
		地质构造与地质现象	★★★★★
		土壤	★★★
	地下水的类型与特征	地下水埋藏类型及动态特征	★★★★
		地下水含水介质类型及动态特征	★★
	常见工程地质问题及其处理方法	工业与民用建筑工程中的主要地质问题	★★★★
		隧道与地下工程中的地质问题	★★★★★
	工程地质对工程建设的影响		★★★★

注：星星数量越多表示考查频率越高，下同。

考点精讲

第一节　岩体的特征

岩体是指赋存于一定地质环境，含不连续结构面且具有一定工程地质特征的岩石综合体。岩石是指天然形成的具有一定结构构造的单一或多种矿物或碎屑物的集合体。矿物、岩石、土壤之间的关系如图1-1所示。本节从矿物、岩石出发，介绍岩体、地质构造与地质现象，以及土壤的相关内容。

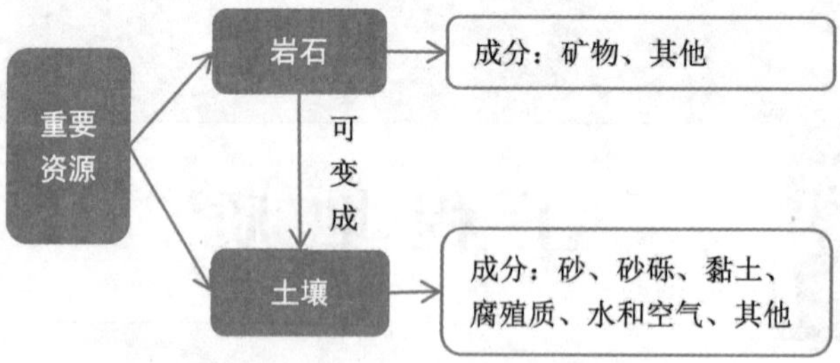

图 1-1　矿物、岩石、土壤之间的关系

一、矿物与岩石 ★★★★★

（一）矿物的物理力学性质

存在于地壳中的具有一定化学成分和物理性质的自然元素和化合物，称为矿物。矿物的化学成分和内部构造决定了矿物的物理力学性质。矿物的物理力学性质是鉴别矿物的重要依据。矿物的物理力学性质主要有光学性质、力学性质和形态特征等。

1. 光学性质

(1)颜色。矿物的颜色，是矿物对可见光波的吸收作用产生的。按成色原因，矿物颜色有自色、他色、假色之分。

自色是矿物固有的颜色，颜色较固定，可用于鉴定矿物。一般来说，含铁、锰多的矿物，如黑云母、普通角闪石、普通辉石等，颜色较深；含硅、铝、钙等成分多的矿物，如石英、长石、方解石等，颜色较浅。

他色是矿物混入了某些杂质所引起的，与矿物的本身性质无关。他色不固定，对鉴定矿物没有很大意义。

假色是由于矿物内部的裂隙或表面的氧化薄膜对光的折射、散射所引起的。如方解石解理面上常出现的虹彩；斑铜矿表面常出现斑驳的蓝色和紫色。

(2)光泽。矿物表面呈现的光亮程度，称为光泽。它是矿物表面的反射率的表现，按其反射强弱程度，分金属光泽、半金属光泽和非金属光泽。造岩矿物绝大部分属于非金属光泽。

(3)条痕。矿物在白色无釉的瓷板上划擦时留下的粉末的颜色，称为条痕。条痕可消除假色，减弱他色，常用于矿物鉴定。

2. 力学性质

(1)硬度。矿物抵抗外力刻划、研磨的能力，称为硬度。硬度是鉴定矿物类别的主要依据。在鉴别矿物的硬度时，是用两种矿物对刻的方法来确定矿物的相对硬度的。硬度对比的标准，**从软到硬依次由滑石、石膏、方解石、萤石、磷灰石、长石、石英、黄玉、刚玉、金刚石十种矿物组成**，称为摩氏硬度计。摩氏硬度只反映矿物相对硬度的顺序，并不是矿物绝对硬度的等级。常见矿物类型如图 1-2 所示。

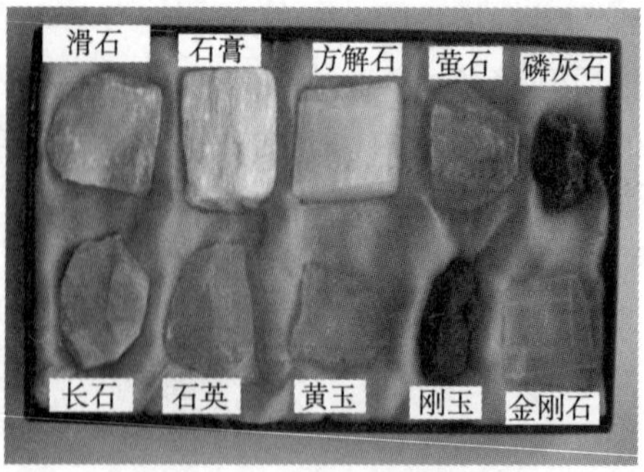

图 1-2　常见矿物类型

知识助记

一滑二石三方解，四萤五磷六正长，七英八黄九刚玉，十度最硬是金刚。

知识拓展

滑石、石膏、方解石、萤石、磷灰石均可用玻璃刻划。岩石中石英含量越多，钻孔难度越大，钻头、钻机等消耗量就越多，石英是对岩石钻孔作业难度和定额影响较大的矿物成分。

(2)解理。矿物受打击后，能沿一定方向裂开成光滑平面的性质，称为解理。裂开的光滑平面称为解理面。

(3)断口。不具方向性的不规则破裂面，称为断口。矿物解理的完全程度和断口是互相消长的，解理完全时则不显断口。

3. 形态特征

由于矿物的化学成分、内部排列构造不同，其外形特征也不同，主要可分为单体矿物形态和集合体矿物形态两种。

(二) 岩石的分类

岩石是由矿物或岩屑在地质作用下聚集而形成的，自然界中有些岩石是由一种矿物组成，如纯洁的大理岩是由方解石组成；而多数是由两种以上的矿物组成，如花岗岩主要由石英、长石、云母三种矿物组成；少数由火山玻璃物质、胶体物质或生物遗骸组成。

岩石具有一定的结构和构造特征，与矿物比较，岩石的物质组成不固定，物理性质不均匀。自然界中岩石种类名目繁多，但根据其成因可分为三大类：岩浆岩、沉积岩、变质岩。

1. 岩浆岩

岩浆岩又称火成岩，它是地壳下面存在着高温高压的熔融硅酸盐物质(称为岩浆)，受地壳运动的影响，沿着地壳薄弱带侵入地壳或喷出地表，温度降低，最后冷凝固结形成的岩石。

岩浆岩的主要矿物组成是硅酸盐矿物，主要氧化物是 SiO_2。根据 SiO_2 的质量分数，岩浆岩可分为超基性岩、基性岩、中性岩和酸性岩。这些岩浆岩中的 SiO_2 含量依次逐渐增大。根据岩浆岩的产出深度和状态的不同，岩浆岩又可分为深成岩、浅成岩和喷出岩，如表 1-1 所示。

表 1-1　岩浆岩主要类型

类型	概念	结晶程度	举例
深成岩	岩浆在地下大于 3 km 深度冷凝固结形成的岩石	由于压力和温度较高，温度降低慢，岩石中的矿物结晶好	花岗岩、闪长岩、辉长岩
浅成岩	岩浆在地下不大于 3 km 深度冷凝固结形成的岩石	距地表较浅处冷凝成岩，岩石中矿物结晶细小	辉绿岩、闪长玢岩、正长斑岩、花岗斑岩、脉岩
喷出岩(火山岩)	岩浆喷出地表在常压下迅速冷凝而成的岩石	喷出地表后冷凝成岩，矿物来不及结晶或结晶较差	玄武岩、安山岩、流纹岩、粗面岩、响岩、火山碎屑岩

温馨提示

深成岩和浅成岩均属于侵入岩。

除上述内容外，岩浆岩的主要特征需重点掌握，下面以考题探究的形式进行介绍。

考题探究

【单选题】正常情况下，岩浆岩中的侵入岩与喷出岩相比，其显著特征为（　　）。

A. 强度低　　B. 强度高

C. 抗风化能力差　　D. 岩性不均匀

【细说考点】本题主要考查侵入岩与喷出岩的特征。岩浆岩中的侵入岩可分为深成岩与浅成岩。其中，由深成岩形成的岩基等大型侵入体主要组成为中、粗粒结构，通常具有岩性单一、强度高、抗水性强、透水性弱等特点，可用作建筑基础；浅成岩形成的岩基等小型侵入体主要组成为细粒结构，强度高，但其与周围岩体接触部位通常呈节理裂隙发育，具有岩性不均一、透水性增大等特点；喷出岩通常呈原生孔隙和节理发育，具有岩性不均匀、抗风能力差、强度较侵入岩低、透水性强、产状不规则等特点。本题选 B。

2. 沉积岩

沉积岩又称水成岩，是在地表和地表下不太深的地方，由松散堆积物在温度不高和压力不大的条件下形成的。它是地壳表面分布最广的一种层状的岩石。

沉积岩成岩过程为岩石经风化作用分解成碎屑或黏土矿物，经流水等运动介质搬运到低洼处沉积，再经长期压密、胶结、重结晶等地质过程成岩。

沉积岩的物质组成、分类、结构和构造如表 1-2 所示。

表 1-2　沉积岩的物质组成、分类、结构和构造

<table>
<tr><th>项目</th><th colspan="3">内容</th></tr>
<tr><td rowspan="4">物质组成</td><td>碎屑物质</td><td colspan="2">由先成岩石经物理风化作用产生</td></tr>
<tr><td>黏土矿物</td><td colspan="2">由含铝硅酸盐类矿物岩石经化学风化作用形成</td></tr>
<tr><td>化学沉积矿物</td><td colspan="2">由纯化学作用或生物化学作用从溶液中沉淀结晶产生</td></tr>
<tr><td>有机质及生物残骸</td><td colspan="2">由生物残骸或有机化学变化而成</td></tr>
<tr><td rowspan="4">分类</td><td rowspan="2">碎屑岩类</td><td>沉积碎屑岩</td><td>砾岩、砂岩、粉砂岩</td></tr>
<tr><td>火山碎屑岩</td><td>火山角砾岩、凝灰岩</td></tr>
<tr><td>黏土岩类</td><td colspan="2">泥岩、页岩</td></tr>
<tr><td>化学及生物岩类</td><td colspan="2">石灰岩、白云岩、方解石</td></tr>
<tr><td rowspan="4">结构</td><td>碎屑结构</td><td colspan="2">碎屑＋胶结物</td></tr>
<tr><td>泥质结构</td><td colspan="2">全部由粒径小于 0.005 mm 的黏土矿物构成，如泥岩、页岩等</td></tr>
<tr><td>结晶结构</td><td colspan="2">在溶液中沉淀重结晶，如石灰岩、白云岩等</td></tr>
<tr><td>生物结构</td><td colspan="2">由生物遗体或碎片组成，如贝壳结构、珊瑚结构等</td></tr>
<tr><td rowspan="2">构造</td><td>层理构造（主要构造）</td><td colspan="2">由于季节性气候的变化，沉积环境的改变，使先后沉积的物质在颗粒大小、形状、颜色和成分上发生相应变化，从而显示出来的成层现象。常见的有水平层理、斜层理、交错层理等</td></tr>
<tr><td>层面构造</td><td colspan="2">层与层之间的界面，称为层面。在层面上有时可以看到波痕、雨痕及泥面干裂的痕迹</td></tr>
</table>

知识拓展

在沉积岩的组成物质中，黏土矿物、方解石、白云石、有机质等，是沉积岩所特有的，是物质组成上区别于岩浆岩的一个重要特征。沉积岩的层理构造、层面特征和含有化石，是沉积岩在构造上区别于岩浆岩的重要特征。除层理构造和层面构造外，沉积岩的构造主要还有结核和生物成因构造。沉积岩属于可溶岩，常赋存岩溶水。

3. 变质岩

变质岩是指已存在的各种岩石（岩浆岩、沉积岩或早先形成的变质岩），在地壳中由于物理和化学条件的改变（高温、高压或化学性质活泼的气体、液体的影响），使原来岩石的结构、构造或矿物成分等发生变化而形成的新的岩石。如由石灰岩变为大理岩、由石英砂岩变为石英岩。

变质岩的矿物成分、结构和构造如表 1-3 所示。

表 1-3 变质岩的矿物成分、结构和构造

项目	内容		
矿物成分	**除保留有原岩的矿物成分外，产生新的变质矿物，如绿泥石、蛇纹石、滑石、石榴子石**等。根据变质岩特有的变质矿物，可与其他岩石区别开来		
结构	变晶结构	和岩浆岩类似，几乎全部是结晶结构，如粗粒变晶结构、斑状变晶结构等	
	变余结构	如果变质作用进行得不彻底，在形成的变质岩中还残留变质前原来岩石的结构特征	
构造	片理构造	板状构造	片理厚，片理面平直，重结晶作用不明显，颗粒细密，光泽微弱，沿片理面裂开则呈厚度一致的板状，如板岩
		千枚状构造	片理薄，片理面较平直，颗粒细密，沿片理面有绢云母出现，容易裂开呈千枚状，呈丝绢光泽，如千枚岩
		片状构造	重结晶作用明显，片状、板状或柱状矿物沿片理面富集，平行排列，片理很薄，沿片理面很容易剥开呈不规则的薄片，光泽很强，如云母片岩等
		片麻状构造	颗粒粗大，片理很不规则，粒状矿物呈条带状分布，少量片状、柱状矿物相间断续平行排列，沿片理面不易裂开，如片麻岩
	块状构造	由粒状矿物组成的变晶构造，矿物颗粒无定向排列而表现的均一性构造，常发育有强烈的重结晶作用，如大理岩、石英岩等	

考题探究

【单选题】方解石作为主要矿物成分常出现于（　　）。

A. 岩浆岩与沉积岩中　　B. 岩浆岩与变质岩中

C. 沉积岩与变质岩中　　D. 火成岩与水成岩中

【细说考点】本题主要考查岩石的矿物成分，需掌握各类岩石的主要矿物成分。岩浆岩的主要矿物成分有角闪石、黑云母、辉石、橄榄石、石英、长石、白云母等；沉积岩的主要矿物成分有石英、长石、高岭石、方解石、白云母、白云石等；变质岩的主要矿物成分有滑石、绿泥石、蛇纹石、石榴子石、石英、云母、长石、辉石、角闪石、方解石、白云石、高岭石等。本题选 C。

（三）岩石的物理、水理及力学性质

1. 岩石的物理性质

岩石的物理性质是指由岩石结构中矿物颗粒的排列形式及颗粒间空隙的连通情况所

反映出来的特性，主要包括相对密度、重度和空隙性等，如表 1-4 所示。

表 1-4　岩石的主要物理性质

物理性质	内容
相对密度（比重）	岩石的相对密度是指岩石固体部分的质量与同体积 4 ℃水的质量比值。岩石相对密度的大小取决于组成岩石矿物的相对密度及其在岩石中的相对含量，测定其数值常采用比重瓶法
重度	岩石的重度是岩石单位体积的重量，即岩石试件的总重量（包括孔隙中的水重）与其总体积（包括孔隙体积）之比
空隙性	岩石的空隙性比土复杂得多，即除了孔隙外，还有各类裂隙存在，一般可用空隙率表示。岩石的空隙率是指岩石中空隙体积与岩石总体积的百分比

2. 岩石的水理性质

岩石的水理性质是指岩石和水相互作用时所表现出的性质，主要包括吸水性、透水性、软化性和抗冻性等，如表 1-5 所示。

表 1-5　岩石的主要水理性质

水理性质	内容
吸水性	岩石的吸水性是指岩石在一定试验条件下的吸水性能，其表征指标有吸水率、饱水率和饱水系数等。吸水率是指岩石试件在常压下所吸入水分的质量与干燥岩石质量的百分比；饱水率是指岩石试件在高压或真空条件下所吸入水分的质量与干燥岩石质量的百分比；饱水系数是指岩石吸水率与饱水率的比值
透水性	岩石的透水性是指岩石允许水通过的能力，一般用渗透系数表示
软化性	岩石的软化性是指岩石受水的浸泡作用后，其力学强度和稳定性趋于降低的性能。岩石的软化性主要取决于岩石的矿物成分、结构和构造特征。岩石软化性大小常用软化系数来衡量，软化系数是岩石饱量和与风干状态的极限抗压强度之比。软化系数值愈大，则岩石的软化性愈小，同时岩石工程地质性质越好；软化系数值愈小，表示岩石的强度和稳定性受水作用的影响越大
抗冻性	岩石的抗冻性是指岩石抵抗冻融破坏的性能，一般用强度损失率和质量损失率表示

3. 岩石的力学性质

岩石的力学性质是指岩石在重力、水压力等各种静力或爆破荷载、地震等动力作用下所表现的性质。因其直接影响到工程岩体的稳定性，所以在工程上较为关注，主要包括变形和强度两个方面。

（1）变形。

岩石的变形可从变形实验中获取。一般情况下，岩石的变形共经历四个阶段，即空隙裂隙压密阶段、弹性阶段、非稳定破裂发展阶段、破坏后阶段。其中，在弹性变形范围内，岩石的变形用弹性模量和泊桑比表示。弹性模量越大，岩石抵抗变形的能力就越高；泊桑比越大，岩石受力后横向变形就越大。

（2）强度。

岩石强度是在其达到破坏前所能承受的最大应力，根据加载荷载破坏的不同，分为抗压强度、抗拉强度和抗剪强度三种。

抗压强度是指岩石在单轴压缩荷载作用下达到破坏时所能承受的最大压应力，也称单轴抗压强度或极限抗压强度；抗拉强度是指岩石在单向受拉时所能承受的最大拉应力，由于岩石的拉伸试验比较困难，一般情况下是采用巴西试验法或劈裂试验法等间接方法来获取；抗剪强度是指岩石在一定法向压力作用下能够承受的最大剪应力。

知识拓展

抗压强度是岩石力学性质中最基本、最常用的指标。以抗压强度为计算基础，抗拉强度约为其2%～16%，抗剪强度约为其10%～40%。因此通常情况下，岩石的抗压强度>抗剪强度>抗拉强度。抗压强度及抗剪强度是对岩石进行稳定性评价以及定量分析的依据。

温馨提示

岩石的物理性质、水理性质及力学性质共同构成岩石的工程地质性质。

二、岩体 ★★

岩体是在漫长的地质历史过程中形成的，具有一定的结构和构造，并与工程建筑有关。工程岩体是指岩石工程影响范围内的岩体。岩石工程是指以岩体为工程建筑物地基或环境，并对其进行开挖或加固的工程，主要包括岩石地下工程、岩石边坡工程和岩石地基工程。因此工程岩体主要有**地下工程围岩、边坡岩体和地基岩体**三大类。工业与民用建筑地基、道路与桥梁地基、隧道与地下洞室围岩、水工建筑地基的岩体，道路工程边坡、港口岸坡、桥梁岸坡、库岸边坡的岩体等，均属于工程岩体。

知识拓展

岩体由各种各样的岩石组成，并在其形成过程中经受了构造变动、风化作用和卸荷作用等各种内外力地质作用的破坏和改造，因此，岩体经常被各种结构面(如层理、节理、断层、片理等)所切割，形成大小不同、形状不一的岩块(即结构体)，使岩体成为一种多裂隙的不连续介质。

岩体是结构面和结构体的综合体，岩体的力学性质是由其中所包含的结构面和结构体的力学性质及结构面与结构体的相互组合关系所共同决定的。

(一)结构面

1. 结构面的概念

结构面是岩体中分割固相组分的地质界面的统称，如层理、节理、片理、断层等不连续的开裂面，又称不连续面。

2. 结构面的分类

结构面按成因分为原生结构面、构造结构面和次生构造面。

(1)原生结构面。原生结构面是指岩石形成过程中所产生的结构面，可分为岩浆结构面、沉积结构面和变质结构面。

(2)构造结构面。构造结构面是指岩体中受构造应力(内动力)作用所产生的破裂面，如劈理、节理、断层及层间错动面等。

(3)次生结构面。次生结构面是指岩体中由卸荷、风化、地下水等次生作用(外动力)所形成或受其改造的结构面，如卸荷裂隙、风化裂隙、风化夹层、泥化夹层等。

3. 结构面的规模分级

结构面的规模大小相差悬殊。大者可延展数十千米，宽度可达数十米。规模小者延展仅数十厘米或数十米，甚至可以是很微小的不连续裂隙，一般分为5级，如表1-6所示。

表 1-6　结构面的规模分级

规模分级	内容
Ⅰ级	大断层或区域性断层，控制工程建设地区的地壳稳定性，直接影响工程岩体稳定性
Ⅱ级	大断层，延伸长而宽度不大的区域性地质界面
Ⅲ级	普通断层或贯穿性节理
Ⅳ级	普通节理，控制着岩体结构、完整性和物理力学性质
Ⅴ级	岩石内的微结构，主要影响岩块的物理力学性质，控制岩块的力学性质

（二）结构体

结构体是指岩体中被结构面切割而产生的岩石块体，其形状取决于结构面的组数及产状。一般情况下结构体的几何形状不规则，常见有块体、柱体、锥体、楔形体和菱面体。结构体的类型如图 1-3 所示。

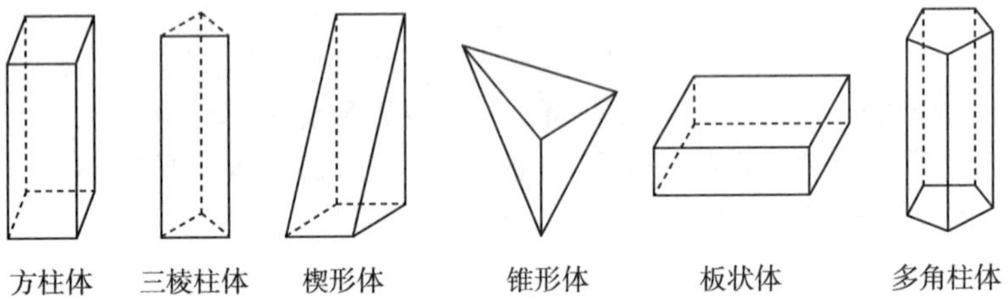

图 1-3　结构体的类型

不同形式的结构体对岩体稳定性的影响程度，由于它们的大小、形状、埋藏、位置等不同而有极大的差异。一般讲，它们稳定程度由大到小，大体可按下列次序排列：方形结构体＞菱形结构体＞楔形结构体＞锥形结构体。

同一形式的结构体，它们的稳定程度由大到小，大体可按下列顺序排列：块状＞板状＞柱状。

结构体的形式不同，稳定性不同；结构体的产状不同，在一定的工程范围内，其稳定程度也不同。

（三）结构类型

岩体的结构类型主要取决于不同岩性及不同形式结构体的组合方式，根据结构面的性质、与结构体形式以及充分考虑到岩石建造的组合，通常可把岩体结构划分为整体状结构、块状结构、层状结构、碎裂状结构、散状结构五种形式，它能更充分地反映岩体的各向异性、不连续性及不均一性。岩体结构类型划分如表 1-7 所示。

表 1-7　岩体结构类型划分

岩体结构类型	岩体地质类型	结构体形状	结构面发育情况	岩土工程特征	可能发生的岩土工程问题
整体状结构	巨块状岩浆岩和变质岩，巨厚层沉积岩	巨块状	以层面和原生、构造节理为主，多呈闭合型，间距大于 1.5 m，一般为 1～2 组，无危险结构	岩体稳定，可视为均质弹性各向同性体	局部滑动或坍塌，深埋洞室的岩爆
块状结构	厚层状沉积岩，块状岩浆岩和变质岩	块状 柱状	有少量贯穿性节理裂隙，结构面间距 0.7～1.5 m，一般有 2～3 组，有少量分离体	结构面互相牵制，岩体基本稳定，接近弹性各向同性体	

（续表）

岩体结构类型	岩体地质类型	结构体形状	结构面发育情况	岩土工程特征	可能发生的岩土工程问题
层状结构	多韵律薄层、中厚层状沉积岩，副变质岩	层状板状	有层理、片理、节理，常有层间错动	变形和强度受层面控制，可视为各向异性弹塑性体，稳定性较差	可沿结构面滑塌，软岩可产生塑性变形
碎裂状结构	构造影响严重的破碎岩层	碎块状	断层、节理、片理、层理发育，结构面间距 0.25～0.50 m，一般3组以上，有许多分离体	整体强度很低，并受软弱结构面控制，呈弹塑性体，稳定性很差	易发生规模较大的岩体失稳，地下水加剧失稳
散状结构	断层破碎带、强风化及全风化带	碎屑状	构造和风化裂隙密集，结构面错综复杂，多充填黏性土，形成无序小块和碎屑	完整性遭极大破坏，稳定性极差，接近松散体介质	易发生规模较大的岩体失稳，地下水加剧失稳

温馨提示

整体状结构和块状结构可统称为整体块状结构，其工程地质性质较为良好，通常可作为地下工程围岩、边坡岩体和工程建筑地基等。

（四）岩体完整程度

岩体完整程度划分如表 1-8 所示。

表 1-8 岩体完整程度划分

完整程度	结构面发育程度		主要结构面的结合程度	主要结构面类型	相应结构类型
	组数	平均间距/m			
完整	1～2	>1.0	结合好或结合一般	裂隙、层面	整体状或巨厚层状结构
较完整	1～2	>1.0	结合差	裂隙、层面	块状或厚层状结构
较完整	2～3	0.4～1.0	结合好或结合一般	裂隙、层面	块状结构
较破碎	2～3	0.4～1.0	结合差	裂隙、层面、小断层	裂隙块状或中厚层状结构
较破碎	≥3	0.2～0.4	结合好	裂隙、层面、小断层	镶嵌碎裂结构
较破碎	≥3	0.2～0.4	结合一般	裂隙、层面、小断层	中、薄层状结构
破碎	≥3	0.2～0.4	结合差	各种类型结构面	裂隙块状结构
破碎	≥3	≤0.2	结合一般或结合差	各种类型结构面	碎裂状结构
极破碎	无序		结合很差		散体状结构

注：平均间距指主要结构面（1～2 组）间距的平均值。

知识拓展

岩石的裂隙发育程度等级包括很发育（裂隙>3组、间距<0.2 m）、发育（裂隙>3组、间距<0.4 m）、较发育（裂隙2～3组、间距>0.4 m）、不发育（裂隙1～2组、间距>1 m），通常与其对工程建筑物的影响程度（影响很严重、影响很大、影响不大、无影响）成正比，如某基岩被3组较规则的X型裂隙切割成大块状，多数为构造裂隙，间距0.5～1.0 m，裂隙多密闭、少有充填物，则此基岩的裂隙发育程度等级属于较发育，其对基础工程的影响程度不大。

三、地质构造与地质现象 ★★★★★

（一）地质构造

地质构造是指在地壳运动影响下，地层中产生的倾斜、弯曲、错动、断裂和破碎等变形和位移的形迹。常见的地质构造现象有水平构造、单斜构造、褶皱构造和断裂构造等。

1. 水平构造

未经构造变动的沉积岩层，其形成时的原始产状是水平的，先沉积的老岩层在下，后沉积的新岩层在上，称为水平构造。

知识拓展

岩层是指由同一岩性组成的，由两个平行或近于平行的界面所限制的层状岩石。岩层的产状是指岩层在地壳中的空间方位，是以岩层面的空间方位及其与水平面的关系来确定的。

确定岩层在空间分布状态的要素称为岩层的产状要素，一般用岩层面在空间的水平延伸方向、倾斜方向和倾斜程度进行描述，分别称为岩层的走向、倾向、倾角，这三者统称为岩层的产状三要素。岩层的产状三要素如图1-4所示。

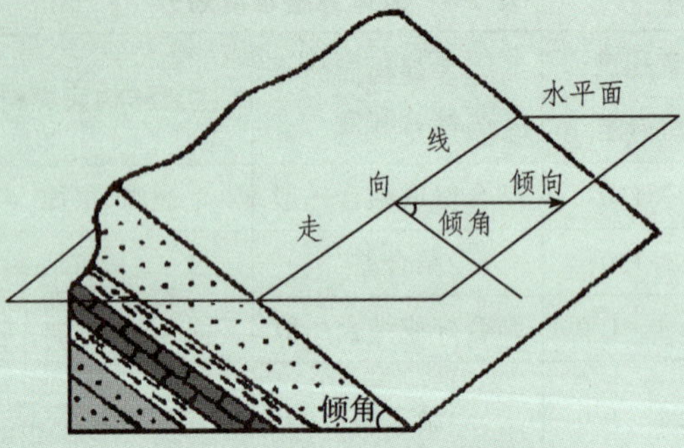

图1-4 岩层的产状三要素

岩层产状三要素的概念如表1-9所示。

表1-9 岩层产状三要素的概念

要素	概念
走向	走向是指岩层的延伸方向，走向线是指岩层面（构造面）与假想水平面相交的直线
倾向	倾向是指岩层倾斜的方向，倾向线是指岩层面上垂直于走向线，沿岩层倾斜面向下倾斜的方向所得的直线
倾角	倾角是指层面与水平面的最大交角

结构面的产状、延续性和抗剪强度是对岩体影响较大的物理力学性质。

2. 单斜构造

如果岩层在一定范围内其倾斜方向和倾角大体是一致的，则称为单斜构造。它往往是褶皱岩层或其他构造形态的一部分。

3. 褶皱构造

褶皱是指岩层受构造应力作用形成的连续弯曲现象。褶皱构造是原始产状岩层在构造作用下发生塑性变形，形成一系列连续弯曲，但仍具有连续完整性的地质构造，它是岩层产生的塑性变形。褶皱示意图如图 1-5 所示。

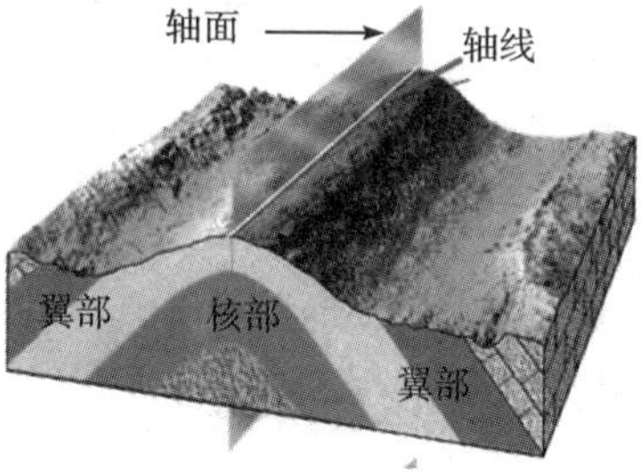

图 1-5　褶皱示意图

地质构造中褶皱的基本单位是褶曲。褶曲是指岩层的弯曲形态，即褶皱变动中岩层的一个弯曲。弯曲的中心部分称为核部，核部的两侧称为翼部。褶曲的基本形态有背斜和向斜，如图 1-6 所示。其中，背斜是指岩层向上弯曲，侵蚀后核部岩层老，两翼岩层新且对称分布的褶曲构造；向斜是指岩层向下弯曲，侵蚀后核部岩层新，两翼岩层老且对称分布的褶曲构造。

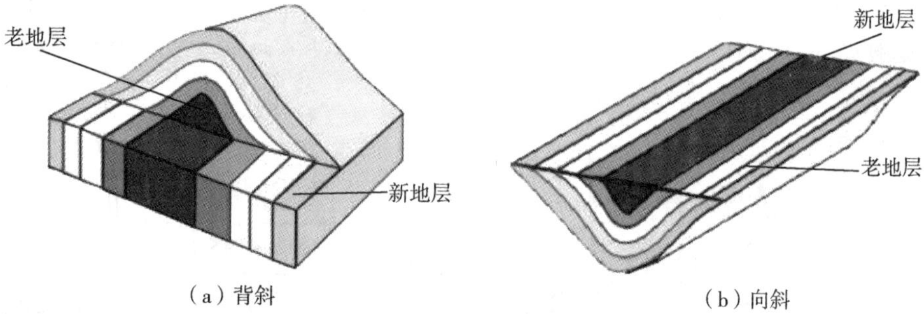

图 1-6　褶曲的基本形态

知识助记

背老向新。

褶曲按轴面特征可分为直立褶曲、倾斜褶曲、倒转褶曲和平卧褶曲；按枢纽状态可分为水平褶曲和倾伏褶曲。

褶曲构造对工程建筑有以下几方面的影响：

(1)褶曲核部岩层由于受水平挤压作用，产生许多裂隙，直接影响到岩体的完整性和强度，在石灰岩地区还往往使岩溶较为发育，所以在核部布置各种建筑工程，如路桥、坝址、隧道等，必须注意防治岩层的坍落、漏水及涌水问题。

(2)在褶曲翼部布置建筑工程时，如果开挖边坡的走向近于平行岩层走向，且边坡倾向与岩层倾向一致，边坡坡角大于岩层倾角，则容易造成顺层滑动现象。

(3)对于隧道等深埋地下工程，一般应布置在褶皱的翼部。因为隧道通过均一岩层有利于稳定，而背斜顶部岩层受张力作用可能坍落，向斜核部岩层则是储水较为丰富的地段。

对于隧道和道路的选线要求，历年考试中常会考查，下面以考题探究的形式进行介绍。

考题探究

【单选题】隧道选线应尽可能使(　　)。

A. 隧道轴向与岩层走向平行　　B. 隧道轴向与岩层走向夹角较小

C. 隧道位于地下水位以上　　D. 隧道位于地下水位以下

【细说考点】本题主要考查隧道的选线要求，需理解并掌握隧道选线时的各项规定。在备考时，应在理解的基础上进行记忆和掌握。对于隧道工程来说，施工中塌方或冒顶事故常常和地下水的活动有关。因此，在选址时，最好选在地下水位以上的干燥岩体内，或地下水量不大、无高压含水层的岩体内。本题选 C。

【单选题】对地下隧道的选线应特别注意避免(　　)。

A. 穿过岩层裂缝　　B. 穿过软弱夹层

C. 平行靠近断层破碎带　　D. 交叉靠近断层破碎带

【细说考点】本题主要考查隧道选线的注意事项。隧道选线时，应尽可能避开褶皱核部，尤其应该注意避开褶皱构造的向斜核部；应优先布置在褶皱的两侧，避开断层带；当无法避开断层时，应尽可能使隧道轴向与断层走向交角大些；当隧道选线与断层走向平行时，应优先考虑避免其与断层破碎带接触。隧洞位置选择时，其进出口地段的边坡应下陡上缓，并无崩塌滑坡等。本题选 C。

【单选题】道路选线应特别注意避开(　　)。

A. 岩层倾角大于坡面倾角的顺向坡　　B. 岩层倾角小于坡面倾角的顺向坡

C. 岩层倾角大于坡面倾角的逆向坡　　D. 岩层倾角小于坡面倾角的逆向坡

【细说考点】本题主要考查道路的选线要求。对于道路工程来说，由于施工受到地形、技术等方面的限制，对工程地质的影响较为复杂，所以道路选线应特别注意避开岩层倾角小于坡面倾角的顺向坡，并且应注意避开裂隙倾向与边坡倾向一致的路线，以及避开不稳定边坡、不稳定岩堆等。本题选 B。

知识巩固

褶皱构造对工程的影响如图 1-7、图 1-8 所示。

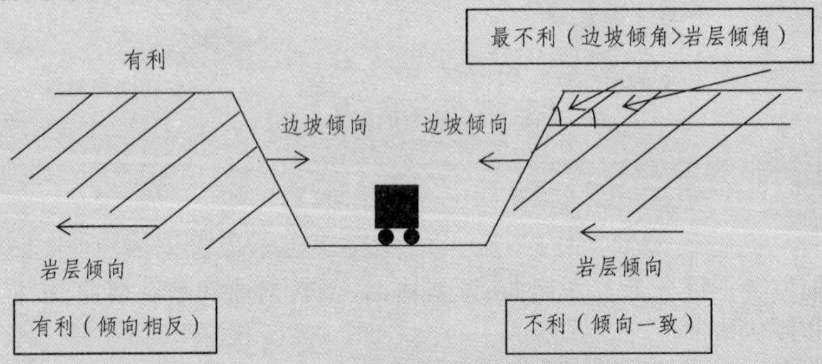

图 1-7　深路堑、高边坡路线关系分析图

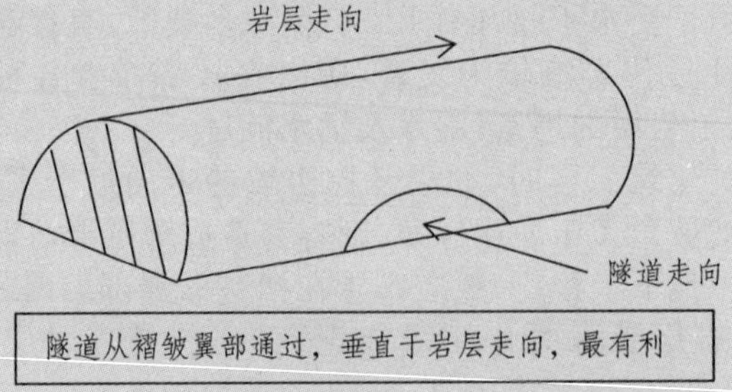

图 1-8　隧道路线关系分析图

4. 断裂构造

断裂是指受地壳运动影响，岩体连续性遭到破坏而产生的破碎带和破裂面的总称，如裂隙、节理和断层等。

(1)裂隙。

裂隙是指岩体中产生的无明显位移的裂缝，属断裂构造的一种。裂隙按成因可分为构造裂隙和非构造裂隙两类，如表 1-10 所示。

表 1-10 裂隙按成因分类

类型	内容	特点
构造裂隙	受地壳运动的构造应力作用形成	延伸范围大，空间分布具有一定的规律性，成群出现
非构造裂隙	风化、崩塌滑坡，边坡卸荷裂隙	范围小，延伸不远，深度小，无方向性

知识拓展

岩体中的构造裂隙可分为张性裂隙和剪(扭)性裂隙。张性裂隙主要发育在向斜褶皱的轴部、背斜褶皱的轴部；剪性裂隙主要发育在褶曲的翼部和断层附近。

裂隙对工程的影响如下：

①裂隙破坏了岩石的完整性，给风化作用创造了有利条件，促进岩石风化速度。

②裂隙降低了岩石强度、地基承载力、稳定性。

③裂隙的存在有利于挖方采石，但影响爆破作业的效果。

④裂隙是地下水良好的通道，它增强了岩体的透水性，加快可溶岩的溶蚀，会在施工中造成涌水。

⑤裂隙发育的岩层是良好的供水水源点。

温馨提示

工程选址时，裂隙的主要发育方向与边坡走向平行，裂隙密度小的地质情况，最容易发生建筑边坡坍塌。裂隙或裂缝对工程地基的影响主要在于破坏地基的整体性。

(2)节理。

节理是指岩体中未发生位移的(包括实际的或潜在的)破裂面，按成因可分为原生节理、构造节理、非构造节理等。

(3)断层。

断层是指岩体在内动力作用下断裂，并沿断裂面发生显著位移的构造变动形迹。断层要素包括断层面、断层线、断盘和断距，如图 1-9 所示。

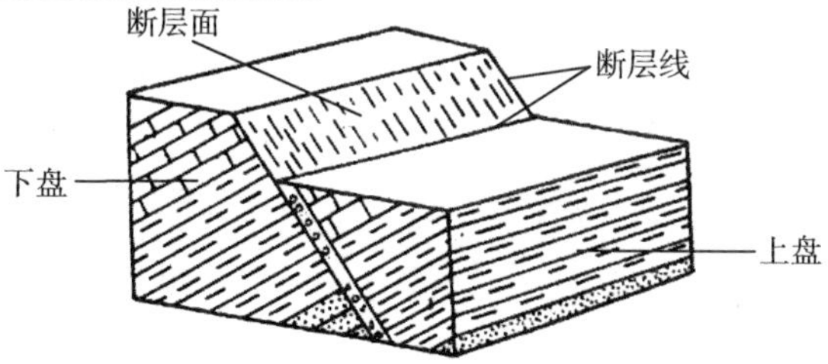

图 1-9 断层要素

断层根据两盘相对运动的方向可分为正断层、逆断层、平推断层三种类型，如图 1-10 所示。其特点如表 1-11 所示。

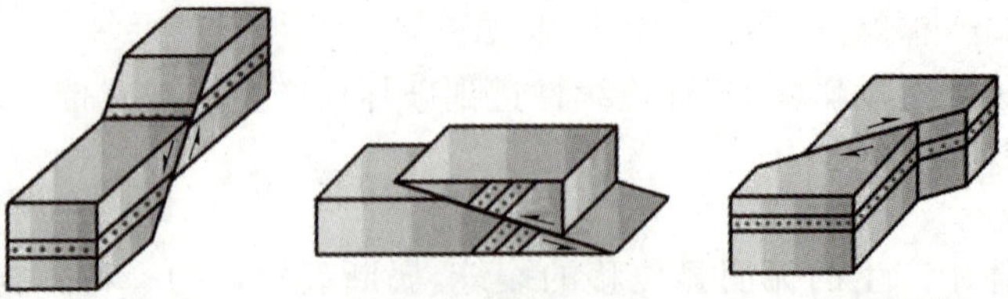

图 1-10　断层类型

表 1-11　断层特点

类型	特点
正断层	上盘下降，下盘上升，一般受张拉力及重力作用；规模小，断层线平直，断层面较陡，常大于 45°
逆断层	上盘上升，下盘下降，一般受水平向强烈挤压力作用而形成；断层线的方向常与岩层走向或褶皱轴的走向一致，断层面倾角陡缓都有，规模较大
平移断层	两盘发生相对水平位移，受水平扭应力；倾角很大，断层面近于直立，断层线比较平直

知识拓展

根据断层面倾角不同，可把逆断层分为冲断层（断层面倾角大于 45°）、逆掩断层（断层面倾角介于 25°～45°）和辗掩断层（断层面倾角小于 25°）。其中，逆掩断层和辗掩断层常是规模很大的区域性断层。

断层对工程的影响如下：

①降低了岩石的强度和稳定性，对工程建筑造成了各种不利的影响。

②公路工程建设中注意路线走向与断层构造的关系。

③大桥桥位勘测时，要注意查明桥基部分有无断层存在，及其影响程度如何。

④断层发育地带修建隧道，容易产生洞顶坍落，影响施工安全。

（二）地质现象

在内外动力地质作用下，地壳上部的岩土层形成了诸多不利的地质条件和各种各样的地质现象，例如地壳岩石风化、斜坡滑动与崩塌、河流的侵蚀与堆积、岩溶、地震、泥石流等，这些地质现象可对工程建设和安全运营产生不同程度的不良影响，甚至危害极大，因此称为不良地质现象。下面以地震为例，介绍其相关内容。

1. 地震的概念

地震是地壳深处的岩层，由于地壳构造运动、火山喷发或者岩溶塌陷等引起的颤动或振动，由地球内动力作用引起的地质现象。地震经常诱发次生自然灾害，例如海啸、滑坡和泥石流等。

地震相关术语如下。

（1）震源：在地壳内部振动的发源地。

（2）震中：震源在地面上的垂直投影，可看作是地面上震动的中心。

（3）震源深度：震中到震源的距离。

（4）震中距：地面上任何地方到震中的距离。

（5）等震线：在同一次地震中，烈度相等各点的连线或不同烈度区的分界线。

（6）地震波：分为体波和面波。其中，体波分为横波和纵波。

温馨提示

不同地震波的传播速度快慢不同，纵波最快，横波居中，面波最慢。

2. 地震的震级与烈度

地震的震级是表示地震强度大小的度量，它与地震所释放的能量有关。震级是根据地震仪记录到的最大振幅，并考虑到地震波随着距离和深度的衰减情况而得来的。一次地震只有一个震级，小于3级的地震，人不易感觉到，只有仪器才能记录到，称为“微震”；3～5级地震是“弱震”；5～7级地震是“强震”，建筑物有不同程度的破坏；7级以上地震为大震，会在大范围内造成极其严重的破坏。震级每相差一级，其能量相差为30多倍。可见，地震越大，震级越高，释放的能量越多。

通常把某一地区的地面和各种建筑物遭受地震影响的强烈程度称为地震烈度。烈度根据受震物体的反应、房屋及建筑物破坏程度和地形地貌改观等宏观现象来判定。地震烈度的大小与震级、震源深浅、离震中远近、当地工程地质条件（介质条件）等因素有关。我国地震烈度采用12度划分法，是根据地震时人的感觉、家具及物品的振动情况、房屋及建筑物受破坏的程度，以及地面出现的破坏现象等情况来确定的。

在工程勘察、设计中，经常采用的地震烈度有基本烈度、场地烈度、设计烈度三种。

（1）基本烈度。**基本烈度是指在今后一定时期内，某一地区在一般场地条件下可能遇到的最大地震烈度**。基本烈度所指的地区，并非是一个具体的工程建筑物地段，而是指一个较大范围的地区。一般场地条件是指在上述地区范围内普遍分布的地层岩性条件及一般的地形地貌、地质构造和地下水条件等。

（2）场地烈度。**场地烈度是指建筑场地内因地质、地貌和水文地质条件等的差异而引起基本烈度的降低或提高的烈度**。场地烈度根据建筑场地的具体条件，一般可比基本烈度提高或降低0.5～1.0度。

（3）设计烈度。设计烈度又称设防烈度，是指抗震设计所采用的烈度。它是根据建筑物的重要性、永久性、抗震性以及工程的经济性等条件对基本烈度进行适当调整后的烈度。永久性的重要建筑物需提高基本烈度作为设计烈度，并尽可能避免设在高烈度区，以确保工程安全。临时性建筑和次要建筑物可比永久性建筑或重要建筑物低1.0～2.0度。

温馨提示

需要注意的是，一次地震，震级只有一个，但烈度却是根据各地遭受破坏的程度和人为感觉的不同而不同。一般说来，烈度大小与距震中的远近成反比，震中距越小，烈度越大，反之烈度越小。

3. 抗震设防分类和设防标准

抗震设防的各类建筑与市政工程，均应根据其遭受地震破坏后可能造成的人员伤亡、经济损失、社会影响程度及其在抗震救灾中的作用等因素划分为下列四个抗震设防类别：

（1）特殊设防类应为使用上有特殊要求的设施，涉及国家公共安全的重大建筑与市政工程和地震时可能发生严重次生灾害等特别重大灾害后果，需要进行特殊设防的建筑与市政工程，简称甲类。

（2）重点设防类应为地震时使用功能不能中断或需尽快恢复的生命线相关建筑与市政工程，以及地震时可能导致大量人员伤亡等重大灾害后果，需要提高设防标准的建筑与市政工程，简称乙类。

（3）适度设防类应为使用上人员稀少且震损不致产生次生灾害，允许在一定条件下适度降低设防要求的建筑与布政工程。简称丁类。

（4）标准设防类应为除甲类、乙类、丁类以外按标准要求进行设防的建筑与市政工程，简称丙类。

各抗震设防类别建筑与市政工程，其抗震设防标准应符合下列规定：

（1）标准设防类，应按本地区抗震设防烈度确定其抗震措施和地震作用，达到在遭遇高于当地抗震设防烈度的预估罕遇地震影响时不致倒塌或发生危及生命安全的严重破坏的抗震设防目标。

（2）重点设防类，应按本地区抗震设防烈度提高一度的要求加强其抗震措施；但抗震设防烈度为9度时应按比9度更高的要求采取抗震措施；地基基础的抗震措施，应符合有关规定。同时，应按本地区抗震设防烈度确定其地震作用。

(3)特殊设防类,应按本地区抗震设防烈度提高一度的要求加强其抗震措施;但抗震设防烈度为 9 度时应按比 9 度更高的要求采取抗震措施。同时,应按批准的地震安全性评价的结果且高于本地区抗震设防烈度的要求确定其地震作用。

(4)适度设防类,允许比本地区抗震设防烈度的要求适当降低其抗震措施,但抗震设防烈度为 6 度时不应降低。一般情况下,仍应按本地区抗震设防烈度确定其地震作用。

(5)当工程场地为Ⅰ类时,对特殊设防类和重点设防类工程,允许按本地区设防烈度的要求采取抗震构造措施;对标准设防类工程,抗震构造措施允许按本地区设防烈度降低一度、但不得低于 6 度的要求采用。

(6)对于城市桥梁,其多遇地震作用尚应根据抗震设防类别的不同乘以相应的重要性系数进行调整。特殊设防类、重点设防类、标准设防类以及适度设防类的城市桥梁,其重要性系数分别不应低于 2.0、1.7、1.3 和 1.0。

知识拓展

钢筋混凝土结构房屋应根据设防类别、设防烈度、结构类型和房屋高度采用不同的抗震等级,并应符合相应的内力调整和抗震构造要求。抗震等级一般分为一级、二级、三级、四级四个类别,分别表示很严重、严重、较严重、一般。下面以丙类混凝土框架结构房屋的抗震等级为例,如表 1-12 所示,并应符合相关规定。

表 1-12　丙类混凝土框架结构房屋的抗震等级

结构类型		设防烈度						
		6 度		7 度		8 度		9 度
框架	高度/m	≤24	25～60	≤24	25～50	≤24	25～40	≤24
	框架	四	三	三	二	二	一	一
	跨度不小于18 m的框架	三		二		一		一

四、土壤

(一)土的概念

土是由矿物或岩石碎屑构成的散粒集合体。组成土的物质可分为固相、液相和气相三种状态。在土的三相组成物质中,固体颗粒(以下简称土粒)是土中最主要的物质成分。土粒构成土的骨架主体,也是最稳定、变化最小的成分。三相之间相互作用中,土粒一般也居于主导地位。

知识拓展

土的结构分为单粒结构(散粒结构)和集合体结构(团聚结构或絮凝结构)。其中,集合体结构是黏性土所特有结构。不同成因的土体都有其特有的结构。土的构造是指整个土层构成不均匀性特征的总合。一般土体的构造在水平或竖直方向变化较大,受成因控制。整个土层构成上的不均匀性是由于土的矿物成分及结构变化所造成的,不均匀性主要包括层理、结核、透镜体、夹层、组成颗粒大小悬殊及裂隙特征与发育程度等。

(二)土的分类

按照土的颗粒级配和塑性指数对土进行分类,可将其分为碎石土、砂土、粉土、黏性土四种。其标准分别为:

(1)**碎石土,是指粒径大于 2 mm 的颗粒质量超过总质量 50%的土。**

(2)砂土,是指粒径大于 2 mm 的颗粒质量不超过总质量 50%,且粒径大于 0.075 mm

的颗粒质量超过总质量50%的土。

(3)粉土，是指粒径大于0.075 mm的颗粒质量不超过总质量50%，且塑性指数等于或小于10的土。

(4)**黏性土，是指塑性指数大于10的土。**黏性土应根据塑性指数分为粉质黏土和黏土。粉质黏土是指塑性指数大于10，且小于或等于17的土；黏土是指塑性指数大于17的土。黏性土的状态应根据液性指数I_L划分为坚硬($I_L \leqslant 0$)、硬塑($0 < I_L \leqslant 0.25$)、可塑($0.25 < I_L \leqslant 0.75$)、软塑($0.75 < I_L \leqslant 1$)和流塑($I_L > 1$)。

(三)一般土的工程性质

一般土的物理性质指标主要包括土粒密度、相对密度(比重)、密度、含水性、孔隙性等，如表1-13所示。一般土的力学性质指标主要包括压缩性和抗剪强度等。

表1-13 一般土的物理性质指标

指标	含义
土粒密度	单位体积土粒的质量
相对密度(比重)	土在105～110 ℃下烘干至恒重时的质量与同体积4 ℃蒸馏水质量的比值
密度	(1)天然密度：天然状态下的密度。 (2)干密度：土中固体颗粒的质量与土的总体积之比。 (3)饱和密度：土的孔隙完全被水充满时，单位体积土的质量。 (4)浮密度(有效密度)：土受水的浮力时单位体积土的质量
含水性	(1)含水率：土中所含水分的质量与固体颗粒质量之比。 (2)饱和度S_r：土中孔隙水的体积与孔隙体积的比值。 ①$0 < S_r < 50\%$，稍湿的。 ②$50\% \leqslant S_r \leqslant 80\%$，很湿的。 ③$80\% < S_r \leqslant 100\%$，饱和的
孔隙性	(1)孔隙比：土的孔隙体积与固体颗粒体积的比值。 (2)孔隙率：土的孔隙体积与土总体积的比值，以百分率表示

知识拓展

密实的低压缩性土的孔隙比小于0.6；疏松的高压缩性土的孔隙比大于1.0。

(四)特殊性土的工程性质

特殊性土是指具有特殊成分、结构、构造或特殊物理力学性质的土，如黄土、红黏土、分散性土、膨胀土、冻土等。特殊性土的主要类型及工程性质如表1-14所示。

表1-14 特殊性土的主要类型及工程性质

类型	含义	工程性质
淤泥	在静水或缓慢流水环境中沉积，经生物化学作用形成，天然含水量大于液限，孔隙比大于1.5的黏性土	天然含水量高，渗透性小，压缩性高，强度低，具有触变性
淤泥质土	在静水或缓慢流水环境中沉积，经生物化学作用形成，天然含水量大于液限，孔隙比大于或等于1.0、小于1.5的黏性土或粉土	
黄土	主要由粉粒组成，呈棕黄、灰黄或黄褐色，一般具有多孔性、大孔隙和垂直节理的土	孔隙比大，天然含水量低，具有结构性、欠压密性、湿陷性
湿陷性土	结构疏松、胶结相对较弱，在一定压力下浸水时，结构迅速破坏而发生显著附加下沉的土	—

（续表）

类型	含义	工程性质
红黏土	碳酸盐岩系出露区的岩石经过比较充分的化学风化作用形成的颜色为棕红色或褐黄色，残坡积或经过搬运再沉积，以团粒结构形式存在，液限大于或等于50%的高塑性黏土	主要矿物成分为高岭石、伊利石和绿泥石，具有稳定的结晶格架；胀缩性以收缩为主；具有裂隙性、高塑性、高孔隙比、较高的力学强度、较低的压缩性、较差的压实性
分散性土	钠、钾离子含量较高，遇水尤其是纯水容易分散成散粒结构的土	—
膨胀土	富含亲水性矿物，有明显的吸水膨胀、失水收缩特性的高塑性土	结构致密，多呈坚硬～硬塑状态；天然含水量接近或略小于塑限，强度高，压缩性一般中等偏低
盐渍土	土中易溶盐含量较高，并具有溶陷、盐胀、腐蚀等工程特性的土	具有溶陷性、盐胀性、腐蚀性和吸湿性
有机质土	有机质含量大于或等于5%、小于或等于10%的土	—
冻土	温度低于0 ℃且土中水结冰，处于冻结状态的土	具有冻胀性、融沉性
多年冻土	含有固态水，且冻结状态持续两年或两年以上的土	
季节冻土	随季节冻结和融化的土	
填土	由于人类活动而堆积的土，物质成分较杂乱，均匀性差。根据组成物质或堆积方式可分为素填土、杂填土、冲填土及压实填土等。 (1)素填土：由碎石土、砂土、粉土和黏性土等一种或几种组成的填土，不含或含少量杂质。 (2)杂填土：不同成分和性质各异的多种土经无规划堆积而形成的填土，通常含有大量建筑垃圾、工业废料或生活垃圾等杂物。 (3)冲填土：由水力将泥砂冲填到预定地点堆积形成的土，又称吹填土。 (4)压实填土：按一定标准控制材料成分、密度、含水量，分层压实或夯实而成	具有不均匀性、湿陷性、自重压密性，强度低，压缩性高

温馨提示

淤泥和淤泥质土均属于软土，软土还包括泥炭和泥炭质土。

知识拓展

在湿陷性黄土地基上进行工程建设时，必须考虑因地基湿陷引起附加沉降对工程可能造成的危害，选择适宜的地基处理方法，避免或消除地基的湿陷或因少量湿陷所造成的危害。对含有大量腐蚀性、易变性工业废料或生活垃圾等杂物的填土不宜作为建筑物地基填土；对含有大量建筑垃圾或一般工业废料等杂物的填土经处理后可作为建筑物地基填土。

第二节 地下水的类型与特征

一、地下水的来源及存在形式

(一)地下水的来源

储存在地面以下岩石和土孔隙、裂隙及溶洞中的水,称为地下水。地下水的来源主要有渗透水、凝结水以及其他补给源等。

1. 渗透水

大气降水、冰雪消融水、各种地表水都要通过土、岩的孔隙和裂隙向下渗透而形成地下水。大气降水是地下水的主要补给源,年降水量是影响降水补给地下水的决定因素之一。年降水量越大,则入渗补给含水层的比值越大,降雨强度、降雨时间、地形、植被发育情况等亦影响大气降水对含水层的补给量。地表水也是地下水的主要来源,河水补给量的大小与河床透水性、河水水位与地下水的高差等有关。

2. 凝结水

大气中的水蒸气在土或岩石孔隙中遇冷凝结成水滴渗入地下,从而形成地下水,它是干旱或半干旱地区地下水的主要来源。

3. 其他补给源

岩石形成过程中储存的水,比如原生水、封存水等。

(二)地下水的存在形式

岩土空隙中存在着各种形式的水,按其物理性质的不同,可以分为气态水、固态水和液态水。

1. 气态水

气态水以水蒸气状态和空气一起存在于岩石和土层的孔隙、裂隙中,常由水气压力大的地方向水气压力小的地方移动。气态水对岩土体的强度和性质无太大的影响。

2. 固态水

固态水是指埋藏在常年温度 0 ℃以下的冻土中的冰。因为水冻结时体积膨胀,所以冬季在许多地方会有冻胀现象。土中水的冻结与融化影响着土的工程性质。

3. 液态水

(1)结合水。由于岩土的颗粒以分子吸引力和静电引力将液态水牢固吸附在颗粒表面,这种水称为吸着水;在吸着水外围,水分子仍受静电引力的作用,被吸附在颗粒表面构成水膜,称为薄膜水。吸着水和薄膜水统称为结合水,它们具有一定的抗剪强度,必须施加一定的外力才能使其发生变形,结合水的抗剪强度由内层向外层逐渐减弱。

(2)毛细水。在岩土体细小孔隙、裂隙中,由于受表面张力和附着力的支持而充填的水,称为毛细水,当两者的力量超过重力时,毛细水能上升到地下水面以上的一定高度。通常,土中直径小于 1 mm 的孔隙为毛细孔隙;岩石中宽度小于 0.25 mm 的裂隙为毛细裂隙。毛细水对土体的性质影响较大。

(3)重力水。岩土体中孔隙、裂隙完全被水充满时,在重力作用下能够自由流动的水,称为重力水。重力水是构成地下水的主要部分。

知识拓展

地球上的水以气态、固态、液态三种形式存在于大气层、海洋、河流、湖泊、沼泽、土壤、冰川、永久冻土、地壳深处以及动植物体内。它们相互转化,共同组成一个包围地球的水圈,总水量有 14 亿 km^3。

二、地下水埋藏类型及动态特征 ★★★★

地下水按埋藏条件可分为三大类，即包气带水、潜水和承压水，如图 1-11 所示。

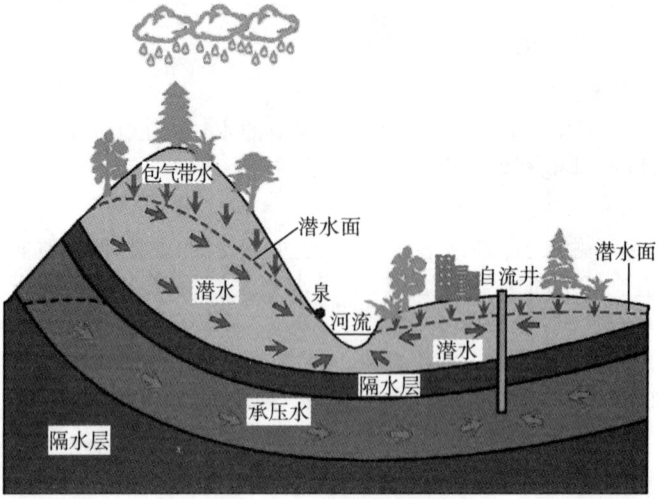

图 1-11　地下水按埋藏条件分类

（一）包气带水

在地表往下不深的地带，土石的空隙未被水充满，而含有相当数量的气体，称为包气带。包气带水是指位于潜水面以上包气带中的地下水，按其存在形式可分为上层滞水和毛细水。

1. 上层滞水

当包气带存在局部隔水层时，在局部隔水层上积聚具有自由水面的重力水，称为上层滞水。其隔水层主要是弱透水或不透水的透镜体黏土或亚黏土，它们能阻止水的下渗而呈季节性的地下水，上层滞水分布接近地表，补给区与分布区一致，接受大气降水或地表水的补给，以蒸发形式排泄或向隔水底板边缘排泄。其分布范围很小，水量一般不大且随季节变化显著，雨季出现，旱季消失，极不稳定。其水质变化较大，一般易受污染。

在雨季，由于上层滞水水位的上升，能使土石强度降低，造成道路翻浆和导致路基稳定性的破坏。在基坑开挖工程中也经常遇到上层滞水突然涌入基坑的情况，妨碍施工，应注意排除。

2. 毛细水

毛细水是指埋藏在包气带土层中的水，主要以结合水和毛细水的形式存在。它们靠大气降水的渗入、大气的凝结及潜水由下而上的毛细作用来补给。其中的毛细水由于地下潜水位上升，毛细水上升高度增大，常导致冻胀、翻浆现象发生，在路基设计中应充分重视。

（二）潜水

饱和带中第一个稳定隔水层之上、具有自由水面的含水层中的重力水，称为潜水。一般多储存在第四纪松散沉积物中，也可形成于裂隙性或可溶性基岩中。

潜水含水层自外界获得水量的过程称为补给，潜水通过包气带接受大气降水、地表水等补给，一般情况下潜水分布区与补给区一致。潜水的水位、水量和水质随季节不同而有明显的变化。在雨季，潜水补给充沛，潜水位上升，含水层厚度增大，埋藏深度变小；而枯水季节正好相反，所以**潜水的动态具有明显的季节变化特征**。潜水的补给来源主要有大气降水、地表水、深层地下水及凝结水。大气降水是补给潜水的主要来源。降水补给潜水的数量多少，取决于降水的特点及程度、包气带上层的透水性及地表的覆盖情况等。一般来说，时间短的暴雨，对补给地下水不利，而连绵细雨能大量地补给潜水。在干旱地区，大气降水很少，潜水的补给只靠大气凝结水。地表水也是地下水的重要补给来源，当地表水水位高于潜水水位时，地表水就补给地下水。在一般情况下，河流的中上游基本上是地下水补给河流，下流是河水补给地下水。潜水的动态变化往往受地表水动态变化的影响。如果深层地下水位较潜水位高，深层地下水会通过构造破碎带或导水断层补给潜水，也可越流补给潜水。总之，潜水的补给来源是多种多样的，某个地区的潜水可以有一种或几种来源补给。

知识拓展

潜水具有以下主要特征：水质易于受到污染；潜水面以上没有稳定的隔水层存在；通常潜水面坡度小于当地的地面坡度；基本上是渗入形成的、局部是凝结形成的。

潜水的排泄，可直接流入地表水体。一般在河谷的中上游，河流下切较深，使潜水直接流入河流。在干旱地区潜水也靠蒸发排泄。在地形有利的情况下，潜水则以泉的形式出露地表。

温馨提示

潜水中的裂隙水主要为基岩上部裂隙中的水。潜水常为无压水，大部分由渗入形成。包气带水也属于无压水。

（三）承压水

充满于两个稳定隔水层之间、含水层中具有承压性质的地下水，称为承压水。

承压性是承压水的一个重要特征，承压水如果受地质构造影响或钻孔穿透隔水层时，地下水就会受到水头压力而自动上升，甚至喷出地表形成自流水。

最适宜形成承压水的地质构造有向斜构造和单斜构造两类。地下水所处的向斜构造或适宜于承压水形成的盆地构造称为承压盆地，如四川盆地是典型的承压盆地；埋藏有承压水的单斜构造称为承压斜地或自流斜地，承压斜地的形成可能是由于含水层岩性发生相变或尖灭，也可能是由于含水层被断层所切。

承压水与潜水相比具有以下特征：

(1)承压水的上部由于有连续隔水层的覆盖，大气降水和地表水不能直接补给整个含水层，只有在含水层直接出露的补给区，才能接受大气降水或地表水的补给，所以**承压水的分布区和补给区是不一致的**，一般补给区远小于分布区。

(2)承压水由于具有水头压力，所以它的排泄可以由补给区流向地势较低处，或者由地势较低处向上流至排泄区，以泉的形式出露地表，或者通过补给该区的潜水或地表水而排泄。

(3)承压水的径流条件决定于地形、含水层透水性、地质构造及补给区与分布区的承压水位差。一般情况下，若承压水分布广、埋藏深、厚度大、空隙率高，水量就比较丰富且稳定。

(4)承压水的动态比较稳定，水量变化不大，主要原因是承压水受隔水层的覆盖，所以它受气候及其他水文因素的影响较小，故其水质也较好。而潜水的水质变化较大，且易受到污染，对潜水的水源卫生更应注意保护。

对于承压水的更多内容，下面以考题探究的形式进行介绍。

考题探究

【单选题】地下水在自流盆地易形成（　　）。

A. 包气带水　　　　B. 承压水

C. 潜水　　　　D. 裂隙水

【细说考点】本题主要考查承压水，需掌握承压水的形成条件及形成构造等。地质构造和沉积条件是承压水形成的重要影响因素。通常情况下，有两种适宜形成承压水的地质构造：一个是单斜构造自流斜地；另一个是向斜构造盆地，又称为自流盆地。因此，自流盆地和自流斜地含水层的水通常多为承压水。本题选B。

【多选题】关于承压水特性的说法，正确的有（　　）。

A. 承压水压力来自于隔水层的限制

B. 承压水压力来自于隔水顶板的重力

C. 承压水压力来自于顶板和底板间的压力

D. 若有裂隙穿越上下含水层，下部含水层的水可补给上层

E. 若有裂隙穿越上下含水层，上部含水层的水可补给下层

【细说考点】本题主要考查承压水的特性。承压水是因为被限制在两个隔水层之间而具有一定压力。故选项B错误。当地形与构造一致时，若有裂隙穿越上下含水层，下部含水层的水因压力高通过裂隙补给上部含水层；当地形与构造不一致时，若有裂隙穿越上下含水层，上部含水层的水通过通道补给下部含水层。故选项D,E错误。本题选AC。

三、地下水含水介质类型及动态特征

地下水按含水层的空隙性质可分为三大类，即孔隙水、裂隙水和岩溶水，如图1-12所示。

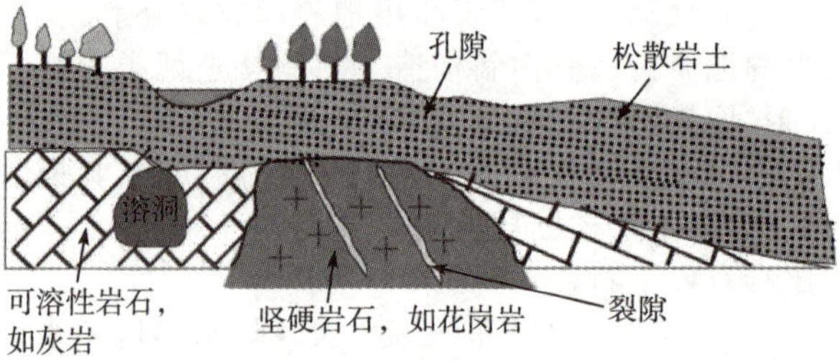

图1-12　地下水按含水层的空隙性质分类

（一）孔隙水

孔隙水是指土体孔隙中储存和运动的水，主要存在于松散岩层的孔隙中。孔隙水的主要特点是水量在空间分布上相对均匀，连续性好。它一般呈层状分布，同一含水层的孔隙水具有密切的水力联系，具有统一的地下水面。

（二）裂隙水

裂隙水是埋藏于基岩裂隙中的地下水，岩石裂隙的发育情况决定地下水的分布情况能否富集等。在裂隙发育的地方，含水丰富；在裂隙不发育的地方，含水甚少。所以在同一构造单元或同一地段内，含水性和富水性有很大变化，形成裂隙水聚集的不均一性。裂隙，特别是构造裂隙的发育具有方向性，在某些方向上裂隙的张开程度连通性比较好。在这些方向上导水性强，水力联系好，常成为地下水径流的主要通道。在另一些方向上裂隙闭合，导水性差，水力联系也差，径流不通畅。所以裂隙岩石的导水性呈现出明显的各向异性。

根据埋藏条件，裂隙水可分为面状裂隙水、层状裂隙水和脉状裂隙水三种。

（1）面状裂隙水埋藏在各种基岩表层的风化裂隙中，又称为风化裂隙水。它储存在山区或丘陵区的基岩风化带中，一般在浅部发育。

温馨提示

泉水通常是由地下水体中的风化裂隙水形成的，风化裂隙水多数是潜水。

(2)层状裂隙水是指埋藏在成层的脆性岩层(如砂岩)中；或在成岩裂隙和构造裂隙构成的层状裂隙中的地下水。其分布一般与岩层的分布一致，因而具有一定的成层性。层状裂隙水在不同的部位和不同的方向上，因裂隙的密度、张开程度和连通性有差异，其透水性和涌水量有较大的差别，具有不均一的特点。层状裂隙水的分布受岩层产状的控制，在岩层出露的浅部可形成潜水，在地下水深处埋藏在隔水层之间可形成承压水。层状裂隙水的水质受埋深控制，总矿化度也随深度的增加而增高。

(3)脉状裂隙水埋藏于构造裂隙中，其沿断裂是带呈脉状分布，长度和深度远比宽度大，具有一定的方向性；可切穿不同时代、不同岩性的地层，并可通过不同的构造部位，因而导致含水带内地下水分布的不均一性；地下水的补给源较远，循环深度较大，水量、水位较稳定，有些地段具有承压性；脉状裂隙水水量一般比较丰富，常常是良好的供水水源，但对隧道工程往往造成危害，可能会发生突然涌水事故等。

知识拓展

裂隙水根据基岩裂隙成因，可分为风化裂隙水、成岩裂隙水和构造裂隙水。

对于裂隙水的更多内容，下面以考题探究的形式进行介绍。

考题探究

【单选题】有明显季节性循环交替的裂隙水为(　　)。

A. 风化裂隙水　　B. 成岩裂隙水

C. 层状构造裂隙水　　D. 脉状构造裂隙水

【细说考点】本题主要考查裂隙水的特征。风化裂隙水主要受大气降水的补给，有明显季节循环交替性，常以泉的形式排泄于河流中。本题选 A。

【单选题】当构造应力分布较均匀且强度足够时，在岩体中形成张开裂隙，这种裂隙常赋存(　　)。

A. 成岩裂隙水　　B. 风化裂隙水

C. 脉状构造裂隙水　　D. 层状构造裂隙水

【细说考点】本题主要考查层状构造裂隙水的形成条件，需了解裂隙水的定义及分类，重点掌握各种裂隙水的形成原理及存在位置。裂隙水是指埋藏于岩体基岩裂隙中的地下水。裂隙水根据基岩裂隙成因，可分为风化裂隙水、成岩裂隙水和构造裂隙水。当构造应力分布比较均匀且强度足够时，则在岩体中形成密集均匀且相互连通的构造裂隙，赋存层状构造裂隙水；当构造应力分布相当不均匀时，岩体中构造裂隙分布不连续、互不连通，则赋存脉状构造裂隙水。本题选 D。

(三)岩溶水

岩溶水是指赋存于可溶性岩的溶蚀裂隙和溶洞中的地下水。岩溶水不仅是一种具有独特性质的地下水，同时也是一种地质营力。它在运动过程中，不断地与可溶性岩石发生作用，从而不断改变着自己的赋存和运动条件。

岩溶水的分布主要受岩溶发育规律控制，在其运动过程中不断地改造着自身的赋存环境。岩溶发育有的地方均匀，有的地方不均匀。若岩溶发育均匀，又无充填，各溶洞之间的岩溶水有水力联系，则有一致的水位。若岩溶发育不均匀，又有充填，各溶洞之间可能没有水力联系，因而，有可能使岩溶水在某些地带集中形成暗河，而另外一些地带无水。在较厚层的灰岩分布地区，岩溶水的分布及富水性和岩溶地貌有很大关系。在分水岭地区，常发育有岩溶漏斗、落水洞等，构成峰林地貌，它常是岩溶水的补给区。在岩溶水汇集地带，常形成地下暗河，并有泉群出现，其上经常堆积一些松散的沉积物。

第三节　常见工程地质问题及其处理方法

一、工业与民用建筑工程中的主要地质问题 ★★★★

（一）区域稳定性问题

区域稳定性是工程建设中首先必须注意的问题，特别是对于一些高层结构、大型地下结构等重要建筑物，它直接影响着工程建设的安全和使用。

建筑场地及其邻近地区的地形地貌、地层岩性、地质构造、水文地质、自然地质作用以及一些不良地质现象如滑坡、地震等都是影响区域稳定性的重要因素，特别是在新地区选择建筑地址时更应注意。因为一旦建筑场地误选在不稳定的区域，只能按照该场地的地质条件和环境进行工程设计，没有充分的选择余地，给建筑物的设计、建造和运营带来危害。

知识拓展

除工程要求外，地下工程选址应考虑的影响因素有区域稳定（考虑最多）、山体稳定、地形条件、岩性条件、地质构造条件、地下水及地应力等。地下工程选址应避免工程走向与岩层走向角度太小。针对地形条件因素，如隧道选址时，洞口边坡岩层最好倾向山里，洞口应选择坡积层薄的岩石，隧道进出口地段的边坡应下陡上缓。在地形陡的高边坡开挖洞口时，为保证边坡的稳定性，应尽量不削坡、少削坡。

（二）地基稳定性问题

地基稳定性主要是研究地基的强度和变形问题。对于工业与民用建筑来说，建筑物的破坏往往是由地基发生不均匀沉降或地基强度不足等因素所引起的。因此，在进行工程建设时，应对一些特殊地基进行处理，以防止地基产生过量变形，确保建筑物的安全。

对于常见的特殊地基类型及处理方法，下面以考题探究的形式进行介绍。

考题探究

【单选题】对埋深 1 m 左右的松散砂砾石地层地基进行处理应优先考虑的方法为（　　）。

A. 挖除　　B. 预制板加固

C. 沉井加固　　D. 地下连续墙加固

【细说考点】本题主要考查松散砂砾石地层的处理方法。对于不满足承载力要求的砂和砂砾石地层等松散土层，可以采取挖除的方法，也可以采取沉井、预制桩、灌注桩、地下连续墙、固结灌浆等方法进行加固；对于不满足承载力的淤泥及淤泥质土等软弱土层，浅层的可以采取挖除的处理方法，深层的宜采取振冲置换的处理方法。一般优先考虑挖除法。本题选 A。

【单选题】对于埋藏较深的断层破碎带，提高其承载力和抗渗力的处理方法，优先考虑(　　)。

A. 打土钉　　B. 打抗滑桩

C. 打锚杆　　D. 灌浆

【细说考点】本题主要考查断层破碎带的处理方法。对于埋藏较浅的断层破碎带可以采取挖除的方法进行处理，对于埋藏较深的断层破碎带应优先考虑进行灌浆。对于风化、破碎岩层，由于其岩体强度低且整体性差，可采用喷混凝土或挂网喷混凝土进行边坡加固；在必要情况下，可配合灌浆和锚杆加固，或采用砌体、混凝土和钢筋混凝土等格构方式进行护坡。本题选 D。

【单选题】对建筑地基中深埋的水平状泥化夹层通常(　　)。

A. 不必处理　　B. 采用抗滑桩处理

C. 采用锚杆处理　　D. 采用预应力锚索处理

【细说考点】本题主要考查泥化夹层的处理方法。对建筑地基中充填胶结差，影响承载力或抗渗要求的断层，当埋深较浅时，应尽可能清除回填处理，当埋深较深时，可以做灌浆处理；泥化夹层一般对断层的承载力影响不大，浅埋的应尽可能清除回填处理，深埋的一般不影响承载能力，故不必处理。本题选 A。

知识巩固

常见的特殊地基类型及处理方法如表 1-15 所示。

表 1-15　常见的特殊地基类型及处理方法

特殊地基类型	处理方法
松散土层	不满足承载力：挖除、加固(沉井、预制桩、灌注桩、地下连续墙、固结灌浆)； 不满足抗渗：灌浆、地下连续墙； 影响边坡稳定：土钉支护、喷混凝土护面
软弱土层	不满足承载力：浅层挖除，深层振冲置换
风化、破碎岩层	浅层挖除，深层灌浆； 影响边坡稳定时，加固(喷混凝土或挂网喷混凝土、配合灌浆和锚杆)、护坡(格构方式)
断层	浅埋清除回填，深埋灌浆(如是泥化夹层通常不必处理)，不便清除回填可做锚杆、抗滑桩、预应力锚索
溶洞	浅埋：充填法、跨越法、挖填夯实法、垫层法； 深埋：充填法、注浆法、桩基法； 落水洞及浅埋溶沟：充填法、跨越法

(三)地基施工条件

在工业与民用建筑中最常见的地基施工问题有流砂、基坑涌水、基坑边坡及坑底失稳、黄土湿陷等。

近年来随着对基础工程施工质量重视程度的逐渐增加，这方面的问题更为突出。地基的施工条件恶化一般均与地下水有关，在地下水埋藏浅的地方，当基底设计标高低于地下水位时进行基坑开挖，涌水是一个重要问题，岩土工程勘察时必须对涌水量进行计算。当坑底隔水层过薄而下伏承压水压力较大时，很有可能发生突发性冒顶，从而导致基坑大量涌水；当建筑物基坑下有承压水时，开挖基坑会减小基坑底下承压水上部的隔水层厚度，减小过多会使承压水的水头压力冲破基坑底板形成涌水现象，从而冲毁基坑、破坏地基，给工程带来损失。因此，在进行工程勘察时，对于地基的施工条件必须做好充分的调查，针对容易发生问题的地基做好防治措施。

（四）边坡稳定性问题

在山区的斜坡上修建建筑物，边坡稳定性是一个需要重视的工程地质问题。斜坡上建筑物的建造给边坡增加了外荷载，破坏了其原有的平衡，往往导致边坡失稳而滑动，使建筑物被破坏。因此，对斜坡地区建筑物的建设必须做出稳定性评价，对不稳定地段应提出防治措施。

影响边坡稳定性的因素相当复杂，总体来说可分为内在因素和外在因素两类，前者包括岩体的结构特征及地应力、地质构造、边坡岩土性质等；后者包括风化作用、水的作用（包括地表水的作用和地下水的作用）、地震、人为因素（包括人工挖掘和爆破）、工程荷载等。

不同的岩体性质下，边坡稳定性不尽相同。例如：深成岩、坚硬的沉积岩以及片麻岩、石英岩等构成的边坡较稳定，而喷出岩形成的边坡，如凝灰岩、安山岩等，易发生崩塌，稳定性则较差。对于泥岩、泥灰岩等夹层的沉积岩形成的边坡，则易出现顺层滑动，或下部蠕动导致的崩塌。此外，千枚岩、板岩及片岩等变质岩，易出现蠕动变形；黄土遇水易发生崩塌或塌滑。

常见的提升边坡稳定措施包括防渗及排水、削坡、支挡建筑、锚固等。需要注意的是，当采用防渗及排水方式时，为防止大气降水向岩体中渗透，可在滑坡体外围布置截水沟槽；通常采用地下排水廊道将已渗入滑坡体中的积水排出。**当采用支挡建筑方式时，支挡建筑应修建在不稳定岩体的下部，才能起到更好的加固作用**。锚固方式包括锚杆和混凝土锚固桩两种类型，岩体边坡及不稳定岩块的加固适合选用锚杆，而浅层或中厚层滑坡体的加固适合选用混凝土锚固桩。其中，锚固桩（抗滑桩）适用于浅层或中厚层的滑坡体，其桩径通常为 1～3 m，一般垂直于滑动方向布置一排或两排，滑动面以下桩长占全桩长的 1/4～1/3。

知识拓展

采用防渗及排水措施时，大型滑坡体上做截水沟的作用是截断流向滑坡体的水。削坡对于防治不稳定边坡的作用是使边坡变缓，同时减轻滑坡体重量。采用削坡措施时，可将削减下来的土石填在坡脚，通过土石的反压作用提高边坡稳定性。

考题探究

【单选题】对不能在上部刷方减重的滑坡体，为了防止滑坡常用的措施是（　　）。

A. 在滑坡体上方筑挡土墙　　B. 在滑坡体坡脚筑抗滑桩

C. 在滑坡体上部筑抗滑桩　　D. 在滑坡体坡脚挖截水沟

【细说考点】本题主要考查滑坡的防治措施。挡土墙和抗滑桩都属于支挡建筑，当采用支挡建筑方式时，支挡建筑应修建在不稳定岩体的下部，才能起到更好的加固目的。本题选 B。

二、道路与桥梁工程中的地质问题

（一）道路工程的主要地质问题

1. 路基边坡稳定性问题

路基边坡的破坏形式主要表现为滑坡、崩塌和错落。土质边坡的变形主要取决于土的矿物成分，特别是亲水性强的黏土矿物及其含量。岩质边坡的变形主要取决于岩体中各种软弱结构面的性状及其组合关系，它们对边坡的变形起着控制作用。

2. 路基基底稳定性问题

路基基底稳定性问题多发生于填方路段，主要表现为滑移、挤出和塌陷。如路基底下有软弱的泥质夹层，当其倾向与坡向一致时，在其下方开挖取土或在其上方填土加重，都会引起路堤发生整体滑移。此外，水文地质条件也是促使基底不稳定的因素，它往往使基底发生较大的塑性变形而造成路基的破坏。尤其是经过河漫滩和阶地的路基，若基底下分布有较厚的饱和淤泥层时，在高填路堤的压力下，往往使基底产生挤出变形。

3. 道路的冻害问题

道路的冻害包括冬季路基土体因冻结作用而引起路面冻胀和春季因融化作用而使路基翻浆等现象，结果都会使路基产生变形破坏，甚至形成显著的不均匀冻胀，影响道路的安全和正常使用。道路的冻害具有季节性，冬季在负气温的长期作用下，土中的水分重新分布，形成平行于冻结界面的冻层，使土体体积增大而产生路基隆起的现象。在地下水埋深较大的地区，其冻胀量一般为 30～40 mm，最大可达 60 mm；在冻结深度大于地下水埋深或毛细管带接近地表的地区，因地下水补给丰富，其冻胀量较大，一般为 200～400 mm，最大可达 600 mm。在春季，地表冰层融化较早，而下层尚未解冻，上层融化的水分难以下渗，使上层土含水量增大，故在外荷载作用下，容易产生翻浆现象。

知识拓展

道路冻害的程度与路基土质有很大关系，砂土的冻胀值很小，一般不发生冻害；砂质黏土、黏质砂土的冻胀值较大，较易发生冻害；黏土质土的冻胀值最大，最易发生冻害。通过采用换土、排水、提高路基、筑隔热层等工程措施可防治道路冻害。

（二）桥梁工程的主要地质问题

1. 桥墩台地基稳定性问题

桥墩台地基稳定性主要取决于墩台地基中岩土体承载力的大小，它对选择桥梁的基础和确定桥梁的结构形式起决定作用。当桥梁为静定结构时，由于各桥孔是独立的，对工程地质条件的适应范围较广；但超静定结构的桥梁，对各墩台之间的不均匀沉降特别敏感；拱桥受力时，在拱脚处产生垂直和向外的水平力，因此对拱脚处地基的地质条件要求较高。

2. 桥墩台的冲刷问题

桥墩和桥台的修建，使原来的河槽过水断面减少，局部增大了河水流速，改变了流态，对桥基产生强烈冲刷。有时流水可把河床中的松散沉积物局部或全部冲走，使桥墩台基础直接受到流水冲刷，威胁桥墩台的安全。

因此，查明这些工程地质问题，研究分析其发生和发展的规律，正确地预防及处理，对于桥梁的设计与施工具有十分重要的意义。

三、隧道与地下工程中的地质问题 ★★★★★

（一）围岩稳定性

所谓围岩稳定性，是指在一定时间内，在一定的地质力和工程力作用下岩体不产生破坏和失稳的性质。地下洞室开挖前的岩土体一般因处于天然应力平衡状态而保持稳定，这种应力状态称为一次应力状态或初始应力状态，是决定围岩应力重分布的主要因素。

1. 围岩的破坏形式及特点

由于岩体在强度和结构方面的差异，洞室围岩变形与破坏的形式多种多样，常见的围岩破坏形式有脆性破裂、块体滑移、弯曲折断、松动解脱、塑性变形等。常见的围岩破坏形式及特点如表 1-16 所示。

表 1-16　常见的围岩破坏形式及特点

破坏形式	变形方式	变形特征	岩体结构条件
脆性破裂	岩爆、开裂	洞室开挖时围岩岩爆或岩柱劈裂	整体状及块状岩体，岩性坚硬
块体滑移	滑落、滑动、转动	块体沿结构面滑动，在洞顶表现为崩塌，在洞壁表现为滑动，在动荷载作用下产生倒塌	裂隙块状岩体，受结构面切割的块状岩体或层状岩体
弯曲折断	弯曲、折断、塌落	岩层向临空面弯曲、折断并崩塌，在边墙上表现为倾倒	层状岩体、薄层或软硬相间岩体
松动解脱	塌落、边墙垮塌	表现为崩塌或滑动，岩体碎裂松动，解脱分散	岩体为块状夹泥碎裂结构，镶嵌结构
塑性变形	塑性破坏、底鼓收缩	表现为围岩的塑性变形，洞径收缩，或局部挤出和剪切破坏	碎块碎裂结构及层状碎裂结构，松散结构

知识拓展

当隧道顶部围岩中有缓倾夹泥结构面存在时，要特别警惕岩体塌方，如产生塌方后不及时处理会造成冒顶。

对于围岩破坏形式及特点的更多内容，下面以考题探究的形式进行介绍。

考题探究

【多选题】围岩变形与破坏的形式多种多样，主要形式及其状况有（　　）。

A. 脆性破裂，常在储存有很大塑性应变能的岩体开挖后发生

B. 块体滑移，常以结构面交汇切割组合成不同形状的块体滑移形式出现

C. 岩层的弯曲折断，是层状围岩应力重分布的主要形式

D. 碎裂结构岩体在洞顶产生崩落，是由于张力和振动力的作用

E. 风化、构造破碎，在重力、围岩应力作用下产生冒落及塑性变形

【细说考点】本题主要考查围岩变形与破坏的形式及其状况，需掌握其主要形式及特点。脆性破裂，常在储存有很大弹性应变能的岩体开挖后发生。故选项 A 错误。岩层的弯曲折断，是层状围岩变形失稳的主要形式。故选项 C 错误。风化、构造破碎，在重力、围岩应力和地下水作用下产生冒落及塑性变形。故选项 E 错误。本题选 BD。

2. 围岩的稳定措施

保护洞室围岩稳定包括两方面：其一是保护洞室围岩原有的强度和承载能力，如及时封闭围岩，以防风化，及时衬砌阻止围岩产生过大变形和松动；其二是赋予围岩一定的强度，使其稳定性有所提高，如给围岩注浆、封闭裂隙、用锚杆加固围岩等。

支护结构常有以下几种：

（1）锚杆支护，适用于地下工程围岩出现拉应力区或层状围岩。

（2）喷射混凝土支护，适用于块状围岩个别“危石”的预防。

（3）钢筋混凝土衬砌，衬砌是加固围岩的永久性结构。

温馨提示

支撑是稳定围岩的临时性措施。

(4)可缩性金属支架。

这几种支护结构或单一采用,或采用其中两种甚至两种以上的联合支护,要根据洞室围岩的好坏和洞室的情况(宽度、高度和使用要求)来确定。**例如,针对坚硬的整体围岩,一般需要喷 3～5 cm 的混凝土,即喷射混凝土支护方式进行支护,这样可以防止围岩表面风化、填充围岩表面的凹穴、使喷层与围岩可以紧贴黏结,以防岩块掉落;针对软弱围岩,一般需要喷射混凝土,加钢筋网,再采用锚杆,即喷锚支护方式进行支护,这样可以有效地提高围岩自身的稳定性和承载力。**

喷锚支护能及时有效地控制和调整围岩应力的重分布,它是一种先进的支护手段,已成为目前围护的主要方法。在地下工程开挖后,为阻止围岩向洞内变形,采用喷锚支护时混凝土附着厚度一般为 5～20 cm。

知识拓展

对开挖后的岩体软弱破碎的大型隧洞围岩,应优先采用钢筋或型钢拱架支撑方式进行支撑。对新开挖围岩面及时喷混凝土的目的是防止碎块脱落改善应力状态;对软弱、破碎围岩中的隧洞开挖后喷混凝土的主要作用在于及时填补裂缝阻止碎块松动,与围岩紧密结合形成承载拱;爆破后对地下工程围岩面及时喷混凝土,对围岩稳定的首要和内在本质作用是充填裂隙增加岩体的整体性。

(二)地下水

地下水是影响工程建设特别是地下空间开发和利用不可忽视的因素,它是导致滑坡产生的最普遍、最活跃的因素,是工程地质分析评价的主要因素之一。地下水对岩土体和建筑物的作用,按其作用机制可以划分为两类:一类是力学作用,如浮托作用、潜蚀、流砂、管涌等的渗流作用;另一类是物理、化学作用,主要体现在对建筑材料的腐蚀性。

1. 浮托作用

当建筑物基础底面位于地下水位以下时,地下水对基础底面产生静水压力,即产生浮托力。地下水不仅对建筑物基础产生浮托力,同样对其水位以下的岩体、土体产生浮托力。所以在确定地基承载力设计值时,无论是基础底面以下土的天然重度,还是基础底面以上土的加权平均重度,地下水位以下一律取有效重度。

通常,浮托力的计算方法如下:

(1)按地下水位 100%计算浮托力,适用于基础位于粉土、砂土、碎石土和节理裂隙发育的岩石地基上时。

(2)按地下水位 50%计算浮托力,适用于基础位于节理裂隙不发育的岩石地基上时。

温馨提示

当建筑物基础位于黏性土地基上时,其浮托力较难确切地确定,应结合地区的实际情况依照经验考虑。

2. 潜蚀

如果地下水产生的动水压力小于土颗粒的有效重度,即渗流坡度小于临界水力坡度,土中细小颗粒就会被渗透水流携带和搬运,这种地下水的侵蚀作用称为潜蚀。一般来讲,潜蚀包括化学潜蚀和机械潜蚀。前者是土石中某些可溶组分被渗透水流溶解和搬运,这在含有可溶组分的土石中极为常见;后者为不溶颗粒被渗透水流带走,也是经常发生的。潜蚀使土石结构变松,强度降低,这样的变化可以称为土石的渗透变形或渗透破坏。

防止岩土层中发生潜蚀破坏的有效措施,原则上可分为两大类:一是改变地下水渗透的水动力条件，使地下水水力坡度小于临界水力坡度；二是改善岩土性质，增强其抗渗能力。如对岩土层进行爆炸、压密、化学加固等，增加岩土的密实度，降低岩土层的渗透性。

对于防止地下水潜蚀具体的常用方法，下面以考题探究的形式进行介绍。

考题探究

【多选题】工程地基防止地下水机械潜蚀常用的方法有（　　）。

A. 取消反滤层　　B. 设置反滤层

C. 提高渗流水力坡度　　D. 降低渗流水力坡度

E. 改良土的性质

【细说考点】本题主要考查防止地下水潜蚀的方法，需牢记几种常用的方法。当临界水力坡度大于渗流水力坡度时，则可能产生机械潜蚀。常见的处理潜蚀的方法有以下几种方式：(1)设置反滤层。(2)堵截地表水，防止其流入土层。(3)减小地下水流速和水力坡度。(4)阻止地下水在土层中流动。(5)对土的性质进行改良。本题选 BDE。

3. 流砂

流砂是指松散细小颗粒土被地下水饱和后，在动水压力即水头差的作用下产生的悬浮流动现象。地下水自下而上渗流时，当地下水的动水压力大于土粒的浮容重或地下水的水力坡度大于临界水力坡度时，使土颗粒间的有效应力等于零，土颗粒悬浮于水中，随水一起流出就会产生流砂。

(1)流砂的分类。

流砂是一种不良的工程地质现象，在建筑物深基础工程和地下建筑工程的施工中所遇到的流砂现象可分为下列三种：

①轻微流砂。当基坑围护桩排间隙处隔水措施不当或施工质量欠缺时，或当地下连续墙接头的施工质量不佳时，有些细小的土颗粒会随着地下水渗漏一起穿过缝隙而流入基坑，增加坑底的泥泞程度。

②中等流砂。在基坑底部，尤其是靠近围护桩墙的地方，常常会出现一堆粉细砂缓缓冒起，仔细观察，可以看到粉细砂堆中形成许多小小的排水沟，冒出的水挟带着细小土粒在慢慢地流动。

③严重流砂。基坑开挖时如发生上述现象而仍然继续往下开挖，流砂的冒出速度会迅速增加，有时会像开水煮沸时的翻泡，此时基坑底部成为流动状态，给施工带来很大困难，甚至影响邻近建筑物的安全。如果在沉井施工中发生严重流砂，那么沉井就可能突然下沉，无法用人力控制，以致沉井发生倾斜，甚至发生重大事故。

(2)流砂的防治。

在可能产生流砂的地区，若其上面有一定厚度的土层，应尽量利用上面的土层做天然地基，也可用桩基穿过流砂，总之尽可能避免水下大面积开挖施工。如果必须开挖，可采取如下措施防止流砂：

①人工降低地下水位。采取措施使地下水位降至可能产生流砂的地层以下，然后开挖。人工降低地下水位是处治流砂优先采用的方法。

②打板桩。其目的一方面是加固坑壁，另一方面是改善地下水的径流条件，即增长渗流途径，减小水力梯度和流速。

③冻结法。用冷冻的方法使地下水结冰，然后开挖。

④水下挖掘。在基坑开挖期间，使基坑中始终保持足够的水头（可加水），尽量避免产

生流砂的水头差，从而增加基坑侧壁土体的稳定性。

此外，处理流砂的方法还有化学加固法、爆炸法及加重法等。在基坑开挖的过程中局部地段出现流砂时，可立即投入大块石等，可以克服流砂的活动。

4. 管涌

地基土在具有某种渗透速度的渗透水流作用下，其细小颗粒被冲走，岩土的孔隙逐渐增大，慢慢形成一种能穿越地基的细管状渗流通路，从而掏空地基或坝体，使地基或斜坡变形、失稳，此现象称为管涌。管涌通常是由于工程活动引起的。但是，在有地下水出露的斜坡、岸边或有地下水溢出的地表面也会发生。

在可能发生管涌的地层中修建水坝、挡土墙及基坑排水工程时，为防止管涌发生，设计时必须控制地下水溢出带的水力坡度，使其小于产生管涌的临界水力坡度。防止管涌最常用的方法主要是控制渗流、降低水力坡度、设置保护层、打板桩等。

5. 地下水对建筑材料的腐蚀

地下水对建筑材料的腐蚀中最明显的是对钢筋和混凝土的腐蚀。地下水对钢筋的腐蚀主要取决于水的 pH 值、水中氯离子和硫酸根离子对钢筋的腐蚀。地下水对混凝土建筑物的腐蚀是一项复杂的物理化学过程，除了与水中各种化学成分的单独作用及相互影响有关外，还与建筑物所处环境、使用水泥品种等因素有关，需综合考虑，在一定的工程地质与水文地质条件下，对建筑材料的耐久性影响很大。

温馨提示

地下水对地基土体的影响除上述五项内容外，还包括引起软土地基的沉降和对土体的软化等。

对于地下水对边坡稳定性的影响，下面以考题探究的形式进行介绍。

考题探究

【单选题】关于地下水对边坡稳定性影响的说法，正确的是(　　)。

A. 地下水产生动水压力，增强了岩体的稳定性

B. 地下水增加了岩体质量，减小了边坡下滑力

C. 地下水产生浮托力，减轻岩体自重，增加边坡稳定

D. 地下水产生的静水压力，容易导致岩体崩塌

【细说考点】本题主要考查地下水对边坡稳定性的影响。地下水产生动水压力，减弱了岩体的稳定性。故选项 A 错误。地下水增加了岩体质量，增大了边坡下滑力。故选项 B 错误。地下水产生浮托力，减轻岩体自重，降低边坡稳定。故选项 C 错误。本题选 D。

第四节　工程地质对工程建设的影响

一、地质环境对工程建设的影响 ★★★★

地质环境对人类工程活动的影响是多方面的，主要表现在工程地质条件各个要素的优劣及其是否对工程活动有利。一方面表现为地质环境以一定的作用影响工程活动的安全；另一方面表现为地质环境以一定的作用影响工程建筑物的稳定和正常使用；另外，还表现为由于某些工程地质条件不具备而提高工程造价，造成经济的不合理性。因此，地质环境对工程建设的影响可表现为对工程选址、建筑结构和工程造价的影响。如对于道路

选线，地质环境的影响较为复杂。道路选线时应避免路线与岩层走向平行、倾向一致，也应避免路线与主要裂隙发育方向平行。对于历年考试中考查的知识点，下面以考题探究的形式进行介绍。

考题探究

【单选题】大型建设工程的选址，对工程地质的影响还要特别注意考虑(　　)。

A. 区域性深大断裂交汇　　B. 区域地质构造形成的整体滑坡

C. 区域的地震烈度　　D. 区域内潜在的陡坡崩塌

【细说考点】本题主要考查地质环境对工程选址的影响。地质环境对工程选址的影响，主要是指地质缺陷对工程安全和技术经济的影响。不同规模的建设工程，地质环境对其影响也不相同。一般中小型建设工程的选址，对工程地质的影响要考虑工程建设一定范围内的地质构造和地质岩性形成的土体松软、湿陷、陡坡崩塌等产生的危害；大型建设工程的选址，对工程地质的影响除要考虑上述危害外，还要考虑区域地质构造和地质岩性形成的整体滑坡，地下水的性质、状态和活动等产生的危害；特殊重要建设工程的选址，对工程地质的影响还要考虑区域的地震烈度。如特殊重要的国防、能源、科技等项目应避免在高烈度地区建设。本题选 B。

【多选题】地层岩性和地质构造主要影响房屋建筑的(　　)。

A. 结构选型　　B. 建筑造型

C. 结构尺寸　　D. 构造柱的布置

E. 圈梁的布置

【细说考点】本题主要考查地质环境对建筑结构的影响。地质环境对建筑结构的影响，主要是指地质缺陷和地下水造成的地基稳定性、承载力、抗渗性、沉降和不均沉沉降等问题。地层岩性和地质构造主要影响房屋建筑的结构选型、材料选用、结构尺寸、基础选型、钢筋配置和抗震结构(如构造柱、圈梁)布置等。本题选 ACDE。

【单选题】工程地质情况影响建筑结构的基础选型，在多层住宅基础选型中，出现较多的情况是(　　)。

A. 按上部荷载本可选片筏基础的，因地质缺陷而选用条形基础

B. 按上部荷载本可选条形基础的，因地质缺陷而选用片筏基础

C. 按上部荷载本可选箱形基础的，因地质缺陷而选用片筏基础

D. 按上部荷载本可选桩基础的，因地质缺陷而选用条形基础

【细说考点】本题主要考查地质环境对建筑结构中基础选型的影响。工程地质情况复杂与否关系到建筑结构的基础选型。条形基础承载力＜片筏基础承载力＜箱形基础承载力＜桩基础承载力，由于工程地质缺陷的出现，只能使承载力低的基础形式换为承载力高的基础形式，以满足工程建设要求。本题选 B。

【单选题】下列选项中，对造价起决定性作用的是(　　)。

A. 准确的勘察资料　　B. 施工过程中对不良地质的处理

C. 选择有利的路线　　D. 工程设计资料的正确性

【细说考点】本题主要考查地质环境对工程造价的影响。地质环境对工程造价的影响主要包括：(1)选择有利的路线。(2)施工过程中，对特殊不良地质认识不足导致的工程造价增加。(3)勘察资料的准确性。其中，对工程造价起决定性作用的是选择有利的路线。对工程造价造成直接影响的是勘察资料的准确性。本题选 C。

二、工程地质在工程建设中的作用

工程地质在工程建设中具有非常重要的地位。工程地质工作的质量对工程方案的决策和工程建设的顺利进行至关重要。由地质问题引起的工程事故时有发生，而修改设计会延误工期，严重的工程事故会给人民生命财产带来巨大损失。

大量的工程实践表明，凡是重视工程地质的工程，在施工前都会进行周密的工程地质勘察，从而解决许多工程地质难题，保证工程顺利完成。相反，不重视工程地质工作的工程，就会出现大量问题。因此，工程建设必须重视工程地质工作，只有进行高质量的工程地质勘察工作，并根据地质资料和评价做出全面、合理的规划、设计和施工，才能保证工程建筑经济合理、安全可靠。

桥梁工程地质勘察要点分为两个阶段，对于初步勘察阶段，其目的是查明桥址各线路方案的工程地质条件，为选择最优方案、初步论证基础类型和施工方法提供必要的工程地质资料；对于详细勘察阶段，其任务是为选定的桥址方案提供桥梁墩台施工设计所需的工程地质资料，如查明在施工过程中可能发生的不良工程地质作用，并提出预防与处理措施建议。

隧道与地下工程地质勘察要点主要包括两个阶段，对于初步勘察阶段，其目的主要是查明地下洞室所在区域的地形、地貌、岩性、构造等，以及它们之间的关系和变化规律，推断不完全显露或隐埋深部的地质情况，选择优良的地下建筑位置和最佳轴线方位；对于详细勘察阶段，其主要任务是详细查明已选定位置或路线的工程地质条件，为最终确定轴线位置、设计支护及衬砌结构、确定施工方法和施工条件提供所需资料。

同步自测

答案详解 387—388

一、单项选择题（每题的备选项中，只有 1 个最符合题意）

1. 下列选项中，可以作为鉴别矿物的特征的是（　　）。

A. 假色　　B. 自色

C. 他色　　D. 解理

2. 对于深路堑和高边坡来说，最不利的情况是（　　）。

A. 路线走向与岩层走向垂直

B. 路线走向与岩层走向平行，岩层倾向与边坡倾向相反

C. 路线走向与岩层走向平行，边坡与岩层的倾向一致

D. 路线走向与岩层走向平行，边坡与岩层的倾向一致，边坡倾角大于岩层倾角

3. 饱和带中第一个稳定隔水层之上、具有自由水面的含水层中的重力水是（　　）。

A. 包气带水　　B. 潜水

C. 承压水　　D. 裂隙水

4. 主要受大气降水的补给，有明显季节性循环交替特征的地下水是（　　）。

A. 风化裂隙水　　B. 成岩裂隙水

C. 层状构造裂隙水　　D. 脉状构造裂隙水

5. 在对特殊地基进行处理时，深埋溶洞可采用（　　）。

A. 跨越法　　B. 垫层法

C. 注浆法　　D. 挖填夯实法

6. 下列选项中，属于影响边坡稳定性的内在因素的是（　　）。

A. 地应力　　B. 地震

C. 地表水和地下水作用　　D. 风化作用

7. 当隧道顶部围岩中有缓倾夹泥结构面存在时，要特别警惕（　　）。

A. 墙体滑塌　　B. 岩体塌方

C. 碎块坍塌　　D. 碎块崩落

8. 当基础位于节理裂隙不发育的岩石地基上时，应按地下水位（　　）计算浮托力。

A. 50%　　B. 80%

C. 100%　　D. 实际经验

9. 流砂冒出速度迅速增加，甚至像开水煮沸时的翻泡，此现象属于（　　）。

A. 轻微流砂　　B. 一般流砂

C. 中等流砂　　D. 严重流砂

10. 下列选项中，对工程造价造成直接影响的是（　　）。

A. 准确的勘察资料　　B. 选择有利的路线

C. 建筑结构的选型　　D. 施工过程中对特殊不良地质认识不足

二、多项选择题（每题的备选项中，有 2 个或 2 个以上符合题意，至少有 1 个错项）

1. 下列选项中，属于变质岩的有（　　）。

A. 花岗岩　　B. 石灰岩

C. 石英岩　　D. 大理岩

E. 千枚岩

2. 岩层的产状要素包括（　　）。

A. 走向　　B. 倾向

C. 倾角　　D. 节理

E. 间距

3. 对岩体影响较大的物理力学性质，主要是结构面的（　　）。

A. 产状　　B. 完整性

C. 延续性　　D. 抗拉强度

E. 抗剪强度

4. 关于地下工程位置选址的说法，正确的有（　　）。

A. 在布置地下工程时，应尽量避开褶皱的核部

B. 应尽可能使隧道轴向与断层走向交角大些

C. 隧洞位置选择时，其进出口地段的边坡应上陡下缓

D. 在工程选址时，应尽量避开大断层

E. 初始应力状态是决定围岩应力重分布的主要因素

5. 关于地下水的说法，正确的有（　　）。

A. 承压性是承压水的一个重要特征

B. 成岩裂隙水可以是潜水，也可以是承压水

C. 包气带水属于承压水

D. 一般情况下，潜水的分布区与补给区不一致

E. 风化裂隙水分布在风化裂隙中，多属潜水

6. 关于提升边坡稳定措施的说法，正确的有（　　）。

A. 削坡可将削减下来的土石，填在坡脚起反压作用，更利于边坡稳定

B. 支挡建筑主要是在不稳定岩体的上部修建挡墙或支撑墙

C. 大型滑坡体上做截水沟的作用是截断流向滑坡体的水

D. 锚固可采用锚杆和混凝土锚固桩两种类型的措施

E. 浅层或中厚层滑坡体的加固适合选用混凝土锚固桩

答案速查

一、单项选择题

1. B　2. D　3. B　4. A　5. C　6. A　7. B　8. A　9. D　10. A

二、多项选择题

1. CDE　2. ABC　3. ACE　4. ABDE　5. ABE　6. ACDE

第二章　工程构造

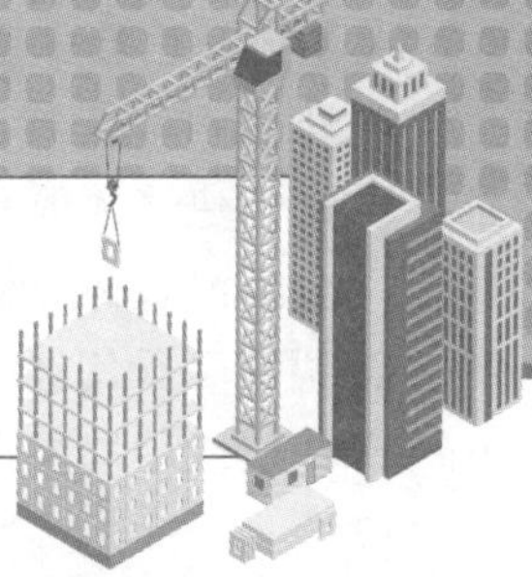

命题分析

本章在历年考试中涉及分值为 20 分，所占分值较高。本章需要记忆的内容较多，对于不同类型的构造要求要注意区分。工业与民用建筑工程的分类、组成及构造是本章的核心考点，尤其是民用建筑的分类、组成及构造，需要重点掌握。

考点			考查频率
工程构造	工业与民用建筑工程的分类、组成及构造	民用建筑的分类	★★★★★
		民用建筑的组成及构造	★★★★★
		工业建筑的分类	★★
		工业建筑的组成及构造	★★★
	道路、桥梁、涵洞工程的分类、组成及构造	道路的分类	★★★
		道路线形的组成及构造	★★★
		道路结构的组成及构造	★★★★★
		桥梁的组成及构造	★★★★★
		涵洞的分类	★★★★
		涵洞的组成及构造	★★★
	地下工程的分类、组成及构造	地下工程的分类	★
		常见地下工程的组成及构造	★★★★★

考点精讲

第一节　工业与民用建筑工程的分类、组成及构造

建筑一般包括建筑物和构筑物两类。建筑物是指用建筑材料构筑的空间和实体，供人们居住和进行各种活动的场所，如住宅、宿舍、学校、生产车间等。构筑物是指为某种使用目的而建造的、人们一般不直接在其内部进行生产和生活活动的工程实体或附属建筑设施，如水池、水塔、烟囱等。

知识拓展

建筑物不仅能满足功能要求，而且还能提供活动空间和场所。构筑物仅能满足功能要求。因此，建筑物与构筑物的主要区别在于能否提供活动空间和场所。

建筑物的分类方法有很多，从使用功能和属性角度出发，建筑物可分为民用建筑、工业建筑、农业建筑。民用建筑是指供人们居住和进行各种公共活动的建筑的总称，其不以生产为目的，如住宅、商场、医院等。工业建筑是指以工业性生产为主要使用功能的建筑，如生产车间、仓储用房、动力设施用房等。农业建筑是指以农业性生产为主要使用功能的建筑，如畜禽饲养场。农业建筑在考试中不涉及，因此以下主要介绍考试中涉及的民用建筑和工业建筑。

一、民用建筑的分类 ★★★★★

（一）按使用功能分类

民用建筑按使用功能可分为居住建筑和公共建筑两大类。

1. 居住建筑

居住建筑是指供人们日常居住生活使用的建筑物，可分为住宅建筑和宿舍建筑。

现代居住建筑类型多样，“户”或“套”是组成各类住宅的基本单位。住宅建筑按组合方式可分为独户住宅和多户住宅两类；按层数可分为低层、多层、中高层建筑、高层住宅；按居住者的类别可分为一般住宅、高级住宅、青年公寓、老年人住宅、伤残人住宅等。根据不同结构、材料、施工方法，也有按主体结构的不同特征将住宅分为砖混住宅、砌块住宅、大板住宅等多种类型。

2. 公共建筑

公共建筑是指供人们进行各种公共活动的建筑。公共建筑包括办公建筑（如写字楼、政府行政办公楼等）、商业金融建筑（如商场、银行等）、旅游建筑（如酒店、娱乐场所等）、科教文卫建筑（如文化、教育、科研、医疗、卫生、体育建筑等）、通信建筑（如邮电、通信、数据中心、广播用房）、交通运输类建筑（如机场、高铁站、火车站、地铁站、汽车站、冷藏库等）以及其他（派出所、仓库、拘留所）等。

知识拓展

绿色建筑和节能建筑是典型的民用建筑，其相关内容如表 2-1 所示。

表 2-1 绿色建筑和节能建筑相关内容

项目	绿色建筑	节能建筑
含义	在全寿命期内，节约资源、保护环境、减少污染，为人们提供健康、适用、高效的使用空间，最大限度地实现人与自然和谐共生的高质量建筑	遵循当地的地理环境和节能的基本方法，设计和建造的达到或优于国家有关节能标准的建筑
分类	基本级（满足全部控制项要求）、一星级（60 分≤总得分＜70 分）、二星级（70 分≤总得分＜85 分）、三星级（总得分≥85 分）四个等级	根据其节能水平可分为零能耗建筑、一般节能建筑、被动式建筑和产能型建筑。其中，被动式建筑主要依靠被动收集的热量来保持房屋自身的舒适温度，其热量来源主要有**太阳、人体、家电以及热回收装置**
建筑评价指标体系	由安全耐久、健康舒适、生活便利、资源节约、环境宜居五类指标组成，且每类指标均包括控制项和评分项；评价指标体系还统一设置加分项。控制项的评定结果应为达标或不达标；评分项和加分项的评定结果应为分值	（1）节能建筑设计评价指标体系应由建筑规划、建筑围护结构、采暖通风与空气调节、给水排水、电气与照明、室内环境六类指标组成。 （2）节能建筑工程评价指标体系应由建筑规划、建筑围护结构、采暖通风与空气调节、给水排水、电气与照明、室内环境和运营管理七类指标组成。 （3）每类指标应包括控制项、一般项和优选项

（续表）

项目	绿色建筑	节能建筑
建筑评价对象	单栋建筑或建筑群	单栋建筑或建筑小区
建筑评价时间	应在建筑工程竣工后进行。在建筑工程施工图设计完成后，可进行预评价	(1)节能建筑设计评价应在建筑设计图纸通过相关部门的节能审查并合格后进行。 (2)节能建筑工程评价应在建筑通过相关部门的节能工程竣工验收并运行1年后进行

（二）按建筑高度或层数分类

1.《民用建筑设计统一标准》的相关规定

民用建筑按地上建筑高度或层数分类如图 2-1 所示。

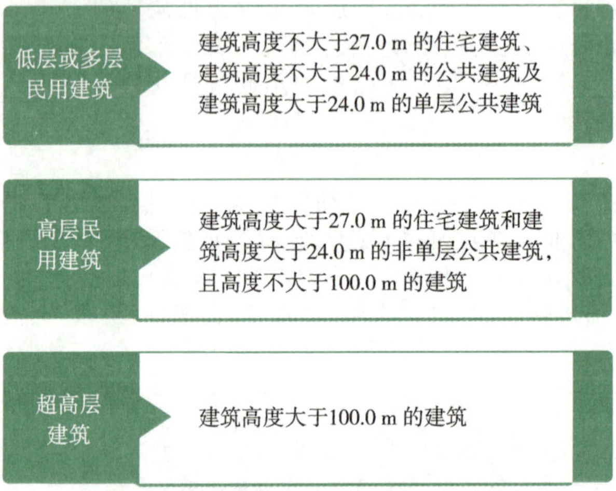

图 2-1　民用建筑按地上建筑高度或层数分类

知识拓展

民用建筑的设计使用年限应符合表 2-2 的规定。

表 2-2　设计使用年限分类

类别	设计使用年限/年	示例
1	5	临时性建筑
2	25	易于替换结构构件的建筑
3	50	普通建筑和构筑物
4	100	纪念性建筑和特别重要的建筑

2.《建筑设计防火规范》的相关规定

民用建筑根据其建筑高度和层数可分为单、多层民用建筑和高层民用建筑。高层民用建筑根据其建筑高度、使用功能和楼层的建筑面积可分为一类和二类。民用建筑的分类应符合表 2-3 的规定。

表 2-3　民用建筑的分类

名称	高层民用建筑		单、多层民用建筑
	一类	二类	
住宅建筑	建筑高度大于 54 m 的住宅建筑(包括设置商业服务网点的住宅建筑)	建筑高度大于 27 m,但不大于 54 m 的住宅建筑(包括设置商业服务网点的住宅建筑)	建筑高度不大于 27 m的住宅建筑(包括设置商业服务网点的住宅建筑)
公共建筑	(1)建筑高度大于 50 m 的公共建筑。 (2)建筑高度 24 m 以上部分任一楼层建筑面积大于 1 000 m^2 的商店、展览、电信、邮政、财贸金融建筑和其他多种功能组合的建筑。 (3)医疗建筑、重要公共建筑、独立建造的老年人照料设施。 (4)省级及以上的广播电视和防灾指挥调度建筑、网局级和省级电力调度建筑。 (5)藏书超过 100 万册的图书馆、书库	除一类高层公共建筑外的其他高层公共建筑	(1)建筑高度大于 24 m 的单层公共建筑。 (2)建筑高度不大于 24 m 的其他公共建筑

温馨提示

2019 年 11 月,中华人民共和国住房和城乡建设部对《建筑设计防火规范》做了局部修订,发布了征求意见稿,请注意关注最新文件了解相关知识。

(三)按建筑结构的材料分类

在建筑物中起承载作用的系统称为结构。建筑结构常采用的材料有砖石材料、木材、钢筋混凝土材料、钢材等。各种结构材料的物理力学性能不同,建筑结构各个部位的受力特征也不同,在结构材料的选择上就要有所侧重。比较常见的类型有砖木结构、砖混结构、木结构、钢筋混凝土结构、钢结构、型钢混凝土组合结构等,如表 2-4 所示。

表 2-4　民用建筑按建筑结构的材料分类

类型	含义	特点	适用范围
砖木结构	竖向承重结构的墙、柱等采用砖或砌块砌筑,楼板、屋架等采用木材的建筑结构	构造简单,费用较低,易取材	由于力学与工程强度的限制,一般适用于低层(1～3 层)
砖混结构	以小部分钢筋混凝土及大部分砖墙承重的结构	承重结构是楼板和墙体,使用寿命和抗震等级低	主要适用于房屋面积及进深小、多层或低层建筑
木结构	以木方、集成材、木质板材为主构成的结构	从结构形式上可分为重型梁柱木结构和轻型桁架木结构,连接节点通常采用金属连接件,具有绿色环保、节能保温、建造周期短、抗震性好的特点	主要适用于民用和中小型工业厂房的屋盖中,还可用于桥梁和塔架
钢筋混凝土结构	用配有钢筋增强的混凝土制成的结构	承重的主要构件是用钢筋混凝土建造的,钢筋承受拉力、混凝土承受压力,可就地取材,整体性、可模性好,比钢结构耐久性、耐火性好且节约钢材	适用范围较广

（续表）

类型	含义	特点	适用范围
钢结构	由钢制材料组成的结构，是主要的建筑结构类型之一	主要以钢材承重，自重较轻，施工简单，**抗震性能好**	广泛应用于大型厂房、场馆、超高层等领域
型钢混凝土组合结构	把型钢埋入钢筋混凝土中的一种独立的结构形式	承载力大，刚度大，**抗震性能**好，费用较高	常应用于大型结构中

温馨提示

学习时应对各类型建筑的特点及适用范围予以掌握，尤其是型钢混凝土组合结构与钢结构相比时突出的特点为防火性能好，结构局部和整体稳定性好，节省钢材等；与钢筋混凝土结构相比时突出的特点为承载力大，刚度大，抗震性能好等。

力求节省钢材且截面最小的大型结构应采用型钢混凝土组合结构。

考题探究

【单选题】某房间多为开间 3 m，进深 6 m 的四层办公楼常用的结构形式为（　　）。

A. 木结构　　B. 砖木结构

C. 砖混结构　　D. 钢结构

【细说考点】本题主要考查砖混结构的特点及适用范围。砖混结构是指以小部分钢筋混凝土及大部分砖墙承重的结构。其承重结构是楼板和墙体，使用寿命和抗震等级低，主要适用于房屋面积及进深小、多层或低层建筑。本题中，该办公楼开间、进深、楼层数均较小，因此应选用砖混结构。本题选 C。

（四）按建筑结构的承重体系分类

1. 框架结构

框架结构是指由许多梁和柱共同组成的框架来承受房屋全部荷载的结构。高层的民用建筑和多层的工业厂房，砖墙承重已不能适应荷载较大的要求，往往采用框架作为承重结构。

框架结构如图 2-2 所示，在非地震区，框架结构一般不超过 15 层。框架结构的特点是平面布置灵活，自重小，节省材料，可建造较大空间，但是侧向刚度较差。

图 2-2　框架结构

2. 剪力墙结构

剪力墙结构是指由剪力墙组成的承受竖向和水平作用的结构。剪力墙是房屋或构筑物中主要承受风荷载或地震作用引起的水平荷载和竖向荷载(重力)的墙体,防止结构剪切(受剪)破坏。剪力墙结构在高层建筑中被大量运用,高层建筑主要承受水平荷载,墙体既受剪力作用又受弯矩作用。

剪力墙结构如图 2-3 所示,其剪力墙的墙段的长度通常小于 8 m,适用于高度在 180 m 以下的小开间,如住宅、旅馆等。其特点是侧向刚度大,较框架结构在高度上有优势,但平面布置不灵活且自重较大。

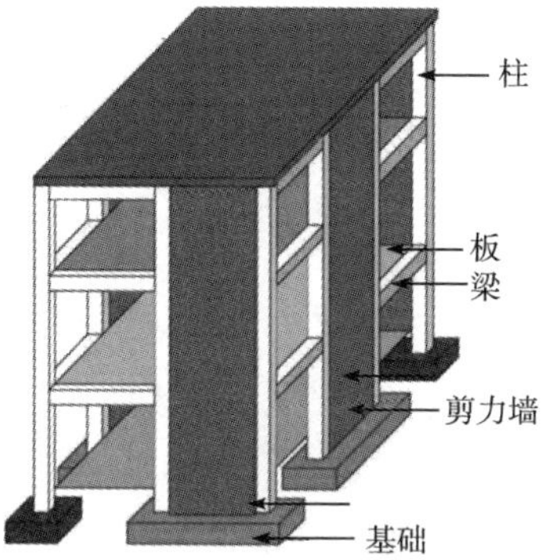

图 2-3　**剪力墙结构**

> **温馨提示**
>
> 剪力墙一般采用钢筋混凝土做成,厚度不小于 160 mm,也可采用型钢混凝土或钢板混凝土做成。

3. 框架一剪力墙结构

框架一剪力墙结构也称框剪结构,这种结构是在框架结构中布置一定数量的剪力墙,构成灵活自由的使用空间,满足不同建筑功能的要求,同时又有足够的剪力墙,有相当大的侧向刚度。

> **温馨提示**
>
> 剪力墙的侧向刚度大就是指在水平荷载(如风荷载、水平地震力)的作用下抵抗变形能力强。

框架一剪力墙结构如图 2-4 所示,其适用于超高层(高度不超过 170 m)有较大空间的公共建筑。

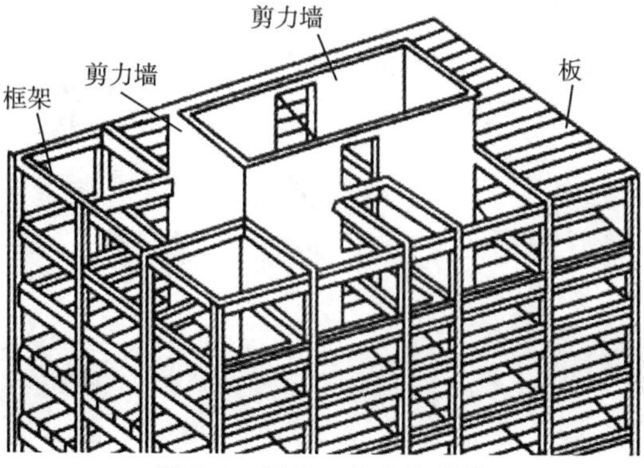

图 2-4　**框架一剪力墙结构**

4. 桁架结构

桁架结构中的桁架指的是桁架梁，**杆件只受轴向力**，是格构化的一种梁式结构。

桁架结构如图 2-5 所示，其常用于大跨度的厂房、展览馆、体育馆和桥梁等公共建筑。由于大多用于建筑的屋盖结构，桁架通常也被称作屋架。桁架结构的优点是利用截面较小的杆件组成截面较大的构件，能够使材料强度得到充分发挥。

图 2-5　**桁架结构**

5. 悬索结构

悬索结构是由柔性受拉索及其边缘构件所组成的承重结构，主要应用于建筑工程和桥梁工程，是一种比较理想的大跨度结构形式之一，目前最大跨度可达到 160 m。

知识拓展

悬索结构主要的承重构件是受拉的钢索，索的拉力值与跨中垂度成反比，垂度越小，拉力越大。悬索结构的跨中垂度一般为跨度的 1/30，对于一定跨度的悬索结构，若垂度太小则曲面扁平，索中拉力将过大；若垂度太大则索中拉力减少。

悬索结构如图 2-6 所示，其能充分利用高强材料的抗拉性能，可以做到跨度大、自重小、材料省、易施工，主要适用于大跨度桥梁工程，以及体育馆、飞机库、展览馆、仓库等大跨度屋盖结构。

图 2-6　**悬索结构**

6. 拱结构

拱结构是一种**主要承受轴向压力**并由两端推力维持平衡的结构。拱可分为无铰拱、两铰拱和三铰拱。拱结构比桁架结构具有更大的力学优点。

拱结构如图 2-7 所示，其主要适用于体育馆、展览馆、桥梁等。

图 2-7 拱结构

7. 筒体结构

筒体结构是由框架一剪力墙结构与全剪力墙结构综合演变和发展而来的。筒体结构是指由竖向筒体为主组成的承受竖向和水平作用的建筑结构，适用于层数较多的高层、超高层建筑。

筒体在侧向风荷载的作用下，其受力类似刚性的箱型截面的悬臂梁，迎风面将受拉，而背风面将受压。筒体结构是抵抗水平荷载最有效的结构形式，可分为框架一核心筒结构（如图 2-8 所示）、筒中筒结构、多筒结构等，主要适用于高度不超过 300 m 的建筑。

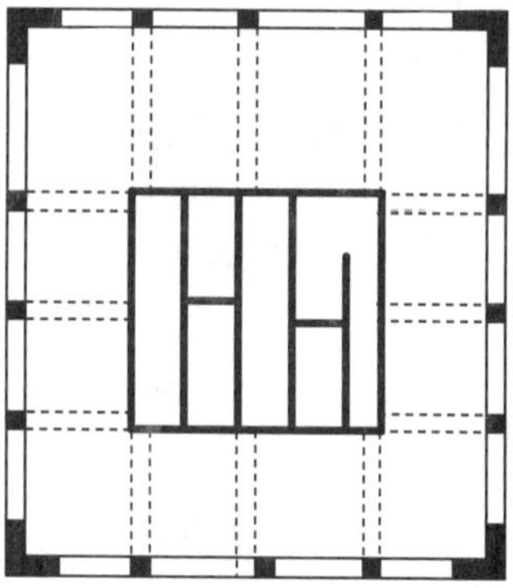

图 2-8 框架一核心筒结构

8. 网架结构

网架结构是指由多根杆件按照一定的网格形式通过节点连接而成的空间结构，**杆件主要承受轴向力**。

网架结构如图 2-9 所示，其具有空间受力小、重量小、刚度大、抗震性能好等优点，缺点是汇交于节点上的杆件数量较多，制作安装较平面结构复杂，杆件一般需要工业化生产。

图 2-9 网架结构

温馨提示

网架结构还具有下列特点：空间受力体系，整体性好；杆件轴向受力合理，节约材料；高次超静定，稳定性。

考题探究

【多选题】下列结构体系中，构件主要承受轴向力的有（　　）。

A. 砖混结构　　B. 框架结构

C. 桁架结构　　D. 网架结构

E. 拱式结构

【细说考点】本题主要考查各种结构体系的受力特点。桁架结构中的桁架指的是桁架梁，杆件只受轴向力，是格构化的一种梁式结构。网架结构是指由多根杆件按照一定的网格形式通过节点连结而成的空间结构，杆件主要承受轴向力。拱结构是一种主要承受轴向压力并由两端推力维持平衡的结构，轴向压力属于轴向力。本题选 CDE。

9. 薄壁空间结构

薄壁空间结构也称壳体结构，是指由空间曲面型板或加边缘构件组成的空间曲面结构。其壳体的厚度远小于壳体的其他尺寸，因此具有很好的空间传力性能，能以较小的构件厚度形成承载能力高、刚度大的承重结构，能覆盖或维护大跨度的空间而不需要空间支柱，能兼承重结构和围护结构的双重作用，从而节约结构材料。

壳体结构如图 2-10 所示，其可做成各种形状，以适应工程造型的需要，因而广泛应用于工程结构中，如大跨度建筑物顶盖（如展览馆、俱乐部、飞机库等）、中小跨度屋面板、工程结构与衬砌、各种工业用管道压力容器与冷却塔、反应堆安全壳、无线电塔、贮液罐等。工程结构中采用的壳体多由钢筋混凝土做成，也可用钢、木、石、砖或玻璃钢做成。

图 2-10 壳体结构

10. 混合结构

混合结构是相对于单一结构如混凝土、木结构、钢结构而言的，是指多种结构形式混合而成的一种结构。最常用的是钢筋混凝土和砖木的混合，如一幢房屋的梁是用钢筋混凝土制成，以砖墙为承重墙，或者梁是用木材建造，柱是用钢筋混凝土建造。

混合结构如图 2-11 所示，其大多用于6层以下的住宅、办公楼、教学楼等，不宜建造大空间的房屋。

图 2-11 混合结构

考题探究

【单选题】空间较大的 18 层民用建筑的承重体系可优先考虑(　　)。

A. 混合结构体系

B. 框架结构体系

C. 剪力墙体系

D. 框架一剪力墙体系

【细说考点】本题主要考查各种结构体系的适用范围。混合结构体系一般适用于 6 层以下建筑。故选项 A 错误。框架结构体系一般不超过 15 层。故选项 B 错误。剪力墙体系开间比较小，不符合空间较大的条件。故选项 C 错误。本题选 D。

(五) 按施工建造方法分类

由于建筑材料的不同、施工机械和各种建筑构配件供应情况的差异、施工场地条件的限制及经济因素等各方面的影响和制约，建筑物的施工建造方法也有很大的不同，主要可分为两大类，即现浇、现砌式建筑和装配式建筑。其中，装配式建筑又可分为装配式混凝土结构建筑（全预制装配式混凝土结构、预制装配整体式混凝土结构）、装配式钢结构建筑（钢框架结构、钢框架－支撑结构、筒体结构等）和装配式木结构建筑。对于历年考试中考查的知识点，下面以考题探究的形式进行介绍。

考题探究

【单选题】下列装配式建筑中，适用于软弱地基，经济环保的是（　　）。

A. 全预制装配式钢结构建筑　　B. 预制装配整体结构建筑

C. 装配式钢结构建筑　　D. 装配式木结构建筑

【细说考点】本题主要考查装配式建筑的特点及适用范围。装配式建筑包括装配式混凝土结构建筑、装配式钢结构建筑和装配式木结构建筑。其中，装配式钢结构建筑是指建筑的结构系统主要由钢部件构成的装配式建筑，其适用于软弱地基，具有自重轻、基础造价低、安装容易、施工快、施工污染环境少、抗震性能好、可回收利用、经济环保、梁柱截面更小，可获得更多的使用面积等特点。本题选 C。

【单选题】关于全预制装配式混凝土结构特点的说法，正确的是（　　）。

A. 通常采用刚性连接技术　　B. 少部分构件在工厂生产

C. 连接部位抗弯能力强　　D. 震后恢复性能好

【细说考点】本题主要考查全预制装配式混凝土结构的特点。全预制装配式混凝土结构通常采用柔性连接技术，所有构件都在工厂生产，再运至现场进行装配。全预制装配式混凝土结构的抗弯能力和预制构件比相对较差。本题选 D。

二、民用建筑的组成及构造 ★★★★★

（一）民用建筑的组成部分

建筑物的基本功能主要有两个，即承载功能和围护功能。

（1）建筑物要承受作用在它上面的各种荷载，包括建筑物的自重、人和家具设备等使用荷载、雪荷载、风荷载、地震作用等，这是建筑物的承载功能。

（2）为了给在建筑物中从事各种生产、生活活动的人们提供一个舒适、方便、安全的空间环境，避免或减少各种自然气候条件和各种人为因素的不利影响，建筑物还应具有良好的保温、隔热、防水、防潮、隔声、防火的功能，这是建筑物的围护功能。

针对建筑物的承载和围护两大基本功能，建筑物的系统组成也就相应形成了建筑承载系统和建筑围护系统两大组成部分。

（1）建筑承载系统是由基础、墙体结构、柱、楼板结构层、屋顶结构层、楼梯结构构件等组成的一个空间整体结构，用以承受作用在建筑物上的全部荷载，满足承载功能。

（2）建筑围护系统则主要通过各种非结构的构造做法，建筑物的内、外装修以及门窗的设置等，形成一个有机的整体，用以承受各种自然气候条件和各种人为因素的作用，满足保温、隔热、防水、防潮、隔声、防火等围护功能。

一般民用建筑由基础、地下室、墙体（柱）、楼地层、楼梯、屋顶、门窗、阳台等构配件组成，如图 2-12 所示。

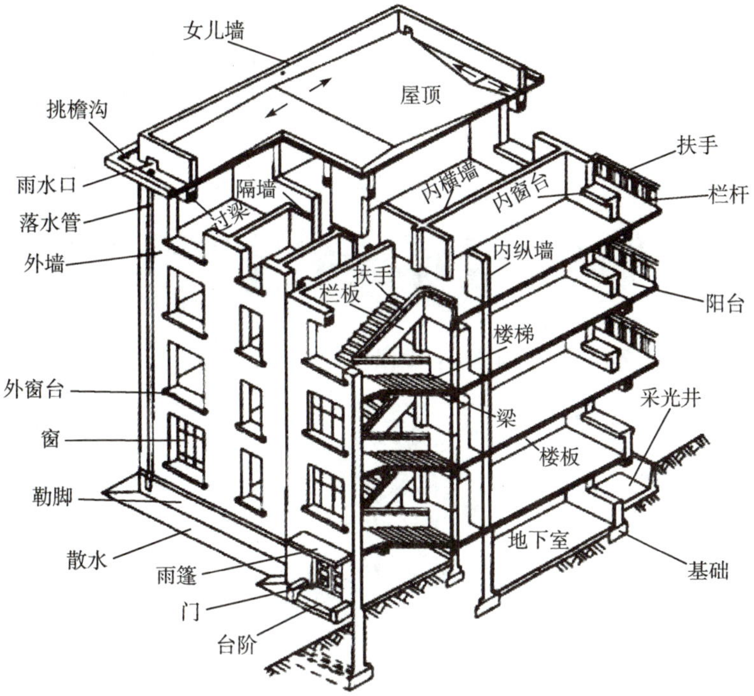

图 2-12 民用建筑的组成

(二)基础

1. 基础概述

基础是指将结构所承受的各种作用传递到地基上的结构组成部分,地基则是支承基础的土体或岩体。

温馨提示

地基与基础的不同之处在于地基不是建筑物的组成部分。

基础的埋置深度是指基础埋于土层的深度,一般指从室外地坪至基础底面的垂直距离。埋深小于 5 m 或埋深小于 4B 的基础称为浅基础(B 为基础宽度,埋深最小为 500 mm),埋深大于 5 m 或埋深大于等于 4B 的基础称为深基础。基础的宽度由工程设计计算决定,柔性基础底面的宽度不包括垫层的宽度。基础埋深结构图如图 2-13 所示。

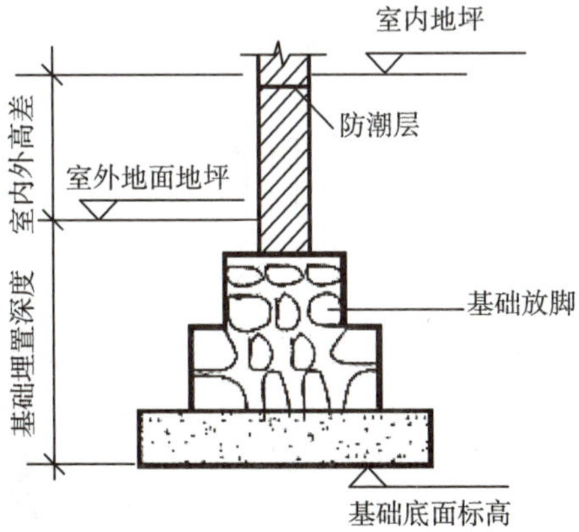

图 2-13 基础埋深结构图

在满足地基稳定和变形要求的前提下，当上层地基的承载力大于下层土时，宜利用上层土作持力层。除岩石地基外，基础埋深不宜小于 0.5 m。

基础的埋置深度应满足地基承载力、变形和稳定性要求。位于岩石地基上的工程结构，其基础埋深应满足抗滑稳定性要求。

知识拓展

基础若外露则易受到外界的破坏，因此，基础顶面应在设计地面以下，且应低于设计地面 0.1 m 以上。

对于影响建筑物基础埋深的因素，下面以考题探究的形式进行介绍。

考题探究

【多选题】影响建筑物基础埋深的因素有（　　）。

A. 地下水位的高低
B. 建筑面积的大小
C. 地基土质的好坏
D. 散水宽度与坡度
E. 新旧建筑物的相邻交接

【细说考点】本题主要考查建筑物基础埋深的影响因素。影响建筑物基础埋深的因素有建筑物上部荷载的大小、地下水位的高低、地基土质的好坏、新旧建筑物的相邻交接和土壤冰冻深度等。本题选 ACE。

2. 基础的类型与构造

基础的类型有很多，按受力特点及材料性能分类，基础可分为刚性基础和柔性基础；按构造形式分类，基础可分为独立基础、条形基础、井格基础、筏形基础、箱形基础、桩基础等。基础的分类、特点及适用范围如表 2-5 所示。

表 2-5　基础的分类、特点及适用范围

分类标准	类型	含义	特点及适用范围
受力特点及材料性能	刚性基础	由砖、毛石、混凝土或毛石混凝土、灰土和三合土等材料组成，不配置钢筋的墙下条形基础或柱下独立基础	又称无筋扩展基础，其抗压强度高，抗拉、抗弯、抗剪强度偏低。其受刚性角限制，构造上可通过限制基础宽高比来满足刚性角要求，即基础大放脚与基础材料刚性角尽量一致，适用于多层民用建筑和轻型厂房
	柔性基础	将上部结构传来的荷载，通过向侧边扩展成一定底面积，使作用在基底的压应力小于或等于地基土的允许承载力，而基础内部的应力应同时满足材料本身的强度要求，这种起到压力扩散作用的基础即为柔性基础	底部配有承受拉力的钢筋，因而其底面可以做得宽而薄，基础的加宽不受刚性角限制，适用于建筑物上部荷载较大而地基承载力较小的情形
构造形式	独立基础	独立承受柱荷载的基础	又称单独基础，是柱下基础的主要类型，适用于建筑物承重体系为梁、柱组成的框架、排架或其他类似结构，常见断面形式有阶梯形、锥形和杯形等。其中，锥形或阶梯型基础断面两侧垂直面最小宽度应为 200 mm

（续表）

分类标准	类型	含义	特点及适用范围
构造形式	条形基础	传递墙体荷载或间距较小柱荷载的条状的基础	又称带形基础，可分为墙下条形基础和柱下条形基础。 (1)墙下条形基础可做成无肋式条形基础和肋式条形基础两种，无肋式条形基础适用于建筑物上部有较大荷载而土质又较差的情形；肋式条形基础适用于建筑地基在水平方向上压缩性不均匀的情形，以增加基础的整体性，减少不均匀沉降。 (2)柱下条形基础适用于软弱地基上框架或排架结构的情形，其具有刚度较大，调整不均匀沉降能力较强的优点
	井格基础	纵横两向柱列下条形基础构成的呈十字交叉形状的整体基础	又称柱下十字交叉基础，适用于地基条件较差的情形，可以提高建筑物的整体性，防止柱子之间产生不均匀沉降
	筏形基础	柱下或墙下连续的平板式或梁板式钢筋混凝土基础	适用于上部结构荷载较大，而地基承载力特别低的情形，可分为梁板式和平板式两种类型
	箱形基础	由底板、顶板、侧墙及一定数量内隔墙构成的整体刚度较好的单层或多层钢筋混凝土基础	适用于上部结构荷载大、对地基不均匀沉降要求严格、地基软弱土层厚、建筑面积不太大的重要高层建筑
	桩基础	由设置于岩土中的桩和与桩顶连接的承台共同组成的基础	适用于建筑物荷载较大，地基软弱土层的厚度在 5 m 以上，且其他地基处理措施又不适用的情形

（三）地下室

1. 地下室的组成

建筑物首层地面以下的使用空间称为地下室。地下室一般由墙身、底板、顶板、门窗、楼梯五部分组成。地下室可以用作设备间、储藏房间、车库、商场以及战备人防工程等。高层建筑常利用深基础，建造一层或多层地下室，既可节约建设用地，增加使用面积又节省填土费用。

2. 地下室的类型

(1)按埋入地下深度分类。

地下室按埋入地下深度的不同可分为全地下室和半地下室。全地下室是指地下室地面低于室外地坪的高度超过该房间净高的 1/2；半地下室是指地下室地面低于室外地坪的高度为该房间净高的 1/3～1/2。具体分类如图 2-14 所示。

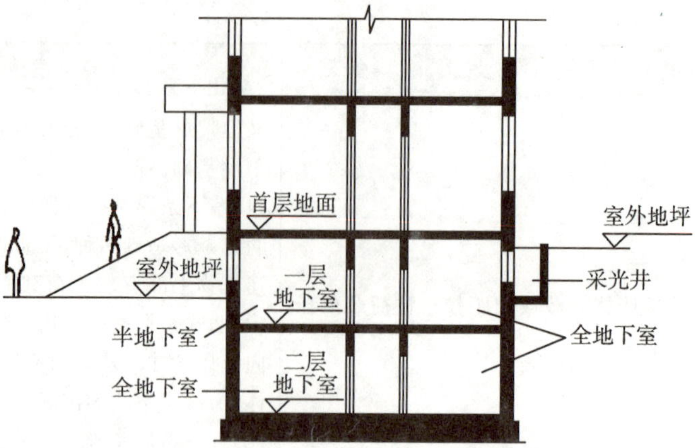

图 2-14　地下室按埋入地下深度分类

(2)按使用功能分类。

地下室按使用功能的不同可分为普通地下室和人防地下室。普通地下室一般用作高层建筑的地下停车库、设备用房，根据用途及结构需要可做成一层或多层地下室；人防地下室是结合人防要求设置的地下空间，用以应付战时人员的隐蔽和疏散，并有具备保障人身安全的各项技术措施。

(3)按结构材料分类。

地下室按结构材料的不同可分为砖混结构地下室和钢筋混凝土结构地下室。

3. 地下室的防潮构造

(1)构造条件。

所处区域常年水位或最高水位在地下室底板以下时，并且无形成上层滞水的可能。

(2)构造要求。

当常年地下水位低于地下室地坪时，地下室应进行防潮处理。防潮部位包括墙身防潮和底板防潮。砖砌体地下室必须用水泥砂浆砌筑，墙外侧在做好水泥砂浆抹面后，涂冷底子油一道及热沥青两道，然后回填低渗透性土壤，如灰土。

知识拓展

在墙身与地下室地坪及室内地坪之间应设墙身水平防潮层，墙身水平防潮层应设置两道，一道设置在地下室地坪附近，另一道设置在室外地面散水以上 150～200 mm处，以防止土中潮气和地面雨水因毛细管作用沿墙体上升而影响结构。

4. 地下室的防水构造

当设计最高水位高于地下室地坪时，地下室的外墙和底板都浸泡在水中，受到有压水的作用，地下室应进行防水处理。

常用的防水措施有构件自防水和材料防水两类。

(1)构件自防水是指当地下室地坪和墙体均为钢筋混凝土结构时，可采用抗渗性能好的防水混凝土材料，使承重、围护、防水功能三合一。这种防水属于刚性防水，适用于结构刚度好，变形小，不受振动作用的工程中。

(2)材料防水是指在外墙和地坪表面敷设防水材料，如卷材、涂料或防水水泥砂浆等，以阻止地下水渗入。其中，卷材防水是常用的一种防水材料。卷材防水层适用于受侵蚀介质作用或受振动作用的地下工程。卷材防水层按防水层铺贴位置的不同，分为外防水和内防水两种，如图 2-15 所示。外防水是将防水层贴在地下室外墙的外表面(即迎水面)，这种方法防水效果好，但维修困难。内防水是将防水层贴在地下室外墙的内表面，这样施工方便，容易维修，但不利于防水。

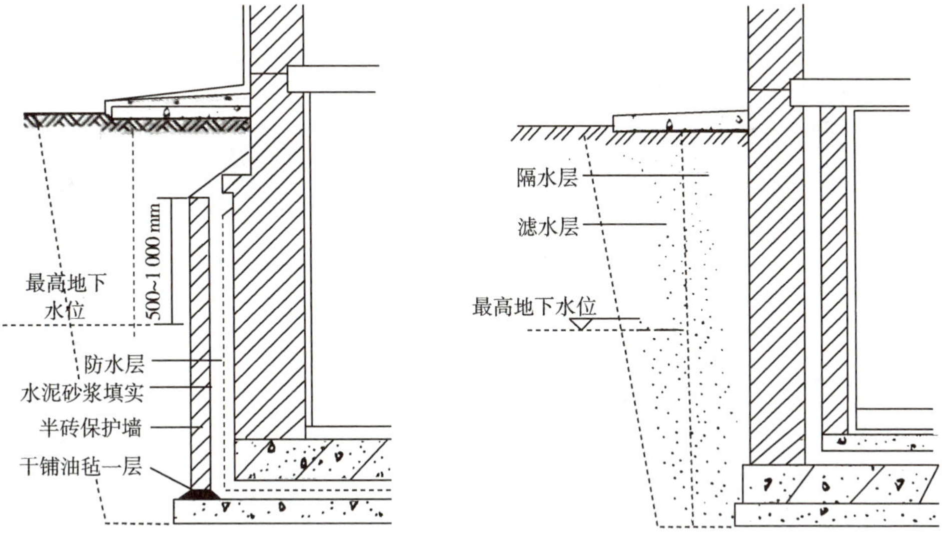

图 2-15 地下室的防水

知识拓展

由图 2-15 可知，地下室墙体垂直防水卷材外侧一般做完水泥砂浆保护层后再做砖保护墙。

防水卷材的设计要求：卷材防水层为一或两层。在转角处、阴阳角等特殊部位，应增贴 1～2 层相同的卷材。

(四) 墙体(柱)

1. 墙体概述

在一般砌体结构建筑中，墙体是主要的承重构件。墙体的质量占建筑物总质量的 40%～45%，其造价占全部建筑造价的 30%～40%。在其他类型的建筑中，墙体可能是承重构件，也可能是围护构件，但它所占的造价比例也较大。因而在工程设计中，合理地选择墙体材料、结构方案及构造做法十分重要。

2. 墙体的作用与要求

墙体在建筑中的作用如下：

(1)承重作用。承受房屋的屋顶、楼层、人和设备的荷载，以及墙体自重、风荷载、地震荷载等。

(2)围护作用。抵御自然界风、雪、雨等的侵袭，防止太阳辐射和噪声的干扰等。

(3)分隔作用。墙体可以把房间分隔成若干个小空间或小房间。

(4)装修作用。墙体还是建筑装修的重要部分，墙面装修对整个建筑物的装修效果作用很大。

墙体应满足的要求如下：

(1)具有足够的强度和稳定性。

(2)满足热工方面(保温、隔热、防止产生凝结水)的性能。

(3)具有一定的隔声性能。

(4)具有一定的防火性能。

(5)合理选择墙体材料、减轻自重、降低造价。

(6)适应工业化的发展需要。

知识拓展

民用建筑的耐火等级可分为一、二、三、四级。其中，一级、二级耐火等级建筑相应构件的燃烧性能和耐火极限不应低于表 2-6 的规定。

表 2-6　一级、二级耐火等级建筑相应构件的燃烧性能和耐火极限

构件名称		耐火等级	
		一级	二级
墙	防火墙	不燃性(3.00 h)	不燃性(3.00 h)
	承重墙	不燃性(3.00 h)	不燃性(2.50 h)
	非承重外墙	不燃性(1.00 h)	不燃性(1.00 h)
	楼梯间和前室的墙、电梯井的墙、住宅建筑单元之间的墙和分户墙	不燃性(2.00 h)	不燃性(2.00 h)
柱		不燃性(3.00 h)	不燃性(2.50 h)
梁		不燃性(2.00 h)	不燃性(1.50 h)
楼板		不燃性(1.50 h)	不燃性(1.00 h)
屋顶承重构件		不燃性(1.50 h)	不燃性(1.00 h)
疏散楼梯		不燃性(1.50 h)	不燃性(1.00 h)

3. 墙体的分类

墙体依据不同的标准有很多分类方法，比较常用的有根据墙体的位置、受力特点、材料、构造方式和施工方法进行分类。

(1)墙体根据所在位置分类。

墙体根据所在位置分类如表 2-7 所示。

表 2-7　墙体根据所在位置分类

分类标准	类型	含义
所在位置	内墙	位于建筑物内部的墙体
	外墙	位于建筑物周边的墙体
	纵墙	沿着建筑物长轴方向布置的墙体
	横墙	沿着建筑物短轴方向布置的墙体

外墙属于房屋的外围护结构，起着分割室内外空间、遮风、挡雨、隔热和保护室内空间环境良好的作用，一般采用节能保温措施。内墙主要是用来分割建筑物的内部空间。

(2)墙体根据受力特点分类。

墙体根据受力特点分类如表 2-8 所示。

表 2-8　墙体根据受力特点分类

分类标准	类型	含义
受力特点	承重墙	承受屋顶和楼板等构件传下来的竖向荷载和风荷载、地震作用等水平荷载的墙体
	非承重墙	不承受上部荷载的墙体，如隔墙、填充墙、幕墙等

分隔内部空间，其自重由楼板或梁承受的墙称为隔墙，隔墙只能是内墙。框架结构中，填充在柱子之间的墙称为框架填充墙，可以是内墙或外墙，同一建筑物中，可以根据需要用不同的材料来做填充墙。悬挂于外部骨架或楼板间的轻质外墙称为幕墙，如玻璃幕墙、石材幕墙等，幕墙只能是外墙。

知识拓展

常见的隔墙按其构造方式可分为块材隔墙、轻骨架隔墙和板材隔墙三类。

(3)墙体根据材料分类。

墙体根据材料分类如表 2-9 所示。

表 2-9　墙体根据材料分类

分类标准	类型	含义
材料	砖墙	用砖和砂浆砌筑而成的墙体
	砌块墙	将预制块材(砌块)按一定技术要求砌筑而成的墙体
	钢筋混凝土墙	由钢筋混凝土材料构成的主要用来承受水平荷载和地震作用的墙体
	石材墙	以石材为原料砌筑而成的墙体，主要用于山区和产石地区
	特殊材料墙	以特殊材料为原料砌筑而成的墙体，如石膏板墙、舒乐舍板墙、加气混凝土墙、压型金属板墙、预制钢筋混凝土墙等

知识拓展

石膏板墙多用于中低档建筑的非承重内隔墙；舒乐舍板墙综合性能较好，多用于框架建筑的围护外墙及轻质隔墙、承重的外保温复合外墙的保温层、低层框架的承重墙和屋面板等。加气混凝土有蒸压加气混凝土和陶粒加气混凝土。下列情况下不得采用蒸压加气混凝土制品：建筑物防潮层以下的外墙；长期处于浸水或化学侵蚀的外墙；表面温度经常处于 80 ℃以上的部位。

(4)墙体根据构造方式分类。

墙体根据构造方式分类如表 2-10 所示。

表 2-10　墙体根据构造方式分类

分类标准	类型	含义
构造方式	实体墙	由单一材料组成的墙体，如普通砖墙、实心砌块墙等
	空体墙	由单一材料组成，但墙内有空腔的墙体，或者由具有空洞的材料建造的墙体，如空斗墙、空心砌块墙等
	复合墙	由两种以上材料组合而成的墙体

复合墙一般是由承重部分和保温部分组成。例如，主体结构采用普通砖(多孔砖)或

钢筋混凝土板材，在其内侧或外侧复合轻质保温材料构成外墙内保温或外墙外保温结构；也可以将外墙做成夹心墙（在墙体中预留的连续空腔内填充保温或隔热材料，并在墙的内叶和外叶之间用防锈的金属拉结件连接形成的墙体），保温层做在墙体中间，形成外墙夹芯保温或空气间层保温墙体。

外墙外保温做法具有以下优点：

①外保温材料对主体结构有保护作用，室外气候条件引起墙体内部产生较大的温度变化，而发生在保温层内部时可避免内部主体结构产生很大的温度变化，使热应力减小，主体结构的寿命延长。

②有利于消除或减弱热桥的影响，若采用内保温，则热桥现象十分严重。

③主体结构在室内的一侧，由于蓄热能力较强，对房间的热稳定有利，可避免室温出现较大波动。

④住宅楼大多要进行二次装修。采用内保温时，保温层在二次装修时会遭到破坏，外保温则可以避免。

⑤外保温可以取得较好的经济效益，尤其是可以增加1.8%～2.0%的使用面积。

外墙外保温系统主要包括粘贴保温板薄抹灰外保温系统、胶粉聚苯颗粒保温浆料外保温系统、EPS板现浇混凝土外保温系统、EPS钢丝网架板现浇混凝土外保温系统、胶粉聚苯颗粒浆料贴砌EPS板外保温系统和现场喷涂硬泡聚氨酯外保温系统等。

对于外墙内保温和外墙外保温的更多内容，下面以考题探究的形式进行介绍。

考题探究

【单选题】为防止外墙内保温材料变潮，通常采用的做法为（　　）。

A. 在保温层靠室内一侧加防潮层

B. 在保温层与主体结构之间加防潮层

C. 在保温层靠室内一侧加隔汽层

D. 在保温层与主体结构之间加隔汽层

【细说考点】本题主要考查防止外墙内保温材料变潮的做法。把保温材料设置在外墙的室内一侧，称为内保温。外墙采用内保温是常用的一种外墙保温方式，它对材料性能、配套技术要求不太高，与外墙外保温相比，外墙内保温的优点包括：(1)施工比较方便、安全。(2)施工造价较低。(3)减少夏季晚上闷热感。(4)有利于延长建筑物使用寿命。(5)有利于安全防火。(6)不易受大风或雨水天气的影响。但在湿度大的地区或潮湿房间的条件下，内保温的保温层易受潮而降低保温性能。因此，为防止外墙内保温材料变潮，通常在保温层靠室内一侧增设隔汽层，用以防止水蒸气进入保温层的内部。本题选C。

【单选题】关于外墙外保温层采用厚壁面层结构时的做法，正确的是（　　）。

A. 在保温层外表面涂抹水泥砂浆

B. 在保温层外表面涂抹聚合物砂浆

C. 在底涂层和面层涂抹聚合物水泥砂浆

D. 在底涂层中设置玻化纤维网格

【细说考点】本题主要考查外墙外保温层采用厚壁面层结构时的做法。外墙保温层的面层具有保护和装饰的作用，当采用薄面层结构（厚度为10 mm以内）时通常在保温层外表面涂抹聚合物水泥胶浆；当采用厚壁面层结构（厚度为25～30 mm）时通常在保温层外表面涂抹水泥砂浆。本题选A。

【多选题】与外墙内保温相比，外墙外保温的优点在于（ ）。

A. 有良好的建筑节能效果
B. 有利于提高室内温度的稳定性
C. 有利于降低建筑物造价
D. 有利于减少温度波动对墙体损坏
E. 有利于延长建筑物使用寿命

【细说考点】本题主要考查外墙外保温的优点。与外墙内保温相比，外墙外保温的优点除了选项 A、B、D、E 外，还不会产生热桥，但其造价相对较高。本题选 ABDE。

【单选题】在外墙聚苯板保温层上覆盖钢丝网的作用是（ ）。

A. 固定保温层
B. 防止保温层开裂
C. 加强块料保温层的整体性
D. 防止面层结构开裂、脱落

【细说考点】本题主要考查在外墙聚苯板保温层上覆盖钢丝网的作用。在外墙聚苯板保温层上覆盖钢丝网的主要作用是增强面层抹灰的黏结强度及抗拉强度，可有效防止面层结构开裂、脱落等缺陷的发生。所用钢丝网的直径一般为 2 mm，网孔为 50 mm×50 mm。本题选 D。

（5）墙体根据施工方法分类。

墙体根据施工方法分类如表 2-11 所示。

表 2-11 墙体根据施工方法分类

分类标准	类型	含义
施工方法	叠砌式墙（块材墙）	用砂浆等胶结材料将砖石块材等组砌而成的墙体，如砖墙、砌块墙、石材墙等
	现浇整体式墙（板筑墙）	在施工现场浇筑完成的墙体，如现浇混凝土墙
	预制装配式墙（板材墙）	在工厂预制墙板，施工时安装而成的墙体，如预制钢筋混凝土墙

4. 墙体的构造

墙体的类型多种多样，其中砖墙具有较好的承重、保温、隔热、隔声、防火、耐久等性能，为低层和多层房屋所广泛采用。下面以砖墙为例，介绍墙体的构造相关内容。

普通墙墙身的细部构造包括勒脚、散水与明沟、墙身防潮层、踢脚、墙裙、防火墙、过梁、窗台、壁柱和门垛、圈梁、构造柱、变形缝等内容。

（1）勒脚。

勒脚是指在房屋外墙接近地面部位特别设置的饰面保护构造。地表水和地下水的毛细作用所形成的土壤潮气会侵蚀勒脚部位，地潮沿墙身不断上升，致使室内抹灰粉化、脱落，抹灰表面生霉，影响人体健康；冬季也易形成冻融破坏。因此，勒脚的作用是防止地面水、屋檐滴下的雨水对墙面的侵蚀，从而保护墙面，保证室内干燥，提高建筑物的耐久性；保护近地墙体，防止各种机械性碰撞，起到坚固墙体的作用；同时，可以增强建筑物的立面美观效果。

勒脚的高度要高于室内地坪，一般取室内外高差且不应低于 500 mm，常用 600～800 mm。考虑建筑立面造型的处理，有时也将勒脚高度提高到底层窗台。

（2）散水与明沟。

散水是指沿建筑外墙周边的地面，为避免建筑外墙根部积水而做的一定宽度向外找坡的保护面层。散水的做法应满足以下要求。

①散水的宽度：应根据土壤性质、气候条件、建筑物的高度和屋面排水形式确定，一般为 600～1 000 mm，同时满足比无组织排水屋顶檐口宽 200 mm 左右。

②散水的坡度：坡度一般为 3%～5%。

③散水的设缝：为防止由于建筑物的沉降和土壤冻胀等因素的影响，从而导致散水与勒脚交接处开裂，在构造上要求散水与勒脚或墙体连接处设置伸缩缝。散水沿长度方向宜设分隔缝，以适应因材料收缩、温度变化和土壤不均匀变形而带来的影响。缝内填塞沥青类材料，表面用油膏嵌缝，以避免渗水。

④散水的面层材料：常用的有细石混凝土、混凝土、水泥砂浆、卵石、块石、花岗石等；垫层多用 3∶7灰土或卵石灌 M2.5 混合砂浆。

明沟是指沿建筑外墙周边的地面，为汇集排放雨水而设的排水沟渠。明沟是靠近勒脚下部的排水沟，作用是将积水引向下水道，一般在年降雨量为 900 mm 以上的地区才选用。明沟宽度一般为 200 mm 左右，沟底应有 0.5%左右的纵坡。明沟与墙体或勒脚交接处也应设置伸缩缝。明沟的材料可以用混凝土现浇后外抹水泥砂浆，或用砖石砌筑后再抹水泥砂浆而成。

散水与明沟的作用是迅速排除室外地面水、墙面水及屋檐水，防止因积水渗入地基造成对墙基的侵蚀和建筑物的下沉。在建筑物外墙周围进行绿化时，可以采用暗埋式混凝土散水。

(3)墙身防潮层。

墙身防潮是在墙脚铺设防潮层，其作用是防止土壤中的水分由于毛细作用上升而使建筑物墙身受潮，从而提高建筑物的耐久性，并保持室内干燥、卫生。墙身防潮层应在所有的内外墙中连续设置。根据构造形式的不同，墙身防潮层可分为水平防潮层和垂直防潮层两种。

防潮层的位置应符合以下要求：

①室内垫层为混凝土等密实材料时，防潮层设在垫层范围内，一般低于室内地坪 60 mm。

②室内垫层为三合土或碎石灌浆等透水性材料时，防潮层设在与室内地坪平齐或高于室内地坪 60 mm 处。

③内墙面两侧出现高差或室内地面低于室外地面时，应在高低两个墙脚处分别设一道水平防潮层，还应在土壤一侧设置垂直防潮层。

知识拓展

室内采用架空木地板时，外墙防潮层应设在室外地坪以上、地板木搁栅垫木之下。

水平防潮层施工时应符合下列规定：

①油毡防潮层。在防潮层部位先抹 20 mm 厚砂浆找平层，然后干铺油毡一层或用热沥青粘贴油毡一层。油毡的宽度应与墙厚一致，或稍大一些，油毡沿长度方向铺设，搭接长度大于等于 100 mm。这种做法防潮效果较好，但会使基础墙和上部墙身断开，削弱墙体的整体性，并减弱砖墙的耐久性和抗震能力，抗震设防地区不宜采用。

②防水砂浆防潮层。具体做法是抹一层 20 mm 厚的 1∶2水泥砂浆加 5%防水粉拌和而成的防水砂浆，另一种是用防水砂浆砌筑 4～6 皮砖。这种做法构造简单，而且克服了油毡防潮层的不足，但砂浆属于脆性材料，易开裂，故不宜用于结构变形较大或地基可能产生不均匀沉降的建筑。

③细石钢筋混凝土防潮层。即在防潮层位置浇筑 60 mm 厚与墙等宽的细石混凝土防潮带，内配 3ϕ6 或 3ϕ8 的钢筋。设有地圈梁的可以以地圈梁代替墙身水平防潮层。这种做法抗裂性好，且能与砌体结合成一体，多用于整体刚度要求较高或地基可能产生不均匀沉降的建筑中。

垂直防潮层施工时应符合下列规定：当室内地坪出现高差或室内地坪低于室外地坪时，除了在相应位置设置水平防潮层外，还应在两道水平防潮层之间靠土壤的垂直墙面上做垂直防潮层。具体做法是在垂直墙面上先用 20 mm 厚 1∶2.5 水泥砂浆找平，再外刷冷底子油一道，热沥青两道，或用防水砂浆、防水涂料涂抹。

（4）踢脚。

踢脚是指设于室内墙面或柱身根部一定高度的特殊保护面层。踢脚是外墙内侧、内墙两侧或柱子的下部和室内地坪交接处的构造，作用是防止扫地时污染墙面。踢脚的高度一般为 80～150 mm，常用的材料有缸砖、木材、水泥砂浆、釉面砖、油漆花岗石、大理石、水磨石等。材料选用时，一般应与地面材料一致。有墙裙或墙身饰面可以替代踢脚的，则不再另行做踢脚。

（5）墙裙。

墙裙是指设于室内墙面或柱身下部一定高度的特殊保护面层。室内墙面有防潮、防水、防污、防碰撞等要求时，应按使用要求设置墙裙。墙裙的高度一般为 1 200～1 800 mm。墙裙的材料可以采用油漆、釉面砖、水泥砂浆等。

（6）防火墙。

为减少火灾的发生或防止其继续扩大，设计时除考虑防火分区、选用难燃烧或不燃烧材料制作构件、增加消防设施等，在墙体构造上，还应考虑设置防火墙。防火墙的作用是截断火灾区域，防止火灾蔓延。

防火墙应直接设置在建筑的基础或具有相应耐火性能的框架、梁等承重结构上，并应从楼地面基层隔断至结构梁、楼板或屋面板的底面。防火墙与建筑外墙、屋顶相交处，防火墙上的门、窗等开口，应采取防止火灾蔓延至防火墙另一侧的措施。

知识拓展

防火墙上一般不应开口。除规定明确不允许开口的防火墙外，其他防火墙上为满足建筑功能要求，必须设置的开口应采取能阻止火势和烟气蔓延的措施，如设置甲级防火窗、甲级防火门、防火卷帘、防火阀、防火分隔水幕等。另外，防火门、防火窗应具有自动关闭的功能。

防火墙任一侧的建筑结构或构件以及物体受火作用发生破坏或倒塌并作用到防火墙时，防火墙应仍能阻止火灾蔓延至防火墙的另一侧。

建筑外墙为难燃性或可燃性墙体时，防火墙应凸出墙的外表面 0.4 m 以上，且防火墙两侧的外墙均应为宽度均不小于 2.0 m 的不燃性墙体，其耐火极限不应低于外墙的耐火极限。建筑外墙为不燃性墙体时，防火墙可不凸出墙的外表面，紧靠防火墙两侧的门、窗、洞口之间最近边缘的水平距离不应小于 2.0 m；采取设置乙级防火窗等防止火灾水平蔓延的措施时，该距离不限。

建筑内的防火墙不宜设置在转角处，确需设置时，内转角两侧墙上的门、窗、洞口之间最近边缘的水平距离不应小于 4.0 m；采取设置乙级防火窗等防止火灾水平蔓延的措施时，该距离不限。

除规定管道外的其他管道不宜穿过防火墙，确需穿过时，应采用防火封堵材料将墙与管道之间的空隙紧密填实，穿过防火墙处的管道保温材料，应采用不燃材料；当管道为难燃及可燃材料时，应在防火墙两侧的管道上采取防火措施。

（7）过梁。

过梁是指设置在门窗或洞口上方的承受上部荷载的构件。过梁承受门窗洞口上部的荷载，并把它传到门窗两侧的墙上，以免压坏门窗框。过梁上的荷载一般呈三角形分布。为计算方便，可以把三角形折算成 1/3 洞口宽度，过梁只承受其上部 1/3 洞口宽度的荷载。

因此，过梁的断面不大，梁内配筋也较少。对宽度大于 300 mm 的洞口上部，应设置过梁。

知识拓展

按照采用的材料和构造划分，常用的过梁有砖拱过梁、钢筋砖过梁、钢筋混凝土过梁。当加气混凝土砌块砌筑外墙时，应在门窗洞口上方设钢筋混凝土过梁。

(8)窗台。

窗台是指建筑物的窗户下部的台面。窗台根据窗户安装的位置可分为外窗台和内窗台。外窗台防止雨水在窗洞底部积水，并流向室内；内窗台排除窗上凝结水，以保护室内墙面，以及用来存放东西、摆放花盆等。当墙很薄，窗框沿墙内缘安装时，可不设内窗台。窗台高度为 900～1 000 mm，窗台高度低于 800 mm（住宅窗台低于 900 mm）时应采取防护措施。窗台的净高或防护栏杆的高度均应从施工完成面起计算。窗台底面檐口处常做成锐角形或半圆凹槽，称为滴水，其作用是引导上部雨水沿着所设置的位置聚集而下，以防止雨水影响窗下墙体，污染墙面。

(9)壁柱和门垛。

当墙身承受集中荷载、开洞以及地震作用等因素的影响，致使墙体稳定性有所降低时，需要对墙体采取加固措施。通常采用带壁柱墙和门垛，作用是提高墙体的刚度和稳定性。

(10)圈梁。

圈梁是在房屋的檐口、窗顶、楼层、吊车梁顶或基础顶面标高处，沿砌体墙水平方向设置封闭状的、根据构造配筋的混凝土梁式构件，有钢筋混凝土圈梁和钢筋砖圈梁两种。**其作用是加强房屋的空间刚度和整体性，增加墙体的稳定性，减少由于基础的不均匀沉降、振动荷载而引起的墙身开裂，并与构造柱一起形成骨架，以提高抗震能力。**

圈梁宜连续地设在同一水平面上，并形成封闭状；当圈梁被门窗洞口截断时，应在洞口上部增设相同截面的附加圈梁，附加圈梁与圈梁的搭接长度不应小于二者中心垂直间距的 2 倍，且不得小于 1 000 mm。纵横墙交接处的圈梁应有可靠的连接。钢筋混凝土圈梁的宽度宜与墙厚相同，当墙厚大于等于 240 mm 时，圈梁的宽度不宜小于 2/3 墙厚；圈梁高度应为砌体厚度的倍数，并不应小于 120 mm；设置在软弱黏性土、液化土、新近填土或严重不均匀土质上的基础内的圈梁，其截面高度不应小于 180 mm。

厂房、仓库、食堂等空旷单层房屋应按下列规定设置圈梁：

(1)砖砌体结构房屋，檐口标高为 5～8 m 时，应在檐口标高处设置一道圈梁，檐口标高大于 8 m 时，应增加设置数量。

(2)砌块及料石砌体结构房屋，檐口标高为 4～5 m 时，应在檐口标高处设置一道圈梁，檐口标高大于 5 m 时，应增加设置数量。

(3)对有吊车或较大振动设备的单层工业房屋，当未采取有效的隔振措施时，除应在檐口或窗顶标高处设置现浇混凝土圈梁外，尚应增加设置数量。

圈梁宽度不应小于 190 mm，高度不应小于 120 mm，配筋不应少于 4ϕ12，箍筋间距不应大于 200 mm。

知识拓展

圈梁的设置位置：3～4 层砌体民用房屋（如宿舍、办公楼等）的圈梁设置位置为在底层和檐口标高处各设置一道；当层数超过 4 层时，除应符合上述规定外，还至少应在所有纵、横墙上隔层设置。多层砌体工业房屋的圈梁设置位置为在每层和檐口标高处设置。设置墙梁的多层砌体结构房屋的圈梁设置位置为在托梁、墙梁顶面和檐口标高处设置。

(11)构造柱。

混凝土构造柱是在多层砌体房屋墙体规定部位，按构造配筋，并按先砌墙后浇灌混凝土柱的施工顺序制成的混凝土柱，通常称为混凝土构造柱，简称构造柱。构造柱的作用是增加建筑物的整体刚度和稳定性，它与各层圈梁连接，形成空间骨架，加强墙体的抗弯、抗剪能力，提高房屋的延性和抗震能力。

砌体房屋应设置现浇钢筋混凝土圈梁、构造柱或芯柱。

多层砖砌体房屋的构造柱应符合下列构造要求：

①构造柱最小截面可采用 180 mm×240 mm(墙厚 190 mm 时为 180 mm×190 mm)，纵向钢筋宜采用 4ϕ12，箍筋间距不宜大于 250 mm，且在柱上下端应适当加密；6，7 度时超过 6 层、8 度时超过 5 层和 9 度时，构造柱纵向钢筋宜采用 4ϕ14，箍筋间距不应大于 200 mm；房屋四角的构造柱应适当加大截面及配筋。

②构造柱与墙连接处应砌成马牙槎，沿墙高每隔 500 mm 设 2ϕ6 水平钢筋和 ϕ4 分布短筋平面内点焊组成的拉结网片或 ϕ4 点焊钢筋网片，每边伸入墙内不宜小于 1 m。6，7 度时底部 1/3 楼层，8 度时底部 1/2 楼层，9 度时全部楼层，上述拉结钢筋网片应沿墙体水平通长设置。

温馨提示

马牙槎的凹凸尺寸不宜小于 60 mm，高度不应超过 300 mm。

③构造柱与圈梁连接处，构造柱的纵筋应在圈梁纵筋内侧穿过，保证构造柱纵筋上下贯通。

④构造柱可不单独设置基础，但应伸入室外地面下 500 mm，或与埋深小于 500 mm 的基础圈梁相连。

⑤房屋高度和层数接近规定的限值时，纵、横墙内构造柱间距尚应符合下列要求：横墙内的构造柱间距不宜大于层高的 2 倍；下部 1/3 楼层的构造柱间距适当减小。当外纵墙开间大于 3.9 m 时，应另设加强措施；内纵墙的构造柱间距不宜大于 4.2 m。

(12)变形缝。

变形缝是指为防止建筑物在外界因素作用下，结构内部产生附加变形和应力，导致建筑物开裂、碰撞甚至破坏而预留的构造缝，包括伸缩缝、沉降缝和抗震缝。

①伸缩缝又称温度缝，是指当建筑物较长时，为避免建筑物因热胀冷缩剧烈而使结构构件产生裂缝和破坏所设置的变形缝。

②沉降缝是为了防止由于地基的不均匀沉降，结构内部产生附加应力引起的破坏而设置的缝隙。

③抗震缝又称防震缝，是为了防止建筑物各部分在地震时相互撞击引起破坏而设置的缝隙，通过抗震缝将建筑物划分成若干形体简单、结构刚度均匀的独立单元。

变形缝的设置原则：

①设置伸缩缝时，通常沿建筑物长度方向，每隔一定距离或在结构变化较大处，在垂直方向预留缝隙，将基础以上的建筑构件全部断开，分为各自独立的、能在水平方向自由伸缩的部分。**基础部分因受温度变化影响小，一般不需断开**。伸缩缝的最大间距，即建筑物的允许连接长度与结构的形式、材料、构造方式及所处的环境有关。

②为满足沉降缝两侧的结构体能自由沉降，设置沉降缝时，必须将建筑的基础、墙体、楼层及屋顶等部分**全部在垂直方向断开**，使各部分形成能自由沉降的独立的刚度单元。

③抗震缝应沿建筑物全高设置，一般情况下，**基础可以不断开**，但当平面较复杂时，也

应将基础分开。抗震缝的两侧一般应布置双墙或双柱，以加强两侧房屋的整体刚度。

变形缝的宽度尺寸：

①伸缩缝。伸缩缝的宽度一般取 20～30 mm。

②沉降缝。沉降缝的宽度与地基性质、建筑物高度和层数有关，通常按下列尺寸选取：一般地基，建筑物高度小于 5 m 时，缝宽 30 mm；建筑物高度为 5～10 m 时，缝宽 50 mm；建筑物高度大于 10～15 m 时，缝宽 70 mm。软弱地基，建筑物层数为 2～3 层时，缝宽 50～80 mm；建筑物层数为 4～5 层时，缝宽 80～120 mm；建筑物层数 6 层及 6 层以上时，缝宽大于 120 mm。

③抗震缝。多层和高层钢筋混凝土房屋需要设置抗震缝时，抗震缝宽度应分别符合下列要求：框架结构（包括设置少量抗震墙的框架结构）房屋的抗震缝宽度，当高度不超过 15 m 时不应小于 100 mm；高度超过 15 m 时，6 度、7 度、8 度和 9 度分别每增加高度 5 m、4 m、3 m 和 2 m，宜加宽 20 mm；框架一抗震墙结构房屋的抗震缝宽度不应小于前述框架结构规定数值的 70%，抗震墙结构房屋的抗震缝宽度不应小于前述框架结构规定数值的 50%；且均不宜小于 100 mm；抗震缝两侧结构类型不同时，宜按需要较宽抗震缝的结构类型和较低房屋高度确定缝宽。

知识巩固

建筑物的伸缩缝、沉降缝、抗震缝的根本区别在于其基础是否可以断开，伸缩缝和抗震缝一般不断开基础，沉降缝断开基础。提高墙体抗震性能的细部构造除抗震缝处还有圈梁和构造柱。

（五）楼地层

楼地层是楼板层与地坪层的总称。楼板层（简称楼层）是建筑物的水平承重构件，将其上所有荷载连同自重传给墙或柱，同时，楼层把建筑空间在垂直方向划分为若干层，并对墙或柱起水平支撑作用。地坪层（简称地层）指底层与土层接触的那部分构造层，承受上部荷载并将荷载传给地基。楼板层主要由面层、结构层和顶棚三个基本层次组成。有时为了满足某些特殊要求，还可以增设结合层、隔离层、填充层、找平层、防水层、防潮层和保温绝热层等附加层。

1. 面层

面层是楼板层上表面的铺筑层，也是室内空间下部的装饰层，又称为楼面或地面。地面的基本构造层宜为面层、垫层和基层。其中，垫层和基层在地面中起传递分散载荷的作用。

知识拓展

陶瓷板块地面坚硬耐磨、装饰效果好、造价偏高，一般适用于用水的房间和有腐蚀的房间楼地面的装饰构造。

对于地面节能构造的做法，下面以考题探究的形式进行介绍。

考题探究

【单选题】严寒地区保温构造方法中，将直接与土壤接触的节能保温地面设置在（　　）。

A. 与外墙接触的地面　　B. 房屋中间地面

C. 起居室地面　　D. 距离外墙周边 2 m 范围内地面

【细说考点】本题主要考查地面结构构造。地面按是否直接与土壤接触可分为直接接触土壤的地面和不直接与土壤接触的地面。严寒地区保温构造方法中，通常将直接与土壤接触的节能保温地面设置在距离外墙周边 2 m 范围内地面，以避免该部分地面热能损失并出现冷凝现象。

2. 结构层

结构层位于面层和顶棚之间，是楼板层的承重部分，包括楼板和梁。以下主要介绍楼板。

常见的楼板类型有钢筋混凝土楼板、木楼板、组合楼板等。钢筋混凝土楼板采用混凝土与钢筋共同制作。这种楼板坚固耐久、刚度大、强度高、防火性能好，当前应用比较普遍。钢筋混凝土楼板按施工方法可分为现浇式、预制装配式和装配整体式三种类型。

(1)现浇式钢筋混凝土楼板。

现浇式钢筋混凝土楼板一般为实心板，现浇楼板还经常与现浇梁一起浇筑，形成现浇梁板。现浇式钢筋混凝土楼板按受力和支承情况分为板式楼板、梁板式肋形楼板、井字形肋楼板以及无梁式楼板等，如表 2-12 所示。

表 2-12　现浇式钢筋混凝土楼板的类型

类型	含义	特点	适用范围
板式楼板	板的四边由墙支承，荷载直接传递给墙体	(1)单向板：两对边支承的板，单向板的长边尺寸 L_1 与短边尺寸 L_2 的比值 $L_1/L_2 \geqslant 3$，受力以后，力仅向短边传递，且只在短边方向产生变形。 (2)双向板：双向板的长边尺寸 L_1 与短边尺寸 L_2 的比值 $L_1/L_2 < 3$，受力以后，力向多个方向传递，在多个方向产生变形。 (3)悬臂板：只有一边支承，受力钢筋摆在板的上部，板在根部的厚度不小于 80 mm	多用于小房间，如储藏室、厨房、卫生间、阳台、雨篷及走廊等
梁板式肋形楼板	有梁板，由主梁、次梁和板组成	主梁沿短跨布置，次梁与主梁垂直布置，板支承在次梁上，板将荷载传递给次梁，再由次梁传递给主梁	多用于大空间以及楼面承受较大弯矩的建筑
井字形肋楼板	梁板式肋形楼板的一种特殊形式，即无主梁，均为次梁	平面接近正方形，截面高度相等，不分主次梁，跨度一般在 10 m 以内，肋高一般为 180～250 mm，宽 120～200 mm	多用于门厅、会议厅等，厅中一般不设柱
无梁式楼板	将板直接支承在柱上，不设主梁和次梁	顶棚平整、室内净高增大、采光通风良好，跨度一般在 6 m 以内，板厚不小于 120 mm	多用于楼层荷载较大、管线较多的商场、仓库、展览厅等

(2)预制装配式钢筋混凝土楼板。

预制装配式钢筋混凝土楼板是指用预制厂生产或现场制作的构件安装拼合而成的楼板，可分为实心平板、空心板、槽形板三大类。预制装配式钢筋混凝土楼板大大提高了工业化施工水平、节约模板、简化施工现场操作程序、缩短工期。

(3)装配整体式钢筋混凝土楼板。

装配整体式钢筋混凝土楼板是采用部分预制构件，通过现浇混凝土的办法使其连成一体的楼板结构。它兼有整体性强和节约模板的优点。

装配整体式钢筋混凝土楼板可分为叠合楼板和密肋填充块楼板两种。在叠合楼板的叠合层内，应设置负弯矩钢筋，并可敷设水平设备管线；密肋填充块楼板的填充块可采用陶土空心砖、加气混凝土块以及炉渣、粉煤灰等工业废料制成的块材。

知识拓展

现在大力推广一种新型建筑楼板——压型钢板组合楼板。压型钢板组合楼板是利用钢板作永久性模板且又起受弯构件的作用，既提高了楼板的强度和刚度，又加快了施工进度，同时还可利用压型钢板的肋间空隙敷设管线等。

3. 天棚

天棚位于楼板层的最下面，起着保护楼板、安装灯具、敷设管线、装饰室内环境等作用。

温馨提示

在现代建筑中，为提高建筑物的使用功能，空调管、灭火喷淋、广播设备等管线及其装置均需安装在天棚上；而给排水管道、煤气管道需安装在楼板层中。

（六）楼梯

1. 楼梯的概念

楼梯是指由连续行走的梯级、休息平台和维护安全的栏杆（或栏板）、扶手以及相应的支承结构组成的作为楼层之间垂直交通用的建筑部件。

2. 楼梯的分类

楼梯有多种形式，可从不同角度进行分类，如表 2-13 所示。

表 2-13 楼梯的分类

分类标准	类型
使用性质	主要楼梯、辅助楼梯、疏散楼梯、消防楼梯等
消防要求	开敞楼梯间、封闭楼梯间和防烟楼梯间
所处位置	室内楼梯、室外楼梯
所用材料	钢筋混凝土楼梯、钢楼梯、木楼梯及组合材料楼梯
楼梯间平面形式	单跑直楼梯、双跑直楼梯、双跑平行楼梯、三跑楼梯、双分平行楼梯、双合平行楼梯、转角楼梯、双分转角楼梯、弧线楼梯、螺旋楼梯、交叉楼梯、剪刀楼梯等

3. 楼梯尺寸要求

当梯段改变方向时，楼梯休息平台的最小宽度不应小于梯段净宽，并不应小于 1.20 m；当中间有实体墙时，扶手转向端处的平台净宽不应小于 1.30 m。直跑楼梯的中间平台宽度不应小于 0.90 m。

公共楼梯休息平台上部及下部过道处的净高不应小于 2.00 m，梯段净高不应小于 2.20 m。

公共楼梯每个梯段的踏步级数不应少于 2 级，且不应超过 18 级。

每个梯段的踏步高度、宽度应一致，相邻梯段踏步高度差不应大于 0.01 m，且踏步面应采取防滑措施。

4. 楼梯的构造

下面以钢筋混凝土楼梯为例，对楼梯的构造进行介绍。

(1)钢筋混凝土楼梯的分类和一般构造。

根据施工方式的不同，钢筋混凝土楼梯可分为现浇整体式和预制装配式两类。

①现浇整体式钢筋混凝土楼梯。

现浇整体式钢筋混凝土楼梯（以下简称现浇钢筋混凝土楼梯）是指楼梯段和楼梯平台

整体浇筑在一起的楼梯。这种楼梯整体性好、刚度大、抗震较为有利，且不需要大型起重设备，但现浇楼梯有施工进度慢、耗费模板多、施工程序较复杂的缺点。现浇楼梯广泛用于大量性建筑中，且对形状复杂的楼梯，如螺旋楼梯、弧形楼梯等，采用现浇的方式则容易实现。

根据楼梯段的传力与结构形式的不同，现浇钢筋混凝土楼梯有板式楼梯和梁式楼梯两种。

a. **板式楼梯**。这种楼梯的梯段分别与两端的平台梁整浇在一起，由平台梁支承。楼段相当于是一块斜放的现浇板，平台梁是支座。板式楼梯的特点是受力简单，底面平整光洁，施工方便。当梯段板的跨度大或梯段上的使用荷载大时，会使梯段板的截面高度增大，所以它适用于荷载较小、建筑层高较小的情况（建筑层高对梯段长度有直接影响），如住宅、宿舍等建筑中，板式楼梯的梯段水平投影长度一般不大于 3 m。

b. **梁式楼梯**。这种楼梯由踏步板、楼梯斜梁、平台梁和平台板组成，其踏步板搁置在斜梁上，斜梁由上下两端的平台梁支承。梁式楼梯踏步上的荷载由踏步传给斜梁，斜梁将荷载传给支撑它的平台梁。梁式楼梯的特点是传力较复杂，底面不平整，支模施工难度大，不易清扫，但可节约材料、减轻自重。所以它适用于荷载较大、梯段跨度较大的情况。

②预制装配式钢筋混凝土楼梯。

预制装配式钢筋混凝土楼梯是指构件在工厂预制加工，在工地安装组合而成的楼梯。其特点是施工进度快，受气候影响小，构件由工厂生产，质量易保证，但施工时需要配套的起重设备、投资较多。预制构件的型号有小型构件和中型及大型构件。

a. 小型构件装配式楼梯。小型构件装配式楼梯的支承方式主要有墙承式、悬臂式和梁承式三种。这种楼梯构件尺寸小、重量轻、数量多，一般把踏步板作为基本构件。它具有构件生产、运输、安装方便的优点，同时也存在着施工较复杂、施工进度慢、往往需要现场湿作业配合的缺点。

b. 中型、大型构件装配式楼梯。大型构件装配式楼梯一般是把楼梯段和平台板作为基本构件，每层由第一跑及中间休息平台和第二跑及楼层休息平台板两大构件组合而成。构件的规格和数量少、装配容易、施工速度快，但需要有相当的吊装设备进行配合，适用于成片建设的大量性建筑。

(2)钢筋混凝土楼梯的细部构造。

①踏步面层及防滑措施。楼梯踏面应平整耐磨，易于清扫及美观大方。踏步材料常采用水泥砂浆、水磨石、天然石材及铺设地砖等。通常情况下，公共建筑楼梯的踏步面层与走廊地面面层采用相同的材料。踏步面层的做法一般与楼地面相同。人流集中的楼梯，为防止踏步面层光滑而造成行人跌滑，踏步表面应采取防滑措施，通常是在踏步口做防滑条。防滑条长度一般按踏步长度每边减去 150 mm。防滑材料可采用铁屑水泥、橡胶条、金刚砂、金属条、马赛克、塑料条等。

②栏杆和扶手。根据其构造做法，栏杆形式有空花栏杆、实心栏杆和组合式栏杆。楼梯扶手位于栏杆顶部或中部，是供人们上下楼梯倚扶之用。扶手按材料可分为木扶手、金属扶手、塑料扶手和石材类扶手等。金属扶手与栏杆直接焊接；抹灰类扶手在栏板上端直接饰面；木扶手及塑料扶手在安装前应事先在栏杆顶部设置通长的扁铁，扁铁上预留安装钉孔，把扶手放在扁铁上，用螺栓固定。

（七）屋顶

1. 屋顶的概念与分类

屋顶是建筑物最上层起覆盖作用的围护构件，用以抵抗雨雪、避免日晒等自然因素的影响。

不同的分类标准下，屋顶形式各不相同，常见的屋顶分类如表 2-14 所示。

表 2-14　常见的屋顶分类

分类标准	类型	含义
功能	保温屋顶	屋顶设置保温层，以减少室内热量向外散失，达到冬季节能保暖的目的
	隔热屋顶	屋顶设置隔热层，以阻止室外热量进入室内，达到夏季降温的目的
	采光屋顶	屋顶采用透光材料，以满足室内的采光要求
	蓄水屋顶	屋顶上做蓄水池，既可起到隔热、降温的作用，又可起到一定的景观效果
	上人屋顶	为人们提供室外休闲的活动场所
屋面坡度及结构选型	平屋顶	屋面坡度小于10%的屋顶，常用坡度为2%～3%
	坡屋顶	屋面坡度大于10%的屋顶
	其他屋顶	如拱结构、薄壳结构、悬索结构等，更多的是属于曲面屋顶，常用于大跨度的大型公共建筑当中

平屋顶和坡屋顶是我国建筑工程广泛采用的比较传统的屋顶形式，以下主要介绍平屋顶和坡屋顶相关内容。

2. 平屋顶

平屋顶由屋面、承重结构、顶棚组成。从设计和施工的角度来讲，一般多采用“屋面工程”的说法，包括结构层在内。从外形特征、造型艺术的角度来讲，多采用“屋顶”的说法。以下关于平屋顶的内容讲解中，统一用“屋面”一词，包括结构层在内。

(1)平屋面的基本构造层次。

就我国屋面工程的现状看，屋面大体上可分为卷材防水屋面、涂膜防水屋面、保温屋面、隔热屋面、瓦屋面、金属板屋面、采光顶等种类，其中卷材防水屋面、涂膜防水屋面应用最多。卷材、涂膜屋面的基本构造层次(自上而下)宜符合表 2-15 的要求。设计人员可根据建筑物的性质、使用功能、气候条件等因素进行组合。

表 2-15　卷材、涂膜屋面的基本构造层次

屋面类型	基本构造层次(自上而下)
卷材、涂膜屋面	保护层、隔离层、防水层、找平层、保温层、找平层、找坡层、结构层
	保护层、保温层、防水层、找平层、找坡层、结构层
	种植隔热层、保护层、耐根穿刺防水层、防水层、找平层、保温层、找平层、找坡层、结构层
	架空隔热层、防水层、找平层、保温层、找平层、找坡层、结构层
	蓄水隔热层、隔离层、防水层、找平层、保温层、找平层、找坡层、结构层

(2)屋面工程的防水等级。

屋面工程按其防水功能重要程度分为甲类、乙类和丙类，具体划分应符合表 2-16 的规定。

表 2-16　屋面工程防水类别

工程类型	工程防水类别		
	甲类	乙类	丙类
屋面工程	民用建筑和对渗漏敏感的工业建筑屋面	除甲类和丙类以外的建筑屋面	对渗漏不敏感的工业建筑屋面

屋面工程防水使用环境类别划分应符合表 2-17 的规定。

表 2-17 屋面工程使用环境类别

工程类型	工程防水使用环境类别		
	Ⅰ类	Ⅱ类	Ⅲ类
屋面工程	年降水量 $P\geqslant 1\ 300$ mm	400 mm$\leqslant$年降水量 $P<1\ 300$ mm	年降水量 $P<400$ mm

工程防水使用环境类别为Ⅱ类的明挖法地下工程，当该工程所在地年降水量大于400 mm时，应按Ⅰ类防水使用环境选用。

工程防水等级应依据工程类别和工程防水使用环境类别分为一级、二级、三级。暗挖法地下工程防水等级应根据工程类别、工程地质条件和施工条件等因素确定，其他工程防水等级不应低于下列规定：

①一级防水：Ⅰ类、Ⅱ类防水使用环境下的甲类工程；Ⅰ类防水使用环境下的乙类工程。

②二级防水：Ⅲ类防水使用环境下的甲类工程；Ⅱ类防水使用环境下的乙类工程；Ⅰ类防水使用环境下的丙类工程。

③三级防水：Ⅲ类防水使用环境下的乙类工程；Ⅱ类、Ⅲ类防水使用环境下的丙类工程。

(3)屋面工程的防水做法。

平屋面工程的防水做法应符合表 2-18 的规定。

表 2-18 平屋面工程的防水做法

防水等级	防水做法	防水层	
		防水卷材	防水涂料
一级	不应少于 3 道	卷材防水层不应少于 1 道	
二级	不应少于 2 道	卷材防水层不应少于 1 道	
三级	不应少于 1 道	任选	

知识拓展

瓦屋面工程的防水做法应符合表 2-19 的规定。

表 2-19 瓦屋面工程的防水做法

防水等级	防水做法	防水层		
		屋面瓦	防水卷材	防水涂料
一级	不应少于 3 道	为 1 道，应选	卷材防水层不应少于 1 道	
二级	不应少于 2 道	为 1 道，应选	不应少于 1 道；任选	
三级	不应少于 1 道	为 1 道，应选	—	

(4)平屋面的设计。

根据《屋面工程技术规范》，下面主要对平屋面的排水设计、找坡层和找平层设计、保温层和隔热层设计、卷材及涂膜防水层设计、接缝密封防水设计、保护层和隔离层设计、细部构造设计进行介绍。

①排水设计。

屋面排水方式的选择，应根据建筑物屋顶形式、气候条件、使用功能等因素确定。

屋面排水方式可分为有组织排水和无组织排水。有组织排水时，宜采用雨水收集系统。

不同类型的屋面宜采用不同的排水方式，如图 2-16 所示。

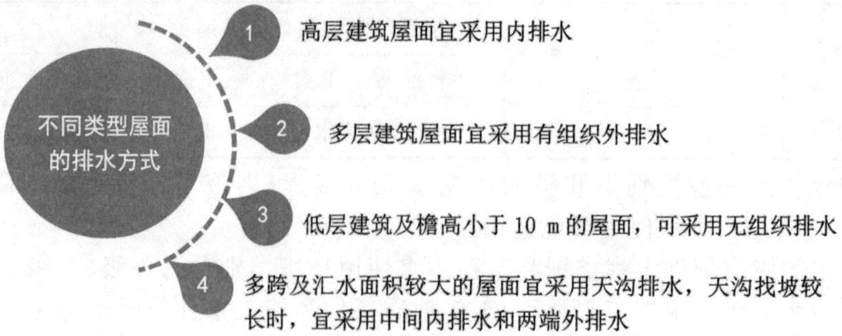

图 2-16　不同类型屋面的排水方式

屋面排水系统设计采用的雨水流量、暴雨强度、降雨历时、屋面汇水面积等参数，应符合现行国家标准《建筑给水排水设计标准》的有关规定。

屋面应适当划分排水区域，排水路线应简捷，排水应通畅。

采用重力式排水时，屋面每个汇水面积内，雨水排水立管不宜少于 2 根；水落口和水落管的位置，应根据建筑物的造型要求和屋面汇水情况等因素确定。

温馨提示

屋面水落管的数量与屋面集水面积大小、单根水落管允许集水面积 F、每小时最大降雨量 H、水落管管径 D 等因素有关，并且存在下列关系：$F=438D^2/H$。

高跨屋面为无组织排水时，其低跨屋面受水冲刷的部位应加铺一层卷材，并应设 40～50 mm 厚、300～500 mm 宽的 C20 细石混凝土保护层；高跨屋面为有组织排水时，水落管下应加设水簸箕。

暴雨强度较大地区的大型屋面，宜采用虹吸式屋面雨水排水系统。

严寒地区应采用内排水，寒冷地区宜采用内排水。

湿陷性黄土地区宜采用有组织排水，并应将雨雪水直接排至排水管网。

檐沟、天沟的过水断面，应根据屋面汇水面积的雨水流量经计算确定。钢筋混凝土檐沟、天沟净宽不应小于 300 mm，分水线处最小深度不应小于 100 mm；沟内纵向坡度不应小于 1%，沟底水落差不得超过 200 mm；檐沟、天沟排水不得流经变形缝和防火墙。

金属檐沟、天沟的纵向坡度宜为 0.5%。

②找坡层和找平层设计。

混凝土结构层宜采用结构找坡，坡度不应小于 3%；当采用材料找坡时，宜采用质量轻、吸水率低和有一定强度的材料，坡度宜为 2%。

卷材、涂膜的基层宜设找平层。找平层厚度和技术要求应符合表 2-20 的规定。

表 2-20　找平层厚度和技术要求

找平层分类	适用的基层	厚度/mm	技术要求
水泥砂浆	整体现浇混凝土板	15～20	1∶2.5 水泥砂浆
	整体材料保温层	20～25	
细石混凝土	装配式混凝土板	30～35	C20 混凝土，宜加钢筋网片
	板状材料保温层		C20 混凝土

保温层上的找平层应留设分格缝，缝宽宜为 5～20 mm，纵横缝的间距不宜大于 6 m。

知识拓展

由于找平层的自身干缩和温度变化，保温层上的找平层容易变形和开裂，直接影响卷材或涂膜的施工质量，故保温层上的找平层应留设分格缝，使裂缝集中到分格缝中，减少找平层大面积开裂。

③保温层和隔热层设计。

保温层应根据屋面所需传热系数或热阻选择轻质、高效的保温材料，保温层及其保温材料应符合表2-21的规定。

表2-21 保温层及其保温材料

保温层	保温材料
板状材料保温层	聚苯乙烯泡沫塑料，硬质聚氨酯泡沫塑料，膨胀珍珠岩制品，泡沫玻璃制品，加气混凝土砌块，泡沫混凝土砌块
纤维材料保温层	玻璃棉制品，岩棉、矿渣棉制品
整体材料保温层	喷涂硬泡聚氨酯，现浇泡沫混凝土

知识拓展

聚苯板、硬质聚氨酯泡沫塑料等有机材料作为屋面保温层时，其保温层厚度应为25～80 mm；采用水泥膨胀蛭石板、加气混凝土等无机材料作为层面保温层时，保温层厚度为80～260 mm。

保温层设计应符合下列规定：

a. 保温层宜选用吸水率低、密度和导热系数小，并有一定强度的保温材料。

b. 保温层厚度应根据所在地区现行建筑节能设计标准，经计算确定。

c. 保温层的含水率，应相当于该材料在当地自然风干状态下的平衡含水率。

d. 屋面为停车场等高荷载情况时，应根据计算确定保温材料的强度。

e. 纤维材料做保温层时，应采取防止压缩的措施。

f. 屋面坡度较大时，保温层应采取防滑措施。

g. 封闭式保温层或保温层干燥有困难的卷材屋面，宜采取排汽构造措施。

屋面热桥部位，当内表面温度低于室内空气的露点温度时，均应作保温处理。

当严寒及寒冷地区屋面结构冷凝界面内侧实际具有的蒸汽渗透阻小于所需值，或其他地区室内湿气有可能透过屋面结构层进入保温层时，应设置隔汽层。隔汽层设计应符合下列规定：

a. 隔汽层应设置在结构层上、保温层下。

b. 隔汽层应选用气密性、水密性好的材料。

c. 隔汽层应沿周边墙面向上连续铺设，高出保温层上表面不得小于150 mm。

屋面排汽构造设计应符合下列规定：

a. 找平层设置的分格缝可兼作排汽道，排汽道的宽度宜为40 mm。

b. 排汽道应纵横贯通，并应与大气连通的排汽孔相通，排汽孔可设在檐口下或纵横排汽道的交叉处。

c. 排汽道纵横间距宜为6 m，屋面面积每36 m^2宜设置一个排汽孔，排汽孔应作防水处理。

d. 在保温层下也可铺设带支点的塑料板。

倒置式屋面保温层设计应符合下列规定：

a. 倒置式屋面的坡度宜为3%。

b. 保温层应采用吸水率低，且长期浸水不变质的保温材料。

c. 板状保温材料的下部纵向边缘应设排水凹缝。

d. 保温层与防水层所用材料应相容匹配。

e. 保温层上面宜采用块体材料或细石混凝土做保护层。

f. 檐沟、水落口部位应采用现浇混凝土堵头或砖砌堵头，并应做好保温层排水处理。

知识拓展

平屋面保温层的构造方式有正置式和倒置式两种。其中，传统的正置式做法为保温隔热层在下面，防水层在上面；倒置式则正好相反，即防水层在下面，保温隔热层在上面。倒置式屋面与正置式屋面相比，防水层不受阳光辐射和气候变化的直接影响，温差小，且防水层不易受到外来因素的损伤，但是必须选用吸湿性低、耐候性强的保温材料。在保温层上应设保护层，以防止表面破损。保护层应选择有一定重量、足以压住保温层的材料，常用较大粒径的石子或混凝土保护层，但不能用绿豆砂保护层。

屋面隔热层设计应根据地域、气候、屋面形式、建筑环境、使用功能等条件，采取种植、架空和蓄水等隔热措施。屋面隔热层的设计要求如表 2-22 所示。

表 2-22　屋面隔热层的设计要求

类型	设计要求
种植隔热层	种植隔热层的构造层次应包括植被层、种植土层、过滤层和排水层等
	种植隔热层所用材料及植物等应与当地气候条件相适应，并应符合环境保护要求
	种植隔热层宜根据植物种类及环境布局的需要进行分区布置，分区布置应设挡墙或挡板
种植隔热层	排水层材料应根据屋面功能及环境、经济条件等进行选择；过滤层宜采用 200～400 g/m² 的土工布，过滤层应沿种植土周边向上铺设至种植土高度
	种植土四周应设挡墙，挡墙下部应设泄水孔，并应与排水出口连通
	种植土应根据种植植物的要求选择综合性能良好的材料；种植土厚度应根据不同种植土和植物种类等确定
	种植隔热层的屋面坡度大于 20%时，其排水层、种植土应采取防滑措施
架空隔热层	架空隔热层宜在屋顶有良好通风的建筑物上采用，不宜在寒冷地区采用
	当采用混凝土板架空隔热层时，屋面坡度不宜大于 5%
	架空隔热制品及其支座的质量应符合国家现行有关材料标准的规定
	架空隔热层的高度宜为 180～300 mm，架空板与女儿墙的距离不应小于 250 mm
	当屋面宽度大于 10 m 时，架空隔热层中部应设置通风屋脊
	架空隔热层的进风口，宜设置在当地炎热季节最大频率风向的正压区，出风口宜设置在负压区
蓄水隔热层	蓄水隔热层不宜在寒冷地区、地震设防地区和振动较大的建筑物上采用
	蓄水隔热层的蓄水池应采用强度等级不低于 C25、抗渗等级不低于 P6 的现浇混凝土，蓄水池内宜采用 20 mm 厚防水砂浆抹面
	蓄水隔热层的排水坡度不宜大于 0.5%
	蓄水隔热层应划分为若干蓄水区，每区的边长不宜大于 10 m，在变形缝的两侧应分成两个互不连通的蓄水区。长度超过 40 m 的蓄水隔热层应分仓设置，分仓隔墙可采用现浇混凝土或砌体
	蓄水池应设溢水口、排水管和给水管，排水管应与排水出口连通
	蓄水池的蓄水深度宜为 150～200 mm
	蓄水池溢水口距分仓墙顶面的高度不得小于 100 mm
	蓄水池应设置人行通道

④卷材及涂膜防水层设计。

防水卷材的选择应符合下列规定：

a. 防水卷材可按合成高分子防水卷材和高聚物改性沥青防水卷材选用，其外观质量和品种、规格应符合国家现行有关材料标准的规定。

b. 应根据当地历年最高气温、最低气温、屋面坡度和使用条件等因素，选择耐热度、低温柔性相适应的卷材。

c. 应根据地基变形程度、结构形式、当地年温差、日温差和振动等因素，选择拉伸性能相适应的卷材。

d. 应根据屋面卷材的暴露程度，选择耐紫外线、耐老化、耐霉烂相适应的卷材。

e. 种植隔热屋面的防水层应选择耐根穿刺防水卷材。

知识拓展

卷材防水层最小厚度应符合表 2-23 的规定。

表 2-23　卷材防水层最小厚度

防水卷材类型			卷材防水层最小厚度/mm
聚合物改性沥青类防水卷材	热熔法施工聚合物改性防水卷材		3.0
	热沥青粘结和胶粘法施工聚合物改性防水卷材		3.0
	预铺反粘防水卷材（聚酯胎类）		4.0
	自粘聚合物改性防水卷材（含湿铺）	聚酯胎类	3.0
		无胎类及高分子膜基	1.5
合成高分子类防水卷材	均质型、带纤维背衬型、织物内增强型		1.2
	双面复合型		主体片材芯材 0.5
	预铺反粘防水卷材	塑料类	1.2
		橡胶类	1.5
	塑料防水板		1.2

防水涂料的选择应符合下列规定：

a. 防水涂料可按合成高分子防水涂料、聚合物水泥防水涂料和高聚物改性沥青防水涂料选用，其外观质量和品种、型号应符合国家现行有关材料标准的规定。

b. 应根据当地历年最高气温、最低气温、屋面坡度和使用条件等因素，选择耐热性、低温柔性相适应的涂料。

c. 应根据地基变形程度、结构形式、当地年温差、日温差和振动等因素，选择拉伸性能相适应的涂料。

d. 应根据屋面涂膜的暴露程度，选择耐紫外线、耐老化相适应的涂料。

e. 屋面坡度大于 25%时，应选择成膜时间较短的涂料。

复合防水层设计应符合下列规定：

a. 选用的防水卷材与防水涂料应相容。

b. 防水涂膜宜设置在防水卷材的下面。

c. 挥发固化型防水涂料不得作为防水卷材黏结材料使用。

d. 水乳型或合成高分子类防水涂膜上面，不得采用热熔型防水卷材。

e. 水乳型或水泥基类防水涂料，应待涂膜实干后再采用冷粘铺贴卷材。

下列情况不得作为屋面的一道防水设防：混凝土结构层；Ⅰ型喷涂硬泡聚氨酯保温层；装饰瓦及不搭接瓦；隔汽层；细石混凝土层；卷材或涂膜厚度不符合规定的防水层。

知识拓展

预防屋面防水层龟裂措施：一是在结构层上面的找平层表面做隔汽层；二是在防水层下保温层内设排汽通道。

附加层设计应符合下列规定：

a. 檐沟、天沟与屋面交接处、屋面平面与立面交接处，以及水落口、伸出屋面管道根部等部位，应设置卷材或涂膜附加层。

b. 屋面找平层分格缝等部位，宜设置卷材空铺附加层，其空铺宽度不宜小于 100 mm。

c. 附加层最小厚度应符合表 2-24 的规定。

表 2-24　附加层最小厚度

附加层材料	最小厚度/mm
合成高分子防水卷材	1.2
高聚物改性沥青防水卷材(聚酯胎)	3.0
合成高分子防水涂料、聚合物水泥防水涂料	1.5
高聚物改性沥青防水涂料	2.0

注：涂膜附加层应夹铺胎体增强材料。

防水卷材最小搭接宽度应符合表 2-25 的规定。

表 2-25　防水卷材搭接宽度

防水卷材类型	搭接方式	搭接宽度/mm
聚合物改性沥青类防水卷材	热熔法、热沥青	≥100
	自黏搭接(含湿铺)	≥80
合成高分子类防水卷材	胶黏剂、黏结料	≥100
	胶黏带、自黏胶	≥80
	单缝焊	≥60，有效焊接宽度不应小于 25
	双缝焊	≥80，有效焊接宽度 10×2＋空腔宽
	塑料防水板双缝焊	≥100，有效焊接宽度 10×2＋空腔宽

胎体增强材料设计应符合下列规定：

a. 胎体增强材料宜采用聚酯无纺布或化纤无纺布。

b. 胎体增强材料长边搭接宽度不应小于 50 mm，短边搭接宽度不应小于 70 mm。

c. 上下层胎体增强材料的长边搭接缝应错开，且不得小于幅宽的 1/3。

d. 上下层胎体增强材料不得相互垂直铺设。

⑤接缝密封防水设计。

屋面接缝应按密封材料的使用方式，分为位移接缝和非位移接缝。

接缝密封防水设计应保证密封部位不渗水，并应做到接缝密封防水与主体防水层相匹配。

密封材料的选择应符合下列规定：

a. 应根据当地历年最高气温、最低气温、屋面构造特点和使用条件等因素，选择耐热度、低温柔性相适应的密封材料。

b. 应根据屋面接缝变形的大小以及接缝的宽度，选择位移能力相适应的密封材料。

c. 应根据屋面接缝黏结性要求，选择与基层材料相容的密封材料。

d. 应根据屋面接缝的暴露程度，选择耐高低温、耐紫外线、耐老化和耐潮湿等性能相适应的密封材料。

⑥保护层和隔离层设计。

上人屋面保护层可采用块体材料、细石混凝土等材料，不上人屋面保护层可采用浅色涂料、铝箔、矿物粒料、水泥砂浆等材料。保护层材料的适用范围和技术要求应符合表 2-26 的规定。

表 2-26　保护层材料的适用范围和技术要求

保护层材料	适用范围	技术要求
浅色涂料	不上人屋面	丙烯酸系反射涂料
铝箔	不上人屋面	0.05 mm 厚铝箔反射膜
矿物粒料	不上人屋面	不透明的矿物粒料
水泥砂浆	不上人屋面	20 mm 厚 1∶2.5 或 M15 水泥砂浆
块体材料	上人屋面	地砖或 30 mm 厚 C20 细石混凝土预制块
细石混凝土	上人屋面	40 mm 厚 C20 细石混凝土或 50 mm 厚 C20 细石混凝土内配 ϕ4@100 双向钢筋网片

采用块体材料做保护层时，宜设分格缝，其纵横间距不宜大于 10 m，分格缝宽度宜为 20 mm，并应用密封材料嵌填。

采用水泥砂浆做保护层时，表面应抹平压光，并应设表面分格缝，分格面积宜为 1 m^2。

采用细石混凝土做保护层时，表面应抹平压光，并应设分格缝，其纵横间距不应大于 6 m，分格缝宽度宜为 10～20 mm，并应用密封材料嵌填。

采用淡色涂料做保护层时，应与防水层黏结牢固，厚薄应均匀，不得漏涂。

块体材料、水泥砂浆、细石混凝土保护层与女儿墙或山墙之间，应预留宽度为 30 mm 的缝隙，缝内宜填塞聚苯乙烯泡沫塑料，并应用密封材料嵌填。

需经常维护的设施周围和屋面出入口至设施之间的人行道，应铺设块体材料或细石混凝土保护层。

块体材料、水泥砂浆、细石混凝土保护层与卷材、涂膜防水层之间，应设置隔离层。隔离层材料的适用范围和技术要求宜符合表 2-27 的规定。

表 2-27　隔离层材料的适用范围和技术要求

隔离层材料	适用范围	技术要求
塑料膜	块体材料、水泥砂浆保护层	0.4 mm 厚聚乙烯膜或 3 mm 厚发泡聚乙烯膜
土工布	块体材料、水泥砂浆保护层	200 g/m^2 聚酯无纺布
卷材	块体材料、水泥砂浆保护层	石油沥青卷材一层

（续表）

隔离层材料	适用范围	技术要求
低强度等级砂浆	细石混凝土保护层	10 mm 厚黏土砂浆，石灰膏∶砂∶黏土＝1∶2.4∶3.6
		10 mm 厚石灰砂浆，石灰膏∶砂＝1∶4
		5 mm 厚掺有纤维的石灰砂浆

⑦细部构造设计。

屋面细部构造应包括檐口、檐沟和天沟、女儿墙和山墙、水落口、变形缝、伸出屋面管道、屋面出入口、反梁过水孔、设施基座、屋脊、屋顶窗等部位。

细部构造设计应做到多道设防、复合用材、连续密封、局部增强，并应满足使用功能、温差变形、施工环境条件和可操作性等要求。

细部构造所用密封材料的选择应符合相关规定。

细部构造中容易形成热桥的部位均应进行保温处理。

檐口、檐沟外侧下端及女儿墙压顶内侧下端等部位均应作滴水处理，滴水槽宽度和深度不宜小于 10 mm。

卷材防水屋面檐口 800 mm 范围内的卷材应满粘，卷材收头应采用金属压条钉压，并应用密封材料封严。檐口下端应做鹰嘴和滴水槽（如图 2-17 所示）。

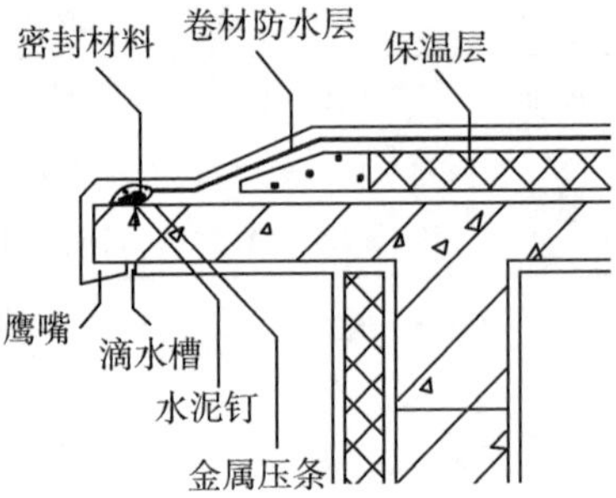

图 2-17　卷材防水屋面檐口

涂膜防水屋面檐口的涂膜收头，应用防水涂料多遍涂刷。檐口下端应做鹰嘴和滴水槽（如图 2-18 所示）。

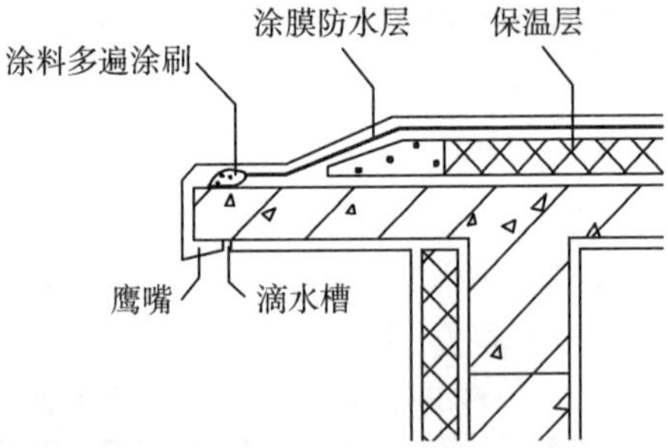

图 2-18　涂膜防水屋面檐口

烧结瓦、混凝土瓦屋面的瓦头挑出檐口的长度宜为 50～70 mm。沥青瓦屋面的瓦头挑出檐口的长度宜为 10～20 mm；金属滴水板应固定在基层上，伸入沥青瓦下宽度不应小于 80 mm，向下延伸长度不应小于 60 mm。金属板屋面檐口挑出墙面的长度不应小于 200 mm；屋面板与墙板交接处应设置金属封檐板和压条。

卷材或涂膜防水屋面檐沟（如图 2-19 所示）和天沟的防水构造，应符合下列规定：

a. 檐沟和天沟的防水层下应增设附加层，附加层伸入屋面的宽度不应小于 250 mm。

b. 檐沟防水层和附加层应由沟底翻上至外侧顶部，卷材收头应用金属压条钉压，并应用密封材料封严，涂膜收头应用防水涂料多遍涂刷。

c. 檐沟外侧下端应做鹰嘴或滴水槽。

d. 檐沟外侧高于屋面结构板时，应设置溢水口。

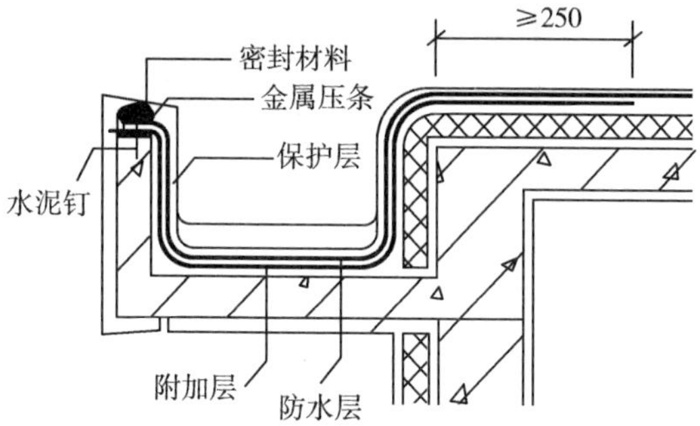

图 2-19　卷材、涂膜防水屋面檐沟

沥青瓦屋面檐沟和天沟的防水构造，应符合下列规定：檐沟防水层下应增设附加层，附加层伸入屋面的宽度不应小于 500 mm；檐沟防水层伸入瓦内的宽度不应小于 150 mm，并应与屋面防水层或防水垫层顺流水方向搭接；檐沟防水层和附加层应由沟底翻上至外侧顶部，卷材收头应用金属压条钉压，并应用密封材料封严；涂膜收头应用防水涂料多遍涂刷；沥青瓦伸入檐沟内的长度宜为 10～20 mm。

女儿墙的防水构造应符合下列规定：

a. 女儿墙压顶可采用混凝土或金属制品。压顶向内排水坡度不应小于 5%，压顶内侧下端应作滴水处理。

b. 女儿墙泛水处的防水层下应增设附加层，附加层在平面和立面的宽度均不应小于 250 mm。

c. 低女儿墙泛水处的防水层可直接铺贴或涂刷至压顶下，卷材收头应用金属压条钉压固定，并应用密封材料封严；涂膜收头应用防水涂料多遍涂刷(如图 2-20 所示)。

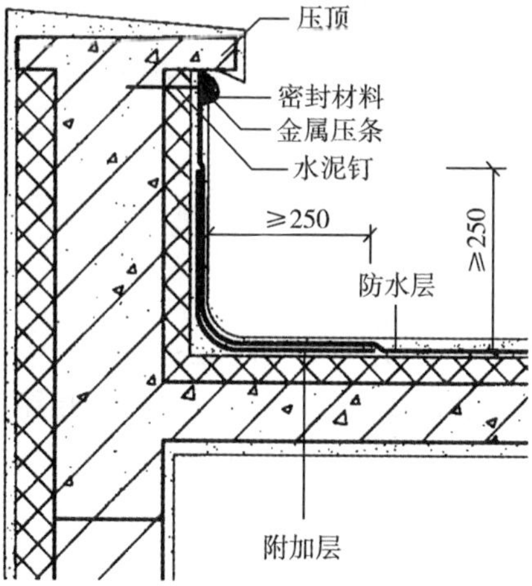

图 2-20　低女儿墙

d. 高女儿墙泛水处的防水层泛水高度不应小于 250 mm，防水层收头应符合上述 c 的规定；泛水上部的墙体应作防水处理(如图 2-21 所示)。

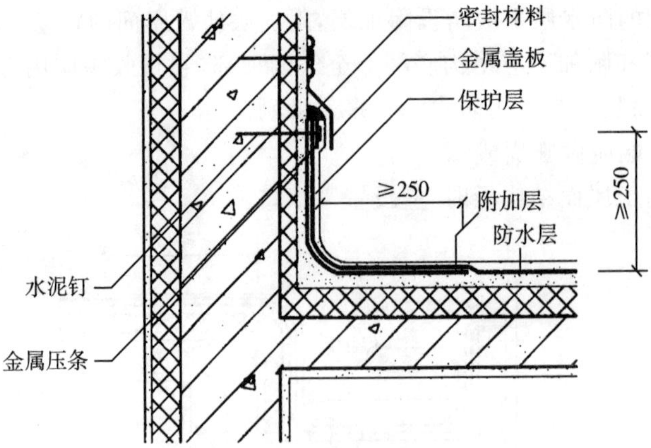

图 2-21　高女儿墙

e.女儿墙泛水处的防水层表面，宜采用涂刷浅色涂料或浇筑细石混凝土保护。

重力式排水的水落口（如图 2-22、图 2-23 所示）防水构造应符合下列规定：

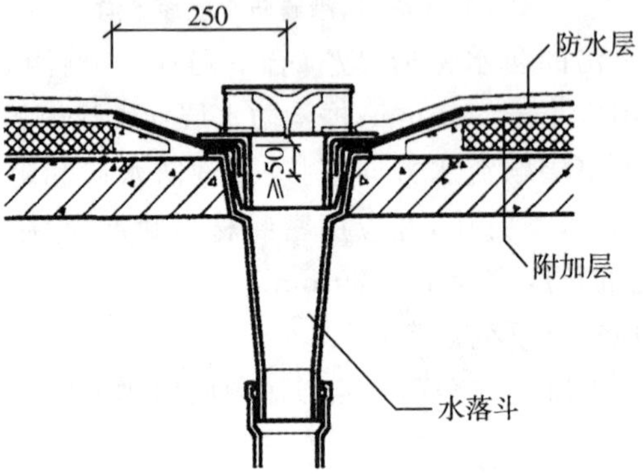

图 2-22　直式水落口

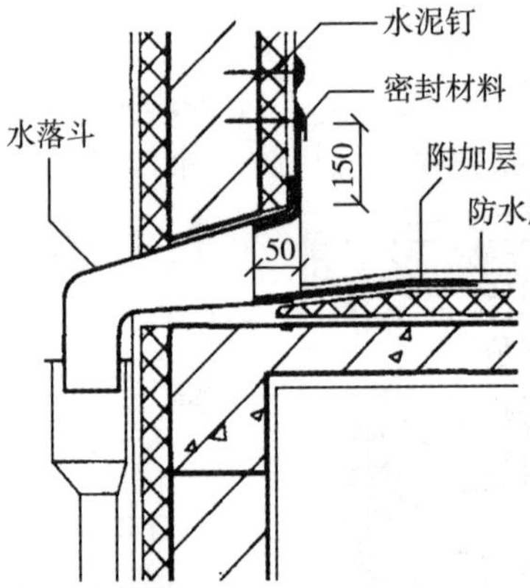

图 2-23　横式水落口

a.水落口可采用塑料或金属制品，水落口的金属配件均应作防锈处理。

b.水落口杯应牢固地固定在承重结构上，其埋设标高应根据附加层的厚度及排水坡度加大的尺寸确定。

c.水落口周围直径 500 mm 范围内坡度不应小于 5%，防水层下应增设涂膜附加层。

d.防水层和附加层伸入水落口杯内不应小于 50 mm，并应黏结牢固。

虹吸式排水的水落口防水构造应进行专项设计。

变形缝防水构造应符合下列规定：

a. 变形缝泛水处的防水层下应增设附加层，附加层在平面和立面的宽度不应小于 250 mm；防水层应铺贴或涂刷至泛水墙的顶部。

b. 变形缝内应预填不燃保温材料，上部应采用防水卷材封盖，并放置衬垫材料，再在其上干铺一层卷材。

c. 等高变形缝顶部宜加扣混凝土或金属盖板。

d. 高低跨变形缝在立墙泛水处，应采用有足够变形能力的材料和构造作密封处理。

3. 坡屋顶

(1)坡屋顶的组成。

坡屋顶是我国的一种传统的屋面形式，主要由屋面、承重结构、顶棚组成。屋面由挂瓦条、油毡层、屋面盖料等组成，屋面盖料有平瓦、油毡瓦、金属板瓦、压型钢板瓦、玻璃板、PC 板等；承重结构由屋架、檩条、椽子等组成。

(2)坡屋顶的承重结构形式。

坡屋顶的承重结构形式主要有砖墙承重、屋架承重和梁架承重等。

①砖墙承重。当横墙间距较小且具有分隔和承重功能时，可将横墙上部砌成三角形，将檩条直接支承在横墙上，这种承重方式称为砖墙承重或硬山搁檩。横墙承重结构体系做法简单、造价低，适用于多开间并列的房屋，如宿舍、办公室等，如图 2-24 所示。

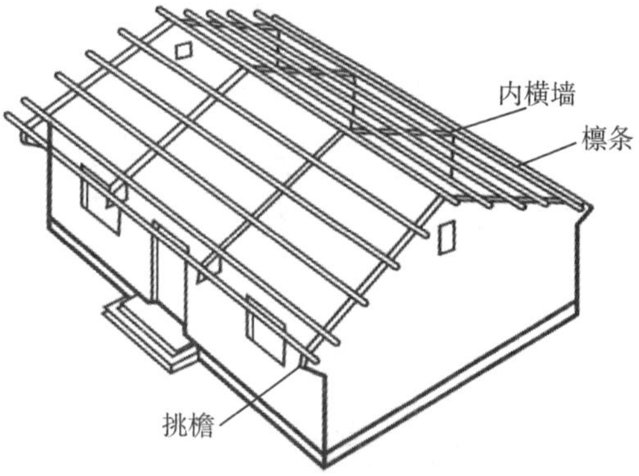

图 2-24　砖墙承重结构

②屋架承重。屋架承重是将屋架搁置在建筑物的外墙或柱上，屋架上面架设檩条承受屋面荷载，如图 2-25 所示。屋架有三角形、梯形、矩形、多边形等多种形式，适用于较大空间的建筑中，如食堂、学校、俱乐部等。

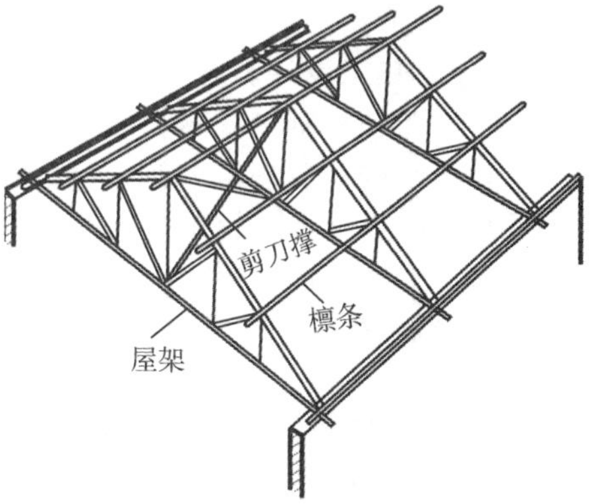

图 2-25　屋架承重结构

③梁架承重。梁架承重是我国传统的屋顶结构形式，由柱和梁形成梁架支承檩条，每

隔两根或三根檩条立一柱，并利用檩条和连系梁，使整个房屋形成一个整体的骨架，墙只起分隔与围护作用，不承重。这种结构形式有“墙倒，屋不坍塌”的特点，如图 2-26 所示。

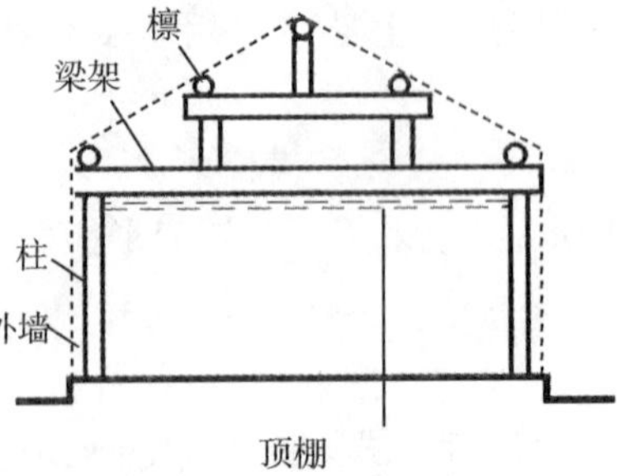

图 2-26　梁架承重结构

知识拓展

除上述三种形式外，坡屋顶的承重结构形式还有钢筋混凝土梁板承重。钢筋混凝土承重结构层常以现浇钢筋混凝土梁和屋面板或预制钢筋混凝土屋面板构成。在空间跨度不大的民用建筑中，常采用钢筋混凝土折板结构。钢筋混凝土折板结构是坡屋顶施工普遍采用的一种结构形式，其整个结构层采用整体现浇的方法进行施工。

(3)坡屋顶的设计。

①基本规定。

坡屋顶采用沥青瓦、块瓦、波形瓦和一级设防的压型金属板时，应设置防水垫层。

知识拓展

防水垫层在瓦屋顶中起着重要的作用，因为“瓦”本身还不能算作是一种防水材料，只有瓦和防水垫层组合后才能形成一道防水设防。防水垫层质量的好坏，直接关系到瓦屋顶质量的好坏。防水垫层宜采用自粘聚合物沥青防水垫层、聚合物改性沥青防水垫层，其最小厚度和搭接宽度应符合表 2-28 的规定。

表 2-28　防水垫层的最小厚度和搭接宽度

防水垫层品种	最小厚度/mm	搭接宽度/mm
自粘聚合物沥青防水垫层	1.0	80
聚合物改性沥青防水垫层	2.0	100

坡屋顶防水构造等重要部位应有节点构造详图。

坡屋顶的保温隔热层应通过建筑热工设计确定，并应符合相关规定。

保温隔热层铺设在装配式屋顶板上时，宜设置隔汽层。

坡屋顶应按现行国家标准《建筑结构荷载规范》的有关规定进行风荷载计算。沥青瓦屋顶、金属板屋顶和防水卷材屋顶应按设计要求提供抗风揭试验检测报告。

夏热冬冷地区、夏热冬暖地区和温和地区坡屋顶的节能措施宜采用通风屋顶、热反射屋顶、带铝箔的封闭空气间层或屋顶种植等，并应符合现行国家标准《民用建筑热工设计规范》的相关规定。

屋顶坡度大于 100%时，宜采用内保温隔热措施。

钢筋混凝土檐沟的纵向坡度不宜小于 1%。檐沟内应做防水。

坡屋顶的排水设计应符合下列规定：多雨地区的坡屋顶应采用有组织排水；少雨地区可采用无组织排水；高低跨屋顶的水落管出水口处应采取防冲刷措施。

②保温隔热设计。

a. 保温设计。在寒冷地区，为减少室内热气的散失，并达到节能的目的，坡屋顶也需设置保温层。设置方法一般有两种，一种是不设顶棚的坡屋顶的保温，可将保温层设在屋顶面层中，如草屋面、麦秸青灰顶屋面等，还可将保温层放在檩条之间或在檩条下钉保温板材；另一种是有顶棚的屋顶的保温，可将保温层设在吊顶上，其做法是在顶棚搁栅上铺板，板上铺一层油毡作隔汽层，在油毯上铺设保温材料，保温材料可选用无机散状材料，如矿渣、膨胀珍珠岩、膨胀蛭石等。

知识拓展

保温层的位置与结构层的类型有关，当结构层为钢结构时，保温层既可以设在结构层上部，也可以设在结构层下部；当结构层为钢筋混凝土结构时，保温层宜设在结构层上部。

b. 坡屋顶的通风隔热。在炎热地区，在坡屋顶中设置进气口和排气口，利用屋顶内外的热压差和迎背风面的压力差，组织空气对流，形成屋顶内的自然通风，以减少由屋顶传入室内的辐射热，改善室内气候环境。另外，还可通过采用低辐射材料或屋面材料的反射性能来降低层面的辐射热，从而达到隔热的效果。

③细部构造设计。

坡屋顶的细部构造主要包括檐口、山墙檐口、变形缝、屋脊与斜天沟等。

a. 檐口。坡屋顶的纵墙檐口有挑檐和包檐两种形式。

b. 山墙檐口。山墙檐口也有挑檐和包檐两种。山墙挑檐也叫悬山，一般用檩条挑出山墙，用木封檐板将檩条封住，沿山墙挑檐边的一行瓦，用水泥砂浆做出披水线，将瓦封固。山墙包檐有硬山和出山两种，硬山是屋面与山墙平齐，或挑出一皮砖用水泥砂浆窝瓦并出线；出山是将山墙砌出屋面，在山墙与屋面交接处做泛水。

（八）门窗

1. 门窗概述

门和窗是建筑物不可缺少的围护构件。门主要是为室内外和房间之间的交通联系而设，同时兼顾通风、采光和空间分隔。窗主要是为采光、通风和观望而设。门和窗又是建筑造型重要的组成部分，它的形状、尺寸、比例、排列对建筑内外造型影响极大，所以常被作为重要的装饰构件处理。

一般的门和窗常常在不同情况下，要求具有保温、隔声、防渗风、防漏雨的能力。在寒冷地区采暖期内，由门窗缝隙渗透而损失的热量约占全部采暖耗热量的25%，所以门窗的密闭要求是北方门窗保温节能极其重要的内容。对于门窗，在保证其主要功能和经济条件的前提下，还要求门窗坚固、耐久、灵活，便于清拭、维修和工业化生产。门窗可以像某些建筑配件或设备一样，作为建筑构件的成品，以商品形式在市场上供销。

2. 门窗的分类

按照开启方式的不同，门可分为平开门、弹簧门、推拉门、旋转门、卷帘门、折叠门等；窗可以分为平开窗、推拉窗、旋转窗、固定窗、百叶窗等。

按照所用材质的不同，门可分为木门、钢门、铝合金门、钢筋混凝土门、塑钢门等；窗可以分为木窗、钢窗、铝合金窗、塑钢窗等。

3. 门窗的尺寸及代号

(1)门的尺寸及代号。各部位门洞的最小尺寸应符合表2-29的规定。门的基本代号：木门M、钢木门GM、钢框门G、铝合金门LM、塑钢门SM。

表 2-29　门洞最小尺寸

类别	洞口宽度/m	洞口高度/m
共用外门	1.2	2
户(套)门	1	2
起居室(厅)门	0.9	2
卧室门	0.9	2
厨房门	0.8	2
卫生间门	0.7	2
阳台门(单扇)	0.7	2

注：a. 表中门洞口高度不包括门上亮子高度，宽度以平开门为准。
b. 洞口两侧地面有高低差时，以高地面为起算高度。

知识拓展

普通教室、办公室的门的宽度常取 1 m。当门宽大于 1 m 时，应根据实际情况增加门的数量，如采用双扇门、四扇门等，双扇门、四扇门的宽度分别可取 1.2～1.8 m、2.4～3.6 m。

(2)窗的尺寸及代号。窗洞口高度等宜采用扩大模数数列 3M，其中 1M 等于 100 mm。通常情况下，平开木窗窗扇高度取 0.8～1.2 m、宽度不宜大于 0.5 m，推拉窗高宽均不宜大于 1.5 m。窗的基本代号：木窗 C、钢窗 GC、铝合金窗 LC、塑钢窗 SC。

4. 门窗的构造及节能

(1)门的构造。门不论采用什么材料，一般均由门框与门扇组成。以木门为例，门框由上槛、中槛、边框等部分组成。门框的断面形状和尺寸由门扇的尺寸、开启方式、裁口大小等决定。门扇由上冒头、中冒头、下冒头、边梃等组成。门扇断面形状和尺寸与门扇的大小、立面划分、安装方式有关。

(2)窗的构造。窗不论采用什么材料，一般均由窗框与窗扇组成。以木窗为例，窗框由上框、中横框、下框、中竖框、边框等部分组成。窗框的断面形状和尺寸与窗扇的层数、厚度、开启方式、裁口大小和当地风力有关。窗扇由上冒头、中冒头、下冒头、边梃等组成。窗扇断面形状和尺寸与窗扇的大小、立面划分、玻璃厚度及安装方式有关。

(3)门窗节能。通过门窗所造成的热损失有两个途径：一是门窗热传导，二是通过门窗各种缝隙的冷风渗透所造成。因此，门窗的节能应从改善门窗保温隔热性以及加强门窗气密性等方面着手。

门窗可采用如下节能措施：合理的缩小门窗口面积；改善门窗的构造，如使用双层玻璃、采用遮阳系统、控制各朝向的窗墙面积比、加保温窗帘等；切断热桥；缩减缝长；提高材料(玻璃、窗框材料)的光学性能、热工性能和密封性。

知识拓展

遮阳系统根据其外形可分为水平遮阳、垂直遮阳、综合遮阳和挡板遮阳四种基本形式。其中，水平遮阳适用的窗口朝向为南向；垂直遮阳适用的窗口朝向为东北向、北向、西北向；综合遮阳适用的窗口朝向为南向、东南向、西南向；挡板遮阳适用的窗口朝向为东向、西向。

(九)阳台

1. 阳台概述

阳台是楼房建筑中与房屋相连的室外平台，为人们提供了一处室外活动的小空间，另外，阳台也丰富了建筑物的立面，为建筑立面的造型增添了虚实、凹凸的效果。

2. 阳台的分类

阳台按其与外墙的相对位置关系可分为凸阳台、凹阳台、半凸半凹阳台。

温馨提示

凸阳台也称挑阳台，由悬挑构件承重。凹阳台由简支板承重。

阳台按其结构形式可分为搁板式阳台、挑板式阳台、挑梁式阳台等。

(1)搁板式阳台。当阳台为搁板式(又称墙承式)时，阳台板(可以是预制或现浇)搁置在两端凸出来的墙体上，阳台板的板型和尺寸与楼板一致，施工方便。

(2)挑板式阳台。当阳台为挑板式时，有两种做法：

①当阳台板的底面标高与圈梁或过梁的底面标高相同或相近时，可将阳台板和圈梁或过梁现浇在一起，利用其上部的墙体或楼板来平衡阳台板，以防止阳台板倾覆。这种结构的阳台板底面平整，外形轻巧，阳台宽度不受房间开间的限制，但圈梁受力复杂，阳台悬挑长度受限制，一般不超过 1.2 m。若悬挑长度较大时，可将圈梁或过梁的断面局部加大或加长，以达到平衡。

②**将楼板直接向外悬挑形成阳台板**。这种结构简单，底面平整，外形轻巧，但板的受力复杂，构件类型增多，而且阳台地面与室内地面相平，不利于排水。

在寒冷地区采用挑板式阳台时，要注意加设保温构造，以避免冷桥。

(3)挑梁式阳台。当阳台板为挑梁式时，阳台板放置在从横墙上悬挑出来的梁上。挑梁压入墙壁内的长度一般不小于悬挑长度的 1.5 倍。这种阳台板底面不平整，影响美观，因此常在阳台板外侧设边梁(又称面梁)。这种结构的阳台板类型和跨度通常与房间的楼板一致。挑梁式阳台也会造成冷桥，不适用寒冷地区。

温馨提示

挑板式阳台和挑梁式阳台均属于悬挑式阳台。

3. 阳台的构造

阳台的构造主要包括阳台的栏杆(栏板)、扶手与阳台板、墙体之间的连接及排水、保温的构造方法。

(1)阳台栏杆(栏板)。阳台栏杆(栏板)是设在阳台周围的垂直构件，它有两个作用：一是保障安全，承担人们倚扶的侧向推力；二是装饰、美观。栏杆从形式上可分为实体栏杆(又称栏板)、空花栏杆和混合栏杆；按材料可分为钢筋混凝土栏板、金属栏杆和混凝土与金属组合式栏杆。

(2)栏杆扶手。栏杆扶手一般有金属和钢筋混凝土两种。金属扶手一般为钢管，它与金属栏杆焊接。钢筋混凝土扶手形式多样，有带花台、带花池、不带花台等类型。

知识拓展

对于住宅建筑，当设有阳台时，应符合下列规定：

(1)阳台栏杆净高不应低于 1.20 m，栏杆的竖向杆件间净距不应大于 0.11 m，阳台栏杆应采取防止攀登的措施。

(2)阳台栏杆有放置物品或花盆的设施时，应采取防止物品或花盆坠落的措施。

(3)开敞式阳台应采取有组织排水并采取防水措施。

(4)放置洗衣机的阳台地面应采取有组织排水并设置防水层。

(5)各套住宅之间毗连的阳台应设分户隔板。

(3)阳台排水。为防止雨水进入室内，要求阳台地面低于室内地面。阳台排水有外排水和内排水两种。采用外排水时，在阳台一侧或两侧栏板下设排水孔，阳台抹面向排水口找坡0.5%～1%，将水导向排水口排除，孔内埋设ϕ40或者ϕ50镀锌钢管或塑料管的水舌，水舌向外伸出至少80 mm，以防止排水时水落到下面的阳台，也可将排水口通入雨水管内。若采用内排水，则在阳台内侧设置排水立管和地漏，将雨水直接排入地下管道网。内排水一般用于高层建筑中。

(4)阳台保温。在寒冷地区，居住建筑宜将阳台周边用塑钢窗、断桥铝窗等围护，且玻璃采用中空玻璃，形成封闭式阳台。阳台板常是墙体内导热系数较大的嵌入构件，是墙内形成冷桥的主要部位之一。严寒地区宜采取分离式阳台，将阳台与主体结构分离，即将阳台板支承在两侧独立的侧墙上或柱梁组成的独立框架上等。阳台保温的另一措施是阳台栏板的保温，在做墙体保温前要先给阳台做好防水，再填充一些保温材料，填充完毕后进行封闭。阳台栏板的保温多采用与外墙相同的保温系统。

三、工业建筑的分类 ★★

（一）按用途分类

1. 主要生产厂房

主要生产厂房是指从原料、材料至半成品、成品的整个加工装配过程中直接从事生产的厂房。例如，在拖拉机制造厂中的铸铁车间、铸钢车间、锻造车间、冲压车间、铆焊车间、热处理车间、机械加工及装配等车间，都属于主要生产厂房。“车间”一词，本意是指工业企业中直接从事生产活动的管理单位，后也被用来代替“厂房”。

2. 辅助生产厂房

辅助生产厂房是指间接从事工业生产的厂房，如拖拉机制造厂中的机器修理车间、电修车间、木工车间、工具车间等。

3. 动力用厂房

动力用厂房是指为生产提供能源的厂房。这些能源有电、蒸汽、煤气、乙炔、氧气、压缩空气等。其相应的建筑是发电厂、锅炉房、煤气发生站、乙炔站、氧气站、压缩空气站等。

4. 储存用房屋

储存用房屋是指为生产提供储备各种原料、材料、半成品、成品的房屋，如炉料库、砂料库、金属材料库、木材库、油料库、易燃易爆材料库、半成品库、成品库等。

5. 运输用房屋

运输用房屋是指管理、停放、检修交通运输工具的房屋，如机车库、汽车库、电瓶车库、消防车库等。

6. 其他厂房

其他厂房是指除上述类型外的厂房，如水泵房、污水处理站等。

（二）按层数分类

1. 单层工业厂房

单层工业厂房是指层数仅为1层的厂房。它主要用于重工业类的生产车间，如冶金类的钢铁厂、冶炼厂，机械类的汽车厂、拖拉机厂、电机厂、机械制造厂，建筑材料工业类的水泥厂、建筑制品厂等。这类厂房的特点是设备体积大、质量大，车间内以水平运输为主，生产过程中的联系靠厂房中的起重运输设备和各种车辆进行。

2. 多层工业厂房

多层工业厂房是指层数在2层及以上的厂房，常用的层数为2～6层。它主要用于轻工业类的厂房中，如电子行业的电子元件厂、仪表厂，印刷行业的印刷厂、装订厂，食品行业的食品加工厂，轻工行业的皮革厂、服装厂等。这类厂房的设备轻、体积小，工厂的大型机床一般安装在底层，小型设备一般安装在楼层。车间运输分垂直和水平两大部分，垂直运输靠电梯，水平运输则通过小型运输工具，如电瓶车等。

3. 混合层数工业厂房

混合层数工业厂房是指在厂房中既有单层又有多层的混合类厂房。它主要用于热电站主厂房、化工车间等，例如热电厂主厂房，汽机间可设在单层单跨内，其他可设在多层内；化工车间，高大的生产设备可设在单层单跨内，其他可设在多层内。

（三）按生产状况分类

1. 冷加工车间

冷加工车间是指在常温下进行生产操作的车间，如机械加工车间、机械装配车间等。

2. 热加工车间

热加工车间是指生产中散发大量余热，有时伴随烟雾、灰尘、有害气体的车间，如铸工车间、锻工车间等。

3. 恒温恒湿车间

恒温恒湿车间是指为保证产品质量，车间内部要求稳定的温、湿度条件的车间，如精密机械车间、纺织车间等。

4. 洁净车间

洁净车间是指为保证产品质量，防止大气中灰尘及细菌污染，要求保持车间内部高度洁净的车间，如精密仪器加工及装配车间、集成电路车间等。

5. 其他特种状况车间

其他特种状况车间是指产品生产对环境有特殊需要的车间，如有爆炸可能性、有大量腐蚀物、有放射性散发物、防微振、高度隔声、防电磁干扰车间等。

（四）按主要承重结构形式分类

1. 排架结构

排架结构主要用于单层厂房，由屋架、柱子和基础构成横向平面排架，是厂房的主要承重体系，再通过屋面板、吊车梁、支撑等纵向构件将平面排架联结起来，构成整体的空间结构。排架的特点是在自身的平面内承载力和刚度都较大，而排架间的承载能力则较弱，通常在两个支架之间应该加上相应的支撑，避免因风荷载的推动而发生侧向的移动。它是单层工业厂房中最基本和应用最为普遍的结构形式。

根据生产工艺和用途的不同，排架结构可以设计成等高、不等高和锯齿形（通常用于单向采光的纺织厂）等多种形式。

横向排架由屋架（或屋面梁）、柱和基础组成。其承受的主要荷载是屋盖荷载、吊车荷载、纵墙荷载及纵墙自重等，并将荷载传至基础和地基。

纵向排架是由吊车梁、连系梁、纵向柱列及柱间支撑等组成，其主要承受纵向由山墙传来的水平荷载及吊车水平力、地震水平作用和温度压力等。

2. 刚架结构

刚架结构主要用于重型单层厂房。刚架结构通常由钢筋混凝土的横梁、柱和基础组成。

刚架结构的优点是梁柱整体结合，构件种类少，制作简单，跨度和高度较少时比钢筋混凝土排架结构节省材料。其缺点是梁柱转折处因弯矩较大而容易产生裂缝，同时，刚架柱在横梁的推力作用下将产生相对位移，使厂房的跨度发生变化。因此，刚架结构在较大起重量的吊车厂房的应用受到了一定的限制。

单层厂房中的刚架结构主要是门式刚架。根据横梁形式的不同，刚架可分为人字形门式刚架和弧形门式刚架两种。

知识拓展

排架结构的特点是柱顶与屋架（或屋面梁）铰接，柱底与基础刚接。刚架结构的特点是屋架（或屋面梁）与柱刚接，而柱和基础一般为铰接。

3. 空间结构

屋顶部分并非像排架那样采用屋架及连系构件系统，而是改用轻型屋盖，如网架结构、悬索结构、薄壳结构、膜结构等。这类结构均属空间结构，其共同特点是受力合理，能充分地发挥材料的力学性能，空间刚度大，抗震性能较强。缺陷在于施工复杂，大跨及连跨工业建筑使用时受限制较大。

知识助记

网选薄膜。

（五）按跨度尺寸分类

1. 小跨度工业厂房

小跨度工业厂房是指跨度小于或等于 12 m 的工业厂房。这类厂房的结构类型以砌体结构为主。

2. 大跨度工业厂房

大跨度工业厂房是指跨度为 15～36 m 的工业厂房。其中 15～30 m 的厂房以钢筋混凝土结构为主，跨度在 36 m 及 36 m 以上时，一般以钢结构为主。

四、工业建筑的组成及构造 ★★★

工业建筑的类型多种多样，下面以单层工业厂房为例，对工业建筑的组成及构造进行介绍。

单层工业厂房结构是由多种构件组成的空间整体，如图 2-27 所示。

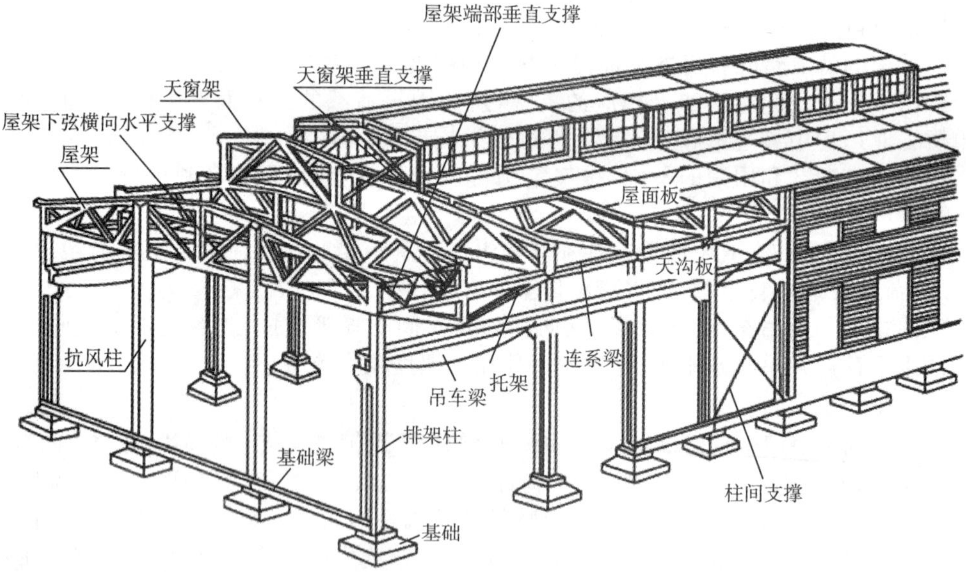

图 2-27 单层工业厂房结构

根据组成构件的作用不同，可将单层工业厂房结构分为承重构件、围护系统和支撑系统三大类。

(1)承重构件。承重构件是指直接承受荷载并将荷载传递给其他构件的构件。单层工业厂房的承重构件包括屋盖结构、吊车梁、连系梁、基础梁、柱、基础等。

知识拓展

单层工业厂房屋盖的承重构件主要包括钢屋架、木屋架、钢木屋架、钢筋混凝土屋架、钢筋混凝土屋面梁。

(2)围护系统。单层工业厂房的围护系统包括墙体、屋面、门窗、天窗、地面等。墙体多采用承自重墙及框架墙。外墙通常砌筑在基础梁上,基础梁两端搁置在基础上。当墙体较高时,需要在墙上设置一道或几道连系梁,以便承受其上部墙体质量。墙体主要起防风、防雨、保温、隔热、遮阳、防火等作用。

(3)支撑系统。单层工业厂房的支撑系统包括柱间支撑和屋盖支撑。支撑系统的作用是加强厂房结构的整体空间刚度和稳定性,并传递水平风荷载及吊车的冲击荷载。

(一)基础、基础梁及柱

1. 基础

单层工业厂房和民用建筑一样,基础的作用都是承担上部所有荷载,并将荷载传给地基。因此,基础是工业厂房的主要组成构件之一。

单层厂房的柱下基础一般采用独立基础(又称扩展基础),按施工方法可分为预制柱下独立基础和现浇柱下独立基础两种。装配式钢筋混凝土单层厂房排架结构,常见的独立基础形式主要有杯形基础、高杯基础和桩基础。当厂房地形起伏、局部地质软弱,或基础旁有深的设备基础时,为了使柱子的长度统一,通常采用高杯形基础。

2. 基础梁

采用排架结构的单层工业厂房,外墙通常不再作条形基础,而是将墙砌筑在特制的基础梁上,预制的基础梁搁置在杯形基础的顶面上,承担围护墙重。这样做的好处是避免排架与砖墙的不均匀下沉。当基础埋置较深时,可将基础梁放在基础上表面的垫块上,或柱的小牛腿上,以减少墙身的用砖量。

基础梁在放置时,梁的表面应低于室内地坪 50 mm,高于室外地坪 100 mm,并且不单做防潮层。在寒冷地区的基础梁下部应采取防止土层冻胀的措施。一般做法是把梁下冻土挖除,换以干砂、矿渣或松散土层,以防止基础梁受冻土挤压而开裂。

3. 柱

柱子是单层工业厂房的竖向承重构件,承受垂直荷载和水平荷载,并与外墙相连接,因此在选型上十分重要。按照柱子所使用材料的不同,可分为砖柱、钢柱、钢筋混凝土柱三种形式。

(1)砖柱。对于跨度小、起重量小的厂房,一般采用砖柱,其截面一般为矩形。

(2)钢柱。对于跨度大、振动多的厂房,一般采用钢柱,其截面一般采用格构形。

(3)钢筋混凝土柱。在单层工业厂房中,钢筋混凝土柱应用最为广泛,其截面有矩形、工字形、空心管形和双肢形。

①矩形柱。矩形柱的构造简单,施工方便,中心受压的柱子或截面较小的柱子经常采用。矩形截面柱的缺点是不能充分发挥混凝土的承压能力,且自重大,消耗材料多,因此,多用于小型厂房。

②工字形柱。这种柱的截面形式比较合理,整体性能好,比矩形柱节省材料 30%～

50%，在大、中型工业厂房中是一种经常采用的柱截面形式。

③空心管柱。空心管柱有单肢空心管柱和双肢空心管柱两种类型。

④双肢柱。在荷载作用下，双肢柱主要承受轴向力，因此可以充分发挥混凝土的强度。这种柱子断面连系梁拉筋小、自重轻，两肢间便于通过管道，少占空间。在吊车吨位较大的单层工业厂房中，柱子的截面也相应加大。采用双肢柱可以省去牛腿，简化了构造。

（二）吊车梁、连系梁、圈梁

1. 吊车梁

设有梁式或桥式吊车的厂房，为铺设轨道需设置吊车梁。吊车梁支撑在承重柱的牛腿上，沿厂房纵向布置，是厂房的纵向连系构件之一。吊车梁直接承受吊车传来的竖向荷载和水平制动力。由于吊车起吊重物是重复工作，因此，吊车梁除了满足承载能力、抗裂和刚度要求外，还要满足疲劳强度的要求。

(1)吊车梁的截面形式。吊车梁的类型很多，按材料分为钢筋混凝土梁和钢梁两种，常采用钢筋混凝土梁；按外形分为等截面的 T 形、工字形和变截面的鱼腹形。

①T 形吊车梁。T 形吊车梁的上部翼缘较宽泛，可增加梁的受压面积，也便于固定吊车轨道，施工简单、制作方便，但自重大，消耗材料多。

②工字形吊车梁。工字形吊车梁腹板较薄，节省材料，自重轻。

③鱼腹式吊车梁。鱼腹式吊车梁受力合理，能较好地发挥材料强度，节省材料、自重轻、刚度大，能承受较大荷载，但构造和工艺较为复杂。

知识拓展

单层工业厂房吊车梁的形式选择需同时考虑柱距、跨度、起重量。单层工业厂房一般柱距常用 6 m，有条件时可采用 12 m。在 6 m 柱距条件下，在 T 形吊车梁和工字形吊车梁中选择，T 形吊车梁的适用范围为跨度不大于 30 m，起重量不大于 30 t；预应力工字形吊车梁的适用范围为跨度 12～33 m，起重量 5～25 t。在 12 m 柱距条件下，通常会选用预应力鱼腹式吊车梁，其适用范围为跨度 12～33 m，起重量 15～150 t。

(2)吊车梁与柱的连接。吊车梁的上翼缘与柱间用角钢或钢板连接，吊车梁下部在安装前应焊上一块钢垫板，并与柱牛腿上的预埋钢板焊牢，吊车梁与柱之间的空隙以 C20 混凝土填实。

2. 连系梁

连系梁一般为预制钢筋混凝土构件，两端支承在柱牛腿上，用预埋件或螺栓与牛腿连接。连系梁的作用是承受其上墙体荷载及窗重，并传给排架柱；同时起连系纵向柱列以增强厂房纵向刚度的作用。

3. 圈梁

圈梁是在同一标高上设置的连续、封闭的梁，其作用是将墙体同厂房柱箍在一起，以加强厂房的整体刚度，防止由于地基的不均匀沉降或较大振动荷载对厂房的不利影响。圈梁设置于墙体内，和柱连接仅起拉结作用。由于圈梁不承受墙体质量，所以，柱上不设置支撑圈梁的牛腿。

在进行厂房结构布置时，应尽可能将圈梁、连系梁和过梁结合起来，以节约材料、简化施工，使一个构件在一般的厂房中，能起到两种或三种构件的作用。

（三）支撑系统

单层工业厂房结构中，由于作用在厂房的水平力比较大，构件节点为铰接，厂房的整体性和刚度都比较差，加设支撑能够保证厂房结构和构件的承载力、刚度和稳定性。

在装配式钢筋混凝土单层工业厂房中，支撑虽为非主要承重构件，但在联系各承载构件、形成空间整体骨架，传递水平荷载（山墙风荷载及吊车纵向制动力）等方面起了重要作用，提高了厂房结构构件的刚度和稳定性。

支撑系统有屋盖支撑和柱间支撑两大类。

1. 屋盖支撑

屋盖支撑包括横向水平支撑（上弦或下弦横向水平支撑）、纵向水平支撑（上弦或下弦纵向水平支撑）、纵向水平系杆（加劲杆）和垂直支撑等。

屋盖支撑应根据厂房的跨度、高度、屋盖形式、屋面刚度、吊车起重量及工作制、有无悬挂吊车和天窗设置等情况并结合建厂地区抗震设防等要求进行合理布置。

2. 柱间支撑

柱间支撑与厂房框架柱相连接，**其作用为组成坚强的纵向构架，保证厂房的纵向刚度和稳定性**，承受厂房端部山墙的风荷载、吊车纵向水平荷载及温度应力等，在地震区尚应承受厂房纵向的地震力，并将其传至基础，可作为框架柱在框架平面外的支点，减少柱在框架平面外的计算长度。

凡属于下列情况之一者，均应设置柱间支撑：

(1)设有悬壁吊车或有 3 t 及以上的悬挂吊车。

(2)设有重级工作制吊车或中、轻级工作制吊车，其起重量在 10 t 及以上者。

(3)厂房跨度在 18 m 及以上或柱高在 8 m 及以上者。

(4)纵向柱列总数每排在 7 根以下者。

(5)露天吊车的柱列。

柱间支撑一般采用型钢制作，无吊车时，宜取 30～45 m 间距；当有吊车时，宜设在温度区段中部，或温度区段较长时宜设在三分点处，且间距不宜大于 60 m。支撑形式宜采用交叉式，其交叉倾角通常为 35°～55°，以 45°为宜。现场不满足交叉式支撑条件的，可采用门架式支撑。

（四）屋盖及天窗

1. 屋盖

单层工业厂房的屋盖结构分为无檩体系和有檩体系两种。无檩体系由大型屋面板、屋架或屋面梁、屋盖支撑组成。有檩体系由小型屋面板、檩条、屋架或屋面梁、屋盖支撑组成。有檩体系，因其刚度小、整体性差，故仅适用于中小型厂房。为满足厂房内通风和采光需要，屋盖结构中有时还需设置天窗架（其上也有屋面板）及天窗架支撑。当生产工艺或使用上要求抽柱时，则需在抽柱的屋架下设置托架。

(1)屋面梁。屋面梁又称薄腹梁，有单坡和双坡之分，其断面形式有 T 形和工字形，其顶面宽度为 300 mm 和 400 mm 两种，腹板厚 100～120 mm。单坡屋面的跨度有 6 m、9 m、12 m 三种，双坡屋面的跨度有 9 m、12 m、15 m、18 m 四种。单坡屋面坡度平缓，多采用统一坡度 1/10。屋面梁形状简单，制作方便，梁高较小而稳定性好，但自重较大。

(2)屋架。屋架的类型有很多，根据材料可分为钢屋架、木屋架、钢木屋架、钢筋混凝土屋架等；根据外形又可分为折线形、梯形、拱形、三角形等。其中，钢屋架应用最为广泛，具体又可分为无檩钢屋架和有檩钢屋架两种。常见的无檩钢屋架跨度一般为 6 m，适用于中型以上尤其是重型厂房；有檩钢屋架则多用于中小型厂房中，尤其是不设保温层的厂房。

(3)托架。支承中间屋架的桁架称为托架，托架一般采用平行弦桁架，其腹杆采用带竖杆的人字形体系。直接支承于钢筋混凝土柱上的托架常用下承式；支承于钢柱上的托架常用上承式。托架高度应根据所支承的屋架端部高度、刚度要求、经济要求以及有利于节点构造的原则来决定。

2. 天窗

在大跨度或多跨单层厂房的屋顶部位设置窗口，以取得较均匀的采光、合理的通风或排除高温灰尘，这种窗口称为天窗。在实际工作中，天窗一般不会只起采光或通风的作用，采光天窗可同时具有通风功能，通风天窗也可兼有采光作用。

（五）外墙

单层工业厂房的墙体包括外墙、内墙和隔墙。其中，外墙的长度、高度均比较大，而厚度较小。外墙要承受较大的风荷载和机械设备的振动，因此，墙身的刚度和稳定性应有可靠的保证。单层厂房的外墙根据材料的不同，可分为砖墙、砌块墙、板材墙、轻质板材墙和开敞式外墙。

为防止单层厂房外墙受风力、地震或振动等而遭受破坏，在构造上应使墙与柱子、山墙与抗风柱、墙与屋架（或屋面梁）之间有可靠的连接，以保证墙体有足够的稳定性与刚度。震区厂房和有振源产生的车间，除满足一般构造要求外，还需采取必要的抗振和抗震措施。

第二节　道路、桥梁、涵洞工程的分类、组成及构造

一、道路的分类 ★★★

道路是供各种车辆和行人通行的工程设施，按其使用特点可分为公路、城市道路、乡村道路、厂矿道路及林区道路等。同时，按道路的性质和道路使用者的各种需要，在道路上需设置相应的公用设施。

（一）公路

公路是指在城市以外，连接相邻市县、乡村、港口、厂矿和林区等，主要供汽车行驶，且具备一定技术条件和交通设施的道路。公路分为高速公路、一级公路、二级公路、三级公路及四级公路等五个技术等级，如图 2-28 所示。

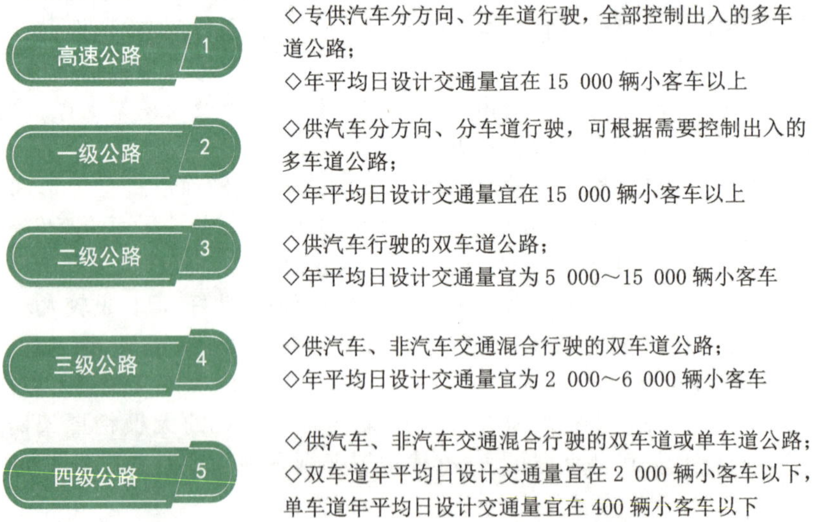

图 2-28　公路的技术等级

知识拓展

高速公路单向最少设置两个车道，对允许进入的车辆进行限制，设置中央分隔带分隔对向交通，采用立交接入等措施全部控制出入，排除纵横向干扰，为通行效率最高的公路。

公路技术等级选用应遵循下列原则：

（1）公路技术等级选用应根据路网规划、公路功能，并结合交通量论证确定。

（2）主要干线公路应选用高速公路。

（3）次要干线公路应选用二级及二级以上公路。

（4）主要集散公路宜选用一、二级公路。

（5）次要集散公路宜选用二、三级公路。

（6）支线公路宜选用三、四级公路。

知识拓展

公路设计等级选取，应优先考虑年均日设计交通量。

公路功能：公路在路网中为车辆出行提供畅通直达、汇集疏散和出入通达的交通服务能力。主要干线公路和次要干线公路具有畅通直达的功能，主要集散公路和次要集散公路具有汇集疏散的功能，支线公路具有出入通达的功能。

（二）城市道路

城市道路是在城市范围内，联系各组成部分，并供车辆及行人通行的、具备一定技术条件和设施的道路。

城市道路应按道路在道路网中的地位、交通功能以及对沿线的服务功能等，分为快速路、主干路、次干路和支路四个等级，并应符合下列规定：

（1）快速路应中央分隔、全部控制出入、控制出入口间距及形式，应实现交通连续通行，单向设置不应少于两条车道，并应设有配套的交通安全与管理设施。快速路两侧不应设置吸引大量车流、人流的公共建筑物的出入口。

（2）主干路应连接城市各主要分区，应以交通功能为主。主干路两侧不宜设置吸引大量车流、人流的公共建筑物的出入口。

（3）次干路应与主干路结合组成干路网，应以集散交通的功能为主，兼有服务功能。

知识拓展

次干路两侧可以设置公共建筑物的出入口，相邻出入口的间距不宜小于 80 m。

（4）支路宜与次干路和居住区、工业区、交通设施等内部道路相连接，应以解决局部地区交通，以服务功能为主。

知识助记

快主次支。

各等级城市道路的设计速度应符合表 2-30 的规定，设计速度的选用应根据道路功能和交通量，结合地形、沿线土地利用性质等因素综合论证确定。

表 2-30 各等级城市道路的设计速度

道路等级	快速路			主干路			次干路			支路		
设计速度/($km \cdot h^{-1}$)	100	80	60	60	50	40	50	40	30	40	30	20

在确定道路横断面车行道宽度时,远期交通量的年限作为道路设计年限的指标。**道路交通量达到饱和时的设计年限按道路等级分为三种:快速路、主干路为 20 年;次干路为 15 年;支路为 10~15 年。**道路等级高则设计年限长。在设计年限内,车行道的宽度应满足道路交通增长的要求,保证车辆能安全、舒适、通畅地行驶。

各种类型路面结构的设计年限应符合表 2-31 的规定。

表 2-31 路面结构的设计使用年限

道路等级	路面结构类型		
	沥青路面/年	水泥混凝土路面/年	砌块路面/年
快速路	15	30	—
主干路	15	30	—
次干路	15	20	—
支路	10	20	10(20)

注:砌块路面采用混凝土预制块时,设计年限为 10 年;采用石材时,为 20 年。

知识拓展

除设计速度和设计使用年限外,我国城镇道路主要技术指标还有分隔带、横断面形式、机动车道宽度和双向机动车道数/条,其设置应符合下列规定:

(1)分隔带,快速路必须设,主干路应设,次干路可设,支路不设。

(2)横断面形式,快速路为两、四幅路,主干路为三、四幅路,次干路为单、两幅路,支路为单幅路。

(3)机动车道宽度,快速路为 3.50~3.75 m,主干路、次干路、支路均为 3.25~3.50 m。

(4)双向机动车道数/条,快速路、主干路≥4 条,次干路为 2~4 条,支路为 2 条。

(三)乡村道路

乡村道路一般是指在农村中联系乡、村、居民点的主要道路,其交通性质、特点、技术标准要求等均与公路不同。

(四)厂矿道路及林区道路

厂矿道路是指修建在工厂、矿区内部以及厂矿到公路、城市道路、车站、港口衔接处的对外连接段,主要供工厂、矿山运输车辆通行的道路。

林区道路是指建在林区,主要供各种林业运输工具通行的道路。

(五)公用设施

道路公用设施的种类很多,包括行人交通设施、公共交通车站、公共停车场、管线、照明设施、交通安全和管理设施等。

1. 行人交通设施

行人交通设施应包括人行道、步行街以及人行横道、人行天桥和人行地道等过街设施,设施的设置应根据行人流量和流线确定。

人行道宽度必须满足行人安全顺畅通过的要求,并应设置无障碍设施。各级道路人行道最小宽度要求：一般值 3.0 m，最小值 2.0 m。

步行街的步行距离不宜超过 1000 m，步行街的宽度可采用 10～15 m。

交叉口处应设置人行横道。人行横道间距宜为 250～300 m。

人行天桥又称人行立交桥，一般建造在车流量大、行人稠密的地段，或者交叉口、广场及铁路上面。人行天桥只允许行人通过，用于避免车流和人流平面相交时的冲突，保障人们安全的穿越，提高车速，减少交通事故。

人行地道是专供行人横穿道路用的地下通道。从建设成本来讲，由于人行地道大多需要设置排水泵站，且与地下管线矛盾较多，如果在地质条件不是很好的区域，地基处理和支护将会增加很大的工程投资。因此，人行地道造价偏高，一般为人行天桥的 2 倍左右，日常维护费用也比人行天桥高。

人行天桥和人行地道的设置应符合下列规定：

(1)快速路行人过街必须设置人行天桥或人行地道，其他道路应根据机动车交通量和行人过街需求设置人行天桥或人行地道。

(2)在商业或车站、码头等区域人行天桥或人行地道的设置宜与两侧建筑物或地下开发相结合。有特殊需要时，可设置专用过街设施。

(3)当自行车过街交通量不大时，人行天桥和人行地道可设置推行自行车过街的坡道。

知识拓展

以下情况适用于修建人行地道：在重要建筑物或者风景区区域，建造人行天桥影响城市外观；横跨行人特别多的站前街道；在工程费用和施工方法上修建人行地道比修建人行天桥更为有利；地上有障碍物影响，不便修建人行天桥。

2. 公共交通车站

快速公交车站的设计应符合下列规定：

(1)车站应结合快速公交规划设置，同时应与常规公交及城市轨道交通等其他交通系统合理衔接。

(2)车站可分为单侧停靠车站和双侧停靠车站，双侧停靠的站台宽度不应小于 5 m，单侧停靠的站台宽度不应小于 3 m。

(3)多条线路在停靠车站区间应单独布置停车道，停车道的宽度不应小于 3 m。

(4)站台长度应满足车辆停靠、人流集散及相关设施布设的要求。

(5)车辆停靠长度应根据车辆停靠数量和车型确定，最小长度应满足两辆车同时停靠的要求，车辆长度应根据选择的车型确定。

(6)乘客过街可采用平面或立体过街方式。

常规公交车站的设计应符合下列规定：

(1)车站应结合常规公交规划、沿线交通需求及城市轨道交通等其他交通站点设置。城区停靠站间距宜为 400～800 m，郊区停靠站间距应根据具体情况确定。

(2)车站可为直接式和港湾式，城市主、次干路和交通量较大的支路上的车站，宜采用港湾式。

(3)道路交叉口附近的车站宜安排在交叉口出口道一侧，距交叉口出口缘石转弯半径终点宜大于 50 m。

(4)站台长度最短应按同时停靠两辆车布置，最长不应超过同时停靠 4 辆车的长度，否则应分开设置。

(5)站台高度宜采用0.15～0.20 m，站台宽度不宜小于2 m；当条件受限时，站台宽度不得小于1.5 m。

3. 公共停车场

在大型公共建筑、交通枢纽、人流车流量大的广场等处均应布置适当容量的公共停车场。公共停车场的规模应按服务对象、交通特征等因素确定。停车场平面设计应有效地利用场地，合理安排停车区及通道，应满足消防要求，并留出辅助设施的位置。

城市公共停车场宜在客流集中的商业办公区、旅游风景区、体育场馆和公共交通枢纽等处规划布局与选址。

城市公共停车场规划应充分利用城市土地资源，重视地下空间的开发与利用，集约用地，因地制宜地选择停车场形式。城市公共停车场宜结合城市公园绿地、广场、体育场馆及地下人防设施修建地下停车库，在停车需求较大的区域宜建设地上停车楼、机械式停车库。

规划城市公共停车场宜设置一定比例的无障碍停车位。

城市公共停车场的选址要考虑合理的服务半径，与主要服务对象的距离在城市一般地区不宜大于300 m，市中心地区不宜大于200 m。

城市公共停车场规划选址应避开地质断层及可能产生滑坡等地质灾害的不良地质地区。

大、中型停车场出入口不得少于2个，特大型停车场出入口不得少于3个，并应设置专用人行出入口，且两个机动车出入口之间的净距不小于15 m。

停车场的出口与入口宜分开设置，单向行驶的出(入)口宽度不得小于5 m，双向行驶的出(入)口宽度不得小于7 m。小型停车场只有一个出入口时，出入口宽度不得小于9 m。

城市公共停车场出入口要具有良好的视野，机动车出入口的位置(距离道路交叉口宜大于80 m)距离人行过街天桥、地道、桥梁或隧道等引道口应大于50 m；距离学校、医院、公交车站等人流集中的地点应大于30 m。

在进行城市公共停车场出入口设置时，应进行交通组织设计。

出入口设置在城市主干路的城市公共停车场，机动车交通组织应采用右进右出的方式，严禁左转直接驶入(出)主干路；出入口设置在城市次干路、支路上的城市公共停车场，机动车交通组织宜采用右进右出的方式，在不影响对向道路交通的情况下，可采用左转方式驶入(出)。

城市公共停车场平面设计时应根据实际情况选择内部交通组织方式，并确保内部交通的安全、顺畅、便捷。

知识拓展

为保证车辆在停车场内停入时不致发生自重分力引起滑溜，要求停车场与通道垂直方向的最大纵坡为3%，与通道平行方向的最大纵坡为1%；出入口通道的最大纵坡以不超过2%为宜，困难时不应大于7%；停车场及通道的最小纵坡应符合雨雪水及时排除及施工可能高程误差水平的要求，以0.4%～0.5%为宜。

4. 管线

新建道路应按规划位置敷设所需管线，且宜埋地敷设。

管线工程设计应遵循以下原则：

(1)管线类别、管线走向、规模容量、预留接口和敷设方式应满足城市总体规划和管线工程专业规划的要求，并为远期发展适当留有余地。

(2)应统筹安排各类管线,合理分配管道走廊,合理处理管线交叉,满足相关专业技术规范的要求。

(3)地上杆线宜设置在道路设施带内。架空管线不得侵入道路建筑限界,距离地面高度应符合相关专业技术规范的规定。地下管线除支管接口外,其余部分不应超出道路红线范围。

(4)地下管线宜优先考虑布置在非车行道下,不得沿快速路主路车行道下纵向敷设。当其他等级道路车行道下敷设管线时,井盖不应影响行车安全性和舒适性,且宜布置在车辆轮迹范围之外。人行道上井盖等地面设施不应影响行人通行。

各类管线应按规划要求预埋过街管道,过街管道规模宜适当并留有发展余地。重要交叉口宜设置过街共用管沟。在建成后的快速路、主干路下实施过街管道时,宜采用非开挖施工技术。

5. 照明

道路照明应采用安全可靠、技术先进、经济合理、节能环保、维修方便的设施。

道路照明应满足平均亮度(照度)、亮度(照度)均匀度和眩光限制指标的要求。此外,道路照明设施还应有良好的诱导性。

曲线路段、平面交叉、立体交叉、铁路道口、广场、停车场、桥梁、坡道等特殊地点应比平直路段连续照明的亮度(照度)高、眩光限制严、诱导性好。

道路照明布灯方式应根据道路横断面形式、宽度、照明要求等进行布置。

道路照明应根据所在地区的地理位置和季节变化合理确定开关灯时间,并应根据天空亮度变化进行必要修正。宜采用光控和时控相结合的智能控制方式,有条件时宜采用集中控制系统。

知识拓展

道路照明主要包括机动车交通道路照明和人行道路照明。机动车交通道路照明的评价指标包括路面亮度均匀度和纵向均匀度、路面平均亮度、眩光限制、环境比、诱导性。人行道路照明的评价指标包括路面平均照度、路面最小照度和垂直照度。

照明光源应选择高光效、长寿命、节能及环保的产品。

道路照明设施应满足白天的路容景观要求;灯杆灯具的色彩和造型应与道路景观相协调。

除居住区和少数有特殊要求的道路以外,深夜宜有降低路面亮度(照度)的节能措施。

道路照明设计应符合现行行业标准《城市道路照明设计标准》的规定。

知识拓展

根据《城市道路照明设计标准》,光源的选择应符合下列规定:

(1)快速路和主干路宜采用高压钠灯,也可选择发光二极管灯或陶瓷金属卤化物灯。

(2)次干路和支路可选择高压钠灯、发光二极管灯或陶瓷金属卤化物灯。

(3)居住区机动车和行人混合交通道路宜采用发光二极管灯或金属卤化物灯。

(4)市中心、商业中心等对颜色识别要求较高的机动车交通道路可采用发光二极管灯或金属卤化物灯。

(5)商业区步行街、居住区人行道路、机动车交通道路两侧人行道或非机动车道可采用发光二极管灯、小功率金属卤化物灯或细管径荧光灯、紧凑型荧光灯。

道路照明不应采用高压汞灯和白炽灯。

当采用发光二极管(LED)灯光源时,应符合下列规定:光源的显色指数不宜小于60;光源的相关色温不宜高于5 000 K,并宜优先选择中或低色温光源。

6. 交通安全和管理设施

(1)交通标志。

交通标志设计应以道路交通管理的相关法律、法规和交通组织管理方案为依据，简明、准确地向道路使用者提供交通路权、行驶规则以及路径指示等信息，保障交通畅达和行车安全。交通标志与交通标线等其他管理设施传递的信息应一致，互为补充。交通标志不应传递与道路交通无关的信息。隧道内的应急、消防、避险等指示标志，应采用主动发光标志或照明式标志。交通标志及其支架不得侵入道路建筑限界，其版面信息不得被其他物体遮挡。

交通标志按其作用应分为主标志和辅助标志两类，其中主标志包括警告标志、禁令标志、指示标志、指路标志、旅游区标志、作业区标志、告示标志；辅助标志附设在主标志下，对主标志进行辅助说明。

知识拓展

交通标志按作用分类是较为常用的分类形式之一。辅助标志是对主标志补充说明，不能单独使用。

交通标志按版面内容显示方式应分为静态标志和可变信息标志。

交通标志的设置应符合下列规定：

①应综合考虑城市规模和特点、路网设施布局、道路等级、几何条件、交通状况、道路使用者需求、环境及气候等因素。

②标志的设置应优先考虑交通法规和安全要求。

③标志信息发布应明确、连续、系统，防止出现信息不足或过载的现象；重要的信息应重复发布。

④充分考虑道路使用者在动态条件下的视认性，即考虑在动态条件下发现、判读标志及采取行动所需的时间和前置距离。

⑤标志应设置在道路行进方向右侧或车行道上方，也可根据具体情况设置在左侧，或左右两侧同时设置。

知识拓展

在标志的并设上，同一地点需要设置 2 种以上标志或者已设有交通标志的地点需增设标志时，可以安装在 1 根标志杆上，但不应超过 4 种。标志板在 1 根标志杆上并设时，应按警告、禁令、指示的顺序，先上后下，先左后右排列，同类标志的设置顺序，应按提示信息的危险程度先重后轻排列。

⑥标志的设置不得被桥墩、柱、树木等物体遮挡。

(2)交通标线。

标线应符合道路使用的功能要求，向道路使用者传递有关道路交通的规则、警告、指引等信息。标线可与标志配合使用，也可单独使用。

标线应能清晰地识别与辨认，并符合白天、雨天、夜间视认性规定的要求。城市快速路、主干路应设置反光交通标线。

(3)防护设施。

防护设施应采用环保材料，便于安装，易于维修。

防护设施应满足道路建筑限界及停车视距要求。

不能提供足够路侧安全净距的快速路，必须设置路侧防撞护栏；当路基整体式断面中间带宽度小于或等于 12 m 时，快速路的中央分隔带必须连续设置防撞护栏。各级道路特大桥、大桥、高架桥、高路堤段、临水临空段、车辆越出路外可能发生二次事故的路段应设置安全防护设施。

防护设施宜简洁大方，与道路、桥梁和周围建筑的设计风格统一协调。

(4)交通信号灯。

交通信号灯应能被道路使用者清晰、准确地识别，应能保障车辆和行人安全通行。

交通信号灯的配置应与道路交通组织相匹配，应有利于行人和非机动车的安全通行，有利于大容量公共交通车辆的通行，有利于提高道路通行效率。

交通信号灯设备应安全可靠，能够长期连续运行。当交通信号灯设备出现故障时，任何情况下均不得出现相互冲突的交通信号。

知识拓展

机动车信号灯、方向指示信号灯、非机动车信号灯竖向安装时，灯色排列顺序由上向下应为红、黄、绿；横向安装时，灯色排列顺序由左到右为红、黄、绿。人行横道信号灯应采用竖向安装，灯色排列顺序由上向下应为红、黄、绿。

(5)交通监控系统。

为提高城市道路交通管理和服务水平，宜设立交通监控系统。

交通监控系统应由监控中心、外场监控设施和信息传输网络等组成，应具备信息采集、分析处理、信息发布和交通控制管理，以及与其他信息系统的信息交换和资源共享等全部或部分功能。

二、道路线形的组成及构造 ★★★

道路线形是指道路中线的立体形状，常用平面线形、纵断面线形和道路横断面来表示。

(一)平面

道路平面线形由直线、平曲线组成，平曲线由圆曲线、缓和曲线组成。道路平面应做好直线与平曲线的衔接，合理设置缓和曲线、超高、加宽等。圆曲线的最小半径应满足车辆在曲线部分的安全、舒适通行需要；当圆曲线范围设超高时，应设置超高缓和段。

道路平面应结合交通组织，合理布置交叉口、出入口、分隔带和缘石开口、公共交通停靠站、人行过街设施等。

各等级道路的停车视距不应小于表 2-32 的规定。

表 2-32 停车视距

设计速度/($km \cdot h^{-1}$)	100	80	60	50	40	30	20
停车视距/m	160	110	70	60	40	30	20

(二)纵断面

应根据道路等级、设计速度，综合建设条件、交通安全、经济效益、节能减排、环保要求等因素，合理确定道路纵断面技术指标，并应做好土石方平衡，保障路基稳定、管线覆土、防洪排涝的需要。

机动车道和非机动车道的最大纵坡应分别满足所在地区气候条件下安全行车、环保等要求；当采用最大纵坡时，应限制其最大坡长；最小纵坡应满足路面排水要求。

（三）横断面

1. 一般规定

道路横断面应按城市道路等级、服务功能、交通特性、交通组织方式，结合各种控制条件合理布设，应分别满足人行道、非机动车道、机动车道、分车带、设施带等宽度的要求；并应与轨道交通线路、综合管廊、低影响开发设施、环保设施、地上杆线及地下管线布设等相协调。

快速路整体式断面必须设置中央分隔带或中间分隔设施。

具有街道功能的道路横断面应优先布置行人、非机动车和公共交通设施，红线范围内的人行道应与街道空间一体化。

机动车道宽度应符合下列规定：

(1)一条机动车道的最小宽度应按设计车辆类型、设计速度及交通特性，综合考虑通行安全性、道路条件等因素确定。

知识拓展

一条机动车道最小宽度应符合表 2-33 的规定。

表 2-33　一条机动车道最小宽度

车型及车道类型	设计速度/(km·h⁻¹)	
	>60	≤60
大型车或混行车道/m	3.75	3.50
小客车专用车道/m	3.50	3.25

(2)机动车道路面宽度应包括车行道宽度及两侧路缘带宽度。当路面中设置分隔设施时，应包括分隔设施宽度。

城市道路应设置安全便捷的行人和非机动交通设施，人行道有效通行宽度不应小于 1.5 m；非机动车道单向行驶的有效通行宽度不应小于 1.5 m，双向行驶的有效通行宽度不应小于 3.0 m。

设计速度大于 40 km/h 的道路，非机动车道与机动车道之间应设置物理隔离设施。

长度大于 1 000 m 的隧道，严禁将机动车道与非机动车道或人行道设置在同一孔内；当长度小于或等于 1 000 m 的隧道需设置非机动车道或人行道时，非机动车道或人行道与机动车道之间必须设置物理隔离设施。

2. 横断面布置

横断面可分为单幅路、两幅路、三幅路、四幅路及特殊形式的断面。

同一条道路宜采用相同形式的横断面。当道路横断面变化时，应设置过渡段。

3. 横断面组成及宽度

横断面宜由机动车道、非机动车道、人行道、分车带、设施带、绿化带等组成，特殊断面还可包括应急车道、路肩和排水沟等。

非机动车道宽度应符合下列规定：

(1)一条非机动车道宽度应符合表 2-34 的规定。

表 2-34　一条非机动车道宽度

车辆种类	自行车	三轮车
非机动车道宽度/m	1.0	2.0

(2)与机动车道合并设置的非机动车道，车道数单向不应小于 2 条，宽度不应小于 2.5 m。

(3)非机动车专用道路面宽度应包括车道宽度及两侧路缘带宽度，单向不宜小于 3.5 m，双向不宜小于 4.5 m。

路侧带可由人行道、绿化带、设施带等组成，路侧带的设计应符合下列规定：

(1)人行道宽度必须满足行人安全顺畅通过的要求，并应设置无障碍设施。人行道最小宽度应符合表 2-35 的规定。

表 2-35 人行道最小宽度

项目	人行道最小宽度/m	
	一般值	最小值
各级道路	3.0	2.0
商业或公共场所集中路段	5.0	4.0
火车站、码头附近路段	5.0	4.0
长途汽车站	4.0	3.0

(2)绿化带的宽度应符合现行行业标准《城市道路绿化规划与设计规范》的相关要求。当绿化带内设置雨水调蓄设施时，绿化带的宽度还应满足所设置设施的宽度要求。

(3)设施带宽度应包括设置护栏、照明灯柱、标志牌、信号灯、城市公共服务设施等的要求，各种设施布局应综合考虑。设施带可与绿化带结合设置，但应避免各种设施间，以及与树木的相互干扰。当绿化带设置雨水调蓄设施时，应保证绿化带内设施及相邻路面结构的安全，必要时，应采取相应的防护及防渗措施。

知识拓展

绿化带是指在道路路侧为行车及行人遮阳并美化环境，保证植物正常生长的场地。当种植单排行道树时，绿化带最小宽度为 1.5 m。设施带是指在道路两侧为护栏、灯柱、标志牌等公共服务设施等提供的场地。

分车带按其在横断面中的不同位置及功能，可分为中间分车带(简称中间带)及两侧分车带(简称两侧带)，分车带由分隔带及两侧路缘带组成。分隔带应采用立缘石围砌，需要考虑防撞要求时，应采用相应等级的防撞护栏。当需要在道路分隔带中设置雨水调蓄设施时，立缘石的设置形式应满足排水的要求。

当快速路单向机动车道数小于 3 条时，应设不小于 3.0 m 的应急车道。当连续设置有困难时，应设置应急停车港湾，间距不应大于 500 m，宽度不应小于 3.0 m。

路肩设置应符合下列规定：

(1)采用边沟排水的道路应在路面外侧设置保护性路肩，中间设置排水沟的道路应设置左侧保护性路肩。

(2)保护性路肩宽度自路缘带外侧算起，快速路不应小于 0.75 m；其他等级道路不应小于 0.50 m；当有少量行人时，不应小于 1.50 m。当需设置护栏、杆柱、交通标志时，应满足其设置要求。

4. 路拱与横坡

道路横坡应根据路面宽度、路面类型、纵坡及气候条件确定，宜采用 1.0%～2.0%。快速路及降雨量大的地区宜采用 1.5%～2.0%；严寒积雪地区、透水路面宜采用 1.0%～1.5%。保护性路肩横坡度可比路面横坡度加大 1.0%。

知识拓展

路拱坡度的确定应以有利于路面排水和保障行车安全平稳为原则。坡度大小主要视路面种类、表面平整度、粗糙度、道路纵坡大小等而定。道路纵坡大时横坡取小值，纵坡小时取大值；严寒地区路拱设计坡度宜采用小值。路肩的坡度加大1%以利于排水。

单幅路应根据道路宽度采用单向或双向路拱横坡；多幅路应采用由路中线向两侧的双向路拱横坡、人行道宜采用单向横坡，坡向应朝向雨水设施设置位置的一侧。

5. 缘石

缘石应设置在中间分隔带、两侧分隔带及路侧带两侧，缘石可分为立缘石和平缘石。

立缘石宜设置在中间分隔带、两侧分隔带及路侧带两侧。当设置在中间分隔带及两侧分隔带时，外露高度宜为15～20 cm；当设置在路侧带两侧时，外露高度宜为10～15 cm。

平缘石宜设置在人行道与绿化带之间，以及有无障碍要求的路口或人行横道范围内。

三、道路结构的组成及构造 ★★★★★

道路结构一般包括路基和路面。其中，道路路面的基本结构层一般为面层、基层、垫层三个主要层次。当路面各层的厚度较大时，又再细分为若干个层次，如面层分为表层（上面层）、中面层和下面层，基层分为上基层和下基层等。

知识拓展

土基上的低、中级道路路面的结构层一般为面层、基层和垫层。高级路面相对低、中级路面而言，道路路面的结构层中增设了底基层和联结层。

（一）一般规定

路基路面应根据道路功能、技术等级和交通荷载，结合沿线地形、地质、水文、气候、路用材料等条件进行设计；应使用节能减排路面设计，选择技术先进、经济合理、安全可靠、方便施工的路基路面结构，合理采用路面材料再生利用技术。采用工业废渣时应进行环保评价，避免污染自然环境。

路基路面应具有足够的强度和稳定性及良好的抗永久变形能力和耐久性。路面面层应满足平整、耐磨、抗滑与低噪声等表面特性的要求。路基顶面设计回弹模量值，快速路、主干路不应小于30 MPa，次干路、支路不应小于20 MPa。

路基路面排水应满足道路总体排水的要求，并应结合沿线地形、地质、水文、气候等自然条件，设置必要的地表排水和地下排水设施，并应形成合理、完整的排水系统。透水路面应结合降雨强度、路基透水系数、路基强度要求、雨水排放及利用措施等协调设置。

（二）路基

1. 路基的一般规定

路基是指按照路线位置和一定技术要求修筑的带状构造物，是路面的基础，承受由路面传来的行车荷载。

道路路基应符合下列规定：

（1）路基必须密实、均匀，应具有足够的强度、稳定性、抗变形能力和耐久性；并应结合当地气候、水文和地质条件，采取防护措施。

（2）路基工程应节约用地、保护环境，减少对自然、生态环境的影响。

(3)路基断面形式应与沿线自然环境和城市环境相协调,不得深挖、高填;同时应因地制宜,合理利用当地材料和工业废料修筑路基。

(4)路基工程应包括排水系统、防排水设施和防护设施的设计。

(5)对特殊路基,应查明情况,分析危害,结合当地成功经验,采取相应措施,增强工程可靠性。

路基防护应根据道路功能、工程地质、水文地质条件,合理选择岩土的物理力学参数,采取相应防护措施,并应与环境景观相协调。

路基支挡结构应满足各种设计荷载组合下支挡结构的稳定、坚固和耐久性要求;支挡结构类型选择、设置位置和范围,应安全可靠、经济合理、便于施工养护;结构材料应符合耐久、耐腐蚀的要求。

软土、黄土、膨胀土、红黏土、盐渍土等特殊土地区的路基,应查明特殊土的分布范围与地层特征,特殊土的物理、力学和水力特性,以及道路沿线的水文与地质条件,合理确定路基处理或处治的方案,使其具有良好的抗变形能力和稳定性要求。

路基填筑应按不同性质的土进行分类分层压实;路基高边坡施工应制定专项施工方案。

2. 常见的路基形式

按横断面形式的不同,路基通常分为路堤、路堑和半挖半填路基三种形式。路堤是指高于原地面的填方路基。路堤在结构上分为上路堤和下路堤,上路堤是指路床以下 0.7 m 厚度范围的填方部分,下路堤是指上路堤以下的填方部分。路堑是指低于原地面的挖方路基。在一个断面内,部分为路堤,部分为路堑的路基称为半填半挖路基,也称填挖结合路基。在山区或丘陵公路上,路基横断面的主要形式就是半填半挖路基。

对于常见路基形式的施工要求,下面以考题探究的形式进行介绍。

考题探究

【单选题】关于道路工程填方路基的说法,正确的是(　　)。

A. 砌石路基,为保证其整体性不宜设置变形缝

B. 护肩路基,其护肩的内外侧均应直立

C. 护脚路基,其护脚内外侧坡坡度宜 1∶5

D. 用粗粒土作路基填料时,不同填料应混合填筑

【细说考点】本题主要考查道路工程填方路基的施工要求。砌石路基可用于三、四级公路,并应符合下列要求:(1)砌石应选用当地不易风化的片、块石砌筑,内侧填石。(2)岩石风化严重或软质岩石路段不宜采用砌石路基。(3)砌石顶宽不应小于 0.8 m,基底面应向内倾斜,砌石高度不宜超过 15 m。砌石高度一般取 2～15 m。砌石路基每隔 15～20 m 应设置一道伸缩缝,沿线遇到基础地质条件明显变化时应设置沉降缝。护肩路基的护肩高度不宜超过 2 m,其护肩的内外侧均应直立,顶面宽度不应侵占硬路肩或行车道及路缘带的路面范围。当山坡上的填方路基有沿斜坡下滑的倾向或为加固、收回填方坡脚时,可采用护脚路基。护脚断面一般为梯形,顶宽不小于 1 m,高度不超过 5 m,其护脚内外侧坡坡度宜为 1∶0.75～1∶0.5。性质不同的填料,应水平分层、分段填筑、分层压实。同一层路基应采用同一种填料,不得混合填筑。每种填料的填筑层压实后的连续厚度宜不小于 500 mm。填土路基宜选用级配较好的粗粒土作填料。本题选 B。

【单选题】在半填半挖土质路基填挖衔接处，应采用的施工措施为（　　）。

A. 防止超挖　　B. 台阶开挖

C. 倾斜开挖　　D. 超挖回填

【细说考点】本题主要考查在半填半挖土质路基填挖衔接处应采用的施工措施。超挖回填是指挖方超过设计图标示开挖线所增加的土方量，完成相关工程后必须回填经认可的适宜土方。对于在半填半挖土质路基填挖衔接处，应采取超挖回填措施。本题选D。

【单选题】在地面自然横坡陡于1∶5的斜坡上修筑半填半挖路堤时，其基底应开挖台阶，具体要求是（　　）。

A. 台阶宽度不小于0.8 m

B. 台阶宽度不大于1.0 m

C. 台阶底应保持水平

D. 台阶底应设2%～4%的内倾坡

【细说考点】本题主要考查半挖半填路堤的施工要求。在地面自然横坡度陡于1∶5的斜坡上修筑半填半挖路堤时，其基底应挖台阶，台阶宽度不小于1 m，台阶底应设2%～4%的内倾坡。本题选D。

（三）路面

1. 路面的一般规定

路面是指用各种筑路材料铺筑在道路路基上直接承受车辆荷载的层状构造物。

路面可分为面层、基层和垫层。路面结构层所选材料应满足强度、稳定性和耐久性的要求，并应符合下列规定：

（1）面层应满足结构强度、高温稳定性、低温抗裂性、抗疲劳、抗水损害及耐磨、平整、抗滑、低噪声等表面特性的要求。

（2）基层应满足强度、扩散荷载的能力以及水稳定性和抗冻性的要求。

（3）垫层应满足强度和水稳定性的要求。

2. 路面的分类

（1）面层的分类。

路面面层是指承受车辆荷载及自然因素影响，并将荷载传递到基层的路面结构层。

根据路面的结构类型，可以将路面分为沥青路面和水泥混凝土路面，各面层类型及适用范围宜符合下列规定：

①沥青路面面层类型包括沥青混合料、沥青贯入式和沥青表面处治。沥青混合料适用于各交通等级道路；沥青贯入式与沥青表面处治路面适用于中、轻交通道路（如三、四级公路路基面层）。

②水泥混凝土路面面层类型包括普通混凝土、钢筋混凝土、连续配筋混凝土与钢纤维混凝土，适用于各交通等级道路。

知识拓展

沥青混合料可采用沥青混凝土混合料和沥青碎石混合料。沥青混凝土混合料可用于高速公路及一级公路路面。沥青碎石混合料是指由矿料和沥青组成具有一定级配要求的混合料。当沥青碎石混合料的结合料采用乳化沥青时，其适用于三级及三级以下公路的沥青面层、二级公路的罩面层施工以及各级公路沥青路面的联结层或整平层。上述沥青面层除在少雨干燥地区或半刚性基层采用单层式外，其余情况宜采用双层式。乳化沥青是指石油沥青与水在乳化剂、稳定剂等的作用下经乳化加工制得的均匀沥青产品，也称沥青乳液。

根据路面的力学特性，可以将路面分类如下：

①柔性路面一般是指沥青类路面，此类路面表面平整无接缝、柔性好、噪声小，具有明显的行车舒适性、耐磨性等优点，其在荷载作用下弯沉变形较大、抗弯强度小。

②刚性路面则主要是指水泥混凝土路面，此类路面刚度大、扩散荷载能力强、稳定性好、抗压性好、板体性好、抗弯拉强度大、弯沉变形很小。

除上述分类方式外，路面还可以根据路面面层材料的组成、结构强度，所能承担的交通任务和使用品质分类，下面以考题探究的形式进行介绍。

考题探究

【单选题】三级公路的面层多采用（　　）。

A. 沥青贯入式路面　　B. 粒料加固土路面

C. 水泥混凝土路面　　D. 沥青混凝土路面

【细说考点】本题主要考查三、四级公路可采用的面层形式。根据路面面层材料的组成、结构强度，所能承担的交通任务和使用品质，可以将路面分为高级路面、次高级路面、中级路面和低级路面，各面层类型及适用范围如下：①高级路面面层通常采用沥青混凝土、水泥混凝土，适用于高速公路，一、二级公路。②次高级路面面层通常采用沥青贯入式、沥青碎石、沥青表面处治，适用于三、四级公路。③中级路面面层通常采用碎、砾石，半整齐石块或其他粒料，适用于四级公路。④低级路面面层通常采用粒料加固土，其他当地材料加固或改善土，适用于四级公路。本题选 A。

(2)基层的分类。

基层是指直接位于沥青路面面层下的主要承重层，或直接位于水泥混凝土面板下的结构层。按照刚度差异，基层可分为半刚性基层、柔性基层和刚性基层三大类。

①半刚性基层。

半刚性基层是指用无机结合料稳定土铺筑的能结成板体并具有一定抗弯强度的基层，主要包括下列三类：

a. 石灰稳定土基层。石灰稳定土具有良好的力学性能，并有较好的水稳性和一定的抗冻性，它的初期强度和水稳性较低，后期强度较高；但由于干缩、冷缩，易产生裂缝。

b. 石灰工业废渣稳定土基层。石灰工业废渣稳定土分为石灰粉煤灰类与石灰其他废渣类两大类。除粉煤灰外，可利用的工业废渣包括煤渣、高炉矿渣、钢渣及其他冶金矿渣、煤矸石等。其中，石灰粉煤灰稳定土属于石灰工业废渣稳定细粒土，其性能最为典型，简称二灰稳定土。二灰稳定土具有良好的力学性能，且其板体性、抗冻性、水稳性等性能都比较优良，具有一定的收缩特性，但较石灰稳定土和水泥稳定土要小。

c. 水泥稳定土基层。水泥稳定土具有良好的整体性，足够的力学强度、抗水性和耐冻性，整体性能比石灰稳定土要好。但同样，具有明显的干缩、温缩特性。水泥稳定土包括水泥稳定碎石、砂砾、土等多种材料，其初期强度较高，且随龄期增长而增长，应用范围很广，但在水泥强度没有形成之前，应做好防护，避免因表面遇水软化而产生沥青面层的龟裂破坏。

各类半刚性基层的适用范围如下：

a. 石灰稳定土适用于各级公路的底基层，以及二级和二级以下公路的基层，但石灰土不得用作二级公路的基层和二级以上公路高级路面的基层。

b. 石灰工业废渣稳定土适用于各级公路的基层和底基层，但二灰、二灰土和二灰砂不应作二级和二级以上公路高级路面的基层。

c. 水泥稳定土适用于各级公路的基层和底基层，但水泥稳定细粒土（砂性土、粉性土或黏性土）不能用作二级和二级以上公路高级路面的基层。

②柔性基层。

柔性基层主要包括下列三类：

a. 沥青稳定碎石基层。

b. 填隙碎石基层。填隙碎石是指用单一尺寸的粗碎石做主骨料，形成嵌锁结构，起承受和传递车轮荷载的作用，用石屑做填隙料，填满碎石间的孔隙，增加密实度和稳定性的结构。

c. 级配型集料基层。级配型集料是指由各种大小不同的粒级集料在级配符合技术规范的规定时组成的混合料。级配型集料包括级配碎石、级配碎砾石（碎石和砂砾的混合料，也常将砾石中的超尺寸颗粒砸碎后与砂砾一起组成碎砾石）和级配砾石（或称级配砂砾）。

各类柔性基层的适用范围如下：

a. 沥青稳定碎石适用于中等交通及其以上的公路基层、底基层。

b. 填隙碎石可用于各等级公路的底基层和二级以下公路的基层。

c. 级配碎石可用于各级公路的基层和底基层；级配砾石、级配碎砾石以及符合级配、塑性指数等技术要求的天然砂砾，可适用于轻交通的二级和二级以下公路的基层以及各级公路的底基层。

知识拓展

级配碎石还可用作较薄沥青面层与半刚性基层之间的中间层。

③刚性基层。

刚性基层是指采用普通混凝土、碾压式混凝土、贫混凝土、钢筋混凝土、连续配筋混凝土等材料铺筑的路面基层，其适用于重载交通下的路面基层。

(3)垫层的分类。

路面垫层按材料分为透水性垫层、稳定性垫层；按作用分为稳定层、隔离层、防冻层、防污层、整平层、辅助层。

知识拓展

垫层应具有一定的强度和良好的水稳定性。在下述情况下，应在基层下设置垫层：季节性冰冻地区的中湿或潮湿路段；地下水位高、排水不良，路基处于潮湿或过湿状态；水文地质条件不良的土质路堑，路床土处于潮湿或过湿状态。垫层宜采用砂、砂砾等颗粒材料，小于 0.075 mm 的颗粒含量不宜大于 5%。排水垫层应与边缘排水系统相连接，厚度宜大于 150 mm，宽度不宜小于基层底面的宽度。

3. 路面排水系统的构成

一般情况下，高级、一级公路路面排水系统包括路肩排水与中央分隔带排水。二级及以下公路路面排水系统包括路拱坡度、路肩横坡和边沟排水。

四、桥梁的分类

桥梁按其多孔跨径总长或单孔跨径的长度，可分为特大桥、大桥、中桥和小桥等四类，桥梁分类应符合表 2-36 的规定。

表 2-36 桥梁按总长或跨径分类

桥梁分类	多孔跨径总长 L/m	单孔跨径 L_0/m
特大桥	$L>1\ 000$	$L_0>150$
大桥	$1\ 000\geqslant L\geqslant 100$	$150\geqslant L_0\geqslant 40$
中桥	$100>L>30$	$40>L_0\geqslant 20$
小桥	$30\geqslant L\geqslant 8$	$20>L_0\geqslant 5$

注:a. 单孔跨径系指标准跨径。梁式桥、板式桥以两桥墩中线之间桥中心线长度或桥墩中线与桥台台背前缘线之间桥中心线长度为标准跨径;拱式桥以净跨径为标准跨径。

b. 梁式桥、板式桥的多孔跨径总长为多孔标准跨径的总长;拱式桥为两岸桥台起拱线间的距离;其他形式的桥梁为桥面系的行车道长度。

温馨提示

桥梁的种类繁多,基于不同的分类标准,桥梁的类型有所不同。除按多孔跨径总长或单孔跨径的长度分类外,桥梁还可按用途分为公路桥、铁路桥、公铁两用桥、农用桥、人行桥、运水桥(渡槽)及其他专用桥梁(如通过管路、电缆等)。

五、桥梁的组成及构造 ★★★★★

桥梁一般由上部结构、下部结构、支座系统和附属设施四个基本部分组成。上部结构通常又称桥跨结构,是在线路中断时跨越障碍的主要承重结构,其作用是满足车辆荷载、行人通行,并通过支座将荷载传递给墩台。**下部结构包括桥墩、桥台和墩台基础**,其作用是支承上部结构,并将结构的荷载传给地基。桥梁附属设施包括桥面系、伸缩缝、桥头搭板和锥形护坡等,桥面系包括桥面铺装、防水排水系统、栏杆、灯光照明等。

(一)上部结构

桥梁可根据上部承重结构的基本受力方式分为梁式桥、拱式桥、悬索桥和刚构桥四种基本体系。当有几种不同的结构体系组合在一起时,则组成组合体系桥。

知识助记

梁拱悬刚组合。

1. 梁式桥

梁式桥的特点是其桥跨的承载结构由梁组成,其存在历史悠久。在竖向荷载作用下梁的支承处仅产生竖向反力而无水平反力(推力)。由于外力的作用方向与承重结构的轴线接近垂直,故与同样跨径的其他结构体系相比,梁内产生的弯矩最大,通常需用抗弯能力强的材料来建造。梁式桥以支承性质和跨度之间的相互关系为基础,一般分为三种类型,分别为简支梁桥、连续梁桥、悬臂梁桥。

(1)简支梁桥是指以一端由固定支座支承,另一端由活动支座支承的梁作为上部结构主要承重构件的梁桥。简支梁桥属于静定结构,其结构简单,各跨独立受力,施工方便。简支梁桥跨越能力有限,当计算跨径小于 25 m 时,通常采用混凝土材料;当计算跨径较大时,需要采用预应力混凝土结构,但跨径一般不超过 50 m。

知识拓展

常见的简支梁桥有简支板桥、箱型简支梁桥、肋梁式简支梁桥三种类型。简支板桥主要用于小跨径桥梁，跨径在 4～8 m、6～13 m、8～16 m 时所采用的板材分别为钢筋混凝土实心板、钢筋混凝土空心倾斜预制板、预应力混凝土空心预制板。箱型简支梁桥适用于桥面较宽、跨度较大的预应力混凝土梁桥斜交桥及弯桥。肋梁式简支梁桥主要用于中等跨度桥梁，跨径在 8～12 m、20～50 m 时所采用的材料分别为钢筋混凝土简支梁、预应力混凝土简支梁。

(2)悬臂梁桥是指以一端或两端向外自由悬出的简支梁作为上部结构主要承重构件的梁桥。悬臂梁桥示意图如图 2-29 所示。

(3)连续梁桥是指以由三个或三个以上支座支承的梁作为上部结构主要承重构件的梁桥。连续梁桥示意图如图 2-30 所示。

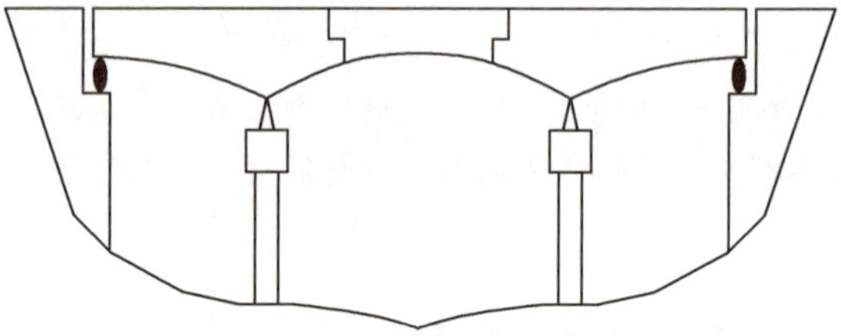

图 2-29　悬臂梁桥示意图

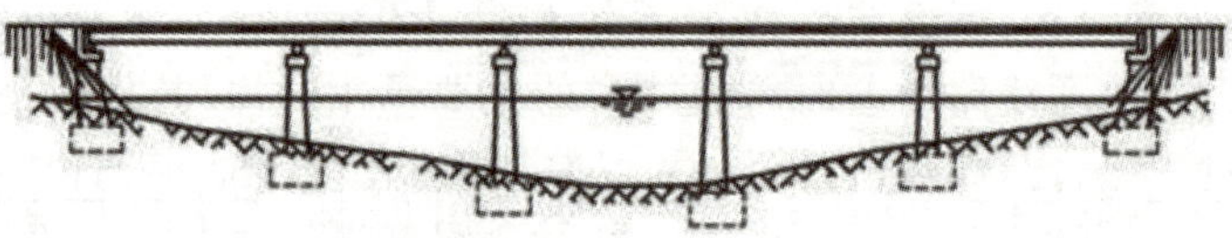

图 2-30　连续梁桥示意图

知识拓展

悬臂梁桥的结构特点是悬臂跨与挂孔跨交替布置，一般为奇数跨布置。

2. 拱式桥

拱式桥是指主要承重构件为拱圈或拱肋的桥梁。拱圈可以将竖向荷载产生的弯矩转化成垂直于拱圈截面的压力，其结构受力以压力为主，桥墩处还会受到来自地面的水平推力。因此，拱桥主要由承压能力强的材料建造，且具有良好的稳定性。

3. 悬索桥

悬索桥是指以通过索塔悬挂并锚固于两岸或桥两端的缆索（或钢链）作为上部结构主要承重构件的桥梁，也称为吊桥。传统的悬索桥均使用悬挂在两边塔架上强大的缆索作为主要的承重结构。其在竖向荷载作用下，通过吊杆使缆索承受很大的拉力，通常就需要在两岸桥台的后方修筑巨大的锚碇结构。悬索桥是具有水平反力的结构。现代的悬索桥上，广泛采用高强度的钢丝成股编制的钢缆，以充分发挥其优异的抗拉性能。因此，结构自重较轻、建筑高度较小的悬索桥能够建造出比其他任何桥型都要大的跨度。悬索桥主要由索塔、主缆索、锚碇结构及吊杆、加劲梁等组成。

知识拓展

悬索桥最重要的构件是桥塔，对于大跨度悬索桥而言，其通常采用钢结构和钢筋混凝土结构的桥塔，并优先考虑采用平行钢丝束钢缆主缆索和钢结构加劲梁(通常采用桁架梁和箱形梁)。大跨度悬索桥的加劲梁主要用于承受横向水平力。大跨度悬索桥的刚架式桥塔通常采用箱形截面。

4. 刚构桥

刚构桥是指梁与墩台为刚性联结的桥梁。刚构桥的特点是在竖向荷载作用下，柱脚处不仅产生竖向反力，同时产生水平推力和弯矩，使其基础承受较大推力。刚构桥跨中的建筑高度可以做得较小。

5. 组合体系桥

由几种不同体系的结构组合而成的桥梁称为组合体系桥。如梁和拱的组合，形成梁与拱组合式桥。此时，梁和拱都是主要承重结构，两者相互配合，共同受力。吊杆将梁上荷载向下传递，进而传递至下部结构，这样就显著减小了梁中的弯矩。悬索结构与梁式结构的组合，可形成斜拉桥。斜拉桥属于典型的组合体系桥，其主要由主梁、拉索(主要承重构件)、索塔组成。

考题探究

【多选题】关于斜拉桥的说法，正确的有(　　)。

A. 是典型的悬索结构

B. 是典型的梁式结构

C. 是悬索结构和梁式结构的组合

D. 由主梁、拉索和索塔组成的组合结构体系

E. 由主梁和索塔受力，拉索起装饰作用

【细说考点】本题主要考查斜拉桥的特点。斜拉桥属于组合体系桥，它由悬索结构和梁式结构组合而成，是由主梁、拉索(主要承重构件)和索塔组成的组合结构体系。本题选 CD。

(二)下部结构

桥墩是支承桥跨结构并将恒载和车辆活载传至地基的构筑物，一般设在两桥台之间，其作用是支承桥跨结构。桥墩按截面形式分类，可分为矩形桥墩、圆形桥墩、圆端形桥墩、尖端形桥墩、组合形桥墩等。桥墩按构造分类，可分为实体桥墩、空心桥墩、柱式桥墩、柔性桥墩、框架桥墩五种。

温馨提示

柔性桥墩的主要技术特点在于桥墩轻型化，除了在多跨桥两端设置刚性较大的桥台外，中墩均采用柔性桥墩。

桥台是位于桥梁两端，支承桥梁上部结构并和路堤相衔接的构筑物。其功能除传递桥梁上部结构的荷载到基础外，还具有抵挡台后的填土压力、稳定桥头路基、使桥头线路

和桥上线路可靠而平稳地连接的作用。桥台一般是石砌或素混凝土结构，轻型桥台则采用钢筋混凝土结构。

墩台基础是桥梁墩台结构直接与地基接触的部分，主要承受墩台身传来的荷载。墩台的基础应具有足够的强度、刚度和稳定性，还要考虑避免在荷载作用下产生大的水平位移、转动或沉降。

对于历年考试中考查的下部结构相关知识点，下面以考题探究的形式进行介绍。

考题探究

【单选题】中小跨桥梁实体桥墩的墩帽厚度，不应小于（　　）。

A. 0.2 m　　B. 0.3 m

C. 0.4 m　　D. 0.5 m

【细说考点】本题主要考查实体桥墩的特点。桥墩按构造分类，可分为实体桥墩、空心桥墩、柱式桥墩、柔性桥墩、框架桥墩五种。实体桥墩由实体结构组成，按部位可分为墩身、墩帽和基础三部分，墩帽的厚度与桥梁跨径有关，大跨径桥墩的墩帽厚度不应小于0.4 m，中小跨径桥墩的墩帽厚度不应小于0.3 m，并设有50～100 mm的檐口。空心桥墩可分为实体重力型结构和薄壁钢筋混凝土的空格形墩身两大类，墩身的壁厚与材料密切相关，采用钢筋混凝土时，不宜小于300 mm；采用素混凝土时，不宜小于500 mm；墩身高度在40 m以上时，均应按6～10 m间距设横隔板。柱式桥墩是目前公路桥梁中被广泛采用的桥墩形式，由承台、柱式墩身和盖梁组成，墩身高度大于6～7 m时，可设横系梁以加强柱身横向联系。柔性桥墩是使桥墩轻型化的方法之一，典型的柔性桥墩为柔性排架桩墩。框架桥墩采用钢筋混凝土或预应力混凝土等压挠和挠曲构件组成平面框架代替墩身，支承上部结构，可用V,X,Y型桥墩。本题选B。

【单选题】适用柔性排架桩墩的桥梁是（　　）。

A. 墩台高度9 m的桥梁　　B. 墩台高度12 m的桥梁

C. 跨径10 m的桥梁　　D. 跨径15 m的桥梁

【细说考点】本题主要考查适用柔性排架桩墩的桥梁。柔性排架桩墩属于柔性墩，它是由成排的钻孔灌注桩顶端或预制钢筋混凝土沉入桩连以钢筋混凝土盖梁组成。在工程中，墩台高度5～7 m，跨径不大于13 m的中、小型桥梁多采用该类型的桥墩。本题选C。

【单选题】地基承载力较低、台身较高、跨径较大的梁桥，应优先采用（　　）。

A. 重力式桥台　　B. 轻型桥台

C. 埋置式桥台　　D. 框架式桥台

【细说考点】本题主要考查桥台的特点。桥台具有多种形式，主要分为重力式桥台、轻型桥台、框架式桥台、组合式桥台等。重力式桥台依据桥梁跨径、桥台高度及地形条件的不同，有多种形式。轻型桥台是通过结构抗弯能力来减少圬工体积实现桥台的轻型化，可分为薄壁轻型桥台和支撑梁轻型桥台两大类。薄壁桥台的优点与薄壁墩类同，可依据桥台高度，地基强度和土质等因素选定。框架式桥台均采用埋置式，台前设置溜坡，台帽上部设置耳墙，必要时在台帽前方两侧设置挡板，其适用于地基承载力较低、台身较高、跨径较大的桥梁。组合式桥台本身承受桥跨结构的竖向力和水平力，土压力则由其他结构来承受。本题选D。

【单选题】可不设翼墙的桥台是( )。

A. U形桥台　　B. 耳墙式桥台

C. 八字式桥台　　D. 埋置式桥台

【细说考点】本题主要考查埋置式桥台的特点。重力式桥台依据桥梁跨径、桥台高度及地形条件的不同有多种形式,常用的类型有U形桥台、埋置式桥台、八字式桥台和耳墙式桥台等。其中,埋置式桥台将台身埋置于台前溜坡内,仅由台帽两端耳墙与路堤衔接,不需要另设翼墙。本题选D。

【单选题】关于桥梁工程中的管柱基础的说法,正确的是( )。

A. 可用于深水或海中的大型基础　　B. 所需机械设备较少

C. 适用于有严重地质缺陷的地区　　D. 施工方法和工艺比较简单

【细说考点】本题主要考查管柱基础的特点及适用范围,需掌握墩台基础的分类、特点及适用范围。桥梁工程中,墩台基础可采用桩基础、扩大基础、沉井基础、管柱基础、地下连续墙基础、组合式基础等形式。其中,桩基础适用于地基浅层地质较差,持力土层埋藏较深的情形。扩大基础是常用的基础形式,属于直接基础。沉井基础适用于桥梁上部荷载较大,桥墩墩台表面地基土的容许承载力不足,而一定深度内有较好的持力层,但扩大基础开挖工作量大,施工围堰支撑困难的情形。管柱基础施工方法和工艺比较复杂,所需机械设备较多,故工程中较少采用,在有严重地质缺陷的地区不适宜采取管柱基础,当桥址处的地质水文条件十分复杂时,如深水或海中的大型基础,在不宜修建其他类型基础的情况下,可采用管柱基础形式。地下连续墙基础的刚度较大,具有多功能性,适用于除岩溶和地下承压水很高处的其他各类土层中施工。本题选A。

(三)支座系统

桥梁支座可按其跨径、结构形式、反力力值、支承处的位移及转角变形值选取不同的支座。对大中跨径的钢桥、弯桥和坡桥等连续体系桥梁,应根据需要设置固定支座或采用墩梁固结,不宜全桥采用活动支座或等厚度的板式橡胶支座。对中小跨径连续梁桥,梁端宜采用四氟滑板橡胶支座或小型盆式纵向活动支座。

知识拓展

桥梁支座是联系上下部结构并传递上部结构反力的传力装置,也是形成结构体系的关键部件,如果支座不够完善会造成因体系受力变化带来的影响,因此支座的合理选择在设计中至关重要。

(四)附属设施

1. 桥面铺装

桥面铺装的结构形式宜与所衔接的道路路面相协调,可采用沥青混凝土或水泥混凝土材料。

知识拓展

桥面铺装是车轮直接作用的部分,要求平整、防滑、有利排水。桥面铺装亦可以认为是桥梁行车道板的保护层,其作用在于分布车轮荷载、防止车轮直接磨损行车道板,使桥梁主体结构免受雨水侵蚀。

桥面铺装层材料、构造与厚度应符合下列规定：

(1)当为快速路、主干路桥梁和次干路上的特大桥、大桥时，桥面铺装宜采用沥青混凝土材料，铺装层厚度不宜小于 80 mm，粒料宜与桥头引道上的沥青面层一致。水泥混凝土整平层强度等级不应低于 C30，厚度宜为 70～100 mm，并应配有钢筋网或焊接钢筋网。当为次干路、支路时，桥梁沥青混凝土铺装层和水泥混凝土整平层的厚度均不宜小于 60 mm。

(2)水泥混凝土铺装层的面层厚度不应小于 80 mm，混凝土强度等级不应低于 C40，铺装层内应配有钢筋网或焊接钢筋网，钢筋直径不应小于 10 mm，间距不宜大于 100 mm，必要时可采用纤维混凝土。

知识拓展

当桥面不设防水层，又有防水要求时，可以用厚度为 80～100 mm 的防水混凝土作铺装层，此时可不设面层，直接承受车轮荷载。通常在铺装层上设置磨耗层，磨耗层采用 20 mm 厚沥青，以增加铺装层寿命。为保证防水混凝土的强度以及整体性能，在施工过程中可铺设直径为 4～6 mm 的钢筋网。

桥梁及其引道的平、纵、横技术指标应与路线总体布设相协调，各项技术指标应符合路线布设的要求，并应符合下列规定：

(1)桥上纵坡机动车道不宜大于 4.0%，非机动车道不宜大于 2.5%；桥头引道机动车道纵坡不宜大于 5.0%。

(2)高架桥桥面应设不小于 0.3%的纵坡。

(3)当桥面纵坡大于 3.0%，桥上可不设排水口，但应在桥头引道上两侧设置雨水口。

温馨提示

桥面车行道应按现行行业标准《城市道路设计规范》的规定设置横坡，在快速路和主干路桥上，横坡宜为 2%；在次干路和支路桥上横坡宜为 1.5%～2.0%，人行道上宜设置 1%～2%向车行道的单向横坡。在路缘石或防撞护栏旁应设置足够数量的排水孔。在排水孔之间的纵坡不宜小于 0.3%～0.5%。

2. 防水排水系统

桥面铺装应设置防水层。沥青混凝土铺装底面在水泥混凝土整平层之上应设置柔性防水卷材或涂料，防水材料应具有耐热、冷柔、防渗、耐腐、黏结、抗碾压等性能。材料性能技术要求和设计应符合国家现行相关标准的规定。水泥混凝土铺装可采用刚性防水材料，或底层采用不影响水泥混凝土铺装受力性能的防水涂料等。

圬工桥台台身背墙、拱桥拱圈顶面及侧墙背面应设置防水层。下穿地下通道箱涵等封闭式结构顶板顶面应设置排水横坡，坡度宜为 0.5%～1%，箱体防水应采用自防水，也可在顶板顶面、侧墙外侧设置防水层。

桥面排水设施的设置应符合下列规定：

(1)桥面排水设施应适应桥梁结构的变形，细部构造布置应保证桥梁结构的任何部分不受排水设施及泄漏水流的侵蚀。

(2)应在行车道较低处设排水口，并可通过排水管将桥面水泄入地面排水系统中。

(3)排水管道应采用坚固的、抗腐蚀性能良好的材料制成，管道直径不宜小于 150 mm。

(4)排水管道的间距可根据桥梁汇水面积和桥面纵坡大小确定:

①当纵坡大于2%时,桥面设置排水管的截面积不宜小于60 mm^2/m^2。

②当纵坡小于1%时,桥面设置排水管的截面积不宜小于100 mm^2/m^2。

③南方潮湿地区和西北干燥地区可根据暴雨强度适当调整。

(5)当中桥、小桥的桥面设有不小于3%纵坡时,桥上可不设排水口,但应在桥头引道上两侧设置雨水口。

(6)排水管宜在墩台处接入地面,排水管布置应方便养护,少设连接弯头,且宜采用有清除孔的连接弯头;排水管底部应作散水处理,在使用除冰盐的地区应在墩台受水影响区域涂混凝土保护剂。

(7)**沥青混凝土铺装在桥跨伸缩缝上坡侧,现浇带与沥青混凝土相接处应设置渗水管。**

(8)**高架桥桥面应设置横坡及不小于0.3%的纵坡;当纵断面为凹形竖曲线时,宜在凹形竖曲线最低点及其前后3～5 m处分别设置排水口。当条件受到限制,桥面为平坡时,应沿主梁纵向设置排水管,排水管纵坡不应小于3%。**

3. 栏杆

栏杆结构及底座设计必须安全可靠,其设计荷载应按规定取值。桥梁人行道或检修道临空侧应设置人行道栏杆。栏杆构件应进行防攀爬设计,防止形成蹬踏面。除石材栏杆外,栏杆底座与混凝土结构连接时必须设置锚筋,与钢结构连接时必须焊接牢固,并满足栏杆荷载要求,这是为确保行人安全所必须的,不宜采用以往栏杆设计中底座仅留榫槽的做法。

知识拓展

人行道或安全带临空侧的栏杆高度不应小于1.10 m,非机动车道临空侧栏杆高度不应小于1.40 m。上述栏杆高度为人行道表面至栏杆扶手顶面的距离。栏杆竖直构件间的最大净间距不得大于110 mm,不宜采用有蹬踏面的结构。栏杆结构及底座设计必须安全可靠,其设计荷载应按规定取值。

桥梁栏杆及防撞护栏的设计除应满足受力要求以外,其栏杆造型、色调应与周围环境协调。对重要桥梁宜作景观设计。

当桥梁跨越快速路、城市轨道交通、高速公路、铁路干线等重要交通通道时,桥面人行道栏杆上应加设护网,护网高度不应小于2 m,护网长度宜为下穿道路的宽度并各向路外延长10 m。

4. 伸缩缝

桥梁伸缩缝是指为适应材料胀缩变形对结构的影响而在结构中设置的间隙。为使车辆平稳通过桥面并满足桥面变形的需要,在桥面伸缩缝处设置的各种装置总称为伸缩装置。

桥面伸缩装置,应满足梁端自由伸缩、转角变形及使车辆平稳通过的要求。伸缩装置应根据桥梁长度、结构形式采用经久耐用、防渗、防滑等性能良好,且易于清洁、检修、更换的材料和构造形式。

对变形量较大的桥面伸缩缝,宜采用梳板式或模数式伸缩装置。伸缩装置应与梁端牢固锚固。城市快速路、主干路桥梁不得采用浅埋的伸缩装置。

知识拓展

常见的伸缩缝类型有镀锌薄钢板伸缩缝、钢伸缩缝、橡胶伸缩缝等。镀锌薄钢板伸缩缝适用于中小跨径且梁变形量为20～40 mm的装配式简支梁桥；钢伸缩缝适用于斜桥或跨径较大的桥，在温差较大的地区也可适用；橡胶伸缩缝适用于变形量较大的大跨度桥。

温馨提示

桥梁附属设施中的桥头搭板和锥形护坡、灯光照明的内容不再介绍。桥梁附属设施除上述外，还包含安全带、人行道等。安全带是指当桥面不设人行道时 为保障交通安全，在车行道边缘设置的高出车行道的带状构造物。

六、涵洞的分类 ★★★★

涵洞是横穿路基的小型排水构造物。基于不同的分类标准，涵洞的类型有所不同，涵洞的具体分类如表2-37所示。

表2-37　涵洞的分类

分类标准	类型	特点及适用范围
建筑材料	圬工涵	(1)节省钢筋。石涵经久耐用，造价、养护费用低，但跨径小；混凝土涵便于预制，但损坏后修理和养护较困难。 (2)在石料丰富地区，可采用石盖板涵、石拱涵；混凝土可现场浇筑或预制成拱涵、圆管涵和小跨径盖板涵
	钢筋混凝土涵	(1)涵身坚固，经久耐用，养护费用少，但造价较高。 (2)可用于管涵、盖板涵、拱涵、箱涵、倒虹吸涵等
	波纹钢管(板)涵	(1)对地基要求较低，变形适应性强，结构受力合理，但对抗磨蚀、抗腐蚀需要处理。 (2)用于冻土、软弱地基等不良地质的暗涵以及有特殊要求的暗涵，不宜用于陡坡涵
构造形式	管涵	(1)对地基与基础的适应性强，受力性较好，不需墩台，圬工数量少。造价低，但一般孔径较小，不便于养护和清淤，低路堤使用受到限制。 (2)适用于有足够填土高度的小跨径暗涵，一般为单孔，多孔时不宜超过3孔
	盖板涵	(1)构造简单、维修容易，有利于在低路堤上使用，跨径小时用石盖板、跨径较大时用钢筋混凝土盖板，但对铰接板明涵易产生单板受力，造成桥面破坏。 (2)适用于要求过水面积较大的明涵或暗涵
	拱涵	(1)跨径较小，承载力较大，但自重引起的恒载也较大，对地基承载力要求较高，施工工序较繁多。 (2)跨越深沟或高路堤时选用，山区石料丰富可用石拱涵
	箱涵	(1)整体性强，对地基的适应性强，但用钢量较多，造价高，施工较困难。 (2)适用于软弱地基、高地震烈度区及其他特殊条件地段

（续表）

分类标准	类型	特点及适用范围
填土高度	明涵	(1)涵洞洞顶填料厚度(包括路面)小于0.5 m。 (2)适用于低路堤及浅沟渠处
	暗涵	(1)涵洞洞顶填料厚度(包括路面)大于或等于0.5 m。 (2)适用于高路堤及深沟渠处
水力性质	无压力式涵	(1)洞身全长的水流处于无压流动状态下。 (2)要求涵顶高出水面,涵前不允许壅水或壅水不高
	半压力式涵	(1)进口被水流淹没,洞身内只有部分段落承受水头压力。 (2)全涵净高相等,涵前允许一定的壅水高,且略高于进口净高
	压力式涵	(1)进、出洞口都被水流淹没,洞身涵长范围内全断面过水且洞内顶部承受水头压力。 (2)深沟高路堤,不危害上游农田、房屋的前提下,涵前允许较高壅水;当横穿路线的沟渠水面高程基本同于或略高于路基高程时可采用倒虹吸涵,一般只用于灌溉渠道,不宜用于排洪河沟
施工方法	装配式涵	具有工厂预制加工、现场组装的特点,主要用于要求施工周期短的工程项目
	现浇涵	不用预制板搭建,而是支好模板后,现场把混凝土浇灌到模板内成型制作
	顶进涵	在地基坚固的前提下,把预制好的涵箱体顶推到位,铁路既有线施工常采用此施工方法

考题探究

【单选题】路基顶面高程低于横穿沟渠水面高程时,可优先考虑设置的涵洞形式为(　　)。

A. 无压力式涵洞　　B. 压力式涵洞

C. 倒虹吸管涵　　D. 半压力式涵洞

【细说考点】本题主要考查倒虹吸管涵的特点及适用范围。当横穿路线的沟渠水面高程基本同于或略高于路基高程时可采用倒虹吸涵,一般只用于灌溉渠道,不宜用于排洪河沟。本题选C。

【多选题】关于涵洞工程的说法,正确的有(　　)。

A. 圆管涵不需设置墩台　　B. 箱涵适用于高路堤

C. 圆管涵适用于低路堤　　D. 拱涵适用于跨越深沟

E. 盖板涵在结构形式方面有利于低路堤使用

【细说考点】本题主要考查各类涵洞的特点及适用范围。箱涵整体性强,对地基的适应性强,但用钢量较多,造价高,施工较困难。其适用于软弱地基、高地震烈度区及其他特殊条件地段。故选项B错误。管涵对地基与基础的适应性强,受力性较好,不需墩台,圬工数量少。造价低,但一般孔径较小,不便于养护和清淤,低路堤使用受到限制。其适用于有足够填土高度的小跨径暗涵,一般为单孔,多孔时不宜超过3孔。故选项C错误。本题选ADE。

七、涵洞的组成与构造 ★★★

公路、桥梁、隧道、铁路均可根据需要设置涵洞。公路涵洞最具代表性,下面以公路涵洞为例介绍涵洞的组成与构造相关内容。

涵洞一般由基础、洞身、洞口建筑组成,此外还包括附属工程,如图 2-31 所示。

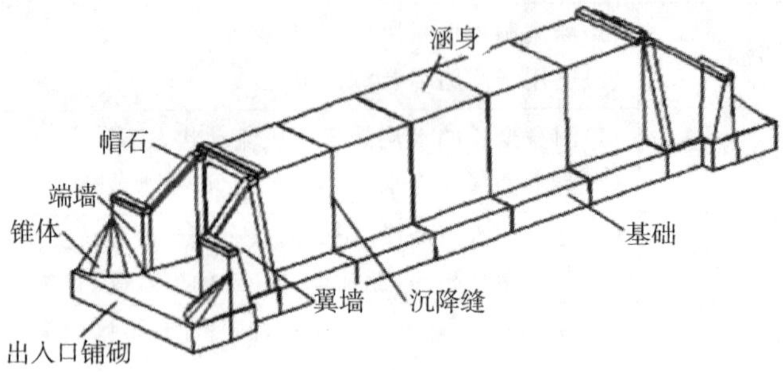

图 2-31 涵洞的组成

(一)一般规定

涵洞作为排水构造物,应采取相应的工程措施消耗能量和防止冲刷。

涵洞洞身、洞身与端墙、翼墙、进出水口、急流槽交接处宜设置沉降缝,缝内宜填弹性不透水材料。

除置于岩石地基上的涵洞和无圬工基础的圆管涵洞身范围可不设沉降缝外,其余沿洞身长度方向每隔4～6 m应设置一道沉降缝,并应符合下列规定:

(1)在中央分隔带及路肩附近宜设置沉降缝。

(2)在地基土质发生变化、基础埋深不同或地基压力发生较大变化以及填挖交界处均应设置沉降缝。

(3)当采用填石抬高基础时,其沉降缝间距不宜大于 4 m。

涵洞的洞身和进出口一定范围内的沟床、路基坡面、锥体填方均应铺砌加固。出入口铺砌的平面形式应根据沟形确定,对无明显沟槽者,出口平面宜采用等腰梯形,其铺砌角可取为 20°;铺砌材料应按铺砌层上最大流速确定,铺砌末端应设截水墙。当沟床为岩石或不被洪水冲移的大块石、漂石所覆盖时,沟床可不作铺砌。

> **温馨提示**
>
> 河流沟床、路基坡面、锥体填方处的铺砌均属于涵洞的附属工程。此外,涵洞的附属工程还包括人工水道。

在纵坡陡、流速大的河沟,必要时还应设置急流槽、跌水及相应的消能措施,并应在端墙外端底部设置截水墙。

(二)基础构造

涵洞的基础,应按涵洞的构造、地质条件及地基处理的情况,设计为整体式或非整体式。冰冻地区,端墙与端管节应采用整体的刚性基础。管涵及其他封闭式截面的涵洞,当涵身底部土质均匀、下沉量不大时,可不设基础。但涵洞出入口应设基础并考虑防渗作用,以避免管节间发生不均匀沉降和接缝漏水。

(三)洞身构造

圆管涵应符合下列要求:

(1)管身宜为钢筋混凝土构件,应配双层钢筋。

(2)基础形式应视地基条件而定,当在土质较软弱地基上时,可采用混凝土或浆砌片石基础;当在砂砾、卵石、碎石及密实均匀的黏土或砂土地基上时,可采用砂砾石垫层基础；当在岩石地基上时，可采用垫层混凝土。基础顶面应进行八字斜面包角，其支撑角不应小于 120°。

(3)接口宜为平接，可分为刚性、半刚性、柔性接口等，根据受力条件、施工方法及水文地质情况来选用接口形式。当为柔性接口时，宜采用承插式钢筋混凝土圆管涵，其接口处应设 O 形橡胶圈。

(4)管身周围应设防水层，以防渗水侵蚀，可采用沥青或厚为 200 mm 的塑性黏土等。

(5)当管涵较长设计有沉降缝时，管身沉降缝应与圬工基础沉降缝位置一致，其方向应与洞身轴线垂直。

盖板涵应符合下列要求：

(1)盖板可分为石盖板、钢筋混凝土盖板等。

(2)盖板两端应与涵台顶紧，并设锚栓连接，采用 C20 小石子混凝土填满捣实空隙。

(3)涵洞基础根据地基条件可采用整体式基础或分离式基础，分离式基础及支撑梁由浆砌块(片)石或混凝土构成。涵底铺砌宜为水泥砂浆砌片石。

(4)涵洞沉降缝应贯穿整个洞身断面，当涵洞斜交斜做时，其方向应与路线方向一致；当斜交正做时，其方向应与洞身轴线方向垂直。

知识拓展

在过水能力方面，盖板涵较圆管涵强。盖板涵适用于有较大排洪量要求、地质条件较差以及路堤高度比较小的情形。

箱涵应符合下列要求：

(1)涵身宜采用钢筋混凝土整体闭合式框架结构，其横截面可为长方形或正方形。内壁在角隅处宜设倒角并配防劈裂钢筋。

(2)翼墙采用一字式钢筋混凝土薄壁结构时，应与洞身连成整体；采用八字式翼墙时，翼墙与洞身间应设沉降缝。

(3)涵身底部基础宜为上层混凝土和下层砂砾垫层，在洞口两端洞身 2 m 范围内应将砂砾垫层埋入冰冻线以下不小于 0.25 m。

(4)沉降缝应贯穿整个涵身断面，其方向应与涵身轴线垂直；斜交明涵中部沉降缝方向应与路线方向一致。

拱涵应符合下列要求：

(1)拱涵可分为石拱、混凝土拱涵等。

(2)拱圈可由石料、混凝土等材料构成。拱圈宜采用等截面圆弧拱。

(3)护拱可由水泥砂浆砌片石、贫混凝土构成。

(4)拱上侧墙和涵底铺砌可用水泥砂浆砌片石构成。

(5)涵台宜为圬工结构，基础视地基土情况，可采用整体式或分离式基础。

(6)拱背及台背宜设防水层，通过泄水孔或盲沟等排水设施导出积水。沉降缝的设置同盖板涵，其方向应与洞身轴线垂直。

知识拓展

为方便洞身进水，一般在拱涵和箱涵进口处设置提高节，对于交通涵、灌溉涵和圆形管涵则一般不设置提高节。为方便水流进入洞身后安全排除，需在洞底设置适当的纵坡，具体要求如下：洞底纵坡一般取 0.4%～5%为宜，当纵坡大于 5%时，在基础底部宜每隔 3～5 m 设置防滑横墙或做阶梯形基础；当纵坡大于 10%时，洞身及基础应分段做成阶梯形且前后盖板或拱圈的搭接高度不应小于其厚度的 1/4。

（四）洞口构造

八字式洞口应符合下列规定：正八字式洞口由敞开斜置八字墙构成，适用于河沟平坦顺直，无明显沟槽，且沟底与涵底高差变化不大的情况。当八字墙与路中线垂直时，称直墙式洞口，适用于涵洞跨径与沟宽基本一致，无需集纳和扩散水流或仅为疏通两侧农田灌溉时的情况。当地形和水流条件要求涵洞与路线斜交时，应做斜八字式洞口，可分为斜交斜做或斜交正做，洞口建筑应作特殊设计。

一字墙式（端墙式）洞口应符合下列规定：一字墙式正洞口适用于沟床稳定、土质坚实的河沟以及流速较小的人工渠道或不易受冲刷的岩石河沟。当涵洞与路线斜交时，锥坡洞口宜采用斜交正做洞口，其端墙可做成斜坡式或台阶式。

> **温馨提示**
>
> 八字式洞口和一字墙式（端墙式）洞口均属于涵洞与路线正交时的洞口建筑形式，且八字式洞口的泄水能力强于一字墙式（端墙式）洞口。斜交斜做洞口因外形美观而被广泛采用。

平头式洞口常用于钢筋混凝土圆管涵和波纹钢管（板）涵，需制作特殊的洞口管节，适用于水流通过涵洞挤束不大和流速较小的情况。

跌水井式洞口主要有边沟跌水井洞口与一字墙跌水井洞口两种。跌水井式洞口仅适用于涵洞进水口。

第三节　地下工程的分类、组成及构造

一、地下工程的分类

地下工程是指深入地面以下为开发利用地下空间资源所建造的地下土木工程。它包括地下房屋和地下构筑物等。

基于不同的分类标准，地下工程的类型有所不同，如表 2-38 所示。

表 2-38　地下工程的分类

分类标准	类型	
地下结构类型	整体式（明挖单建式地下结构、明挖结建式地下结构、沉井结构、沉箱结构、整体式衬砌隧道结构、喷锚支护隧道结构）、拼装式（明挖拼装结构、管片拼装结构、沉管结构、顶管结构）、其他结构	
施工方法	明挖法	顺作法、盖挖法、逆作法、沉井法、沉箱法、其他
	暗挖法	矿山法（浅埋暗挖法、传统矿山法、喷锚支护法）、机械法（盾构法、顶管法、TBM 法）、其他
	其他方法	沉管法、组合法、其他
用途	地下交通工程、地下贮库工程、地下市政管线工程、地下商业工程、地下农业工程、地下工业工程、地下宗教工程、地下居住工程、地下旅游工程、地下人防工程、地下国防工程	

知识拓展

地下工程可根据开发深度的不同分为浅层地下工程、中层地下工程和深层地下工程。浅层地下工程是指埋深为地表下0～10 m的地下工程，多用于商业、文娱和部分业务空间。中层地下工程是指埋深为地表下10～30 m的地下工程，多用于地下交通，地下污水及城市水、电、气、通信等公用设施。深层地下工程是指埋深为地表下30 m之下的地下工程，多用于高速地下交通轨道、油库、冷库、危险品仓库等。地下工程可根据存在环境及建造方式分为土中地下工程和岩石中的地下工程。其中，土中地下工程根据建造方式可分为单建式地下工程（地面上部没有独立建筑物）和附建式地下工程（是指多种建筑物的地下室部分）。

二、常见地下工程的组成及构造 ★★★★★

（一）地下交通工程

常见的地下交通工程为地下铁路。地下铁路即地铁，是指在城市中修建的快速、大运量、用电力牵引的轨道交通。列车在全封闭的线路上运行，位于中心城区的线路基本设在地下隧道内，中心城区以外的线路一般设在高架桥或地面上。

知识拓展

地下交通工程还有地下公路，常见的地下公路形式主要有地下跨江公路、地下立交公路、地下快速公路、半地下公路等。地下公路隧道的纵坡坡度通常应为0.3%～3%。

1. 地铁规划设计原则

地铁规划设计应符合下列原则：

(1)线网中的规划线路走向与城市交通主客流方向一致。

(2)线网规划要与城市发展规划紧密结合，并适当留有发展可能。

(3)规划线路要尽量沿城市干道布设。

(4)线网中线路布置要均匀，线路密度要适量，乘客换乘方便。

(5)线网要与公共交通网衔接配合。

知识拓展

城市交通建设地下铁路的根本决策依据是公共财政预算收入（即经济实力）。

2. 地铁车辆与线路

车辆使用线路条件应符合下列要求：

(1)线路轨距为1 435 mm。

(2)最小平面曲线半径应符合规范规定。

(3)最小竖曲线半径为2 000 m。

(4)正线的最大坡度不宜大于3%，困难地段可采用3.5%，出入线、联络线和特殊地形地区段的最大坡度不宜大于4%。

知识拓展

地铁路网布置形式采用蛛网式相较于其他形式如单线式、单环式、多线式、蛛网式、棋盘式等，具有运送能力大、减少乘客换乘次数、减轻市区换乘压力等特点。

车站分布应符合下列规定：

(1)车站分布应以规划线网的换乘节点、城市交通枢纽点为基本站点，结合城市道路布局和客流集散点分布确定。

(2)车站间距在城市中心区和居民稠密地区宜为 1 km；在城市外围区宜为 2 km。超长线路的车站间距可适当加大。

(3)地铁车站站位选择，应结合车站出入口、风亭设置条件确定，并应满足结构施工、用地规划、客流疏导、交通接驳和环境要求。

3. 地铁车站建筑

车站的总体布局应符合城市规划、城市综合交通规划、环境保护和城市景观的要求，并应处理好与地面建筑、城市道路、地下管线、地下构筑物及施工时交通组织之间的关系。

车站设计应满足客流需求，并应保证乘降安全、疏导迅速、布置紧凑、便于管理，同时应具有良好的通风、照明、卫生和防灾等设施。

车站的站厅、站台、出入口通道、楼梯、自动扶梯和售、检票口(机)等部位的通过能力，应按该站超高峰设计客流量确定。**超高峰设计客流量应为该站预测远期高峰小时客流量或客流控制期高峰小时客流量乘以 1.1～1.4 超高峰系数。**

地下车站的土建工程不宜分期建设，地面、高架车站及相关地面建筑可分期建设。

车站总体布置应根据线路特征、运营要求、地上和地下周边环境及车站与区间采用的施工方法等条件确定。站台可选用岛式、侧式或岛侧混合式等形式。

车站竖向布置根据线路敷设方式、周边环境及城市景观等因素，可选取地下多层、地下一层、路堑式、地面、高架一层、高架多层等形式。地下车站埋设宜浅，高架车站层数宜少，有条件的地下或高架车站宜将站厅及设备、管理用房设于地面。

换乘车站应根据地铁线网规划、线路敷设方式、地上及地下周边环境、换乘量的大小等因素，可选取同车站平行换乘、同站台平面换乘、站台上下平行换乘、站台间的“十”形、“T”形、“L”形、“H”形等换乘及通道换乘形式。

车站出入口与风亭的位置，应根据周边环境及城市规划要求进行布置。出入口位置应有利于吸引和疏散客流；风亭位置应满足功能要求，并应满足规划、环保、消防和城市景观的要求。

车站出入口附近，应根据需要与可能，设置非机动车和机动车的停放场地。

车站应设置公共厕所，管理人员厕所不宜与公共厕所合用。

温馨提示

地铁车站的主体除站台、站厅外，还应包括的内容为设备用房、生活用房。车站主体与通风道、地面通风亭、出入口及通道共同构成地铁车站建筑。

对于地下道路的建筑限界指标，下面以考题探究的形式进行介绍。

考题探究

【单选题】下列指标中，属于地下道路的建筑限界指标的是(　　)。

A. 富余量　　B. 人行道净高

C. 施工允许误差　　D. 照明设备所需空间

【细说考点】本题主要考查地下道路的建筑限界指标。地下道路隧道净空包括道路的建筑限界、通风及其他需要的断面积。其中，地下道路的建筑限界指标包括路肩宽度、路缘带宽度、车道的宽度和净高、人行道的宽度和净高等。本题选 B。

（二）地下贮库工程

基于不同的分类标准，地下贮库工程可分为不同的类型，如表 2-39 所示。

表 2-39　地下贮库工程的分类

分类标准	类型
与地面建筑物的关系	附建式贮库、单建式贮库
空间形态	卧式（平卧、斜卧）贮库、立式（直立、倾斜）贮库
储存物品	一般性综合贮库（日用百货）、食品贮库（普通、低温、冷藏、蔬菜）、粮食和食油贮库（粮食、食油）、危险品贮库（易燃、易爆、有毒）、其他类型贮库（石油、燃气、水库）
用途和专业	国家储备库：国家统筹安排，不为地方服务，交通便利
	运输转运库：短期存放，与对外交通紧密结合
	城市民用库：为城市的企业和居民服务，集中在市区

对于地下贮库工程的布置要求，下面以考题探究的形式进行介绍。

考题探究

【单选题】地下批发总贮库的布置应优先考虑（　　）。

A. 尽可能靠近铁路干线　　B. 与铁路干线有一定距离

C. 尽可能接近生活居住区中心　　D. 尽可能接近地面销售分布密集区域

【细说考点】本题主要考查地下贮库的布置要求。贮库不宜设置在铁路干线两侧，尤其是地下部分。故选项 A 错误。在生活居住区的边缘地带宜布置贮库，与铁路干线有一定的距离。故选项 B 正确。贮库不宜布置在居住用地附近，离车站不要太远，方便铁路支线连接贮库所在地。故选项 C 错误。一般危险品贮库应布置在距离城市 10 km 以外；一般地下食品贮库应布置在居住区外的城市交通干道上；一般冷库应布置在郊区或码头附近。故选项 D 错误。本题选 B。

【多选题】城市地下贮库建设应满足的要求有（　　）。

A. 应选择岩性比较稳定的岩层结构

B. 一般性运转贮库应设置在城市上游区域

C. 有条件时尽量设置在港口附近

D. 非军事性贮能库尽量设置在城市中心区域

E. 出入口的设置应满足交通和环境需求

【细说考点】本题主要考查城市地下贮库建设应满足的要求。地下贮库在选址时，应选择地质条件较好的区域，对于一般性的地下贮库，出入口的设置不但要满足货物的运输方便，还应与周围环境相协调。郊区布置的大型贮能库、军事用地下贮库应考虑洞口的隐蔽性。与城市关系不大的转运贮库应布置在城市下游，避免干扰居民生活。在众多运输方式中，水运最为经济，对于有条件城市，可沿江河布置贮库。本题选 ACE。

（三）城市地下空间综合化工程

地下空间的综合化有两种含义：一是指城市地下综合体；二是指城市综合管廊。

1. 城市地下综合体

城市地下综合体是指为考虑地面和地下协调发展，合理利用地下空间，综合交通、商业、储存、娱乐、市政等多用途的大型公共地下建设工程。

城市地下综合体可以提高土地集约化利用水平，解决城市交通和环境等问题，同时也塑造了城市新形象。当城市中若干地下综合体通过铁道或地下步行道系统连接在一起时，形成规模更大的综合体群。由于地下综合体可以新建，也可以是结合现有建筑进行改造扩建，施工环境比较复杂，施工难度较大，所以需要重点研究最大限度减少地面沉降、降低对周边环境影响的创新技术，如预留十字岩体法、PBA 法、管幕预筑法、深层障碍物处理技术（如深层障碍物切割技术、深层障碍物爆破技术）、既有地下空间加层技术。

对于城市地下综合体的其他内容，下面以考题探究的形式进行介绍。

考题探究

【单选题】优先发展道路交叉口型地下综合体，其主要目的是考虑（　　）。

A. 商业设施布点与发展　　B. 民防因素

C. 市政道路改造　　D. 解决人行过街交通

【细说考点】本题主要考查地下综合体的作用。我国应优先发展的地下综合体类型如下：(1)道路交叉口型，是指在城市中心区路面交通繁忙的道路交叉地带，以解决人行过街交通为主要目的，建设中小型初级的地下综合体。(2)车站型，是提高地下交通系统整体效益，探索城市现代化改造的有效途径。(3)站前广场型，是指在大城市的大型交通枢纽地带，以满足地下活动人员各种需要为主要目的，通过将地面交通枢纽与地下交通枢纽有机组合，并在内增加商业设施的联合开发建设的大型地下综合体。(4)副都心型，其作用是疏解大城市中心职能，共同构成现代城市的繁荣。(5)中心广场型，被称为城市的"起居室"，其作用是补充地面功能的单一化，保护广场周围的传统风貌。本题选 D。

【单选题】将地面交通枢纽与地下交通枢纽有机组合，联合开发建设的大型地下综合体，其类型属于（　　）。

A. 道路交叉口型　　B. 站前广场型

C. 副都心型　　D. 中心广场型

【细说考点】本题主要考查站前广场型地下综合体，需熟记各种类型地下综合体的作用。站前广场型地下综合体是指在大城市的大型交通枢纽地带建设，通过将地面交通枢纽与地下交通枢纽有机组合，并在内增加商业设施，从而满足地下活动人员各种需要的联合开发建设的大型地下综合体。本题选 B。

2. 城市综合管廊

综合管廊是指建于城市地下用于容纳两类及以上城市工程管线的构筑物及附属设施。

综合管廊宜分为干线综合管廊、支线综合管廊及缆线综合管廊（小型综合管廊）。

(1)干线综合管廊是指用于容纳城市主干工程管线，采用独立分舱方式建设的综合管廊。**干线综合管廊一般设置于机动车道或道路中央下方**，主要连接原站（如自来水厂、发电厂、热力厂等）与支线综合管廊。其一般不直接服务于沿线地区。干线综合管廊内主要容纳的管线为高压电力电缆、信息主干电缆或光缆、给水主干管道、热力主干管道等，有时结合地形也将排水管道容纳在内。综合管廊内一般要求设置工作通道及照明、通风等设备。干线综合管廊的特点主要如下：稳定、大流量的运输；高度的安全性；紧凑的内部结构；可直接供给到稳定使用的大型用户；一般需要专用的设备；管理及运营比较简单。

(2)支线综合管廊是指用于容纳城市配给工程管线，采用单舱或双舱方式建设的综合管廊。支线综合管廊主要用于将各种管线从干线综合管廊分配、输送至各直接用户。其一般设置在道路的两旁，容纳直接服务于沿线地区的各种管线。综合管廊内一般要求设置工作通道及照明、通风等设备。支线综合管廊的特点主要如下：有效(内部空间)截面较小；结构简单，施工方便；设备多为常用定型设备；一般不直接服务于大型用户。

(3)缆线管廊是指采用浅埋沟道方式建设，设有可开启盖板但其内部空间不能满足人员正常通行要求，用于容纳电力电缆和通信线缆的管廊。**缆线管廊一般设置在道路的人行道下面**，其埋深较浅。一般工作通道不要求通行，管廊内不要求设置照明、通风等设备，仅设置供维护时可开启的盖板或工作手孔即可。

当遇到下列情况之一时，宜采用综合管廊：

(1)交通运输繁忙或地下管线较多的城市主干道以及配合轨道交通、地下道路、城市地下综合体等建设工程地段。

(2)城市核心区、中央商务区、地下空间高强度成片集中开发区、重要广场、主要道路的交叉口、道路与铁路或河流的交叉处、过江隧道等。

(3)道路宽度难以满足直埋敷设多种管线的路段。

(4)重要的公共空间。

(5)不宜开挖路面的路段。

知识拓展

城市综合管廊的优点：可以避免道路的反复开挖，从而节省建设资金；在更新、扩容、维修管网时不影响交通，有利于延长路面使用寿命；根据远期规划设计建成的地下综合管廊，能充分利用地下空间资源，为城市发展预留空间；方便管网的维修、保养和管理，提高城市基础设施的安全性；可避免交通拥堵，改善市容，提高城市环境质量，提升整个城市的形象。

对于城市综合管廊的其他内容，下面以考题探究的形式进行介绍。

考题探究

【单选题】市政支线共同沟应设置于(　　)。

A. 道路中央下方　　B. 人行道下方

C. 非机车道下方　　D. 分隔带下方

【细说考点】本题主要考查共同沟的设置。综合管廊宜分为干线综合管廊、支线综合管廊及缆线综合管廊，即干线共同沟、支线共同沟及缆线共同沟。干线综合管廊(干线共同沟)一般设置于机动车道或道路中央下方，支线综合管廊(支线共同沟)和缆线综合管廊(缆线共同沟)一般设置在道路的人行道下面。其中，缆线共同沟空间断面较小，埋深较浅，不设通风、监控等设备且管理、维修较为简单。本题选 B。

【单选题】在设计城市地下管网时，常规做法是在人行道下方设置(　　)。

A. 热力管网　　B. 自来水管道

C. 污水管道　　D. 煤气管道

【细说考点】本题主要考查市政管线的布置。在城市地下综合管廊建设过程中，其核心与关键是收容各种管线。地下市政管线工程按管线覆土深度分类时，以 1.5 m 为分界线，覆土深度超过 1.5 m 为深埋，覆土深度小于 1.5 m 为浅埋。北方寒冷地区的给水、排水及含有水分的煤气管道应深埋，热力、电力、电信线路可浅埋；南方地区的排水管道考虑到要有一定坡度，因此，应进行深埋。对于市政管线的布置，通常遵循以下原则：(1)在建筑物与红线之间，可用于敷设电缆。(2)人行道可用于敷设热力管网或通行式综合管道。(3)分车带可敷设自来水、污水、煤气管及照明电缆。(4)街道宽度超过 60 m 时，自来水和污水管道应设置在街道内两侧。雨水、自来水和污水管道等各种重力流管线会在城市地下综合管廊建设中明显增加工程造价。本题选 A。

同步自测

答案详解 388—389

一、单项选择题（每题的备选项中，只有 1 个最符合题意）

1. 某民用建筑结构体系的主要特点是建筑平面布置灵活，可形成较大空间，但侧向刚度较差，则该结构体系为（　　）。

A. 混合结构体系　　B. 剪力墙结构体系

C. 框架结构体系　　D. 框架—剪力墙结构体系

2. 对于挑梁式阳台而言，挑梁压入墙内的长度一般为悬挑长度的（　　）左右。

A. 1.0 倍　　B. 1.2 倍

C. 1.5 倍　　D. 2.0 倍

3. 目前单层厂房中最基本、应用最为普遍的结构形式是（　　）。

A. 网架结构　　B. 排架结构

C. 刚架结构　　D. 空间结构

4. 道路交通量达到饱和状态时，主干路的道路设计年限为（　　）。

A. 10 年　　B. 12 年

C. 15 年　　D. 20 年

5. 关于填方路基的说法，错误的是（　　）。

A. 填土路基宜选用级配较好的粗粒土作填料

B. 砌石路基的砌石高度一般取 2～15 m

C. 护肩路基的护肩高度一般不超过 1.5 m

D. 半挖半填路基的台阶宽度不得小于 1 m，台阶底应有 2%～4%向内倾斜的坡度

6. 关于路面结构和坡度的说法，正确的是（　　）。

A. 通常情况下，为保证荷载的有效传递，路面构造的下层要比上层每边宽出 0.25 m

B. 道路横坡宜取 1.5%～2.0%

C. 快速路及降雨量大的地区，道路横坡坡度宜取 1.0%～2.0%

D. 严寒积雪地区、透水路面的道路横坡坡度宜取 1.0%～2.0%

7. 尤其适用于桥面较宽、跨度较大的预应力混凝土梁桥斜交桥和弯桥的梁式桥是(　　)。

A. 简支板桥　　B. 肋梁式简支梁桥

C. 连续梁桥　　D. 箱形简支梁桥

8. 通常情况下，地下污水处理厂属于(　　)。

A. 表层地下工程　　B. 浅层地下工程

C. 中层地下工程　　D. 深层地下工程

9. 地铁路网布置形式采用(　　)时，其运送能力很大，可减少旅客换乘次数。

A. 多线式　　B. 蛛网式

C. 棋盘式　　D. 单环式

二、多项选择题（每题的备选项中，有 2 个或 2 个以上符合题意，至少有 1 个错项）

1. 关于基础的构造的说法，正确的有(　　)。

A. 按构造方式的不同，基础可分为刚性基础和柔性基础

B. 刚性基础受刚性角限制，构造上可通过限制基础宽高比来满足刚性角要求

C. 柔性基础底面可以做得宽而薄，基础的加宽不受刚性角限制

D. 筏形基础适用于上部结构荷载大、对地基不均匀沉降要求严格、地基软弱土层厚、建筑面积不太大的重要高层建筑

E. 条形基础又称带形基础，可分为墙下条形基础和柱下条形基础

2. 关于现浇式钢筋混凝土楼板的说法，正确的有(　　)。

A. 板式楼板多用于小房间，如储藏室、厨房、卫生间、阳台、雨棚及走廊等

B. 梁板式肋形楼板主梁沿长跨布置，次梁与主梁垂直布置，板支承在次梁上，板将荷载传递给次梁，再由次梁传递给主梁

C. 井字形肋楼板多用于门厅、会议厅等，厅中一般不设柱

D. 无梁式楼板是将板直接支承在柱上，不设主梁和次梁

E. 无梁式楼板多用于楼层荷载较大、管线较多的商场、仓库、展览厅等

3. 屋面水落管的布置数量，与(　　)等因素有关。

A. 屋面集水面积大小　　B. 水落管管径

C. 屋面坡度　　D. 屋面高度

E. 每小时最大降雨量

4. 关于吊车梁的说法，正确的有(　　)。

A. 吊车梁直接承受吊车传来的竖向荷载和水平制动力

B. 工字形吊车梁适用于柱距 6 m，跨度小于 30 m，吨位小于 10 t 的厂房

C. T 形吊车梁适用于柱距 6 m，跨度 12～33 m，起重量 5～25 t 的厂房

D. 鱼腹式吊车梁受力合理，能较好地发挥材料的强度

E. 预应力钢筋混凝土鱼腹式吊车梁适用于柱距 12 m，跨度 12～33 m，起重量15～150 t 的厂房

5. 关于道路线形组成及构造的说法，正确的有(　　)。

A. 当设计速度大于 60 km/h 时，小客车专用车道的最小宽度宜为 3.25 m

B. 与机动车道合并设置的非机动车道，车道数单向不应小于 2 条，宽度不应小于 2.5 m

C. 非机动车专用道路面宽度应包括车道宽度及两侧路缘带宽度，单向不宜小于 3.5 m，双向不宜小于 4.5 m

D. 当快速路单向机动车道数小于 3 条时，应设不小于 3.0 m 的应急车道

E. 保护性路肩宽度自路缘带外侧算起，快速路不应小于 0.5 m

6. 关于桥梁工程的说法，正确的有(　　)。

A. 桥梁的下部结构一般由桥墩、桥台和墩台基础组成

B. 跨径总长为 500 m 或单孔跨径为 100 m 的桥梁属于大桥

C. 悬臂梁桥的悬臂跨与挂孔跨交替布置，一般为偶数跨布置

D. 柔性桥墩是使桥墩轻型化的方法之一

E. 斜拉桥是典型的由悬索结构和梁式结构组合而成的桥梁

7. 关于地下贮库布置的说法，正确的有(　　)。

A. 地下贮库在选址时，应选择地质条件较好的区域

B. 对于一般性的地下贮库，出入口的设置不但要满足货物的运输方便，还应与周围环境相协调

C. 郊区布置的大型贮能库、军事用地下贮库应考虑洞口的隐蔽性

D. 与城市关系不大的转运贮库应布置在城市上游

E. 在众多运输方式中，水运最为经济，对于有条件的城市，可沿江河布置贮库

答案速查

一、单项选择题

1. C　2. C　3. B　4. D　5. C　6. A　7. D　8. C　9. B

二、多项选择题

1. BCE　2. ACDE　3. ABE　4. ADE　5. BCD　6. ABDE　7. ABCE

第三章　工程材料

命题分析

本章内容共包含结构材料、装饰材料、功能材料三个小节，以往考试经常考查水泥、混凝土、钢材等知识点，考生在进行复习时，可重点掌握各类材料的特性及应用范围。本章在历年考试中涉及的分值比较固定，分值稳定在16分左右，一般单选题占8分左右，多选题占8分左右。

考点			考查频率
工程材料	结构材料的分类、特性及应用	水泥的分类、特性及应用	★★★★
		沥青及沥青混合料的分类、特性及应用	★★★
		混凝土的分类、特性及应用	★★★★★
		钢材的分类、特性及应用	★★★★★
		砖和砌块的分类、特性及应用	★★★
		砂浆的分类、特性及应用	★
	装饰材料的分类、特性及应用	饰面石材的分类、特性及应用	★★★★
		建筑装饰陶瓷的分类、特性及应用	★★★★
		建筑木材的分类、特性及应用	★
		建筑玻璃的分类、特性及应用	★★★
		装饰塑料的分类、特性及应用	★★
		装饰涂料的分类、特性及应用	★★★
		装饰金属材料的分类、特性及应用	★
	功能材料的分类、特性及应用	防水材料的分类、特性及应用	★★★
		绝热材料的分类、特性及应用	★★★
		防火材料的分类、特性及应用	★
		吸声材料的分类、特性及应用	★

考点精讲

第一节　结构材料的分类、特性及应用

结构材料主要指构成建筑物受力构件和结构所用的材料，如梁、板、柱、基础等构件所用的材料。常用的结构材料有水泥、沥青、混凝土、钢材、砖、砌块、砂浆等。

一、水泥的分类、特性及应用 ☆☆☆☆

（一）水泥的分类

水泥是指凡细磨成粉末状，加入适量水后，可成为塑性浆体，既能在空气中硬化，又能在水中硬化，并能把砂、石等材料牢固地胶结在一起的水硬性胶凝材料。

知识拓展

胶凝材料按其化学组成不同，可分为无机胶凝材料和有机胶凝材料。无机胶凝材料主要有水泥、石灰、石膏；有机胶凝材料主要有沥青、天然或合成树脂。无机胶凝材料按其硬化条件不同，又可分为水硬性胶凝材料和气硬性胶凝材料。水泥属于水硬性胶凝材料；石灰、石膏属于气硬性胶凝材料。

根据《水泥的命名原则和术语》，水泥的分类如表 3-1 所示。

表 3-1　水泥的分类

分类依据	类型	含义
按其用途及性能	通用水泥	一般土木建筑工程通常采用的水泥。例如：硅酸盐水泥、普通硅酸盐水泥、矿渣硅酸盐水泥、火山灰质硅酸盐水泥、粉煤灰硅酸盐水泥、复合硅酸盐水泥等
	特种水泥	具有特殊性能或用途的水泥。例如：铝酸盐水泥、硫铝酸盐水泥、快硬硅酸盐水泥、低热矿渣硅酸盐水泥、G级油井水泥等
按其水硬性矿物名称	硅酸盐水泥	以硅酸盐水泥熟料和适量的石膏磨细制成的水硬性胶凝材料，其中允许掺加 0～5%的混合材料
	铝酸盐水泥	以铝酸盐水泥熟料为主要组分，经磨细制成的水硬性胶凝材料
	硫铝酸盐水泥	以硫铝酸盐水泥熟料为主要组分，掺加或不掺加适量的石膏和混合材料磨细制成的水硬性胶凝材料
	铁铝酸盐水泥	以铁铝酸盐水泥熟料为主要组分，不掺加或掺加适量的石膏和混合材料磨细制成的水硬性胶凝材料
	氟铝酸盐水泥	以氟铝酸盐水泥熟料为主要组分，不掺加或掺加适量的石膏和混合材料磨细制成的水硬性胶凝材料

知识拓展

特种水泥除上述所列举的分类外，还有道路硅酸盐水泥、膨胀水泥等。其中，道路硅酸盐水泥是指由道路硅酸盐水泥熟料、适量石膏和混合材料，磨细制成的水硬性胶凝材料，代号为P·R。道路硅酸盐水泥按照3 d和28 d抗折强度和抗压强度分为7.5和8.5两个等级。细度用比表面积法测定时为300～450 m^2/kg；初凝时间不小于90 min，终凝时间不大于720 min。

道路硅酸盐水泥具有早强和抗折强度高、干缩性小、耐磨性好、抗冲击性好、抗冻性和耐久性比较好、裂缝和磨耗病害少的特点，主要用于公路路面、机场跑道、城市广场、停车场等工程。

（二）通用水泥的要求

1. 通用水泥的材料要求

通用水泥的材料要求应符合下列规定：

(1)硅酸盐水泥，是由硅酸盐水泥熟料、不大于5%的石灰石或粒化高炉矿渣以及适量石膏磨细制成的水硬性胶凝材料。其中，不掺混合材料的硅酸盐水泥的代号为P·Ⅰ；掺入不大于水泥质量5%的石灰石或粒化高炉矿渣/矿渣粉混合材料的硅酸盐水泥的代号为P·Ⅱ。

(2)普通硅酸盐水泥，是由硅酸盐水泥熟料、大于6%且不大于20%的混合材料(当混合材料为活性时，可允许用不超过水泥质量5%的石灰石替代)和适量石膏磨细制成的水硬性胶凝材料，代号P·O。

(3)矿渣硅酸盐水泥，是由硅酸盐水泥熟料、大于21%且不大于70%粒化高炉矿渣和适量石膏磨细制成的水硬性胶凝材料，代号P·S。

(4)火山灰质硅酸盐水泥，是由硅酸盐水泥熟料、大于21%且不大于40%火山灰质混合材料和适量石膏磨细制成的水硬性胶凝材料，代号P·P。

(5)粉煤灰硅酸盐水泥，是由硅酸盐水泥熟料、大于21%且不大于40%粉煤灰和适量石膏磨细制成的水硬性胶凝材料，代号P·F。

(6)复合硅酸盐水泥，是由硅酸盐水泥熟料、大于21%且不大于50%两种或两种以上规定的混合材料、适量石膏磨细制成的水硬性胶凝材料，代号P·C。

知识拓展

水泥混合材料是指在水泥粉磨过程中掺加的矿物质材料。根据该材料的火山灰性或潜在水硬性分为活性混合材料和非活性混合材料两类。常用的水泥混合材料有粒化高炉矿渣、粉煤灰、火山灰质混合材料等。

2. 通用水泥的技术要求

以下主要对通用硅酸盐水泥的技术要求进行讲解。

通用硅酸盐水泥的技术要求主要包括碱含量、凝结时间、安定性、强度、细度、水化热等技术指标。

(1)碱含量。

水泥中碱含量按 $Na_2O+0.658K_2O$ 计算值表示。当买方要求提供低碱水泥时，由买卖双方协商确定。当水泥中的碱含量较高，骨料又具有一定的活性时，在潮湿环境中容易产生碱一骨料反应，导致结构损坏，降低结构的耐久性。

(2)凝结时间。

水泥的凝结时间分为初凝时间和终凝时间两种。其中,初凝时间是指从水泥加水拌合起至水泥浆开始失去可塑性所需的时间。为了保证有足够的时间在初凝之前完成混凝土的搅拌,运输和浇捣及砂浆的粉刷、砌筑等施工工序,初凝时间不宜过短。终凝时间是指从水泥加水拌合起至水泥浆完全失去可塑性并开始产生强度所需的时间。为了使混凝土、砂浆能尽快地硬化达到一定的强度,以利于下道工序及早进行,终凝时间也不宜过长。

硅酸盐水泥的初凝时间应不小于 45 min,终凝时间应不大于 390 min。普通硅酸盐水泥、矿渣硅酸盐水泥、粉煤灰硅酸盐水泥、火山灰质硅酸盐水泥和复合硅酸盐水泥的初凝时间应不小于 45 min,终凝时间应不大于 600 min。

(3)安定性。

水泥浆体硬化后因体积膨胀不均匀而发生变形,称为安定性。如果水泥硬化后产生不均匀的体积变化,即体积安定性不良,就会使混凝土构件产生膨胀性裂缝,降低建筑工程质量,甚至引起严重事故。因此,在施工中必须使用安定性合格的水泥。水泥的安定性可采用沸煮法来检验。

(4)强度。

水泥的强度是指水泥胶砂试件的抗折、抗压强度,是胶砂的强度。水泥强度等级由胶砂法 3 d、28 d 的抗折强度和抗压强度来确定。水泥的强度是评价和选用水泥的重要技术指标,也是划分水泥强度等级的重要依据。

火山灰质硅酸盐水泥、粉煤灰硅酸盐水泥、复合硅酸盐水泥和掺加火山灰质混合材料的普通硅酸盐水泥在进行胶砂强度检验时,其用水量在 0.50 水灰比的基础上以胶砂流动度不小于 180 mm 来确定。当水灰比为 0.50 且胶砂流动度小于 180 mm 时,应以 0.01 的整数倍递增的方法将水灰比调整至胶砂流动度不小于 180 mm。

硅酸盐水泥、普通硅酸盐水泥的强度等级分为42.5、42.5R、52.5、52.5R、62.5、62.5R六个等级。矿渣硅酸盐水泥、粉煤灰硅酸盐水泥、火山灰质硅酸盐水泥的强度等级分为32.5、32.5R、42.5、42.5R、52.5、52.5R 六个等级。复合硅酸盐水泥的强度等级分为42.5、42.5R、52.5、52.5R 四个等级。

(5)细度。

细度是指水泥颗粒的粗细程度。硅酸盐水泥细度以比表面积表示,应不低于 300 m^2/kg 且不高于 400 m^2/kg。普通硅酸盐水泥、矿渣硅酸盐水泥、粉煤灰硅酸盐水泥、火山灰质硅酸盐水泥、复合硅酸盐水泥的细度以 45 μm 方孔筛筛余表示,应不低于 5%。当买方有特殊要求时,由买卖双方协商确定。水泥颗粒的粗细对水泥的质量有很大影响。水泥颗粒越细,与水发应时接触面积就越大,水化速度就越快,水化反应越完全、充分,早期强度增长就越快。但水泥颗粒过细,硬化后收缩量较大,在储运过程中易受潮而降低活性,同时水泥的生产成本也越高。水泥颗粒过粗,不利于其活性的发挥,强度也较低。因此,应合理控制水泥细度。

(6)水化热。

水化热是指水泥和水之间发生化学反应放出的热量,通常以焦耳/千克(J/kg)表示。水泥水化放出的热量及放热速度,主要取决于水泥的矿物组成和细度。熟料矿物中铝酸三钙和硅酸三钙的含量越高,颗粒越细,则水化热越大,这对一般建筑的冬季施工是有利的,但对于大体积混凝土工程是有害的。为了避免由于温度应力引起混凝土的开裂,在大体积混凝土工程施工中,不宜采用硅酸盐水泥,而应采用水化热低的水泥,如中热水泥、低热矿渣水泥等。

（三）通用硅酸盐水泥的特性及应用

1. 通用硅酸盐水泥的特性

通用硅酸盐水泥的主要特性如表 3-2 所示。

表 3-2　通用硅酸盐水泥的主要特性

<table>
<tr><th rowspan="2">特性</th><th colspan="6">类别</th></tr>
<tr><th>硅酸盐水泥</th><th>普通硅酸盐水泥</th><th>矿渣硅酸盐水泥</th><th>火山灰质硅酸盐水泥</th><th>粉煤灰硅酸盐水泥</th><th>复合硅酸盐水泥</th></tr>
<tr><td>凝结硬化</td><td>快</td><td>较快</td><td>慢</td><td>慢</td><td>慢</td><td>慢</td></tr>
<tr><td>强度</td><td>早期较高</td><td>早期较高</td><td>早期低，后期增长较快</td><td>早期低，后期增长较快</td><td>早期低，后期增长较快</td><td>早期低，后期增长较快</td></tr>
<tr><td>水化热</td><td>较大</td><td>较大</td><td>较小</td><td>较小</td><td>较小</td><td>较小</td></tr>
<tr><td>抗冻性</td><td>好</td><td>较好</td><td>较差</td><td>较差</td><td>较差</td><td>较差</td></tr>
<tr><td>耐蚀性</td><td>较差</td><td>较差</td><td>较好</td><td>较好</td><td>较好</td><td>较好</td></tr>
<tr><td>耐水性</td><td>较差</td><td>较差</td><td>较好</td><td>较好</td><td>较好</td><td rowspan="5">与所掺入的混合料的种类、掺量有关</td></tr>
<tr><td>耐热性</td><td>较差</td><td>较差</td><td>较好</td><td>较差</td><td>较差</td></tr>
<tr><td>干缩性</td><td>较小</td><td>较小</td><td>较大</td><td>较大</td><td>较小</td></tr>
<tr><td>抗渗性</td><td>—</td><td>—</td><td>差</td><td>较好</td><td>—</td></tr>
<tr><td>抗碳化</td><td>—</td><td>—</td><td>差</td><td>差</td><td>较差</td></tr>
</table>

2. 通用硅酸盐水泥的应用

通用硅酸盐水泥的应用如表 3-3 所示。

表 3-3　通用硅酸盐水泥的应用

<table>
<tr><th rowspan="2">应用</th><th colspan="6">类别</th></tr>
<tr><th>硅酸盐水泥</th><th>普通硅酸盐水泥</th><th>矿渣硅酸盐水泥</th><th>火山灰质硅酸盐水泥</th><th>粉煤灰硅酸盐水泥</th><th>复合硅酸盐水泥</th></tr>
<tr><td rowspan="2">适用工程</td><td rowspan="2">快硬早强混凝土；
高强混凝土</td><td rowspan="2">早强混凝土；
高强混凝土；
预应力混凝土；
地上、地下、水中的混凝土和钢筋混凝土；
受反复冰冻的混凝土</td><td colspan="4">大体积混凝土、蒸汽养护混凝土、抗硫酸盐侵蚀的混凝土、一般钢筋混凝土</td></tr>
<tr><td>高温车间和有耐热、耐火要求的混凝土</td><td>有抗渗要求的混凝土</td><td>地上、地下、水中的混凝土；
有抗裂要求的混凝土</td><td>根据所掺混合材料的种类使用</td></tr>
<tr><td rowspan="2">不适用工程</td><td rowspan="2">大体积混凝土；
受化学及海水侵蚀的混凝土；
耐热要求较高的混凝土；
有流动水及压力水作用的混凝土</td><td rowspan="2">与硅酸盐水泥相同</td><td colspan="4">早期强度要求较高的混凝土；严寒地区并处于水位升降范围内的混凝土</td></tr>
<tr><td>有抗渗要求的混凝土</td><td>有耐磨要求的混凝土；
干燥环境的混凝土</td><td>有抗碳化要求的混凝土</td><td>根据所掺混合材料的种类使用</td></tr>
</table>

（四）特种水泥的特性及应用

1. 铝酸盐水泥

铝酸盐水泥是指由铝酸盐水泥熟料磨细制成的水硬性胶凝材料，代号 CA。按水泥中 Al_2O_3 含量（质量分数）分为CA50、CA60、CA70 和 CA80 四个品种。

铝酸盐水泥细度的比表面积不小于 300 m^2/kg 或 45 μm 筛余不大于 20%。有争议时以比表面积为准。铝酸盐水泥的凝结时间如表 3-4 所示。

表 3-4　铝酸盐水泥的凝结时间

类型		初凝时间/min	终凝时间/min
CA50		≥30	≤360
CA60	CA60－Ⅰ	≥30	≤360
	CA60－Ⅱ	≥60	≤1 080
CA70		≥30	≤360
CA80		≥30	≤360

铝酸盐水泥的特性与应用如下：

（1）凝结硬化快，早期强度增长快。适用于紧急抢修工程和早期强度要求高的混凝土工程。

（2）具有较高的耐热性能。硬化后的水泥石在高温下（900 ℃以上）仍能保持较高的强度。如采用耐火的粗细骨料（如铬铁矿等），可制成使用温度达 1 300～1 400 ℃的耐热混凝土，也可作为高温炉炉衬材料。

（3）具有较好的抗渗性和抗硫酸盐侵蚀能力。这是因为铝酸盐水泥的水化产物主要为低钙铝酸盐，游离氧化钙含量极少，硬化后的水泥石中没有氢氧化钙，并且水泥石结构比较致密。因此，铝酸盐水泥具有较高的抗渗性、抗冻性和抗硫酸盐侵蚀能力，适用于有抗渗、抗硫酸盐侵蚀要求的混凝土工程。但铝酸盐水泥不耐碱，不能用于与碱溶液接触的工程。

（4）水化热大，而且集中在早期放出。铝酸盐水泥的 1 d 放热量约相当于硅酸盐水泥的 7 d 放热量。因此，适用于混凝土的冬季施工，但不宜用于大体积混凝土工程。

温馨提示

由于铝酸盐水泥水化产物晶体易发生转换，导致铝酸盐水泥的后期强度会有所降低，尤其是在高于 30 ℃的湿热环境下，强度下降更加明显，甚至会引起结构的破坏。因此，铝酸盐水泥不宜用于长期承受荷载作用的结构工程。铝酸盐水泥最适宜的硬化温度为 15 ℃左右。一般施工时环境温度不宜超过 30 ℃，否则会产生晶体转换，水泥石强度降低，所以，铝酸盐水泥拌制的混凝土构件不能进行蒸汽养护。铝酸盐水泥使用时，严禁与硅酸盐水泥或石灰相混，也不得与尚未硬化的硅酸盐水泥接触，否则将产生“瞬凝”现象，以致无法施工，且强度很低。

2. 硫铝酸盐水泥

硫铝酸盐水泥是指以适当成分的生料，经煅烧所得以无水硫铝酸钙和硅酸二钙为主要矿物成分的水泥熟料掺加不同量的石灰石、适量石膏共同磨细制成，具有水硬性胶凝材料。硫铝酸盐水泥分为快硬硫铝酸盐水泥、低碱度硫铝酸盐水泥、自应力硫铝酸盐水泥。快硬硫铝酸盐水泥是指由适当成分的硫铝酸盐水泥熟料和少量石灰石、适量石膏共同磨细制成的，具有早期强度高的水硬性胶凝材料，代号 R·SAC。低碱度硫铝酸盐水泥是指由适当成分的硫铝酸盐水泥熟料和较多量石灰石、适量石膏共同磨细制成，具有碱度低的水硬性胶凝材料，代号 L·SAC。自应力硫铝酸盐水泥是指由适当成分的硫铝酸盐水泥熟料加入适量石膏磨细制成的具有膨胀性的水硬性胶凝材料，代号 S·SAC。

快硬硫铝酸盐水泥以3 d抗压强度分为 42.5，52.5，62.5 和 72.5 四个强度等级，其比表面积≥350 m^2/kg，初凝时间不大于 25 min，终凝时间不小于 180 min。低碱度硫铝酸盐水泥以 7 d 抗压强度分为 32.5，42.5，52.5 三个强度等级，其比表面积≥400 m^2/kg，初凝时间不大于 25 min，终凝时间不小于 180 min。自应力硫铝酸盐水泥以 28 d 自应力值分为 3.0，3.5，4.0，4.5 四个自应力等级，其比表面积≥370 m^2/kg，初凝时间不大于 40 min，终凝时间不小于 240 min。

快硬硫铝酸盐水泥具有早强、快凝、高强的特点，适用于抢修、抢建工程；抗冻性能好，广泛应用于冬季低温施工的工程；抗渗、耐海水腐蚀性能大大优于硅酸盐水泥，适用于海洋建筑工程。此外，快硬硫铝酸盐水泥还适用于喷锚支护、浆锚、抗硫酸盐腐蚀工程等，但不宜用于高温环境或高温施工的工程。

二、沥青及沥青混合料的分类、特性及应用 ★★★

（一）沥青的分类、特性及应用

1. 沥青的分类

沥青是一种有机胶凝材料，在常温下呈褐色或黑褐色的固体、半固体或黏稠性液体，能溶于汽油、二硫化碳等有机溶液，但几乎不溶于水，属于憎水材料。它与矿物材料有较强的黏结力，具有良好的防水性、抗渗性、耐化学侵蚀性。在交通、建筑及水利等工程中，广泛用作路面、防水、防潮和防护材料。

沥青按产源不同分为地沥青和焦油沥青两大类，如表 3-5 所示。

表 3-5　沥青的分类

类型		定义
地沥青	天然沥青	由地表或岩石中直接采集、提炼加工后得到的沥青
	石油沥青	由石油原油经蒸馏提炼出汽油、煤油、柴油和润滑油后的残渣，再经处理而得
焦油沥青	煤沥青	由煤焦油蒸馏后的残留物制取的沥青
	木沥青	由木材蒸馏后的残留物制取的沥青
	页岩沥青	由页岩焦油蒸馏后的残留物制取的沥青

石油沥青按生产方法可分为直馏沥青、蒸馏沥青、氧化沥青、调合沥青等；按用途可分为道路石油沥青、建筑石油沥青和普通石油沥青。

温馨提示

道路工程和建筑工程中常用的沥青是指石油沥青，且通常所说的沥青均指石油沥青。

2. 石油沥青的组分及技术要求

(1)石油沥青的组分。

石油沥青的化学组分非常复杂，但对工程中使用的沥青而言，常将沥青中化学成分和物理特性相似的部分作为一个组分，从而将石油沥青分为三组分或四组分。

按三组分分为油分、树脂和沥青质(表 3-6)；按四组分分为沥青质、胶质、芳香分和饱和分。芳香分和饱和分在沥青中主要使胶质和沥青质软化，使沥青胶体体系保持稳定。

表 3-6 石油沥青的三组分

组分	特点
油分	为淡黄色至红褐色的透明黏性液体，是沥青中最轻的馏分。它能减少沥青的稠度，增大沥青的流动性，使沥青柔软、抗裂性好；同时，油分会降低沥青的黏滞度和软化点。在氧、温度、紫外线等作用下，油分会转化为树脂，使沥青的性能发生变化。油分能溶于大多数有机溶剂，但不溶于酒精，170 ℃以上能挥发。油分含量多的沥青较软、易流动，而黏性和温度稳定性差
树脂(又称沥青脂胶)	为红褐色至黑褐色的黏稠状半固体，熔点低于 100 ℃，能使沥青具有良好的黏性和塑性。树脂含量高的沥青，其黏结性和塑性较好
沥青质(又称地沥青质)	为深褐色至黑色的固体脆性粉末状微粒，它是沥青中分子量最高的组分。**它是决定石油沥青温度敏感性和黏结性的重要组分**，沥青质含量高的沥青，其黏结性大，热稳定性好，但低温塑性降低，硬脆性增加

此外，沥青中含有少量的沥青酸、沥青酸酐和石蜡等。沥青酸和沥青酸酐改善了石油沥青对矿物材料的浸润性，特别是提高了对碳酸盐类岩石的黏附性，并有利于石油沥青的可乳化性，是沥青中的有益成分。而石蜡由于高温时融化，使沥青的黏度降低、温度敏感性增大、高温稳定性降低；低温时易结晶析出，使沥青变得硬脆、延展能力降低，低温抗裂性能降低；石蜡还会使沥青与石料的黏附性降低，导致集料与沥青产生剥离现象；含蜡沥青还会降低路面抗滑性能，影响行车安全，因此石蜡是沥青中的有害成分。

(2)石油沥青的技术要求。

①黏滞性。

黏滞性(又称黏性)是指沥青在外力作用下抵抗变形的能力。它反映了沥青的稀稠、软硬程度。含油分少的沥青呈固态，其黏滞性较大，受力不易变形；含油分多的沥青呈软质的半固态，黏滞性较小，容易受力变形；含油分再多便呈流态，容易流淌，黏滞性就更小了。

流态沥青的黏滞性用黏滞度表示，在温度、孔径相同的条件下，黏滞度较大时，表示沥青较稠，黏滞性较高，流动时内阻力大；而固态、半固态沥青的黏滞性则用针入度表示，针入度越大，说明沥青越软，黏滞性越小，抵抗剪切变形的能力就越差。

②塑性(延展性)。

塑性是指沥青在外力作用下产生变形而不断裂的性能。塑性好的沥青，其变形能力强，在使用过程中，能随着结构的变形而变形且不开裂。

沥青的塑性用延度表示。将沥青制成“8”字形试件(中部最窄处的截面积为 1 cm^2)，在恒温 25 ℃的水中，以 5 cm/min 的速度缓慢拉伸至断裂时的伸长量(cm)，即为沥青的延度，沥青的延度一般在 1～100 cm 之间。延度越大的沥青，其塑性就越好。

温馨提示

石油沥青的塑性与其组分、温度和沥青膜层厚度有关。沥青中树脂含量越多、温度越高、膜层越厚,其塑性越大。

③温度敏感性。

温度敏感性也称温度稳定性,是指沥青的黏滞性和塑性随温度变化而不产生较大变化的性能,包括高温稳定性和低温抗裂性。在相同的温度范围内,黏滞性和塑性变化程度较小的沥青,其温度稳定性较好。有的沥青在夏季高温时容易变软、融化而流淌,到冬季低温时又变得硬脆而易裂,这就是温度稳定性不好。在工程建设时,宜选用温度敏感性小的沥青。其中,软化点是反映沥青温度敏感性的重要指标。

知识拓展

沥青中加入滑石粉、石灰石粉或其他矿物填料可减小其温度敏感性。其中,加入滑石粉是因为滑石粉具有良好的亲油性,且容易被沥青润湿,可将其直接混入沥青来增强沥青的机械强度和抗老化性能。而对于具有耐酸、耐碱、耐热和绝缘性能要求的沥青制品应选用滑石粉填充改性沥青。当沥青中含蜡量较高时,温度敏感性则相应增大。

④大气稳定性(耐久性)。

石油沥青在热施工时受高温的作用,以及使用时在大气、阳光、雨雪、温变等因素的长期综合作用下,其性能的稳定程度,反映出沥青的耐老化性能,即耐久性能。

沥青在上述各因素的长期作用下,一部分油分被挥发,其余分子则会氧化、缩合和聚合,导致组分逐渐递变,发生油分向脂胶转化,脂胶向沥青质转化,低分子向高分子转化,结果使油分、脂胶逐渐减少,分子量大的沥青质逐渐增多,因而使沥青的塑性降低,脆性增加,各方面性能下降,这种现象称为老化。老化是沥青的大气稳定性不良的表现,是其耐久性不好的重要原因。

沥青的抗老化性,用沥青受热后的蒸发损失、针入度比和老化后的延度来评价。即将测定了质量和针入度的沥青试样加热至 163 ℃±1 ℃并恒温 5 h,测其蒸发后的质量和针入度,计算其质量减量和针入度比,同时测定老化后的延度。沥青经老化后,其质量损失百分率越小、针入度比和延度比越大,则表示沥青的大气稳定性越好,即老化越慢。

⑤黏附性。

黏附性是指沥青与其他材料(主要指集料)的界面黏结性能和抗剥落性能。沥青与集料的黏附性直接影响沥青路面的使用质量和耐久性,因此黏附性是评价道路沥青技术性的一个重要指标。沥青裹覆集料后的抗水性(即抗剥离性)不仅与沥青的性质有密切关系,而且与集料性质有关。

⑥防水性。

沥青属于憎水性材料,能溶于汽油、二硫化碳等有机溶液,但几乎不溶于水,且其构造致密,能紧密黏附于矿物材料表面,并能适应材料或构件的变形,故其具有良好的防水性,被广泛用作土木工程的防潮、防水材料。

3. 沥青的改性

沥青的改性是指在普通沥青(又称基质沥青)中加入一定量的改性剂(如橡胶、树脂、高分子聚合物或其他矿物填料等外掺剂），使沥青在感温性、稳定性、耐久性、黏附性、抗老化性等方面得到全面改善。改性后的沥青称为改性沥青。

（1）橡胶改性沥青。

橡胶是沥青的重要改性材料，它与沥青有较好的混溶性，并能使沥青具有橡胶的很多优点，如高温变形性较小，低温时具有一定的塑性。根据所使用的橡胶品种及掺入的方法不同，形成的改性沥青性能也有所不同。常用品种如表 3-7 所示。

表 3-7　橡胶改性沥青的常用品种

品种	性能	应用
SBS 改性沥青	优良的低温柔性、耐高温性和耐疲劳性	铺筑高等级公路路面和制作防水卷材等
氯丁橡胶沥青	大大改善沥青的气密性、低温柔性、耐化学腐蚀性、耐光性、耐臭氧性、耐气候性和耐燃烧性	路面的稀浆封层和制作密封材料和涂料等
再生橡胶沥青	大大提高沥青的气密性、低温柔性、耐光性、耐热性、耐臭氧性和耐气候性	可制成卷材、片材、密封材料、胶黏剂和涂料等
丁基橡胶沥青	优良的耐分解性、低温抗裂性和耐热性	道路路面工程和制作密封材料及涂料

（2）矿物填料改性沥青（沥青玛蹄脂）。

在沥青中加入一定数量的矿物填充料，可以提高沥青的黏性和耐热性，减小沥青的温度敏感性，同时也减少了沥青的耗用量，主要适用于生产沥青胶。常用的矿物填料有滑石粉、石灰石粉、硅藻土、石棉绒和云母粉等。由于沥青对矿物填充料的润湿和吸附作用，沥青可以以单分子状态排列在矿物颗粒（或纤维）表面，形成结合牢固的沥青薄膜，称之为结构沥青。结构沥青具有较高的黏性和耐热性等，但是矿物填充料的掺入量要适当，一般掺量为 20%～40%时，可以形成恰当的结构沥青膜层。

（3）树脂改性沥青。

树脂改性石油沥青，可以改善沥青的耐热性、耐寒性、黏结性和不透气性，在生产卷材、密封材料和防水涂料等产品时均需应用。常用的树脂有古马隆树脂、聚乙烯、聚丙烯、天然松香等。

（4）橡胶和树脂改性沥青。

橡胶和树脂改性沥青可以使沥青同时具有橡胶和树脂的特性，可用于制作卷材、片材、密封材料、防水材料等。

4. 沥青的特性及应用

沥青具有良好的憎水性、黏结性、塑性、不导电性、耐酸性、耐碱性、耐腐蚀性等优良特性，与钢、木、砖、石、混凝土等材料有良好的黏结性。因此，广泛应用于桥梁、涵洞、建筑屋面、地下室的防水工程以及防腐蚀工程和路面工程中。

以下主要对道路石油沥青、建筑石油沥青、普通石油沥青的应用进行讲解。

石油沥青中，道路石油沥青主要用于铺筑道路，其中较黏稠的可用于屋面防水、地下防水防潮、制作浸渍油纸和绝缘材料等。建筑石油沥青主要用于屋面和地下的防水材料、制作油毡、油纸和绝缘材料、沟槽防水防腐蚀及管道防腐工程等。普通石油沥青的含蜡量较高，性能较差，在工程中一般不直接使用，但可与其他石油沥青掺配成混合沥青使用。

（二）沥青混合料的分类、特性及应用

1. 沥青混合料的分类

沥青混合料是指由矿料（粗集料、细集料和填料）与沥青结合料拌和而成的混合料的总称。

沥青混合料按所使用集料品种的不同，可分为碎石、砾石、砂、钢渣、矿渣等，以碎石类最为普遍。沥青混合料按材料组成及结构，可分为连续级配混合料、间断级配混合料；按矿料级配组成的不同，可分为密级配沥青混合料、开级配沥青混合料、半开级配沥青混合料、间断级配沥青混合料；按矿料公称最大粒径的大小，可分为特粗式、粗粒式、中粒式、细粒式、砂粒式沥青混合料；按生产工艺的不同，可分为热拌（热铺和冷铺）沥青混合料、冷拌（冷铺）沥青混合料和再生沥青混合料。

2. 沥青混合料的组成结构和技术要求

（1）沥青混合料的组成结构。

沥青混合料的组成结构如表 3-8 所示。

表 3-8　沥青混合料的组成结构

组成结构	定义
悬浮一密实结构	悬浮一密实结构是指密级配的混合料结构。混合料中粒径较大的颗粒被较小的颗粒挤开，不能直接形成骨架结构，彼此分离悬浮于较小颗粒和沥青胶浆之间，而较小颗粒与沥青胶浆较为密实，形成了悬浮一密实结构。这种结构的沥青混合料密实度较大，水稳定性、低温抗裂性和耐久性较好，但热稳定性差，如普通沥青混合料
骨架一空隙结构	骨架一空隙结构是一种连续开级配的混合料。混合料中粗集料较多，彼此接触可以形成骨架，细集料较少不足以填满骨架空隙，压实后混合料中的空隙较大，形成骨架一空隙结构。该结构沥青混合料空隙率较大，渗透性较大，耐久性差，但热稳定性好
骨架一密实结构	骨架一密实结构是一种间断级配的混合料。混合料中有足够的粗集料形成骨架，同时又有足够的细集料和沥青胶浆充填骨架空隙，形成骨架一密实结构。该结构沥青混合料具有上述两种结构的优点，是一种较为理想的结构类型，如沥青玛蹄脂混合料

知识拓展

沥青混合料的每种组成结构都有其特定的适用范围。悬浮一密实结构的代表类型是普通沥青混合料（AC 型），它适用于城镇次干道、辅路或人行道等场所。骨架一空隙结构的代表类型是沥青碎石混合料（AM）和排水沥青混合料（OGFC），沥青碎石混合料（AM）适用于三、四级公路或沥青混凝土面层下层、整平层或联结层；排水沥青混合料（OGFC）适用于排水降噪路面。骨架一密实结构的代表类型是沥青玛蹄脂混合料（SMA）和改性沥青玛蹄脂混合料，沥青玛蹄脂混合料（SMA）适用于城镇快速路、主干路；改性沥青玛蹄脂混合料也适用于同样的道路。

（2）沥青混合料的技术要求。

①抗剪强度。

沥青混合料的抗剪强度主要由集料颗粒之间嵌锁力（内摩阻角）以及沥青与集料之间产生的黏聚力及沥青自身的黏聚力构成。沥青混合料的抗剪强度可通过三轴试验或直剪试验来获得。

②高温稳定性。

沥青混合料的高温稳定性是指混合料在夏季高温（通常为 60 ℃）的条件下，经车辆荷

载长期重复作用后，不产生车辙和波浪等病害的性能。沥青混合料的高温稳定性通常以高温强度和稳定性作为主要的技术指标，采用马歇尔试验法、无侧限抗压强度试验法、史密斯三轴试验法等进行评定。

③低温抗裂性。

沥青混合料的低温抗裂性是指沥青混合料在低温下抵抗断裂破坏的能力。当冬季气温低时，沥青面层将产生体积收缩，而在基层结构与周围材料的约束作用下，沥青混合料不能自由收缩。当降温速率较慢时，不会对沥青路面产生较大的危害，但当气温骤降时，导致沥青路面出现裂缝而造成路面损坏。因此要求沥青混合料具有一定的低温抗裂性。通常采用低温弯曲试验的破坏应变指标作为评价沥青混合料的低温抗裂性的指标。

④耐久性。

沥青混合料的耐久性是指其在长期使用过程中抵抗环境因素及行车荷载反复作用下保持正常使用状态而不出现剥落和松散等损坏的能力。就沥青混合料的组成结构而言，影响其耐久性的首要因素是沥青混合料的空隙率。空隙率越小，越可以有效地防止水分渗入和日光中紫外线对沥青的老化作用等，但一般沥青混合料中均应残留一定的空隙，以备夏季沥青材料膨胀。沥青混合料的耐久性常用浸水马歇尔试验或真空饱水马歇尔试验进行评价。

知识拓展

沥青混合料的耐久性与渗水性有一定的关系。沥青混合料路面的渗水性以渗水系数的大小评价。渗水系数越大，则渗水越严重，沥青混合料路面的耐久性就越差。

⑤表面抗滑性。

沥青路面的抗滑性对于保障道路交通安全至关重要。沥青路面的抗滑性与所用矿料的表面结构、颗粒形状与尺寸、混合料的级配组成以及沥青用量等因素有关。为了提高沥青路面的抗滑性，配料时应选用表面粗糙、坚硬、耐磨、抗冲击性好、磨光值大的碎石和破碎砾石集料，如玄武岩碎石。此外，应严格控制沥青混合料中的沥青用量，特别是应选用含蜡量低的沥青，以免沥青表层出现滑溜现象。

⑥水稳定性。

沥青混合料的水稳定性是指沥青混合料受水的影响程度，也叫沥青混合料的防水性能或抗水性能。

沥青混合料水稳定性可用沥青与石料的黏附性、沥青马歇尔残留稳定度（真空饱水后的马歇尔稳定度）及冻融劈裂试验的指标来评价。

影响沥青路面水稳定性的主要因素包括：沥青混合料的性质，包括沥青性质以及混合料类型；施工期的气候条件；施工后的环境条件；路面排水是否通畅等因素。

⑦施工和易性。

沥青混合料应具备良好的施工和易性，能够在拌和、摊铺与碾压过程中，集料颗粒保持分布均匀，表面被沥青膜完整地包裹，并被压实到规定的密度，这是保证沥青路面使用质量的必要条件。影响沥青混合料施工和易性的因素很多，如当地气温、施工条件及混合料性质等。

3. 沥青混合料的特性及应用

沥青混合料具有抗高温变形性、抗低温脆裂性、抗滑性、耐久性等特性，主要用于公路工程的沥青路面材料。

三、混凝土的分类、特性及应用 ★★★★★

（一）混凝土的分类

混凝土是指以水泥、骨料和水为主要原材料，也可加入外加剂和矿物掺合料等材料，经拌合、成型、养护等工艺制作的、硬化后具有强度的工程材料。

混凝土的分类如表 3-9 所示。

表 3-9 混凝土的分类

分类依据	类型
表观密度	重混凝土、普通混凝土、轻混凝土
使用功能	结构混凝土、耐热混凝土、耐火混凝土、防水混凝土、保温混凝土、耐酸混凝土、耐碱混凝土、防辐射混凝土、补偿收缩混凝土等
施工工艺	泵送混凝土、喷射混凝土、水工混凝土、碾压混凝土等
流动性(稠度)	干硬性混凝土、塑性混凝土、流动性混凝土、流态混凝土
强度等级	普通混凝土、高强混凝土、超高强混凝土

（二）混凝土组成材料的技术要求

以下内容主要以普通混凝土为例介绍其组成材料的技术要求。

普通混凝土又称水泥混凝土。其基本组成材料为水泥、细骨料、粗骨料、水，另外根据需要还可掺入适量的矿物掺合料和外加剂。

1. 水泥

水泥是混凝土获得强度的保证，也是混凝土能在所处环境中满足使用要求的重要因素之一。因此，水泥品种和强度等级的选择是否恰当，对混凝土的强度、耐久性和经济性有很大的影响。

配制普通混凝土的水泥，可采用通用硅酸盐水泥，必要时也可采用快硬硅酸盐水泥或其他品种水泥。水泥品种的选用应根据混凝土工程特点、所处环境条件及设计施工的要求进行。

水泥强度等级应与混凝土的设计强度等级相适应。原则上是：配置高强度等级的混凝土，选用高强度等级的水泥；配置低强度等级的混凝土，选用低强度等级的水泥。如用高强度等级的水泥来配置低强度等级的混凝土，会使水泥用量偏少，影响混凝土的和易性、密实性和耐久性；如用低强度等级水泥来配置高强度等级的混凝土，会使水泥用量过多，不经济，且混凝土的干缩大，容易出现干缩裂纹，从而影响混凝土结构的耐久性。

2. 细骨料

细骨料在普通混凝土中指的是砂。砂可分为天然砂、机制砂和混合砂三类。其中，天然砂是指在自然条件作用下岩石产生破碎、风化、分选、运移、堆/沉积，形成的粒径小于 4.75 mm 的岩石颗粒，包括河砂、湖砂、山砂、净化处理的海砂，但不包括软质、风化的颗粒。机制砂是指以岩石、卵石、矿山废石和尾矿等为原料，经除土处理，由机械破碎、整形、筛分、粉控等工艺制成的，级配、粒形和石粉含量满足要求且粒径小于 4.75 mm 的颗粒，不包括软质、风化的颗粒。混合砂是指由机制砂和天然砂按一定比例混合而成的砂。因河砂干净，又符合有关标准的要求，所以在配制混凝土时最常用。

混凝土用细骨料的技术要求有以下几个方面。

(1)颗粒级配。

砂的颗粒级配是指砂中大小不同的颗粒相互搭配情况。在混凝土中，砂粒之间的空隙是由水泥浆所填充的，为达到节约水泥和提高强度的目的，就应尽量减小砂粒之间的空隙。砂的级配越好，则砂粒之间的搭配越密实，空隙率越小，配制的混凝土越密实、强度越高、和易性也越好，并节约水泥。砂的级配越差，配制混凝土时越易出现离析、泌水现象，很难保证混凝土质量。

砂的颗粒级配可按公称直径 0.63 mm 的标准筛累计筛余百分率，分成三个级配区（Ⅰ区砂是粗砂、Ⅱ区砂是中砂、Ⅲ区砂为细砂），配制混凝土时宜优先选用Ⅱ区砂。当采用Ⅰ区砂时，应提高砂率，并保持足够的水泥用量，以满足混凝土和易性的要求；当采用Ⅲ区砂时，宜适当降低砂率，以保证混凝土的强度。**对于泵送混凝土，宜选用中砂**。

(2)粗细程度。

粗细程度是指不同粒径砂粒混合在一起的总体粗细程度。在相同质量的条件下，粗砂的总表面积小，包裹砂表面所需的水泥浆量就少；反之细砂的总表面积大，包裹砂表面所需的水泥浆量就多。砂的粗细程度通常用细度模数表示，细度模数越大，砂颗粒越粗，总表面积越小，配制混凝土越易离析、泌水。细度模数越小，砂颗粒越细，总表面积越大，配制混凝土的水泥用量越多，并且混凝土收缩越大。根据《建设用砂》，**砂按细度模数可分为粗砂**（3.1～3.7）、**中砂**（2.3～3.0）、**细砂**（1.6～2.2）、**特细砂**（0.7～1.5）。

在选择混凝土用砂时，砂的颗粒级配和粗细程度应同时考虑。当砂含有较多的粗颗粒，并以适当的中颗粒及少量的细颗粒填充其空隙，则既具有较小的空隙率又具有较小的总表面积，这样不仅水泥用量少，而且还可以提高混凝土的密实性与强度。

(3)有害杂质和碱活性。

混凝土用砂要求洁净、有害杂质少。砂中所含有的泥块、石粉、云母、轻物质、有机物、硫化物、硫酸盐等，都会对混凝土的性能有不利的影响，属于有害杂质，需要控制其含量。

对于长期处于潮湿环境的重要混凝土结构用砂，应采用砂浆棒（快速法）或砂浆长度法进行骨料的碱活性检验。经上述检验判断为有潜在危害时，应控制混凝土中的碱含量不超过相关规范规定数值，或采用能抑制碱-骨料反应的有效措施。

(4)坚固性。

砂的坚固性是指砂在外界物理化学因素作用下抵抗破裂的能力。砂的坚固性采用硫酸钠溶液法进行试验时，砂的质量损失应符合表 3-10 的规定。

表 3-10　坚固性指标

类别	Ⅰ类	Ⅱ类	Ⅲ类
质量损失率/%	≤8		≤10

3. 粗骨料

普通混凝土常用的粗骨料有碎石和卵石。碎石是指天然岩石、卵石或矿山废石经破碎、筛分等机械加工而成的，粒径大于 4.75 mm 的岩石颗粒。卵石是指在自然条件作用下岩石产生破碎、风化、分选、运移、堆（沉）积，而形成的粒径大于 4.75 mm 的岩石颗粒。

混凝土用粗骨料的技术要求有以下几个方面。

(1)颗粒级配及最大粒径。

粗骨料的颗粒级配原理与细骨料相同，要求不同粒径的大小颗粒搭配适当，以使粗骨料的空隙率和总表面积比较小，这样使得混凝土水泥用量少，密实度也较好，有利于改善混凝土拌合物的和易性和提高混凝土强度，粗骨料宜选用连续级配。对于高强度混凝土，粗骨料的级配尤为重要。

粗骨料中公称粒级的上限称为最大粒径。当骨料粒径增大时，其比表面积减小，混凝土的水泥用量也减少，故在满足技术要求的前提下，粗骨料的最大粒径应尽量选大一些。

知识拓展

根据《混凝土结构工程施工规范》，粗骨料宜选用粒形良好、质地坚硬的洁净碎石或卵石，并应符合下列规定：粗骨料的最大粒径不应超过构件截面最小尺寸的1/4，且不应超过钢筋最小净间距的3/4；对实心混凝土板，粗骨料的最大粒径不宜超过板厚的1/3，且不应超过40 mm；粗骨料宜采用连续粒级，也可用单粒级组合成满足要求的连续粒级。对于采用泵送的混凝土，碎石的最大粒径应不超过输送管径的1/3，卵石的最大粒径应不超过输送管径的1/2.5。

关于粗骨料连续级配和间断级配的区别，下面以考题探究的形式进行讲解。

考题探究

【单选题】关于粗骨料颗粒级配的说法，正确的是(　　)。

A. 混凝土间断级配比连续级配和易性好

B. 混凝土连续级配比间断级配易离析

C. 相比于间断级配，混凝土连续级配适用于机械振捣流动性低的干硬性拌合物

D. 连续级配是现浇混凝土最常用的级配形式

【细说考点】本题主要考查粗骨料的颗粒级配，需注意区分连续级配和间断级配。连续级配比间断级配水泥用量稍多，其拌制的混凝土和易性较好。连续级配中每一级石子都占有一定的比例，而间断级配则是省去了一级或多级中间粒级的集料级配，由于颗粒之间相差较大，故其拌制的混凝土易产生离析现象。相比于连续级配，混凝土间断级配更适用于机械振捣流动性低的干硬性拌合物。本题选D。

(2)强度和坚固性。

碎石和卵石的强度可用岩石抗压强度和压碎值指标表示。岩石的抗压强度应比所配制的混凝土强度至少高20%。当混凝土强度等级大于或等于C60时，应进行岩石抗压强度检验，岩石强度首先应由生产单位提供，工程中可采用压碎值指标进行质量控制。

碎石和卵石的坚固性应用硫酸钠溶液法检验，试样经5次循环后，质量损失应符合相关标准的规定。

(3)有害杂质和针、片状颗粒。

粗骨料中针、片状颗粒含量、含泥量、泥块含量等应符合相关标准的规定。当碎石或卵石中含有颗粒状硫酸盐或硫化物杂质时，应进行专门检验，确认能满足混凝土耐久性要求后，方可采用。

对于长期处于潮湿环境的重要结构混凝土，其所使用的碎石或卵石应进行碱活性检验。

4. 水

混凝土用水是指混凝土拌合用水和混凝土养护用水的总称，包括饮用水、地表水、地下水、再生水、混凝土企业设备洗刷水和海水等。符合现行国家标准《生活饮用水卫生标准》要求的饮用水，可不经检验作为混凝土用水。地表水、地下水、再生水、混凝土企业设备洗刷水和海水等非饮用水作为混凝土拌合用水或养护用水时，应经过检测符合《混凝土

用水标准》的有关规定。满足混凝土拌合用水要求即可满足混凝土养护用水要求，混凝土养护用水要求略低于混凝土拌合用水要求。

知识拓展

根据《混凝土用水标准》，混凝土用水的要求如下：

混凝土拌合用水不应有漂浮明显的油脂和泡沫，不应有明显的颜色和异味。混凝土企业设备洗刷水不宜用于预应力混凝土、装饰混凝土、加气混凝土和暴露于腐蚀环境的混凝土；不得用于使用碱活性或潜在碱活性骨料的混凝土。未经处理的海水严禁用于钢筋混凝土和预应力混凝土。在无法获得水源的情况下，海水可用于素混凝土，但不宜用于装饰混凝土。

混凝土养护用水可不检验不溶物和可溶物，以及水泥凝结时间和水泥胶砂强度。

5. 矿物掺合料

混凝土矿物掺合料分为活性矿物掺合料和非活性矿物掺合料。非活性矿物掺合料基本不与水泥组分起反应，如磨细石英砂、石灰石、硬矿渣等材料。活性矿物掺合料本身不硬化或硬化速度很慢，但能与水泥水化生成的 $Ca(OH)_2$ 起反应，生成具有胶凝能力的水化产物，如粉煤灰、粒化高炉矿渣粉、硅粉、沸石粉等。

6. 外加剂

混凝土外加剂是混凝土中除胶凝材料、骨料、水和纤维组分以外，在混凝土拌制之前或拌制过程中加入的，用以改善新拌混凝土和(或)硬化混凝土性能，对人、生物及环境安全无有害影响的材料，以下简称外加剂。

根据《混凝土外加剂术语》，混凝土外加剂按其主要使用功能分为：

(1)改善混凝土拌合物流变性能的外加剂，如各种减水剂和泵送剂等。

(2)调节混凝土凝结时间、硬化过程的外加剂，如缓凝剂、早强剂、促凝剂和速凝剂等。

(3)改善混凝土耐久性的外加剂，如引气剂、防水剂和阻锈剂等。

(4)改善混凝土其他性能的外加剂，如膨胀剂、防冻剂和着色剂等。

目前建筑工程中应用较多和较成熟的外加剂有减水剂、引气剂及引气减水剂、早强剂、缓凝剂、泵送剂、防冻剂、速凝剂、膨胀剂、防水剂、阻锈剂等，具体技术要求如下。

(1)减水剂。

混凝土中掺入减水剂，若不减少拌合用水量，能显著提高拌合物的流动性；当减水而不减少水泥时，可提高混凝土强度；若减水的同时适当减少水泥用量，则可节约水泥。同时，混凝土的耐久性也能得到显著改善。根据《混凝土外加剂应用技术规范》，不同类型的减水剂，其适用范围也不同，具体如表 3-11 所示。

表 3-11　不同类型减水剂的适用范围

类型	适用范围
普通减水剂	(1)普通减水剂宜用于日最低气温 5 ℃以上强度等级为 C40 以下的混凝土。 (2)普通减水剂不宜单独用于蒸养混凝土。 (3)早强型普通减水剂宜用于常温、低温和最低温度不低于－5 ℃环境中施工的有早强要求的混凝土工程。炎热环境条件下不宜使用早强型普通减水剂。

（续表）

类型	适用范围
普通减水剂	(4)缓凝型普通减水剂可用于大体积混凝土、碾压混凝土、炎热气候条件下施工的混凝土、大面积浇筑的混凝土、避免冷缝产生的混凝土、需长时间停放或长距离运输的混凝土、滑模施工或拉模施工的混凝土及其他需要延缓凝结时间的混凝土，不宜用于有早强要求的混凝土
高效减水剂	(1)高效减水剂可用于素混凝土、钢筋混凝土、预应力混凝土，并可用于制备高强混凝土。 (2)缓凝型高效减水剂可用于大体积混凝土、碾压混凝土、炎热气候条件下施工的混凝土、大面积浇筑的混凝土、避免冷缝产生的混凝土、需较长时间停放或长距离运输的混凝土、自密实混凝土、滑模施工或拉模施工的混凝土及其他需要延缓凝结时间且有较高减水率要求的混凝土。 (3)标准型减水剂宜用于日最低气温 0 ℃以上施工的混凝土，也可用于蒸养混凝土。 (4)缓凝型高效减水剂宜用于日最低气温 5 ℃以上施工的混凝土
聚羧酸系高性能减水剂	(1)聚羧酸系高性能减水剂可用于素混凝土、钢筋混凝土和预应力混凝土。 (2)聚羧酸系高性能减水剂宜用于高强混凝土、自密实混凝土、泵送混凝土、清水混凝土、预制构件混凝土和钢管混凝土。 (3)聚羧酸系高性能减水剂宜用于具有高体积稳定性、高耐久性或高工作性要求的混凝土。 (4)缓凝型聚羧酸系高性能减水剂宜用于大体积混凝土，不宜用于日最低气温 5 ℃以下施工的混凝土。 (5)早强型聚羧酸系高性能减水剂宜用于有早强要求或低温季节施工的混凝土，但不宜用于日最低气温−5 ℃以下施工的混凝土，且不宜用于大体积混凝土。 (6)具有引气性的聚羧酸系高性能减水剂用于蒸养混凝土时，应经试验验证

(2)引气剂及引气减水剂。

根据《混凝土外加剂应用技术规范》，混凝土工程可采用下列引气剂：松香树脂类、烷基和烷基芳烃磺酸盐类、脂肪醇磺酸盐类、非离子聚醚类、皂甙类以及不同品种引气剂的复合物等。引气剂及引气减水剂的适用范围如下：

①引气剂及引气减水剂宜用于有抗冻融要求的混凝土、泵送混凝土和易产生泌水的混凝土。

②引气剂及引气减水剂可用于抗渗混凝土、抗硫酸盐混凝土、贫混凝土、轻骨料混凝土、人工砂混凝土和有饰面要求的混凝土。

③引气剂及引气减水剂不宜用于蒸养混凝土及预应力混凝土。必要时，应经试验确定。

知识拓展

引气剂可改善混凝土拌合物的和易性，减少泌水离析，并能提高混凝土的抗渗性和抗冻性。同时，含气量的增加，混凝土弹性模量降低，对提高混凝土的抗裂性有利。除此之外，引气剂还能改善混凝土拌合物的流变性能及混凝土的耐久性。由于大量微气泡的存在，混凝土的抗压强度会有所降低。

(3)早强剂。

根据《混凝土外加剂应用技术规范》，混凝土工程可采用下列早强剂：硫酸盐、硫酸复盐、硝酸盐、碳酸盐、亚硝酸盐、氯盐、硫氰酸盐等无机盐类；三乙醇胺、甲酸盐、乙酸盐、丙酸盐等有机化合物类。混凝土工程可采用两种或两种以上无机盐类早强剂或有机化合物类早强剂复合而成的早强剂。早强剂的适用范围如下：

①早强剂宜用于蒸养、常温、低温和最低温度不低于－5 ℃环境中施工的有早强要求的混凝土工程。炎热条件以及环境温度低于－5 ℃时不宜使用早强剂。

②早强剂不宜用于大体积混凝土；三乙醇胺等有机胺类早强剂不宜用于蒸养混凝土。

③无机盐类早强剂不宜用于下列情况：处于水位变化的结构；露天结构及经常受水淋、受水流冲刷的结构；相对湿度大于80%环境中使用的结构；直接接触酸、碱或其他侵蚀性介质的结构；有装饰要求的混凝土，特别是要求色彩一致或表面有金属装饰的混凝土。

知识拓展

早强剂可加速混凝土硬化和早期强度发展，缩短养护周期，加快施工进度，提高模板周转率。多用于冬期施工或紧急抢修工程。

(4)缓凝剂。

根据《混凝土外加剂应用技术规范》，混凝土工程可采用下列缓凝剂：糖类化合物、羟基羧酸及其盐类、多元醇及其衍生物、有机磷酸及其盐类、无机盐类等。缓凝剂的适用范围如图 3-1 所示。

缓凝剂的适用范围

◇缓凝剂宜用于延缓凝结时间的混凝土；

◇缓凝剂宜用于对坍落度保持能力有要求的混凝土、静停时间较长或长距离运输的混凝土、自密实混凝土；

◇缓凝剂可用于大体积混凝土；

◇缓凝剂宜用于日最低气温5 ℃以上施工的混凝土；

◇柠檬酸（钠）及酒石酸（钾纳）等缓凝剂不宜单独用于贫混凝土

图 3-1　缓凝剂的适用范围

(5)泵送剂。

根据《混凝土外加剂应用技术规范》，混凝土工程泵送剂的选取应符合下列规定：可采用一种减水剂与缓凝组分、引气组分、保水组分和黏度调节组分复合而成的泵送剂；可采用两种或两种以上减水剂与缓凝组分、引气组分、保水组分和黏度调节组分复合而成的泵送剂；可采用一种减水剂作为泵送剂；可采用两种或两种以上减水剂复合而成的泵送剂。泵送剂的适用范围如图 3-2 所示。

泵送剂的适用范围

◇泵送剂宜用于泵送施工的混凝土；

◇泵送剂可用于工业与民用建筑结构工程混凝土、桥梁混凝土、水下灌注桩混凝土、大坝混凝土、清水混凝土、防辐射混凝土和纤维增强混凝土等；

◇泵送剂宜用于日平均气温5 ℃以上的施工环境；

◇泵送剂不宜用于蒸汽养护混凝土和蒸压养护的预制混凝土；

◇使用含糖类或木质素磺酸盐的泵送剂时，可按规范规定进行相容性试验，并应满足施工要求后再使用

图 3-2　泵送剂的适用范围

(6)防冻剂。

根据《混凝土外加剂应用技术规范》,防冻剂可用于冬期施工的混凝土。亚硝酸钠防冻剂或亚硝酸钠与碳酸锂复合防冻剂,可用于冬期施工的硫铝酸盐水泥混凝土。

(7)速凝剂。

根据《混凝土外加剂应用技术规范》,速凝剂可用于喷射法施工的砂浆或混凝土,也可用于有速凝要求的其他混凝土。粉状速凝剂宜用于干法施工的喷射混凝土,液体速凝剂宜用于湿法施工的喷射混凝土。

(8)膨胀剂。

根据《混凝土外加剂应用技术规范》,混凝土工程可采用硫铝酸钙类、硫铝酸钙-氧化钙类、氧化钙类等混凝土膨胀剂。膨胀剂的适用范围如图 3-3 所示。

膨胀剂的适用范围

◇用膨胀剂配制的补偿收缩混凝土宜用于混凝土结构自防水、工程接缝、填充灌浆,采取连续施工的超长混凝土结构,大体积混凝土工程等;用膨胀剂配制的自应力混凝土宜用于自应力混凝土输水管、灌注桩等;

◇含硫铝酸钙类、硫铝酸钙–氧化钙类膨胀剂配制的混凝土(砂浆)不得用于长期环境温度为80 ℃以上的工程;

◇膨胀剂应用于钢筋混凝土工程和填充性混凝土工程

图 3-3　膨胀剂的适用范围

(9)防水剂。

根据《混凝土外加剂应用技术规范》,防水剂可用于有防水抗渗要求的混凝土工程。对有抗冻要求的混凝土工程宜选用复合引气组分的防水剂。

(10)阻锈剂。

根据《混凝土外加剂应用技术规范》,阻锈剂宜用于容易引起钢筋锈蚀的侵蚀环境中的钢筋混凝土、预应力混凝土和钢纤维混凝土。阻锈剂宜用于新建混凝土工程和修复工程。阻锈剂可用于预应力孔道灌浆。

(三)混凝土的配合比

混凝土的配合比是指混凝土中胶凝材料(包括水泥和活性矿物掺合料如粉煤灰、硅灰等)、粗细骨料和水等各组成材料用量之间的比例关系。常用的混凝土配合比表示方法有两种:一种是以 1 m^3 混凝土中各项材料的质量来表示,如 1 m^3 混凝土中胶凝材料 300 kg、水 186 kg、砂 693 kg、石子 1 236 kg;另一种是以胶凝材料质量为 1,砂、石依次以相对质量比及水胶比表达,如上述可写成胶凝材料∶砂子∶石子＝1∶2.31∶4.12,水胶比为 0.62。

混凝土的配合比设计应满足混凝土结构设计的强度等级、施工所要求的混凝土拌合物的和易性、工程所处环境和设计规定的耐久性。此外,在保证混凝土质量的前提下,尽可能节约水泥,降低混凝土成本。

混凝土配合比设计,实质上就是确定水泥、水、砂与石子这四项基本组成材料用量之间的三个比例关系。**水灰比、单位用水量、砂率是混凝土配合比的三个重要参数**。

(四)混凝土的技术性能

以下主要以普通混凝土为例介绍混凝土的技术性能。

普通混凝土的各组成材料按一定比例配合,均匀搅拌在一起形成的塑性状态混合物,称为混凝土拌合物。混凝土拌合物必须具有良好的和易性,便于施工,以保证能获得良好的浇筑质量;混凝土拌合物凝结硬化后,应具有足够的强度,以保证建筑物能安全地承受设计荷载,并应具有必要的耐久性。

1. 混凝土拌合物的和易性

和易性是指混凝土拌合物易于施工操作(搅拌、运输、浇筑、捣实)并能获得质量均匀、成型密实的性能,又称工作性。和易性是一项综合的技术性质,包括流动性、黏聚性和保水性等三方面的含义。流动性是指混凝土拌合物在自重或机械振捣的作用下,能产生流动,并均匀密实地填满模板的性能;黏聚性是指在混凝土拌合物的组成材料之间有一定的黏聚力,在施工过程中不致发生分层和离析现象的性能;保水性是指混凝土拌合物具有一定的保水能力,在施工过程中不致产生严重泌水现象的性能。

工地上常用坍落度试验来测定混凝土拌合物的坍落度或坍落扩展度,作为流动性指标,坍落度或坍落扩展度越大表示流动性越大。对坍落度值<10 mm 的干硬性混凝土拌合物,则用维勃稠度试验测定其稠度作为流动性指标,稠度值越大表示流动性越小。在现场测定的混凝土坍落度大于 220 mm 时,还应测量坍落扩展度。混凝土拌合物的黏聚性和保水性主要通过目测结合经验进行评定。

影响混凝土拌合物和易性的主要因素包括**水泥浆(最为敏感因素)**、单位体积用水量、砂率、组成材料的性质、时间和温度等。单位体积用水量决定水泥浆的数量和稠度。砂率是指混凝土中砂的质量占砂、石总质量的百分率,在一定条件下,存在最佳砂率,即混凝土拌合物有最大的流动性,且保持黏聚性和保水性。组成材料的性质包括水泥的需水量和泌水性、骨料的特性、外加剂和掺合料的特性等几方面。时间越长,混凝土拌合物的坍落度越小;温度越高,混凝土拌合物的流动性越低。

2. 混凝土的强度

混凝土强度是指混凝土的力学性能,表征其抵抗外力作用的能力,主要包括混凝土立方体抗压强度、混凝土轴心抗压强度、混凝土抗拉强度。

(1)混凝土立方体抗压强度。

混凝土立方体抗压强度是指制作边长为 150 mm 的立方体试件,在标准条件(温度 20 ℃±2 ℃,相对湿度 95%以上)下,养护到 28 d 龄期,测得的抗压强度值,以 f_{cu}表示,单位为 N/mm^2 或 MPa。

知识拓展

混凝土立方体抗压强度是一组试件抗压强度的算术平均值。

(2)混凝土立方体抗压强度标准值与强度等级。

混凝土立方体抗压强度标准值是指按标准方法制作和养护的边长为 150 mm 的立方体试件,在 28 d 或设计规定的龄期(由于粉煤灰等矿物掺合料在水泥及混凝土中大量应用,以及近年混凝土工程发展的实际情况,确定混凝土立方体抗压强度标准值的试验龄期不仅限于 28 d,可由设计根据具体情况适当延长),用标准试验方法测得的具有 95%保证率的抗压强度值,以 $f_{cu,k}$ 表示。

混凝土强度等级是按混凝土立方体抗压强度标准值来划分的，采用符号 C 与立方体抗压强度标准值(单位为 MPa)表示。现行国家标准规定的混凝土强度等级有C20、C25、C30、C35、C40、C45、C50、C55、C60、C65、C70、C75 和 C80 共 13 个等级。混凝土强度等级是施工质量控制和工程验收的重要依据。

知识拓展

对于设计工作年限为 50 年的混凝土结构，结构混凝土的强度等级应符合下列要求：素混凝土结构构件，≥C20；钢筋混凝土结构构件，≥C25；预应力混凝土楼板结构，≥C30；型钢混凝土组合结构构件，≥C30；其他预应力混凝土结构构件，≥C40。

(3)混凝土轴心抗压强度。

混凝土轴心抗压强度的测定采用 150 mm×150 mm×300 mm 棱柱体作为标准试件，用 f_{cp}表示。结构设计中混凝土受压构件的计算采用混凝土的轴心抗压强度，更加符合工程实际。

(4)混凝土抗拉强度。

混凝土抗拉强度只有抗压强度的 1/20～1/10，且随着混凝土强度等级的提高，比值有所降低。在结构设计中抗拉强度是确定混凝土抗裂度的重要指标，有时也用来间接衡量混凝土与钢筋的黏结强度等。我国采用立方体的劈裂抗拉试验来测定混凝土的劈裂抗拉强度 f_{ts}，并可换算得到混凝土的轴心抗拉强度 f_t。

(5)影响混凝土强度的因素。

影响混凝土强度的因素主要有原材料及生产工艺方面的因素。原材料方面的因素包括水泥强度与水灰比，骨料的种类、质量和数量，外加剂和掺合料；生产工艺方面的因素包括搅拌与振捣，养护的温度和湿度以及龄期。

温馨提示

当混凝土所用的水泥是同一品种且强度等级相同时，混凝土的强度等级主要取决于水灰比。适当控制水灰比及水泥用量，是决定混凝土密实性的主要因素。

3. 混凝土的变形性能

混凝土的变形主要分为非荷载型变形和荷载型变形两大类。非荷载型变形是指物理化学因素引起的变形，包括化学收缩、碳化收缩、干湿变形、温度变形等。荷载作用下的变形又可分为在短期荷载作用下的变形和长期荷载作用下的徐变。

4. 混凝土的耐久性

混凝土的耐久性是指混凝土抵抗环境介质作用并长期保持其良好的使用性能和外观完整性的能力，它是一个综合性概念，包括抗渗、抗冻、抗侵蚀、碳化、碱骨料反应及混凝土中的钢筋锈蚀等性能，这些性能均决定着混凝土经久耐用的程度，故称为耐久性。具体内容如表 3-12 所示。

表 3-12 混凝土的耐久性

性能	内容
抗渗性	混凝土的抗渗性直接影响到混凝土的抗冻性和抗侵蚀性。根据《混凝土耐久性检验评定标准》，混凝土的抗渗性用抗渗等级表示，抗渗等级分为P4、P6、P8、P10、P12 和＞P12 六个等级，相应表示能抵抗 0.4 MPa、0.6 MPa、0.8 MPa、1.0 MPa、1.2 MPa 和＞1.2 MPa 的静水压力而不渗水。根据《普通混凝土配合比设计规程》，抗渗混凝土是指抗渗等级不低于 P6 的混凝土。混凝土的抗渗性主要与其密实度及内部孔隙的大小和构造有关。水灰比对混凝土抗渗性起决定作用。此外，水泥的品种、外加剂、掺合料、骨料粒径等都会影响混凝土的抗渗性
抗冻性	混凝土的抗冻性用抗冻等级表示。抗冻等级是采用龄期 28 d 的试块在吸水饱和后，承受反复冻融循环，以抗压强度下降不超过 25%，而且质量损失不超过 5%时所能承受的最大冻融循环次数来确定的。根据《混凝土耐久性检验评定标准》，抗冻等级分为 F50、F100、F150、F200、F250、F300、F350、F400 和＞F400 九个等级，分别表示混凝土能够承受反复冻融循环次数为 50，100，150，200，250，300，350，400 和＞400 次。根据《普通混凝土配合比设计规程》，抗冻混凝土是指抗冻等级 F50 以上的混凝土
抗侵蚀性	当混凝土所处环境中含有侵蚀性介质时，要求混凝土具有抗侵蚀能力。侵蚀性介质包括软水、硫酸盐、镁盐、碳酸盐、一般酸、强碱、海水等
混凝土的碳化（中性化）	混凝土的碳化是环境中的二氧化碳与水泥石中的氢氧化钙作用，生成碳酸钙和水。碳化使混凝土的碱度降低，削弱混凝土对钢筋的保护作用，可能导致钢筋锈蚀；碳化显著增加混凝土的收缩，使混凝土抗压强度增大，但可能产生细微裂缝，而使混凝土抗拉、抗折强度降低
碱骨料反应	碱骨料反应是指水泥中的碱性氧化物含量较高时，会与骨料中所含的活性二氧化硅发生化学反应，并在骨料表面生成碱一硅酸凝胶，吸水后会产生较大的体积膨胀，导致混凝土胀裂的现象

知识拓展

提高混凝土耐久性的措施包括：合理选用水泥品种；控制水灰比；掺用合适的外加剂；保证足够的水泥用量；选用合理的砂率；选用质量良好、级配合理的骨料。

（五）有特殊要求的混凝土

1. 抗渗混凝土

抗渗混凝土又称为防水混凝土。抗渗混凝土通过提高混凝土的密实度，改善孔隙结构，从而减少渗透通道，提高抗渗性。常用的办法是掺用引气型外加剂，使混凝土内部产生不连通的气泡，截断毛细管通道，改变孔隙结构，从而提高混凝土的抗渗性。此外，减小水灰比，选用适当品种及强度等级的水泥，保证施工质量，特别是注意振捣密实、养护充分等，都对提高抗渗性能有重要作用。

知识拓展

提高混凝土密实度的措施有：选用合理的混凝土配合比；使用膨胀水泥，掺加膨胀剂；掺入化学外加剂（如适当的减水剂、氯化铁防水剂或三乙醇胺早强剂等）。

2. 碾压混凝土

碾压混凝土是一种干硬性贫水泥的混凝土，使用硅酸盐水泥、火山灰质掺和料、水、外加剂、砂和分级控制的粗骨料拌制成无坍落度的干硬性混凝土。

碾压混凝土具有干缩性小、耐久性好、水化热低、强度高、内部结构密实、水泥用量少等优点，适用于道路工程、机场工程和水利工程。

碾压混凝土的组成材料中，骨料的最大粒径宜控制在 20 mm，分两层摊铺的碾压混凝土，下层的最大粒径不应超过 40 mm。混凝土中混合材料掺量较高时，宜选用硅酸盐水泥或普通硅酸盐水泥；混合材料掺量较少时，宜选用矿渣水泥、火山灰质水泥或粉煤灰水泥。

3. 泵送混凝土

泵送混凝土是指在施工现场通过压力泵（混凝土输送泵）及输送管道进行浇筑的混凝土。泵送混凝土适用于大体积混凝土、高层建筑、桥梁、隧道、地下工程以及施工场地狭小的混凝土工程。

泵送混凝土的组成材料中，胶凝材料应选用保水性好、泌水性小的水泥；混凝土拌合物需具有良好的和易性和自密实性，在运输、泵送和成型过程中不离析、不泌水，易充满模型。

4. 高强混凝土

高强混凝土是指强度等级为 C60 及 C60 以上的混凝土。

高强混凝土的特点是强度高、耐久性较好、刚度大、变形小，能满足现代工程结构向大跨度、重载、高耸发展和承受恶劣环境条件的需求。但高强混凝土比普通混凝土突出的问题是延性差、脆性大、强度的拉压比降低，水泥用量大。高强混凝土初期收缩大，但最终收缩量几乎等于普通混凝土。另外，由于水胶比小带来流动性、可泵性、均匀性差等问题，单位水泥用量大带来稳定性和经济性等问题。在实际工程中，根据工程要求，突出选择重要性能进行配合比调整，质量管理水平要求高。

高强混凝土常选用符合质量要求的硅酸盐水泥或普通硅酸盐水泥；粗骨料应采用连续级配，且最大粒径不大于 25 mm，细骨料采用Ⅱ区中砂，含泥量控制在 2.0%以内，水泥用量不大于 550 kg/m^3。

知识拓展

高强混凝土的抗压性能与普通混凝土相差较大。高强混凝土的抗拉强度随抗压强度提高而提高，但抗拉强度与抗压强度之间的比值随强度增加而降低。

5. 高性能混凝土

高性能混凝土（HPC）是采用常规材料和工艺生产，具有混凝土结构所要求的各项力学性能，且具有高耐久性、高工作性和高体积稳定性的混凝土。它是一种新型高技术混凝土，是在大幅度提高普通混凝土性能的基础上采用现代混凝土技术制作的混凝土。它以耐久性作为设计主要指标，针对不同用途要求，对混凝土的耐久性、工作性、适用性、强度、体积稳定性和经济性重点予以保证。

高性能混凝土在配置上的特点是采用低水灰比，选用优质原材料，且必须掺加足够数量的活性矿物细掺料和高效外加剂。其主要特性如表 3-13 所示。

表 3-13 高性能混凝土的主要特性

特性	内容
低水化热	由于高性能混凝土的配合比采用低水灰比，从而降低了混凝土中胶凝材料的用量，使混凝土在硬化早期具有较低的水化热，降低了混凝土内部的温度应力，避免了由于温度应力过大所造成的混凝土开裂，从而提高混凝土的耐久性
高工作性	高性能混凝土拌合物具有大流动性和良好的黏聚性及保水性，便于施工，在成型过程中不分层、不离析，易充满模型。对于配合比合理的大流动性高性能混凝土，其**自密实性较为良好**
高耐久性	高性能混凝土的抗冻性、抗渗性明显高于普通混凝土，且其 Cl^- 渗透率明显低于普通混凝土。由于高性能混凝土具有较高的密实性和抗渗性。因此，其抗化学腐蚀性能显著优于普通混凝土，混凝土的耐久性好。可通过混凝土的抗渗性、抗裂性、护筋性、耐蚀性、抗冻性、耐磨性及抗碱-骨料反应等耐久性指标来评价
需掺用高效减水剂和矿物掺合料	由于采用较低的水胶比，故要保证混凝土拌合物具有良好的工作性，就必须掺用高效减水剂和活性矿物掺合料。由于矿物掺合料的细度更细，颗粒级配更合理，具有更高的表面活性，从而改变了水泥石的亚微观结构，改变了水泥石与骨料间界面结构性质，提高了混凝土的工作性、致密性和耐久性。常用的高效减水剂有聚羧酸系高性能减水剂。常用的活性矿物掺合料有粉煤灰、矿渣粉、硅灰等
较高的体积稳定性	由于采用了较低的水胶比，并掺用合适的高效减水剂和活性矿物细掺料，从而减少了水泥的用量，使混凝土在硬化后期具有**较小的收缩变形和徐变**。表现为具有高弹性模量、低收缩与低徐变和较低温度变形。采用适宜的材料与配合比的高性能混凝土，其弹性模量比普通混凝土的弹性模量高。高性能混凝土若选用合理的配合比，并采用高弹性模量、高强度的粗集料，降低混凝土中水泥浆体的含量，则其 90 d 龄期的干缩值可低于 0.04%
耐火性较差	高性能混凝土在高温作用下，会产生爆裂、剥落。由于高性能混凝土的高密实度使自由水不易很快地从毛细孔中排出。在 300 ℃温度下，蒸汽压力可达 8 MPa，而在 350 ℃温度下，蒸汽压力可达 17 MPa，这样的内部压力可使混凝土中产生 5 MPa 拉应力，使混凝土发生爆炸性剥蚀和脱落。为了防止其爆裂、剥落，混凝土中可掺入有机纤维，通过纤维熔化、挥发形成的孔隙，释放高温作用下产生的蒸汽压力，以提高其耐火性
早期强度发展快	高性能混凝土的抗压强度和抗拉强度均比高强混凝土高，其早期强度发展快，但后期强度的增长率比普通混凝土的低

知识拓展

高性能混凝土的总收缩量较小，总收缩量与强度成反比；但其早期收缩率与早期强度成正比。

6. 纤维混凝土

纤维混凝土又称纤维增强混凝土，是以混凝土为基材，均匀掺入各种非连续的短纤维增强材料而形成的水泥基复合材料。纤维在复合材料中主要起着阻裂、增强和增韧等作用。合成纤维的掺入可提高混凝土的韧性，特别是可以阻断混凝土内部毛细管通道，因而减少混凝土暴露面的水分蒸发，大大减少混凝土塑性裂缝和干缩裂缝。纤维混凝土已广泛应用于桥梁、机场、公路、隧道、水利等各领域中，成为蓬勃发展的新型建筑复合材料。

混凝土中掺入纤维材料的主要作用，下面以考题探究的形式进行讲解。

考题探究

【多选题】混凝土中掺入纤维材料的主要作用有(　　)。

A. 微观补强　　B. 增强抗裂缝能力

C. 增强抗冻能力　　D. 增强抗磨损能力

E. 增强抗碳化能力

【细说考点】本题主要考查混凝土中掺入纤维材料(即纤维混凝土)的主要作用。混凝土中掺入纤维材料的主要作用有：微观补强作用；增强抗磨损能力、抗冲击能力、抗破损能力；减少塑性裂缝；降低混凝土的渗透性；控制非结构性裂缝；纤维混凝土可替代焊接钢丝网。本题选 AD。

7. 轻骨料混凝土

轻骨料混凝土是指用轻粗骨料、轻砂或普通砂、胶凝材料、外加剂和水配制而成的干表观密度不大于 1 950 kg/m^{3}的混凝土。

轻混凝土与普通混凝土的最大不同在于骨料中存在大量孔隙，因此其自重轻、弹性模量小，比普通混凝土低 20%～50%，有很好防震性能，同时导热系数小，有良好的保温隔热性及抗冻性。与同强度等级的普通混凝土相比，轻骨料混凝土的耐久性明显改善，是一种典型的轻质、高强、多功能的新型建筑材料，适用于各种工业与民用建筑的结构承重和围护保温，以及高层及大跨度建筑。

8. 聚合物混凝土

聚合物混凝土是指由有机聚合物、无机胶凝材料和骨料结合而成的混凝土。按其组成和制作工艺可分为聚合物浸渍混凝土、聚合物水泥混凝土(聚合物改性混凝土)、聚合物胶结混凝土(树脂混凝土)。

聚合物浸渍混凝土具有高强度、高防水、高抗冻性、高抗冲击性、高耐腐蚀性、高耐磨性等特点。常应用于特种工程，也可用于现场修补构筑物的表面和缺陷。

聚合物水泥混凝土与普通混凝土相比，具有抗拉、抗折强度高，延性、黏结性和抗渗、抗冲击、耐磨性好等特点，但是其耐热、耐火、耐候性较差。主要用于混凝土储罐的耐蚀面层，新老混凝土的黏结，现场浇筑构筑物、路面及桥面修补，以及其他特殊用途的预制品。

聚合物胶结混凝土具有硬化快，强度高，耐磨、耐腐蚀等优点，但其成本较高。主要用于工程快速修补、修建以及隧道衬里等。

9. 防辐射混凝土

防辐射混凝土又称屏蔽混凝土、放射线混凝土，其表观密度较大，对 γ 射线、X 射线或中子辐射有屏蔽能力，不易被放射线穿透的混凝土。防辐射混凝土适用于原子能反应堆、粒子加速器，以及医院、工业、农业和科研部门的放射性同位素设备的防护等工程。

四、钢材的分类、特性及应用

（一）钢材的分类

钢材的分类如表 3-14 所示。

表 3-14　钢材的分类

分类依据	类别
化学成分	(1)碳素钢。可分为低碳钢(含碳量<0.25%)、中碳钢(含碳量为 0.25% ～0.6%)、高碳钢(含碳量>0.6%)。 (2)合金钢。可分为低合金钢(合金元素总含量<5%)、中合金钢(合金元素总含量为 5%～10%)、高合金钢(合金元素总含量>10%)
质量等级	(1)普通碳素钢。含磷量≤0.045%,含硫量≤0.05%。 (2)优质碳素钢。含磷量≤0.04%,含硫量≤0.035%。 (3)高级优质碳素钢。含磷量≤0.035%,含硫量≤0.03%
用途	(1)结构钢。用于建筑工程中的钢筋混凝土和钢结构用钢材,机械制造用结构钢材。 (2)工具钢。用于制造切削工具、量具、模具等的钢材。 (3)特殊钢。如不锈钢、耐热钢、耐磨钢、磁钢等
脱氧程度	沸腾钢、镇静钢、半镇静钢、特殊镇静钢

（二）钢材的性能

1. 力学性能

钢材的力学性能包括拉伸性能、冲击性能、硬度性能、疲劳性能等。

(1)拉伸性能。

拉伸性能(抗拉性能)是指通过拉伸试验测得材料的弹性、强度、延性、应变硬化和韧度等重要的力学性能指标,是材料的基本力学性能。反映建筑钢材拉伸性能的指标包括屈服强度、抗拉强度和伸长率。低碳钢(软钢)是广泛使用的一种材料,它在拉伸试验中表现的力和变形关系比较典型,下面着重介绍。从低碳钢(软钢)的应力—应变关系中可以看出,低碳钢从受拉到拉断经历了四个阶段:弹性阶段(OA)、屈服阶段(AB)、强化阶段(BC)和颈缩阶段(CD),如图 3-4 所示。

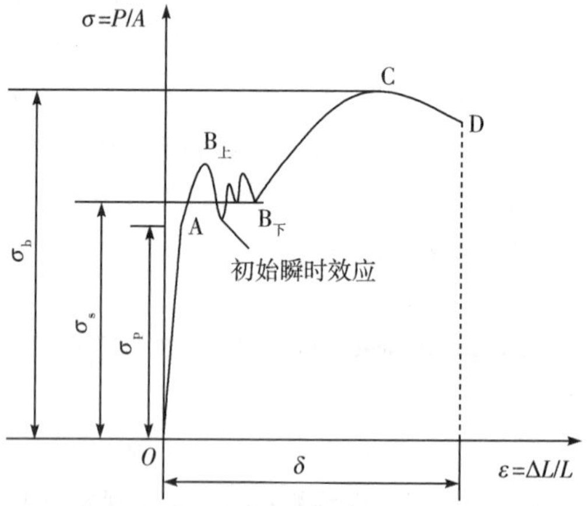

图 3-4　钢材拉伸应力—应变图

①第一阶段(弹性阶段)。

在图 3-4 中 OA 段应力较低,应力与应变成正比例关系,卸去外力,试件恢复原状,无残余变形，这一阶段称为弹性阶段。弹性阶段的最高点（A 点）所对应的应力称为弹性极限，用 σ_p 表示。在弹性阶段，应力和应变的比值为常数，称为弹性模量，用 E 表示，即 $E=\sigma/\varepsilon$。弹性模量反映钢材抵抗弹性变形的能力，是计算钢材在受力条件下变形的重要指标。

②第二阶段（屈服阶段）。

当应力超过弹性极限后，应变的增长比应力快，此时除产生弹性变形外，还产生塑性变形。当应力达到 $B_上$（上屈服点）点时，即使应力不再增加，塑性变形仍明显增长，钢材出现了“屈服”现象，这一阶段称为屈服阶段。在屈服阶段中，应力会有波动，出现上屈服点（$B_上$）和下屈服点（$B_下$）。由于下屈服点比较稳定且容易测定，因此，采用下屈服点对应的应力作为钢材的屈服极限或屈服强度，用 σ_s 表示。由于钢材受力达到屈服点后将产生较大的塑性变形，已不能满足正常使用要求，因此结构设计中以屈服强度作为钢材强度取值的依据。

③第三阶段（强化阶段）。

在钢材屈服到一定程度后，由于钢材内部组织中的晶格发生了畸变，阻止了塑性变形的进一步发展，钢材抵抗外力的能力提高。在应力－应变图上，曲线从点 $B_下$ 开始上升直至最高点 C，这一过程称为强化阶段。对应于最高点 C 的应力称为抗拉强度，用 σ_b 表示，它是钢材所承受的最大拉应力，是钢材抵抗断裂破坏能力的一个重要指标。

知识拓展

评价钢材使用可靠性的参数是强屈比。强屈比是指抗拉强度与屈服强度之比，即 σ_b/σ_s。强屈比越大，钢材受力超过屈服点工作时的可靠性越大，安全性越高。但是，强屈比太大，钢材强度的利用率偏低，浪费材料。

④第四阶段（颈缩阶段）。

在钢材达到 C 点后，塑性变形急剧增加，试件薄弱处的断面将显著减小，产生“颈缩”现象而断裂。

知识拓展

将拉断后试件拼合起来，测量出标距长度 L_1，L_1 与试件受力前的原标距 L_0 之差为塑性变形值即断后伸长率。断后伸长率与原标距 L_0 之比为伸长率 δ_n，按下式计算：

$$\delta_n=(L_1-L_0)/L_0\times100\%$$

式中　δ_n——伸长率；

L_0——试件原标距长度，mm；

L_1——断裂试件拼合后标距长度，mm。

伸长率代表了钢材塑性变形的能力，塑性变形在标距内的分布是不均匀的，伸长率最大的部位是颈缩处的变形，距离颈缩部位越远，伸长率越小。

（2）冲击性能。

冲击性能（冲击韧性）是指钢材抵抗冲击荷载破坏的能力。钢的化学成分及冶炼、加工质量都对冲击性能有明显的影响。除此以外，钢的冲击性能受温度的影响较大，冲击性能随温度的下降而减小；当降到一定温度范围时，冲击值急剧下降，从而可使钢材出现脆性断裂，这种性质称为钢的冷脆性，这时的温度称为脆性临界温度。脆性临界温度的数值越低，钢材的低温冲击性能越好。所以，在负温下使用的结构，应当选用脆性临界温度较使用温度低的钢材。

知识拓展

钢材因时效导致性能改变的程度称为钢材的时效敏感性，时效敏感性越大，钢材的冲击性能和塑性降低越明显。因此，对于承受动荷载的结构物，应选用时效敏感性较小的钢材。

(3)硬度性能。

钢材的硬度是钢材表面抵抗其他较硬物体压入产生局部变形的能力。硬度是衡量钢材软硬程度的一个指标。测定钢材硬度的方法，通常有布氏硬度、洛氏硬度和维氏硬度三种方法。通常，钢材的抗拉强度越高，其塑性变形抵抗力就越强，硬度就越高。

(4)疲劳性能。

受交变荷载反复作用时，钢材在应力远低于其屈服强度的情况下突然发生脆性断裂破坏的现象，称为疲劳破坏。疲劳破坏是在低应力状态下突然发生的，所以危害极大，往往造成灾难性的事故。钢材的疲劳极限与其抗拉强度有关，一般抗拉强度高，其疲劳极限也较高。

2. 工艺性能

钢材的工艺性能包括冷弯性能和焊接性能。

(1)冷弯性能。

冷弯性能(弯曲性能)是指钢材在常温下承受弯曲变形的能力。冷弯试验是通过检验试件经规定的弯曲程度后弯曲处拱面及两侧面有无裂纹起层、鳞落和断裂等情况进行评定的。

建筑上常把钢筋、钢板弯成要求的形状，因此要求钢材有较好的冷弯性能。钢材的冷弯试验是将钢材按规定弯曲角度和弯心直径进行弯曲，检查受弯部位的外拱面和两侧面，不发生裂纹、起层或断裂为合格。钢材的伸长率与冷弯性能都反映了钢材的塑性，而冷弯却反映钢材在局部变形下的塑性，它比伸长率更能反映钢材内部组织状态、内应力及杂质等缺陷。伸长率合格的钢材，其冷弯性能不一定合格。因此，凡是建筑结构用钢材，还必须满足冷弯性能。

(2)焊接性能。

焊接是各种型钢、钢板、钢筋的重要连接方式。焊接的质量取决于焊接工艺、焊接材料及钢材的焊接性能。

钢材的焊接性能(又称可焊性)，是指钢材在通常的焊接方法和工艺条件下获得良好焊接接头的性能。可焊性好的钢材焊接后不易形成裂纹、气孔、夹渣等缺陷，焊接接头牢固可靠，焊缝及其附近受热影响区的性能不低于母材的力学性能，特别是强度不低于原有钢材，硬脆倾向小。

钢材的可焊性主要取决于钢材的化学成分。一般含碳量越高，可焊性越低。特别是当硫含量较多时，会使焊口处产生热裂纹，严重降低焊接质量。

知识巩固

钢筋的性能可总结为：力学拉伸硬疲劳，工艺冷弯焊接性。

3. 化学成分对钢材性能的影响

钢材中除主要化学成分铁(Fe)外，还含有少量碳(C)、锰(Mn)、硅(Si)、硫(S)、磷(P)、氧(O)、氮(N)、钛(Ti)、镍(Ni)、铬(Cr)、铜(Cu)、钒(V)等元素，这些元素虽含量少，但对钢材的性能影响很大，如表 3-15 所示。

表 3-15　化学成分对钢材性能的影响

元素种类	对钢材性能的影响
碳(C)	碳是决定钢材性能的最重要元素。建筑钢材的含碳量≤0.8%，随着含碳量的增加，钢材的强度和硬度提高，塑性和韧性下降。含碳量超过 0.3%时钢材的可焊性显著降低。碳还增加了钢材的冷脆性和时效敏感性，降低抗大气锈蚀性
锰(Mn)	有益合金元素。锰能消减硫和氧引起的热脆性，使钢材的热加工性能改善，同时也可提高钢材强度。其含量为 1.0%～2.0%，可在保持钢材原有塑性和韧性条件下，较显著提高钢材的屈服强度、抗拉强度、硬度和耐磨性，消减热脆性，改善热加工性。但含量过高，将显著降低钢材的可焊性
硅(Si)	有益合金元素。当其含量<1.0%时，可提高钢材强度，对塑性和韧性影响不明显。但若硅的含量>1.0%，则会增加钢材的冷脆性，降低钢材的可焊性和冷加工性
硫(S)	有害杂质元素。其呈非金属硫化物夹杂物存在于钢中，降低钢材的各种机械性能。硫化物所造成的低熔点使钢材在焊接时易产生热裂纹，形成热脆现象，称为热脆性。硫使钢的可焊性、冲击韧性、耐疲劳性和抗腐蚀性等均降低
磷(P)	有害杂质元素。磷能提高钢的强度、硬度，但塑性、韧性降低，尤其是冷脆性增大，可焊性显著降低。磷也能提高钢的切削性能、耐磨性和抗蚀性
氧(O)	有害杂质元素。随着钢中氧含量增加，钢的塑性、韧性降低，耐腐蚀性、耐磨性降低，可焊性、冷冲压性、锻造加工性及切削加工性变差
氮(N)	有害杂质元素。由于氮的时效作用，使钢的硬度、强度提高，塑性和韧性降低，可焊性变差。对于普通低合金钢来说，时效现象是有害的，会加剧钢的时效敏感性和冷脆性
其他元素	钢材中还含有钛(Ti)、镍(Ni)、铬(Cr)、铜(Cu)、钒(V)等合金元素。钛可显著提高钢的强度，但会稍微降低塑性；还可减少时效倾向，改善焊接性能。镍能提高钢的强度、抗腐蚀性和韧性。铬能提高钢的淬透性、抗腐蚀稳定性和抗氧化性。铜对抗腐蚀有良好作用。钒能增强钢的抗磨损能力和延展性

(三)钢材的技术要求

建筑用钢材主要采用碳素结构钢、优质碳素结构钢和低合金高强度结构钢。常用的建筑钢材有钢结构用钢材、普通混凝土结构用钢材、预应力混凝土结构用钢材和建筑装饰用钢材等。以下主要介绍前三种建筑钢材。

1. 钢结构用钢材

钢结构用钢材主要包括热轧型钢、冷弯薄壁型钢、钢管和钢板等，它们都是采用碳素结构钢、优质碳素结构钢或低合金高强度结构钢生产加工而成。

(1)热轧型钢。

热轧型钢是用加热钢坯轧成的各种几何断面形状的型钢。常见的有工字钢、H 型钢、T 型钢、槽钢、等边角钢、不等边角钢等。热轧型钢的规格通常以反映其断面形状的主要轮廓尺寸来表示。常用的热轧型钢示意图如图 3-5 所示。

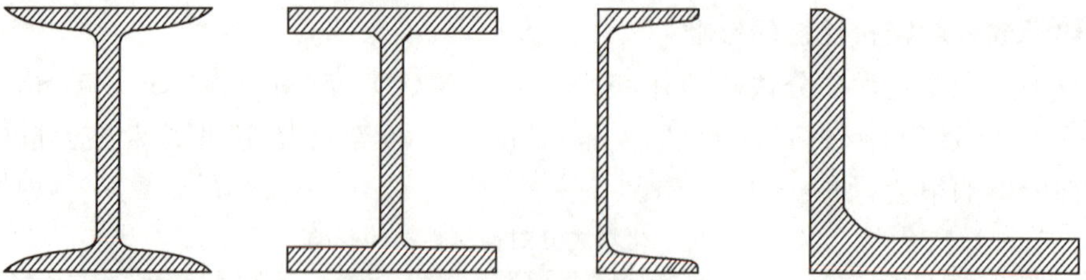

（a）工字钢　（b）H型钢　（c）槽钢　（d）角钢

图 3-5　热轧型钢示意图

热轧型钢由于截面形式合理，材料在截面上的分布对受力最为有利，且构件间连接方便，所以它是钢结构中采用的主要钢材。

知识拓展

热轧型钢的型号、规格表示如表 3-16 所示。

表 3-16　热轧型钢的型号、规格表示

类型	型号	规格
工字钢	以“I”和腰高的厘米数表示	腰高×腿宽×腰厚
槽钢	以“[”和腰高的厘米数表示	腰高×腿宽×腰厚
等边角钢	以“L”和边宽的厘米数表示	边宽×边宽×边厚
不等边角钢	以“L”和长边/短边厘米数表示	长边宽×短边宽×边厚

（2）冷弯薄壁型钢。

冷弯薄壁型钢是用钢板或钢带为坯料，在常温下用连续辊式冷弯机组弯曲成各种截面形状的型钢。冷弯薄壁型钢按产品截面形状分为冷弯圆形空心型钢、冷弯方形空心型钢、冷弯矩形空心型钢、冷弯异形空心型钢、等边角钢、不等边角钢、等边槽钢、不等边槽钢、内卷边槽钢、外卷边槽钢等。冷弯薄壁型钢具有截面经济合理，节省材料，产品表面光洁，尺寸精确等特点。冷弯薄壁型钢多用于轻型钢结构。

（3）钢管。

钢管是一种具有中空截面的钢材。按外形分为圆形和矩形，按生产工艺分为热轧无缝钢管、焊接钢管和冷弯钢管。由于钢管在相同截面积下，刚度较大，因而是中心受压杆的理想截面；流线型的表面使其承受风压小，用于高耸结构十分有利。在建筑结构上，钢管多用于制作网架（网壳）、桁架、塔桅等构件，也可用于制作钢管混凝土。

知识拓展

根据《钢管混凝土结构技术规范》，在钢管内填充混凝土构件，包括实心和空心钢管混凝土构件，截面可为圆形、矩形及多边形，称为钢管混凝土构件（CFST 构件）。采用钢管混凝土构件作为主要受力构件的结构，称为钢管混凝土结构（CFST 结构）。钢管中填满混凝土的构件，称为实心钢管混凝土构件（S-CFST 构件）。

承重结构的圆钢管可采用焊接圆钢管、热轧无缝钢管，不宜选用输送流体用的螺旋焊管；矩形钢管可采用焊接钢管，也可采用冷成型矩形钢管。直接承受动荷载或低温环境下的外露结构，不宜采用冷弯矩形钢管。多边形钢管可采用焊接钢管，也可采用冷成型多边形钢管。

(4)钢板。

钢板是指用钢水浇筑，冷却后压制而成的平板状钢材。钢板包括普通钢板、花纹钢板、建筑用压型钢板和彩色涂层钢板等。其中，建筑用压型钢板是指将涂层板或镀层板经辊压冷弯，沿板宽方向形成波形截面的成型钢板。压型钢板多用于屋面板、墙板、楼板、装饰板等。

钢板根据轧制温度又可分为热轧钢板和冷轧钢板两大类，热轧钢板可分为厚板和薄板；冷轧钢板仅有薄板。其中，厚板是指厚度大于 4 mm 的板，薄板是厚度不大于 4 mm 的板。在钢结构中，单块钢板一般较少使用，而是用几块板组合成工字形、箱形等结构形式来承受荷载。

2. 普通混凝土结构用钢材

普通混凝土结构用钢材主要有热轧钢筋和冷轧钢筋。

(1)热轧钢筋。

建筑工程中常用的热轧钢筋有热轧光圆钢筋和热轧带肋钢筋。主要用于钢筋混凝土结构和预应力混凝土结构的配筋。

①热轧光圆钢筋。

热轧光圆钢筋是指经热轧成型，横截面通常为圆形，表面光滑的成品钢筋。钢筋的公称直径范围为 6～22 mm，推荐的钢筋公称直径为 6 mm、8 mm、10 mm、12 mm、16 mm、20 mm。钢筋的下屈服强度 R_{eL}、抗拉强度 R_m、断后伸长率 A、最大力总伸长率 A_{gt} 等力学性能特征值应符合表 3-17 的规定。

表 3-17　热轧钢筋的技术要求

<table>
<tr><th rowspan="2">牌号</th><th>下屈服强度 R_{eL}/MPa</th><th>抗拉强度 R_m/MPa</th><th>断后伸长率 A/%</th><th>最大力总延伸率 A_{gt}/%</th><th rowspan="2">冷弯试验 180°</th></tr>
<tr><th colspan="4">不小于</th></tr>
<tr><td>HPB300</td><td>300</td><td>420</td><td>25</td><td>10.0</td><td>$d=a$</td></tr>
</table>

注：d——弯芯直径；a——钢筋公称直径。

热轧光圆钢筋强度较低，与混凝土的黏结强度也较低，但塑性好，伸长率高，易弯折成型和焊接，主要用于中小型混凝土结构，如板的受力钢筋、箍筋以及构造钢筋。

②热轧带肋钢筋。

热轧带肋钢筋是指经热轧成型，横截面通常为圆形，且表面带肋的混凝土结构用钢材。热扎带肋钢筋的公称直径范围为 6～50 mm。钢筋的下屈服强度 R_{eL}、抗拉强度 R_m、断后伸长率 A、最大力总伸长率 A_{gt} 等力学性能特征值应符合表 3-18 的规定。表 3-18 所列各力学性能特征值，除 R_{eL}^{o}/R_{eL} 可作为交货检验的最大保证值外，其他力学特征值可作为交货检验的最小保证值。

表 3-18　热轧钢筋的技术要求

<table>
<tr><th rowspan="2">牌号</th><th>下屈服强度 R_{eL}/MPa</th><th>抗拉强度 R_m/MPa</th><th>断后伸长率 A/%</th><th>最大力总延伸率 A_{gt}/%</th><th>R_m^o/R_{eL}^o</th><th>R_{eL}^o/R_{eL}</th></tr>
<tr><th colspan="5">不小于</th><th>不大于</th></tr>
<tr><td>HRB400
HRBF400</td><td rowspan="2">400</td><td rowspan="2">540</td><td>16</td><td>7.5</td><td>—</td><td>—</td></tr>
<tr><td>HRB400E
HRBF400E</td><td>—</td><td>9.0</td><td>1.25</td><td>1.30</td></tr>
</table>

（续表）

牌号	下屈服强度 R_{eL}/MPa	抗拉强度 R_m/MPa	断后伸长率 A/%	最大力总延伸率 A_{gt}/%	R^o_m/R^o_{eL}	R^o_{eL}/R_{eL}
	不小于					不大于
HRB500 HRBF500	500	630	15	7.5	—	—
HRB500E HRBF500E			—	9.0	1.25	1.30
HRB600	600	730	14	7.5	—	—

注：R^o_m 为钢筋实测抗拉强度；R^o_{eL} 为钢筋实测下屈服强度。

热轧带肋钢筋的强度高、塑性及可焊性好，与混凝土之间的握裹力大，共同工作性能较好，多用于混凝土结构的受力筋及预应力钢筋。

(2)冷轧钢筋。

冷轧钢筋主要是指冷轧带肋钢筋，其是指热轧圆盘条经冷轧后，在其表面带有沿长度方向均匀分布的横肋的钢筋。冷轧带肋钢筋按延性高低分为两类：冷轧带肋钢筋和高延性冷轧带肋钢筋。

冷轧带肋钢筋分为 CRB550、CRB600H、CRB650、CRB800、CRB800H 五个牌号。CRB550、CRB600H **为普通钢筋混凝土用钢筋**，CRB650、CRB800、CRB800H **为预应力混凝土用钢筋**。CRB550 钢筋的公称直径范围为 4～12 mm，CRB600H 钢筋的公称直径范围为 4～16 mm，CRB650 及以上牌号钢筋的公称直径为 4 mm、5 mm、6 mm。CRB600H 应为二面肋，CRB550、CRB650 应为三面肋。经供需双方协商，CRB800、CRB800H 准许采用其他外形。

温馨提示

C、R、B、H 分别为冷轧、带肋、钢筋、高延性四个词的英文首位字母；数字代表抗拉强度特征值。

冷轧带肋钢筋具有强度高、节约建筑钢材、降低工程造价、与混凝土之间的黏结锚固性能良好、伸长率较同类的冷加工钢筋大等优点，但与未冷拉前相比，其强屈比和塑性降低。

知识拓展

冷轧带肋钢筋属于冷加工钢筋的一种。除此之外，冷加工钢筋还包括冷拔低碳钢丝和冷拉热轧钢筋等。

①冷拔低碳钢丝。冷拔低碳钢丝是指低碳钢热轧圆盘条或热轧光圆钢筋经一次或多次冷拔制成的光圆钢丝，其牌号为 CDW550。冷拔低碳钢丝宜作为构造钢筋使用，作为结构构件中纵向受力钢筋使用时应采用钢丝焊接网。冷拔低碳钢丝不得作预应力钢筋使用。作为箍筋使用时，冷拔低碳钢丝的直径不宜小于 5 mm，间距不应大于 200 mm，构造应符合国家现行相关标准的有关规定。采用冷拔低碳钢丝的混凝土构件，混凝土强度等级不应低于 C20。CDW550 级冷拔低碳钢丝的直径可为：3 mm、4 mm、5 mm、6 mm、7 mm 和 8 mm。直径小于 5 mm 的钢丝焊接网不应作为混凝土结构中的受力钢筋使用；除钢筋混凝土排水管、环形混凝土电杆外，不应使用直径 3 mm 的冷拔低碳钢丝；除大直径的预应力混凝土桩外，不宜使用直径 8 mm 的冷拔低碳钢丝。冷拔低碳钢丝的母材可采用低碳钢热轧圆盘条或热轧光圆钢筋。

②冷拉热轧钢筋。热轧钢筋经过冷加工后，其屈服点提高，塑性、韧性降低，材料变脆，屈服阶段缩短。

3. 预应力混凝土结构用钢材

预应力混凝土结构用钢材除了普通配筋用热轧钢筋和冷轧钢筋外，其主要受力钢筋为钢丝或钢绞线。另外，预应力混凝土用热处理钢筋也是建筑工程中常用的一种预应力混凝土结构用钢材。

(1)预应力混凝土用钢丝。

预应力混凝土用钢丝是以优质碳素钢盘条制成的专用线材。钢丝按加工状态可分为冷拉钢丝(代号为 WCD)和消除应力钢丝两类。消除应力钢丝按松弛性能又分为低松弛级钢丝(代号为 WLR)和普通松弛级钢丝(代号为 WNR)。按外形分为光圆钢丝(代号为 P)、螺旋肋钢丝(代号为 H)、刻痕钢丝(代号为 I)。

(2)预应力混凝土用钢绞线。

预应力混凝土用钢绞线是由多根高强度钢丝捻制而成的绞合钢缆，并经消除应力处理(稳定化处理)。钢绞线按其表面形态可分为光面钢绞线、刻痕钢绞线、镀锌钢绞线、涂环氧树脂钢绞线、外包塑料套钢绞线等。

钢绞线具有强度高、松弛率小、与混凝土黏结好、断面面积大、使用根数少、在结构中排列布置方便、易于锚固等优点，主要用于大跨度、大荷载的预应力桥梁、屋架、薄腹梁等预应力混凝土结构或构件。

(3)预应力混凝土用热处理钢筋。

预应力混凝土用热处理钢筋是用热轧中碳低合金钢钢筋经淬火、回火调质处理工艺生产的回火索氏体钢筋。其具有强度高、预应力稳定、锚固性好、使用钢材少等优点，可用于预应力钢筋混凝土轨枕、预应力混凝土板、吊车梁等构件。

知识拓展

预应力钢丝与钢绞线均属于冷加工强化及热处理钢材，均具有松弛率小、柔韧性好等优点，适用于大跨度屋架、薄腹梁、吊车梁等大型构件。

(四)钢材的特性及应用

钢材具有组织均匀密实、强度硬度高、塑性韧性好等性能，能铸成各种形式的铸件，轧制成各种形状的钢材，能进行切割、焊接和铆接等各种形式的加工。其广泛应用于房屋、铁路、公路等钢结构和钢筋混凝土结构中，不仅适用于一般土建工程，更适用于大跨度结构和高层建筑。

五、砖和砌块的分类、特性及应用

(一)砖的分类、特性及应用

1. 砖的分类

砖是指建筑用的人造小型块材，外形主要为直角六面体，长、宽、高分别不超过 365 mm、240 mm 和 115 mm。

砖的分类如表 3-19 所示。

表 3-19　砖的分类

分类依据	类型
工艺	烧结砖、非烧结砖
尺寸和孔洞率	普通砖、多孔砖、空心砖
工艺及所用原材料	(1)烧结砖。烧结普通砖、烧结多孔砖、烧结空心砖。 (2)混凝土砖。混凝土实心砖、混凝土多孔砖、混凝土空心砖。 (3)蒸压砖。粉煤灰砖、炉渣砖、灰砂砖

知识拓展

普通砖也称标准砖(九五砖)，是指规格尺寸为 240 mm×115 mm×53 mm 的砖。实心砖是指无孔洞或孔洞率小于 25%的砖。多孔砖是指孔的尺寸小而数量多的砖。空心砖是指孔的尺寸大而数量少的砖。

2. 砖的特性及应用

常用烧结砖、混凝土砖、蒸压砖的特性及应用如表 3-20 所示。

表 3-20　常用烧结砖、混凝土砖、蒸压砖的特性及应用

类型		特性	应用
烧结砖	普通砖	按抗压强度分为MU30、MU25、MU20、MU15、MU10五个强度等级；其生产工艺简单，且具有稳定性好、强度高、绝热性好、透气性好、耐久性好等特性	常用作墙体材料，应用于砌筑建筑物的内墙、外墙、柱、拱、烟囱、沟道及基础等
	多孔砖	孔洞垂直于受压面，孔洞率不小于 25%，按抗压强度分为MU30、MU25、MU20、MU15、MU10五个强度等级；其具有稳定性好、不开裂、固定性强等特性	常用于 6 层以下建筑物的承重结构
	空心砖	孔洞垂直于顶面，平行于受压面和条面，孔洞率不小于 40%，按抗压强度分为MU10.0、MU7.5、MU5.0、MU3.5四个强度等级；其具有自重轻、强度不高等特性	用于非承重结构
混凝土砖	实心砖	其具有防火性能好、耐冲击性好、耐使用性好、抗老化性好等特性	多用于承重结构
	多孔砖	其具有强度高、保温效果好、耐久性好、收缩变形小等特性	常用于承重结构
	空心砖	其具有自重轻、防火、隔音、保温、抗渗、抗震等特性	仅可用于非承重结构
蒸压砖	灰砂砖	按抗压强度分为MU30、MU25、MU20、MU15、MU10五个强度等级；其具有强度高、抗冻性好、耐水性好等特性	主要用于工业与民用建筑的墙体和基础。不得用于长期受热 200 ℃以上、受急冷急热和有酸性介质侵蚀的建筑部位。当开孔方向与使用承载方向一致时，其孔洞率不宜超过 10%

（续表）

类型		特性	应用
蒸压砖	粉煤灰砖	按抗压强度和抗折强度分为MU30、MU25、MU20、MU15、MU10五个强度等级；除具有粉煤灰砖的特性外，其还具有轻质、保温、隔音、隔热等特性	可用于工业与民用建筑的墙体和基础，但用于基础或用于易受冻融和干湿交替作用的建筑部位必须使用MU15及以上强度的砖。不得用于长期受热200 ℃以上、受急冷急热和有酸性介质侵蚀的建筑部位
	炉渣砖	按抗压强度分为MU25、MU20、MU15三个强度等级；其具有节能、节土、保护环境、隔热、保湿、隔声等特性	主要用于一般建筑物的墙体和基础部位

知识拓展

砖的耐久性包括抗风化性、泛霜和石灰爆裂等指标。其中，泛霜和石灰爆裂均与砖中石灰夹杂有关。

（二）砌块的分类、特性及应用

1. 砌块的分类

砌块是指建筑用的人造块材，外形主要为直角六面体，主规格的长度、宽度和高度至少一项分别大于365 mm、240 mm和115 mm，且高度不大于长度或宽度的6倍，长度不超过高度的3倍。砌体外围尺寸大于砖类产品，可是实心，也可是空心。

砌块的分类如表3-21所示。

表3-21 砌块的分类

分类依据	类型
尺寸和质量的大小	(1)小型砌块。高度大于115 mm而小于380 mm的砌块。 (2)中型砌块。高度为380～980 mm的砌块。 (3)大型砌块。高度大于980 mm的砌块
外观形状	(1)实心砌块。空心率小于25%或无孔洞的砌块。 (2)空心砌块。空心率大于或等于25%的砌块
所用主要原料及生产工艺	(1)普通混凝土小型空心砌块。以水泥、矿物掺合料、砂、石、水等为原材料，经搅拌、压振成型、养护等工艺制成的主规格尺寸为390 mm×190 mm×190 mm的小型空心砌块。 (2)轻骨料混凝土小型空心砌块。以水泥、矿物掺合料、轻骨料(或部分轻骨料)、水等为原材料，经搅拌、压振成型、养护等工艺过程制成的主规格尺寸为390 mm×190 mm×190 mm的小型空心砌块。 (3)蒸压加气混凝土砌块。以硅质材料和钙质材料为主要原材料，掺加发气剂，经加水搅拌发泡、浇筑成型、预养切割、蒸压养护等工艺制成的含泡沫状孔的砌块

2. 砌块的特性及应用

常用砌块的特性及应用如表3-22所示。

表 3-22　常用砌块的特性及应用

类型	特性	应用
普通混凝土小型空心砌块	按抗压强度：承重砌块（L）分为 MU7.5、MU10.0、MU15.0、MU20.0、MU25.0 五个等级；非承重砌块(N)分为 MU5.0、MU7.5、MU10.0 三个等级。其孔洞设置在受压面，具有质量轻、生产简便、施工速度快、适用性强、造价低等特性	可用于承重结构和非承重结构。目前主要用于单层或者多层工业与民用建筑的内外墙
轻骨料混凝土小型空心砌块	按强度可分为 MU3.5、MU5.0、MU7.5、MU10.0、MU15.0 五个等级。其比普通混凝土小型空心砌块的密度小、热工性能好，但干缩值大，易产生裂缝	目前主要用于非承重的隔墙和围护墙
蒸压加气混凝土砌块	按抗压强度分为 A1.5(适用于建筑保温)、A2.0(适用于建筑保温)、A2.5、A3.5、A5.0 五个强度级别。其具有质量轻、隔热保温、抗震、防火等特性，但强度低、干缩值大	用于一般建筑物墙体，还用于多层建筑物的非承重墙及隔墙，也可用于低层建筑的承重墙，也可用于保温隔热

知识拓展

在没有采取有效措施的情况下，不应在下列部位或环境中使用轻骨料混凝土小型空心砌块或蒸压加气混凝土砌块砌体：建筑物防潮层以下墙体；长期浸水或化学侵蚀环境；砌体表面温度高于 80 ℃的部位；长期处于有振动源环境的墙体。

六、砂浆的分类、特性及应用

（一）砂浆的分类

砂浆是指以胶凝材料、细骨料、掺加料(可以是矿物掺合料、石灰膏、电石膏、黏土膏等一种或多种)和水等为主要原材料进行拌合，硬化后具有强度的工程材料。

知识拓展

选择胶凝材料时，在水中或潮湿环境中使用的砂浆必须选用水泥；在干燥环境中使用的砂浆，可选择水泥或石灰、石膏等。砌筑砂浆宜选用中砂；毛石砌体宜选用粗砂。掺加料是为了改善砂浆的和易性，但不影响砂浆强度。此外，为了改善砂浆的韧性，提高抗裂性，可加入适量的纤维。

砂浆的分类如表 3-23 所示。

表 3-23　砂浆的分类

分类依据	类型
所用胶凝材料	(1)水泥砂浆。以水泥、细骨料和水为主要原材料，也可根据需要加入矿物掺合料等配制而成的砂浆。 (2)石灰砂浆。以石灰膏、细骨料和水为主要原材料，也可根据需要加入矿物掺合料等配制而成的砂浆。 (3)水泥石灰混合砂浆。以水泥、细骨料和水为主要原材料，并加入石灰膏、电石膏、黏土膏中的一种或多种，也可根据需要加入矿物掺合料等配制而成的砂浆

（续表）

分类依据	类型
生产方式	(1)预拌砂浆。由专业生产厂生产的湿拌砂浆或干混砂浆。湿拌砂浆是指在搅拌站生产的、在规定时间内运送并使用、交付时处于拌合物状态的砂浆。干混砂浆是指在专业生产厂将干燥的原材料按比例混合，运至使用地点，交付后再加水(或配套组分)拌合使用的砂浆。 (2)现场拌制砂浆。在施工现场将水泥、细骨料、水及根据需要掺入的外加剂、掺合料等组分，按一定比例计量、拌制而成的拌合物
用途	(1)砌筑砂浆。将砖、石、砌块等块材黏结成砌体的砂浆。 (2)抹灰砂浆。将水泥、细骨料和水以及根据性能确定的其他组分按规定比例拌合在一起，配制成砂浆后，大面积涂抹于建筑的表面。 (3)防水砂浆。以水泥、细骨料为主要组分，以聚合物乳液或可再分散乳胶粉为改性剂，添加适量助剂混合制成的具有防水功能的砂浆。 (4)其他砂浆。如保温砂浆、特殊用途砂浆等

（二）砂浆的技术要求

1. 砂浆的强度及强度等级

砂浆的强度是用边长为 70.7 mm×70.7 mm×70.7 mm 的立方体试件，在标准养护条件下(温度为 20 ℃±2 ℃，相对湿度为 90%以上)，养护 28 d 所测抗压强度来确定。它主要决定于水泥的强度和水泥用量。

根据《砌筑砂浆配合比设计规程》，水泥砂浆及预拌砌筑砂浆的强度等级可分为M5、M7.5、M10、M15、M20、M25、M30；水泥混合砂浆的强度等级可分为M5、M7.5、M10、M15。水泥强度等级应根据砂浆品种及强度等级的要求进行选择。M15 及以下强度等级的砌筑砂浆宜选用 32.5 级的通用硅酸盐水泥或砌筑水泥；M15 以上强度等级的砌筑砂浆宜选用 42.5 级通用硅酸盐水泥。

2. 流动性

砂浆的流动性是指砂浆在自重或外力作用下流动的性质，又称稠度。稠度采用砂浆稠度测定仪来测定，以质量为 300 g±2 g 的标准试锥自由沉入砂浆中的深度来表示，单位为 mm，沉入深度越大，流动性越强。

砂浆应具有适当的流动性。若砂浆过稠，则不易均匀密实地铺平于砖、石表面；若过稀，则容易流淌，不易保证砂浆层的厚度，且强度较低，这都会影响砌体的质量。

知识拓展

影响砂浆稠度的因素有：胶凝材料、掺加料、外加剂的种类及数量；用水量；砂的形状、粗细及级配；砂浆的搅拌时间等。

3. 保水性

保水性是指新拌砂浆保存水分的能力，表示砂浆各组成材料是否容易分离的性质。砂浆的保水性可用分层度来表示，砂浆的分层度不得大于 30 mm。

保水性好的砂浆，在停放、运输和使用过程中，能很好地保持其中的水分不致很快流失或发生分层、离析，在砌筑过程中容易铺成均匀密实的砂浆层，能使胶凝材料正常水化，保证砌体有良好的质量。如果保水性不好，砂浆很容易泌水、分层、离析，甚至由于水分流失。而使流动性变差，不便于施工，同时也会削弱砂浆与砌体材料的黏结，影响砌体的质量。

4.稳定性

稳定性是指砂浆在运输及停放时，砂浆拌合物的浆料与骨料的分离情况。以分层度来衡量，它是反映砂浆拌合物因骨料下沉、水分上浮所造成上下层稠度变异的程度，也能间接反映砂浆的保水能力。

（三）砂浆的特性及应用

新拌砌筑砂浆具有良好的和易性，硬化后其耐久性较好，且具有一定的强度。砌筑砂浆可起到黏结、衬垫和传力作用，主要用于各种砌体的砌筑工程。

第二节　装饰材料的分类、特性及应用

一、饰面石材的分类、特性及应用 ★★★★

（一）饰面石材的分类

饰面石材是指有一定的装饰性能、物理化学性能、加工性能，可加工成一定规格尺寸的建筑材料的岩石。

饰面石材大致可分为天然饰面石材和人造饰面石材两大类，其具体分类如表 3-24 所示。

表 3-24　饰面石材的分类

名称	类型
天然饰面石材	(1)天然花岗石。花岗石是指以花岗岩为代表的一类装饰石材，包括各类以石英、长石为主要的组成矿物，并含有少量云母和暗色矿物的岩浆岩和花岗质的变质岩，如花岗岩、辉绿岩、辉长岩、玄武岩、橄榄岩等。从外观特征看，花岗石常呈整体均粒状结构，称为花岗结构。花岗岩板材按表面加工程度分为粗面板材、细面板材、镜面板材三类。 (2)天然大理石。天然大理石是用天然大理石荒料，经锯切、研磨、抛光后裁切为一定规格的板材。按其加工和外观质量分为优等品(A)、一等品(B)和合格品(C)三个等级。 (3)天然板石。板石也可称为板岩，主要由石英、绢云母和绿泥石族矿物组成，其主要化学成分是二氧化硅
人造饰面石材	(1)树脂型(聚酯型)人造石材。树脂型人造石材是以不饱和聚酯树脂为胶结剂，与天然大理碎石、石英砂、方解石、石粉或其他无机填料按一定的比例配合，再加入催化剂、固化剂、颜料等外加剂，经混合搅拌、固化成型、脱模烘干、表面抛光等工序加工而成。 (2)复合型人造石材。复合型人造石材采用的黏结剂中，既有无机材料，又有有机高分子材料。其制作工艺是：先用水泥、石粉等制成水泥砂浆的坯体，再将坯体浸于有机单体中，使其在一定条件下聚合而成。 (3)水泥型人造石材。水泥型人造石材是以各种水泥为胶结材料，砂、天然碎石粒为粗细骨料，经配制、搅拌、加压蒸养、磨光和抛光后制成的人造石材。配制过程中，混入色料，可制成彩色水泥石。 (4)烧结型人造石材。烧结型人造石材的生产方法与陶瓷工艺相似，是将长石、石英、辉绿石、方解石等粉料和赤铁矿粉，以及一定量的高龄土共同混合，一般配比为石粉 60%，黏土 40%，采用混浆法制备坯料，用半干压法成型，再在窑炉中以 1 000 ℃左右的高温焙烧而成

（二）饰面石材的特性及应用

饰面石材的特性及应用如表 3-25 所示。

表 3-25 饰面石材的特性及应用

类型		特性	应用
天然饰面石材	天然花岗石	构造致密、质地坚硬、强度高、耐磨、密度大、吸水率极低，为酸性硬石材。其耐酸、抗风化、耐久性好，使用年限长。**所含石英在高温下会发生晶变、体积膨胀而开裂、剥落，所以不耐火，但因此而适宜制作火烧板**	主要应用于大型公共建筑或装饰等级要求较高的室内外墙面、地面、柱面、栏杆、踏步等装饰。粗面和细面板材常用于室外，而镜面板材常用于室内外，特别是大厅的地面
	天然大理石	属变质岩，由石灰岩或白云岩变质而成。质地较密实、吸水率低、抗压强度较高、质地较软，属碱性中硬石材。天然大理石易加工，开光性好，常被制成抛光板材，其色调丰富、材质细腻、极富装饰性。耐磨性相对较差，耐酸腐蚀能力较差，抗风化性能较差（室外装饰较少使用）	一般用于宾馆、展览馆、剧院、商场、图书馆、机场、车站等工程的室内墙面、柱面、服务台、栏板、电梯间门口等上等装饰材料
	天然板石	劈分性能好、平整度好、色差小、黑度高、弯曲强度高；含钙铁硫量低，烧失量低，耐酸碱性能好，吸水率低，耐候性好	加工用作房瓦及铺设地面、壁面、装饰台阶、阳台等上等装饰材料
人造饰面石材	树脂型（聚酯型）人造石材	光泽度高、质地高雅、强度较高、耐水、耐污染、耐酸碱性能好、密度小、花色可设计性强，但耐老化性能差	多用于室内装饰
	复合型人造石材	结构紧实、强度大、抗压、耐用、不吸水、干缩小等；但受温差影响后聚酯面易产生剥落或开裂	可用于室内外装修
	水泥型人造石材	通常所用的水泥为硅酸盐水泥，现在也用铝酸盐水泥作黏结剂，用它制成的人造大理石具有表面光泽度高、花纹耐久、抗风化、耐火性、防潮性都优于一般的人造石材	可用于室内外各种台面、水槽、柱面等
	烧结型人造石材	装饰性好，性能稳定，但需经高温焙烧，因而能耗大，造价高	应用较少

二、建筑装饰陶瓷的分类、特性及应用 ☆☆☆☆

（一）建筑装饰陶瓷的分类

陶瓷通常是指以黏土为主要原料，经原料处理、成型、焙烧而成的无机非金属材料。陶瓷可分为陶和瓷两大部分，介于陶和瓷二者之间的产品称为炻（也称为半瓷或石胎瓷）。

陶瓷通常又各分为精（细）、粗两种。建筑装饰陶瓷一般属于精陶、炻和粗瓷类的制品。建筑装饰陶瓷通常是指用于建筑物内外墙面、地面及卫生洁具的陶瓷材料和制品，另外还有在园林或仿古建筑中使用的琉璃制品。

（二）建筑装饰陶瓷的特性及应用

建筑装饰陶瓷具有强度高、耐久性好、耐腐蚀、耐磨、防水、防火、易清洗以及花色品种多、装饰性好等优点，因此在建筑装饰工程中得到了广泛的应用。

建筑装饰陶瓷按其应用特性可分为釉面内墙砖、陶瓷墙地砖、陶瓷锦砖，其特性及应用如表 3-26 所示。

表 3-26　建筑装饰陶瓷的特性及应用

类型	特性	应用
釉面内墙砖（釉面砖）	釉面内墙砖由瓷土或优质陶土煅烧，其强度高，表面光亮、平整、易清洗、耐腐蚀、变形小、抗急冷急热、防火、防水。且表面细腻、色彩鲜艳和图案丰富，风格典雅，极富装饰性	主要用于要求耐污、耐腐蚀、耐清洗的场所或部位。但考虑到釉面砖吸水后易湿胀开裂，故不应用于室外
陶瓷墙地砖	陶瓷墙地砖为陶瓷外墙面砖和室内外陶瓷铺地砖的统称。陶瓷墙地砖具有强度高、致密坚实、耐磨、吸水率小、抗冻、耐污染、易清洗、耐腐蚀、耐急冷急热、防火、防水、经久耐用等特点	主要用于装饰等级要求较高的公用和民用建筑室外墙面、柱面及室内、外地面
陶瓷锦砖（马赛克）	陶瓷锦砖表面分无釉与有釉，其具有色彩多样，组合图案丰富，质地坚硬，抗冻、抗渗、耐腐蚀、防火、防水、防滑、耐磨、易清洗、造价低等特点	主要用于室内地面铺装

知识拓展

除上述三种陶瓷外，常用的建筑装饰陶瓷还有瓷质砖。瓷质砖具有天然石材的质感，而且更具有高抗污性、高硬度、高光性、高耐磨、吸水率低（不超过 0.5%）、色差小、规格多样化及色彩丰富的优点，是卫浴间常用的墙面和地面材料。当装饰在建筑外墙时有隔声、隔热的作用。瓷质砖接近且可替代天然饰面石材，可用于室内和室外装饰。

三、建筑木材的分类、特性及应用 ✪

（一）建筑木材的分类

木材是天然生长的有机高分子材料。根据树叶的外观形状，木材可分为针叶树和阔叶树两大类。按用途和加工程度的不同，木材可分为原条、原木、枋材和板材（包括人造板材）四类。

（二）建筑木材的特性及影响因素

1. 木材的特性

木材具有轻质高强、韧性和弹性好、导热系数小、装饰性好、耐久性好、易于加工等特性。

木材在力学性能方面有明显的方向性，在顺纹方向的抗拉强度最高，抗弯强度次之，抗压强度最小。

2. 影响木材物理力学性质和应用的最主要因素

影响木材物理力学性质和应用的最主要因素是纤维饱和点和平衡含水率。

纤维饱和点是指当潮湿的木材蒸发水分时，首先蒸发的是自由水，当自由水蒸发完毕而吸附水尚在饱和状态时的含水率称为纤维饱和点。木材的纤维饱和点随树种的不同有差异，一般为 25%～35%。纤维饱和点是所有木材物理性能变异的转折点，对木材的强度、胀缩变化有很大影响。当木材的含水率在纤维饱和点以上变化时，仅仅是自由水的变化，对木材强度没有影响。当含水率在纤维饱和点以下变化时，随着含水率的降低，即吸附水减少，细胞壁趋于紧密，木材强度提高；反之，木材强度将降低。试验表明，木材含水率的变化对其抗弯和顺纹抗压强度影响较大，对顺纹抗剪强度影响较少，而对顺纹抗拉强度几乎没有影响。

平衡含水率是指木材吸湿或解吸过程达到与周围空气相平衡时的木材含水率，即薄小木材在一定空气状态下最后达到的吸湿稳定含水率或解吸稳定含水率。木材平衡含水率随树种的差异很小，生产上并不考虑。其在加工利用上很有实用意义，有效控制该指标可避免木材在使用过程中发生开裂或变形。

木材的干缩和湿胀也是影响木材物理力学性质和应用的因素。木材出现干缩和湿胀的现象都是当木材的含水率在纤维饱和点以下时发生的。当细胞腔的自由水减少时，木材的尺寸不随着改变。当细胞壁的吸附水减少时，木材的尺寸就随着减小。因为细胞壁内的微纤维之间及微胶粒之间具有的空隙在吸着水排除后而缩小，使细胞壁的厚度变薄，所以木材就产生了干缩现象。当木材的含水率很低或达到近似绝干的程度时，木材会从空气中吸收水分，这些水分基本吸着（吸附）在细胞壁上，使细胞壁加厚，木材就产生了湿胀现象。

其他因素如环境温度的变化、负荷持续时间、木材的天然疵病等，均将对木材的强度构成影响。

（三）建筑木材的特点及应用

在建筑工程中，应根据木材的树种、质量等级、材质情况等合理选用木材，且应遵循“大材不小用，好材不零用”的原则。常用的木材制品有木地板、木线条、人造板材等。

1. 木地板

木地板具有自重轻，弹性好，脚感舒适，导热性小，故冬暖夏凉，且易于清洁等特点。木地板被公认为优良的室内地面装饰材料，适用于办公室、会议室、住宅等场所。

目前常用的木地板有实木地板、实木复合地板、浸渍纸层压板饰面多层实木复合地板、浸渍纸层压木质地板（强化木地板）、抗静电木质活动地板等品种。

2. 木线条

建筑室内采用木线条装饰，可增添古朴、高雅、亲切的美感，主要用于建筑物室内的墙、洞口、门框装饰线及高级家具的镶边等。

3. 人造板材

人造板材主要包括胶合板、纤维板、刨花板、表面装饰板及抗菌防霉木质装饰板等产品。以下主要介绍前三种板材的特点及应用。

(1)胶合板提高了木材的利用率，并且材质均匀，强度高，吸湿变形小，不翘曲开裂，板面具有美丽的木纹，装饰性好。其可用于室内隔墙、顶棚板、门面板、家具等装修。

(2)纤维板具有材质均匀、纵横强度差小、不易开裂等优点。但纤维板的背面有网纹，造成板材两面表面积不等，吸湿后因产生膨胀力差异而使板材翘曲变形；硬质板材表面坚硬，耐水性差；干法纤维虽然避免了某些缺点，但成本较高。硬质纤维板适用于室内墙壁、门窗、家具及车船等装修；中密度板结构均匀，密度和强度适中，有较好的再加工性，产品厚度范围较宽，具有多种用途，如家具、装修等用板材。

(3)刨花板具有良好的绝热、吸声性能；表面平整，纹理逼真，密度均匀，厚度误差小，耐污染，耐老化，美观，可进行各种贴面。普通刨花板的成本较低，常用作芯材；饰面刨花板花纹美观、材质均匀，常用在室内装修、家具制作等。

知识拓展

在家具、门窗、隔断、假墙、门套等室内装修中还会用到细木工板，又称胶板夹合板。该板材构造均匀、尺寸稳定、幅面较大、厚度较大，吸声、绝热性能好，易加工。

四、建筑玻璃的分类、特性及应用 ★★★

（一）建筑玻璃的分类

玻璃是现代建筑十分重要的室内外装饰材料之一。玻璃是以石英砂、纯碱、石灰石、长石等为主要原料，经 1 550～1 600 ℃高温熔融、成型、冷却并裁割而得到的有透光性的固体材料。

建筑玻璃按其功能和用途，大致可分为平板玻璃、安全玻璃、装饰玻璃和节能玻璃，具体分类如表 3-27 所示。

表 3-27　建筑玻璃的分类

名称	类型
平板玻璃	(1)按其颜色属性，可分为无色透明平板玻璃、本体着色平板玻璃。 (2)按外观质量要求，可分为普通级平板玻璃、优质加工级平板玻璃。 (3)按其厚度规格，可分为2 mm、3 mm、4 mm、5 mm、6 mm、8 mm、10 mm、12 mm、15 mm、19 mm、22 mm、25 mm 共十二种规格
安全玻璃	钢化玻璃、夹层玻璃、防弹玻璃、防盗玻璃、防火玻璃等
装饰玻璃	釉面玻璃、刻花玻璃、压花玻璃(花纹玻璃或滚花玻璃)、乳花玻璃、冰花玻璃、喷花玻璃(胶花玻璃)、彩色平板玻璃(有色玻璃或饰面玻璃)等
节能玻璃	中空玻璃、真空玻璃、镀膜玻璃、热反射玻璃、低辐射玻璃、着色吸热玻璃、光致变色玻璃等

知识拓展

钢化玻璃其实是一种预应力玻璃，为提高玻璃的强度，通常使用化学或物理的方法，在玻璃表面上形成一个压应力层（内部处于拉应力状态，内外拉压应力处于平衡状态），玻璃承受外力时首先抵消表层应力，从而提高了承载能力，增强玻璃自身抗风压性、寒暑性、冲击性等。

（二）建筑玻璃的特性及应用

1. 平板玻璃

平板玻璃是典型的脆性材料，其抗拉强度远小于抗压强度，硬度高，耐磨性好，化学稳定性好，耐化学腐蚀性好，通常情况下，对酸、碱、盐及化学试剂和气体有较强的抵抗能力，但长期遭受侵蚀性介质的作用也能导致其质变和破坏；透视、透光性能好，具有一定的保温性能；隔声；尺寸稳定性好，但受急冷急热时易发生爆裂。

不同厚度的平板玻璃应用有所不同，一般情况下，3～5 mm 的平板玻璃可用于有框门窗的采光，8～12 mm 的平板玻璃可用于隔断、橱窗、无框门。此外，平板玻璃可作为中空玻璃、钢化玻璃以及其他深加工玻璃的原片。

2. 安全玻璃

安全玻璃的特性及应用如表 3-28 所示。

表 3-28　安全玻璃的特性及应用

名称	特性	应用
钢化玻璃	热稳定性好，机械强度高，弹性好，碎后不易伤人，可发生自爆。钢化后的玻璃不能再进行切割、加工，只能在钢化前就对玻璃进行加工至需要的形状，再进行钢化处理	常用作建筑物的门窗、隔墙、幕墙、橱窗、家具以及电话亭、车、船、设备等的门窗、观察孔等
夹层玻璃	防紫外线、耐热、耐寒、耐湿；透明度好；隔声；抗冲击性高（相较于一般玻璃高好几倍），玻璃即使碎裂，碎片也会被黏在薄膜上，破碎的玻璃表面仍保持整洁光滑；不能切割，需要选用定型产品或按尺寸定制	主要用作高层建筑的天窗、门窗、楼梯栏板以及对抗冲击性有要求的安全性能高的场所或部位等
防弹玻璃	防子弹、防紫外线、透光、隔音	主要用于价值高的场所的柜台等部位
防盗玻璃	结构新颖、整洁美观；安全性好；节能隔音；隔热保温；防紫外线	
防火玻璃	优越的防火性能、强度高、安全性好、耐候性高、使用时不能切割	主要用于有防火隔热要求的建筑幕墙、隔断等构造部位
防碎玻璃	良好的安全性和防火性；具有一定的防盗抢性；可以切割，为了防止玻璃产生“锈裂”，应对断口处裸露的金属丝做防锈处理	可用于建筑物的采光屋顶、天窗、阳台以及需要有防盗抢功能的柜台的遮挡部位

3. 节能玻璃

节能玻璃的特性及应用如表 3-29 所示。

表 3-29　节能玻璃的特性及应用

名称	分类	特性	应用
中空玻璃	—	良好的**保温隔热、隔声性能**；光学性能好；降低能耗；防结露	主要用于保温隔热、隔声等功能要求较高的建筑物，也广泛用于车船等交通工具
真空玻璃	1 类（传热系数≤1.0）	比中空玻璃有更好的**隔热保温、隔声性能**	应用广泛。不受环境气压的影响，适用于各种海拔地区；同时，应用于建筑物的各个位置都能保持其优异的性能不变，不存在中空玻璃平放时气体对流加大导致性能降低的问题
	2 类（1.0＜传热系数≤2.0）		
	3 类（2.0＜传热系数≤2.8）		
镀膜玻璃	阳光控制镀膜玻璃（热反射玻璃）	良好的隔热性，避免“暖房效应”；单向透视性和映像功能；良好的节能和装饰效果；使用面积过大会造成光污染。单面镀膜玻璃在安装时，应将膜层面向室内	主要用作对阳光有控制要求的建筑幕墙、外门窗等部位，还可用于制作高性能中空玻璃
	低辐射镀膜玻璃（低辐射玻璃、Low-E）	对可见光有较高的透过率；有效阻挡阳光中的热射线和室内物体所辐射的热射线；优异的隔热、保温性能。其常与普通平板玻璃、钢化玻璃等配合，制成高性能的中空玻璃	适用于对阳光辐射有控制要求的建筑幕墙、外门窗等部位

（续表）

名称	分类	特性	应用
着色吸热玻璃	—	有效吸收太阳的辐射，产生“冷室效应”，即蔽热节能；避免眩光、改善室内色泽；防紫外线；色泽鲜丽	对采光及隔热均有要求的部位。多用作建筑物的门窗或玻璃幕墙
光致变色玻璃	—	玻璃的颜色和透光度随日照强度自动变化	一般用于建筑物门窗、幕墙等

五、装饰塑料的分类、特性及应用

（一）装饰塑料的分类

塑料是以合成树脂为主要组成材料，再按一定比例加入填充料、增塑剂、固化剂、着色剂及其他助剂等，在一定条件下经混炼、塑化成型，在常温常压下能保持产品形状不变的材料。

塑料的品种很多，按照受热后塑料的变化情况，可分为热塑性塑料，如聚氯乙烯等；热固性塑料，如环氧树脂、酚醛树脂等。建筑装饰常用的塑料制品有塑料地板、塑料型材、塑料管材、塑料扣板、塑料壁纸等。

（二）装饰塑料的特性及应用

1. 塑料地板

塑料地板的装饰效果好，其品种、花样、图案、色彩、质地、形状的多样化，能满足不同人群的爱好和各种用途的需要，如模仿天然材料，十分逼真。塑料地板兼具多种功能，如足感舒适，有暖感，能隔热、隔声、隔潮。塑料地板施工铺设方便，易于保养，易清洗，耐磨性好且使用寿命长。主要应用于图书馆、办公室、会议室、电子计算机房以及有防腐要求的建筑地面工程。

2. 塑料型材

塑料型材主要有塑料门窗用型材和墙角用护角条等。其中，塑料门窗具有良好的隔热性能、水密性、气密性，装饰效果好，施工方便，隔声。

3. 塑料管材

常用的塑料管材的特性及应用如表 3-30 所示。

表 3-30 塑料管材的特性及应用

名称	优点	缺点	应用
氯化聚氯乙烯(PVC-C)管	高温机械强度高，适于受压的场合。使用温度高达 90 ℃左右，寿命可达 50 年。阻燃性好、耐热性好、导热性能低，管道热损少；安装附件少，安装费用低	使用的胶水有毒性	主要应用于冷热水管、消防水管系统、工业管道系统，一般不用于饮用水管道系统
硬聚氯乙烯(PVC-U)管	无毒、无污染、耐腐蚀。使用温度不大于 40 ℃，故为冷水管。抗老化性能好，经久耐用，难燃	抗冻及耐热性能差，与铸铁管、钢管相比，PVC-U 排水管存在承受压力低、抗冲击性能弱的缺点	主要用于给水管道(非饮用水)、排水管道、雨水管道和穿线管

（续表）

名称	优点	缺点	应用
无规共聚聚丙烯(PP-R)管	耐热性能好，保温性能好，膨胀力小，耐腐蚀性好，不会滋生细菌，无电化学腐蚀，不会生锈，使用寿命长(50年以上)	抗紫外线能力差，在阳光的长期照射下易老化；属于可燃材料，不得用于消防给水系统	主要应用于饮用水管、冷热水管
交联聚乙烯(PE-X)管	无毒、卫生、透明、耐热、耐压、耐化学腐蚀、绝缘好、使用寿命可达50年	不能抗紫外线，有折弯记忆性，不可热熔连接，热蠕动性小，低温抗脆性较差	主要用于地板辐射供暖系统的盘管，可用于饮用水、冷热水及其他液体的输送
丁烯(PB)管	有较高的强度，韧性好、无毒。其长期工作水温为90 ℃左右，最高使用温度可达110 ℃	易燃、热胀系数大、价格高	应用于地板辐射供暖系统的盘管、饮用水、冷热水管

4. 塑料扣板

塑料扣板具有质量轻、防潮湿、隔热保温、不易燃烧、不吸尘、易清洁、可涂饰、易安装、价格低等优点。其特别适用于厨房、卫生间的吊顶装饰。

5. 塑料壁纸

塑料壁纸有一定的伸缩性和耐裂强度，装饰效果好，性能优越，使用寿命较长，易维修、保养，粘贴方便。塑料壁纸的宽度一般为530 mm和900～1 000 mm，前者每卷长度为10 m，后者每卷长度为50 m。塑料壁纸广泛用于室内墙面、顶棚、梁、柱等处的装饰。

六、装饰涂料的分类、特性及应用 ★★★

（一）装饰涂料的分类

涂敷于物体表面能与基体材料很好黏结并形成完整而坚韧的保护膜的材料称为涂料。装饰涂料是一种常见的建筑装饰材料，它简便、经济且维修重涂方便，涂装在材料表面，不仅可以使建筑物内外整洁美观，而且保护被涂覆的建筑材料，延长其使用寿命。

涂料基本上由主要成膜物质(胶黏剂或固着剂)、次要成膜物质(主要是指涂料中所用的颜料和填料)和辅助成膜物质(主要包括溶剂和催干剂、增塑剂、固化剂、乳化剂、稳定剂、紫外线吸收剂等辅助材料)组成。主要成膜物质分为油料和树脂两类；次要成膜物质中常用的填料有碳酸钙、硫酸钡、滑石粉等；辅助成膜物质中常用的溶剂有汽油、丙酮、苯等。

涂料的分类如表3-31所示。

表3-31 涂料的分类

分类依据	类型
涂层使用的部位	(1)外墙涂料。丙烯酸酯系外墙涂料、聚氨酯系外墙涂料、合成树脂乳液砂壁状涂料、苯乙烯-丙烯酸酯乳液涂料等。 (2)内墙涂料。聚醋酸乙烯乳液涂料、聚乙烯醇水玻璃涂料、多彩涂料、醋酸乙烯-丙烯酸酯有光乳液涂料等。 (3)地面涂料。酚醛树脂地板漆、聚氨酯漆、钙脂地板漆等用于木质地板的涂料；聚氨酯地面涂料、过氯乙烯地面涂料、环氧树脂厚质地面涂料等用于地面装饰的涂料等

（续表）

分类依据	类型
主要成膜物质	无机涂料、有机高分子涂料、有机无机复合涂料
所使用的稀释剂	溶剂型涂料（以有机溶剂作为稀释剂）、水溶型涂料（以水作为稀释剂）
使用功能	防火涂料、防水涂料、防霉涂料、防结露涂料等

（二）装饰涂料的特性及应用

以下内容主要介绍外墙涂料、内墙涂料、地面涂料的特性及应用。

1. 外墙涂料的特征及应用

外墙涂料主要是装饰和保护建筑物的外墙面，使建筑物外貌整洁美观，从而达到美化城市环境的目的，同时能够起到保护建筑物外墙壁的作用，延长使用时间，从而获得良好的装饰和保护效果。

由于建筑外墙长期处于风吹、日晒、雨淋的恶劣环境中，所以外墙涂料必须具有足够好的耐水性、耐候性、耐沾污性（耐污染性）和耐冻融性，才能保证外墙体有较好的装饰性效果和耐久性。此外，还要求外墙涂料施工及维修时均应操作方便。

2. 内墙涂料的特征及应用

内墙涂料是用于建筑物室内装修的涂料的总称。内墙涂料就是一般装修用的乳胶漆。乳胶漆以水为稀释剂，是一种施工方便、安全、耐水洗、透气性好的涂料，它可根据不同的配色方案调配出不同的色泽。

内墙涂料应具有良好的耐碱性、耐水性、抗粉化性，色彩丰富，质感好，透气性好，施工方便，易于重涂等。

3. 地面涂料

地面涂料主要是用于装饰和保护室内地面。地面涂料应具有良好的耐磨性、耐碱性、耐水性、抗冲击性，涂膜与水泥混凝土等基层材料的黏结力强，施工方便，易于重涂。

七、装饰金属材料的分类、特性及应用 ✪

（一）装饰金属材料的分类

金属材料具有独特的光泽与颜色，作为建筑装饰材料，其庄重华贵、经久耐用，优于其他各类建筑装饰材料。装饰金属材料主要有铝与铝合金制品、钢材制品及铜制品等。

（二）装饰金属材料的特性及应用

1. 铝与铝合金制品

固态铝塑性很好，易加工成各种管材、板材、薄壁空腹型材。铝的抛光面对白光反射率达 80%，对紫外线、红外线也有较强的反射能力。在铝中添加镁、锰、硅、铜、锌等元素组成铝合金，可使其机械强度大大提高，并保持质轻的优点。铝合金还可以进行阳极氧化和电解着色，使表面获得良好的装饰效果。

铝与铝合金在建筑装饰工程中得到广泛应用，除门窗大量采用铝合金外，外墙贴面、外墙装饰、室内装饰、建筑回廊等也大量采用铝合金制品。

2. 钢材制品

装饰用钢材制品的特性及应用如表 3-32 所示。

表 3-32　装饰用钢材制品的特性及应用

名称	特性	应用
彩色涂层钢板及钢带	强度高、刚性好、耐腐蚀、耐低温、耐湿热、可加工性好、涂层黏着力好	常用于建筑物的屋面板、外墙板，室内的吊顶板、护壁板，以及有耐腐蚀要求的设备等
彩色涂层压型钢板	质轻、强度高、色泽丰富、施工方便快捷、抗震、防火、防雨、寿命长、免维修等	常用于建筑物的屋面、外墙、吊顶，也可用于制作夹心保温板材
建筑用轻钢龙骨	质轻、强度高、防水、防震、防尘、隔音、吸音、恒温等	适用于多种建筑物屋顶的造型装饰、建筑物的内外墙体及棚架式吊顶的基础材料
不锈钢板及型材	表面光洁，有较高的塑性、韧性和机械强度，不易生锈，耐酸、碱性气体、溶液和其他介质的腐蚀	适用于建筑室内外的墙体、梁、柱、顶棚及家具等部位的装饰

知识拓展

型号 YX75—230—690 的彩色涂层压型钢板表示压型钢板的波高是 75 mm，波距是 230 mm，有效覆盖宽度是 690 mm。

第三节　功能材料的分类、特性及应用

一、防水材料的分类、特性及应用 ★★★

（一）防水材料的分类

防水材料是防止水透过建筑物或构筑物结构层而使用的一种建筑材料，常用的防水材料有四类，即防水卷材、防水涂料、刚性防水材料、建筑密封材料。具体分类如表 3-33 所示。

表 3-33　防水材料的分类

名称	类型
防水卷材	(1)高聚物改性沥青防水卷材。高聚物改性沥青防水卷材(聚合物改性沥青防水卷材)是以合成高分子聚合物改性沥青为涂盖材料，以玻璃纤维或聚酯无纺布为胎基制成的柔性防水卷材。常用的有 SBS 改性沥青防水卷材、APP 改性沥青防水卷材和沥青复合胎柔性防水卷材。 (2)合成高分子防水卷材。合成高分子防水卷材是以合成橡胶、合成树脂或两者的共混体为基料，加入适量的化学助剂和填充料等，经不同工序(混炼、压延或挤压等)加工而成的可弯曲的片状防水材料。常用的有三元乙丙(EPDM)橡胶防水卷材、聚氯乙烯(PVC)防水卷材、氯化聚乙烯(CPE)防水卷材和氯化聚乙烯-橡胶共混型防水卷材
防水涂料	(1)按液态类型可分为溶剂型防水涂料、水乳型防水涂料和反应型防水涂料。 (2)按成膜物质的主要成分可分为高聚物改性沥青防水涂料、合成高分子防水涂料。高聚物改性沥青防水涂料是指以石油沥青为基料，用高分子聚合物进行改性，配置成的水乳型或溶剂型防水涂料。合成高分子防水涂料是指以合成橡胶或合成树脂为主要成膜物质，配置成的单组分或多组分防水涂料
刚性防水材料	防水混凝土、防水砂浆

（续表）

名称	类型
建筑密封材料	(1)定型密封材料。如压条、密封条、密封带、密封垫等。常用的密封带、密封条有止水带、遇水膨胀橡胶等。 (2)不定型密封材料。如嵌缝膏、密封膏、密封胶等。常用的密封膏、密封胶有沥青嵌缝油膏、丙烯酸类密封胶、聚氨酯密封胶、聚硫密封胶、硅酮密封胶、聚氯乙烯接缝膏和塑料油膏等

（二）防水材料的特性及应用

1. 防水卷材

防水卷材作为柔性防水材料，主要用于建(构)筑物迎水面的外包防水。防水卷材的特性及应用如表3-34所示。

表3-34　防水卷材的特性及应用

类别	名称	特性	应用
高聚物改性沥青防水卷材	SBS改性沥青防水卷材	弹性好、不透水性强，抗拉强度高，延伸率大，低温柔韧性好，施工方便	常用于防水、防潮工程，尤其适用于结构变形频繁地区和寒冷地区的建筑工程防水，一般用热熔法施工
	APP改性沥青防水卷材	塑性好，不透水性强，抗拉强度高，延伸率大，耐高温性能好，施工方便	常用于防水、防潮工程，尤其适用于高温或有强烈太阳辐射地区的建筑工程防水，一般用冷粘法或自粘法施工
	沥青复合胎柔性防水卷材	抗拉强度高，延伸率大，低温柔韧性好，黏结性好，施工方便	适用于建筑的地下室、卫生间、屋面等部位的防水、防潮，也可用于蓄水池、停车场、桥梁、隧道等建筑物的防水
合成高分子防水卷材	三元乙丙(EPDM)橡胶防水卷材	抗老化性能好、质量轻、使用温度范围宽，耐候性好，抗拉强度高，耐臭氧性、耐酸碱腐蚀性和耐热性好，扯断伸长率大，对基层变形适应性强	适用于对防水要求高、耐久年限长的建筑工程的防水，一般采用冷粘法或自粘法施工
	聚氯乙烯(PVC)防水卷材	拉伸强度高，伸长率好，热尺寸变化率小(尺寸稳定性较好)，同时具有良好的耐老化、耐热性、耐化学腐蚀性、耐细菌性等	适用于各类工业与民用建筑的屋面防水工程，水库、堤坝、水渠等防水抗渗工程
	氯化聚乙烯(CPE)防水卷材	具有优良的耐候性、耐低温性能及电气性能，耐臭氧性，耐化学药品性，耐油性，阻燃性，良好的加工流动性等	适用于各类建筑的屋面、地下、地下室卫生间的防水防潮工程，以及水利、冶金、化工、环保、采矿业的防水防渗工程
	氯化聚乙烯-橡胶共混型防水卷材	抗拉强度高，优良的高弹性、高延伸性、低温柔性、耐臭氧性、耐老化性能	适用于结构变形较大地区和寒冷地区的建筑工程防水

2. 防水涂料

防水涂料固化成膜后具有良好的防水性能,特别适合于各种复杂、不规则部位的防水,能形成无接缝的完整防水膜。防水涂料广泛应用于工业与民用建筑的屋面、地下室、桥涵及地面等防水、防潮、防渗工程。

高聚物改性沥青防水涂料的柔韧性、抗裂性、拉伸强度、耐高低温性能、使用寿命等方面比沥青类涂料有很大的改善。可在常温下施工,无毒、无污染;能在潮湿基层施工,对混凝土、木材、石棉板都有优异的黏结性;低温延伸性较好,能良好地适应基层变形,确保工程防水质量;耐高温、耐腐蚀、耐老化。高聚物改性沥青防水涂料适用于建筑物的屋面、地面、地下室、卫生间及路桥、隧道等防水工程。

合成高分子防水涂料的强度高、延伸性大、柔韧性好、耐高低温性好;耐水、酸、碱、盐和抗紫外线能力强,高弹性,高耐久性,使用寿命长;施工方便等。合成高分子防水涂料适用于建筑物的屋面、地下室、水池、卫生间及路桥、隧道等防水工程。

3. 刚性防水材料

刚性防水材料通常指防水混凝土与防水砂浆。

防水混凝土的成本低,耐久性好,渗水时易于检查,节约材料,便于修补。防水混凝土适用于一般工业、民用及公共建筑的地下防水工程。适用环境温度不得高于 80 ℃。

防水砂浆的造价便宜,操作方便,易于修补。防水砂浆可用于地下工程主体结构的迎水面或背水面,不应用于受持续振动或温度高于 80 ℃的地下工程防水。

4. 建筑密封材料

建筑密封材料应具有一定的强度和良好的黏结性、弹塑性和耐老化性,在接缝发生震动或变形时,所填充的密封材料应能牢固黏结,不断、不裂,保持不透水、不透气,并有较长的使用寿命。密封材料应用于建筑上的各种接缝或裂缝、变形缝(沉降缝、伸缩缝、抗震缝),以保持水密、气密性能。

建筑密封材料的特性及应用如表 3-35 所示。

表 3-35 建筑密封材料的特性及应用

类别	名称	特性	应用
定型密封材料	止水带	具有良好的弹性,耐磨性、耐老化性和抗撕裂性能,适应变形能力强、防水性能好	主要用于建筑工程、地下设施、隧道等工程的变形缝、施工缝的密封
	遇水膨胀橡胶	具有浸水膨胀,“以水止水”的效果;膨胀速度慢,耐久性强,安装施工方便,无毒无污染	主要用于各种隧道、顶管、人防等地下工程、基础工程的接缝、防水密封和船舶、机车等工业设备的防水密封等
不定型密封材料	沥青嵌缝油膏	具有良好的黏结性、耐热性和低温柔性,适用于冷施工	主要用作屋面、墙面、沟和槽的防水嵌缝材料
	丙烯酸类密封胶	黏结力强,具有很好的弹性,能适应一般伸缩变形的需要;耐候性好,耐水、耐酸碱性差	主要用于屋面、墙板、门窗嵌缝。但不宜用于**广场、公路、桥面等的接缝**中,也不宜用于水池、污水厂、灌溉系统、堤坝等水下接缝中

（续表）

类别	名称	特性	应用
不定型密封材料	聚氨酯密封胶	具有优良的耐磨性和低温柔性，性能可调节范围较广，拉伸强度高，黏结性好，弹性好，复原性优良，耐候性、耐油性能优良，但耐水性差，特别是耐碱水性欠佳	用于屋面、墙面的水平和垂直接缝，尤其适用于游泳池工程，也可用于玻璃、金属材料的嵌缝，它还是公路及机场跑道的补缝、接缝的好材料
	聚硫密封胶	具有良好的黏结性、耐水性、耐酸碱性、耐高低温性、耐辐射性，无毒、无污染，气密性好	低模量型具有流淌性，适用于城市的休闲广场地面变形缝、停车场、给排水、池底、地下工程等水平面混凝土结构的变形缝密封；高模量型适用于混凝土屋面板、楼板、墙板、金属幕墙等的接缝密封
	硅酮建筑密封胶	具有良好的耐候性、耐热性、耐寒性、耐水性，与各种材料的黏结性能较好，耐拉伸-压缩疲劳性能较好	F类适用于**混凝土和金属框架的黏结**，预制混凝土墙板、水泥板、大理石板的外墙接缝，卫生间和公路接缝的防水密封等；G类适用于建筑门窗、镶嵌玻璃的密封
	聚氯乙烯接缝膏和塑料油膏	具有良好的耐腐蚀性、耐热性、耐寒性、防水性，抗老化性能好，与各种材料的黏结性能较好，同时有较好的弹塑性	适用于各种建筑物的屋面嵌缝、管道或水渠等工程的接缝

知识拓展

根据《硅酮和改性硅酮建筑密封胶》，硅酮建筑密封胶按用途可分为F类、Gn类和Gw类三类。F类是指建筑接缝用；Gn类是指普通装饰装修镶装玻璃用，不适用于中空玻璃；Gw类是指建筑幕墙非结构性装配用，不适用于中空玻璃。

二、绝热材料的分类、特性及应用 ★★★

（一）绝热材料的分类

建筑中，将不易传热的材料，即对热流有显著阻抗性的材料或材料复合体称为绝热材料。绝热材料的导热系数小于0.23 W/(m·K)。习惯上把用于控制室内热量外流的材料叫作保温材料；把防止室外热量进入室内的材料叫作隔热材料。绝热材料是保温材料和隔热材料的总称。保温材料的导热系数小于0.14 W/(m·K)，高效保温材料的导热系数不大于0.05 W/(m·K)。绝热材料一方面满足了建筑空间或热工设备的热环境，另一方面也节约了能源。

绝热材料的分类如表3-36所示。

表3-36 绝热材料的分类

分类依据	类型
材料的成分	有机绝热材料、无机绝热材料
材料的形态	多孔状绝热材料、纤维状绝热材料、粉末状（散粒状）绝热材料、层状绝热材料

温馨提示

多孔状绝热材料、纤维状绝热材料、粉末状(散粒状)绝热材料、层状绝热材料均属于无机绝热材料。

(二)绝热材料的特性及应用

1. 无机绝热材料

无机绝热材料是由矿物材料制成的,呈纤维状、散粒状或多孔构造,可制成片、板、卷材或壳状等形式的制品。无机绝热材料的表观密度较大,但不易腐朽,不会燃烧,有的能耐高温。

常用的无机绝热材料的特性及应用如表 3-37 所示。

表 3-37 常用的无机绝热材料的特性及应用

类别	名称	特性	应用
多孔状绝热材料	加气混凝土	质轻,保温、隔热、吸声	可作为外墙和内墙的墙体材料,也可用于屋面的绝热材料
	泡沫玻璃	闭孔结构、不透水、不透气、保温绝热、易加工,**最高使用温度** 500 ℃	常用于砌筑墙体或冷库隔热
	膨胀珍珠岩	表观密度小,导热系数小,低温绝热性好,吸湿小,抗菌、耐腐蚀,不燃,无毒,吸声强,施工方便,**最高使用温度** 600 ℃,最低使用温度−200 ℃	常用于屋面保温、外墙保温和管道保温,也可用作吸声材料
纤维状绝热材料	玻璃棉	导热系数小,不燃、耐酸、抗腐,化学稳定性好,吸声等特性,**最高使用温度** 400 ℃	常用于屋面保温、外墙保温和管道保温,以及温度较低的热力设备
	矿物棉(岩棉、矿渣棉)	质轻、耐久、吸声、不燃、耐高温,**最高使用温度** 600 ℃,但吸水性大、弹性小	常用于屋面保温、幕墙保温、管道保温等,以及热力管道的保温
	石棉	绝热、耐火、耐热、防腐、耐酸碱、隔声等,**最高使用温度** 500~600 ℃,但石棉中的粉尘对人体有害	常用于工业建筑的隔热、保温及防火覆盖等,在民用建筑中很少使用
	陶瓷纤维	导热性低,热效率高,保温性能好,体积小、质轻、耐高温、吸声、热稳定性好,**最高使用温度** 1 100~1 350 ℃	常用于各种高温、高压、易磨损的环境
粉末状(散粒状)绝热材料	玻化微珠	耐老化、耐候性强,质轻,绝热性好,吸水率低,易分散,防火、吸声性能好。用玻化微珠作为轻质骨料,可提高砂浆的和易性、流动性和自抗强度,减少材料收缩率,提高产品综合性能,降低综合生产成本	常用于拌制外墙保温砂浆,制作装饰板和保温板等
层状绝热材料	膨胀蛭石	导热系数小,吸声,化学性能稳定,防火、防腐,无毒、无味,但吸水性大,电绝缘性差,**最高使用温度** 1 000~1 100 ℃	松散状的膨胀蛭石可铺设于墙壁、楼板和屋面等夹层中,作为隔热、隔声之用;也可与水泥、水玻璃等胶凝材料配合浇制成板,用于墙体、楼板和屋面等的隔热。**使用时应注意防潮**,以免吸水后影响隔热效果

2. 有机绝热材料

有机绝热材料多以天然的植物质材料或合成高分子为原料，经加工而成。与无机绝热材料相比，一般保温效能较高，但存在易变质、使用温度不能过高的缺点。

常用的有机绝热材料的特性及应用如表 3-38 所示。

表 3-38　常用的有机绝热材料的特性及应用

类别	名称	特性	应用
有机绝热材料	泡沫塑料	(1)聚苯乙烯泡沫塑料。闭孔结构，吸水性小，抗水性好，机械强度好，缓冲性能好，加工性好等，最高使用温度 70 ℃。 (2)聚氯乙烯泡沫塑料。机械性能和冲击吸收性好，化学性能稳定，耐腐蚀性强，不吸水，不易燃烧，最高使用温度 70 ℃。但它的耐候性差，有一定毒性。 (3)聚氨酯泡沫塑料。质轻，绝热效果好，比强度大，施工方便，隔声、防震，耐热、耐寒，电绝缘，最高使用温度 120 ℃	(1)聚苯乙烯板中，XPS 板常用于墙体保温工程，机场跑道、高速公路等防潮保温工程；平面混凝土屋顶及钢结构屋顶的保温，以及低温储藏、地面、泊车平台等防潮保温工程；控制地面膨胀的工程。 (2)聚氯乙烯泡沫塑料可制成盒、箱等包装容器，也可制成衬垫、衬板等。 (3)硬质聚氨酯泡沫塑料常用于屋面保温、外墙保温和管道保温；喷涂聚氨酯泡沫塑料主要用于建筑外墙保温、屋面的保温防水等
	植物纤维类绝热板	(1)软木板。表观密度小、导热系数小、抗渗和防腐性能好。 (2)蜂窝板。强度大、导热系数小、抗震性好	可用作地板、墙体、顶棚的保温，冷藏库、包装箱的隔热等

关于保温隔热材料的燃烧性能，下面以考题探究的形式进行讲解。

考题探究

【多选题】关于保温隔热材料的说法，正确的有（　　）。

A. 装饰材料燃烧性能 B_2 级属于难燃性

B. 高效保温材料的导热系数不大于 0.14 W/(m·K)

C. 保温材料主要是防止室外热量进入室内

D. 装饰材料按其燃烧性能划分为 A，B_1，B_2，B_3 四个等级

E. 采用 B_2 级保温材料的外墙保温系统中每层应设置水平防火隔离带

【细说考点】本题主要考查保温隔热材料的燃烧性能。装饰材料的燃烧性能分为四级：A 级为不燃性材料，B_1 级为难燃性材料，B_2 级为可燃性材料，B_3 级为易燃性材料。建筑内外保温材料宜采用 A 级材料，不宜采用 B_2 级，禁止采用 B_3 级。高效保温材料的导热系数不大于 0.05 W/(m·K)。保温材料主要是控制室内热量外流。采用 B_1，B_2 级保温材料时，外墙保温系统中每层应设置水平防火隔离带；建筑外墙上门、窗的耐火完整性等级不应低于 0.50 h，但是采用 B_1 级保温材料且建筑高度不超过 24 m 的公共建筑或者 B_2 级保温材料且建筑高度不超过 27 m 的住宅建筑除外。本题选 DE。

三、防火材料的分类、特性及应用

（一）防火材料的分类

常用的防火材料有防火涂料、水性防火阻燃液、防火堵料、防火玻璃、防火板材等。具体分类如表 3-39 所示。

表 3-39　常用的防火材料的分类

名称	类型
防火涂料	(1)按涂层厚度和耐火极限，可分为厚质型防火涂料(7 mm<厚度≤45 mm)、薄型防火涂料(3 mm<厚度≤7 mm)和超薄型防火涂料(厚度≤3 mm)防火涂料。 (2)按使用场合，可分为室内用防火涂料、室外用防火涂料。 (3)按使用功能，可分为钢结构防火涂料、饰面型防火涂料、预应力混凝土楼板防火涂料、电缆防火涂料、隧道防火涂料等
水性防火阻燃液	按使用对象，可分为木材阻燃处理用水性防火阻燃液、织物阻燃处理用水性防火阻燃液及纸板阻燃处理用水性防火阻燃液
防火堵料	按材料组成、形状和性能，可分为有机高分子材料为胶黏剂的有机防火堵料、快干水泥为胶凝材料的无机防火堵料、将阻燃材料用织物包裹形成的防火包
防火玻璃	非隔热型防火玻璃、隔热型防火玻璃
防火板材	纤维增强硅酸钙板、耐火纸面石膏板、纤维增强水泥平板等

知识拓展

薄型防火涂料和超薄型防火涂料的耐火极限一般与涂层厚度无关，与之有关的是膨胀后的发泡层厚度。

（二）防火材料的特性及应用

1. 防火涂料

防火涂料具有装饰、耐火、隔热、阻燃性能，且对基材起到物理保护作用。防火涂料在有机合成材料上的应用前景非常广阔。采取在物体表面涂覆防火涂料的办法来进行防火保护，不但能保持原来有机合成材料的优良性能，且经济适用。此外，防火涂料在钢铁结构和水泥结构上的应用也正在扩大。

2. 水性防火阻燃液

经水性防火阻燃液处理后的材料通常是难燃的，且离火自熄。此外，还不影响原材料的色泽、外貌和手感等，对于纸板、织物等具有防腐、防蛀的功能。水性防火阻燃液的适用范围根据其阻燃特性视实际情况选定。

3. 防火堵料

防火堵料的特性及应用如表 3-40 所示。

表 3-40　防火堵料的特性及应用

材料名称	特性	应用
有机高分子材料为胶黏剂的有机防火堵料(有机防火堵料)	使用过程中长期不硬化，可塑性好，适用于不规则孔洞，可重复使用；水密性、气密性和防火性能好	用于经常更换或增减电缆、管道的场合
快干水泥为胶凝材料的无机防火堵料(无机防火堵料)	耐火极限高，固化快速，力学强度极高，可承受一定重量，具有可拆性，无毒无味，水密性、气密性和防火性能好	用于封堵后基本不变的场合
将阻燃材料用织物包裹形成的防火包(防火包)	采用垒砌、填塞方式封堵孔洞，防火、抗潮性好，形成一种隔热、隔烟的密封	用于经常更换或增减电缆、管道的场合

知识拓展

有机防火堵料又称可塑性防火堵料，防火包又称耐火包或阻火包（可制成枕状，也称防火枕），二者均可被用于经常更换或增减电缆、管道的场合。无机防火堵料主要用于封堵后基本不变的场合。

4. 防火玻璃

非隔热型防火玻璃中，夹丝玻璃的防火性优越，可遮挡火焰，高温燃烧时不炸裂，破碎时不会造成碎片伤人。夹丝玻璃主要用于屋顶天窗、阳台窗、银行柜台遮挡部位等。

隔热型防火玻璃中，多层黏合型防火玻璃的强度高，透明度好，遇火时无机胶凝材料发泡膨胀，起到阻火隔热的作用。该类型防火玻璃目前使用较多。

5. 防火板材

防火板材的颜色比较鲜艳，封边形式多样，具有耐磨、耐高温、耐刮、抗渗透、容易清洁、防潮、不褪色、触感细腻、价格实惠等特点。防火板材广泛用于建筑物的顶棚、墙面、地面等多种部位。

知识拓展

燃烧现象有放热、发光和生成新物质三个特征，燃烧必须同时具有可燃物、助燃物和火源三个要素。阻燃通常是通过在物体中加入阻燃剂来实现的，而防火则通常是采用在被保护物体表面涂覆难燃物质（如防火涂料）来实现的，而难燃物质中通常也加入阻燃剂或防火助剂。

四、吸声材料的分类、特性及应用 ✪

（一）吸声材料的分类

吸声材料是指能在一定程度上吸收由空气传递的声波能量的材料，是借自身的多孔性、薄膜作用或共振作用而对入射声能具有吸收作用的材料。在规定频率下吸声材料的平均吸声系数大于0.2。

吸声材料按其物理性能和吸声方式可分为多孔性吸声材料和共振吸声结构两大类。后者包括单个共振器、穿孔板共振吸声结构、薄板吸声结构和柔顺材料等。

吸声材料按其结构形式可分为柔性吸声结构、薄板振动吸声结构、帘幕吸声结构、悬挂空间吸声结构等。其具体特点下面以考题探究的形式进行讲解。

考题探究

【单选题】对中、高频均有吸声效果，且安拆便捷，兼具装饰效果的吸声结构应为（　　）。

A. 帘幕吸声结构　　B. 柔性吸声结构

C. 薄板振动吸声结构　　D. 悬挂空间吸声结构

【细说考点】本题主要考查吸声材料的结构要求。应区分、掌握各结构形式的含义。帘幕吸声结构的主要特点是对中、高频均有一定的吸声效果，安装拆卸方便，兼具装饰作用。柔性吸声结构的特点是在一定的频率范围内出现一个或多个吸收频率。薄板振动吸声结构的特点是低频吸声，有助于扩散声波。悬挂空间吸声结构的特点是吸声效果大幅提高。本题选A。

（二）吸声材料的特性及应用

吸声材料可消除回声，以改善室内的听闻条件；或用于降低喧闹场所的噪声，以改善生活环境和劳动条件；还可广泛用于降低通风空调管道的噪声。

同步自测

答案详解 390

一、单项选择题（每题的备选项中，只有1个最符合题意）

1. 冷轧钢筋中，既可作为普通钢筋混凝土用钢筋，也可作为预应力混凝土用钢筋使用的是（　　）。

A. CRB550　　B. CRB650

C. CRB600H　　D. CRB680H

2. 在钢材的化学成分中，（　　）元素会加剧钢的时效敏感性和冷脆性，使其焊接性能变差。

A. 硅　　B. 锰

C. 氮　　D. 氧

3. 有抗渗要求的混凝土应采用（　　）。

A. 硅酸盐水泥　　B. 普通硅酸盐水泥

C. 矿渣硅酸盐水泥　　D. 火山灰质硅酸盐水泥

4. 关于普通混凝土组成材料的说法，错误的是（　　）。

A. 砂的颗粒级配是指砂中大小不同的颗粒相互搭配的情况

B. 砂的粗细程度是指不同粒径的砂混合在一起时的平均粗细程度

C. 粗骨料的最大粒径不得超过结构截面最小尺寸的1/4，且不得大于钢筋间最小净距的3/4

D. 对于采用泵送的混凝土，碎石的最大粒径应不大于输送管径的1/4，卵石的最大粒径应不大于输送管径的1/2

5. 关于高强混凝土的说法，正确的是（　　）。

A. 高强混凝土是指强度等级为C70及C70以上的混凝土

B. 高强混凝土的抗拉强度随抗压强度的提高而提高，但它们之间的比值随强度增加而降低

C. 与普通混凝土相比，高强混凝土的延性较好

D. 与普通混凝土相比，高强混凝土的脆性较小

6. 关于沥青混合料技术要求的说法，错误的是（　　）。

A. 沥青混合料应具有较强的抗冲击性　　B. 沥青混合料应具有高温稳定性

C. 沥青混合料应具有较好的耐久性　　D. 沥青混合料应具有良好的施工和易性

7. 关于花岗石板材的说法，正确的是（　　）。

A. 碱性石材　　B. 耐火性能好

C. 耐久性好　　D. 硬度较差

8. 关于安全玻璃的说法，错误的是（　　）。

A. 防火玻璃主要用于有防火隔热要求的建筑幕墙、隔断等构造部位

B. 钢化玻璃的机械强度高、弹性好、热稳定性好、碎后不易伤人，但可发生自爆

C. 夹层玻璃的抗冲击性比一般平板玻璃高几倍，玻璃即使破碎时，碎片也不会散落伤人

D. 钢化玻璃是用物理或化学方法，在玻璃表面上形成一个拉应力层，而内部处于压应力状态，从而达到内外拉压平衡

9. 下列防水卷材中，更适于高温地区建筑工程防水的是（　　）。

A. 沥青复合胎柔性防水卷材　　B. 氯化聚乙烯防水卷材

C. SBS 改性沥青防水卷材　　D. APP 改性沥青防水卷材

10. 关于保温隔热材料的说法，正确的是（　　）。

A. 矿物棉的最高使用温度约 500 ℃

B. 石棉最高使用温度可达 600～700 ℃

C. 玻璃棉最高使用温度为 400 ℃

D. 陶瓷纤维最高使用温度为 1 000～1 100 ℃

二、多项选择题（每题的备选项中，有 2 个或 2 个以上符合题意，至少有 1 个错项）

1. 下列属于钢材的工艺性能的有（　　）。

A. 冲击性能　　B. 弯曲性能

C. 抗拉性能　　D. 焊接性能

E. 疲劳性能

2. 关于水泥的说法，正确的有（　　）。

A. 初凝时间是指从水泥加水拌合起至水泥浆开始失去可塑性所需的时间

B. 硅酸盐水泥初凝时间不小于 45 min，终凝时间不大于 390 min

C. 水泥的强度是指水泥净浆的强度

D. 铝酸盐水泥是指由铝酸盐水泥熟料磨细制成的水硬性胶凝材料，代号 CA

E. 道路硅酸盐水泥具有早强和抗折强度高、干缩性小、耐磨性好等特点

3. 提高混凝土耐久性的主要措施有（　　）。

A. 合理选择水泥品种　　B. 控制水灰比及保证足够的水泥用量

C. 选用合理的砂率　　D. 选择合适的外加剂

E. 控制养护温度和湿度

4. 关于塑料管材的说法，正确的有（　　）。

A. 硬聚氯乙烯(PVC-U)管主要用于给水管道（非饮用水）、排水管道、雨水管道

B. 氯化聚氯乙烯(PVC-C)管常用于饮用水管道系统

C. 无规共聚聚丙烯(PP-R)管抗紫外线能力差，在阳光的长期照射下易老化

D. 丁烯(PB)管不可用于热水管

E. 交联聚乙烯(PE-X)管主要用于地板辐射供暖系统的盘管

5. 关于防火堵料的说法，正确的有（　　）。

A. 有机防火堵料适用于不规则孔洞，可重复使用

B. 有机防火堵料适用于经常更换或增减电缆、管道的场合

C. 无机防火堵料适用于封堵后基本不变的场合

D. 无机防火堵料不可拆卸，气密性较好

E. 防火包适用于经常更换或增减电缆、管道的场合

答案速查

一、单项选择题

1. D　2. C　3. D　4. D　5. B　6. A　7. C　8. D　9. D　10. C

二、多项选择题

1. BD　2. ABDE　3. ABCD　4. ACE　5. ABCE

第四章　工程施工技术

命题分析

本章内容共包含建筑工程施工技术，道路、桥梁与涵洞工程施工技术，地下工程施工技术三个小节，以往考试中经常考查土石方施工技术、地基处理与基础工程施工技术、主体结构工程施工技术、防水工程施工技术、深基坑工程施工技术等知识点。本章在历年考试中涉及分值为22分，建筑工程施工技术是本章的核心考点，需要重点掌握。

考点			考查频率
工程施工技术	建筑工程施工技术	土石方工程施工技术	★★★★★
		地基处理与基础工程施工技术	★★★★★
		主体结构工程施工技术	★★★★★
		防水工程施工技术	★★★★★
		建筑装饰装修工程施工技术	★★★
		节能工程施工技术	★★★
	道路、桥梁与涵洞工程施工技术	道路工程施工技术	★★★★
		桥梁工程施工技术	★★★
		涵洞工程施工技术	★★
	地下工程施工技术	深基坑工程施工技术	★★★★★
		隧道工程施工技术	★★★
		特殊施工技术	★★

考点精讲

第一节　建筑工程施工技术

建筑工程施工顺序直接关系到工程的质量和进度。建筑工程的一般施工顺序是土石方工程→地基处理与基础工程→主体结构工程→建筑装饰装修工程。此外，防水工程质量的好坏，不仅直接影响到建筑物的使用功能和使用寿命，还关系到人们的正常生活和生产活动。防水工程亦是建筑工程施工中极为重要的一个方面。同时，为了保护生态环境、应对气候变化和我国建筑业的可持续发展，建筑节能工程亦是建筑工程施工中极为重要的一个方面。因此，对于建筑工程施工技术，下面主要从土石方工程施工技术、地基处理与基础工程施工技术、主体结构工程施工技术、防水工程施工技术、建筑装饰装修工程施工技术、节能工程施工技术六大方面进行介绍。

一、土石方工程施工技术 ★★★★★

土石方工程是建筑工程施工过程中的第一道工序，具有工程量大、施工周期长、劳动强度大、施工条件复杂，易受水文、地质和气候影响等特点。

通常情况下，土石方工程施工包括土石方开挖与运输、土石方回填等。

（一）土石方施工一般规定

土方工程施工前应考虑土方量、土方运距、土方施工顺序、地质条件等因素，进行土方平衡和合理调配，确定土方机械的作业线路、运输车辆的行走路线、弃土地点。

平整场地的表面坡度应符合设计要求，排水沟方向的坡度不应小于 0.2%。

知识拓展

土石方开挖前的施工准备工作包括：

(1)技术准备。熟悉施工图纸，踏勘施工现场，掌握水文地质条件，从而确定合理施工方案及施工方法。如确定土方调配方案、土方机械的作业线路等。

(2)现场准备。场地需进行清理、平整，设置排水设施排除地面水，修筑场内道路及搭设临时建筑物，安装供水、供电等临时设施，从而确保土方施工顺利进行。

机械挖土时应避免超挖，场地边角土方、边坡修整等应采用人工方式挖除。基坑开挖至坑底标高应在验槽后及时进行垫层施工，垫层宜浇筑至基坑围护墙边或坡脚。

土方工程施工应采取保护周边环境、支护结构、工程桩及降水井点等设施的技术措施。

温馨提示

支护结构、降水井点的内容将在下文作单独介绍。

机械挖土时，坑底以上 200～300 mm 范围内的土方应采用人工修底的方式挖除。放坡开挖的基坑边坡应采用人工修坡的方式。

岩石的开挖宜采用爆破法，强风化的硬质岩石和中风化的软质岩石，在现场试验满足的条件下，也可采用机械开挖方式。

（二）土石方开挖与运输

由于工程量大、劳动繁重，土石方开挖应尽可能采用机械化、半机械化施工，以减轻繁重的体力劳动，加快施工进度。常用的土方施工机械有铲运机、推土机、单斗挖土机、装载机等。

1. 铲运机施工

铲运机由牵引机械和土斗组成，能够完成铲土、装土、运土、卸土和分层填土、局部碾压的综合作业。铲运机按行走方式可分为拖式铲运机和自行式铲运机两种。拖式铲运机由拖拉机牵引；自行式铲运机的行驶和工作，都靠自身的动力设备，不需要其他机械的牵引和操纵。

铲运机具有操纵简单，不受地形限制，能独立工作，行驶速度快，生产效率高等优点，**在土方工程中常用于大面积场地平整（坡度在 20°以内），开挖大基坑、沟槽、填筑路基**

以及堤坝等工程，适宜于铲运含水量低的松土（Ⅰ类土）和普通土（Ⅱ类土），当铲运Ⅲ类、Ⅳ类较坚硬的土时需要预先松土。自行式铲运机的适宜运距为600～1 500 m，最佳运距为200～350 m。

(1)铲运机的开行路线。

①环形路线。根据铲土与卸土的相对位置不同，可分为图4-1(a)、图4-1(b)两种情况。每一次循环只完成一次铲土与卸土。当挖填交替而挖填方之间的距离又较短时，可采用大环形路线，如图4-1(c)所示。其特点是一次循环可完成两次铲土与回填的作业，减少转弯次数，提高生产效率。采用环形路线，为了防止机件单侧磨损，应避免机械总向一侧转弯。

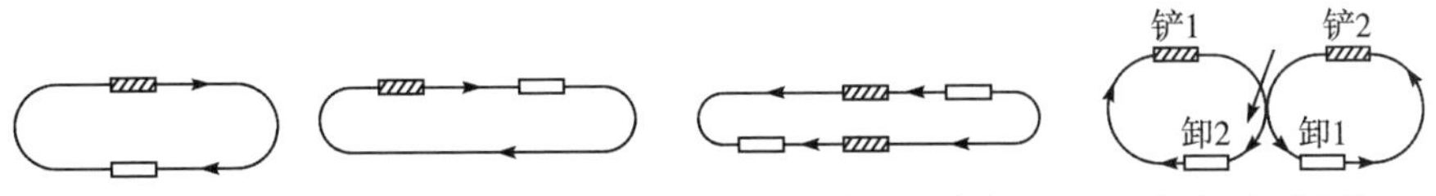

图4-1　铲运机的开行路线

②"8"字形路线。如图4-1(d)所示，"8"字形运行路线由两个环形连接而成，省去了两个急转弯。此运行路线中重载上坡的坡道较缓，重载与空载行驶路程较短。一次循环运行中，可完成两次铲土和卸土工作，效率高。机械左、右交替转弯，可减少机械的磨损。其缺点是要有较大的施工工作面，地形要平坦，多机同时施工时容易互相干扰。一般施工中较少采用。

(2)铲运机的施工方法。

铲运机的施工方法包括一次铲土法、交替铲装法(跨铲铲土法)、波浪式铲土法、下坡铲土法、顶推铲土法、推土机助铲法、双联铲运法。其具体方法如表4-1所示。

表4-1　铲运机的施工方法

施工方法	具体内容
一次铲土法	铲刀一次切入土中并完成铲土行程，装满铲斗
交替铲装法(跨铲铲土法)	在较坚硬的地段挖土时，可采取**预留土埂、间隔铲土**的方法缩短铲土时间和减少向外撒土，提高效率
波浪式铲土法	铲土开始时，铲刀以最大深度切入土中，随着负荷增加、车速降低，相应减小切土深度，依次反复进行，直至铲斗装满为止，适用于较硬土层
下坡铲土法	在平地铲土时，应先铲挖前一段，然后逐渐向后延伸铲土道，以便形成前低后高的自然坡道；当铲土区为小土丘时，先从四周斜向铲起，然后逐渐向后延伸，以**创造下坡取土的有利地形**，不应从坡顶开始水平铲土
推土机助铲法	在较坚硬的土层中用推土机助铲，可加大铲刀切削力、切土深度和铲土速度。助铲间隙可兼作松土、平整工作
双联铲运法	拖式铲运机的动力有富余时，可在拖拉机后串连两个铲斗进行双联铲运。对坚硬土层，可先铲满一个斗，再铲另一个斗，即"双联单铲"；对松软土层，可两个斗同时铲土，即"双联双铲"

温馨提示

以上几种施工方法均是为提高铲运机的生产效率所采用的方法。其中，交替铲装法（跨铲铲土法）示意图如图 4-2 所示。

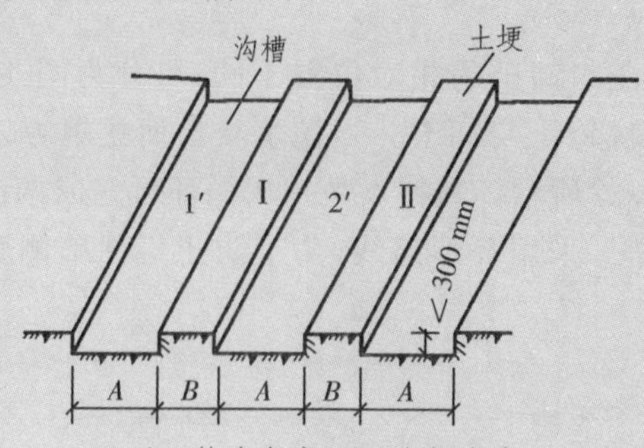

A—铲斗宽度；B—土埂宽度

图 4-2　交替铲装法（跨铲铲土法）示意图

2. 推土机施工

推土机是一种在拖拉机上装有推土铲刀等工作装置而成的土方机械。推土机操作灵活、运转方便、所需工作面较小、行驶速度快、易于转移，能爬 30°左右的缓坡，因此应用较广。推土机可以推挖Ⅰ～Ⅲ类土，经济运距 100 m 以内，效率最高为 30～60 m。

为了减少推土过程中土的散失，提高推土机的生产效率，常采取的施工方法如表 4-2 所示。

表 4-2　推土机的施工方法

施工方法	具体内容
下坡推土法	借推土机自重，增大铲刀的切土深度和运土数量，以提高推土能力和缩短推土时间
并列推土法	一般用 2～3 台推土机并列作业，铲刀相距 15～30 cm，可减少散失量，提高生产率。一般两机并列推土可增大 15%～30%的推土量，采用三机并列推土可增大 30%～40%的推土量。并列推土时，**并列台数不宜超过 4 台**，否则倒车不便，行驶不一致，会影响生产效率的提高
槽形推土法	推土机重复在一条作业线上切土和推土，使得地面逐渐形成一条浅沟槽，即沿着第一次推过的原沟槽施工，在沟槽中推运土可减少散失，增大推运土量，减少运土时间
多刀推土法	即多次铲土、分批集中、一次推送的方法。对硬质土，推土机切土深度较小，宜多次铲土，先将土集中在一个或几个中间点，再一次推送，以保持铲前满载，有效缩短运输时间，可提高生产率 15%左右

温馨提示

此外，还有斜角推土法，即将回转式铲刀斜装在推土机的拱形支架上，推土机前进时土向一侧流动的推土作业方法。其适用于基槽、管沟回填且无倒车余地时采用，可减少机械来回行驶，提高作业效率。

知识助记

推土机施工方法可总结为：粉（分批）饼（并列）抄（槽形）虾（下坡）蟹（斜角）。

3. 单斗挖土机施工

单斗挖土机是利用单个铲斗挖掘的自行式挖掘机械，由工作装置、转台和行走装置等组成。在建筑工程中，单斗挖土机可挖掘基坑、沟槽，清理和平整场地。

单斗挖土机是建筑工程土方施工中重要的机械设备，按其行走装置可分为履带式和轮胎式；按其传动方式可分为机械传动和液压传动；根据工作的需要，单斗挖土机可更换其工作装置，按其工作装置的不同，又可分为正铲、反铲、拉铲和抓铲。其具体内容如图 4-3 所示。

单斗挖土机按工作装置不同分类

◇正铲挖土机。正铲挖土机的工作特点是“前进向上，强制切土”。正铲挖土机挖掘力大，生产效率高，铲斗自下向上切土，适用于停机面以内的Ⅰ～Ⅳ类土的开挖，可用于开挖大型干燥基坑以及土丘等。正铲挖土机的开挖方式有正向挖土侧向卸土和正向挖土后方卸土两种

◇反铲挖土机。反铲挖土机的工作特点是“后退向下，强制切土”。其挖掘能力比正铲小，能挖停机面以下的Ⅰ～Ⅲ类土，常用于开挖深度不大于 4 m 的基坑、基槽和管沟，也可用于地下水位较高的土方开挖。反铲挖土机的开挖方式有沟端开挖和沟侧开挖两种

◇拉铲挖土机。拉铲挖土机的工作特点是“后退向下，自重切土”，其挖土半径和挖土深度较大，但不如反铲灵活，开挖精确性差，适用于停机面以下的Ⅰ～Ⅱ类土，可用于开挖大而深的基坑或水下挖土。拉铲挖土机的开挖方式有沟端开挖和沟侧开挖两种

◇抓铲挖土机。抓铲挖土机的工作特点是“直上直下，自重切土”，挖掘力较小，适用于开挖停机面以下的Ⅰ～Ⅱ类土，如挖窄而深的基坑、疏通旧有渠道以及挖取水中淤泥等，或用于装卸碎石、矿渣等松散材料。在软土地基的地区，其常用于开挖基坑等，尤其适用于水下挖土

图 4-3　单斗挖土机的具体内容

4. 装载机施工

装载机是一种广泛用于建筑、公路、铁路、水电等建设工程的土方施工机械。装载机具有操作轻便灵活、转运方便快速等特点，适用于装卸土方和散料，也可用于松软土的表层剥离、地面平整和场地清理等工作。

（三）土石方回填

建筑工程的回填主要有地基、基坑（槽）、室内地坪、室外场地、管沟、散水等，回填包括填筑与压实，是一项很重要的工作，要求填料应有一定的密实性，使回填层不致产生较大的沉陷。在实际施工中，一些建筑物沉降过大，室内地坪和散水出现大面积严重开裂，主要原因之一就是回填压实的密实度没有达到设计规范的要求。

1. 填筑土料的选择

填方土料应符合设计要求，以保证填方的强度与稳定性。凡含水量过大的黏土、含有5%以上的有机物（腐烂物）的土、含有 5%以上的水溶性硫酸盐的土、淤泥、垃圾土、冻土、膨胀土等均不能作为回填土。

同一填方工程应尽量采用同类土填筑；如采用不同土填筑时，必须按土类不同分层夯

填，并将透水性大的置于透水性小的土层之下，以防填土内形成水囊。

2. 填土的处理

施工时应严格控制填土的含水量，施工前应进行检验，控制填土的含水量满足压实要求。当填土的含水量过大，应采用翻松、晾晒、风干等方法降低含水量；如含水量偏低，可洒水润湿。含水量大的黏土不宜作为填料。

3. 填土的施工要求

当填方部位位于倾斜的斜坡上时，应将斜坡做成阶梯状，以防填土横向移动。为保证填方工程质量，回填土方前，应清除填方区内的积水、杂物等，如遇软土、淤泥必须进行换土回填，回填时防止地面水流入，并根据土质情况预留一定的下沉高度。

回填基坑（槽）时，应从四周或两侧对称均匀地分层进行，以防止基础或管道在土压力作用下产生偏移或变形。

4. 填土压实方法

填土压实的方法一般有碾压、夯实、振动压实法等。

（1）碾压法。

碾压原理是利用沉重的滚轮碾压土壤表面，使土壤在压力作用下压实，此法适用于大面积填土工程，适用于碾压黏性和非黏性土壤。

碾压机械有光面碾（压路机）、气胎碾和羊足碾。光面碾是一种以内燃机为动力的自行式压路机，重量为 60～150 kN，对砂土和黏性土均可压实，应用最普遍。气胎碾在工作时是弹性体，其压力均匀，填土质量好。羊足碾靠拖拉机牵引，由于它与土接触面小，单位面积压力大，故压实效果好，主要用于黏性土的压实。在砂土中使用羊足碾会使土颗粒受到“羊足”较大单位压力后向四周移动，从而使土的结构遭到破坏。碾压机械压实填方时，行驶速度不宜过快，一般光面碾控制在 2 km/h，羊足碾控制在 3 km/h，否则会影响压实效果。

松土不宜用重型碾压机械直接滚压，否则会影响压实效率，应先轻压再重压。

（2）夯实法。

夯实法是利用夯实机械的夯锤自由下落产生的冲击力来夯实土壤，适用于黏性土和非黏性土等小面积回填。夯实法分为人工夯实和机械夯实。机械夯实采用的夯实机械有夯锤、内燃夯土机和蛙式打夯机；人工夯实采用的夯实工具有木夯、石夯、飞硪等。夯锤适用于夯实砂性土、湿陷性黄土、杂填土及含有石块的填土等。

（3）振动压实法。

振动压实法是将振动机械置于地基表面进行一定时间的振动，利用其激振力在土中产生的剪切压密作用，使一定深度内的土均匀增密，从而改善地基的性能。这种方法用于振实非黏性土效果较好，包括粉土、碎石类土、杂填土、爆破石渣等。使用振动碾进行碾压，可使土体受振动和碾压两种作用，碾压效率高，适用于大面积填方工程。

知识拓展

根据《建筑地基基础工程施工质量验收标准》，土石方回填施工中应检查排水系统，每层填筑厚度、辗迹重叠程度、含水量控制、回填土有机质含量、压实系数等。回填施工的压实系数应满足设计要求。当采用分层回填时，应在下层的压实系数经试验合格后进行上层施工。填筑厚度及压实遍数应根据土质、压实系数及压实机具确定。无试验依据时，应符合表 4-3 的规定。

表 4-3　填土施工时的分层厚度及压实遍数

压实机具	分层厚度/mm	每层压实遍数
平碾	250～300	6～8
振动压实机	250～350	3～4
柴油打夯	200～250	3～4
人工打夯	<200	3～4

（四）土石方工程施工中的基坑支护

基坑支护是指为保护地下主体结构施工和基坑周边环境的安全，对基坑采用的临时性支挡、加固、保护与地下水控制的措施。

支护结构类型包括支挡式结构、土钉墙、重力式水泥土墙、放坡等。

1. 支挡式结构

支挡式结构是由挡土构件和锚杆或支撑组成的一类支护结构体系的统称，其结构类型包括排桩－锚杆结构、排桩－支撑结构、地下连续墙－锚杆结构、地下连续墙－支撑结构、悬臂式排桩或地下连续墙、双排桩等。支挡式结构受力明确，计算方法和工程实践相对成熟，是目前应用最多也较为可靠的支护结构形式。

锚拉式支挡结构（排桩-锚杆结构、地下连续墙-锚杆结构）和支撑式支挡结构（排桩-支撑结构、地下连续墙-支撑结构）易于控制水平变形，挡土构件内力分布均匀，当基坑较深或基坑周边环境对支护结构位移的要求严格时，常采用这种结构形式。

悬臂式支挡结构顶部位移较大，内力分布不理想，但可省去锚杆和支撑，当基坑较浅且基坑周边环境对支护结构位移的限制不严格时，可采用悬臂式支挡结构。

双排桩支挡结构是一种刚架结构形式，其内力分布特性明显优于悬臂式结构，水平变形也比悬臂式结构小得多，适用的基坑深度比悬臂式结构略大，但占用的场地较大，当不适合采用其他支护结构形式且在场地条件及基坑深度均满足要求的情况下，可采用双排桩支挡结构。

2. 土钉墙

土钉墙是指由随基坑开挖分层设置的、纵横向密布的土钉群、喷射混凝土面层及原位土体所组成的支护结构。土钉墙是一种经济、简便、施工快速、不需大型施工设备的基坑支护形式。

土钉墙与水泥土桩、微型桩及预应力锚杆组合形成的复合土钉墙，主要有下列几种形式：土钉墙＋预应力锚杆；土钉墙＋水泥土桩；土钉墙＋水泥土桩＋预应力锚杆；土钉墙＋微型桩＋预应力锚杆。不同的组合形式作用不同，应根据实际工程需要选择。

3. 重力式水泥土墙

重力式水泥土墙是指水泥土桩相互搭接成格栅或实体的重力式支护结构。水泥土墙是一种非主流的支护结构形式，适用的土质条件较窄，实际工程应用也不广泛。水泥土墙一般用在深度不大的软土基坑。这种条件下，锚杆没有合适的锚固土层，不能提供足够的锚固力，内支撑又会增加主体地下结构施工的难度。这时，当经济、工期、技术可行性等的综合比较较优时，一般才会选择水泥土墙这种支护方式。水泥土墙一般采用搅拌桩，墙体材料是水泥土，其抗拉、抗剪强度较低。按梁式结构设计时性能很差，与混凝土材料无法相比。因此，只有按重力式结构设计时，才会具有一定优势。此处对水泥土墙的规定，均指重力式结构。

水泥土墙用于淤泥质土、淤泥基坑时，基坑深度不宜大于 7 m。 由于按重力式设计，需要较大的墙宽。当基坑深度大于 7 m 时，随基坑深度增加，墙的宽度、深度都太大，经济上、施工成本和工期都不合适，墙的深度不足会使墙位移、沉降，宽度不足，会使墙开裂甚至倾覆。搅拌桩水泥土墙虽然也可用于黏性土、粉土、砂土等土类的基坑，但一般不如选择其他支护形式更优。

特殊情况下，搅拌桩水泥土墙对这些土类还是可以用的。由于目前国内搅拌桩成桩设备的动力有限，土的密实度、强度较低时才能钻进和搅拌。不同成桩设备的最大钻进搅拌深度不同，新生产、引进的搅拌设备的能力也在不断提高。

4. 放坡

在地质条件和环境允许的情况下，开挖基坑时最为经济的方式是放坡开挖。

知识拓展

以往考试中会考查支护结构的另一种分类，讲解如下。

根据受力状态的不同，基坑支护可分为横撑式支撑、重力式支护结构、板桩式支护结构等。

(1)横撑式支撑。横撑式支撑由挡土板、楞木和工具式横撑组成。按照挡土板的不同，横撑式支撑可分为水平挡土板式和垂直挡土板式两类。其中，水平挡土板式支撑又可分为断续式水平挡土板支撑和连续式水平挡土板支撑两种，具体内容如表 4-4 所示。横撑式支撑适用于开挖狭窄的基坑或管沟。

表 4-4 基坑、管沟的支撑方式及适用条件

支撑方式	简图	含义及适用条件
断续式水平支撑	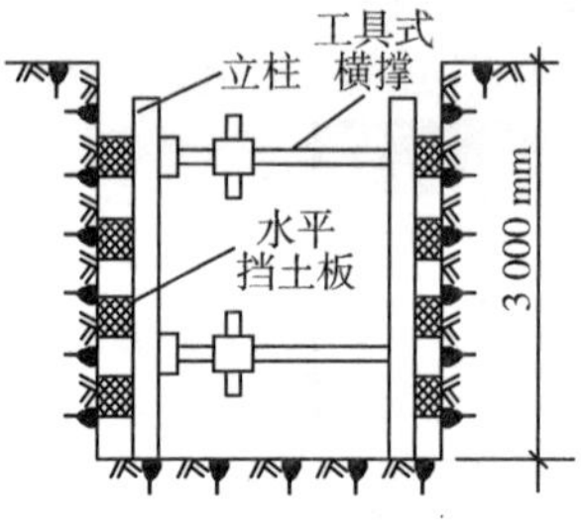	含义：挡土板水平放置，中间留出间隔，并在两侧同时对称立竖楞木，然后用工具式横撑上、下顶紧。 适用条件：适用于湿度小的黏性土、深度在 3 m 以内的沟槽
连续式水平支撑	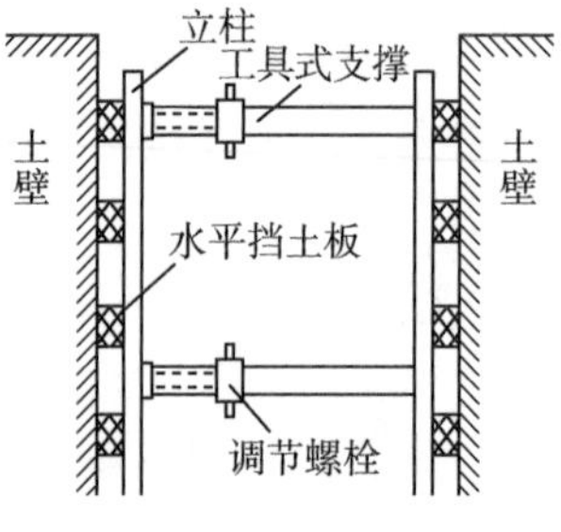	含义：挡土板水平连续放置，不留间隙，在两侧同时对称立竖楞木，上、下各用工具式支撑顶紧。 适用条件：适用于较松散或湿度大的土、深度不大于 5 m 的沟槽

（续表）

支撑方式	简图	含义及适用条件
垂直挡土板式支撑	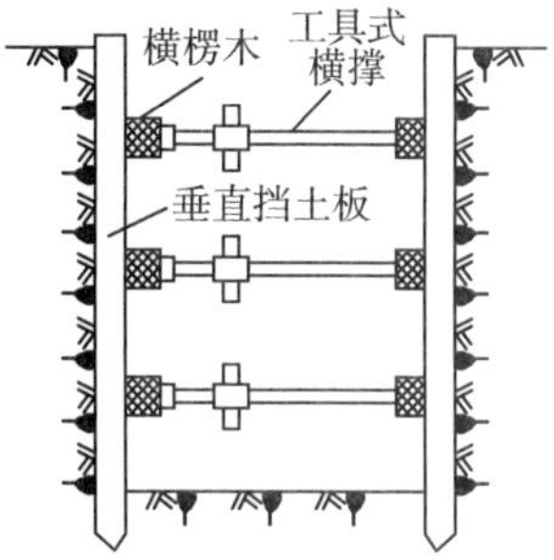	含义：挡土板垂直放置，可连续或留适当间隙，然后每侧上、中、下各水平顶一根楞木，再用横撑顶紧。 适用条件：适用于土质较松散或湿度很高的土，深度不限

（2）重力式支护结构。重力式支护结构以水泥土搅拌桩支护结构最为典型。

（3）板桩式支护结构。板桩式支护结构适用于地下水位较高且土质为细颗粒、松散饱和土的支护，可防止流砂现象的发生。板桩式支护结构由挡墙系统和支撑（拉锚）系统组成。挡墙系统常用材料有钢筋混凝土板桩、钢板桩、地下连续墙（适用于深基坑）等。其中，钢板桩应用最广，如图 4-4 所示。支撑系统常用材料有大型钢管、H 型钢、格构式钢支撑或现浇钢筋混凝土支撑等。现浇钢筋混凝土支撑如图 4-5 所示。

图 4-4 钢板桩支护

图 4-5 现浇钢筋混凝土支撑

温馨提示

造价相对偏高的支护方式是地下连续墙。

（五）土石方工程施工排水和降低地下水位

当基坑底面低于地下水位时，开挖基坑的过程将会切断土壤的含水层，使得地下水不断渗入基坑，导致地基承载力不断下降，同时也容易造成基坑边坡塌方。因此，为了保证工程质量和施工安全，在基坑开挖前或开挖过程中，必须采取措施降低地下水位，使基坑在开挖过程中坑底始终保持干燥。

对于地面水，一般采取在基坑四周或流水的上游设排水沟、截水沟或挡水土堤等办法解决；对于地下水则常采用明排降水法和人工降低地下水位法，使地下水位降至所需开挖的深度以下。

1. 明排降水法

基坑在逐层开挖过程中，在坑底周围设置具有一定坡度的排水明沟，并在坑底四角或每 20～40 m 设置集水井，使地下水流入集水井内，然后用水泵抽出坑外，排水原理如图 4-6 所示。

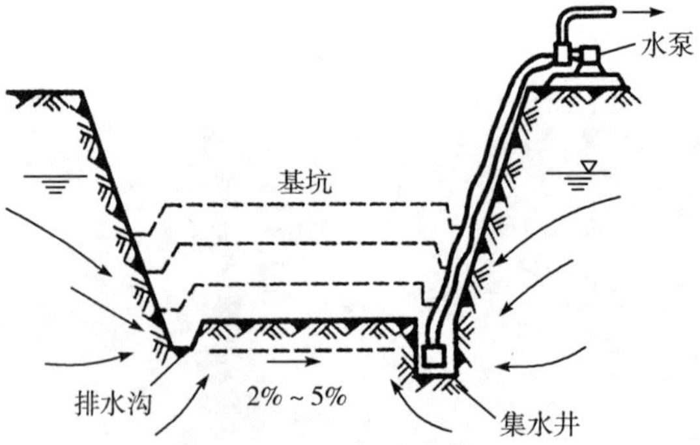

图 4-6　集水井降水

明排降水法是一种常用的最经济、最简单的方法，但仅适用于土质较好且地下水位不高的基坑开挖，**宜用于粗粒土层或渗水量小的黏土层**。当土为细砂或粉砂时，易发生流砂现象，此时可采用人工降低地下水位的方法。

基坑四周的排水沟及集水井应随基坑开挖逐层设置，**集水井应设置在基础范围以外的地下水走向的上游**。

知识拓展

集水明排是用水泵从集水井中抽水，常用的水泵有潜水泵、离心水泵和泥浆泵。一般所选用水泵的抽水量应为基坑涌水量的 1.5～2.0 倍。

2. 人工降低地下水位法

当土层是软土层或者含有淤泥层、细砂时，不宜采用明排水法，因为在基坑中直接排水，地下水将产生自下而上或从边坡向基坑方向流动的动水压力，容易导致边坡塌方和产生流砂现象，并使基底土结构遭受破坏，这种情况下考虑采用人工降低地下水位法。

人工降低地下水位法就是在基坑开挖前，预先在基坑周围埋设一定数量的滤水管

(井)，利用抽水设备不断抽出地下水，使地下水位降低到坑底以下，直至基础工程施工完毕。人工降低地下水位法改善了工作条件，防止了流砂现象的发生。同时，由于地下水位在降落过程中动水压力向下作用与土体自重作用，使基底土层压密，提高了地基土的承载能力。

人工降低地下水位法按其系统的设置、吸水原理和方法的不同，可分为轻型井点、喷射井点、电渗井点、管井井点和深井井点。其中，轻型井点应用最为广泛。对不同类型的人工降低地下水位法的选用可参考表4-5。

表4-5　降水类型及适用条件

序号	井点类型	降低水位深度/m
1	**单级轻型井点**	≤6
2	**多级轻型井点**	≤12
3	喷射井点	≤20
4	电渗井点	宜配合其他形式降水使用
5	管井井点	不限
6	深井井点	>10

(1)轻型井点。

轻型井点又称真空井点，是沿基坑四周每隔一定距离将若干直径较小的井点管埋入蓄水层内，井点管上端伸出地面，通过弯联管与总管相连并引向水泵房。利用抽水设备将地下水从井点管内不断抽出，使地下水位降至坑底以下。轻型井点示意图如图4-7所示。

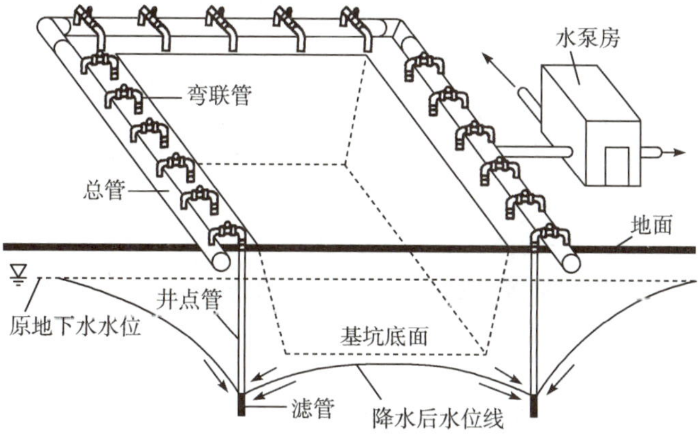

图4-7　轻型井点示意图

轻型井点的布置，应根据基坑的大小和深度、土质、地下水位的高低与流向、降水深度要求等因素确定。 设计时主要考虑平面和高程两个方面。其中，平面布置方式有单排布置、双排布置、环形布置三种。其具体布置图如图4-8所示。

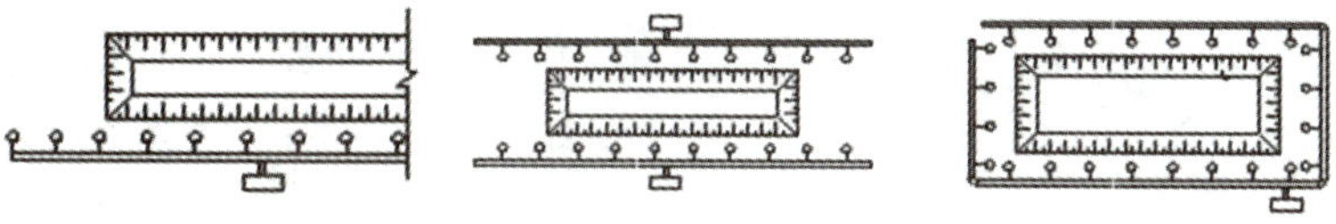

(a)单排布置　　(b)双排布置　　(c)环排布置

图4-8　轻型井点平面布置图

当基坑或沟槽宽度小于6 m，且降水深度不超过5 m时，可采用单排布置，将井点管布置在地下水流的上游一侧，其两端延伸长度一般不小于沟底宽度；当基坑或沟槽宽

度大于 6 m 或土质不良时，可采用双排布置；当基坑开挖面积较大时，可采用环形布置。 对于U 形布置，井点管未封闭一段应设置在地下水的下游方向。

知识拓展

当有土方机械频繁进出基坑时，井点宜采用 U 形布置。U 形布置封闭段是为施工机械进出基坑留的开口。

轻型井点的施工，主要包括施工准备、井点系统的安装、使用及拆除。

在井点系统安装时，先根据降水方案埋设总管，再冲孔、埋设井点管，然后用弯联管将井点管与总管连接，最后安装抽水设备。

井点管的埋设一般用水冲法进行，水冲法分为冲孔与埋管两个过程。冲孔时，利用起重设备将冲管吊起，并插在井点位置上，边利用高压水泵冲松土体边下沉，冲孔应垂直，直径一般为 300 mm，以保证井管壁有一定厚度砂滤层，冲孔深度要比滤管底深 0.5 m 以上，以防冲管拔出时部分土颗粒沉于底部而触及滤管。

轻型井点系统全部安装完毕后，应进行抽水试验，以检查井点管有无淤塞或漏气、漏水现象。在井点系统的使用过程中，应连续抽水，时抽时停会抽出大量泥沙，使滤管淤塞，并可能造成附近建筑物因土粒流失而沉降开裂。

知识拓展

北方寒冷地区采用轻型井点降水时，井点管与集水总管连接应用橡胶软管；南方地区采用轻型井点降水时，井点管与集水总管连接应用透明的塑料软管。

(2)喷射井点。

喷射井点是指在井点管内部装设特制的喷射器，用高压水泵或空气压缩机通过井点管中的内管向喷射器输入高压水（喷水井点）或压缩空气（喷气井点）形成水气射流，将地下水经井点外管与内管之间的间隙被抽出排走。本法设备较简单，排水深度大，其一层**降水深度可达** 8～20 m，比多层轻型井点降水设备少，基坑土方开挖量少，施工快，费用低。

喷射井点布设时，当降水区域宽度小于 10 m 时宜单排布置，当降水区域宽度大于 10 m 时宜双排布置，面状降水工程宜环形布置。

(3)电渗井点。

电渗井点排水是指**在基坑外侧布设负极，在基坑内侧布设正极**，正极通常用金属管做成，负极就是井点的排水井，在土中通过电流以后，地下水将从金属管（正极）向井点（负极）移动集中，然后再由井点系统的水泵抽走。电流由直流发电机提供。该方法适用于**饱和黏土的降水，尤其是淤泥和淤泥质黏土**。

知识拓展

由于淤泥和淤泥质黏土中，土的持水性较强，透水性较差，采用一般方式进行降水效果较差，此时采用电渗井点，对透水性较差的土进行疏干，使水排出。

(4)管井井点。

管井井点是指沿基坑每隔 20～50 m 设置一个管井，每个管井单独用一台水泵（潜水泵、离心泵）不断抽水来降低地下水位。该方法适用于土的**渗透系数较大且地下水含量大**的土层。

(5)深井井点。

深井井点降水是在深基坑的周围埋置深于基底的井管，通过设置在井管内的潜水电泵将地下水抽出，使地下水位低于坑底。该方法的优点是排水量大，**降水深**，不受吸程限制，排水效果好；井距大，对平面布置的干扰小等。但其一次性投资大，成孔质量严格，降水完毕井管拔出较困难。

对于井点降水法的选用，下面以考题探究的形式进行介绍。

考题探究

【单选题】在渗透系数小于 0.1 m/d 的饱和黏土中，当降水深度为 10 m 时，宜优先选择的井点降水法是(　　)。

A. 电渗井点+轻型井点　　B. 轻型井点+管井井点

C. 电渗井点+喷射井点　　D. 管井井点+喷射井点

【细说考点】本题主要考查井点降水法的选用。在饱和黏土中，特别是淤泥和淤泥质黏土中，由于土的透水性较差，持水性较强，单纯用轻型井点或喷射井点降水效果较差，需增加电渗井点配合降水。而轻型井点中的单级轻型井点适合的降水深度<6 m。喷射井点适合的降水深度<20 m，土的渗透系数在 0.005～20 之间。因此，在渗透系数小于 0.1 m/d 的饱和黏土中，当降水深度为 10 m 时，宜优先选择的井点降水法是电渗井点+喷射井点。本题选 C。

二、地基处理与基础工程施工技术 ★★★★★

(一)地基处理

任何建筑物都必须有可靠的地基和基础。建筑物的全部重量(包括各种荷载)最终将通过基础传给地基，所以，对某些地基的处理及加固就成为基础工程施工中的一项重要内容。在施工过程中如发现地基土质过软或过硬，不符合设计要求时，应本着使建筑物各部位沉降尽量趋于一致，以减小地基不均匀沉降的原则对地基进行处理。

在软弱地基上建造建筑物或构筑物，利用天然地基有时不能满足设计要求，需要对地基进行人工处理，以满足结构对地基的要求。常用的人工地基处理方法有换填、重锤夯实、强夯、预压、砂石桩、高压喷射注浆、水泥土搅拌桩、土和灰土挤密桩、水泥粉煤灰碎石桩等。

1. 换填地基

换填地基是将基础底面天然的或后天形成的软弱土层挖去或部分挖去，分层回填强度高、压缩性低且无腐蚀性的砂石、素土、灰土、工业废料等材料，压实后作为基础持力层。常见的有素土地基、灰土地基、砂和砂石地基、粉煤灰地基，其具体内容如表 4-6 所示。

表 4-6　常见的换填地基

项目	内容
素土地基	素土地基是先挖去基础底面下部分或全部软弱土层，然后分层回填较好的素土夯实而成。素土具有一定的承载力，施工简便，降低工程造价，加快建设速度。但其承载力较低，仅适用于荷载不大的浅层地基加固

（续表）

项目	内容
灰土地基	灰土地基是将基础底面下要求范围内的软弱土层挖去，分层回填灰土夯实或压实而成。灰土地基具有一定的强度、水稳定性和抗渗性，施工工艺简单，取材容易，费用较低，是一种应用广泛、经济、实用的地基加固方法，适用于**设计基础底面以下有 1～4 m 厚的湿陷性黄土、软弱土、杂填土等的加固**，也可应用于结构的辅助防渗层
砂和砂石地基	砂和砂石地基是将基础底面下一定范围内的软弱土层挖去，然后用强度较大的砂或碎石等回填，并经分层夯实至密实，以提高地基承载力、减少沉降、加速软弱土层的排水固结、防止冻胀和消除膨胀土的胀缩。该地基具有施工工艺简单、工期短、造价低等优点，适用于处理透水性强的且深度在 3 m 以内的软弱黏性土地基，但不宜用于湿陷性黄土地基和不透水的黏土地基，以免聚水而引起地基下沉和降低承载力
粉煤灰地基	粉煤灰地基是将基础底面下一定范围内的软弱土层挖去，然后用燃煤电厂的工业废料Ⅲ级以上的粉煤灰分层回填与碾压而成。这种地基具有承载能力和弹性模量较大、可利用废料、施工方便、快速、质量易于控制、技术可行、经济效果显著等优点，适用于各种软弱土层换填地基的处理及大面积地面的垫层

2. 重锤夯实地基

重锤夯实是利用起重机将夯锤（2～3 t）提升到一定高度，然后自由落下，重复夯击基土表面，使地基表面形成一层较为均匀的硬壳层，从而使地基得到加固。该法具有施工简单，费用较低，但布点较密，夯击遍数多，施工工期相对较长，夯击能量小，孔隙水难以消散，加固深度有限，当土的含水量稍高，易形成橡皮土，处理较困难等特点。

重锤夯实地基适用于地下水位以上稍湿的黏性土、砂土、饱和度 $S_r \leqslant 60\%$ 的湿陷性黄土、杂填土以及分层填土地基的加固处理，但当夯击振动对邻近的建筑物、设备及施工中的砌筑工程或混凝土浇筑等产生有害影响时，或地下水位高于有效夯实深度以及在**有效深度内存在软黏土层时，不宜采用**。

3. 强夯地基

强夯地基是通过 80～300 kN 的重锤和 6～30 m 的落距，对地基土施加很大的冲击能。强夯在地基土中所出现的强大冲击波和冲击应力，可以提高地基土的强度，降低土的压缩性，改善砂土的抗液化条件，消除湿陷性黄土的湿陷性等。同时，夯击能还可以提高土层的均匀程度，减少将来可能出现的地基差异沉降。

强夯处理范围应满足以下要求：应大于建筑物基础范围；每边超出基础外缘的宽度宜为基底下设计处理深度的 1/2～2/3，且不宜小于 3 m。

强夯地基具有效果好、速度快、节省材料、施工简便的优点，适用于碎石土、砂土、低饱和度的粉土与黏性土、湿陷性黄土、素填土和杂填土等地基的加固处理，采取相应措施还**可用于水下夯实**及软黏土、高饱和度淤泥等地基的加固处理，但施工时噪声和振动较大，因此不宜用于对工程周围建筑物和设备有一定影响的地基的加固。

温馨提示

工业废渣、垃圾地基适宜采用强夯法。

4. 预压地基

预压法分为堆载预压法、真空预压法和真空堆载联合预压法，适用于处理淤泥质土、淤泥、冲填土、素填土等软弱地基。以下内容主要以堆载预压法为例介绍预压地基。

堆载预压法是在建筑物施工前，在地基表面分级堆土或其他荷重，使地基土压密、沉降、固结，从而提高地基强度和减少建筑物建成后的沉降量。待达到预定标准后再卸载，建造建筑物。

堆载预压法具有材料、机具、方法简单直接，施工操作方便，但堆载时间长，堆载材料多的特点，其施工效果取决于地基土层的固结特性、土层的厚度、预压荷载和预压时间等因素。

5. 砂石桩复合地基

砂石桩复合地基是指将碎石、砂或砂石混合料挤压入已成的孔中，形成密实砂石竖向增强体的复合地基。

砂石桩施工可采用振动沉管、锤击沉管或冲击成孔等成桩法。振冲碎石桩、沉管砂石桩复合地基处理应符合下列规定：适用于挤密处理松散砂土、粉土、粉质黏土、素填土、杂填土等地基，以及用于处理可液化地基。饱和黏土地基，如对变形控制不严格，可采用砂石桩置换处理。对大型的、重要的或场地地层复杂的工程，以及对于处理不排水抗剪强度不小于 20 kPa 的饱和黏性土和饱和黄土地基，应在施工前通过现场试验确定其适用性。不加填料振冲挤密法适用于处理黏粒含量不大于 10％的中砂、粗砂地基。

温馨提示

振冲地基是砂石桩地基的一种。

6. 旋喷桩复合地基

旋喷桩加固软土地基，桩体与被加固的土体所组成的地基称作旋喷桩复合地基。这种由两种不同性质的材料组成的复合体在荷载作用下，保持共同承担荷载作用。

旋喷桩复合地基适用于处理淤泥、淤泥质土、黏性土(流塑、软塑和可塑)、粉土、砂土、黄土、素填土和碎石土等地基。高压旋喷桩施工根据工程需要和土质条件，可选用单管法、双管法和三管法；旋喷桩加固体形状分为柱状、壁状、条状和块状。

7. 水泥土搅拌桩复合地基

水泥土搅拌桩复合地基是指以水泥作为固化剂的主要材料，通过深层搅拌机械，将固化剂和地基土强制搅拌形成竖向增强体的复合地基。

水泥土搅拌桩复合地基适用于处理正常固结的淤泥、淤泥质土、素填土、黏性土(软塑、可塑)、粉土(稍密、中密)、粉细砂(松散、中密)、中粗砂(松散、稍密)、饱和黄土等土层，不适用于含大孤石或障碍物较多且不易清除的杂填土、欠固结的淤泥和淤泥质土、硬塑及坚硬的黏性土、密实的砂类土，以及地下水渗流影响成桩质量的土层。

8. 土和灰土挤密桩复合地基

土和灰土挤密桩复合地基(简称土桩或灰土桩地基)，是指用素土、灰土填入孔内分层夯实形成增强体的复合地基。适用于处理地下水位以上的粉土、黏性土、素填土、杂填土和湿陷性黄土等地基，可处理地基的厚度宜为 3～15 m；当以提高地基土的承载力或消除湿陷性为主要目的时，宜选用灰土挤密桩；当地基土的含水量大于 24％、饱和度大于 65％时，应通过现场试验确定其适用性；对重要工程或在缺乏经验的地区，施工前应按设计要求，在有代表性的地段进行现场试验。

9. 夯实水泥土桩复合地基

夯实水泥土桩复合地基是指将水泥和土按设计比例拌合均匀，在孔内分层夯实形成竖向增强体的复合地基。

夯实水泥土桩复合地基处适用于处理地下水位以上的粉土、黏性土、素填土和杂填土等地基，处理地基的深度不宜大于 15 m。

10. 水泥粉煤灰碎石桩复合地基（CFG 桩）

水泥粉煤灰碎石桩是由水泥、粉煤灰、碎石、石屑或砂加水拌合形成的高黏结强度桩，通过在基底和桩顶之间设置一定厚度的褥垫层以保证桩、土共同承担荷载，使桩、桩间土和褥垫层一起构成复合地基。褥垫层所采用的砂和碎石最大粒径不宜大于 30 mm，厚度一般取 200～300 mm。桩端持力层应选择承载力相对较高的土层。

水泥粉煤灰碎石桩适用于处理黏性土、粉土、砂土和已自重固结的素填土等地基。

11. 柱锤冲扩桩复合地基

柱锤冲扩桩复合地基是指用柱锤冲击方法成孔并分层夯扩填料形成竖向增强体的复合地基。

柱锤冲扩桩复合地基适用于处理地下水位以上的杂填土、粉土、黏性土、素填土和黄土等地基；对地下水位以下饱和土层处理，应通过现场试验确定其适用性。柱锤冲扩桩处理地基的深度不宜超过 10 m。

知识拓展

除以上地基处理方法外，地基处理方法还包括加筋垫层（在垫层材料内铺设土工合成材料形成的垫层）、注浆加固、旋喷桩、多桩型复合地基、微型桩加固等。

（二）基础工程施工

一般建筑物都应充分利用土层的承载能力，而尽量采用浅基础。但若浅层土质不良，无法满足建筑物对地基变形和强度方面的要求时，可利用下部坚实土层或岩层作为持力层，这就要采取有效的施工方法建造深基础。深基础主要有桩基础、墩基础、沉井和地下连续墙等几种，其中以桩基最为常用。以下主要介绍桩基础工程施工的相关内容。

1. 桩基础的作用和分类

(1)桩基础的作用。

桩基础一般由设置于土中的桩和承接上部结构的承台组成。桩基础示意图如图 4-9 所示。

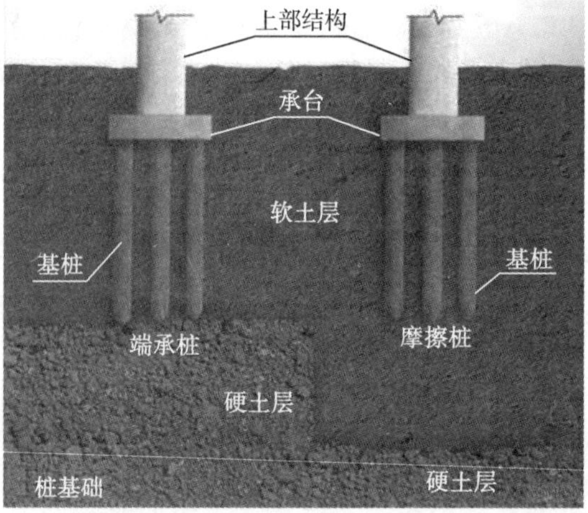

图 4-9　桩基础示意图

桩的作用是将上部建筑物的荷载传递到深处承载力较大的持力层上；或使软弱土层挤压，以提高土壤的承载力和密实度，从而保证建筑物的稳定性和减少地基沉降。承台的作用将桩基中的各根桩连成一个整体，共同承受上部结构的荷载。根据承台与地面的相对位置不同，一般有低承台和高承台桩基之分。一般的房屋和构筑物中，大都采用低承台桩基础。

(2)桩基础的分类。

桩基础的分类如表 4-7 所示。

表 4-7　桩基础的分类

划分依据	类型		含义
按承载性质	摩擦型桩	摩擦桩	在极限承载力作用下，桩顶荷载由桩侧摩擦阻力承受的桩
		端承摩擦桩	在极限承载力作用下，桩顶荷载由桩侧摩擦阻力及桩端阻力共同承受的桩
	端承型桩	端承桩	在极限承载力作用下，桩顶荷载由桩端阻力承受的桩
		摩擦端承桩	在极限承载力作用下，桩顶荷载主要由桩端阻力承受的桩
按桩的使用功能	竖向抗压桩、竖向抗拔桩、水平受荷桩、复合受荷桩		
按桩身材料	混凝土桩、钢桩、组合材料桩		
按成桩方法	非挤土桩(如干作业法桩、泥浆护壁桩、套筒护壁桩)、部分挤土桩(如部分挤土灌注桩、预钻孔打入式预制桩等)、挤土桩(如挤土灌注桩、挤土预制桩等)		
按制作工艺	预制桩(如钢桩、钢筋混凝土预制桩)、现场灌注桩，现在使用较多的是现场灌注桩		

2. 预制桩

钢桩包括钢管桩、H 型桩及其他异型钢桩。

钢管桩是由钢管、榫槽、榫销制作而成的产品，钢管桩相互搭接成弧形，圆形，可用来围水、围砂等，主要用在沿海及内陆冲积平原地区。钢管桩具有重量轻、结构简单、使用便捷、密封性好、强度高、弹性好等优点。同时，钢管桩又具有钢材用量大、造价高、设备复杂、噪声大、桩材易腐蚀等缺点。

钢筋混凝土预制桩是在预制构件厂或施工现场预制，用沉桩设备在设计位置上将其沉入土中。其特点有坚固耐久，不受地下水或潮湿环境影响，能承受较大荷载，施工机械化程度高，进度快，能适应不同土层施工。目前最常用的预制桩是预应力混凝土管桩，它是一种细长的空心等截面预制混凝土构件，是在工厂经先张预应力、离心成型、高压蒸养等工艺生产而成。

(1)沉桩前的准备。

桩基础工程在施工前，应根据工程规模的大小和复杂程度，编制施工组织设计或施工方案。沉桩前，现场准备工作的内容有处理障碍物、平整场地、抄平放线定位、沉桩机械设备的进场和安装、进行沉桩试验、确定沉桩顺序等。

①处理障碍物。沉桩前，宜向城市管理、供水、供电、煤气、电信、房管等有关单位提出申请，认真处理高空、地上和地下的障碍物。然后对现场周围(一般为 10 m 以内)的建筑物、驳岸、地下管线等做全面检查，必须予以加固或采取隔振措施或拆除，以免沉桩中由于振动的影响，可能引起倒塌。

②场地平整。沉桩场地必须平整、坚实，必要时宜铺设道路，经压路机碾压密实，场地

四周应挖排水沟以利排水。

③抄平放线定位。在沉桩现场附近设水准点，其位置应不受沉桩影响，数量不得少于2个，用以抄平场地和检查桩的入土深度。要根据建筑物的轴线控制桩定出桩基础的每个桩位，可用小木桩标记。正式沉桩之前，应对桩基的轴线和桩位复查一次。以免因小木桩挪动，丢失而影响施工。桩位放线允许偏差为20 mm。

④沉桩机械设备的进场和安装。

⑤进行沉桩试验。施工前应做不少于2根桩的沉桩工艺试验，用以了解桩的沉入时间、最终沉入度、持力层的强度、桩的承载力以及施工过程中可能出现的各种问题和反常情况等，以便检验所选的沉桩设备和施工工艺，确定是否符合设计要求。

⑥确定沉桩顺序。沉桩顺序直接影响到桩基础的质量和施工速度，应根据桩的密集程度（桩距大小）、桩的规格、长短、桩的设计标高、工作面布置、工期要求等综合考虑，合理确定沉桩顺序。根据桩的密集程度，沉桩顺序一般分为逐排打设、自中部向四周打设和分段打设三种，如图4-10所示。根据基础的设计标高和桩的规格，宜按**先深后浅、先大后小、先长后短**的顺序进行沉桩。

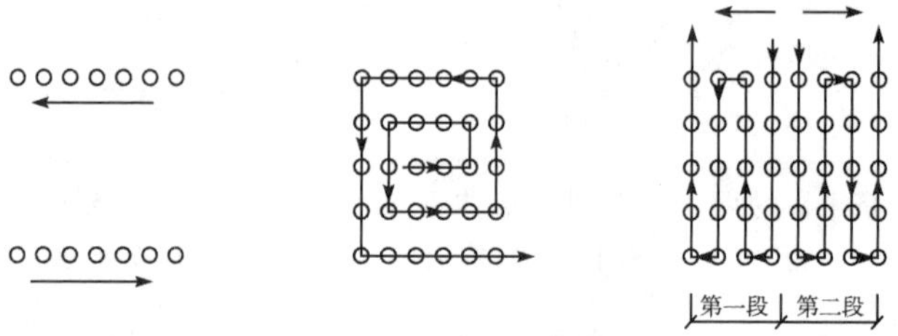

（a）逐排打设　（b）自中部向四周打设　（c）分段打设

图4-10　沉桩顺序图

（2）桩的制作、运输、堆放。

①桩的制作。

较短的桩（10 m以下）多在预制厂生产。较长的桩一般在沉桩现场附近或沉桩现场就地预制。

桩分节制作时，单节长度确定，应满足桩架的有效高度、制作场地条件、运输与装卸能力的要求，同时应避免桩尖接近硬持力层或桩尖处于硬持力层中接桩，上节桩和下节桩应尽量在同一纵轴线上预制，使上下节钢筋和桩身减少偏差。

制桩时，应做好浇筑日期、混凝土强度、外观检查、质量鉴定等记录，以供验收时查用。每根桩上应标明编号、制作日期，如不预埋吊环，则应标明绑扎位置。

知识拓展

预制桩的制作方法有并列法、间隔法、重叠法、翻模法等。其中，重叠法是使用最多的一种方法。采用重叠法时，桩的重叠层数不应超过4层，上层桩的浇注应等到下层桩混凝土强度达到设计强度等级的30%。

②桩的运输。

钢筋混凝土预制桩达到混凝土设计强度70%方可起吊，达到设计强度100%后方可进行运输。 如提前吊运，必须验算合格。桩在起吊和搬运时，吊点应符合设计规定，如无吊环，设计又未作规定时，绑扎点的数量及位置按桩长而定，应按起吊弯矩最小的原则进行捆绑。钢丝绳与桩之间应加衬垫，以免损坏棱角。起吊时应平稳提升，吊点同时离地，如要长距离运输，可采用平板拖车或轻轨平板车。长桩搬运时，桩下要设置活动支座。经过搬运的桩还应进行质量复查。

③桩的堆放。

桩堆放时，地面必须平整、坚实，垫木间距应根据吊点确定，各层垫木应位于同一垂直线上，最下层垫木应适当加宽，堆放层数不宜超过 4 层，不同规格的桩，应分别堆放。

(3)沉桩方法。

钢筋混凝土预制桩的沉桩方法有锤击沉桩、振动沉桩、射水沉桩、静力压桩等。

①锤击沉桩。

锤击沉桩也称打入桩，如图 4-11 所示，是利用桩锤下落产生的冲击能量将桩沉入土中。锤击沉桩是混凝土预制桩最常用的沉桩方法。该法适用于桩径 0.6 m 以下的桩，其施工速度快，机械化程度高，适应范围广，但施工时有噪声振动，对于城市中心和夜间施工有所限制。

图 4-11　锤击沉桩施工

a. 沉桩设备及选择。沉桩所用的机具设备主要包括桩锤(作用是对桩施加冲击力，将桩沉入土中)、桩架及动力装置三部分。其具体内容如表 4-8 所示。

表 4-8　沉桩设备的具体内容

沉桩设备	内容
桩锤	桩锤是把桩沉入土中的主要机具，有落锤、汽锤(单动汽锤和双动汽锤)、柴油桩锤、振动桩锤等。桩锤的类型应根据现场施工情况、机具设备条件及工作方式和工作效率等条件来选择。锤重的选择，在做功相同而锤重与落距乘积相等情况下，宜选用**重锤低击**，这样可以使桩锤动量大而冲击回弹能量消耗小。桩锤过重，所需动力设备大，能源消耗大，经济效率不高；桩锤过轻，施打时必定增大落距，使桩身产生回弹，桩不宜沉入土中，常常打坏桩头或使混凝土保护层脱落，严重者甚至使桩身断裂，因此不宜轻锤高击

（续表）

沉桩设备	内容
桩架	桩架是支持桩身和桩锤，在沉桩过程中引导桩的方向及维持桩的稳定，并保证桩锤沿着要求方向冲击的设备。桩架一般由底盘、导向杆、起吊设备、撑杆等组成。根据桩的长度、桩锤的高度及施工条件等选择桩架和确定桩架高度
动力装置	沉桩机械的动力装置是根据所选桩锤而定的。当采用空气锤时，应配备空气压缩机；当选用蒸汽锤时，则要配备蒸汽锅炉和绞盘

温馨提示

通常情况下，锤重≥桩重。桩重小于 2 t 时，可采用 1.5～2 倍桩重的桩锤；桩重大于 2 t 时，为防止桩锤过重破坏桩结构，桩锤可比桩轻，但也不能轻于 0.75 倍桩重。

b. 沉桩工艺。沉桩工艺的要求如表 4-9 所示。

表 4-9　沉桩工艺的要求

沉桩工艺	要求
吊桩就位	按既定的沉桩顺序，先将桩架移动至桩位处并用缆风绳拉牢，然后将桩运至桩架下，利用桩架上的滑轮组，由卷扬机提升桩。当桩提升至直立状态后，即可将桩送入桩架的龙门导管内，同时把桩尖准确地安放到桩位上，并与桩架导管相连接，以保证沉桩过程中不发生倾斜或移动。桩就位后，为了防止击碎桩顶，在桩锤与桩帽、桩帽与桩之间应放上硬木、粗草纸或麻袋等桩垫作为缓冲层，桩帽与桩顶四周应留 5～10 mm 的间隙，然后进行检查，使桩身、桩帽和桩锤在同一轴线上即可开始沉桩。桩沉入时垂直偏差不得超过 0.5%
打桩	沉桩时用重锤低击可取得良好效果，因为这样桩锤对桩头的冲击小，回弹也小，桩头不易损坏，大部分能量都用于克服桩身与土的摩阻力和桩尖阻力上，桩就能较快地沉入土中。初打时地层软、沉降量较大，宜低锤轻打，随着沉桩加深(1～2 m)，速度减慢，可适当增加起锤高度，并控制锤击应力。打桩时应观察桩锤回弹情况，如经常回弹较大，则说明锤太轻，不能使桩下沉，应及时更换。采用落锤或单动汽锤沉桩时，最大落距应不超过 1 m，打桩时要随时注意贯入度变化情况，当贯入度骤减，桩锤有较大障碍，此时应将桩锤落距减小，加快锤击。如上述情况仍存在应及时进行处理

②振动沉桩。

振动沉桩是利用振动机，将桩与振动机连接在一起，振动机产生的振动力通过桩身使土体振动，使土体的内摩擦角减小、强度降低而将桩沉入土中。在砂土、砂质黏土、亚黏土层中施工宜选用振动沉桩，在**含水砂层效率更高**，但不宜用于黏性土以及土层中夹有孤石的情况。

③射水沉桩。

射水沉桩适用于砂土和碎石土，一般不单独使用，多与锤击或振动结合进行。如**在砂夹卵石层或坚硬土层中采用射水沉桩应以射水为主**；在黏性土中采用射水沉桩应以锤击或振动为主。

④静力压桩。

静力压桩是在软土地基上，利用静力压桩机或液压压桩机用无振动的静力压力(自重和配重)将预压桩压入土中的一种工艺,如图 4-12 所示。

图 4-12　静力压桩施工

静力压桩已被我国沿海地区广泛采用,与普通的锤击沉桩和振动沉桩相比,压桩可以消除噪声和振动的公害,适用于软土地区、城市中心或建筑物密集处的桩基础工程,以及精密工厂的扩建工程。

知识拓展

静力压桩施工工艺流程为:定位→吊桩→对中→压桩→接桩→压桩→送桩→切割桩头。因静力压桩施工设备有一定的行程限制,因此一般采取分段预制、分段压入、逐段压入、逐段接长的形式,带有桩尖的第一节桩压入土中且其上端距地面 0.5～1.0 m 左右时,调整第一节桩的垂直度偏差不应大于 0.5%,接上第二节桩,继续压入。

预制桩常通过焊接、法兰连接及硫磺胶泥锚接进行接桩。其中,焊接应用范围最广,它与法兰连接可用于各种土层,硫磺胶泥锚接仅适用于软弱土层。

3. 现场灌注桩

现场灌注桩是直接在施工现场桩位上成孔,然后在孔内安装钢筋笼,浇筑混凝土成桩。与预制桩相比,灌注桩具有不受地层变化限制,不需要接桩和截桩,具有节约钢材、振动小、噪声小等特点,但施工工艺复杂,影响质量的因素较多。

灌注桩按成孔方法分为**泥浆护壁成孔灌注桩、套管成孔灌注桩、人工挖孔灌注桩、干作业成孔灌注桩、爆扩成孔灌注桩、长螺旋钻孔压灌桩**等。

温馨提示

根据相关规定,人工挖孔属于限制类施工工艺,虽然其在某些特定条件下仍可使用,但会逐渐被淘汰,因此后续关于人工挖孔施工的内容不再进行讲解。

(1)泥浆护壁成孔灌注桩。

泥浆护壁成孔是利用原土自然造浆或人工造浆浆液进行护壁,通过循环泥浆将被钻头切下的土块携带排出孔外成孔,然后安装绑扎好的钢筋笼,水下灌注混凝土成桩(采用导管法)。此法无论对地下水位高或低的土层都适用,但在岩溶发育地区慎用。泥浆护壁成孔灌注桩的成孔方式及其适用范围如表 4-10 所示。

表 4-10　泥浆护壁成孔灌注桩的成孔方式及其适用范围

划分依据	类型	适用范围
成孔工艺及成孔机械	正循环钻孔灌注桩	①适用于黏性土、砂土、强风化、中等到微风化岩石。 ②桩径<1.5 m，孔深≤50 m
	反循环钻孔灌注桩	①适用于黏性土、砂土、细粒碎石土、强风化、中等到微风化岩石。 ②桩径<2 m，孔深≤60 m
	钻孔扩底灌注桩	①适用于黏性土、砂土、细粒碎石土、全风化、强风化、中等风化岩石。 ②孔深≤40 m
	冲击成孔灌注桩	①适用于黏性土、砂土、碎石土及各类岩层。 ②对于厚砂层软塑到流塑状态的淤泥及淤泥质土慎用

温馨提示

为保证桩头质量，泥浆护壁成孔灌注桩实际成桩桩顶标高应比设计标高高出 0.8～1.0 m。桩头施工采用“预先切割法＋机械凿除”桩头处理工艺、“环切法”整体工艺等，不可在未对桩头凿除边线采用割刀等工具进行预先切割处理的情况下，直接由人工采用风镐或其他工具凿除基桩桩头混凝土。

(2)套管成孔灌注桩。

套管成孔灌注桩是指利用锤击打桩法或振动打桩法，将带有活瓣式桩尖或预制钢筋混凝土桩靴的钢套管沉入土中，然后边浇筑混凝土边锤击或振动套管将混凝土捣实而成的桩。前者称为锤击沉管灌注桩，后者称为振动沉管灌注桩。

a.锤击沉管灌注桩。采用落锤、蒸汽锤或柴油锤将钢套管沉入土中成孔，然后灌注混凝土或钢筋混凝土，再拔出钢套管成桩。

其施工工艺流程为：场地平整→桩机就位→立管→对准桩位套入桩靴、压入土中→检查→低锤轻击→检查有无偏移→正常施打至设计标高→第一次浇灌混凝土→边拔管，边锤击，边继续浇灌混凝土→安放钢筋笼，继续浇灌混凝土至桩顶设计标高。

b.振动沉管灌注桩。采用激振器或振动冲击锤将钢套管沉入土中成孔而成的灌注桩，其沉管原理与振动沉桩完全相同。振动沉管灌注桩可采用单打法、复打法、反插法施工。其具体内容如表 4-11 所示。

表 4-11　振动沉管灌注桩施工方法的具体要求

施工方法	具体要求
单打法	在沉入土中的桩管内灌满混凝土，开激振器 5～10 s，开始拔管，边振边拔。每拔 0.5～1.0 m，停拔，振动 5～10 s，如此反复，直到桩管全部拔出。在一般土层内的拔管速度宜为 1.2～1.5 m/min，在软弱土层中，不得大于 0.6～0.8 m/min。单打法施工速度快，混凝土用量少，但桩的承载力低，适用于含水量较少的土层
复打法	在第一次单打法施工完毕并拔出桩管后，清除桩管外壁上和桩孔周围地面上的污泥，立即在原桩位上再次安放桩尖，再作第二次沉管，使未凝固的混凝土向四周挤压扩大桩径，然后灌注第二次混凝土，拔管方法与第一次相同。复打施工要注意前后两次沉管轴线应重合，且必须在第一次灌注的混凝土初凝之前进行

（续表）

施工方法	具体要求
反插法	在桩管内灌满混凝土后，先振动再开始拔管。每次拔管高度 0.5～1.0 m，再向下反插深度 0.3～0.5 m，如此反复进行并始终保持振动，直到桩管全部拔出地面。反插法能扩大桩的截面，从而提高桩的承载力，但混凝土用量较大，一般适用于饱和软土层

(3)干作业成孔灌注桩。

干作业成孔灌注桩是先用钻机或人工在桩位上进行钻孔，然后在桩孔内放入钢筋骨架，再灌注混凝土而成的桩。按照成孔方法的不同，干作业成孔灌注桩可分为螺旋钻孔灌注桩、钻孔扩底灌注桩、机动洛阳铲成孔灌注桩及人工挖孔扩底灌注桩。其中，螺旋钻孔灌注桩按其机械形式的不同，可分为长螺旋钻孔机（一次成孔）和短螺旋钻孔机（**分段多次成孔**）。

干作业成孔灌注桩适用于成孔深度内无地下水的一般黏性、砂土及人工填土，无需护壁，成孔深度 8～20 m、成孔直径 300～600 mm，不宜用于地下水位以下的各类土及淤泥质土。

(4)爆扩成孔灌注桩。

爆扩成孔灌注桩又称为爆扩桩，**由桩柱和扩大头两部分组成**。它是利用炸药爆炸后，其体积急剧膨胀，压缩周围土体形成的桩孔。爆扩成孔灌注桩按成孔方法可分为一次爆扩法和两次爆扩法。爆扩成孔灌注桩在软土和新填土中不宜使用。因为软土和新填土松软，空隙率大，造成填塞不好，爆破效果差，孔形不规则，所以在软土和新填土中不宜采用，而在其他土层均可采用。

(5)长螺旋钻孔压灌桩。

长螺旋钻孔压灌桩是利用长螺旋钻孔机钻孔，并在提升钻杆过程中喷射水泥浆，起钻后放入钢筋笼和高压注浆管，继而投放粗骨料，最后通过高压注浆管完成注浆的成桩方法。钻孔压浆桩可用于各种地质土层条件的施工，适用范围较广。钻孔压浆桩具有振动小、噪声低、可在流砂、淤泥等复杂地质条件下成桩，施工速度快，施工质量高的优点，但水泥用量多、脆性大，注浆后水泥浆流失多、厚流砂层成桩较难。

知识拓展

灌注桩后注浆（PPG）是灌注桩的辅助工法。灌注桩后注浆工法可用于各类钻、挖、冲孔灌注桩及地下连续墙的沉渣（虚土）、泥皮和桩底、桩侧一定范围土体的加固，以大幅提高桩的承载力，增强桩的质量稳定性，减小桩基沉降。

4. 静钻根植桩

静钻根植桩技术是一种融合钻孔、扩底、注浆与预制桩植入的新型桩基施工工艺，通过非挤土方式实现高承载力与环保施工的双重目标。

静钻根植桩技术在浙江、上海等地区已成功应用于近百个高层办公楼、高层住宅、轨道交通、高架桥梁、电力等工程中，所涉及的场地的地基土包括填土、淤泥、淤泥质土、黏性土、粉土、砂土、碎(砾)石土、全风化岩、强风化岩及中风化软质岩等地层，均表现出了良好的适用性。目前，该桩型常用的植入桩桩径为 0.4～1.0 m，最大钻孔深度可达 80 m。

静钻根植桩技术作为非挤土桩基础技术，可有效解决钻孔灌注桩施工时泥浆带来的严重环境污染问题和工程质量不稳定问题。其主要具有桩身质量可靠、桩身结构性能充分发挥、桩身无损伤、地质条件适应性强、长期耐久性可靠、施工过程可控、施工速度快、无噪声、无挤土、无泥浆外运等优点。用于静钻根植桩施工的设备包含大型桩机和吊机,重量大,因而施工时对地面承载力要求较高;当桩端需进入硬质岩时,钻头磨损较大,效率较低,整体效益下降较多。

静钻根植桩工法的主要工艺流程如下:

(1)钻机定位,钻头钻进。

(2)钻头钻进,对孔体进行修整及护壁。

(3)钻孔至持力层后打开扩大翼,进行扩孔。

(4)注入桩端固化水泥浆并搅拌。

(5)收拢扩大翼,边提升钻杆边注入桩身固化水泥浆。

(6)利用自重将桩植入钻孔,调整桩身垂直度,将桩植入桩端扩底部位。

三、主体结构工程施工技术 ★★★★★

我国普通民用建筑主体结构形式采用最多的是砌体结构、混凝土结构、钢结构。

(一)砌体结构工程施工技术

1.基本规定

砌体结构工程所用的材料应有产品合格证书、产品性能型式检验报告,质量应符合国家现行有关标准的要求。块体、水泥、钢筋、外加剂尚应有材料主要性能的进场复验报告,并应符合设计要求。严禁使用国家明令淘汰的材料。

伸缩缝、沉降缝、防震缝中的模板应拆除干净,不得夹有砂浆、块体及碎渣等杂物。

砌筑顺序应符合下列规定:

(1)基底标高不同时,应从低处砌起,并应由高处向低处搭砌。当设计无要求时,搭接长度 L 不应小于基础底的高差 H,搭接长度范围内下层基础应扩大砌筑,如图 4-13 所示。

图 4-13 基底标高不同时的搭砌示意图(条形基础)

(2)砌体的转角处和交接处应同时砌筑,当不能同时砌筑时,应按规定留槎、接槎。

砌筑墙体应设置皮数杆。在墙上留置临时施工洞口,其侧边离交接处墙面不应小于 500 mm,洞口净宽度不应超过 1 m。抗震设防烈度为 9 度地区建筑物的临时施工洞口位置,应会同设计单位确定。临时施工洞口应做好补砌。

不得在下列墙体或部位设置脚手眼:

(1)120 mm 厚墙、清水墙、料石墙、独立柱和附墙柱。

(2)过梁上与过梁成 60°角的三角形范围及过梁净跨度 1/2 的高度范围内。

(3)宽度小于 1 m 的窗间墙。

(4)门窗洞口两侧石砌体 300 mm,其他砌体 200 mm 范围内;转角处石砌体 600 mm,其他砌体 450 mm 范围内。

(5)梁或梁垫下及其左右 500 mm 范围内。

(6)设计不允许设置脚手眼的部位。

(7)轻质墙体。

(8)夹心复合墙外叶墙。

脚手眼补砌时，应清除脚手眼内掉落的砂浆、灰尘；脚手眼处砖及填塞用砖应湿润，并应填实砂浆。

设计要求的洞口、沟槽、管道应于砌筑时正确留出或预埋，未经设计同意，不得打凿墙体和在墙体上开凿水平沟槽，宽度超过 300 mm 的洞口上部，应设置钢筋混凝土过梁。不应在截面长边小于 500 mm 的承重墙体、独立柱内埋设管线。

砌筑完基础或每一楼层后，应校核砌体的轴线和标高。在允许偏差范围内，轴线偏差可在基础顶面或楼面上校正，标高偏差宜通过调整上部砌体灰缝厚度校正。

搁置预制梁、板的砌体顶面应平整，标高一致。

砌体施工质量控制等级分为三级，并应按表 4-12 划分。

表 4-12　施工质量控制等级

项目	施工质量控制等级		
	A	B	C
现场质量管理	监督检查制度健全，并严格执行；施工方有在岗专业技术管理人员，人员齐全，并持证上岗	监督检查制度基本健全，并能执行，施工方有在岗专业技术管理人员，人员齐全，并持证上岗	有监督检查制度；施工方有在岗专业技术管理人员
砂浆、混凝土强度	试块按规定制作，强度满足验收规定，离散性小	试块按规定制作，强度满足验收规定，离散性较小	试块按规定制作，强度满足验收规定，离散性大
砂浆拌合	机械拌合；配合比计量控制严格	机械拌合；配合比计量控制一般	机械或人工拌合；配合比计量控制较差
砌筑工人	中级工以上，其中，高级工不少于 30%	高、中级工不少于 70%	初级工以上

注：a. 砂浆、混凝土强度离散性大小根据强度标准差确定。

b. 配筋砌体不得为 C 级施工。

雨天不宜在露天砌筑墙体，对下雨当日砌筑的墙体应进行遮盖。继续施工时，应复核墙体的垂直度，如果垂直度超过允许偏差，应拆除重新砌筑。

温馨提示

雨期施工时应防止基槽灌水和雨水冲刷砂浆，每天砌筑高度不宜超过 1.2 m。

砌体施工时，楼面和屋面堆载不得超过楼板的允许荷载值。当施工层进料口处施工荷载较大时，楼板下宜采取临时支撑措施。

正常施工条件下，砖砌体、小砌块砌体每日砌筑高度宜控制在 1.5 m 或一步脚手架高度内；石砌体不宜超过 1.2 m。

温馨提示

正常施工条件下，混凝土小型空心砌块砌体每日砌筑高度宜控制在1.4 m或一步脚手架高度内。

砌体结构工程检验批的划分应同时符合下列规定：

(1)所用材料类型及同类型材料的强度等级相同。

(2)不超过250 m^3砌体。

(3)主体结构砌体一个楼层(基础砌体可按一个楼层计)；填充墙砌体量少时可多个楼层合并。

砌体结构工程检验批验收时，其主控项目应全部符合规范的规定；一般项目应有80%及以上的抽检处符合规范的规定；有允许偏差的项目，最大超差值为允许偏差值的1.5倍。

2.砌筑砂浆的制备

(1)水泥的选用。

不同品种的水泥，不得混合使用。

(2)砂的选用。

砂浆用砂宜采用过筛中砂，并应满足下列要求：不应混有草根、树叶、树枝、塑料、煤块、炉渣等杂物。砂中含泥量、泥块含量、石粉含量、云母、轻物质、有机物、硫化物、硫酸盐及氯盐含量(配筋砌体砌筑用砂)等应符合现行行业标准《普通混凝土用砂、石质量及检验方法标准》的有关规定。人工砂、山砂及特细砂，应经试配能满足砌筑砂浆技术条件要求。

(3)粉煤灰、建筑生石灰、建筑生石灰粉及石灰膏的选用。

拌制水泥混合砂浆的粉煤灰、建筑生石灰、建筑生石灰粉及石灰膏应符合下列规定：粉煤灰、建筑生石灰、建筑生石灰粉的品质指标应符合现行行业标准《建筑生石灰》的有关规定。建筑生石灰、建筑生石灰粉熟化为石灰膏，其熟化时间分别不得少于7天和2天；沉淀池中储存的石灰膏，应防止干燥、冻结和污染，严禁采用脱水硬化的石灰膏；建筑生石灰粉、消石灰粉不得替代石灰膏配制水泥石灰砂浆。石灰膏的用量，应按稠度120 mm±5 mm计量，现场施工中石灰膏不同稠度的换算系数，可按表4-13确定。

表4-13　石灰膏不同稠度的换算系数

稠度/mm	120	110	100	90	80	70	60	50	40	20
换算系数	1.00	0.99	0.97	0.95	0.93	0.92	0.90	0.88	0.87	0.86

(4)水的选用。

拌制砂浆用水的水质，应符合现行行业标准《混凝土用水标准》的有关规定。

(5)配合比设计。

砌筑砂浆应进行配合比设计。当砌筑砂浆的组成材料有变更时，其配合比应重新确定。

(6)其他要求。

施工中不应采用强度等级小于M5水泥砂浆替代同强度等级水泥混合砂浆，如需替代，应将水泥砂浆提高一个强度等级。

配置砌筑砂浆时，各组分材料应采用质量计量，水泥及各种外加剂配料的允许偏差为±2%；砂、粉煤灰、石灰膏等配料的允许偏差为±5%。

砌筑砂浆应采用机械搅拌，搅拌时间自投料完起算应符合规范规定。

现场拌制的砂浆应随拌随用，拌制的砂浆应在3 h内使用完毕；当施工期间最高气温超过30 ℃时，应在2 h内使用完毕。预拌砂浆及蒸压加气混凝土砌块专用砂浆的使用时间应按照厂方提供的说明书确定。

砌体结构工程使用的湿拌砂浆，除直接使用外必须储存在不吸水的专用容器内，并根据气候条件采取遮阳、保温、防雨雪等措施，砂浆在储存过程中严禁随意加水。

砌筑砂浆试块强度验收时其强度合格标准应符合下列规定：

①同一验收批砂浆试块强度平均值应大于或等于设计强度等级值的1.10倍。

②同一验收批砂浆试块抗压强度的最小一组平均值应大于或等于设计强度等级值的85%。

抽检数量：每一检验批且不超过250 m^3砌体的各类、各强度等级的普通砌筑砂浆，每台搅拌机应至少抽检一次。验收批的预拌砂浆、蒸压加气混凝土砌块专用砂浆，抽检可为3组。

检验方法：在砂浆搅拌机出料口或在湿拌砂浆的储存容器出料口随机取样制作砂浆试块（现场拌制的砂浆，同盘砂浆只应作1组试块），试块标养28天后作强度试验。预拌砂浆中的湿拌砂浆稠度应在进场时取样检验。

3. 砖砌体工程施工

以下内容适用于烧结普通砖、烧结多孔砖、混凝土多孔砖、混凝土实心砖、蒸压灰砂砖、蒸压粉煤灰砖等砌体工程。

知识拓展

砖墙外墙面砌成后进行勾缝即形成清水墙。清水墙不需要外墙面装饰，砌砖质量要求高，灰浆饱满，砖缝规范美观。相对混水墙而言，其外观质量要高很多，而强度要求则是一样的。

砌体砌筑时，混凝土多孔砖、混凝土实心砖、蒸压灰砂砖、蒸压粉煤灰砖等块体的产品龄期不应小于28天。

有冻胀环境和条件的地区，地面以下或防潮层以下的砌体，不应采用多孔砖。

不同品种的砖不得在同一楼层混砌。

砌筑烧结普通砖、烧结多孔砖、蒸压灰砂砖、蒸压粉煤灰砖砌体时，砖应提前1～2天适度湿润，严禁采用干砖或处于吸水饱和状态的砖砌筑，块体湿润程度宜符合下列规定：

(1)烧结类块体的相对含水率60%～70%。

(2)混凝土多孔砖及混凝土实心砖不需浇水湿润，但在气候干燥炎热的情况下，宜在砌筑前对其喷水湿润。其他非烧结类块体的相对含水率40%～50%。

采用铺浆法砌筑砌体，铺浆长度不得超过750 mm；当施工期间气温超过30 ℃时，铺浆长度不得超过500 mm。

240 mm厚承重墙的每层墙的最上一皮砖，砖砌体的阶台水平面上及挑出层的外皮砖，应整砖丁砌。

弧拱式及平拱式过梁的灰缝应砌成楔形缝，拱底灰缝宽度不宜小于5 mm，拱顶灰缝宽度不应大于15 mm，拱体的纵向及横向灰缝应填实砂浆；平拱式过梁拱脚下面应伸入墙内不小于20 mm；砖砌平拱过梁底应有1%的起拱。

砖过梁底部的模板及其支架拆除时，灰缝砂浆强度不应低于设计强度的75%。

多孔砖的孔洞应垂直于受压面砌筑。半盲孔多孔砖的封底面应朝上砌筑。

竖向灰缝不应出现瞎缝、透明缝和假缝。

砖砌体施工临时间断处补砌时,必须将接槎处表面清理干净,洒水湿润,并填实砂浆,保持灰缝平直。

夹心复合墙的砌筑应符合下列规定:

(1)墙体砌筑时,应采取措施防止空腔内掉落砂浆和杂物。

(2)拉结件设置应符合设计要求,拉结件在叶墙上的搁置长度不应小于叶墙厚度的2/3,并不应小于60 mm。

(3)保温材料品种及性能应符合设计要求。保温材料的浇注压力不应对砌体强度、变形及外观质量产生不良影响。

非抗震设防及抗震设防烈度为6度、7度地区的临时间断处,当不能留斜槎时,除转角处外,可留直槎,但直槎必须做成凸槎,且应加设拉结钢筋(如图4-14所示),拉结钢筋应符合下列规定:

(1)每120 mm墙厚放置1ϕ6拉结钢筋(120 mm厚墙应放置2ϕ6拉结钢筋)。

(2)间距沿墙高不应超过500 mm,且竖向间距偏差不应超过100 mm。

(3)埋入长度从留槎处算起每边均不应小于500 mm;对抗震设防烈度6度、7度的地区,不应小于1 000 mm。

(4)末端应有90°弯钩。

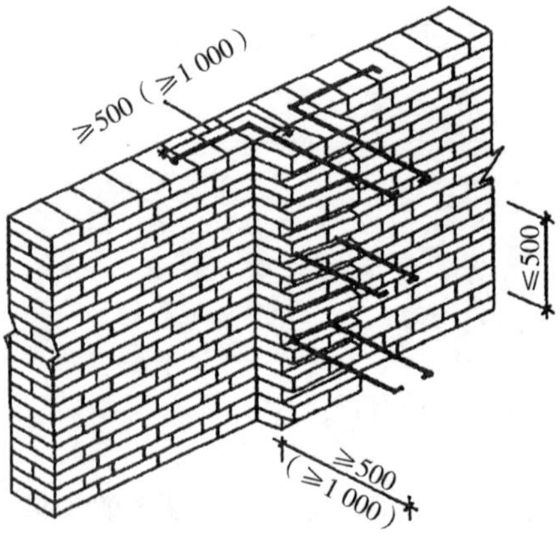

图4-14 直槎处拉结钢筋示意图(单位:mm)

砖砌体组砌方法应正确,内外搭砌,上、下错缝。清水墙、窗间墙无通缝;混水墙中不得有长度大于300 mm的通缝,长度200～300 mm的通缝每间不超过3处,且不得位于同一面墙体上。砖柱不得采用包心砌法。

砖砌体的灰缝应横平竖直,厚薄均匀,水平灰缝厚度和竖向灰缝宽度宜为10 mm,但不应小于8 mm,且不应大于12 mm。

4. 混凝土小型空心砌块砌体工程施工

以下内容适用于普通混凝土小型空心砌块和轻骨料混凝土小型空心砌块(以下简称小砌块)等砌体工程。

施工前,应按房屋设计图编绘小砌块平、立面排块图,施工中应按排块图施工。

施工采用的小砌块的产品龄期不应小于28天。

砌筑小砌块时,应清除表面污物,剔除外观质量不合格的小砌块。

砌筑小砌块砌体,宜选用专用小砌块砌筑砂浆。

底层室内地面以下或防潮层以下的砌体,应采用强度等级不低于C20(或Cb20)的混凝土灌实小砌块的孔洞。

砌筑普通混凝土小型空心砌块砌体,不需对小砌块浇水湿润,如遇天气干燥炎热,宜在砌筑前对其喷水湿润；对轻骨料混凝土小砌块，应提前浇水湿润，块体的相对含水率宜为 40%～50%。雨天及小砌块表面有浮水时，不得施工。

小砌块墙体应孔对孔、肋对肋错缝搭砌。单排孔小砌块的搭接长度应为块体长度的 1/2；多排孔小砌块的搭接长度可适当调整，但不宜小于小砌块长度的 1/3，且不应小于 90 mm。墙体的个别部位不能满足上述要求时，应在灰缝中设置拉结钢筋或钢筋网片，但竖向通缝仍不得超过两皮小砌块。

小砌块墙体宜逐块坐（铺）浆砌筑。

在散热器、厨房和卫生间等设备的卡具安装处砌筑的小砌块，宜在施工前用强度等级不低于 C20（或 Cb20）的混凝土将其孔洞灌实。

每步架墙（柱）砌筑完后，应随即刮平墙体灰缝。

砌体水平灰缝和竖向灰缝的砂浆饱满度，按净面积计算不得低于 90%。

小砌块砌体的芯柱在楼盖处应贯通，不得削弱芯柱截面尺寸；芯柱混凝土不得漏灌。

5. 石砌体工程施工

以下内容适用于毛石、毛料石、粗料石、细料石等砌体工程。

石砌体采用的石材应质地坚实，无裂纹和无明显风化剥落；用于清水墙、柱表面的石材，尚应色泽均匀。

石材表面的泥垢、水锈等杂质，砌筑前应清除干净。

毛石砌筑时，对石块间存在较大的缝隙，应先向缝内填灌砂浆并捣实，然后再用小石块嵌填，不得先填小石块后填灌砂浆，石块间不得出现无砂浆相互接触现象。

挡土墙内侧回填土必须分层夯填，分层松土厚度宜为 300 mm。墙顶土面应有适当坡度使流水流向挡土墙外侧面。

砌体灰缝的砂浆饱满度不应小于 80%。

6. 配筋砌体工程施工

配筋砌体属于砌体和混凝土或钢筋共同受力的组合构件，因此，配筋砌体工程除应满足下列内容外，尚应符合砖砌体工程和混凝土小型空心砌块砌体工程的要求和规定。

施工配筋小砌块砌体剪力墙，应采用专用的小砌块砌筑砂浆砌筑，专用小砌块灌孔混凝土浇筑芯柱。

设置在灰缝内的钢筋，应居中置于灰缝内，水平灰缝厚度应大于钢筋直径 4 mm 以上。

构造柱与墙体的连接应符合下列规定：

（1）墙体应砌成马牙槎，马牙槎凹凸尺寸不宜小于 60 mm，高度不应超过 300 mm，马牙槎应先退后进，对称砌筑；马牙槎尺寸偏差每一构造柱不应超过 2 处。

（2）预留拉结钢筋的规格、尺寸、数量及位置应正确，拉结钢筋应沿墙高每隔 500 mm 设 2ϕ6，伸入墙内不宜小于 600 mm，钢筋的竖向移位不应超过 100 mm，且竖向移位每一构造柱不得超过 2 处。

（3）施工中不得任意弯折拉结钢筋。

7. 填充墙砌体工程施工

以下内容适用于烧结空心砖、蒸压加气混凝土砌块、轻骨料混凝土小型空心砌块等填充墙砌体工程。

砌筑填充墙时，轻骨料混凝土小型空心砌块和蒸压加气混凝土砌块的产品龄期不应小于 28 天，蒸压加气混凝土砌块的含水率宜小于 30%。

烧结空心砖、蒸压加气混凝土砌块、轻骨料混凝土小型空心砌块等的运输、装卸过程中，严禁抛掷和倾倒；进场后应按品种、规格堆放整齐，堆置高度不宜超过 2 m。蒸压加气混凝土砌块在运输及堆放中应防止雨淋。

吸水率较小的轻骨料混凝土小型空心砌块及采用薄灰砌筑法施工的蒸压加气混凝土砌块，砌筑前不应对其浇（喷）水湿润；在气候干燥炎热的情况下，对吸水率较小的轻骨料混凝土小型空心砌块宜在砌筑前喷水湿润。

采用普通砌筑砂浆砌筑填充墙时，烧结空心砖、吸水率较大的轻骨料混凝土小型空心砌块应提前1～2天浇（喷）水湿润。蒸压加气混凝土砌块采用蒸压加气混凝土砌块砌筑砂浆或普通砌筑砂浆砌筑时，应在砌筑当天对砌块砌筑面喷水湿润。块体湿润程度宜符合下列规定：

(1)烧结空心砖的相对含水率60%～70%。

(2)吸水率较大的轻骨料混凝土小型空心砌块、蒸压加气混凝土砌块的相对含水率40%～50%。

在厨房、卫生间、浴室等处采用轻骨料混凝土小型空心砌块、蒸压加气混凝土砌块砌筑墙体时，墙底部宜现浇混凝土坎台，其高度宜为150 mm。

填充墙拉结筋处的下皮小砌块宜采用半盲孔小砌块或用混凝土灌实孔洞的小砌块；薄灰砌筑法施工的蒸压加气混凝土砌块砌体，拉结筋应放置在砌块上表面设置的沟槽内。

蒸压加气混凝土砌块、轻骨料混凝土小型空心砌块不应与其他块体混砌，不同强度等级的同类块体也不得混砌。

温馨提示

窗台处和因安装门窗需要，在门窗洞口处两侧填充墙上、中、下部可采用其他块体局部嵌砌；对与框架柱、梁不脱开方法的填充墙，填塞填充墙顶部与梁之间缝隙可采用其他块体。

填充墙砌体砌筑，应待承重主体结构检验批验收合格后进行。填充墙与承重主体结构间的空（缝）隙部位施工，应在填充墙砌筑14天后进行。

知识拓展

根据《非结构构件抗震设计规范》，钢筋混凝土结构中的填充墙，应符合下列规定。

(1)层间变形较大的框架结构和高层建筑，宜采用钢材或木材为龙骨的隔墙及轻质隔墙。

(2)砌体填充墙宜与主体结构采用柔性连接，当采用刚性连接时应符合下列规定：

①填充墙在平面和竖向的布置，宜均匀对称，避免形成薄弱层或短柱。

②砌体的砂浆强度等级不应低于M5，实心块体的强度等级不宜低于MU2.5，空心块体的强度等级不宜低于MU3.5，墙体应与框架梁紧密结合。

③填充墙应沿框架柱全高每隔500～600 mm设2ϕ6拉筋，拉筋伸入墙内的长度，6度、7度时宜沿墙全长贯通，8度、9度时应全长贯通。

④墙长大于5 m时，墙顶与梁宜有拉结；墙长超过8 m或层高2倍时，宜设置钢筋混凝土构造柱，构造柱间距不宜大于4 m，框架结构底部两层的钢筋混凝土构造柱宜加密；填充墙开有宽度大于2 m的门洞或窗洞时，洞边宜设置钢筋混凝土构造柱；墙高超过4 m时，墙体半高宜设置与柱连接且沿墙全长贯通的钢筋混凝土水平系梁。

8. 安全施工要求

砌筑用脚手架应按经审查批准的施工方案搭设，并应符合国家现行相关脚手架安全技术规范的规定。验收合格后，不得随意拆除和改动脚手架。

砌筑用脚手架是墙体砌筑过程中堆放材料和工人进行操作的临时设施。工人在地面或楼面上砌筑砖墙时，劳动生产率受砌砖的砌筑高度影响。在距地面 0.6 m 左右时生产效率最高，砌筑到一定高度，必须按要求搭设脚手架，考虑砌砖工作效率及施工组织等影响，每次搭设脚手架的每步高度一般为 1.2～1.4 m，脚手架宽度一般为 1.0～1.5 m。

脚手架的种类很多，按其搭设的位置分为外脚手架和里脚手架两大类。外脚手架是指搭设在建筑物外墙外面的脚手架。其主要结构形式有多立杆式钢管脚手架（扣件式、碗扣式）、门式钢管脚手架、附着式升降脚手架和悬挑脚手架等。里脚手架搭设于建筑物内部，每砌完一层墙后，即将其转移到上一层楼面，进行新的一层砌体砌筑，它可用于内外墙的砌筑和室内装饰施工。里脚手架用料少，但装拆频繁，因此要求轻便灵活，装拆方便。其常见结构形式有折叠式里脚手架和支柱式里脚手架两种。

下面依据《施工脚手架通用规范》讲解脚手架的相关要求。

(1)构造要求。

脚手架构造措施应合理、齐全、完整，并应保证架体传力清晰、受力均匀。脚手架杆件连接节点应具备足够强度和转动刚度，架体在使用期内节点应无松动。脚手架立杆间距、步距应通过设计确定。脚手架作业层应采取安全防护措施。脚手架底部立杆应设置纵向和横向扫地杆，扫地杆应与相邻立杆连接稳固。

作业脚手架应按设计计算和构造要求设置连墙件，并应符合下列要求：

①连墙件应采用能承受压力和拉力的刚性构件，并应与工程结构和架体连接牢固。

②连墙点的水平间距不得超过 3 跨，竖向间距不得超过 3 步，连墙点之上架体的悬臂高度不应超过 2 步。

③在架体的转角处、开口型作业脚手架端部应增设连墙件，连墙件竖向间距不应大于建筑物层高，且不应大于 4 m。

作业脚手架的纵向外侧立面上应设置竖向剪刀撑，并应符合下列规定：

①每道剪刀撑的宽度应为 4 跨～6 跨，且不应小于 6 m，也不应大于 9 m；剪刀撑斜杆与水平面的倾角应在 45°～60°之间。

②当搭设高度在 24 m 以下时，应在架体两端、转角及中间每隔不超过 15 m 各设置一道剪刀撑，并应由底至顶连续设置；当搭设高度在 24 m 及以上时，应在全外侧立面上由底至顶连续设置。

③悬挑脚手架、附着式升降脚手架应在全外侧立面上由底至顶连续设置。

悬挑脚手架立杆底部应与悬挑支承结构可靠连接；应在立杆底部设置纵向扫地杆，并应间断设置水平剪刀撑或水平斜撑杆。

附着式升降脚手架应设有防倾、防坠、停层、荷载、同步升降控制装置，各类装置应灵敏可靠。

临街作业脚手架的外侧立面、转角处应采取有效硬防护措施。

支撑脚手架独立架体高宽比不应大于 3.0。

支撑脚手架应设置竖向和水平剪刀撑，并应符合下列规定：

①剪刀撑的设置应均匀、对称。

②每道竖向剪刀撑的宽度应为 6～9 m，剪刀撑斜杆的倾角应在 45°～60°之间。

支撑脚手架的水平杆应按步距沿纵向和横向通长连续设置，且应与相邻立杆连接稳固。

脚手架可调底座和可调托撑调节螺杆插入脚手架立杆内的长度不应小于 150 mm，且调节螺杆伸出长度应经计算确定，并应符合下列规定：

①当插入的立杆钢管直径为 42 mm 时，伸出长度不应大于 200 mm。

②当插入的立杆钢管直径为 48.3 mm 及以上时，伸出长度不应大于 500 mm。

可调底座和可调托撑螺杆插入脚手架立杆钢管内的间隙不应大于 2.5 mm。

(2)搭设要求。

脚手架应按顺序搭设，并应符合下列规定：

①落地作业脚手架、悬挑脚手架的搭设应与主体结构工程施工同步，一次搭设高度不应超过最上层连墙件 2 步，且自由高度不应大于 4 m。

②剪刀撑、斜撑杆等加固杆件应随架体同步搭设。

③构件组装类脚手架的搭设应自一端向另一端延伸，应自下而上按步逐层搭设；并应逐层改变搭设方向。

④每搭设完一步距架体后，应及时校正立杆间距、步距、垂直度及水平杆的水平度。

作业脚手架连墙件安装应符合下列规定：

①连墙件的安装应随作业脚手架搭设同步进行。

②当作业脚手架操作层高出相邻连墙件 2 个步距及以上时，在上层连墙件安装完毕前，应采取临时拉结措施。

悬挑脚手架、附着式升降脚手架在搭设时，悬挑支承结构、附着支座的锚固应稳固可靠。

脚手架安全防护网和防护栏杆等防护设施应随架体搭设同步安装到位。

(3)使用要求。

脚手架作业层上的荷载不得超过荷载设计值。

雷雨天气、6 级及以上大风天气应停止架上作业；雨、雪、雾天气应停止脚手架的搭设和拆除作业，雨、雪、霜后上架作业应采取有效的防滑措施，雪天应清除积雪。

严禁将支撑脚手架、缆风绳、混凝土输送泵管、卸料平台及大型设备的支承件等固定在作业脚手架上。严禁在作业脚手架上悬挂起重设备。

脚手架在使用过程中，应定期进行检查并形成记录。当遇到下列情况之一时，应对脚手架进行检查并应形成记录，确认安全后方可继续使用：承受偶然荷载后；遇有 6 级及以上强风后；大雨及以上降水后；冻结的地基土解冻后；停用超过 1 个月；架体部分拆除；其他特殊情况。

(4)拆除要求。

脚手架拆除前，应清除作业层上的堆放物。

脚手架的拆除作业应符合下列规定：

①架体拆除应按自上而下的顺序按步逐层进行，不应上下同时作业。

②同层杆件和构配件应按先外后内的顺序拆除；剪刀撑、斜撑杆等加固杆件应在拆卸至该部位杆件时拆除。

③作业脚手架连墙件应随架体逐层、同步拆除，不应先将连墙件整层或数层拆除后再拆架体。

④作业脚手架拆除作业过程中，当架体悬臂段高度超过 2 步时，应加设临时拉结。

作业脚手架分段拆除时，应先对未拆除部分采取加固处理措施后再进行架体拆除。

架体拆除作业应统一组织，并应设专人指挥，不得交叉作业。

严禁高空抛掷拆除后的脚手架材料与构配件。

（二）混凝土结构工程施工技术

1. 术语

混凝土结构是指以混凝土为主制成的结构，包括素混凝土结构、钢筋混凝土结构和预应力混凝土结构，按施工方法可分为现浇混凝土结构和装配式混凝土结构。

现浇混凝土结构是指在现场原位支模并整体浇筑而成的混凝土结构，简称现浇结构。

装配式混凝土结构是指由预制混凝土构件或部件装配、连接而成的混凝土结构，简称装配式结构。

预应力混凝土结构是指配置受力的预应力筋，通过张拉或其他方法建立预加应力的混凝土结构。

知识拓展

预应力混凝土的分类：按预应力的大小，分为全预应力混凝土和部分预应力混凝土；按预应力筋与混凝土黏结方式不同，分为有黏结预应力混凝土和无黏结预应力混凝土；按施工方式不同，分为预制预应力混凝土、现浇预应力混凝土和叠合预应力混凝土等；按钢筋的张拉方法不同，分为机械张拉（液压或电动螺杆）和电热张拉；按施加预应力的顺序不同，分为先张法和后张法。

预应力混凝土结构的混凝土强度等级不宜低于C40，且不应低于C30。

无粘结预应力筋是指表面涂防腐油脂并包护套后，与周围混凝土不粘结，靠锚具传递压力给构件或结构的一种预应力筋。

有粘结预应力筋是指张拉后直接与混凝土粘结或通过灌浆使之与混凝土粘结的一种预应力筋。

后张法是指结构构件混凝土达到规定强度后，张拉预应力筋并用锚具永久锚固而建立预应力的施工方法。

温馨提示

后张法预应力的传递主要依靠预应力筋两端锚具。

2. 模板分项工程施工

模板工程主要包括模板和支架两部分。模板面板、支承面板的次楞和主楞以及对拉螺栓等组件统称为模板。模板背侧的支承（撑）架和连接件等统称为支架或模板支架。

（1）模板材料。

模板及支架宜选用轻质、高强、耐用的材料。连接件宜选用标准定型产品。

知识拓展

混凝土结构施工用的模板材料，包括钢材、铝材、胶合板、塑料、木材等。

常见的模板种类及其特点和适用范围如表4-14所示。

表4-14　常见的模板种类及其特点和适用范围

模板种类	特点	适用范围
木模板	拼装灵活，制作量大，木材资源浪费大，重复利用率低	较适用于外形复杂或异形混凝土构件，使用率因木材资源浪费大已降低

（续表）

模板种类	特点	适用范围
组合钢模板	轻便灵活、拆装方便、通用性强、周转率高；接缝多且严密性差，导致混凝土成型后外观质量差	属于工具式模板，应用最为广泛
滑升模板	节约模板及支撑材料、刚度大、整体性好、模板安拆速度快，但投资大、耗钢量大	属于工具式模板，适用于高耸构筑物和高层建筑物等
爬升模板	可自爬，不需起重运输机械吊装，施工进度快、经济效益好、高效、安全、一次性投资少	适用于施工剪力墙体系和筒体体系高层建筑的钢筋混凝土结构
台模	节约时间、降低人工成本、加快施工进度，但一次性投资较大	属于大型工具式模板，用于浇筑平板式或带边梁楼板
大模板	尺寸大、重量大、刚度好、需起重机械吊装	属于大尺寸工具式模板，常用于剪力墙和筒体体系
隧道模板	整体性好、施工进度快，但一次性投资较大	属于大型工具式模板，用于同时整体浇筑墙体和楼板
早拆模板	部分模板可早拆，加快周转，节约成本	适用于各种类型的公共建筑、住宅建筑的楼板和梁，框架结构建筑的楼板和梁

(2)模板制作与安装。

模板应按图加工、制作。通用性强的模板宜制作成定型模板。

支架立柱和竖向模板安装在土层上时，应符合下列规定：

①应设置具有足够强度和支承面积的垫板。

②土层应坚实，并应有排水措施；对湿陷性黄土、膨胀土，应有防水措施；对冻胀性土，应有防冻胀措施。

③对软土地基，必要时可采用堆载预压的方法调整模板面板安装高度。

安装模板时，应进行测量放线，并应采取保证模板位置准确的定位措施。对竖向构件的模板及支架，应根据混凝土一次浇筑高度和浇筑速度，采取竖向模板抗侧移、抗浮和抗倾覆措施。对水平构件的模板及支架，应结合不同的支架和模板面板形式，采取支架间、模板间及模板与支架间的有效拉结措施。对可能承受较大风荷载的模板，应采取防风措施。

对跨度不小于 4 m 的梁、板，其模板施工起拱高度宜为梁、板跨度的 1/1 000～3/1 000。起拱不得减少构件的截面高度。

对现浇多层、高层混凝土结构，上、下楼层模板支架的立杆宜对准。模板及支架杆件等应分散堆放。

模板安装应保证混凝土结构构件各部分形状、尺寸和相对位置准确，并应防止漏浆。

模板安装应与钢筋安装配合进行，梁柱节点的模板宜在钢筋安装后安装。

模板与混凝土接触面应清理干净并涂刷脱模剂，脱模剂不得污染钢筋和混凝土接槎处。

后浇带的模板及支架应独立设置。

固定在模板上的预埋件、预留孔和预留洞，均不得遗漏，且应安装牢固、位置准确。

(3)模板拆除与维护。

模板拆除时，可采取先支的后拆、后支的先拆，先拆非承重模板、后拆承重模板的顺序，并应从上而下进行拆除。

温馨提示

框架结构模板拆除顺序：柱→楼板→梁侧模→梁底模。

底模及支架应在混凝土强度达到设计要求后再拆除；当设计无具体要求时，同条件养护的混凝土立方体试件抗压强度应符合表4-15的规定。

表4-15 底模拆除时的混凝土强度要求

构件类型	构件跨度/m	达到设计混凝土强度等级值的百分率/%
板	≤2	≥50
	>2,≤8	≥75
	>8	≥100
梁、拱、壳	≤8	≥75
	>8	≥100
悬臂结构	—	≥100

当混凝土强度能保证其表面及棱角不受损伤时，方可拆除侧模。

多个楼层间连续支模的底层支架拆除时间，应根据连续支模的楼层间荷载分配和混凝土强度的增长情况确定。

快拆支架体系的支架立杆间距不应大于2 m。拆模时，应保留立杆并顶托支承楼板，拆模时的混凝土强度可按表4-15中构件跨度为2 m的规定确定。

后张预应力混凝土结构构件，侧模宜在预应力筋张拉前拆除；底模及支架不应在结构构件建立预应力前拆除。

拆下的模板及支架杆件不得抛掷，应分散堆放在指定地点，并应及时清运。

模板拆除后应将其表面清理干净，对变形和损伤部位应进行修复。

3. 钢筋分项工程施工

(1)钢筋材料。

钢筋的性能应符合国家现行有关标准的规定。常用钢筋的公称直径、公称截面面积、计算截面面积及理论重量，应符合规范规定。

对按一、二、三级抗震等级设计的房屋建筑框架和斜撑构件，其纵向受力普通钢筋性能应符合下列规定：

①抗拉强度实测值与屈服强度实测值的比值不应小于1.25。

②屈服强度实测值与屈服强度标准值的比值不应大于1.30。

③最大力总延伸率实测值不应小于9%。

施工过程中应采取防止钢筋混淆、锈蚀或损伤的措施。

施工中发现钢筋脆断、焊接性能不良或力学性能显著不正常等现象时，应停止使用该批钢筋，并应对该批钢筋进行化学成分检验或其他专项检验。

(2)钢筋加工。

钢筋加工前应将表面清理干净。表面有颗粒状、片状老锈或有损伤的钢筋不得使用。

钢筋加工宜在常温状态下进行,加工过程中不应对钢筋进行加热。钢筋应一次弯折到位。

钢筋宜采用机械设备进行调直,也可采用冷拉方法调直。当采用机械设备调直时,调直设备不应具有延伸功能。当采用冷拉方法调直时,HPB300 光圆钢筋的冷拉率不宜大于 4%;HRB400、HRB500、HRBF400、HRBF500 及 RRB400 带肋钢筋的冷拉率,不宜大于 1%。钢筋调直过程中不应损伤带肋钢筋的横肋。调直后的钢筋应平直,不应有局部弯折。

钢筋弯折的弯弧内直径应符合下列规定:

①光圆钢筋,不应小于钢筋直径的 2.5 倍。

②400 MPa 级带肋钢筋,不应小于钢筋直径的 4 倍。

③500 MPa 级带肋钢筋,当直径为 28 mm 以下时不应小于钢筋直径的 6 倍,当直径为 28 mm 及以上时不应小于钢筋直径的 7 倍。

④位于框架结构顶层端节点处的梁上部纵向钢筋和柱外侧纵向钢筋,在节点角部弯折处,当钢筋直径为 28 mm 以下时不宜小于钢筋直径的 12 倍,当钢筋直径为 28 mm 及以上时不宜小于钢筋直径的 16 倍。

⑤箍筋弯折处尚不应小于纵向受力钢筋直径;箍筋弯折处纵向受力钢筋为搭接钢筋或并筋时,应按钢筋实际排布情况确定箍筋弯弧内直径。

纵向受力钢筋的弯折后平直段长度应符合设计要求及现行国家标准《混凝土结构设计规范》的有关规定。光圆钢筋末端作 180°弯钩时,弯钩的弯折后平直段长度不应小于钢筋直径的 3 倍。

箍筋、拉筋的末端应按设计要求作弯钩,并应符合下列规定:

①对一般结构构件,箍筋弯钩的弯折角度不应小于 90°,弯折后平直段长度不应小于箍筋直径的 5 倍;对有抗震设防要求或设计有专门要求的结构构件,箍筋弯钩的弯折角度不应小于 135°,弯折后平直段长度不应小于箍筋直径的 10 倍和 75 mm 两者之中的较大值。

②圆形箍筋的搭接长度不应小于其受拉锚固长度,且两末端均应作不小于 135°的弯钩,弯折后平直段长度对一般结构构件不应小于箍筋直径的 5 倍,对有抗震设防要求的结构构件不应小于箍筋直径的 10 倍和 75 mm 的较大值。

③拉筋用作梁、柱复合箍筋中单肢箍筋或梁腰筋间拉结筋时,两端弯钩的弯折角度均不应小于 135°,弯折后平直段长度应符合本条①的规定;拉筋用作剪力墙、楼板等构件中拉结筋时,两端弯钩可采用一端 135°另一端 90°,弯折后平直段长度不应小于拉筋直径的 5 倍。

知识拓展

钢筋剪切可采用钢筋剪切机或手动剪切器。对于直径小于 12 mm 的钢筋,一般可以用手动剪切器剪切;对于直径小于 40 mm 的钢筋,可以用钢筋剪切机剪切;对于直径大于 40 mm 的钢筋,可以用锯床锯断、用氧一乙炔焰割切或用电弧进行切割。

剪切式钢筋切断机不得用于采用机械连接工艺的钢筋加工,可用数控激光切割机、等离子切割机等设备替代。

(3)钢筋连接与安装。

钢筋接头宜设置在受力较小处;有抗震设防要求的结构中,梁端、柱端箍筋加密区范围内不宜设置钢筋接头,且不应进行钢筋搭接。同一纵向受力钢筋不宜设置两个或两个以上接头。接头末端至钢筋弯起点的距离,不应小于钢筋直径的 10 倍。

钢筋机械连接施工应符合下列规定：

①加工钢筋接头的操作人员应经专业培训合格后上岗，钢筋接头的加工应经工艺检验合格后方可进行。

②机械连接接头的混凝土保护层厚度宜符合现行国家标准《混凝土结构设计规范》中受力钢筋的混凝土保护层最小厚度规定，且不得小于 15 mm。接头之间的横向净间距不宜小于 25 mm。

③螺纹接头安装后应使用专用扭力扳手校核拧紧扭力矩。挤压接头压痕直径的波动范围应控制在允许波动范围内，并使用专用量规进行检验。

知识拓展

钢筋机械连接常用套筒挤压连接、锥螺纹套筒连接和直螺纹套筒连接三种形式。其中，直螺纹接头具有质量好、强度高、接头连接操作方便、连接速度快、应用范围广、经济、便于管理等优点，可用于水平、竖向等各种不同位置钢筋的连接。其具体内容如表 4-16 所示。

表 4-16 钢筋机械连接常用形式

形式	内容
套筒挤压连接	套筒挤压连接把两根待接钢筋的端头先插入一个优质钢套管内，然后利用液压驱动的挤压机在侧向加压数道，使钢套筒产生塑性变形，套筒塑性变形后即与带肋钢筋紧密咬合达到连接的目的。套筒挤压连接适用于带肋钢筋的连接，可连接直径为 16～40 mm 的钢筋，也适用于竖向较大直径变形钢筋连接
锥螺纹套筒连接	锥螺纹套筒连接将所连接钢筋的对接端头，在钢筋套丝机上加工成与套筒匹配的锥螺纹，然后将带锥形内丝的套筒用扭力扳手按一定力矩值把两根钢筋连接起来，利用螺纹的机械咬合力传递拉力或压力
直螺纹套筒连接	直螺纹套筒连接是近年来开发的一种新的螺纹连接方式。它是将两根待接钢筋端头用滚轧加工工艺滚压出直螺纹，然后用带直内丝的钢套筒将钢筋两端拧紧的连接方法。直螺纹套筒连接适用于直径为 16～40 mm 的各种钢筋的连接

钢筋焊接施工应符合下列规定：

①从事钢筋焊接施工的焊工应持有钢筋焊工考试合格证，并应按照合格证规定的范围上岗操作。

②在钢筋工程焊接施工前，参与该项工程施焊的焊工应进行现场条件下的焊接工艺试验，经试验合格后，方可进行焊接。焊接过程中，如果钢筋牌号、直径发生变更，应再次进行焊接工艺试验。工艺试验使用的材料、设备、辅料及作业条件均应与实际施工一致。

③细晶粒热轧钢筋及直径大于 28 mm 的普通热轧钢筋，其焊接参数应经试验确定；余热处理钢筋不宜焊接。

④电渣压力焊只应使用于柱、墙等构件中竖向受力钢筋的连接。

温馨提示

直接承受动力荷载的构件中，纵向钢筋不宜采用焊接接头。

知识拓展

钢筋焊接常见的方法有电阻点焊、闪光对焊、焊条电弧焊、电渣压力焊、气压焊。其具体内容如表 4-17 所示。

表 4-17　钢筋焊接常见方法

方法	内容
电阻点焊	电阻点焊是将两钢筋(丝)安放成交叉叠接形式,压紧于两电极之间,利用电阻热熔化母材金属,加压形成焊点的一种压焊方法。电阻点焊主要用于小直径钢筋的交叉连接,可成型为钢筋网片或骨架,以代替人工绑扎,如混凝土结构中钢筋焊接骨架和钢筋焊接网。钢筋焊接骨架和钢筋焊接网在焊接生产中,当两根钢筋直径不同时,焊接骨架较小钢筋直径小于或等于 10 mm 时,大、小钢筋直径之比不宜大于 3 倍;当较小钢筋直径为 12～16 mm 时,大、小钢筋直径之比不宜大于 2 倍。焊接网较小钢筋直径不得小于较大钢筋直径的 60%
闪光对焊	闪光对焊是将两钢筋以对接形式水平安放在对焊机上,利用电阻热使接触点金属熔化,产生强烈闪光和飞溅,迅速施加顶锻力完成的一种压焊方法。闪光对焊常用于钢筋纵向连接及预应力钢筋与螺丝端杆的焊接。直径不小于 22 mm 的钢筋在非固定的钢筋加工厂内焊接时,不得使用闪光对焊
焊条电弧焊	焊条电弧焊利用弧焊机使焊条与焊件之间产生高温电弧,使焊条和电弧燃烧范围内的焊件熔化,待其凝固便形成焊缝或接头。焊条电弧焊常用于钢筋接头与钢筋骨架焊接、装配式结构接头焊接、钢筋与钢板焊接及各种钢结构的焊接
电渣压力焊	电渣压力焊是将两钢筋安放成竖向对接形式,通过直接引弧法或间接引弧法,利用焊接电流通过两钢筋端面间隙,在焊剂层下形成电弧过程和电渣过程,产生电弧热和电阻热,熔化钢筋,加压完成的一种压焊方法。电渣压力焊应用于柱、墙等构筑物现浇混凝土结构中竖向受力钢筋的连接;不得用于梁、板等构件中水平钢筋的连接
气压焊	气压焊是利用乙炔、氧气混合气体燃烧的高温火焰,加热焊接钢筋的接合部,不待钢筋熔融使其高温下加压接合。钢筋气压焊属于热压焊,压接后的接头可以达到与母材相同甚至更高的强度,而且气压焊设备轻巧、使用灵活、效率高、成本低,适用于 HPB300 和 HRB400 热轧钢筋,直径相差不大于 7 mm 的不同直径钢筋及全方位(竖向、水平、斜向)布置的钢筋焊接

当纵向受力钢筋采用机械连接接头或焊接接头时,接头的设置应符合下列规定:

①同一构件内的接头宜分批错开。

②接头连接区段的长度为 $35d$,且不应小于 500 mm,凡接头中点位于该连接区段长度内的接头均应属于同一连接区段;其中 d 为相互连接两根钢筋中较小直径。

③同一连接区段内,纵向受力钢筋接头面积百分率为该区段内有接头的纵向受力钢筋截面面积与全部纵向受力钢筋截面面积的比值;纵向受力钢筋的接头面积百分率应符合下列规定:**受拉接头,不宜大于 50%;受压接头,可不受限制。板、墙、柱中受拉机械连接接头,可根据实际情况放宽;装配式混凝土结构构件连接处受拉接头,可根据实际情况放宽。直接承受动力荷载的结构构件中,不宜采用焊接;当采用机械连接时,不应超过 50%。**

知识拓展

纵向受力钢筋的接头不宜设置在有抗震设防要求的框架梁端、柱端的箍筋加密区；必要时可在构件端部箍筋加密区设高质量机械连接接头，但接头面积百分率应≤50%。计算接头连接区段长度时，d 为相互连接两根钢筋中较小直径，并按该直径计算连接区段内的接头面积百分率；当同一构件内不同连接钢筋计算的连接区段长度不同时取大值。

当纵向受力钢筋采用绑扎搭接接头时，接头的设置应符合下列规定。

①同一构件内的接头宜分批错开。各接头的横向净间距 s 不应小于钢筋直径，且不应小于 25 mm。

②接头连接区段的长度为 1.3 倍搭接长度，凡接头中点位于该连接区段长度内的接头均应属于同一连接区段；搭接长度可取相互连接两根钢筋中较小直径计算。

③同一连接区段内，纵向受力钢筋接头面积百分率为该区段内有接头的纵向受力钢筋截面面积与全部纵向受力钢筋截面面积的比值（如图 4-15 所示）；纵向受压钢筋的接头面积百分率可不受限值。纵向受拉钢筋的接头面积百分率应符合下列规定：

a. 梁类、板类及墙类构件，不宜超过 25%；基础筏板，不宜超过 50%。

b. 柱类构件，不宜超过 50%。

c. 当工程中确有必要增大接头面积百分率时，对梁类构件，不应大于 50%；对其他构件，可根据实际情况适当放宽。

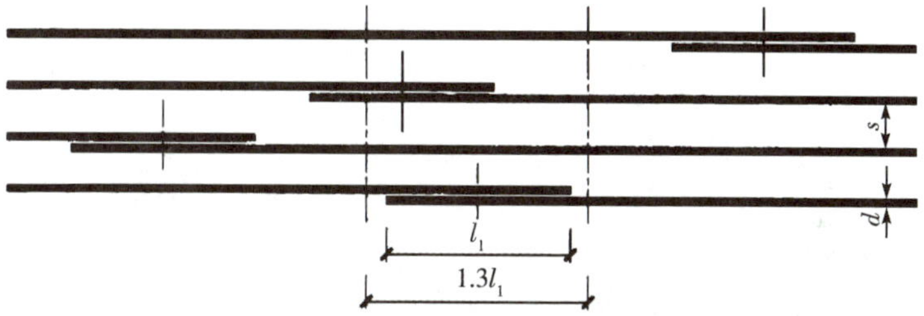

图 4-15 钢筋绑扎搭接接头连接区段及接头面积百分率

注：图中所示搭接接头同一连接区段内的搭接钢筋为两根，当各钢筋直径相同时，接头面积百分率为 50%。

在梁、柱类构件的纵向受力钢筋搭接长度范围内应按设计要求配置箍筋，并应符合下列规定：

①箍筋直径不应小于搭接钢筋较大直径的 25%。

②受拉搭接区段的箍筋间距不应大于搭接钢筋较小直径的 5 倍，且不应大于 100 mm。

③受压搭接区段的箍筋间距不应大于搭接钢筋较小直径的 10 倍，且不应大于 200 mm。

④当柱中纵向受力钢筋直径大于 25 mm 时，应在搭接接头两个端面外 100 mm 范围内各设置两个箍筋，其间距宜为 50 mm。

考题探究

【多选题】在钢筋混凝土结构构件中同一钢筋连接区段内纵向钢筋的接头，对设计无规定的，应满足的要求有（　　）。

A. 在受拉区接头面积百分率≤50%

B. 直接承受动荷载的结构中，必须用焊接连接

C. 直接承受动荷载的结构中，采用机械连接时其接头面积百分率≤50%

D. 必要时可在构件端部箍筋加密区设高质量机械连接接头，但面积百分率≤50%

E. 一般在梁端箍筋加密区不宜设置接头

【细说考点】本题主要考查钢筋混凝土结构构件中纵向钢筋接头应满足的要求。直接承受动荷载的结构中，不宜采用焊接连接，宜采用机械连接。本题选 ACDE。

钢筋安装应采用定位件固定钢筋的位置，并宜采用专用定位件。定位件应具有足够的承载力、刚度、稳定性和耐久性。定位件的数量、间距和固定方式，应能保证钢筋的位置偏差符合国家现行有关标准的规定。混凝土框架梁、柱保护层内，不宜采用金属定位件。钢筋安装应采取防止钢筋受模板、模具内表面的脱模剂污染的措施。

知识拓展

钢筋的交叉点应采用 20～22 号铁丝绑扎，绑扎不仅要牢固可靠，而且铁丝长度要适宜。

板和墙的钢筋网，除靠近外围两行钢筋的交叉点全部扎牢外，中间部分交叉点可间隔交错绑扎，但必须保证受力钢筋不产生位置偏移；对双向受力钢筋，必须全部绑扎牢固。

梁和柱的箍筋，除设计有特殊要求外，应与受力钢筋垂直设置；箍筋弯钩叠合处，应沿受力钢筋方向错开设置。

钢筋绑扎要求位置正确、绑扎牢固，成型的钢筋骨架和钢筋网的允许偏差，应符合规范规定。

钢筋安装工程施工过程中，框架梁钢筋、牛腿钢筋、柱帽钢筋应安装在柱纵向钢筋内侧；墙钢筋的弯钩应朝向混凝土内。

（4）钢筋代换。

当施工中遇有钢筋的品种、级别或规格与设计要求不符时，可进行钢筋代换。钢筋代换可按钢筋等承载力代换、等面积代换等原则进行。钢筋代换应确保结构设计的要求，钢筋代换后应经设计单位确认，并按规定办理设计变更文件，钢筋代换应按国家现行相关标准的有关规定，考虑构件承载力、正常使用（包括裂缝宽度和挠度控制以及配筋构造）等方面的要求，必要时可采用并筋的代换形式，不宜用光圆钢筋代换带肋钢筋。

4. 预应力分项工程施工

（1）一般规定。

预应力工程施工应根据环境温度采取必要的质量保证措施，并应符合下列规定：当工程所处环境温度低于－15 ℃时，不宜进行预应力筋张拉。当工程所处环境温度高于 35 ℃

或日平均环境温度连续5日低于5℃时，不宜进行灌浆施工；当在环境温度高于35℃或日平均环境温度连续5日低于5℃条件下进行灌浆施工时，应采取专门的质量保证措施。

(2)材料。

预应力筋的性能应符合国家现行有关标准的规定。后张预应力成孔管道的性能应符合国家现行有关标准的规定。

知识拓展

预应力筋系施加预应力的钢丝、钢绞线和精轧螺纹钢筋等的总称。精轧螺纹钢筋可以经冷拉或热处理而成。后张法预应力成孔主要采用塑料波纹管以及金属波纹管，而竖向孔道常采用钢管成孔。

(3)制作与安装。

预应力筋的下料长度应经计算确定，并应采用砂轮锯或切断机等机械方法切断。预应力筋制作或安装时，不应用作接地线，并应避免焊渣或接地电火花的损伤。

预应力孔道的间距和保护层厚度，应符合下列规定：留孔道的内径宜比预应力束外径及需穿过孔道的连接器外径大6～15 mm，且孔道的截面积宜为穿入预应力束截面积的3～4倍；当有可靠经验并能保证混凝土浇筑质量时，预应力孔道可水平并列贴紧布置，但每一并列束中的孔道数量不应超过2个。

知识拓展

构件中孔道留设主要为穿预应力筋(束)及张拉锚固后压浆用。孔道成形的质量是后张法构件制造的关键之一。预留孔道形状有直线、曲线和折线形，孔道留设的方法一般有钢管抽芯法、胶管抽芯法、预埋管法等。

预应力孔道应根据工程特点设置排气孔、泌水孔及灌浆孔，排气孔可兼作泌水孔或灌浆孔，并应符合下列规定：当曲线孔道波峰和波谷的高差大于300 mm时，应在孔道波峰设置排气孔，排气孔间距不宜大于30 m。当排气孔兼作泌水孔时，其外接管伸出构件顶面高度不宜小于300 mm。

知识拓展

后张法有粘结预应力筋预留孔道的规格、数量、位置和形状应符合设计要求，并应符合下列规定：

①预留孔道的位置应牢固，浇筑混凝土时不应出现位移和变形。

②孔道应平顺，端部的预埋锚垫板应垂直于孔道中心线。

③成孔用管道应封闭良好，接头应严密且不得漏浆。

④灌浆孔的间距：预埋波纹管不宜大于30 m；抽芯成型孔道不宜大于12 m。

⑤曲线孔道的曲线波峰部位应设排气(泌水)管，必要时可在最低点设置排水孔。

⑥灌浆孔及泌水管的孔径应能保证浆液畅通。

(4)张拉和放张。

施加预应力时，混凝土强度应符合设计要求，且同条件养护的混凝土立方体抗压强度，应符合下列规定：

①**不应低于设计混凝土强度等级值的 75%**。

②采用消除应力钢丝或钢绞线作为预应力筋的先张法构件，尚不应低于 30 MPa。

③不应低于锚具供应商提供的产品技术手册要求的混凝土最低强度要求。

④后张法预应力梁和板，现浇结构混凝土的龄期分别不宜小于 7 天和 5 天。

预应力筋的张拉顺序应符合设计要求，并应符合下列规定：

①应根据结构受力特点、施工方便及操作安全等因素确定张拉顺序。

②预应力筋宜按均匀、对称的原则张拉。

③现浇预应力混凝土楼盖，宜先张拉楼板、次梁的预应力筋，后张拉主梁的预应力筋。

④对预制屋架等平卧叠浇构件，应从上而下逐榀张拉。

后张预应力筋应根据设计和专项施工方案的要求采用一端或两端张拉。采用两端张拉时，宜两端同时张拉，也可一端先张拉锚固，另一端补张拉。当设计无具体要求时，应符合下列规定：

①有黏结预应力筋长度不大于 20 m 时，可一端张拉，大于 20 m 时，宜两端张拉；预应力筋为直线形时，一端张拉的长度可延长至 35 m。

②无黏结预应力筋长度不大于 40 m 时，可一端张拉，大于 40 m 时，宜两端张拉。

后张有黏结预应力筋应整束张拉。对直线形或平行编排的有黏结预应力钢绞线束，当能确保各根钢绞线不受叠压影响时，也可逐根张拉。

预应力筋张拉时，应从零拉力加载至初拉力后，量测伸长值初读数，再以均匀速率加载至张拉控制力。塑料波纹管内的预应力筋，张拉力达到张拉控制力后宜持荷 2～5 min。

知识拓展

有黏结、无黏结预应力筋的后张法张拉程序应符合设计要求；设计无要求时，宜符合下列规定：采用具有自锚性能的锚具、普通松弛力筋时，张拉程序为 0→初应力→$1.03\sigma_{con}$（锚固）；采用具有自锚性能的锚具、低松弛力筋时，张拉程序为 0→初应力→σ_{con}（持荷 2 min 锚固）；采用其他锚具时，张拉程序为 0→初应力→$1.05\sigma_{con}$（持荷 2 min）→σ_{con}（锚固）。

先张法预应力筋的放张顺序，应符合下列规定：宜采取缓慢放张工艺进行逐根或整体放张。对轴心受压构件，所有预应力筋宜同时放张。对受弯或偏心受压的构件，应先同时放张预压应力较小区域的预应力筋，再同时放张预压应力较大区域的预应力筋。当不能按本条前述规定放张时，应分阶段、对称、相互交错放张。放张后，预应力筋的切断顺序，宜从张拉端开始依次切向另一端。

知识拓展

小型构件多用先张法施工，大型构件多用后张法施工。预应力混凝土桥跨结构通常采用先张法施工。先张法施工工艺流程：支底模→骨架及预应力钢筋安放→张拉钢筋→支侧模→浇筑混凝土→养护→拆模→放张钢筋。其中，养护时宜采用自然养护和湿热养护。

(5)灌浆及封锚。

后张法有黏结预应力筋张拉完毕并经检查合格后，应尽早进行孔道灌浆，孔道内水泥浆应饱满、密实。

后张法预应力筋锚固后的外露多余长度，宜采用机械方法切割，也可采用氧—乙炔焰切割，其外露长度不宜小于预应力筋直径的 1.5 倍，且不应小于 30 mm。

配制水泥浆用水泥、水及外加剂除应符合国家现行有关标准的规定外，尚应符合下列规定：

①宜采用普通硅酸盐水泥或硅酸盐水泥。

②拌合用水和掺加的外加剂中不应含有对预应力筋或水泥有害的成分。

③外加剂应与水泥作配合比试验并确定掺量。

灌浆用水泥浆应符合下列规定：

①采用普通灌浆工艺时，稠度宜控制在 12～20 s，采用真空灌浆工艺时，稠度宜控制在 18～25 s。

②水灰比不应大于 0.45。

③3 h 自由泌水率宜为 0，且不应大于 1%，泌水应在 24 h 内全部被水泥浆吸收。

④24 h 自由膨胀率，采用普通灌浆工艺时不应大于 6%；采用真空灌浆工艺时不应大于 3%。

⑤水泥浆中氯离子含量不应超过水泥重量的 0.06%。

⑥28 天标准养护的边长为 70.7 mm 的立方体水泥浆试块抗压强度不应低于 30 MPa。

⑦稠度、泌水率及自由膨胀率的试验方法应符合现行国家标准《预应力孔道灌浆剂》的规定。

灌浆用水泥浆的制备及使用，应符合下列规定：

①水泥浆宜采用高速搅拌机进行搅拌，搅拌时间不应超过 5 min。

②水泥浆使用前应经筛孔尺寸不大于 1.2 mm×1.2 mm 的筛网过滤。

③搅拌后不能在短时间内灌入孔道的水泥浆，应保持缓慢搅动。

④水泥浆应在初凝前灌入孔道，搅拌后至灌浆完毕的时间不宜超过 30 min。

真空辅助灌浆时，孔道抽真空负压宜稳定保持为 0.08～0.10 MPa。

5. 混凝土制备与运输

(1)一般规定。

混凝土结构施工宜采用预拌混凝土。

混凝土运输应符合下列规定：混凝土宜采用搅拌运输车运输，运输车辆应符合国家现行有关标准的规定；运输过程中应保证混凝土拌合物的均匀性和工作性；应采取保证连续供应的措施，并应满足现场施工的需要。

(2)原材料。

混凝土原材料的主要技术指标应符合国家现行有关标准的规定。

(3)混凝土配合比。

混凝土配合比设计应经试验确定，试配所用的原材料应与施工实际使用的原材料一致。

遇有下列情况时，应重新进行配合比设计：当混凝土性能指标有变化或有其他特殊要求时；当原材料品质发生显著改变时；同一配合比的混凝土生产间断 3 个月以上时。

(4)混凝土搅拌。

采用分次投料搅拌方法时，应通过试验确定投料顺序、数量及分段搅拌的时间等工艺参数。矿物掺合料宜与水泥同步投料，液体外加剂宜滞后于水和水泥投料；粉状外加剂宜溶解后再投料。混凝土应搅拌均匀，宜采用强制式搅拌机搅拌。

知识拓展

混凝土搅拌是指将水、水泥和粗细骨料进行均匀拌和的过程。混凝土搅拌机按搅拌原理可分为自落式和强制式两类。

在混凝土搅拌前进行投料时，可采用一次投料法或分次投料法。其中，一次投料法是在上料斗中先装石子，再加水泥，最后加砂，然后一次投入搅拌筒中进行搅拌，这种投料顺序的优点就是水泥位于砂石之间，可以减少水泥飞扬。分次投料法与一次投料法相比，可提高混凝土强度，改善混凝土性能或在同强度条件下，节约水泥。

(5)混凝土运输。

采用混凝土搅拌运输车运输混凝土时，应符合下列规定：

①接料前，搅拌运输车应排净罐内积水。

②在运输途中及等候卸料时，应保持搅拌运输车罐体正常转速，不得停转。

③卸料前，搅拌运输车罐体宜快速旋转搅拌 20 s 以上后再卸料。

知识拓展

混凝土运输分地面水平运输、垂直运输和楼地面运输三种。地面运输时，短距离多用双轮手推车、机动翻斗车。长距离宜用自卸汽车、混凝土搅拌运输车。垂直运输可采用各种井架、龙门架和塔式起重机作为垂直运输工具。对于浇筑量大、浇筑速度比较稳定的大型设备基础和高层建筑，宜采用混凝土泵，也可采用自升式塔式起重机或爬升式塔式起重机运输。

6. 现浇结构分项工程施工

(1)一般规定。

混凝土拌合物入模温度不应低于 5 ℃，且不应高于 35 ℃。

混凝土运输、输送、浇筑过程中严禁加水；运输、输送、浇筑过程中散落的混凝土严禁用于结构浇筑。

(2)混凝土输送。

混凝土输送宜采用泵送方式。

温馨提示

超高层建筑为提高混凝土浇筑效率，施工现场混凝土的运输应优先考虑泵送。

混凝土输送泵管的设置应符合下列规定：混凝土粗骨料最大粒径不大于 25 mm 时，可采用内径不小于 125 mm 的输送泵管；混凝土粗骨料最大粒径不大于 40 mm 时，可采用内径不小于 150 mm 的输送泵管。

(3)混凝土浇筑。

浇筑混凝土前，应清除模板内或垫层上的杂物。表面干燥的地基、垫层、模板上应洒水湿润；现场环境温度高于 35 ℃时，宜对金属模板进行洒水降温；洒水后不得留有积水。

混凝土浇筑应保证混凝土的均匀性和密实性。混凝土宜一次连续浇筑。

混凝土应分层浇筑，分层厚度应符合规范规定，上层混凝土应在下层混凝土初凝之前浇筑完毕。

柱、墙模板内的混凝土浇筑不得发生离析，倾落高度应符合表 4-18 的规定；当不能满足要求时，应加设串筒、溜管、溜槽等装置。

表 4-18 柱、墙模板内混凝土浇筑倾落高度限值

条件	浇筑倾落高度限值/m
粗骨料粒径大于 25 mm	≤3
粗骨料粒径小于等于 25 mm	≤6

注：当有可靠措施能保证混凝土不产生离析时，混凝土倾落高度可不受本表限制。

柱、墙混凝土设计强度等级高于梁、板混凝土设计强度等级时，混凝土浇筑应符合下列规定：

①柱、墙混凝土设计强度比梁、板混凝土设计强度高一个等级时，柱、墙位置梁、板高度范围内的混凝土经设计单位确认，可采用与梁、板混凝土设计强度等级相同的混凝土进行浇筑。

②柱、墙混凝土设计强度比梁、板混凝土设计强度高两个等级及以上时，应在交界区域采取分隔措施；分隔位置应在低强度等级的构件中，且距高强度等级构件边缘不应小于 500 mm。

③宜先浇筑强度等级高的混凝土，后浇筑强度等级低的混凝土。

施工缝或后浇带处浇筑混凝土，应符合下列规定：结合面应为粗糙面，并应清除浮浆、松动石子、软弱混凝土层。结合面处应洒水湿润，但不得有积水。施工缝处已浇筑混凝土的强度不应小于 1.2 MPa。柱、墙水平施工缝水泥砂浆接浆层厚度不应大于 30 mm，接浆层水泥砂浆应与混凝土浆液成分相同。后浇带混凝土强度等级及性能应符合设计要求；当设计无具体要求时，后浇带混凝土强度等级宜比两侧混凝土提高一级，并宜采用减少收缩的技术措施。

基础大体积混凝土结构浇筑应符合下列规定：宜采用斜面分层浇筑方法，也可采用全面分层、分块分层浇筑方法，层与层之间混凝土浇筑的间歇时间应能保证混凝土浇筑连续进行；混凝土分层浇筑应采用自然流淌形成斜坡，并应沿高度均匀上升，分层厚度不宜大于 500 mm。

知识拓展

梁和板混凝土浇筑的施工顺序为：宜同时浇筑。对于有主、次梁的楼板宜顺着次梁的方向浇筑，单向板宜沿板的长边方向浇筑；对于拱、高度大于 1 m 的梁，可单独浇筑；对于与柱和墙连成整体的梁和板，应在浇筑柱和墙完毕 1～1.5 h 后进行。

(4)混凝土振捣。

混凝土振捣应采用插入式振动棒、平板振动器或附着振动器，必要时可采用人工辅助振捣。

振动棒振捣混凝土应符合下列规定：

①应按分层浇筑厚度分别进行振捣，振动棒的前端应插入前一层混凝土中，插入深度不应小于 50 mm。

②振动棒应垂直于混凝土表面并快插慢拔均匀振捣；当混凝土表面无明显塌陷、有水泥浆出现、不再冒气泡时，应结束该部位振捣。

③振动棒与模板的距离不应大于振动棒作用半径的 50%；振捣插点间距不应大于振动棒的作用半径的 1.4 倍。

平板振动器振捣混凝土应符合下列规定：平板振动器振捣应覆盖振捣平面边角；平板振动器移动间距应覆盖已振实部分混凝土边缘；振捣倾斜表面时，应由低处向高处进行振捣。

附着振动器振捣混凝土应符合下列规定：附着振动器应与模板紧密连接，设置间距应通过试验确定；附着振动器应根据混凝土浇筑高度和浇筑速度，依次从下往上振捣；模板上同时使用多台附着振动器时，应使各振动器的频率一致，并应交错设置在相对面的模板上。

温馨提示

插入式振动棒适用于振捣梁、柱、墙等构件和大体积混凝土。平板振动器适用于振捣楼板、空心板、地面和薄壳等薄壁结构。附着式振动器适用于振捣小断面或钢筋较密的梁、柱、板等构件。

(5)混凝土养护。

混凝土浇筑后应及时进行保湿养护，保湿养护可采用洒水、覆盖、喷涂养护剂等方式。养护方式应根据现场条件、环境温湿度、构件特点、技术要求、施工操作等因素确定。

洒水养护应符合下列规定：洒水养护宜在混凝土裸露表面覆盖麻袋或草帘后进行，也可采用直接洒水、蓄水等养护方式；洒水养护应保证混凝土表面处于湿润状态；当日最低温度低于 5 ℃时，不应采用洒水养护。

混凝土的养护时间应符合下列规定：

①采用硅酸盐水泥、普通硅酸盐水泥或矿渣硅酸盐水泥配制的混凝土，不应少于7 天；采用其他品种水泥时，养护时间应根据水泥性能确定。

②采用缓凝型外加剂、大掺量矿物掺合料配制的混凝土，不应少于 14 天。

③抗渗混凝土、强度等级 C60 及以上的混凝土，不应少于 14 天。

④后浇带混凝土的养护时间不应少于 14 天。

⑤地下室底层墙、柱和上部结构首层墙、柱，宜适当增加养护时间。

⑥大体积混凝土养护时间应根据施工方案确定。

混凝土强度达到 1.2 MPa 前，不得在其上踩踏、堆放物料、安装模板及支架。同条件养护试件的养护条件应与实体结构部位养护条件相同，并应妥善保管。施工现场应具备混凝土标准试件制作条件，并应设置标准试件养护室或养护箱。

(6)混凝土施工缝与后浇带。

施工缝和后浇带的留设位置应在混凝土浇筑前确定。施工缝和后浇带宜留设在结构受剪力较小且便于施工的位置。受力复杂的结构构件或有防水抗渗要求的结构构件，施工缝留设位置应经设计单位确认。

水平施工缝的留设位置应符合下列规定：

①柱、墙施工缝可留设在基础、楼层结构顶面，柱施工缝与结构上表面的距离宜为 0～100 mm，墙施工缝与结构上表面的距离宜为 0～300 mm。

②柱、墙施工缝也可留设在楼层结构底面，施工缝与结构下表面的距离宜为 0～50 mm；当板下有梁托时，可留设在梁托下 0～20 mm。

③高度较大的柱、墙、梁以及厚度较大的基础，可根据施工需要在其中部留设水平施工缝；当因施工缝留设改变受力状态而需要调整构件配筋时，应经设计单位确认。

④特殊结构部位留设水平施工缝应经设计单位确认。

竖向施工缝和后浇带的留设位置应符合下列规定：

①有主次梁的楼板施工缝应留设在次梁跨度中间 1/3 范围内。

②单向板施工缝应留设在与跨度方向平行的任何位置。

③楼梯梯段施工缝宜设置在梯段板跨度端部 1/3 范围内。

④墙的施工缝宜设置在门洞口过梁跨中 1/3 范围内，也可留设在纵横墙交接处。

⑤后浇带留设位置应符合设计要求。

⑥特殊结构部位留设竖向施工缝应经设计单位确认。

施工缝、后浇带留设界面，应垂直于结构构件和纵向受力钢筋。结构构件厚度或高度较大时，施工缝或后浇带界面宜采用专用材料封挡。

混凝土浇筑过程中，因特殊原因需临时设置施工缝时，施工缝留设应规整，并宜垂直于构件表面，必要时可采取增加插筋、事后修凿等技术措施。

施工缝和后浇带应采取钢筋防锈或阻锈等保护措施。

(7)大体积混凝土裂缝控制。

大体积混凝土施工时，应对混凝土进行温度控制，并应符合下列规定：

①混凝土入模温度不宜大于 30 ℃；混凝土浇筑体最大温升值不宜大于 50 ℃。

②在覆盖养护或带模养护阶段，混凝土浇筑体表面以内 40～100 mm 位置处的温度与混凝土浇筑体表面温度差值不应大于 25 ℃；结束覆盖养护或拆模后，混凝土浇筑体表面以内 40～100 mm 位置处的温度与环境温度差值不应大于 25 ℃。

③混凝土浇筑体内部相邻两测温点的温度差值不应大于 25 ℃。

④混凝土降温速率不宜大于 2.0 ℃/d；当有可靠经验时，降温速率要求可适当放宽。

知识拓展

由于大体积混凝土浇筑后，水泥水化会在其内部产生大量的热量，而其热量不易散发，使混凝土内部温度升高，而其外露表面热量易散发，就必然会造成混凝土内部与表面的温差过大，这样就会产生温度应力和温度变形，会使混凝土内部产生压应力，表面产生拉应力。混凝土越厚，水泥用量越大，内部温度越高。而且温差越大，其温度应力也越大。如温差产生的表面拉应力超过此时混凝土的极限抗拉强度，就会在其表面产生裂缝。

混凝土升板结构是指现场预制的楼盖通过提升工艺提升到设计标高并和竖向及水平结构构件连接而形成结构体系，区别于现浇结构。混凝土升板结构包括板柱结构、板柱—支撑结构、板柱—剪力墙结构。升板法施工的特点是各层混凝土板均为就地重叠浇筑，不需要支设底模，只需少量边模，可节省大量模板；混凝土浇筑均在地面上进行，高空作业较少，施工安全性高；柱网布置灵活，不需要大型起重设备，提升设备简单，机械化程度较高；施工工序简单，施工速度快，**适宜于狭窄场地施工**，但用钢量较大，造价偏高。

7. 装配式结构分项工程施工

关于装配式结构分项工程施工，虽然《混凝土结构工程施工规范》也有相关规定，但考试内容更侧重于《装配式混凝土结构技术规程》的相关规定，下文将单独另作介绍。

8. 冬期、高温和雨期施工

(1) 一般规定。

根据当地多年气象资料统计，当室外日平均气温连续 5 日稳定低于 5 ℃时，应采取冬期施工措施；当室外日平均气温连续 5 日稳定高于 5 ℃时，可解除冬期施工措施。当混凝土未达到受冻临界强度而气温骤降至 0 ℃以下时，应按冬期施工的要求采取应急防护措施。工程越冬期间，应采取维护保温措施。

当日平均气温达到 30 ℃及以上时，应按高温施工要求采取措施。

雨季和降雨期间，应按雨期施工要求采取措施。

(2)冬期施工。

冬期施工混凝土宜采用硅酸盐水泥或普通硅酸盐水泥；采用蒸汽养护时，宜采用矿渣硅酸盐水泥。

用于冬期施工混凝土的粗、细骨料中，不得含有冰、雪冻块及其他易冻裂物质。

冬期施工混凝土用外加剂，应符合现行国家标准《混凝土外加剂应用技术规范》的有关规定。采用非加热养护方法时，混凝土中宜掺入引气剂、引气型减水剂或含有引气组分的外加剂，混凝土含气量宜控制为 3.0%～5.0%。

冬期施工混凝土配合比，应根据施工期间环境气温、原材料、养护方法、混凝土性能要求等经试验确定，并宜选择较小的水胶比和坍落度。

冬期施工混凝土搅拌前，原材料预热应符合下列规定：

①宜加热拌合水，当仅加热拌合水不能满足热工计算要求时，可加热骨料；拌合水与骨料的加热温度可通过热工计算确定，加热温度不应超过表 4-19 的规定。

表 4-19　拌合水及骨料最高加热温度　单位：℃

水泥强度等级	拌合水	骨料
42.5 以下	80	60
42.5、42.5R 及以上	60	40

②水泥、外加剂、矿物掺合料不得直接加热，应置于暖棚内预热。

冬期浇筑的混凝土，其受冻临界强度应符合下列规定：

①当采用蓄热法、暖棚法、加热法施工时，采用硅酸盐水泥、普通硅酸盐水泥配制的混凝土，不应低于设计混凝土强度等级值的 30%；采用矿渣硅酸盐水泥、粉煤灰硅酸盐水泥、火山灰质硅酸盐水泥、复合硅酸盐水泥配制的混凝土时，不应低于设计混凝土强度等级值的 40%。

②当室外最低气温不低于－15 ℃时，采用综合蓄热法、负温养护法施工的混凝土受冻临界强度不应低于 4.0 MPa；当室外最低气温不低于－30 ℃时，采用负温养护法施工的混凝土受冻临界强度不应低于 5.0 MPa。

③强度等级等于或高于 C50 的混凝土，不宜低于设计混凝土强度等级值的 30%。

④有抗渗要求的混凝土，不宜小于设计混凝土强度等级值的 50%。

⑤有抗冻耐久性要求的混凝土，不宜低于设计混凝土强度等级值的 70%。

⑥当采用暖棚法施工的混凝土中掺入早强剂时，可按综合蓄热法受冻临界强度取值。

⑦当施工需要提高混凝土强度等级时，应按提高后的强度等级确定受冻临界强度。

混凝土结构工程冬期施工养护，应符合下列规定：

①当室外最低气温不低于－15 ℃时，对地面以下的工程或表面系数不大于 5 m^{-1} 的结构，宜采用蓄热法养护，并应对结构易受冻部位加强保温措施；对表面系数为 5～15 m^{-1} 的结构，宜采用综合蓄热法养护。采用综合蓄热法养护时，混凝土中应掺加具有减水、引气性能的早强剂或早强型外加剂。

②对不易保温养护且对强度增长无具体要求的一般混凝土结构，可采用掺防冻剂的负温养护法进行养护。

③当上述养护方法不能满足施工要求时，可采用暖棚法、蒸汽加热法、电加热法等方法进行养护，但应采取降低能耗的措施。

知识拓展

混凝土冬期养护的三个基本要素包括混凝土入模温度、维护层的总传热系数、水泥水化热值。

(3)高温施工。

高温施工时，露天堆放的粗、细骨料应采取遮阳防晒等措施。必要时，可对粗骨料进行喷雾降温。

高温施工的混凝土配合比设计，应符合下列规定：

①应分析原材料温度、环境温度、混凝土运输方式与时间对混凝土初凝时间、坍落度损失等性能指标的影响，根据环境温度、湿度、风力和采取温控措施的实际情况，对混凝土配合比进行调整。

②宜在近似现场运输条件、时间和预计混凝土浇筑作业最高气温的天气条件下，通过混凝土试拌、试运输的工况试验，确定适合高温天气条件下施工的混凝土配合比。

③宜降低水泥用量，并可采用矿物掺合料替代部分水泥；宜选用水化热较低的水泥。

④混凝土坍落度不宜小于 70 mm。

混凝土的搅拌应符合下列规定：

①应对搅拌站料斗、储水器、皮带运输机、搅拌楼采取遮阳防晒措施。

②对原材料进行直接降温时，宜采用对水、粗骨料进行降温的方法。对水直接降温时，可采用冷却装置冷却拌合用水，并应对水管及水箱加设遮阳和隔热设施，也可在水中加碎冰作为拌合用水的一部分。混凝土拌合时掺加的固体冰应确保在搅拌结束前融化，且在拌合用水中应扣除其重量。

混凝土宜采用白色涂装的混凝土搅拌运输车运输；混凝土输送管应进行遮阳覆盖，并应洒水降温。

混凝土拌合物入模温度应符合规范的规定。

温馨提示

混凝土拌合物入模温度不应低于 5 ℃，且不应高于 35 ℃。

混凝土浇筑宜在早间或晚间进行，且应连续浇筑。当混凝土水分蒸发较快时，应在施工作业面采取挡风、遮阳、喷雾等措施。

混凝土浇筑前，施工作业面宜采取遮阳措施，并应对模板、钢筋和施工机具采用洒水等降温措施，但浇筑时模板内不得积水。

混凝土浇筑完成后，应及时进行保湿养护。侧模拆除前宜采用带模湿润养护。

(4)雨期施工。

雨期施工期间，水泥和矿物掺合料应采取防水和防潮措施，并应对粗骨料、细骨料的含水率进行监测，及时调整混凝土配合比。雨期施工期间，应采取防止模板内积水的措施。模板内和混凝土浇筑分层面出现积水时，应在排水后再浇筑混凝土。混凝土浇筑完毕后，应及时采取覆盖塑料薄膜等防雨措施。

（三）装配式混凝土结构工程施工技术

1. 术语

装配式混凝土结构包括装配整体式混凝土结构、全装配混凝土结构等。在建筑工程中，简称装配式建筑；在结构工程中，简称装配式结构。

2. 混凝土、钢筋和钢材要求

预制构件的混凝土强度等级不宜低于 C30；预应力混凝土预制构件的混凝土强度等级不宜低于 C40，且不应低于 C30；现浇混凝土的强度等级不应低于 C25。

普通钢筋采用套筒灌浆连接和浆锚搭接连接时，钢筋应采用热轧带肋钢筋。

预制构件的吊环应采用未经冷加工的 HPB300 级钢筋制作。吊装用内埋式螺母或吊杆的材料应符合国家现行相关标准的规定。

3. 连接设计

装配整体式结构中，接缝的正截面承载力应符合现行国家标准《混凝土结构设计规范》的规定。

装配整体式结构中，节点及接缝处的纵向钢筋连接宜根据接头受力、施工工艺等要求选用机械连接、套筒灌浆连接、浆锚搭接连接、焊接连接、绑扎搭接连接等连接方式，并应符合国家现行有关标准的规定。

纵向钢筋采用套筒灌浆连接时，应符合规范规定。

纵向钢筋采用浆锚搭接连接时，对预留孔成孔工艺、孔道形状和长度、构造要求、灌浆料和被连接钢筋，应进行力学性能以及适用性的试验验证。**直径大于 20 mm 的钢筋不宜采用浆锚搭接连接，直接承受动力荷载构件的纵向钢筋不应采用浆锚搭接连接。**

预制构件与后浇混凝土、灌浆料、坐浆材料的结合面应设置粗糙面、键槽，并应符合规范规定。

预制构件纵向钢筋宜在后浇混凝土内直线锚固；当直线锚固长度不足时，可采用弯折、机械锚固方式。

预制楼梯与支承构件之间宜采用简支连接。

4. 楼盖设计

装配整体式结构的楼盖宜采用叠合楼盖。结构转换层、平面复杂或开洞较大的楼层、作为上部结构嵌固部位的地下室楼层宜采用现浇楼盖。

叠合板应按现行国家标准《混凝土结构设计规范》进行设计，并应符合下列规定：

（1）叠合板的预制板厚度不宜小于 60 mm，后浇混凝土叠合层厚度不应小于 60 mm。

（2）当叠合板的预制板采用空心板时，板端空腔应封堵。

（3）跨度大于 3 m 的叠合板，宜采用桁架钢筋混凝土叠合板。

（4）跨度大于 6 m 的叠合板，宜采用预应力混凝土预制板。

（5）板厚大于 180 mm 的叠合板，宜采用混凝土空心板。

叠合板可根据预制板接缝构造、支座构造、长宽比按单向板或双向板设计。当预制板之间采用分离式接缝时，宜按单向板设计。对长宽比不大于 3 的四边支承叠合板，当其预制板之间采用整体式接缝或无接缝时，可按双向板设计。

单向叠合板板侧的分离式接缝宜配置附加钢筋。

双向叠合板板侧的整体式接缝宜设置在叠合板的次要受力方向上且宜避开最大弯矩

截面。接缝可采用后浇带形式，并应符合下列规定：

(1)后浇带宽度不宜小于 200 mm。

(2)后浇带两侧板底纵向受力钢筋可在后浇带中焊接、搭接连接、弯折锚固。

(3)当后浇带两侧板底纵向受力钢筋在后浇带中弯折锚固时，应符合相关规定。

阳台板、空调板宜采用叠合构件或预制构件。

5. 框架结构设计

装配整体式框架结构中，当采用叠合梁时，框架梁的后浇混凝土叠合层厚度不宜小于 150 mm，次梁的后浇混凝土叠合层厚度不宜小于 120 mm；当采用凹口截面预制梁时，凹口深度不宜小于 50 mm，凹口边厚度不宜小于 60 mm。

叠合梁的箍筋配置应符合下列规定：

(1)抗震等级为一、二级的叠合框架梁的梁端箍筋加密区宜采用整体封闭箍筋。

(2)采用组合封闭箍筋的形式时，开口箍筋上方应做成 135°弯钩；非抗震设计时，弯钩端头平直段长度不应小于 $5d$(d 为箍筋直径)；抗震设计时，平直段长度不应小于 $10d$。现场应采用箍筋帽封闭开口箍，箍筋帽末端应做成 135°弯钩；非抗震设计时，弯钩端头平直段长度不应小于 $5d$；抗震设计时，平直段长度不应小于 $10d$。

叠合梁可采用对接连接，并应符合下列规定：

(1)连接处应设置后浇段，后浇段的长度应满足梁下部纵向钢筋连接作业的空间需求。

(2)梁下部纵向钢筋在后浇段内宜采用机械连接、套筒灌浆连接或焊接连接。

(3)后浇段内的箍筋应加密，箍筋间距不应大于 $5d$(d 为纵向钢筋直径)，且不应大于 100 mm。

主梁与次梁采用后浇段连接时，应符合规范规定。

预制柱的设计应符合现行国家标准《混凝土结构设计规范》的要求。

采用预制柱及叠合梁的装配整体式框架中，柱底接缝宜设置在楼面标高处，并应符合下列规定：

(1)后浇节点区混凝土上表面应设置粗糙面。

(2)柱纵向受力钢筋应贯穿后浇节点区。

(3)柱底接缝厚度宜为 20 mm，并应采用灌浆料填实。

采用预制柱及叠合梁的装配整体式框架节点，梁纵向受力钢筋应伸入后浇节点区内锚固或连接。

6. 剪力墙结构设计

抗震设计时，对同一层内既有现浇墙肢也有预制墙肢的装配整体式剪力墙结构，现浇墙肢水平地震作用弯矩、剪力宜乘以不小于 1.1 的增大系数。

预制剪力墙宜采用一字形，也可采用L 形、T 形或 U 形；开洞预制剪力墙洞口宜居中布置，洞口两侧的墙肢宽度不应小于 200 mm，洞口上方连梁高度不宜小于 250 mm。

预制剪力墙的连梁不宜开洞；当需开洞时，洞口宜预埋套管。

预制剪力墙开有边长小于 800 mm 的洞口且在结构整体计算中不考虑其影响时，应沿洞口周边配置补强钢筋。

当预制外墙采用夹心墙板时，应满足下列要求：

(1)外叶墙板厚度不应小于 50 mm，且外叶墙板应与内叶墙板可靠连接。

(2)夹心外墙板的夹层厚度不宜大于 120 mm。

(3)当作为承重墙时，内叶墙板应按剪力墙进行设计。

楼层内相邻预制剪力墙之间应采用整体式接缝连接。

屋面以及立面收进的楼层，应在预制剪力墙顶部设置封闭的后浇钢筋混凝土圈梁。

各层楼面位置，预制剪力墙顶部无后浇圈梁时，应设置连续的水平后浇带。水平后浇带应符合下列规定：

(1)水平后浇带宽度应取剪力墙的厚度，高度不应小于楼板厚度；水平后浇带应与现浇或者叠合楼、屋盖浇筑成整体。

(2)水平后浇带内应配置不少于 2 根连续纵向钢筋，其直径不宜小于 12 mm。

预制剪力墙底部接缝宜设置在楼面标高处，并应符合下列规定：

(1)接缝高度宜为 20 mm。

(2)接缝宜采用灌浆料填实。

(3)接缝处后浇混凝土上表面应设置粗糙面。

预制叠合连梁的预制部分宜与剪力墙整体预制，也可在跨中拼接或在端部与预制剪力墙拼接。

7. 构件制作与运输

(1)一般规定。

预制构件制作单位应具备相应的生产工艺设施，并应有完善的质量管理体系和必要的试验检测手段。

预制构件制作前，应对其技术要求和质量标准进行技术交底，并应制定生产方案；生产方案应包括生产工艺、模具方案、生产计划、技术质量控制措施、成品保护、堆放及运输方案等内容。

(2)制作准备。

预制构件制作前，对带饰面砖或饰面板的构件，应绘制排砖图或排板图；对夹心外墙板，应绘制内外叶墙板的拉结件布置图及保温板排板图。

(3)构件制作。

在混凝土浇筑前应进行预制构件的隐蔽工程检查。

带面砖或石材饰面的预制构件宜采用反打一次成型工艺制作。

夹心外墙板宜采用平模工艺生产，生产时应先浇筑外叶墙板混凝土层，再安装保温材料和拉结件，最后浇筑内叶墙板混凝土层；当采用立模工艺生产时，应同步浇筑内外叶墙板混凝土层，并应采取保证保温材料及拉结件位置准确的措施。

(4)构件检验。

预制构件的外观质量不应有严重缺陷，且不宜有一般缺陷。对已出现的一般缺陷，应按技术方案进行处理，并应重新检验。

(5)运输与堆放。

应制定预制构件的运输与堆放方案，其内容应包括运输时间、次序、堆放场地、运输线路、固定要求、堆放支垫及成品保护措施等。对于超高、超宽、形状特殊的大型构件的运输和堆放应有专门的质量安全保证措施。

预制构件的运输车辆应满足构件尺寸和载重要求。

墙板的运输与堆放应符合下列规定：

①当采用靠放架堆放或运输构件时，靠放架应具有足够的承载力和刚度，与地面倾斜角度宜大于 80°；墙板宜对称靠放且外饰面朝外，构件上部宜采用木垫块隔离；运输时构件应采取固定措施。

②当采用插放架直立堆放或运输构件时，宜采取直立运输方式；插放架应有足够的承载力和刚度，并应支垫稳固。

③采用叠层平放的方式堆放或运输构件时，应采取防止构件产生裂缝的措施。

知识拓展

装配式混凝土施工，水平运输梁柱构件时，叠放不宜超过 3 层，水平运输板类构件叠放不宜超过 6 层。

8. 结构施工

（1）一般规定。

装配式结构施工前应制定施工组织设计、施工方案；施工组织设计的内容应符合现行国家标准《建筑工程施工组织设计规范》的规定；施工方案的内容应包括构件安装及节点施工方案、构件安装的质量管理及安全措施等。

装配式结构的后浇混凝土部位在浇筑前应进行隐蔽工程验收。

预制构件、安装用材料及配件等应符合设计要求及国家现行有关标准的规定。

吊装用吊具应按国家现行有关标准的规定进行设计、验算或试验检验。吊具应根据预制构件形状、尺寸及重量等参数进行配置，吊索水平夹角不宜小于 60°，且不应小于 45°；对尺寸较大或形状复杂的预制构件，宜采用有分配梁或分配桁架的吊具。

钢筋套筒灌浆前，应在现场模拟构件连接接头的灌浆方式，每种规格钢筋应制作不少于 3 个套筒灌浆连接接头，进行灌注质量以及接头抗拉强度的检验；经检验合格后，方可进行灌浆作业。

在装配式结构的施工全过程中，应采取防止预制构件及预制构件上的建筑附件、预埋件、预埋吊件等损伤或污染的保护措施。

未经设计允许不得对预制构件进行切割、开洞。

（2）安装准备。

安装施工前，应核对已施工完成结构的混凝土强度、外观质量、尺寸偏差等符合规范有关规定，并应核对预制构件的混凝土强度及预制构件和配件的型号、规格、数量等符合设计要求。

安装施工前，应进行测量放线、设置构件安装定位标识。

安装施工前，应复核构件装配位置、节点连接构造及临时支撑方案等。

安装施工前，应检查复核吊装设备及吊具处于安全操作状态。

安装施工前，应核实现场环境、天气、道路状况等满足吊装施工要求。

装配式结构施工前，宜选择有代表性的单元进行预制构件试安装，并应根据试安装结果及时调整完善施工方案和施工工艺。

（3）安装与连接。

预制构件吊装就位后，应及时校准并采取临时固定措施，并应符合现行国家标准《混凝土结构工程施工规范》的相关规定。

采用钢筋套筒灌浆连接、钢筋浆锚搭接连接的预制构件就位前，应检查下列内容：

①套筒、预留孔的规格、位置、数量和深度。

②被连接钢筋的规格、数量、位置和长度。

当套筒、预留孔内有杂物时，应清理干净，当连接钢筋倾斜时，应进行校直。连接钢筋偏离套筒或孔洞中心线不宜超过 5 mm。

墙、柱构件的安装应符合下列规定：

①构件安装前，应清洁结合面。

②构件底部应设置可调整接缝厚度和底部标高的垫块。

③钢筋套筒灌浆连接接头、钢筋浆锚搭接连接接头灌浆前，应对接缝周围进行封堵，封堵措施应符合结合面承载力设计要求。

④多层预制剪力墙底部采用坐浆材料时，其厚度不宜大于 20 mm。

钢筋套筒灌浆连接接头、钢筋浆锚搭接连接接头应按检验批划分要求及时灌浆，灌浆作业应符合国家现行有关标准及施工方案的要求，并应符合下列规定：

①灌浆施工时，环境温度不应低于 5 ℃；当连接部位养护温度低于 10 ℃时，应采取加热保温措施。

知识拓展

钢筋连接用套筒灌浆料分为常温型灌浆料和低温型灌浆料。常温型灌浆料是指适用于灌浆施工及养护过程中 24 h 内温度不低于 5 ℃的灌浆料。低温型灌浆料是指适用于灌浆施工及养护过程中 24 h 内温度不低于 5 ℃，且灌浆施工过程中温度不高于 10 ℃的灌浆料。

②灌浆操作全过程应有专职检验人员负责旁站监督并及时形成施工质量检查记录。

③应按产品使用说明书的要求计量灌浆料和水的用量，并搅拌均匀；每次拌制的灌浆料拌合物应进行流动度的检测，且其流动度应满足规范的规定。

④灌浆作业应采用压浆法从下口灌注，当浆料从上口流出后应及时封堵，必要时可设分仓进行灌浆。

⑤灌浆料拌合物应在制备后 30 min 内用完。

焊接、螺栓连接、钢筋机械连接的施工应符合规范的有关规定。其中，采用焊接连接时，应采取防止因连续施焊引起的连接部位混凝土开裂的措施。

后浇混凝土的施工应符合下列规定：

①预制构件结合面疏松部分的混凝土应剔除并清理干净。

②模板应保证后浇混凝土部分形状、尺寸和位置准确，并应防止漏浆。

③在浇筑混凝土前应洒水润湿结合面，混凝土应振捣密实。

④同一配合比的混凝土，每工作班且建筑面积不超过 1 000 m^2 应制作 1 组标准养护试件，同一楼层应制作不少于 3 组标准养护试件。

构件连接部位后浇混凝土及灌浆料的强度达到设计要求后，方可拆除临时固定措施。

安装预制受弯构件时，端部的搁置长度应符合设计要求，端部与支承构件之间应坐浆或设置支承垫块，坐浆或支承垫块厚度不宜大于 20 mm。

（四）钢结构工程施工技术

钢结构工程是以钢材为主的结构，是主要的建筑结构类型之一，是现代建筑工程中较普通的结构形式。

与其他结构相比，钢结构强度高、韧性好，有利于抗震，理论计算与实际最接近；用钢材轧制的各种理想断面可使构件轻巧；构件连接构造简单，可建造大跨度、大空间建筑；钢结构占用面积小，符合绿色、环保的理念；便于机械化工厂化制作后再现场安装，施工周期短，质量较高。但钢结构薄壁杆件多，容易发生整体或局部失稳；构件相互连接的节点多，容易产生次应力；易锈蚀，不耐火，需要定期维护；高层立柱有较大的压缩变形。

1. 材料、焊接、紧固件连接

钢结构工程所用的材料应符合设计文件和国家现行有关标准的规定，应具有质量合格证明文件，并应经进场检验合格后使用。

焊接是指钢结构施工过程中焊条电弧焊接、气体保护电弧焊接、埋弧焊接、电渣焊接和栓钉焊接等施工。

紧固件连接是指钢结构制作和安装中的普通螺栓、扭剪型高强度螺栓、高强度大六角头螺栓、钢网架螺栓球节点用高强度螺栓及拉铆钉、自攻钉、射钉等紧固件连接工程的施工。以下主要介绍高强度螺栓连接的要求。

(1)高强度螺栓安装时应先使用安装螺栓和冲钉。冲钉主要取定位作用，安装螺栓主要取紧固作用，尽量消除间隙。高强度螺栓不得兼做安装螺栓是为了防止螺纹的损伤和连接副表面状态的改变引起扭矩系数的变化。

(2)高强度螺栓连接节点螺栓群初拧、复拧和终拧，应采用合理的施拧顺序。高强度螺栓连接副初拧、复拧和终拧原则上应以接头刚度较大的部位向约束较小的方向、螺栓群中央向四周的顺序，是为了使高强度螺栓连接处板层能更好密贴。

(3)高强度螺栓和焊接混用的连接节点，当设计文件无规定时，宜按先螺栓紧固后焊接的施工顺序。

(4)高强度螺栓连接副的初拧、复拧、终拧，宜在 24 h 内完成。

知识拓展

钢结构的材料要求强度高，有明显的屈服点，可焊，大量用 Q235 普通碳素结构钢和 Q355 普通低合金高强度结构钢，有 H 型钢、宽翼缘工字钢、角钢、槽钢和钢板等。

钢结构构件加工制作的主要工艺流程：加工制作图的绘制→制作样杆、样板→号料→放线→切割→坡口加工→开制孔→组装(包括矫正)→焊接→摩擦面的处理→涂装与编号。

焊接方法主要有手工焊、全自动焊、半自动焊。

钢结构构件高强度螺栓连接形式有摩擦连接、承压连接和张拉连接等。目前使用最广泛的是摩擦连接。

2. 钢结构安装

钢结构安装宜采用塔式起重机、履带吊、汽车吊等定型产品。选用非定型产品作为起重设备时，应编制专项方案，并应经评审后再组织实施。

知识拓展

塔式起重机包括自升式起重机、内爬式起重机、轨道式起重机。履带吊即履带起重机，汽车吊即汽车起重机。履带起重机和汽车起重机均属于自行杆式起重机，此外，自行杆式起重机还包括轮胎起重机。关于自行杆式起重机的特点，下面以考题探究的形式进行讲解。

考题探究

【单选题】关于自行杆式起重机特点的说法，正确的是（　　）。

A. 履带式起重机的稳定性高

B. 轮胎起重机不适合在松软地面上工作

C. 汽车起重机可以负荷行驶

D. 履带式起重机的机身回转幅度小

【细说考点】本题主要考查自行杆式起重机特点，需熟记自行杆式起重机的类型、特点及适用范围。自行杆式起重机包括履带式起重机、轮胎起重机和汽车起重机等。其中，履带式起重机底盘上的转盘安装有回转机构，该回转机构可使机身回转360°，故操作灵活，使用方便，且具有较大的起重能力。但其稳定性较差，未经验算不宜超负荷吊装。汽车起重机是装在普通汽车底盘或特制汽车底盘上的一种起重机，其行驶驾驶室与起重操纵室分开设置。这种起重机的优点是机动性好，转移迅速。缺点是工作时须支腿，不能负荷行驶，与轮胎式起重机一样，也不适合在松软或泥泞的场地上工作。本题选B。

钢结构吊装作业必须在起重设备的额定起重量范围内进行。用于吊装的钢丝绳、吊装带、卸扣、吊钩等吊具应经检验合格，并应在其额定许用荷载范围内使用。

单层钢结构，多层、高层钢结构、大跨度空间钢结构安装施工应符合《钢结构工程施工规范》的规定。

知识拓展

大跨度结构通常横向跨越60 m以上，承受自身的重量相对大，为了减轻结构的自重，通常宜采用钢结构作为主要结构。大跨度空间钢结构的常见形式包括桁架结构（平面桁架、立体桁架、空腹桁架）、网架结构、刚架结构、拱形结构、网壳结构、悬索结构等。

网架、曲面型网壳以及立体桁架等空间结构统称为空间网格结构。空间网格结构的安装可选用下列方法：

(1)高空散装法是指网格结构的杆件和节点或事先拼成的小拼单元直接在设计位置总拼，拼装时一般要搭设全支架，有条件时，可选用局部支架的悬挑法安装，以减少支架的用量。

(2)分条分块安装法是将整个空间网格结构的平面分割成若干条状或块状单元，吊装就位后再在高空拼成整体。

(3)滑移法是将网格结构的条状单元向一个方向滑移的施工方法。

(4)整体提升或整体顶升方法，结构在地面整体拼装完毕后提升或顶升至设计标高、就位。只能作垂直起升，不能作水平移动。提升与顶升的区别是当空间网格结构在起重设备的下面称为提升；当空间网格结构在起重设备的上面称为顶升。

(5)整体吊装法吊装中小型空间网格结构时，一般采用多台吊车抬吊或拔杆起吊，大型空间网格结构由于重量较大及起吊高度较高，则宜用多根拔杆吊装，在高空作移动或转动就位安装。

(6)折叠展开式整体提升法的特点是首先将柱面网壳结构分成若干块,块与块之间设置若干活动铰节点使之形成若干条能够灵活转动的铰线,并去掉铰线上方或下方的杆件,使结构变成机构。安装时提升设备将变成机构的柱面网壳结构垂直地向上运动,柱面网壳结构便能逐渐形成所需的结构形状,再将因结构转动需要而拆去的杆件补上即可。这种安装方法,由于是在地面或接近地面拼装,因而可以省去大量的拼装支架和大型起重设备。

对于大跨度的焊接球节点钢管网架的吊装,出于防火等考虑,一般选用大跨度结构整体吊装法施工。

3. 钢结构涂装

钢结构涂装包括防腐涂装和防火涂装。

(1)一般规定。

钢结构防腐涂装施工宜在构件组装和预拼装工程检验批的施工质量验收合格后进行。涂装完毕后,宜在构件上标注构件编号;大型构件应标明重量、重心位置和定位标记。

钢结构防火涂料涂装施工应在钢结构安装工程和防腐涂装工程检验批施工质量验收合格后进行。当设计文件规定构件可不进行防腐涂装时,安装验收合格后可直接进行防火涂料涂装施工。

防腐涂装施工前,钢材应按规范和设计文件要求进行表面处理。当设计文件未提出要求时,可根据涂料产品对钢材表面的要求,采用适当的处理方法。

(2)表面处理。

构件采用涂料防腐涂装时,表面除锈等级可按设计文件及有关规定,采用机械除锈和手工除锈方法进行处理。构件的表面粗糙度可根据不同底涂层和除锈等级进行选择。

经处理的钢材表面不应有焊渣、焊疤、灰尘、油污、水和毛刺等;对于镀锌构件,酸洗除锈后,钢材表面应露出金属色泽,并应无污渍、锈迹和残留酸液。

(3)涂装施工。

油漆防腐涂装可采用涂刷法、手工滚涂法、空气喷涂法和高压无气喷涂法。

钢结构金属热喷涂方法可采用气喷涂或电喷涂。

防火涂料涂装前,钢材表面除锈及防腐涂装应符合设计文件和有关标准的规定。

防火涂料可按产品说明书要求在现场进行搅拌或调配。当天配置的涂料应在产品说明书规定的时间内用完。

防火涂料施工可采用喷涂、抹涂或滚涂等方法。

知识拓展

薄涂型防火涂料的底涂层(或主涂层)宜采用重力式喷枪喷涂,局部修补和小面积施工时宜用手工抹涂,面层装饰涂料宜涂刷、喷涂或滚涂。厚涂型防火涂料宜采用压送式喷涂机喷涂,喷涂遍数、涂层厚度应根据施工要求确定,且须在前一遍干燥后喷涂。

防火涂料涂装施工应分层施工,应在上层涂层干燥或固化后,再进行下道涂层施工。

知识拓展

根据《建筑钢结构防火技术规范》，钢结构的防火保护措施应根据钢结构的结构类型、设计耐火极限和使用环境等因素，按照规定原则确定。钢结构的防火保护可采用下列措施之一或其中几种的复（组）合：喷涂（抹涂）防火涂料；包覆防火板；包覆柔性毡状隔热材料；外包混凝土、金属网抹砂浆或砌筑砌体。

钢结构采用喷涂防火涂料保护时，应符合下列规定：室内隐蔽构件，宜选用非膨胀型防火涂料；设计耐火极限大于 1.50 h 的构件，不宜选用膨胀型防火涂料；室外、半室外钢结构采用膨胀型防火涂料时，应选用符合环境对其性能要求的产品；非膨胀型防火涂料涂层的厚度不应小于 10 mm；防火涂料与防腐涂料应相容、匹配。

（五）单层工业厂房结构安装施工技术

1. 构件的吊装工艺

装配式单层工业厂房的结构安装构件有柱子、基础梁、吊车梁、连系梁、托架、屋架、天窗架、屋面板、墙板及支撑等。构件的吊装工艺有绑扎、吊升、对位、临时固定、校正、最后固定等工序。在构件吊装之前，必须切实做好各项准备工作，包括场地清理，道路的修筑，基础的准备，构件的运输、就位、堆放、拼装加固、检查清理、弹线编号以及吊装机具的准备等。

（1）柱子吊装。

柱子吊装有单机一点起吊（中小型柱）、两点起吊或双机抬吊（重型柱或配筋少而细长的柱）等方法。

①绑扎。

柱身绑扎位置和点数根据柱的形状、断面、长度、配筋部位和起重机性能确定。自重 13 t 以下的中小型柱常绑扎一点，重型柱或配筋少而细长的柱则需绑扎两点甚至三点。

有牛腿的柱，一点绑扎的位置常选在牛腿以下，上柱较长时也可选在牛腿以上；工型断面柱的绑扎点应选在矩形断面处；双肢柱的绑扎点应选在平腹杆处。

对于绑扎方法的使用，下面以考题探究的形式进行介绍。

考题探究

【单选题】柱的吊装过程中，斜吊绑扎法的使用条件是（　　）。

A. 柱的宽面抗弯能力不足　　B. 柱的宽面抗弯能力满足吊装要求

C. 柱的窄面抗变形能力不足　　D. 柱的窄面抗变形能力满足吊装要求

【细说考点】本题主要考查斜吊绑扎法的使用条件。柱的绑扎方法按柱吊起后柱身是否能保持垂直状态，分为斜吊绑扎法和直吊绑扎法。当柱的宽面抗弯能力满足吊装要求时，可采用斜吊绑扎法；当柱的宽面抗弯能力不足时，可采用直吊绑扎法。本题选 B。

②吊升。

单机吊装柱的常用方法有旋转法和滑行法；双机抬吊的常用方法有滑行法和递送法。其具体内容如表 4-20 所示。

表 4-20 柱的起吊方法

吊装类型	起吊方法	内容
单机吊装柱	旋转法	柱布置时柱脚靠近杯口，柱的绑扎点、柱脚与杯口中心三者均位于起重半径的圆弧上（即三点共弧），起吊时，起重机边升钩、边回转，使柱绕柱脚旋转而成直立状态，吊离地面插入杯口
	滑行法	柱布置时吊点靠近杯口，柱的绑扎点与杯口中心均位于起重半径的圆弧上（即两点共弧），起吊时，起重机只升钩、不回转，使柱脚沿地面滑行，至柱身直立吊离地面插入杯口
双机抬吊	滑行法	柱应斜向布置，起吊绑扎点尽量靠近基础杯口
	递送法	柱斜向布置，起吊绑扎点尽量靠近杯口。主机起吊上柱，副机起吊柱脚。随着主机起吊，副机进行跑吊和回转，将柱脚递送至杯口上方，主机单独将柱子就位

知识拓展

旋转法的特点是振动小、效率高，一般中小型柱多采用旋转法吊升，但此法对起重机的回转半径和机动性要求较高，适用于自行杆式（履带式）起重机吊装。滑行法的特点是柱的布置灵活、起重半径小、起重杆不转动，操作简单，但滑行过程中柱子易受到振动，适用于柱子较长较重、现场狭窄或桅杆式起重机吊装。

③对位和临时固定。

对位：采用直吊法时，应将柱悬离杯底 30～50 mm 处对位，采用斜吊法时则需将柱送至杯底，在吊索的一侧的杯口插入两个楔子，再通过起重机回转使其对位。对位时，在柱四周向杯口内放入 8 只楔子，用撬棍拨动柱脚，使吊装准线对准杯口上的吊装准线。

临时固定：对位后，应将塞入的 8 只楔子逐步打紧作临时固定，以防对好线的柱脚移动。细长柱子的临时固定应增设缆风拉锚。

④校正。

标高校正在吊装前通过调整杯底标高已经校正；定位轴线校正通过对位在临时固定前已经校正。

柱的校正主要是垂直度的校正，用两台经纬仪从柱的两个垂直方向同时观测柱的正面和侧面的中心线进行校正。其平面位置校正主要有钢钎校正法、反推法两种方法。

⑤最后固定。

校正完后应及时在柱底四周与基础杯口的空隙之间浇筑细石混凝土，捣固密实，使柱完全嵌固在基础内作为最后固定。浇筑工作分两次进行，第一次浇至楔块底面，待混凝土强度达到 25%设计强度后，拔出楔块再第二次浇筑混凝土至杯口顶面。

(2)吊车梁的吊装。

吊车梁的吊装必须在基础杯口二次灌浆的混凝土强度达到设计强度的 70%以上方可进行。

吊车梁应两点绑扎、对称起吊，过程中用溜绳进行控制。就位时缓慢落钩，一次对好纵轴线，避免在纵轴线方向撬动吊车梁而导致柱偏斜。

温馨提示

吊车梁的标高误差可在轨道安装时调整。

(3)屋架的吊装。

①屋架的翻身扶直。

屋架都平卧生产，吊装前必须先翻身扶直。由于屋架平面刚度差，翻身中易损坏，18 m以上的屋架应在屋架两端用方木搭设井字架，高度与下一榀屋架上平面相同，以便屋架扶直后搁置其上。

②屋架的绑扎。

屋架绑扎点应设在上弦节点处，左右对称。吊点的数目及位置一般由设计确定，设计无规定时应经吊装验算确定。当屋架跨度≤18 m时采用两点绑扎；屋架跨度为18～24 m时采用四点绑扎；跨度为30～36 m时采用9 m横吊梁、四点绑扎。吊索与水平面的夹角不宜小于45°。

③屋架的吊升。

屋架起吊后保持水平、不晃动、倾翻，吊离地面50 cm后将屋架中心对准安装位置中心，然后徐徐垂直升钩，吊升超过柱顶约30 cm，用溜绳旋转屋架使其对准柱顶，落钩时应缓慢进行，并在屋架接触柱顶时即刹车进行对位。

④屋架的对位及临时固定。

屋架对位应以定位轴线为准。第一榀屋架就位后在其两侧用四根缆风绳临时固定，并用缆风绳来校正垂直度。其他屋架用两根屋架工具式校正器撑牢在前一榀屋架上。

⑤屋架的校正与最后固定。

屋架的垂直偏差可用锤球或经纬仪检查，在屋架的中间和两端设置三处卡尺。挑出屋架中心线50 cm，观测三个卡尺的标志是否在同一垂直面上，存在误差时，转动工具式屋架校正器上螺栓加以校正，在屋架两端的柱底嵌入斜垫铁。

(4)天窗架、屋面板吊装。

天窗架常单独吊装，也可与屋架拼装成整体同时吊装。天窗架单独吊装时，应待屋架两侧屋面板吊装后进行，采用两点或四点绑扎，并用工具式夹具或圆木进行临时加固。

屋面板多采用一钩多块叠吊或平吊法，以发挥起重机的效能。吊装顺序：由两边檐口开始，左右对称逐块向屋脊安装，避免屋架承受半跨荷载。屋面板对位后应立即焊接牢固，每块板不少于3个角点焊接。

2. 结构安装方案

结构安装方案的内容包括起重机械的选择、结构安装方法、起重机的开行路线和构件平面布置等。

(1)起重机械的选择。

起重机械的选择主要包括起重机类型的选择、起重机型号的选择。

①起重机类型的选择。

选择起重机类型需综合考虑的因素包括：结构的跨度、高度、构件重量和吊装工程量；施工现场条件；工期要求；施工成本要求；本企业或本地区现有起重设备状况。

一般来说，吊装工程量较大的单层装配式结构宜选用履带式起重机；工程位于市区或工程量较小的装配式结构宜选用汽车起重机；道路遥远或路况不佳的偏僻地区吊装工程则可考虑独脚或人字扒杆或桅杆式起重机等简易起重机械。对多层装配式结构，常选用大起重量的履带式起重机或塔式起重机；对高层或超高层装配式结构则需选用附着式或内爬式塔式起重机。

知识拓展

除上述内容外，起重机选择时还应考虑吊装的位置。4 层以下较多选用履带起重机，4 层以上较多选用塔式起重机，塔式起重机类型中的自升式塔式起重机多用于10 层以上。例如，钢结构单层厂房的吊车梁安装选用较多的起重机械是履带式起重机。

②起重机型号的选择。

起重机型号的选择原则：所选起重机的三个参数，即起重量 Q、起重高度 H、起重半径（工作幅度、回转半径）R 均需满足结构吊装要求。

(2)结构安装方法。

单层工业厂房的结构安装方法有分件安装法和综合安装法两种。

①分件安装法。

分件安装法又称大流水法，是指起重机每开行一次，仅吊装一种或两种构件。第一次开行，吊完全部柱子，并完成校正和最后固定工作；第二次开行，安装吊车梁、连系梁及柱间支撑等；第三次开行，按节间吊装屋架、天窗架、屋面支撑及屋面板等。分件安装法的吊装顺序如图 4-16 所示。

②综合安装法。

综合安装法是指将多层房屋划分为若干施工层，起重机在每一施工层只开行一次，先吊装一个节间的全部构件，再依次安装其他节间等。待一层全部安装完再安装上一层构件。综合安装法的吊装顺序如图 4-17 所示。

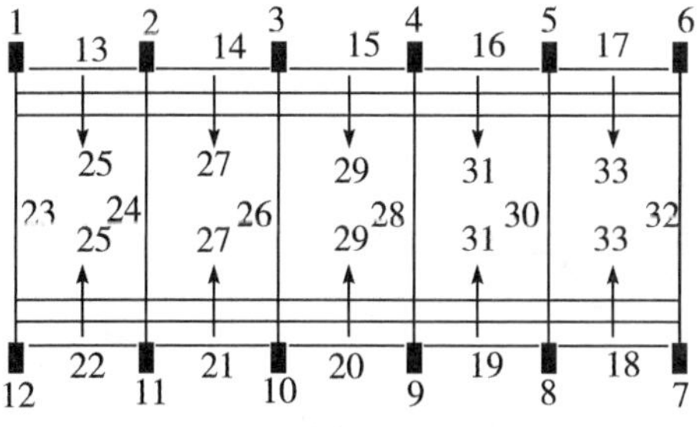

图 4-16　分件吊装法的吊装顺序

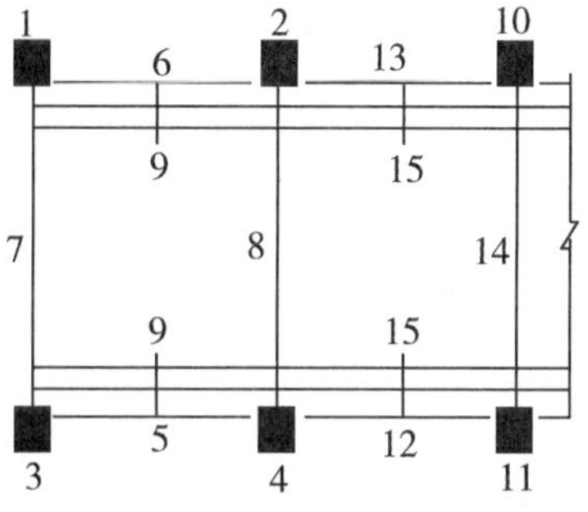

图 4-17　综合吊装法的吊装顺序

知识拓展

与分件安装法相比，综合安装法停机点少，开行路线短，工作效率低，构件供应与现场平面布置复杂，起重机变幅和索具更换次数多。

(3)起重机的开行路线。

吊装屋架及屋面板时，起重机大多沿跨中开行。吊装柱时，则应视跨度大小、构件尺寸、重量及起重机性能，可沿跨中开行或跨边开行。当柱布置在跨外时，起重机一般沿跨外开行。

(4)构件平面布置。

单层工业厂房现场预制构件的布置是一项重要工作，布置合理可避免构件在场内的二次搬运，充分发挥起重机械的效率。所以应提前做好施工组织设计。

单层工业厂房结构安装的起重机，可根据现场条件、构件重量、起重机性能选择**单侧布置、双侧布置、跨内单行布置和跨内环形布置**。单侧布置适用于房屋平面宽度较小，构件较轻时的吊装；双侧布置适用于房屋平面宽度较大、构件较大时的吊装；跨内单行布置适用于建筑物四周场地狭窄，或起重机不能布置在外侧时的吊装；跨内环形布置适用于工程不大、工期不紧时的吊装。

四、防水工程施工技术 ★★★★★

建筑防水技术在房屋建筑中发挥功能保障作用。防水工程质量的优劣，关系到建（构）筑物的使用寿命，而且直接影响到人们生产、生活环境和卫生条件。因此，建筑防水工程质量除了考虑设计的合理性、防水材料的正确选择外，更要注意其施工工艺及施工质量。

建筑工程防水按其部位可分为屋面防水、地下防水等；按其构造做法又可分为结构构件的刚性自防水（如防水混凝土）和用各种防水卷材、防水涂料作为防水层的柔性防水。

知识拓展

工程防水设计工作年限应符合下列规定：地下工程防水设计工作年限不应低于工程结构设计工作年限；屋面工程防水设计工作年限不应低于 20 年；室内工程防水设计工作年限不应低于 25 年；桥梁工程桥面防水设计工作年限不应低于桥面铺装设计工作年限；非侵蚀性介质蓄水类工程内壁防水层设计工作年限不应低于 10 年。

（一）屋面防水工程施工技术

1. 建筑屋面工程防水设计

建筑屋面工程的防水做法应符合下列规定：

（1）平屋面工程的防水做法应符合表 4-21 的规定。

表 4-21　平屋面工程的防水做法

防水等级	防水做法	防水层	
		防水卷材	防水涂料
一级	不应少于 3 道	卷材防水层不应少于 1 道	
二级	不应少于 2 道	卷材防水层不应少于 1 道	
三级	不应少于 1 道	任选	

（2）瓦屋面工程的防水做法应符合表 4-22 的规定。

表 4-22　瓦屋面工程的防水做法

防水等级	防水做法	防水层		
		屋面瓦	防水卷材	防水涂料
一级	不应少于 3 道	为 1 道，应选	卷材防水层不应少于 1 道	
二级	不应少于 2 道	为 1 道，应选	不应少于 1 道；任选	
三级	不应少于 1 道	为 1 道，应选	—	

(3)金属屋面工程的防水做法应符合表 4-23 的规定。全焊接金属板屋面应视为一级防水等级的防水做法。

表 4-23 金属屋面工程防水做法

防水等级	防水做法	防水层	
		金属板	防水卷材
一级	不应少于 2 道	为 1 道，应选	不应少于 1 道；厚度不应小于 1.5 mm
二级	不应少于 2 道	为 1 道，应选	不应少于 1 道
三级	不应少于 1 道	为 1 道，应选	—

(4)当在屋面金属板基层上采用聚氯乙烯防水卷材(PVC)、热塑性聚烯烃防水卷材(TPO)、三元乙丙防水卷材(EPDM)等外露型防水卷材单层使用时，防水卷材的厚度，一级防水不应小于 1.8 mm，二级防水不应小于 1.5 mm，三级防水不应小于 1.2 mm。

种植屋面工程的排(蓄)水层应结合屋面排水系统设计，不应作为耐根穿刺防水层使用，并应设置将雨水排向屋面排水系统的有组织排水通道。

屋面排水坡度应根据屋顶结构形式、屋面基层类别、防水构造形式、材料性能及使用环境等条件确定，并应符合下列规定：

(1)屋面排水坡度应符合表 4-24 的规定。

表 4-24 屋面排水坡度

屋面类型		屋面排水坡度/%
平屋面		≥2
瓦屋面	块瓦	≥30
	波形瓦	≥20
	沥青瓦	≥20
	金属瓦	≥20
金属屋面	压型金属板、金属夹芯板	≥5
	单层防水卷材金属屋面	≥2
种植屋面		≥2
玻璃采光顶		≥5

(2)**当屋面采用结构找坡时，其坡度不应小于** 3%。

(3)混凝土屋面檐沟、天沟的纵向坡度不应小于 1%。

屋面应设置独立的雨水收集或排水系统。屋面工程防水构造设计应符合下列规定：

(1)当设置放置在防水层上时，应设附加层。

(2)天沟、檐沟、天窗、雨水管和伸出屋面的管井管道等部位泛水处的防水层应设附加层或进行多重防水处理。

(3)屋面雨水天沟、檐沟不应跨越变形缝，屋面变形缝泛水处的防水层应设附加层，防水层应铺贴或刷涂至变形缝挡墙顶面。高低跨变形缝在立墙泛水处，应采用有足够变形能力的材料和构造作密封处理。

混凝土结构屋面防水卷材采用水泥基材料搭接黏结时，防水层长边不应大于 45 mm。

2. 屋面防水施工

(1)一般规定。

屋面防水工程应由具备相应资质的专业队伍进行施工。作业人员应持证上岗。

屋面工程施工的每道工序完成后，应经监理或建设单位检查验收，并应在合格后再进行下道工序的施工。当下道工序或相邻工程施工时，应对已完成的部分采取保护措施。

建筑屋面工程施工应符合下列规定：

①耐根穿刺防水卷材的施工方法应与耐根穿刺检测报告中注明的施工方法一致。

②当屋面坡度大于 30%时，施工过程中应采取防滑措施。

③施工过程中应采取防止杂物堵塞排水系统的措施。

④防水层和保护层施工完成后，屋面应进行淋水试验或雨后观察，檐沟、天沟、雨水口等应进行蓄水试验，并应在检验合格后再进行下一道工序施工。

⑤防水层施工完成后，后续工序施工不应损害防水层，在防水层上堆放材料应采取防护隔离措施。

(2)找坡层和找平层施工。

找坡应按屋面排水方向和设计坡度要求进行，找坡层最薄处厚度不宜小于 20 mm。

找坡材料应分层铺设和适当压实，表面宜平整和粗糙，并应适时浇水养护。

找平层应在水泥初凝前压实抹平，水泥终凝前完成收水后应二次压光，并应及时取出分格条。养护时间不得少于 7 天。

找坡层和找平层的施工环境温度不宜低于 5 ℃。

温馨提示

卷材、涂膜的基层宜设找平层。找平层是为防水层设置符合防水材料工艺要求且坚实而平整的基层，找平层应具有一定的厚度和强度。如果整体现浇混凝土板做到随浇随用原浆找平和压光，表面平整度符合要求时，可以不再做找平层。

(3)卷材防水层施工。

卷材防水层基层应坚实、干净、平整，应无孔隙、起砂和裂缝。基层的干燥程度应根据所选防水卷材的特性确定。

卷材防水层铺贴顺序和方向应符合下列规定：

①卷材防水层施工时，应先进行细部构造处理，然后由屋面最低标高向上铺贴。

②檐沟、天沟卷材施工时，宜顺檐沟、天沟方向铺贴，搭接缝应顺流水方向。

③卷材宜平行屋脊铺贴，上下层卷材不得相互垂直铺贴。

立面或大坡面铺贴卷材时，应采用满粘法，并宜减少卷材短边搭接。

采用基层处理剂时，其配制与施工应符合下列规定：

①基层处理剂应与卷材相容。

②基层处理剂应配比准确，并应搅拌均匀。

③喷、涂基层处理剂前，应先对屋面细部进行涂刷。

④基层处理剂可选用喷涂或涂刷施工工艺，喷、涂应均匀一致，干燥后应及时进行卷材施工。

卷材搭接缝应符合下列规定：

①平行屋脊的搭接缝应顺流水方向，搭接缝宽度应符合规范的规定。

②同一层相邻两幅卷材短边搭接缝错开不应小于 500 mm。

③上下层卷材长边搭接缝应错开，且不应小于幅宽的 1/3。

④叠层铺贴的各层卷材，在天沟与屋面的交接处，应采用叉接法搭接，搭接缝应错开；搭接缝宜留在屋面与天沟侧面，不宜留在沟底。

卷材防水层的铺贴方法有冷粘法、热粘法、热熔法、自粘法、焊接法、机械固定法。采用以上方法铺贴卷材时应符合规范的有关规定。

知识拓展

卷材铺贴方法除上述几种外，还有满粘法和空铺法。当卷材防水层上有重物覆盖或基层变形较大时，优先采用的施工铺贴方法有空铺法、点粘法、条粘法和机械固定法。采用满粘施工时，找平层分隔缝处空铺宽度宜为 100 mm。

防水卷材的贮运、保管应符合下列规定：

①不同品种、规格的卷材应分别堆放。

②卷材应贮存在阴凉通风处，应避免雨淋、日晒和受潮，严禁接近火源。

③卷材应避免与化学介质及有机溶剂等有害物质接触。

卷材防水层的施工环境温度应符合下列规定：

①热熔法和焊接法不宜低于－10 ℃。

②冷粘法和热粘法不宜低于 5 ℃。

③自粘法不宜低于 10 ℃。

(5)涂膜防水层施工。

涂膜防水层的基层应坚实、平整、干净，应无孔隙、起砂和裂缝。基层的干燥程度应根据所选用的防水涂料特性确定；当采用溶剂型、热熔型和反应固化型防水涂料时，基层应干燥。

涂膜防水层施工应符合下列规定：

①防水涂料应多遍均匀涂布，涂膜总厚度应符合设计要求。

②涂膜间夹铺胎体增强材料时，宜边涂布边铺胎体；胎体应铺贴平整，应排除气泡，并应与涂料黏结牢固。在胎体上涂布涂料时，应使涂料浸透胎体，并应覆盖完全，不得有胎体外露现象。最上面的涂膜厚度不应小于 1.0 mm。

③涂膜施工应先做好细部处理，再进行大面积涂布。

④屋面转角及立面的涂膜应薄涂多遍，不得流淌和堆积。

知识拓展

涂膜防水层施工的工艺流程为：基层表面清理、修整→喷涂基层处理剂（底涂料）→特殊部位附加增强处理→涂布防水涂料→保护层施工。其具体内容如图 4-18 所示。

喷涂基层处理剂（底涂料）	基层处理剂应与上部涂料的材性相容，常用防水涂料的稀释液进行刷涂或喷涂。喷涂前应充分搅拌，喷涂均匀，覆盖完全，干燥后方可进行涂膜防水层施工
特殊部位附加增强处理	在管道根部、阴阳角等部位，应做不少于一布二涂的附加层；在天沟、檐沟与屋面交接处以及找平层分格处均应空铺宽度不小于200～300 mm的附加层，构造做法应符合设计要求
涂布防水涂料	①防水涂料可采用手工抹压、涂刷和喷涂分层施工。涂膜防水必须由两层以上涂层组成，每层应刷2～3遍，且应根据防水涂料的品种，分层分遍涂布，不能一次涂成，并待先涂的涂层干燥成膜后，方可涂后一遍涂料，前后两遍涂布方向应相互垂直，且总厚度必须达到设计要求。 ②涂料的涂布顺序为：先高跨后低跨（高低跨屋面），先远后近（相同高度屋面），先立面后平面。同一屋面上先涂布排水较集中的水落口、天沟、檐口等节点部位，再进行大面积涂布。涂层应厚薄均匀，表面平整，不得有露底、漏涂和堆积现象。两涂层施工间隔时间不宜过长，否则易形成分层现象。涂层中夹铺增强材料时，宜边涂边铺胎体
保护层施工	为了防止涂料过快老化，涂膜防水层应设置保护层。在涂刷最后一道涂料时，如采用细石、云母作保护层，可边涂刷边均匀洒布，不得露底，待涂料干燥后，将多余的撒布材料清除。当采用浅色涂料作保护层时，应在涂膜固化后进行

图 4-18　涂膜防水层施工的工艺流程

铺设胎体增强材料应符合下列规定：胎体增强材料宜采用聚酯无纺布或化纤无纺布；胎体增强材料长边搭接宽度不应小于 50 mm，短边搭接宽度不应小于 70 mm；上下层胎体增强材料的长边搭接缝应错开，且不得小于幅宽的 1/3；上下层胎体增强材料不得相互垂直铺设。

考题探究

【多选题】关于涂膜防水屋面施工方法的说法，正确的有（　　）。

A. 高低跨屋面，一般先涂高跨屋面，后涂低跨屋面

B. 相同高度屋面，按照距离上料点“先近后远”的原则进行涂布

C. 同一屋面，先涂布排水较集中的节点部位，再进行大面积涂布

D. 采用双层胎体增强材料时，上下层应互相垂直铺设

E. 涂膜应根据防水涂料的品种分层分遍涂布，且前后两遍涂布方向平行

【细说考点】本题主要考查涂膜防水层施工的相关要求。涂膜防水屋面施工时，对于相同高度屋面，按照距离上料点“先远后近”的原则进行涂布。采用双层胎体增强材料时，上下层胎体增强材料不得相互垂直铺设。涂膜应根据防水涂料的品种分层分遍涂布，不能一次涂成，并待先涂的涂层干燥成膜后，方可涂后一遍涂料，前后两遍涂布方向应相互垂直，且总厚度必须达到设计要求。本题选 AC。

(6)复合防水层施工。

复合防水屋面是指用不同的防水材料，充分利用各自优势，形成屋面防水的多道防线，以提高屋面整体防水的功能为目的，亦即用两种以上的防水材料组合成的屋面防水层就是复合防水屋面。如防水涂料与防水卷材就组成复合防水层，由于涂膜防水层具有黏结强度高，可修补防水层基层裂缝缺陷、防水层无接缝、整体性好的特点；卷材与涂料复合使用时，涂膜防水层宜设置在卷材防水层的下面。卷材防水层强度高、耐穿刺、厚薄均匀、使用寿命长，宜设置在涂膜防水层的上面。

复合防水层防水涂料与防水卷材之间应黏结牢固，尤其是天沟和立面防水部位，如果出现空鼓和分层现象，一旦卷材破损，防水层会出现窜水现象，另外空鼓和分层会加速卷材热老化和疲劳老化，降低卷材使用寿命。

(二)地下防水工程施工技术

地下防水工程是指对房屋建筑、防护工程、市政隧道、地下铁道等地下工程进行防水设计、防水施工和维护管理等各项技术工作的工程实体。

地方防水工程是防止地下水对地下构筑物或建筑物基础的长期浸透，保证地下构筑物或地下室使用功能正常发挥的一项重要工程。由于地下工程长年受到地表水、潜水、上层滞水、毛细管水等的作用，所以，对地下工程防水的处理比屋面防水工程要求更高，防水技术难度更大。

知识拓展

地下工程的防水方案，应遵循“防、排、截、堵结合，刚柔相济、因地制宜、综合治理”的原则，根据使用要求、自然环境条件及结构形式等因素确定。

地下工程混凝土结构主体防水包括防水混凝土、水泥砂浆防水层、卷材防水层、涂料防水层等；地下工程混凝土结构细部构造防水包括变形缝、后浇带等。

1. 防水混凝土

防水混凝土施工前应做好降排水工作，不得在有积水的环境中浇筑混凝土。

防水混凝土的配合比，应符合下列规定：

(1)胶凝材料用量应根据混凝土的抗渗等级和强度等级等选用，其总用量不宜小于 320 kg/m^3；当强度要求较高或地下水有腐蚀性时，胶凝材料用量可通过试验调整。

(2)在满足混凝土抗渗等级、强度等级和耐久性条件下，水泥用量不宜小于 260 kg/m^3。

(3)砂率宜为 35%～40%，泵送时可增至 45%。

(4)灰砂比宜为 1∶2.5～1∶1.5。

(5)水胶比不得大于 0.50，有侵蚀性介质时水胶比不宜大于 0.45。

(6)防水混凝土采用预拌混凝土时，入泵坍落度宜控制在 120～140 mm，坍落度每小时损失值不应大于 20 mm，坍落度总损失值不应大于 40 mm。

(7)掺加引气剂或引气型减水剂时，混凝土含气量应控制在3%～5%。

(8)预拌混凝土的初凝时间宜为6～8 h。

防水混凝土应分层连续浇筑，分层厚度不得大于500 mm。

防水混凝土施工应符合下列规定：

(1)运输与浇筑过程中严禁加水。

(2)**应及时进行保湿养护，养护期不应少于14天。**

(3)后浇带部位的混凝土施工前，交界面应做糙面处理，并应清除积水和杂物。

防水混凝土应采用机械振捣，避免漏振、欠振和超振。

知识拓展

常见的防水混凝土有普通防水混凝土、外加剂或掺和料防水混凝土和膨胀水泥防水混凝土。

地下工程迎水面主体结构应采用防水混凝土，并应符合下列规定：防水混凝土应满足抗渗等级要求；防水混凝土结构厚度不应小于250 mm；寒冷地区抗冻设防段防水混凝土抗渗等级不应低于P10。

明挖法地下工程防水混凝土的最低抗渗等级应符合表4-25的规定。

表4-25　明挖法地下工程防水混凝土最低抗渗等级

防水等级	市政工程现浇混凝土结构	建筑工程现浇混凝土结构	装配式衬砌
一级	P8	P8	P10
二级	P6	P8	P10
三级	P6	P6	P8

防水混凝土浇筑时自由下落高度不得大于1.5 m。

防水混凝土应连续浇筑，宜少留施工缝。当留设施工缝时，应符合下列规定：

(1)**墙体水平施工缝不应留在剪力最大处或底板与侧墙的交接处，应留在高出底板表面不小于300 mm的墙体上。**拱(板)墙结合的水平施工缝，宜留在拱(板)墙接缝线以下150～300 mm处。墙体有预留孔洞时，施工缝距孔洞边缘不应小于300 mm。

(2)**垂直施工缝应避开地下水和裂隙水较多的地段，并宜与变形缝相结合。**

2. 水泥砂浆防水层

防水砂浆应包括聚合物水泥防水砂浆、掺外加剂或掺合料的防水砂浆，宜采用多层抹压法施工。水泥砂浆防水层可用于地下工程主体结构的迎水面或背水面，不应用于受持续振动或温度高于80 ℃的地下工程防水。

水泥砂浆防水层在进行设计时，应满足以下要求：水泥砂浆的品种和配合比设计应根据防水工程要求确定。水聚合物水泥防水砂浆厚度单层施工宜为6～8 mm，双层施工宜为10～12 mm；掺外加剂或掺合料的水泥防水砂浆厚度宜为18～20 mm。水泥砂浆防水层的基层混凝土强度或砌体用的砂浆强度均不应低于设计值的80%。

水泥砂浆防水层在进行施工时，应满足以下要求：

(1)防水砂浆的配合比和施工方法应符合所掺材料的规定，其中聚合物水泥防水砂浆的用水量应包括乳液中的含水量。

(2)水泥砂浆防水层应分层铺抹或喷射，铺抹时应压实、抹平，最后一层表面应提浆压光。

(3)聚合物水泥防水砂浆拌合后应在规定时间内用完，施工中不得任意加水。

(4)水泥砂浆防水层各层应紧密黏合，每层宜连续施工；必须留设施工缝时，应采用阶梯坡形槎，但离阴阳角处的距离不得小于 200 mm。

(5)水泥砂浆防水层不得在雨天、五级及以上大风中施工。冬期施工时，气温不应低于 5 ℃。夏季不宜在 30 ℃以上或烈日照射下施工。

(6)水泥砂浆防水层终凝后，应及时进行养护，养护温度不宜低于 5 ℃，并应保持砂浆表面湿润，养护时间不得少于 14 天。聚合物水泥防水砂浆未达到硬化状态时，不得浇水养护或直接受雨水冲刷，硬化后应采用干湿交替的养护方法。潮湿环境中，可在自然条件下养护。

知识拓展

水泥砂浆防水层是可用于地下砖石结构或防水混凝土结构的加强层，且施工方便、成本较低的表面防水层。

3. 卷材防水层

卷材防水层宜用于经常处在地下水环境，且受侵蚀性介质作用或受振动作用的地下工程。卷材防水层应铺设在混凝土结构的迎水面。卷材防水层用于建筑物地下室时，应铺设在结构底板垫层至墙体防水设防高度的结构基面上；用于单建式的地下工程时，应从结构底板垫层铺设至顶板基面，并应在外围形成封闭的防水层。

知识拓展

卷材防水层是指用防水卷材做的防水层，属于柔性防水层，是地下防水工程常用的施工方法，采用改性沥青防水卷材和高分子防水卷材，抗拉强度高，延伸率大，耐久性好，施工方便。

卷材防水层的基面应坚实、平整、清洁，阴阳角处应做圆弧或折角，并应符合所用卷材的施工要求。

铺贴卷材严禁在雨天、雪天、五级及以上大风中施工；冷粘法、自粘法施工的环境气温不宜低于 5 ℃，热熔法、焊接法施工的环境气温不宜低于－10 ℃。施工过程中下雨或下雪时，应做好已铺卷材的防护工作。

卷材防水层施工方法如表 4-26 所示。

表 4-26　卷材防水层施工方法

施工方法	规定
外防外贴法	(1)应先铺平面，后铺立面，交接处应交叉搭接。 (2)临时性保护墙宜采用石灰砂浆砌筑，内表面宜做找平层。 (3)从底面折向立面的卷材与永久性保护墙的接触部位，应采用空铺法施工；卷材与临时性保护墙或围护结构模板的接触部位，应将卷材临时贴附在该墙上或模板上，并应将顶端临时固定。 (4)当不设保护墙时，从底面折向立面的卷材接槎部位应采取可靠的保护措施。 (5)混凝土结构完成，铺贴立面卷材时，应先将接槎部位的各层卷材揭开，并应将其表面清理干净，如卷材有局部损伤，应及时进行修补；卷材接槎的搭接长度，高聚物改性沥青类卷材应为 150 mm，合成高分子类卷材应为 100 mm；当使用两层卷材时，卷材应错槎接缝，上层卷材应盖过下层卷材

（续表）

施工方法	规定
外防内贴法	(1)混凝土结构的保护墙内表面应抹厚度为 20 mm 的 1∶3水泥砂浆找平层，然后铺贴卷材。 (2)卷材宜先铺立面，后铺平面；铺贴立面时，应先铺转角，后铺大面

知识拓展

卷材防水层按地下防水结构施工顺序的不同，分为外防外贴法和外防内贴法。外防外贴法是指先在垫层上铺贴底层卷材，四周留出接头，待底板混凝土和立面混凝土浇筑完毕，将立面卷材防水层直接铺设在防水结构的外墙外表面。外防内贴法是指先浇筑混凝土垫层，在垫层上将永久性保护墙全部砌好，抹水泥砂浆找平层，将卷材防水层直接铺贴在垫层和永久性保护墙上的一种卷材施工方法。

外防外贴法的优点是防水层能与混凝土结构同步沉降，较少受结构沉降变形影响，外墙和基础沉降时不易损坏防水层，也便于检查混凝土结构及卷材的质量，发现问题容易修补。其缺点是工期长、工作面大、土方量大、卷材接头不易保护，容易影响防水工程质量。

外防内贴法的优点是工序简便，工期短，节省施工占地，土方量较小，节约外墙外侧模板，卷材防水层无须临时固定留槎，可连续铺贴，质量容易保证。缺点是结构不均匀沉降时对防水层影响大，易出现渗漏水现象；竣工后若出现渗漏水，修补较困难。

卷材防水层经检查合格后，应及时做保护层，保护层应符合下列规定：

(1)顶板卷材防水层上的细石混凝土保护层，采用机械碾压回填土时，保护层厚度不宜小于 70 mm；采用人工回填土时，保护层厚度不宜小于 50 mm；防水层与保护层之间宜设置隔离层。

(2)底板卷材防水层上的细石混凝土保护层厚度不应小于 50 mm。

(3)侧墙卷材防水层宜采用软质保护材料或铺抹 20 mm 厚 1∶2.5 水泥砂浆层。

4. 涂料防水层

涂料防水层应包括无机防水涂料和有机防水涂料。无机防水涂料可选用掺外加剂、掺合料的水泥基防水涂料、水泥基渗透结晶型防水涂料。有机防水涂料可选用反应型、水乳型、聚合物水泥等涂料。

无机防水涂料宜用于结构主体的背水面，有机防水涂料宜用于地下工程主体结构的迎水面，用于背水面的有机防水涂料应具有较高的抗渗性，且与基层有较好的黏结性。

无机防水涂料基层表面应干净、平整、无浮浆和明显积水。

有机防水涂料基层表面应基本干燥，不应有气孔、凹凸不平、蜂窝麻面等缺陷。涂料施工前，基层阴阳角应做成圆弧形。

涂料防水层严禁在雨天、雾天、五级及以上大风时施工，不得在施工环境温度低于 5 ℃及高于 35 ℃或烈日暴晒时施工。涂膜固化前如有降雨可能时，应及时做好已完涂层的保护工作。

防水涂料的配制应按涂料的技术要求进行。

防水涂料应分层刷涂或喷涂，涂层应均匀，不得漏刷漏涂；接槎宽度不应小于 100 mm。

铺贴胎体增强材料时，应使胎体层充分浸透防水涂料，不得有露槎及褶皱。

有机防水涂料施工完后应及时做保护层，保护层应符合下列规定：

(1)底板、顶板应采用 20 mm 厚 1∶2.5 水泥砂浆层和 40～50 mm 厚的细石混凝土保护层，防水层与保护层之间宜设置隔离层。

(2)侧墙背水面保护层应采用 20 mm 厚 1∶2.5 水泥砂浆。

(3)侧墙迎水面保护层宜选用软质保护材料或 20 mm 厚 1∶2.5 水泥砂浆。

5. 变形缝

变形缝应满足密封防水、适应变形、施工方便、检修容易等要求。

用于伸缩的变形缝宜少设，可根据不同的工程结构类别、工程地质情况采用后浇带、加强带、诱导缝等替代措施。

中埋式止水带施工应符合下列规定：

(1)止水带埋设位置应准确，其中间空心圆环应与变形缝的中心线重合。

(2)止水带应固定，顶、底板内止水带应成盆状安设。

(3)中埋式止水带先施工一侧混凝土时，其端模应支撑牢固，并应严防漏浆。

(4)止水带的接缝宜为一处，应设在边墙较高位置上，不得设在结构转角处，接头宜采用热压焊接。

(5)中埋式止水带在转弯处应做成圆弧形，(钢边)橡胶止水带的转角半径不应小于 200 mm，转角半径应随止水带的宽度增大而相应加大。

安设于结构内侧的可卸式止水带施工时应符合下列规定：

(1)所需配件应一次配齐。

(2)转角处应做成 45°折角，并应增加紧固件的数量。

6. 后浇带

后浇带宜用于不允许留设变形缝的工程部位。后浇带应在其两侧混凝土龄期达到 42 天后再施工；高层建筑的后浇带施工应按规定时间进行。后浇带应采用补偿收缩混凝土浇筑，其抗渗和抗压强度等级不应低于两侧混凝土。后浇带混凝土施工前，后浇带部位和外贴式止水带应防止落入杂物和损伤外贴止水带。后浇带混凝土应一次浇筑，不得留设施工缝；混凝土浇筑后应及时养护，养护时间不得少于 28 天。

7. 穿墙管（盒）和埋设件

结构变形或管道伸缩量较小时，穿墙管可采用主管直接埋入混凝土内的固定式防水法，主管应加焊止水环或环绕遇水膨胀止水圈。穿墙管防水施工时，金属止水环应与主管或套管满焊密实。

结构上的埋设件应采用预埋或预留孔(槽)等。埋设件端部或预留孔(槽)底部的混凝土厚度不得小于 250 mm，当厚度小于 250 mm 时，应采取局部加厚或其他防水措施。

温馨提示

贯穿防水混凝土的铁件应在铁件上加焊止水铁片。

(三)外墙防水工程施工技术

建筑外墙防水应根据工程所在地区的工程防水使用环境类别进行整体防水设计。建筑外墙门窗洞口、雨篷、阳台、女儿墙、室外挑板、变形缝、穿墙套管和预埋件等节点应采取防水构造措施，并应根据工程防水等级设置墙面防水层。

墙面防水层做法应符合下列规定：

(1)防水等级为一级的框架填充或砌体结构外墙，应设置2 道及以上防水层。防水等级为二级的框架填充或砌体结构外墙，应设置 1 道及以上防水层。当采用 2 道防水时，应设置 1 道防水砂浆及 1 道防水涂料或其他防水材料。

(2)防水等级为一级的现浇混凝土外墙、装配式混凝土外墙板应设置 1 道及以上防水层。

(3)封闭式幕墙应达到一级防水要求。

门窗洞口节点构造防水和门窗性能应符合规范规定。雨篷、阳台、室外挑板等防水做法应符合规范规定。外墙变形缝、穿墙管道、预埋件等节点防水做法应符合规范规定。

使用环境为Ⅰ类且强风频发地区的建筑外墙门窗洞口、雨篷、阳台、穿墙管道、变形缝等处的节点构造应采取加强措施。

装配式混凝土结构外墙接缝以及门窗框与墙体连接处应采用密封材料、止水材料和专用防水配件等进行密封。

知识拓展

外墙防水工程应按设计要求施工，施工前应编制专项施工方案并进行技术交底。外墙防水层的基层找平层应平整、坚实、牢固、干净，不得酥松、起砂、起皮。外墙防水工程完工后，应采取保护措施，不得损坏防水层。外墙防水工程严禁在雨天、雪天和五级风及其以上时施工；施工的环境气温宜为 5～35 ℃。施工时应采取安全防护措施。

(四)室内防水工程施工技术

室内楼地面防水做法应符合表 4-27 的规定。

表 4-27 室内楼地面防水做法

防水等级	防水做法	防水层		
		防水卷材	防水涂料	水泥基防水材料
一级	不应少于 2 道	防水涂料或防水卷材不应少于 1 道		
二级	不应少于 1 道	任选		

室内墙面防水层不应少于 1 道。有防水要求的楼地面应设排水坡，并应坡向地漏或排水设施，排水坡度不应小于 1.0%。

用水空间与非用水空间楼地面交接处应有防止水流入非用水房间的措施。淋浴区墙面防水层翻起高度不应小于 2 000 mm，且不低于淋浴喷淋口高度。盥洗池盆等用水处墙面防水层翻起高度不应小于 1 200 mm。墙面其他部位泛水翻起高度不应小于 250 mm。

潮湿空间的顶棚应设置防潮层或采用防潮材料。室内需进行防水设防的区域不应跨越变形缝等可能出现较大变形的部位。采用整体装配式卫浴间的结构楼地面应采取防排水措施。

五、建筑装饰装修工程施工技术 ★★★

建筑装饰装修工程是指为保护建筑物的主体结构、完善建筑物的使用功能和美化建筑物，采用装饰装修材料或饰物，对建筑物的内外表面及空间进行的各种处理过程。其主要作用有：保护结构主体，延长使用寿命；美化建筑，增强艺术效果；优化环境，创造使用条件。建筑装饰装修工程是建筑工程的重要组成部分，其主要特点是项目繁多，工程量大，工期长，用工量大，造价高，装饰材料和施工技术更新快，施工管理复杂。

以下主要以住宅建筑内部为例讲解建筑装饰装修工程施工技术。住宅建筑内部装饰装修工程主要包括防水、抹灰、吊顶、轻质隔墙、门窗、细部、墙面铺装、涂饰、地面铺装等工程。

（一）防水工程

此处的防水工程适用于卫生间、厨房、阳台的防水工程施工，为二次施工。一次施工为住宅在结构施工时所做的防水工程。在装饰装修施工中，由于业主要求改换地砖等，在剔凿时难免将防水层破坏，这时必须重新做防水施工。

防水施工宜采用涂膜防水。涂膜类防水指聚氨酯等涂膜防水材料，产品特点是拉伸强度、断裂伸长率均高于氯丁乳沥青防水材料，施工后干燥快，现在住宅装饰装修中多用此材料。但不排除使用其他类型的防水材料。

（二）抹灰工程

1. 一般规定

顶棚抹灰层与基层之间及各抹灰层之间必须黏结牢固，无脱层、空鼓。

不同材料基体交接处表面的抹灰应采取防止开裂的加强措施。

室内墙面、柱面和门洞口的阳角做法应符合设计要求。设计无要求时，应采用1∶2水泥砂浆做暗护角，其高度不应低于2 m，每侧宽度不应小于50 mm。

水泥砂浆抹灰层应在抹灰24 h后进行养护。抹灰层在凝结前，应防止快干、水冲、撞击和震动。

冬期施工，抹灰时的作业面温度不宜低于5 ℃；抹灰层初凝前不得受冻。

2. 主要材料质量要求

抹灰用的水泥宜为硅酸盐水泥、普通硅酸盐水泥，其强度等级不应小于32.5。不同品种不同标号的水泥不得混合使用。水泥应有产品合格证书。

抹灰用砂子宜选用中砂，砂子使用前应过筛，不得含有杂物。抹灰用石灰膏的熟化期不应少于15天。罩面用磨细石灰粉的熟化期不应少于3天。

3. 施工要点

基层处理应符合下列规定：

(1)砖砌体，应清除表面杂物、尘土，抹灰前应洒水湿润。

(2)混凝土，表面应凿毛或在表面洒水润湿后涂刷1∶1水泥砂浆(加适量胶黏剂)。

(3)加气混凝土，应在湿润后边刷界面剂，边抹强度不大于M5的水泥混合砂浆。

抹灰层的平均总厚度应符合设计要求。

大面积抹灰前应设置标筋。**抹灰应分层进行，每遍厚度宜为5～7 mm。**抹石灰砂浆和水泥混合砂浆每遍厚度宜为7～9 mm。**当抹灰总厚度超出35 mm时，应采取加强措施。**

用水泥砂浆和水泥混合砂浆抹灰时，应待前一抹灰层凝结后方可抹后一层；**用石灰砂浆抹灰时，应待前一抹灰层七八成干后方可抹后一层。底层的抹灰层强度不得低于面层的抹灰层强度。**

水泥砂浆拌好后，应在初凝前用完，凡结硬砂浆不得继续使用。

（三）吊顶工程

1. 一般规定

吊杆、龙骨的安装间距、连接方式应符合设计要求。后置埋件、金属吊杆、龙骨应进行防腐处理。木吊杆、木龙骨、造型木板和木饰面板应进行防腐、防火、防蛀处理。

吊顶材料在运输、搬运、安装、存放时应采取相应措施，防止受潮、变形及损坏板材的表面和边角。

重型灯具、电扇及其他重型设备严禁安装在吊顶龙骨上。

吊顶内填充的吸音、保温材料的品种和铺设厚度应符合设计要求，并应有防散落措施。

饰面板上的灯具、烟感器、喷淋头、风口篦子等设备的位置应合理、美观，与饰面板交接处应严密。

2. 主要材料质量要求

吊顶工程所用材料的品种、规格和颜色应符合设计要求。饰面板、金属龙骨应有产品合格证书。木吊杆、木龙骨的含水率应符合国家现行标准的有关规定。

饰面板表面应平整，边缘应整齐、颜色应一致。穿孔板的孔距应排列整齐；胶合板、木质纤维板、大芯板不应脱胶、变色。

防火涂料应有产品合格证书及使用说明书。

3. 施工要点

龙骨的安装应符合下列要求：

(1)应根据吊顶的设计标高在四周墙上弹线。弹线应清晰、位置应准确。

(2)主龙骨吊点间距、起拱高度应符合设计要求。当设计无要求时，吊点间距应小于 1.2 m，应按房间短向跨度的 0.1%～0.3%起拱。主龙骨安装后应及时校正其位置标高。

(3)吊杆应通直，距主龙骨端部距离不得超过 300 mm。当吊杆与设备相遇时，应调整吊点构造或增设吊杆。

(4)次龙骨应紧贴主龙骨安装。固定板材的次龙骨间距不得大于 600 mm，在潮湿地区和场所，间距宜为 300～400 mm。用沉头自攻钉安装饰面板时，接缝处次龙骨宽度不得小于 40 mm。

(5)暗龙骨系列横撑龙骨应用连接件将其两端连接在通长次龙骨上。明龙骨系列的横撑龙骨与通长龙骨搭接处的间隙不得大于 1 mm。

(6)边龙骨应按设计要求弹线，固定在四周墙上。

(7)全面校正主、次龙骨的位置及平整度，连接件应错位安装。

暗龙骨饰面板(包括纸面石膏板、纤维水泥加压板、胶合板、金属方块板、金属条形板、塑料条形板、石膏板、钙塑板、矿棉板和格栅等)的安装应符合下列规定：

(1)以轻钢龙骨、铝合金龙骨为骨架，采用钉固法安装时应使用沉头自攻钉固定。

(2)以木龙骨为骨架，采用钉固法安装时应使用木螺钉固定，胶合板可用铁钉固定。

(3)金属饰面板采用吊挂连接件、插接件固定时应按产品说明书的规定放置。

(4)采用复合粘贴法安装时，胶黏剂未完全固化前板材不得有强烈振动。

纸面石膏板和纤维水泥加压板安装应符合下列规定：

(1)板材应在自由状态下进行安装，固定时应从板的中间向板的四周固定。

(2)纸面石膏板螺钉与板边距离：纸包边宜为 10～15 mm，切割边宜为 15～20 mm；水泥加压板螺钉与板边距离宜为 8～15 mm。

(3)板周边钉距宜为 150～170 mm，板中钉距不得大于 200 mm。

(4)安装双层石膏板时，上下层板的接缝应错开，不得在同一根龙骨上接缝。

(5)螺钉头宜略埋入板面，并不得使纸面破损。钉眼应做防锈处理并用腻子抹平。

(6)石膏板的接缝应按设计要求进行板缝处理。

石膏板、钙塑板的安装应符合下列规定：

(1)当采用钉固法安装时,螺钉与板边距离不得小于 15 mm,螺钉间距宜为 150～170 mm,均匀布置,并应与板面垂直,钉帽应进行防锈处理,并应用与板面颜色相同涂料涂饰或用石膏腻子抹平。

(2)当采用黏接法安装时,胶黏剂应涂抹均匀,不得漏涂。

明龙骨饰面板的安装应符合以下规定:

(1)饰面板安装应确保企口的相互咬接及图案花纹的吻合。

(2)饰面板与龙骨嵌装时应防止相互挤压过紧或脱挂。

(3)采用搁置法安装时应留有板材安装缝,每边缝隙不宜大于 1 mm。

(4)玻璃吊顶龙骨上留置的玻璃搭接宽度应符合设计要求,并应采用软连接。

(5)装饰吸声板的安装如采用搁置法安装,应有定位措施。

(四)轻质隔墙工程

1. 一般规定

轻质隔墙材料在运输和安装时,应轻拿轻放,不得损坏表面和边角。应防止受潮变形。

当轻质隔墙下端用木踢脚覆盖时,饰面板应与地面留有 20～30 mm 缝隙;当用大理石、瓷砖、水磨石等做踢脚板时,饰面板下端应与踢脚板上口齐平,接缝应严密。

轻质隔墙与顶棚和其他墙体的交接处应采取防开裂措施。

接触砖、石、混凝土的龙骨和埋置的木楔应作防腐处理。

2. 主要材料质量要求

板材隔墙的墙板、骨架隔墙的饰面板和龙骨、玻璃隔墙的玻璃应有产品合格证书。

饰面板表面应平整,边沿应整齐,不应有污垢、裂纹、缺角、翘曲、起皮、色差和图案不完整等缺陷。胶合板不应有脱胶、变色和腐朽。

复合轻质墙板的板面与基层(骨架)黏接必须牢固。

3. 施工要点

墙位放线应按设计要求,沿地、墙、顶弹出隔墙的中心线和宽度线,宽度线应与隔墙厚度一致。弹线应清晰,位置应准确。

轻钢龙骨的安装应符合下列规定:

(1)应按弹线位置固定沿地、沿顶龙骨及边框龙骨,龙骨的边线应与弹线重合。龙骨的端部应安装牢固,龙骨与基体的固定点间距应不大于 1 m。

(2)安装竖向龙骨应垂直,龙骨间距应符合设计要求。潮湿房间和钢板网抹灰墙,龙骨间距不宜大于 400 mm。

(3)安装支撑龙骨时,应先将支撑卡安装在竖向龙骨的开口方向,卡距宜为 400～600 mm,距龙骨两端的距离宜为 20～25 mm。

(4)安装贯通系列龙骨时,低于 3 m 的隔墙安装一道,3～5 m 隔墙安装两道。

(5)饰面板横向接缝处不在沿地、沿顶龙骨上时,应加横撑龙骨固定。

(6)门窗或特殊接点处安装附加龙骨应符合设计要求。

木龙骨的安装应符合下列规定:

(1)木龙骨的横截面积及纵、横向间距应符合设计要求。

(2)骨架横、竖龙骨宜采用开半榫、加胶、加钉连接。

(3)安装饰面板前应对龙骨进行防火处理。

骨架隔墙在安装饰面板前应检查骨架的牢固程度、墙内设备管线及填充材料的安装是否符合设计要求,如有不符合处应采取措施。

纸面石膏板的安装应符合以下规定：

(1)石膏板宜竖向铺设,长边接缝应安装在竖龙骨上。

(2)龙骨两侧的石膏板及龙骨一侧的双层板的接缝应错开,不得在同一根龙骨上接缝。

(3)轻钢龙骨应用自攻螺钉固定,木龙骨应用木螺钉固定。沿石膏板周边钉间距不得大于 200 mm,板中钉间距不得大于 300 mm,螺钉与板边距离应为 10～15 mm。

(4)安装石膏板时应从板的中部向板的四边固定。钉头略埋入板内,但不得损坏纸面。钉眼应进行防锈处理。

(5)石膏板的接缝应按设计要求进行板缝处理。石膏板与周围墙或柱应留有 3 mm 的槽口,以便进行防开裂处理。

胶合板的安装应符合下列规定：

(1)胶合板安装前应对板背面进行防火处理。

(2)轻钢龙骨应采用自攻螺钉固定。木龙骨采用圆钉固定时,钉距宜为 80～150 mm,钉帽应砸扁;采用钉枪固定时,钉距宜为 80～100 mm。

(3)阳角处宜作护角。

(4)胶合板用木压条固定时,固定点间距不应大于 200 mm。

板材隔墙的安装应符合下列规定：

(1)墙位放线应清晰,位置应准确。隔墙上下基层应平整,牢固。

(2)板材隔墙安装拼接应符合设计和产品构造要求。

(3)安装板材隔墙时宜使用简易支架。

(4)安装板材隔墙所用的金属件应进行防腐处理。

(5)板材隔墙拼接用的芯材应符合防火要求。

(6)在板材隔墙上开槽、打孔应用云石机切割或电钻钻孔,不得直接剔凿和用力敲击。

玻璃砖墙的安装应符合下列规定：

(1)玻璃砖墙宜以 1.5 m 高为一个施工段,待下部施工段胶结材料达到设计强度后再进行上部施工。

(2)当玻璃砖墙面积过大时应增加支撑。玻璃砖墙的骨架应与结构连接牢固。

(3)玻璃砖应排列均匀整齐,表面平整,嵌缝的油灰或密封膏应饱满密实。

平板玻璃隔墙的安装应符合下列规定：

(1)墙位放线应清晰,位置应准确。隔墙基层应平整、牢固。

(2)骨架边框的安装应符合设计和产品组合的要求。

(3)压条应与边框紧贴,不得弯棱、凸鼓。

(4)安装玻璃前应对骨架、边框的牢固程度进行检查,如有不牢应进行加固。

(5)玻璃安装应符合门窗工程的有关规定。

(五)门窗工程

1. 一般规定

门窗安装应采用预留洞口的施工方法,不得采用边安装边砌口或先安装后砌口的施工方法。

推拉门窗扇必须有防脱落措施,扇与框的搭接量应符合设计要求。

建筑外门窗的安装必须牢固,在砖砌体上安装门窗严禁用射钉固定。

2. 主要材料质量要求

门窗的外观、外形尺寸、装配质量、力学性能应符合国家现行标准的有关规定,塑料门窗中的竖框、中横框或拼樘料等主要受力杆件中的增强型钢,应在产品说明中注明规格、尺寸。门窗表面不应有影响外观质量的缺陷。木门窗采用的木材，其含水率应符合国家现行标准的有关规定。

3. 施工要点

门窗工程施工要点主要包括木门窗的安装、铝合金门窗的安装、塑料门窗的安装、木门窗玻璃的安装、铝合金门窗玻璃的安装、塑料门窗玻璃的安装等，其施工均应符合规范规定。

（六）细部工程

1. 一般规定

细部工程应在隐蔽工程已完成并经验收后进行。

框架结构的固定柜橱应用榫连接。板式结构的固定柜橱应用专用连接件连接。

2. 主要材料质量要求

人造木板、胶黏剂的甲醛含量应符合国家现行标准的有关规定，应有产品合格证书。木材含水率应符合国家现行标准的有关规定。

3. 施工要点

细部工程的施工要点主要包括木门窗套的制作安装、木窗帘盒的制作安装、固定橱柜的制作安装、扶手及护栏的制作安装、花饰的制作安装等，其施工均应符合规范规定。

（七）墙面铺装工程

1. 一般规定

墙面铺装工程应在墙面隐蔽及抹灰工程、吊顶工程已完成并经验收后进行。当墙体有防水要求时，应对防水工程进行验收。

采用湿作业法铺贴的天然石材应作防碱处理。湿作业施工现场环境温度宜在 5 ℃以上；裱糊时空气相对湿度不得大于 85%，应防止湿度及温度剧烈变化。

2. 主要材料质量要求

石材的品种、规格应符合设计要求，天然石材表面不得有隐伤、风化等缺陷。

墙面砖的品种、规格应符合设计要求，并应有产品合格证书。

木材的品种、质量等级应符合设计要求，含水率应符合国家现行标准的有关要求。

织物、壁纸、胶黏剂等应符合设计要求，并应有性能检测报告和产品合格证书。

3. 施工要点

墙面砖铺贴应符合下列规定：

(1)墙面砖铺贴前应进行挑选，并应浸水 2 h 以上，晾干表面水分。

(2)铺贴前应进行放线定位和排砖，非整砖应排放在次要部位或阴角处。每面墙不宜有两列非整砖，非整砖宽度不宜小于整砖的 1/3。

(3)铺贴前应确定水平及竖向标志，垫好底尺，挂线铺贴。墙面砖表面应平整、接缝应平直、缝宽应均匀一致。阴角砖应压向正确，阳角线宜做成 45°角对接。在墙面突出物处，应整砖套割吻合，不得用非整砖拼凑铺贴。

(4)结合砂浆宜采用 1∶2水泥砂浆，砂浆厚度宜为 6～10 mm。水泥砂浆应满铺在墙砖背面，一面墙不宜一次铺贴到顶，以防塌落。

墙面石材铺装应符合下列规定：

（1）墙面砖铺贴前应进行挑选，并应按设计要求进行预拼。

（2）强度较低或较薄的石材应在背面粘贴玻璃纤维网布。

（3）当采用湿作业法施工时，固定石材的钢筋网应与预埋件连接牢固。每块石材

与钢筋网拉接点不得少于 4 个。拉接用金属丝应具有防锈性能。灌注砂浆前应将石材背面及基层湿润，并应用填缝材料临时封闭石材板缝，避免漏浆。灌注砂浆宜用 1：2.5 水泥砂浆，灌注时应分层进行，每层灌注高度宜为 150～200 mm，且不超过板高的 1/3，插捣应密实。待其初凝后方可灌注上层水泥砂浆。

（4）当采用粘贴法施工时，基层处理应平整但不应压光。胶黏剂的配合比应符合产品说明书的要求。胶液应均匀、饱满的刷抹在基层和石材背面，石材就位时应准确，并应立即挤紧、找平、找正，进行顶、卡固定。溢出胶液应随时清除。

木装饰装修墙制作安装应符合下列规定：

(1)制作安装前应检查基层的垂直度和平整度，有防潮要求的应进行防潮处理。

(2)按设计要求弹出标高、竖向控制线、分格线。打孔安装木砖或木楔，深度应不小于 40 mm，木砖或木楔应做防腐处理。

(3)龙骨间距应符合设计要求。当设计无要求时：横向间距宜为 300 mm，竖向间距宜为 400 mm。龙骨与木砖或木楔连接应牢固。龙骨、木质基层板应进行防火处理。

(4)饰面板安装前应进行选配，颜色、木纹对接应自然谐调。

(5)饰面板固定应采用射钉或胶粘接，接缝应在龙骨上，接缝应平整。

(6)镶接式木装饰墙可用射钉从凹榫边倾斜射入。安装第一块时必须校对竖向控制线。

(7)安装封边收口线条时应用射钉固定，钉的位置应在线条的凹槽处或背视线的一侧。

软包墙面制作安装应符合下列规定：

(1)软包墙面所用填充材料、纺织面料和龙骨、木基层板等均应进行防火处理。

(2)墙面防潮处理应均匀涂刷一层清油或满铺油纸。不得用沥青油毡做防潮层。

(3)木龙骨宜采用凹槽榫工艺预制，可整体或分片安装，与墙体连接应紧密、牢固。

(4)填充材料制作尺寸应正确，棱角应方正，应与木基层板粘接紧密。

(5)织物面料裁剪时经纬应顺直。安装应紧贴墙面，接缝应严密，花纹应吻合，无波纹起伏、翘边和褶皱，表面应清洁。

(6)软包布面与压线条、贴脸线、踢脚板、电气盒等交接处应严密，顺直，无毛边。电气盒盖等开洞处，套割尺寸应准确。

知识拓展

不同于内墙墙面铺装，现代大型和高层建筑的外墙装饰多采用幕墙。

由金属构件与各种板材组成的悬挂在主体结构上、不承担主体结构荷载与作用的建筑物外围护结构，称为建筑幕墙。按建筑幕墙的面板可将其分为玻璃幕墙、金属幕墙、石材幕墙、人造板材幕墙及组合幕墙等。玻璃幕墙包括框支承玻璃幕墙、全玻幕墙和点支承玻璃幕墙。

石材幕墙的石材与幕墙骨架的连接可分为钢销式、槽式和背栓式三种。其中，背栓式连接一般先在石材背面做钻孔处理，再将不锈钢背栓插入，并通过背栓扩胀使之紧密连接，最后通过连接件与幕墙骨架连接。与钢销式及槽式连接不同的是，背栓式连接将连接石材面板的部位放在面板背部，使石材面板受力较好。

幕墙工程施工时，应满足以下规定：

(1)幕墙及其连接件应具有足够的承载力、刚度和相对于主体结构的位移能力。当幕墙构架立柱的连接金属角码与其他连接件采用螺栓连接时，应有防松动措施。

(2)幕墙的变形缝等部位处理应保证缝的使用功能和饰面的完整性。

(八)涂饰工程

1. 一般规定

涂饰工程应在抹灰、吊顶、细部、地面及电气工程等已完成并验收合格后进行。

混凝土或抹灰基层涂刷溶剂型涂料时,含水率不得大于8%;涂刷水性涂料时,含水率不得大于10%;木质基层含水率不得大于12%。

涂料在使用前应搅拌均匀,并应在规定的时间内用完。

施工现场环境温度宜在5~35 ℃之间,并应注意通风换气和防尘。

2. 主要材料质量要求

涂料的品种、颜色应符合设计要求,并应有产品性能检测报告和产品合格证书。

涂饰工程所用腻子的黏结强度应符合国家现行标准的有关规定。

3. 施工要点

基层处理应符合下列规定。

(1)混凝土及水泥砂浆抹灰基层:应满刮腻子、砂纸打光,表面应平整光滑、线角顺直。

(2)纸面石膏板基层:应按设计要求对板缝、钉眼进行处理后,满刮腻子、砂纸打光。

(3)清漆木质基层:表面应平整光滑、颜色谐调一致、表面无污染、裂缝、残缺等缺陷。

(4)调和漆木质基层:表面应平整、无严重污染。

(5)金属基层:表面应进行除锈和防锈处理。

涂饰施工一般方法如下。

(1)滚涂法:将蘸取漆液的毛辊先按W方式运动将涂料大致涂在基层上,然后用不蘸取漆液的毛辊紧贴基层上下、左右来回滚动,使漆液在基层上均匀展开,最后用蘸取漆液的毛辊按一定方向满滚一遍。阴角及上下口宜采用排笔刷涂找齐。

(2)喷涂法:喷枪压力宜控制在0.4~0.8 MPa范围内。喷涂时喷枪与墙面应保持垂直,距离宜在500 mm左右,匀速平行移动。两行重叠宽度宜控制在喷涂宽度的1/3。

(3)刷涂法:宜按先左后右、先上后下、先难后易、先边后面的顺序进行。

木质基层涂刷清漆:木质基层上的节疤、松脂部位应用虫胶漆封闭,钉眼处应用油性腻子嵌补。在刮腻子、上色前,应涂刷一遍封闭底漆,然后反复对局部进行拼色和修色,每修完一次,刷一遍中层漆,干后打磨,直至色调谐调统一,再做饰面漆。

木质基层涂刷调和漆:先满刷清油一遍,待其干后用油腻子将钉孔、裂缝、残缺处嵌刮平整,干后打磨光滑,再刷中层和面层油漆。

对泛碱、析盐的基层应先用3%的草酸溶液清洗,然后用清水冲刷干净或在基层上满刷一遍耐碱底漆,待其干后刮腻子,再涂刷面层涂料。

浮雕涂饰的中层涂料应颗粒均匀,用专用塑料辊蘸煤油或水均匀滚压,厚薄一致,待完全干燥固化后,才可进行面层涂饰。**面层为水性涂料应采用喷涂,溶剂型涂料应采用刷涂。** 间隔时间宜在4 h以上。

涂料、油漆打磨应待涂膜完全干透后进行,打磨应用力均匀,不得磨透露底。

(九)地面铺装工程

1. 一般规定

地面铺装宜在地面隐蔽工程、吊顶工程、墙面抹灰工程完成并验收后进行。

天然石材在铺装前应采取防护措施,防止出现污损、泛碱等现象。

湿作业施工现场环境温度宜在5 ℃以上。

2. 主要材料质量要求

地面铺装材料的品种、规格、颜色等均应符合设计要求并应有产品合格证书。

地面铺装时所用龙骨、垫木、毛地板等木料的含水率，以及防腐、防蛀、防火处理等均应符合国家现行标准、规范的有关规定。

3. 施工要点

石材、地面砖铺贴应符合下列规定：

(1)石材、地面砖铺贴前应浸水湿润。天然石材铺贴前应进行对色、拼花并试拼、编号。

(2)铺贴前应根据设计要求确定结合层砂浆厚度，拉十字线控制其厚度和石材、地面砖表面平整度。

(3)结合层砂浆宜采用体积比为1∶3的干硬性水泥砂浆，厚度宜高出实铺厚度2～3 mm。铺贴前应在水泥砂浆上刷一道水灰比为1∶2的素水泥浆或干铺水泥1～2 mm后洒水。

(4)石材、地面砖铺贴时应保持水平就位，用橡皮锤轻击使其与砂浆黏结紧密，同时调整其表面平整度及缝宽。

(5)铺贴后应及时清理表面，24 h后应用1∶1水泥浆灌缝，选择与地面颜色一致的颜料与白水泥拌和均匀后嵌缝。

竹、实木地板铺装应符合下列规定：

(1)基层平整度误差不得大于5 mm。

(2)铺装前应对基层进行防潮处理，防潮层宜涂刷防水涂料或铺设塑料薄膜。

(3)铺装前应对地板进行选配，宜将纹理、颜色接近的地板集中使用于一个房间或部位。

(4)木龙骨应与基层连接牢固，固定点间距不得大于600 mm。

(5)毛地板应与龙骨成30°或45°铺钉，板缝应为2～3 mm，相邻板的接缝应错开。

(6)在龙骨上直接铺装地板时，主次龙骨的间距应根据地板的长宽模数计算确定，地板接缝应在龙骨的中线上。

(7)地板钉长度宜为板厚的2.5倍，钉帽应砸扁。固定时应从凹榫边30°角倾斜钉入。硬木地板应先钻孔，孔径应略小于地板钉直径。

(8)毛地板及地板与墙之间应留有8～10 mm的缝隙。

(9)地板磨光应先刨后磨，磨削应顺木纹方向，磨削总量应控制在0.3～0.8 mm内。

(10)单层直铺地板的基层必须平整、无油污。铺贴前应在基层刷一层薄而匀的底胶以提高黏结力。铺贴时基层和地板背面均应刷胶，待不黏手后再进行铺贴。拼板时应用榔头垫木块敲打紧密，板缝不得大于0.3 mm。溢出的胶液应及时清理干净。

强化复合地板铺装应符合下列规定：

(1)防潮垫层应满铺平整，接缝处不得叠压。

(2)安装第一排时应凹槽面靠墙。地板与墙之间应留有8～10 mm的缝隙。

(3)房间长度或宽度超过8 m时，应在适当位置设置伸缩缝。

地毯铺装应符合下列规定：

(1)地毯对花拼接应按毯面绒毛和织纹走向的同一方向拼接。

(2)当使用张紧器伸展地毯时，用力方向应呈V字形，应由地毯中心向四周展开。

(3)当使用倒刺板固定地毯时，应沿房间四周将倒刺板与基层固定牢固。

(4)地毯铺装方向，应是毯面绒毛走向的背光方向。

(5)满铺地毯，应用扁铲将毯边塞入卡条和墙壁间的间隙中或塞入踢脚下面。

(6)裁剪楼梯地毯时，长度应留有一定余量，以便在使用中可挪动常磨损的位置。

（十）幕墙工程

幕墙包括玻璃幕墙、金属幕墙、石材幕墙、人造板材幕墙等。其中，玻璃幕墙包括构件式玻璃幕墙、单元式玻璃幕墙、全玻璃幕墙和点支承玻璃幕墙。点支承玻璃幕墙又包括玻璃肋点式连接玻璃幕墙、钢桁架点式连接玻璃幕墙、拉索式点式连接玻璃幕墙三种。其中，拉索式点式连接玻璃幕墙需要施加预应力。

玻璃幕墙是国内外目前常用的一种建筑幕墙形式，其以玻璃为主要面板材料，通过结构支撑体系与建筑主体连接，具有通透美观、采光良好等特点，广泛应用于各类高层建筑及公共建筑中。下面依据《玻璃幕墙工程技术规范》讲解玻璃幕墙安装的相关要求。

1. 一般规定

进场安装的玻璃幕墙构件及附件的材料品种、规格、色泽和性能，应符合设计要求。

玻璃幕墙的安装施工应单独编制施工组织设计。

采用脚手架施工时，玻璃幕墙安装施工厂商应与土建施工单位协商幕墙施工所用脚手架方案。

2. 安装施工准备

安装施工之前，幕墙安装厂商应会同土建承包商检查现场清洁情况、脚手架和起重运输设备，确认是否具备幕墙施工条件。

采用新材料、新结构的幕墙，宜在现场制作样板，经业主、监理、土建设计单位共同认可后方可进行安装施工。

3. 构件式玻璃幕墙

玻璃幕墙立柱的安装应符合下列要求：

(1)立柱安装轴线偏差不应大于 2 mm。

(2)相邻两根立柱安装标高偏差不应大于 3 mm，同层立柱的最大标高偏差不应大于 5 mm；相邻两根立柱固定点的距离偏差不应大于 2 mm。

(3)立柱安装就位、调整后应及时紧固。

玻璃幕墙横梁安装应符合下列要求：

(1)横梁应安装牢固，设计中横梁和立柱间留有空隙时，空隙宽度应符合设计要求。

(2)同一根横梁两端或相邻两根横梁的水平标高偏差不应大于 1 mm。

(3)当安装完成一层高度时，应及时进行检查、校正和固定。

知识拓展

幕墙的连接部位，应采取措施防止产生摩擦噪声。构件式幕墙的立柱与横梁连接处应避免刚性接触，可设置柔性垫片或预留 1～2 mm 的间隙，间隙内填胶；隐框幕墙采用挂钩式连接固定玻璃组件时，挂钩接触面宜设置柔性垫片。

玻璃幕墙其他主要附件安装应符合下列要求：

(1)防火、保温材料应铺设平整且可靠固定，拼接处不应留缝隙。

(2)冷凝水排出管及其附件应与水平构件预留孔连接严密，与内衬板出水孔连接处应密封。

(3)其他通气槽孔及雨水排出口等应按设计要求施工，不得遗漏。

(4)封口应按设计要求进行封闭处理。

(5)玻璃幕墙安装用的临时螺栓等，应在构件紧固后及时拆除。

(6)采用现场焊接或高强螺栓紧固的构件，应在紧固后及时进行防锈处理。

硅酮建筑密封胶不宜在夜晚、雨天打胶，打胶温度应符合设计要求和产品要求，打胶前应使打胶面清洁、干燥。

构件式玻璃幕墙中硅酮建筑密封胶的施工应符合下列要求：

(1)硅酮建筑密封胶的施工厚度应大于 3.5 mm，施工宽度不宜小于施工厚度的 2 倍；较深的密封槽口底部应采用聚乙烯发泡材料填塞。

(2)硅酮建筑密封胶在接缝内应两对面黏结，不应三面黏结。

4. 单元式玻璃幕墙

单元吊装机具准备应符合下列要求：

(1)应根据单元板块选择适当的吊装机具，并与主体结构安装牢固。

(2)吊装机具使用前，应进行全面质量、安全检验。

(3)吊具设计应使其在吊装中与单元板块之间不产生水平方向分力。

(4)吊具运行速度应可控制，并有安全保护措施。

(5)吊装机具应采取防止单元板块摆动的措施。

单元构件运输以及在场内堆放单元板块时，应符合规范要求。

起吊和就位应符合下列要求：

(1)吊点和挂点应符合设计要求，吊点不应少于 2 个。必要时可增设吊点加固措施并试吊。

(2)起吊单元板块时，应使各吊点均匀受力，起吊过程应保持单元板块平稳。

(3)吊装升降和平移应使单元板块不摆动、不撞击其他物体。

(4)吊装过程应采取措施保证装饰面不受磨损和挤压。

(5)单元板块就位时，应先将其挂到主体结构的挂点上，板块未固定前，吊具不得拆除。

施工中如果暂停安装，应将对插槽口等部位进行保护；安装完毕的单元板块应及时进行成品保护。

5. 全玻幕墙

全玻幕墙安装前，应清洁镶嵌槽；中途暂停施工时，应对槽口采取保护措施。

全玻幕墙安装过程中，应随时检测和调整面板、玻璃肋的水平度和垂直度，使墙面安装平整。

知识拓展

幕墙中的玻璃板块应便于更换。幕墙开启窗的设置，应满足使用功能和立面效果要求，并应启闭方便，避免设置在梁、柱、隔墙等位置。开启扇的开启角度不宜大于 30°，开启距离不宜大于 300 mm。

每块玻璃的吊夹应位于同一平面，吊夹的受力应均匀。

全玻幕墙玻璃两边嵌入槽口深度及预留空隙应符合设计要求，左右空隙尺寸宜相同。

全玻幕墙的玻璃宜采用机械吸盘安装，并应采取必要的安全措施。

6. 石材幕墙

石材幕墙的石材与幕墙骨架的连接可分为钢销式、槽式和背栓式等。其中，背栓式连接一般先在石材背面做钻孔处理，再将不锈钢背栓插入，并通过背栓扩胀使之紧密连接，最后通过连接件与幕墙骨架连接。与钢销式及槽式连接不同的是，背栓式连接将连接石材面板的部位放在面板背部，使石材面板受力更好。

六、节能工程施工技术 ★★★

建筑节能工程包括墙体节能工程、幕墙节能工程、门窗节能工程、屋面节能工程、地面节能工程、供暖节能工程、通风与空调节能工程、配电与照明节能工程等。以下主要介绍墙体节能工程和屋面节能工程的相关内容。

(一)墙体节能工程施工

在建筑中,外围护结构的热损耗较大,采暖居住建筑物的耗热量73%～77%均通过围护结构散失。因此,围护结构成为节能的重点部位。外围护结构墙体又占了较大份额,所以建筑墙体改革与墙体节能技术的发展是建筑节能技术的一个重要环节,发展外墙保温技术及节能材料是建筑节能的主要方式之一。

外墙保温系统按保温层的位置分为外墙内保温系统和外墙外保温系统两大类。

1. 外墙内保温系统

外墙内保温系统是指主要由保温层和防护层组成,用于外墙内表面起保温作用的系统,简称内保温系统。外墙内保温施工是在外墙结构的内部加做保温层,内保温施工速度快,操作方便灵活,可以保证施工进度。内保温已有较长的使用时间,施工技术成熟,检验标准较为完善。

内保温系统的类型包括复合板内保温系统,有机保温板内保温系统,无机保温板内保温系统,保温砂浆内保温系统,喷涂硬泡聚氨酯内保温系统,玻璃棉、岩棉、喷涂硬泡聚氨酯龙骨固定内保温系统。

2. 外墙外保温系统

外墙外保温系统是指由保温层、防护层和固定材料构成,并固定在外墙外表面的非承重保温构造的总称,简称外保温系统。外保温是目前大力推广的一种建筑保温节能技术,外保温与内保温相比较,技术合理,有明显的优越性。使用同样规格、同样尺寸和性能的保温材料,外保温比内保温的保温效果好,外保温技术不仅适用于新建的结构工程,也适用于旧楼改造。外墙外保温适用范围广,技术含量较高。

外墙外保温具有节能、牢固、防水、体轻、阻燃、易施工等特点。目前比较成熟的外墙外保温技术主要有粘贴保温板薄抹灰外保温系统、胶粉聚苯颗粒保温浆料外保温系统、EPS 板现浇混凝土外保温系统、EPS 钢丝网架板现浇混凝土外保温系统、胶粉聚苯颗粒浆料贴砌 EPS 板外保温系统、现场喷涂硬泡聚氨酯外保温系统等。

(二)屋面节能工程

屋面节能是指通过改善屋面层的热工性能阻止热量的传递,即通过控制屋面保温层的施工达到节能效果。不同屋面保温层的施工规定如下。

倒置式屋面保温层施工应符合下列规定:

(1)施工完的防水层,应进行淋水或蓄水试验,并应在合格后再进行保温层的铺设。

(2)板状保温层的铺设应平稳,拼缝应严密。

(3)保护层施工时,应避免损坏保温层和防水层。

隔汽层施工应符合下列规定:

(1)隔汽层施工前,基层应进行清理,宜进行找平处理。

(2)屋面周边隔汽层应沿墙面向上连续铺设,高出保温层上表面不得小于 150 mm。

(3)采用卷材做隔汽层时,卷材宜空铺,卷材搭接缝应满粘,其搭接宽度不应小于 80 mm。采用涂膜做隔汽层时,涂料涂刷应均匀,涂层不得有堆积、起泡和露底现象。

(4)穿过隔汽层的管道周围应进行密封处理。

屋面排汽构造施工应符合下列规定:排汽道及排汽孔的设置应符合有关规定。排汽道应与保温层连通，排汽道内可填入透气性好的材料。施工时，排汽道及排汽孔均不得被堵塞。屋面纵横排汽道的交叉处可埋设金属或塑料排汽管，排汽管宜设置在结构层上，穿过保温层及排汽道的管壁四周应打孔。排汽管应做好防水处理。

温馨提示

隔汽层施工完成后再进行保温层的施工。

板状材料保温层施工应符合下列规定：

(1)基层应平整、干燥、干净。

(2)相邻板块应错缝拼接，分层铺设的板块上下层接缝应相互错开，板间缝隙应采用同类材料嵌填密实。

(3)采用干铺法施工时，板状保温材料应紧靠在基层表面上，并应铺平垫稳。

(4)采用黏结法施工时，胶黏剂应与保温材料相容，板状保温材料应贴严、粘牢，在胶黏剂固化前不得上人踩踏。

(5)采用机械固定法施工时，固定件应固定在结构层上，固定件的间距应符合设计要求。

纤维材料保温层施工应符合下列规定：

(1)基层应平整、干燥、干净。

(2)纤维保温材料在施工时，应避免重压，并应采取防潮措施。

(3)纤维保温材料铺设时，平面拼接缝应贴紧，上下层拼接缝应相互错开。

(4)**屋面坡度较大时，纤维保温材料宜采用机械固定法施工。**

(5)在铺设纤维保温材料时，应做好劳动保护工作。

喷涂硬泡聚氨酯保温层施工应符合下列规定：

(1)基层应平整、干燥、干净。

(2)施工前应对喷涂设备进行调试，并应喷涂试块进行材料性能检测。

(3)喷涂时喷嘴与施工基面的间距应由试验确定。

(4)喷涂硬泡聚氨酯的配比应准确计量，发泡厚度应均匀一致。

(5)一个作业面应分遍喷涂完成，每遍喷涂厚度不宜大于15mm，硬泡聚氨酯喷涂后20 min内严禁上人。

(6)喷涂作业时，应采取防止污染的遮挡措施。

现浇泡沫混凝土保温层施工应符合下列规定：

(1)基层应清理干净，不得有油污、浮尘和积水。

(2)泡沫混凝土应按设计要求的干密度和抗压强度进行配合比设计，拌制时应计量准确，并应搅拌均匀。

(3)泡沫混凝土应按设计的厚度设定浇筑面标高线，找坡时宜采取挡板辅助措施。

(4)泡沫混凝土的浇筑出料口离基层的高度不宜超过1 m，泵送时应采取低压泵送。

(5)**泡沫混凝土应分层浇筑，一次浇筑厚度不宜超过** 200 mm，**终凝后应进行保湿养护，养护时间不得少于** 7 **天。**

进场的保温材料应检验下列项目：板状保温材料，表观密度或干密度、压缩强度或抗压强度、导热系数、燃烧性能；纤维保温材料应检验表观密度、导热系数、燃烧性能。

保温层的施工环境温度应符合下列规定：

(1)干铺的保温材料可在负温度下施工。

(2)用水泥砂浆粘贴的板状保温材料不宜低于5 ℃。

(3)喷涂硬泡聚氨酯宜为15～35 ℃，空气相对湿度宜小于85%，风速不宜大于三级。

(4)现浇泡沫混凝土宜为 5～35 ℃。

关于保温层施工的其他要求，下面以典型例题的形式进行讲解。

考题探究

【单选题】关于屋面保温工程中保温层施工要求的说法，正确的是(　　)。

A. 倒置式屋面高女儿墙和山墙内侧的保温层应铺到压顶下

B. 种植屋面的绝热层应采用黏结法和机械固定法施工

C. 种植屋面宜设计为倒置式

D. 坡度不大于 3% 的倒置式上人屋面，保温层板材施工可采用干铺法

【细说考点】本题主要考查保温层施工的要求。屋面保温工程中保温层施工时，倒置式屋面高女儿墙和山墙内侧的保温层应铺到顶部。种植屋面不宜设计为倒置式屋面。屋面坡度大于 50% 时，不宜做种植屋面。种植屋面可采用硬泡聚氨酯板、喷涂硬泡聚氨酯、酚醛硬泡保温板等轻质绝热材料。种植屋面保温材料密度不宜大于 100 kg/m^3。种植屋面排水坡度不宜小于 2%。坡度不大于 3% 的倒置式不上人屋面，保温层板材施工可采用干铺法，上人屋面宜采用黏结法。本题选 B。

第二节　道路、桥梁与涵洞工程施工技术

一、道路工程施工技术 ★★★★

道路结构一般包括路基和路面。

(一)路基的特点及构造

1. 一般特点

路基是指按路线位置和一定技术要求修筑的带状构造物，是路面的基础，承受由路面传来的行车荷载。路基起着保证路面平整的作用，应具有足够的强度与稳定性。因此，路基在行车荷载和自然因素的综合作用下，应具有良好的使用品质。

从工程性质和结构特点来说，路基主要是用土壤或石块修筑而成的一种线形结构物。

2. 基本构造

路基的基本构造包括路堤、路堑和半填半挖路基。路堤是指高于原地面的填方路基。路堤在结构上分为上路堤、下路堤，上路堤是指路床以下 0.7 m 厚度范围的填方部分，下路堤是指上路堤以下的填方部分。路堑是指低于原地面的挖方路基。

温馨提示

在一个断面内，部分为路堤，部分为路堑的路基称为半填半挖路基。

(二)路基施工技术

1. 路堤施工技术

(1)填料的选择。

路堤填料应符合下列规定：

①宜选用级配好的砾类土、砂类土等粗粒土作为填料。

②含草皮、生活垃圾、树根、腐殖质的土严禁作为填料。

③泥炭土、泥、冻土、强膨胀土、有机质土及易溶盐超过允许含量的土等，不得直接用

于填筑路基；确需使用时，应采取技术措施进行处理，经检验满足要求后方可使用。

④**粉质土不宜直接用于填筑二级及二级以上公路的路床，不得直接用于填筑冰冻地区的路床及浸水部分的路堤**。

知识拓展

道路工程施工时，路堤填料优先采用砾石、碎石、粗砂、卵石；也可采用压实后的亚砂土、亚黏土；不宜采用粉砂土；慎重采用重黏土、黏性土、捣碎后的植物土。

(2)地基的处理。

地基表层碾压处理压实度控制标准为：**二级及二级以上公路一般土质应不小于90%；三、四级公路应不小于85%**。低路堤应对地基表层土进行超挖、分层回填压实，其处理深度应不小于路床厚度。

原地面坑、洞、穴等，应在清除沉积物后，用合格填料分层回填、分层压实，压实度应符合规定。对可能存在空洞隐患的，应结合具体情况采取相应的处置措施。

泉眼或露头地下水，应按设计要求采取有效导排措施，将地下水引离后方可填筑路堤。

地基为耕地、松散土质、水稻田、湖塘、软土、过湿土等时，应按设计要求进行处理，局部软弹的部分应采取有效的处理措施。陡坡地段、填挖结合部、土石混合地段、高填方地段地基等应按设计要求进行处理。地下水位较高时，应按设计要求进行处理。

知识拓展

填筑路堤前是否需要进行基底处理主要取决于地面横坡陡缓、基地土层松实、填方高度大小、水文地质条件、植被情况等。在填筑路堤时，为保证路堤的强度和稳定性，首先要处理好基底，在选择良好的填料基础上，必须保证有合适的压实度及正确的填筑方案。为提高稳定性，如果基底原状土的强度不符合要求时，应进行基底原状土开挖换填处理，并且换填深度应大于或等于 300 mm。

特殊地段路基应先核对地勘资料，确定设计资料与实际的符合性、处理方法的适用性，必要时重新补勘地质、水文资料，根据结果重新确定处理方案。

考题探究

【单选题】关于一般路基土方施工，下列说法正确的是(　　)。

A. 填筑路堤时，对一般的种植土、草皮可不作清除

B. 高速公路路堤基底的压实度不应小于90%

C. 基底土质湿软而深厚时，按一般路基处理

D. 填筑路堤时，为便于施工，尽量采用粉性土

【细说考点】本题主要考查路基土方施工时填料的选择和基底的处理，需掌握基底的压实度要求及适宜用作填筑的材料。在进行路堤填筑时，若基底为松土或耕地，则必须清除有机土、种植土、草皮等，清除深度应满足设计要求且进行压实处理。故选项A错误。对于高速公路、一级公路、二级公路而言，其路堤基底的压实度应不小于90%。故选项B正确。路堤填筑时，若基底土质湿软而深厚，则应按软土地基处理。故选项C错误。粉性土具有水稳定性差的特性，因而填筑路堤时不宜采用粉性土。故选项D错误。本题选B。

(3)路堤填筑方法。

路堤包括填土路堤、填石路堤和土石路堤。

温馨提示

路堤沿线的土质不是一成不变的，而是经常在变化，因此应根据具体的土质选择正确的填筑方法。不同性质的土不能任意混填以避免产生路基病害。

①填土路堤填筑方法。

填土路基的填筑方法有水平分层填筑法、竖向填筑法、纵向分层填筑法和混合填筑法等。

a.水平分层填筑法。水平分层填筑法是一种将不同性质的土有规则地分层填筑和压实的填筑方法。在进行填筑时，按照横断面全宽分成水平层次，逐层向上填筑。如原地面不平，应由最低处分层填起。水平分层填筑法施工操作方便、安全，压实质量易于保证，是填筑路堤的基本方法，如图4-19所示。

图4-19　水平分层填筑法

b.竖向填筑法。在深谷、陡坡、断岩、泥沼等地段，机械无法进场的路堤，无法自下而上分层填筑时，可采用竖向填筑法。竖向填筑是指从路堤的一端或两端按横断面全部高度，逐步推进填筑，如图4-20所示。

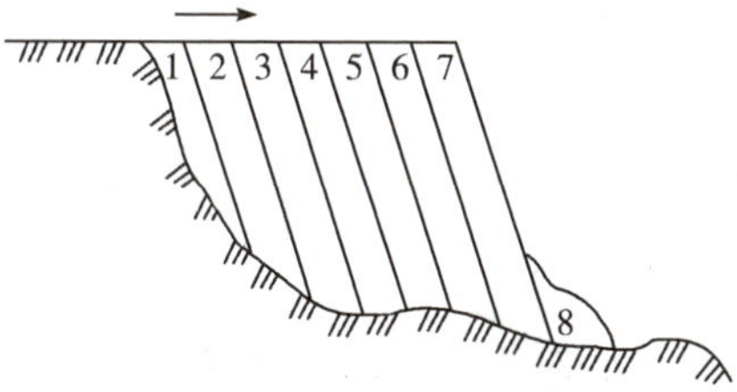

图4-20　竖向填筑法

温馨提示

竖向填筑由于填土过厚而难于压实，因此应选用高效能的压实机械压实，或采用强夯技术进行压实。

c.纵向分层填筑法。纵向分层填筑法适用于推土机或者铲运机从路堑取土填筑距离较短的路堤，依纵坡方向分层、逐层推土填筑并碾压密实，如图4-21所示。其适用于地面纵坡大于12%的情况。

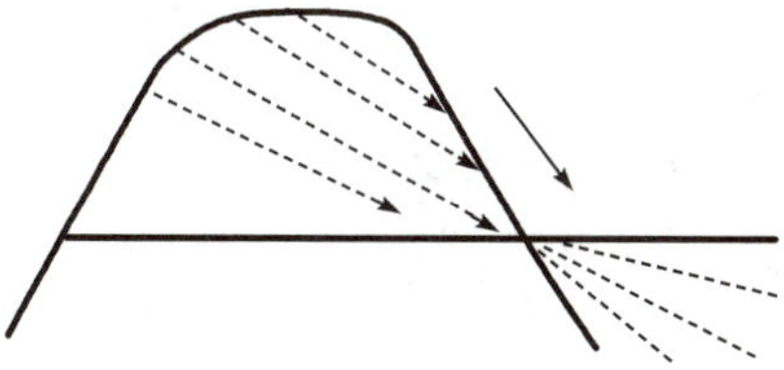

图4-21　纵向分层填筑法

d.混合填筑法。混合填筑法是在深谷、陡坡地段填筑路堤，路堤下层用竖向填筑而上层用水平分层填筑。因其上部经分层碾压，容易达到足够的压实度。该方法适用于因地形限制或填筑堤身较高，不宜采用水平分层填筑或竖向填筑法进行填筑的情况，如图 4-22 所示。

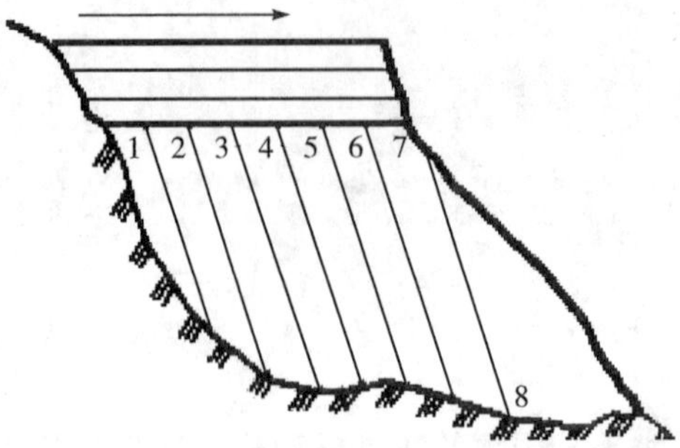

图 4-22　混合填筑法

②填石路堤填筑方法。

对于填石路堤施工而言，其常用的填筑方法主要有分层压实法（碾压法）、竖向填筑法（倾填法）、强力夯实法和冲击压实法。具体内容如表 4-28 所示。

表 4-28　填石路堤的常用填筑方法

填筑方法	内容
分层压实法（碾压法）	自下而上水平分层，逐层填筑压实。常用于高速公路、一级公路和铺设高级路面的其他等级公路的填石路堤
竖向填筑法（倾填法）	从路基一端或两端按横断面全部高度，逐步推进填筑。主要用于二级及二级以下，且铺设低级路面的公路，也可用在陡峻山坡施工特别困难或大量采用爆破方式以挖作填的路段，以及无法自下而上分层填筑的陡坡、断岩、泥沼地区和水中作业的填石路堤
强力夯实法	机械设备简单，击实效果显著，有效地解决了大块石填筑地基厚层施工的夯实难题
冲击压实法	具有连续性、压实厚度深等优点，但在周围有建筑物时，使用受到限制

2. 路堑施工技术

路堑一般指在一个区域内开挖而形成的路基或者一些比原地面要低的挖方路基。在路基施工过程中工程量最大也是最常见的一个施工工序便是路堑的开挖。它的作用是用来缓和道路纵坡以及越岭线及穿越岭口的控制标高，然而它也会将原地层天然的平衡状态破坏掉，不便于排水和通风。所以对路堑进行开挖时一定要保持其边坡的稳定性。

(1)路堑开挖注意事项。

路堑开挖前应首先处理好排水，并根据断面的土层分布、地形条件、施工方法，以及土方的利用和废弃情况等综合考虑，力求做到运距短、占地少。

路堑开挖过程中应注意边坡稳定，及时设置必要的支挡工程。开挖时必须按横断面自上而下，依照设计边坡逐层进行，防止因开挖不当导致塌方；在地质不良拟设支挡构造物的地段，应考虑在分段开挖的同时，分段修建支挡构造物，以保证安全；有效地扩大工作面，以利提高生产效率，保证施工安全。

路堑开挖过程中应避免超挖。超挖数量不予计量与支付，路床面发生超挖，应回填并压实；开挖中，对适用的土、砂、石等材料，在经济合理的前提下，应尽量利用混凝土集料、路面材料、填方材料及施工砌筑材料等。

(2)路堑开挖方法。

土质路堑开挖应根据地面坡度、开挖断面、纵向长度及出土方向等因素，结合土方调配，选用安全、经济的开挖方案。目前常用的开挖方法可分为横向挖掘法、纵向挖掘法及混合式挖掘法三种。

①横向挖掘法。土质路堑横向挖掘具体方法有：

a. **单层横向全宽挖掘法**。对路堑整个横断面的宽度和深度从一端或两端逐渐向前开挖的方式称为单层横向全宽挖掘法，**适用于开挖深度浅且较短的路堑**，挖出的土方一般都是向两侧运送（如图 4-23 所示）。

图 4-23　单层横向全宽挖掘法

b. **多层横向全宽挖掘法**。按断面分层从开挖路堑的一端或两端挖到设计标高称为多层横向全宽挖掘法（如图 4-24 所示）。土方工程数量较大时，各层应纵向拉开，做到多层、多方向出土，可安排较多的劳动力和施工机械，以加快施工进度。**多层横向全宽挖掘法适用于挖掘深且短的路堑**。

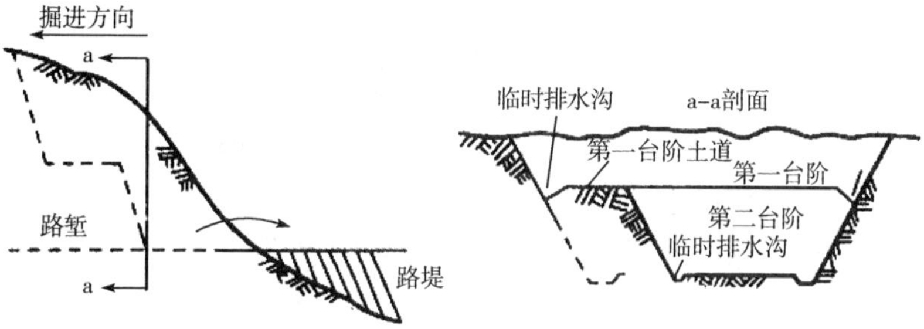

图 4-24　多层横向全宽挖掘法

②**纵向挖掘法**。土质路堑纵向挖掘多采用机械作业，具体方法有：

a. **分层纵挖法**。沿路堑全宽以深度不大的纵向分层进行挖掘前进的作业方法称为分层纵挖法（如图 4-25 所示）。施工中当路堑的长度较短（不超过 100 m），开挖深度不大于 3 m，地面较陡时，宜采用推土机作业，其适当运距为 20～70 m，最远不宜大于 100 m，当地面横坡较平缓时，表面宜横向铲土，下层的土宜纵向推运。当路堑横向宽度较大时，宜采用两台或多台推土机横向联合作业；当路堑前傍陡峻山坡时，宜采用斜铲堆土。**分层纵挖法适用于较长的路堑开挖**。

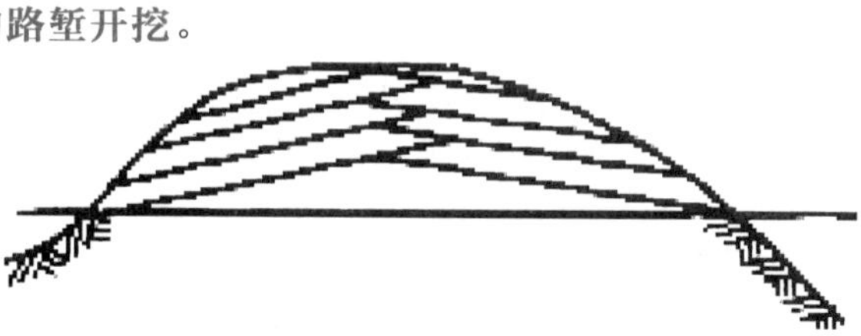

图 4-25　分层纵挖法

b. **通道纵挖法**。沿路堑纵向挖掘一通道，然后将通道向两侧拓宽，上层通道拓宽至路堑边坡后，再开挖下层通道，按此方向直至开挖到挖方路基顶面标高的作业方法称为通道纵挖法（如图 4-26 所示）。这是一种快速施工的有效方法，通道可作为机械通行、运输土方车辆的道路，便于土方挖掘和外运的流水作业。**通道纵挖法适用于较长、较深、两端地面纵坡较小的路堑开挖**。

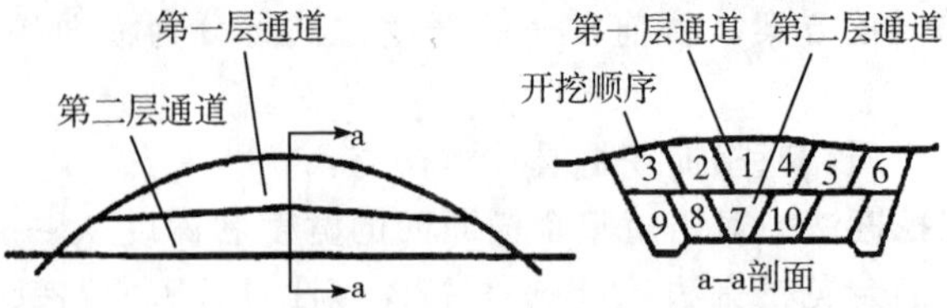

图 4-26 通道纵挖法

c. **分段纵挖法**。沿路堑纵向选择一个或几个适宜处，将较薄一侧路堑横向挖穿，将路堑在纵方向上按桩号分成两段或数段，各段再纵向开挖的作业方法称为分段纵挖法（如图 4-27 所示）。分段纵挖法适用于路堑过长，弃土运距过远的傍山路堑，或一侧的堑壁不厚的路堑开挖，同时还应满足其中间段有经批准的弃土场、土方调配计划有多余的挖方废弃的条件。

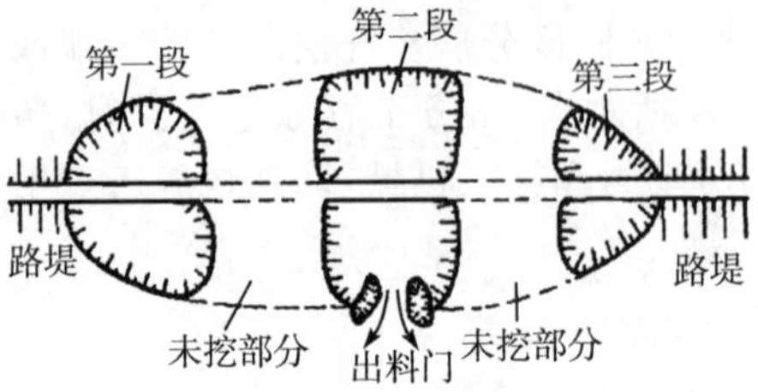

图 4-27 分段纵挖法

③混合式挖掘法。混合式挖掘法即将多层横向全宽挖掘法与通道纵挖法混合使用。当路堑纵向长度和挖深均较大时，采用混合式挖掘法，先将路堑纵向挖通后，然后沿横向坡面挖掘，以增加开挖坡面（如图 4-28 所示）。每一个坡面应设一个机械施工班组进行作业。

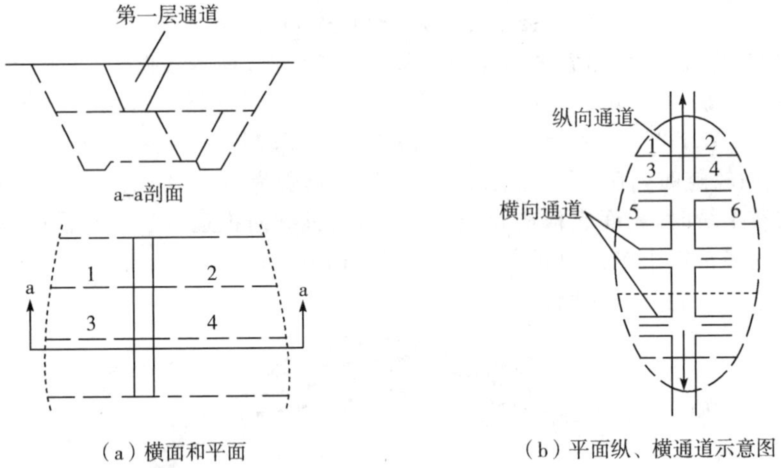

图 4-28 混合式挖掘法

3. 爆破施工技术

山区公路路基石方工程量大，而且集中，据统计一般约占土石方总量的 45%～75%左右。因此，爆破是石方路基施工最有效的方法，亦可用于爆松冻土、淤泥、开采石料等。

(1)爆破施工工序。

①布孔：炮孔标定必须按照设计好的爆破参数准确地在爆破体上进行标识，不能随意变动设计位置。布孔前应先清除爆破体表面积土和破碎层，根据施工测量确定的边坡线，从边坡孔位开始标定，然后进行其他孔位的布置，准确布孔。

温馨提示

爆破作业时，炮孔的方向和深度直接影响爆破效果。

②钻孔：在钻孔过程中，应严格控制钻孔的孔位方向、角度和深度（深度用钻杆长度控制、角度用测尺控制，钻眼坡度不陡于设计坡度）。钻孔完成后，应及时清理孔口的浮碴，清孔采用高压风管吹孔，吹净后，应检查炮孔有无堵孔、卡孔现象，以及炮孔的间距、眼深、倾斜度是否与设计相符。

知识拓展

浅孔爆破适宜选用的钻孔机械是手提式凿岩机；深孔爆破适宜选用的钻孔机械潜孔钻机或冲击式钻机。

③装药：装药前，要仔细检查炮孔情况，清除孔内积水、杂物。装药过程中应严格按设计药量，把炸药按每孔的设计药量分好，边装药边量测。

知识拓展

药包是指为了爆破某一岩体，在其中或表面放置一定数量的炸药。装药方式的选择与爆破方法和施工要求有关。药包按形状或集结程度的不同，可以分为集中药包、延长药包、分散药包和坑道药包。其中，在采用集中药包进行爆破时，因炸药完全装在炮孔的底部，所以爆炸后不能保证岩石均匀破碎。在高作业面施工时为保证爆破岩石块度均匀，常采用分散药包。坑道药包由于装药量较大，故适用于大型爆破。

④堵塞：堵塞物用黏土和细砂拌和，其粒度不大于 30 mm，含水量 15%～20%。药卷安放后立即进行堵塞，首先塞入纸团，以控制堵塞段长度，然后用木炮棍分层压紧捣实，每层以 10 cm 左右为宜，堵塞中应注意保护好导爆索或导爆管。

温馨提示

在装药完成后进行堵塞时，捣实工具应采用木棒，严禁用铁棒。

⑤敷设起爆网路。

⑥安全警戒：在安全距离范围外（不少于 200 m）设立警戒线，在各路口派设安全员进行安全警戒。并在爆破前同时发出音响和视觉信号，使危险区内的人员都能清楚地听到和看到。

⑦起爆：发出起爆信号。确认人员、设备全部撤离危险区，具备安全起爆条件时，方可发出起爆信号。根据这个信号准许爆破员起爆。

知识拓展

起爆方式包括电力起爆、火花起爆、导爆线起爆和塑料导爆管起爆等。其中，导爆线起爆爆速快，但相比于塑料导爆管起爆成本较高。塑料导爆管起爆使用安全、成本较低。

考题探究

【多选题】关于路基石方施工中的爆破作业的说法，正确的有（　　）。

A. 浅孔爆破适宜用潜孔钻机凿孔

B. 采用集中药包可以使岩石均匀地破碎

C. 坑道药包用于大型爆破

D. 导爆线起爆爆速快、成本较低

E. 塑料导爆管起爆使用安全、成本较低

【细说考点】本题主要考查路基石方施工中的爆破作业。在进行路基石方施工中的爆破作业时，浅孔爆破通常用手提式凿岩机钻孔，深孔爆破通常用潜孔钻机或冲击式钻机钻孔。故选项A错误。采用集中药包进行爆破时，因炸药完全装在炮孔的底部，所以爆炸后不能保证岩石均匀破碎。故选项B错误。导爆线起爆爆速快，可以使多个药室同时起爆，能够提高爆破效果，主要用于深孔爆破和药室爆破，但相比于塑料导爆管起爆成本较高。故选项D错误。本题选CE。

⑧爆后检查：爆破后，爆破员必须按规定的等待时间进入爆破地点，检查有无冒顶、危石、支护破坏和盲炮等现象。爆破员如果发现冒顶、危石、支护破坏和盲炮等现象，应及时处理，未处理前应在现场设立危险警戒标志。

⑨清方：当石方爆破后，必须按爆破次数分次清理，清理时一定要根据施工要求和石料的利用情况分别清理。

(2)爆破施工方法。

石方路基开挖方法包括爆破法开挖、化学静态爆破或机械开挖。目前广泛采用爆破法开挖，对不能满足安全距离的石方宜采用化学静态爆破或机械开挖。常用爆破方法包括：

①硐室爆破。硐室爆破是指采用集中或条形硐室装药药包，爆破开挖岩土的作业。硐室爆破的分类方法比较多，按爆破目的分为松动爆破、崩塌爆破、抛掷爆破、扬弃爆破、定向爆破等。定向爆破是指利用炸药爆炸的作用，把某一地区的土石方抛掷到指定的地区，并大致堆积成所需形状的一种爆破技术，主要用于修坝（水坝或尾矿坝）、筑路（路堤和路基）、平整土地（工业场地和农田建设）等。对于劳动力缺乏，深挖高填相间、工程量大的鸡爪形地区，交通不便以及无施工场地的工程尤为适宜。

知识拓展

路基石方爆破施工，同等爆破方量条件下，清方量较小的爆破方式有定向爆破。

②预裂爆破。预裂爆破是指沿开挖边界布置密集炮孔，采取不耦合装药或装填低威力炸药，在主爆区之前起爆，从而在爆区与保留区之间形成预裂缝，以减弱主爆孔爆破对保留岩体的破坏并形成平整轮廓面的爆破作业。

③光面爆破。光面爆破是指沿开挖边界布置密集炮孔，采取不耦合装药或装填低威力炸药，在主爆区之后起爆，以形成平整的轮廓面的爆破作业。

知识拓展

光面爆破与预裂爆破既有相同点又有不同点，相同点是两者均宜采用低猛度、低爆速、传爆性能好的炸药，且都对岩体的影响较小；不同点是光面爆破应有侧向临空面，而预裂爆破没有侧向临空面。为保护开挖限界以外山体，使拟爆体与山体分开，可采用的爆破方法是预裂爆破。

④延时爆破。延时爆破是指采用延时雷管使各个药包按不同时间顺序起爆的爆破技术，分为毫秒延时爆破、秒延时爆破等。毫秒延时爆破又称为微差爆破，由于前后相邻段炮孔爆破时间间隔极短，致使各炮孔爆破产生的能量场相互影响，既可以提高爆破效果，又可以减少爆破地震效应、冲击波和飞石危害。

知识拓展

毫秒微差爆破施工中，单孔装药量的计算参数有孔距、梯段爆破单位耗药量、台阶高度、最小抵抗线。

考题探究

【多选题】关于路基石方爆破施工，下列说法正确的有(　　)。

A. 光面爆破主要是通过加大装药量来实现

B. 预裂爆破主要是为了增大一次性爆破石方量

C. 微差爆破相邻两药包起爆时差可以为 50 m/s

D. 定向爆破可有效提高石方的堆积效果

E. 洞室爆破可减少清方工程量

【细说考点】本题主要考查路基石方各种爆破方法的特点，应注意区分。光面爆破是通过正确选择爆破参数和合理的施工方法，分区分段微差爆破，达到爆破后轮廓线符合设计要求，临空面平整规则的一种控制爆破技术。光面爆破采用控制抵抗线和药量的方式进行爆破。故选项 A 错误。预裂爆破是在主爆区爆破之前沿设计轮廓线先爆出一条具有一定宽度的贯穿裂缝，使拟爆体与山体分离，通过形成隔震减震带，以缓冲、反射开挖爆破的振动波，来保护开挖限界以外的建筑物。故选项 B 错误。本题选 CDE。

4. 特殊路基施工技术

特殊路基是指位于特殊土(岩)地段、不良地质地段，或受水、气候等自然因素影响强烈，需要进行特殊设计的路基。特殊路基包括滑坡地段路基、崩塌与岩堆地段路基、泥石流地区路基、岩溶地区路基、软土地区路基、红黏土与高液限土地区路基、膨胀土地区路基等。

在道路工程施工中，由于软土地基的存在，容易造成施工过程地面的变形，加大施工难度，影响施工质量。要处理好软土地基，应该首先了解软土地基的基本特点，以及施工过程带来的难点。在道路工程施工中，环境中的软土主要是指淤泥，这种土含水分较多，而且容易压缩变形，较难凝固，地基施工容易造成沉降、变形等影响，而且由于软土土质松软，会使建筑物失去平衡，从而影响建筑物的安全和使用寿命。一般是在施工比较集中的地区，软土出现的概率较大，因此该部分内容主要讲解软土地基的施工技术。

(1)软土地基工程特性。

淤泥、淤泥质土及天然强度低、压缩性高、透水性小的一般黏土统称为软土。由于软土具有强度低、压缩高和透水性小等特点，因此修建在软土地区的路基会产生由于路基填筑荷载引起软基滑动破坏以及沉降量大等病害，故必须重视软土地基的变形和稳定问题，并要采取措施，进行地基处理，从而提高软土地基的强度，保证地基的稳定性，降低软土的压缩性，减少不均匀沉降。

(2)软土地基的处理方法。

软土地基的处理有多种方法。根据其加固性质，主要有以下几种。

①表层处理法。

a. 砂垫层：砂垫层施工方法是在软土层顶面铺筑砂垫层，其主要作用是浅层排水，软土中的水分在路堤自重力的作用下，使路基沉降速度加快，从而缩短固结时间。该方法适用于路堤高度小于两倍极限高度，软土层及其硬壳较薄，或软土表面渗透性很低的硬壳等。极限高度是在天然软土地基上，基底不做特殊加固处理而用快速施工方法修筑路堤的填筑最大高度。

b. 反压护道：反压护道是指为改善路堤荷载作用来增加抗滑力，使路堤的软基向两侧隆起的趋势得到平衡，而在路堤的两侧填筑一定高度和宽度的护道，从而保证路堤的稳定性。

c. 土工聚合物处理：一种是土工布，通过在路堤底部铺设土工布，在路基自重力作用下受拉产生抗滑力矩，从而提高路基稳定性。另一种是土工格栅，主要通过土工格栅表面与土的摩擦作用以及格栅孔眼对土的锁定作用和格栅肋的被动抗阻作用进行加固，**能够较大增加土体的自身稳定性**。

考题探究

【单选题】软土路基施工时，采用土工格栅的主要目的是(　　)。

A. 减少开挖　　B. 提高施工机械化程度

C. 约束土体侧向位移　　D. 提高基底防渗性

【细说考点】本题主要考查土工格栅的作用。土工格栅是对软土路基进行表面处理的一种方式，其运作机理表现为三个方面：格栅孔眼对土具有锁定作用、格栅表面与土之间的摩擦作用以及格栅肋的被动抗阻作用。采用土工格栅方式进行软土地基施工，可运用以上运作机理，充分约束土体侧向位移，可以有效增加土体的自身稳定性。本题选 C。

②换填法。

a. 开挖换填法：就是将软弱地基层全部挖除或部分挖除，用透水性较好的材料(如砂砾、碎石、钢渣等)进行回填。该方法对于软基较浅的沼泽地特别有效。对于深层软基应考虑其他方法。

b. 抛石挤淤法：将路基底部抛投一定数量的片石，将淤泥挤出基底范围，从而提高地基的强度。该方法适用于常年积水的洼地。

c. 爆破排淤法：将炸药在软土及淤泥中爆炸，利用爆炸的张力作用，把淤泥或泥沼扬弃，然后回填强度较高且具有渗水性的材料。该方法适用于淤泥层较厚、稠度大、路堤较高和施工期紧迫的情况。

③重压法。

对于重压法的施工方法有很多，但在近几年的施工过程中常用的方法是堆载预压法，堆载预压法是在软基上通过填土堆载预压，使地基土压实、沉降、固结，从而提高地基强度，减少路堤建成后的沉降量。该方法适用于各类软土地基，使用机具材料简单，操作方便。堆载预压有两种方式：进行预压的荷载超过设计的道路荷载称为超载预压；对于预压荷载等于道路荷载的称为等载预压。在施工中应根据实际情况具体选用。

④排水固结法。

排水固结法主要是增加土层竖向排水途径，缩短排水距离、加速地基固结，其关键问题是预压荷载。

知识拓展

施工时也可以采用稳定剂(熟石灰、生石灰、水泥等)处置法对软土地基进行加固处理,其主要目的是改善地基的压缩性和强度特征。用该法对软土地基进行加固施工时应注意:工地水泥、石灰的存放量应考虑使用时间,存放不宜太多,以 1 天用量为宜,最长不超过 3 天用量,同时做好防水、防潮措施。用水泥和熟石灰稳定剂处置法处理软土地基,施工时关键应做好稳定土的及时压实工作,应在最后一次拌和后立即压实;若是生石灰稳定土,则应在拌合时进行初次碾压,生石灰消解结束后需要再次碾压。

(三)路面的结构组成

路面的结构组成主要包括垫层、基层和面层。

(1)垫层:垫层主要设置在温度和湿度状况不良的路段上,以改善路面结构的使用性能。在季节性冰冻地区路面结构厚度小于最小防冻厚度要求时,设置防冻垫层可以使路面结构免除或减轻冻胀和翻浆病害。

(2)基层:基层是路面结构中的承重层,主要承受车辆荷载的竖向力,并把面层下传的应力扩散到路基。

(3)面层:面层直接承受行车的作用,用以改善汽车的行驶条件,提高道路服务水平(包括舒适性和经济性),以满足汽车运输的要求。

(四)路面施工技术

路面施工主要包括垫层施工、基层施工和面层施工三个部分。

1. 基层施工

基层施工分为砾料类基层施工和稳定土类基层施工两大类。砾料类基层施工可采用路拌法和厂拌法两种;稳定土类基层施工常用材料有水泥稳定土、石灰稳定土、工业废渣、沥青稳定土等。

以下主要讲解水泥稳定土基层与石灰稳定土基层施工技术。

(1)材料与拌合。

石灰、水泥、土、拌合用水等原材料应进行检验,符合要求后方可使用,并严格按照标准规定进行材料配比设计。

城区施工应采用厂拌(异地集中拌合)的方式,不得使用路拌方式,以保证配合比准确,且达到文明施工要求。

应根据原材料含水量变化、骨料的颗粒组成变化,及时调整拌合用水量。

稳定土拌合前,应先筛除骨料中不符合要求的粗颗粒。

宜用强制式拌合机进行拌合,拌合应均匀。

(2)运输与摊铺。

①拌成的稳定土应及时运送到铺筑现场。

②运输中应采取防止水分蒸发和防扬尘措施。

③宜在春末和气温较高的季节施工,施工最低气温为 5 ℃。

④厂拌石灰土摊铺时,路床应保持湿润。

⑤雨期施工应防止石灰、水泥和混合料淋雨,降雨时应停止施工,已摊铺的应尽快碾压密实。

(3)压实与养护。

①压实系数应经试验确定。

②摊铺好的稳定土应当天碾压成活，碾压时的含水量宜在最佳含水量的±2%范围内。

③直线和不设超高的平曲线段，应由两侧向中心碾压；设超高的平曲线段，应由内侧向外侧碾压，纵、横接缝（槎）均应设直槎，纵向接缝宜设在路中线处，横向接缝应尽量减少。

④压实成活后应立即洒水（或覆盖）养护，保持湿润，直至上部结构施工为止。

⑤稳定土养护期应封闭交通。

2. 面层施工

面层施工一般为沥青路面面层施工或水泥混凝土面层施工。沥青路面面层施工可分为热拌沥青混合料路面施工、乳化沥青碎石混合料路面施工、沥青贯入式路面施工以及沥青表面处置施工；**水泥混凝土面层可采用轨道摊铺机、小型机具和滑模摊铺机进行施工。**

(1)沥青混合料面层施工。

以下主要讲解热拌沥青混合料面层的施工技术。

热拌沥青混合料是由沥青与矿料在加热状态下拌合而成的混合料的总称，热拌沥青混合料路面是热拌沥青混合料在加热状态下铺筑而成的路面。热拌沥青混合料路面的施工过程包括四个方面：混合料的拌制、运输、摊铺和压实成型。

①施工准备及要求。

施工准备工作包括下承层的准备和施工放样、机械选型和配套、拌合厂址的选择等多项工作。

②沥青混合料拌制。

沥青混合料在沥青拌合厂内采用拌合机械拌制。拌合机可以是固定式的或移动式的。前者采用的设备较完善，拌制质量好，生产率高，其供应范围不宜超过 40 km；后者采用易装拆或者本身可移动的设备，其设备较简单，使用较机动，其供应的范围不宜超过 20 km。

③沥青混合料运输。

热拌沥青混合料采用自卸汽车运输到摊铺地点。开工前应查明施工位置、施工条件、摊铺能力、运输路线、运距和运输时间，以及所需混合料的种类和数量等。运送路途中，为减少热量散失、防止雨淋或污染环境，应在混合料上覆盖篷布。运送到工地时，已经成团块、温度不符合要求或遭受雨淋的沥青混合料，应予以废弃。

④沥青混合料摊铺。

混合料摊铺可分为机械摊铺和人工摊铺两类。除了局部范围的摊铺，或者较低等级的一般道路或小规模工程可采摊铺时应保证横向和纵向接缝的筑作正常，接头处无明用人工摊铺外，一般均采用机械摊铺。

沥青混合料摊铺前，应先检查摊铺机的熨平板宽度和高度是否适当，并调整好自动找平装置。机械摊铺采用轮胎式或履带式沥青混合料摊铺机。

显不平。横缝可采用平接缝和斜接缝两种方式筑作，处理好横向接缝的基本原则是将第一条摊铺带的尽头边缘锯成垂直面，并与纵向边缘成直角。横向接缝质量的好坏，直接影响路面的平整度。纵缝则可采用热接缝和冷接缝两种方式筑作。热接缝由多台摊铺机在全断面用梯队作业摊铺方式完成；冷接缝则是在不同时间分幅摊铺时采用的。

⑤沥青混合料的碾压。

碾压是沥青路面施工的最后一道工序，好的路面质量最终是靠碾压来实现。碾压的目的是提高沥青混合料的强度、稳定性和抗疲劳性。碾压工作包括温度控制，机械的选型与组合，压实温度、速度、遍数，压实方法的确定以及特殊路段的压实。

沥青混合料需要在一定的温度和一定的压实方法下才能取得良好的压实度。若施工时压实不足，沥青面层表层以下部分在施工后就难以取得必要的密实度，从而降低了材料的使用寿命(抗疲劳性)。

压实作业可分为初压、复压和终压三个阶段。初压是整平和稳定混合料，同时又为复压创造条件。具体施工顺序为：先用双轮压路机(6～8 t)进行初压，从横断面上低的一侧逐步移向高的一侧，每处碾滚2遍即可。初压之后进行复压，复压时用10～12 t三轮压路机、10 t振动压路机或相应的重型轮胎压路机碾压不少于4～6遍，至稳定和无轮迹为止。最后，在不产生轮迹的情况下再换用6～8 t双轮压路机进行终压。各次碾压时，均以压路机的驱动轮先压，以免从动轮先压可能使混合料出现推移现象。

碾压时，压路机应从外侧向中心碾压，如此就可以始终保持压路机以压实后的材料作为支撑边。当采用轮胎式压路机时，相邻碾压带应重叠1/3～1/2的碾压轮宽度；当采用三轮式压路机时，相邻碾压带应重叠1/2的碾压轮宽度；当采用振动式压路机时，相邻碾压带应重叠10～20 cm宽度。碾压后要求达到的密实度可根据实验室所做试验得到的标准密实度定出，一般不应低于标准密实度的95%。

⑥开放交通。

对于沥青混凝土面层，在碾压工序结束后，可撒少量石粉，待面层温度冷却至一定温度(不高于50 ℃)后便可开放交通。

(2)水泥混凝土面层施工。

用水泥混凝土铺筑的路面，其抗弯压、抗磨耗的性能都比较好，有着较高的稳定性和耐久性，维修时需要较少的费用。一般在特别炎热或冰冻的地区使用水泥混凝土路面。

水泥混凝土作为道路路面的面层，使路面变得更加坚韧，比较常见的水泥混凝土路面主要有普通混凝土路面、钢筋混凝土路面、钢纤维混凝土路面、连续配筋混凝土路面、碾压混凝土路面等。我国当前建设公路主要采用的混凝土路面是普通混凝土路面，这种路面的应用范围比较广，性价比较高。

①水泥混凝土路面小型机具施工。

水泥混凝土路面的小型机具施工是指由机器拌合，人工摊铺，辅助配备一些小型机具(如插入式振捣器、平板振动器、振动梁、真空吸水设备、切缝机等)进行混凝土路面施工的方式，其施工工艺流程如图4-29所示。

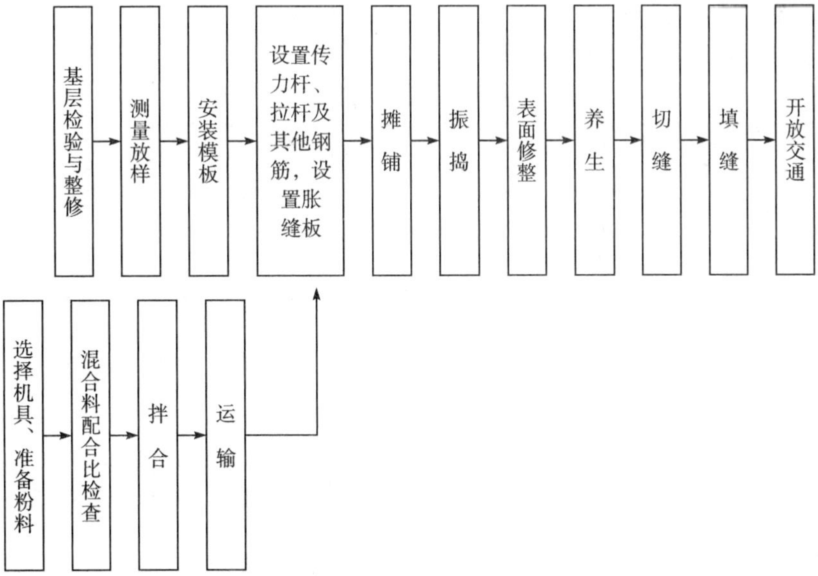

图4-29　水泥混凝土路面小型机具施工工艺流程图

②水泥混凝土路面轨道式摊铺机施工。

高等级公路水泥混凝土路面的技术标准(如平整度)要求高,工程数量大,要保证施工进度和工程质量,应尽可能采用机械化施工。轨道式摊铺机铺筑混凝土板,就是机械施工的一种方法,它利用主导机械(摊铺机、拌合机)和配套机械(运输车辆、振捣器等)的有效组合,完成铺筑混凝土板的全过程。其工艺流程及设备组合如图 4-30 所示。

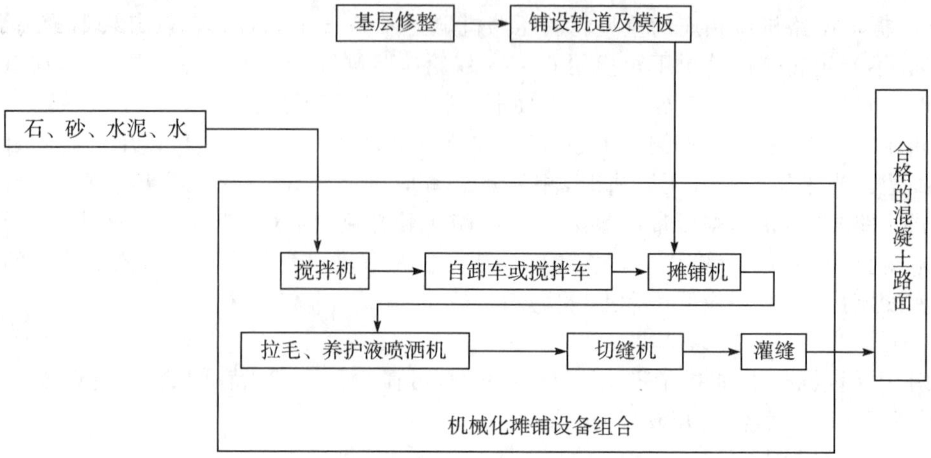

图 4-30 轨道式摊铺机施工工艺流程及设备组合

③水泥混凝土路面滑模式摊铺机施工。

滑模式摊铺机是机械化施工中自动化程度很高的一种方法。它具有现代化的自控高速生产能力,与轨道式摊铺机施工不同,滑模式摊铺机不需要人工设置模板,其模板就安装在机器上。机器在运转中将摊铺路面的各道工序(铺料、振捣、挤压、熨平、设传力杆等)一气呵成,机器经过之后,即形成一条规则成型的水泥混凝土路面,可达到较高的路面平整度要求,特别是整段路的宏观平整度更是其他施工方式所无法达到的。

(五)路基、路面施工常用机械

在道路工程中,常用的施工机械包括土石方施工机械、压实机械和路面施工机械三大类。其中,土石方施工机械主要包括平地机、破碎筛分机械;压实机械主要包括静力压路机、振动压路机以及夯实机械;路面施工机械主要包括摊铺机和沥青洒布机。以下主要讲解压实机械及路面摊铺机械的相关内容。

常用的压实机械的特点及适用范围如表 4-29 所示。

表 4-29 常用的压实机械的特点及适用范围

类型		特点及适用范围
静力压路机	光轮压路机	(1)轻型压路机:整机质量 6～8 t,适用于城市道路、简易公路路面压实和临时场地压实及公路养护工作等。 (2)中型压路机:整机质量 8～10 t 或 10～12 t,分为二轮二轴式和三轮二轴式。二轮二轴式多用于压实、压平各种路面,三轮二轴式多用于压实路基、地基以及初压铺砌层。 (3)重型压路机:整机质量 12～15 t 以上,主要用于路基以及其他基础层的终压
	轮胎压路机	多用于压实砂质土壤和黏性土壤,压实效果良好;也适用于压实砾石、碎石路面
振动压路机		按行走形式不同可分为手扶式、自行式和拖式,主要用于公路工程的土方碾压,垫层、基层、底基层的各种材料碾压。其中,手扶式振动压路机适用于狭窄地段施工,如人行道、路肩、水渠、边坡、堤岸、管道沟槽等
夯实机械		适用于黏性土壤和非黏性土壤的夯实作业

路面摊铺机械主要包括沥青混凝土摊铺机和水泥混凝土摊铺机。其中，沥青混凝土摊铺机按行走方式分类可分为拖式和自行式，其中自行式有履带式摊铺机和轮胎式摊铺机两种。履带式沥青混凝土摊铺机由于接地压力低，且具有较大的牵引力，故在作业时很少出现打滑现象，其最大特点是**对路基的不平度敏感性差**，因此摊铺工作稳定性好。相比于履带式摊铺机，轮胎式沥青混凝土摊铺机的最大优点是**机动性好**，缺点是轮胎易出现打滑。水泥混凝土摊铺机主要由发动机、布料机、平整机等组成，因其移动形式的不同可分为轨道式摊铺机和滑膜式摊铺机。

二、桥梁工程施工技术 ★★★

桥梁由四个基本部分组成，即上部结构、下部结构、支座系统和附属设施。其中，上部结构是在线路中断时跨越障碍的主要承重结构，是桥梁支座以上（无铰拱起拱线或刚架主梁底线以上）跨越桥孔的总称。下部结构是支承桥跨结构的结构物，主要包括桥墩、桥台和墩台基础。以下主要讲解桥梁上部结构和下部结构施工技术的相关内容。

（一）桥梁上部结构施工技术

桥梁上部结构施工方法主要包括支架现浇法、悬臂施工法、预制安装法、顶推施工法、转体施工法、逐孔施工法、横移施工法、提升与浮运施工法等，具体施工方法及特点如下。

1. 支架现浇法

支架现浇法是指在桥位处搭设支架，在支架上浇筑桥体混凝土，达到强度后拆除模板、支架。其特点是无须预制场地，桥梁整体性好；但工期长、质量不易控制、材料耗用大、成本高、施工期间易受洪水及漂流物威胁；**对通航和桥下交通有影响**。

2. 悬臂施工法

悬臂施工法是从桥墩开始，两侧对称进行现浇梁段或将预制节段对称拼装。前者称悬臂挂篮浇筑施工法，后者称悬臂拼装施工法。**其特点是支架用量少，施工期间不影响通行。**悬臂挂篮浇筑法施工简便、整体性好、施工中可不断调整位置，适用于跨径大于 100 m 的桥梁；悬臂拼装法施工速度快、精度较高，可上下平行作业，适用于跨径 100 m 以下的桥梁。

知识拓展

> 斜拉桥主梁施工一般可采用支架法、顶推法、转体法、悬臂挂篮浇筑施工法和悬臂拼装施工（自架设）法。在实际工作中，对混凝土斜拉桥则以悬臂挂篮浇筑施工法居多，钢斜拉桥则多采用悬臂拼装施工法。

3. 预制安装法

预制安装法又称装配式施工，是指在预制工厂或现场附近设置预制场进行梁的预制工作，然后运至现场进行架设安装。其优点是质量易保证，**机械化施工可缩短工期**、成本低、桥梁变形小，缺点是桥梁整体性差。

4. 顶推施工法

顶推施工法是指梁体在桥台背后路堤上逐段浇筑或拼装，并用顶推装置纵向顶推，使梁体通过各墩顶临时滑移装置而就位的施工方法。其特点是施工设备简单，无须大型起重设备，减少高空作业，成本低，平稳无噪声，**可在水深、山谷、高桥墩以及曲率相同的弯桥和坡桥使用**，结构整体性好，用钢量较高，**宜在等截面梁上使用**，适用于中等跨径桥梁以及总长 500～600 m 的桥梁。

5. 转体施工法

转体施工法是指在河流的两岸或适当的位置，利用地形或使用简便的支架先将半桥预制完成，之后以桥梁结构本身为转动体，使用一些机具设备，分别将两个半桥转体到桥位轴线位置合拢成桥的方法。其特点是**可利用地形进行构件预制，施工期间不影响通行，使用设备简单，节约施工用料，减少高空作业，在深水、峡谷、平原及城市均可采用，尤其适用于大跨及特大路桥施工，也可以跨越通车线路进行施工。**

6. 逐孔施工法

逐孔施工是中等跨径预应力混凝土连续梁中的一种施工方法，它使用一套设备从桥梁的一端逐孔施工，直到对岸。逐孔施工法具体包括用临时支承组拼预制节段的逐孔施工法、移动支架逐孔现浇施工法，以及整孔吊装或分段节段施工法等。其中，移动支架逐孔现浇施工法的特点是不需设置地面支架、施工期间不影响通行、预制场生产、机械化程度高、模架可周转使用、上下部结构可平行作业、缩短工期，但设备投资大、操作复杂，宜在桥梁跨径小于 50 m 的多跨长桥上使用。

7. 横移施工法

横移施工法是在拟待安置结构的位置旁预制该结构，并横向移运该结构物，将它安置在规定的位置上。横移施工法常在钢桥上使用，多用于正常通车线路上的桥梁工程的换梁。

8. 提升与浮运施工法

提升与浮运施工法是一种采用竖向运动施工就位的方法。提升施工是在未来安置结构物以下的地面上预制该结构并把它提升就位。浮运施工是将桥梁在岸上预制，通过大型浮船移运至桥位，利用船的上下起落安装就位。采用提升与浮运施工法时要求被提升结构下的地面要有一定的承载力，采用浮运法要有一系列的大型浮运设备。

（二）桥梁下部结构施工技术

1. 桥梁墩台基础施工

桥梁墩台基础的施工常采用明挖扩大基础施工和桩与管柱基础施工两种方式。当选用明挖扩大基础施工时，若在水中进行基础开挖，通常可选用围堰法；当选用桩与管柱基础施工时，沉桩方法可选择锤击沉桩、射水沉桩、振动沉桩、静力压桩、水中沉桩等。桥梁墩台基础施工时，在砂夹卵石层中，优先采用的主要沉桩方法为射水沉桩。

2. 桥梁桥墩与桥台施工

桥梁桥墩与桥台以下简称墩台。按照施工方法的不同，桥梁墩台可分为整体式墩台施工和装配式墩台施工两类，其类型、特点及适用范围如表 4-30 所示。

表 4-30　桥梁墩台类型、特点及适用范围

墩台类型		特点及适用范围
整体式墩台	石砌墩台	(1)在砌筑时应计算砌筑层数。 (2)施工脚手架有固定式轻型脚手架（适用于 6 m 以下墩台）、简易活动脚手架（适用于 25 m 以下墩台）、悬吊脚手架（适用于较高墩台）
	混凝土墩台	(1)模板有固定模板（适用于墩台高度小于 30 m 时的施工）、滑动模板（适用于墩台高度大于等于 30 m 时的施工）。 (2)混凝土原材料及浇筑要求：水泥宜选用矿山渣水泥或火山灰水泥，采用普通水泥时强度不宜过高；混凝土浇筑时，墩台截面小于等于 100 m^2 时应连续浇筑，大于 100 m^2 时允许分段浇筑；大体积墩台混凝土宜水平分层浇筑，每层高度以1.5～2.0 m 为宜
装配式墩台		分为砌块式、柱式、管节式、环圈式四种，其适用于山谷架桥、跨越平缓无漂流物的河沟、河滩等的桥梁，尤其适用施工场地受限、材料供应困难及其他干扰因素比较多的地区

三、涵洞工程施工技术 ★★

涵洞工程施工主要包括盖板涵施工、圆涵施工、拱涵施工、箱涵施工以及涵洞附属工程施工等。

大型涵管排管宜选用的排管法是中心线法排管。中小型涵管排管宜选用的排管法是外壁边线排管。

拱涵施工包括拱架的制作与安装(拱架放样时,需预留施工拱度)、拱圈施工以及拱架拆除与拱顶填土等。当拱架选用钢拱架材料时,涵洞孔径在 3 m 以内可用 12～18 kg 型小钢轨;涵洞孔径在 3～6 m 可用 18～32 kg 型轻便轨。拱圈施工时,若采用混凝土块砌体,灰缝宽度宜为 20 mm;若采用预制拱圈,预制成品需达到设计强度的 70%时方可搬运、安装;若采用现场灌注混凝土拱圈时,应由拱脚向拱顶同时对称进行,且全拱应一次灌完,不可中途停歇。就地灌筑的混凝土拱圈及端墙的施工,不宜按拱圈辐射方向分层。工程量较大不能一次完成时,可按基础沉降缝分节进行,每节应一次灌完,不可再分段分层。

拱圈中砂浆强度应达到设计强度的 70%方可拆除拱圈支架,达到设计强度 100%方可填土。另外,当拱圈支架未拆除,拱圈中砂浆强度应达到设计强度的 70%时,可进行拱顶填土,待拱圈中砂浆强度达到设计强度的 100%时,可拆除拱圈支架。

知识拓展

由于荷载分布不均以及基底土壤性质不同引起的不均匀沉陷,会导致涵洞发生不规则的断裂,因此需要将涵洞分为若干段施工,每段之间在洞身与翼墙交接处设置沉降缝,使各段独自沉降,互不影响。斜交斜做涵洞时,其沉降缝应与路基中心线平行;斜交正做涵洞时,其沉降缝应与涵洞中心线垂直。

温馨提示

涵洞工程施工技术考查频率较低,在复习该部分内容时,可与第二章相应小节结合,抓住重点即可。

第三节 地下工程施工技术

土木建筑工程中的地下工程主要包括建筑深基坑工程和隧道工程。

一、深基坑工程施工技术 ★★★★★

建筑深基坑是指为进行建(构)筑物地下部分施工及地下设施、设备埋设,由地面向下开挖,深度大于或等于 5 m 的空间。

建筑深基坑工程应根据深基坑工程地质条件、水文地质条件、周边环境保护要求、支护结构类型及使用年限、施工季节等因素,注重地区经验、因地制宜、精心组织,确保安全。

(一)深基坑开挖

深基坑土石方开挖可分为无支护结构的基坑开挖和有支护结构的基坑开挖。其中,无支护结构的基坑开挖多为放坡开挖,要求地下水位必须位于坑底以下;有支护结构的基坑开挖可分为盆式开挖、岛式开挖。

有支护结构的基坑开挖应按先撑后挖、限时、对称、分层、分区等的开挖的方法确定开挖顺序，严禁超挖，应减小基坑无支撑暴露开挖时间和空间。混凝土支撑应在达到设计要求的强度后。进行下层土方开挖；钢支撑应在质量验收并按设计要求施加预应力后，再进行下层土方开挖。

1. 无支护结构的基坑开挖（放坡开挖）

放坡开挖的特点是占地面积大，坑内作业空间大，方便挖土机械作业。其适用条件如下：

(1)基坑四周场地空旷，周围无邻近建筑物，地下管线和道路的情况良好。

(2)水文、地质条件非常好。

(3)超过 4 m 深可设置多级平台分层开挖，每级平台的宽度不宜小于 1.5 m。

(4)可采取护面措施，防止风化，雨水冲刷。

基坑放坡开挖应符合下列规定：

(1)当场地条件允许，并经验算能保证边坡稳定性时，可采用放坡开挖，多级放坡时应同时验算各级边坡和多级边坡的整体稳定性，坡脚附近有局部坑内深坑时，应按深坑深度验算边坡稳定性。

(2)应根据土层性质、开挖深度、荷载等通过计算确定坡体坡度、放坡平台宽度，多级放坡开挖的基坑，坡间放坡平台宽度不宜小于 3.0 m。

(3)无截水帷幕放坡开挖基坑采取降水措施的，降水系统宜设置在单级放坡基坑的坡顶，或多级放坡基坑的放坡平台、坡顶。

(4)坡体表面可根据基坑开挖深度、基坑暴露时间、土质条件等情况采取护坡措施，护坡可采取水泥砂浆、挂网砂浆、混凝土、钢筋混凝土等方式，也可采用压坡法。

(5)边坡位于浜填土区域，应采用土体加固等措施后方可进行放坡开挖。

(6)放坡开挖基坑的坡顶及放坡平台的施工荷载应符合设计要求。

温馨提示

与其他开挖方式相比，放坡开挖是最经济的挖土方案。

考题探究

【单选题】场地空间大，土质较好，地下水位低的深基坑施工，采用的开挖方式为（　　）。

A. 水泥挡墙式　　B. 排桩与桩墙式

C. 逆作墙式　　D. 放坡开挖式

【细说考点】本题主要考查放坡开挖的适用范围。场地空间大，土质较好，地下水位低的深基坑施工，可采用放坡开挖方式。本题选 D。

2. 有支护结构的基坑开挖

盆式开挖是指基坑侧壁内侧预留土，挖除基坑其余土体后形成类似盆状的基坑，待支撑形成后再开挖基坑侧壁内侧预留土方的基坑开挖方式。利用挡墙四周所留土堤，阻止挡墙的变形，必要时还要加固土堤。

岛式开挖是指先开挖基坑周边土方，最后挖去中心土墩的开挖方式。施工中可以利用中心土墩作为临时结构的支点。岛式开挖适用于无内撑围护开挖（如土层锚杆），或采用边桁架等大空间支撑系统的基坑开挖。

盆式土方开挖应符合下列规定：

(1)中部土方的开挖范围应根据支撑形式、围护墙变形控制、坑边土体加固等因素确定；中部有支撑时应先完成中部支撑，再开挖盆边土方。

(2)盆边开挖形成的临时放坡应进行稳定性验算。

(3)盆边土体应分块对称开挖，分块大小应根据支撑平面布置确定，应限时完成支撑。

(4)软土地基盆式开挖的坡面可采取降水、支护、土体加固等措施。

岛式土方开挖应符合下列规定：

(1)边部土方的开挖范围应根据支撑布置形式、围护墙变形控制等因素确定。边部土方应采用分段开挖的方法，应减小围护墙无支撑或无垫层暴露时间。

(2)中部岛状土体的各级放坡和总放坡应验算稳定性。

(3)中部岛状土体的开挖应均衡对称进行。

(二)深基坑支护设计原则

基坑支护是指为保护地下主体结构施工和基坑周边环境的安全，对基坑采用的临时性支挡、加固、保护与地下水控制的措施。

基坑支护设计应规定其设计使用期限，基坑支护的设计使用期限不应小于 1 年。支护结构施工与拆除应采取对周边环境的保护措施，不得影响周边建(构)筑物及邻近市政管线与地下设施等的正常使用。

基坑支护设计时，应综合考虑基坑周边环境和地质条件的复杂程度、基坑深度等因素，按表 4-31 采用支护结构的安全等级。对同一基坑的不同部位，可采用不同的安全等级。

表 4-31　支护结构的安全等级

安全等级	破坏后果
一级	支护结构失效、土体过大变形对基坑周边环境或主体结构施工安全的影响很严重
二级	支护结构失效、土体过大变形对基坑周边环境或主体结构施工安全的影响严重
三级	支护结构失效、土体过大变形对基坑周边环境或主体结构施工安全的影响不严重

(三)深基坑支护结构的选型

深基坑支护结构选型时，应综合考虑下列因素：水文地质条件；降排水条件；工程地质条件；基坑开挖深度；基坑周边荷载；基础类型；周边环境对基坑侧壁位移的要求；施工季节和支护结构使用期限等。

各类支护结构的形式、安全等级及适用条件如表 4-32 所示。

表 4-32　各类支护结构的形式、安全等级及适用条件

形式	安全等级	适用条件
放坡开挖式	三级	基坑周围场地满足放坡条件，土质较好
边坡稳定式	二级、三级	土钉墙一般适用于无水的基坑，起主动嵌固作用，增加边坡的稳定性，基坑深度不宜大于 12 m。喷锚支护一般用于土质不均匀、不稳定土层、地下水位较低、埋置较深、基坑深度在 18 m 以内时采用
逆作拱墙式	二级、三级	一般用于基坑深度不大于 12 m，并且拱墙轴线的矢跨比不小于 1/8 的非淤泥质场合，在地下水位以上施工时，需要配合采用人工降水或截水措施

（续表）

形式	安全等级	适用条件
水泥土桩墙	二级、三级	施工范围内地基承载力不宜大于 150 kPa；用于淤泥质土基坑时，基坑深度不宜大于 7 m
排桩与桩墙	一级、二级、三级	悬臂式结构在软土场地中不宜大于 5 m；当地下水位高于基坑底面时，宜采用降水、排桩加截水帷幕或地下连续墙。排桩包括钢板桩、钢筋混凝土板桩及钻孔灌注桩、人工挖孔桩、冲孔灌注桩等

对于排桩与板墙支护形式的种类，下面以考题探究的形式进行介绍。

考题探究

【多选题】下列深基坑支护形式中，属于板墙式的有（　　）。

A. 型钢横挡板　　B. 土钉墙

C. 加筋水泥土围护墙　　D. 现浇地下连续墙

E. 预制装配式地下连续墙

【细说考点】本题主要考查排桩与板墙支护形式的分类。深基坑支护形式中，排桩与桩墙中的板墙式包括现浇地下连续墙和预制装配式地下连续墙。选项 A 属于板桩式；选项 B 属于边坡稳定式；选项 C 属于组合式。本题选 DE。

（四）深基坑支护技术

常见的深基坑支护技术主要有地下连续墙基坑支护技术、冻结排桩法基坑支护技术、复合土钉墙基坑支护技术、型钢水泥土搅拌墙基坑支护技术、工具式组合内支撑基坑支护技术等。以下主要讲解上述几种支护技术的相关内容。

1. 地下连续墙基坑支护技术

(1)地下连续墙基本概述。

地下连续墙是经机械成槽后放入钢筋笼、浇灌混凝土或放入预制钢筋混凝土板墙形成的地下墙体。

地下连续墙用于地下工程施工中，就是在拟构筑地下工程的地面上，沿周边划分数段的槽孔，在泥浆护壁的支护下，使用造孔机械钻挖槽孔，待槽孔达到设计要求的深度后，在槽孔两端放入接头管，采用直升导管法进行泥浆下灌注混凝土。现浇混凝土由槽孔底部逆行向上抬起并充满槽孔段，把泥浆置换出来，依次逐段完成各段槽孔的钻挖和灌注混凝土的工作，然后将相邻的墙段连接成整体，形成一条连续的地下墙体，起到截水防渗和挡土承重的作用。

(2)地下连续墙的特点。

地下连续墙之所以能够得到如此广泛的应用，是因为它具有如下优点：

①机械化程度高、工效高、工期短、质量可靠、经济效益高。

②施工时振动小，噪音低，对周边环境干扰小，非常适于在城市施工。

③无须放坡开挖，施工土方量小，占地少，可以充分利用建筑红线以内有限的地面和空间，充分发挥投资效益。

④用触变泥浆保护孔壁和止水，防渗性能好，由于墙体接头形式和施工方法的改进，使地下连续墙几乎不透水。

⑤刚度大，易于设置埋设件，很适合于逆作法施工。

⑥可以紧贴原有建筑物建造地下连续墙，用地下连续墙作为土坝、尾矿坝和水闸等水工建筑物的垂直防渗结构，是非常安全和经济的。

⑦墙体强度大，挡土效果好，用于基坑开挖时，可承受很大的土压力，极少发生地基沉降或塌方事故，已经成为深基坑支护工程中必不可少的挡土结构。

⑧适用于多种地基条件。地下连续墙对地基的适用范围很广，从软弱的冲积地层到中硬的地层、密实的砂砾层，各种软岩和硬岩等所有的地基都可以建造地下连续墙。

⑨可用作刚性基础。地下连续墙不再单纯作为防渗防水、深基坑围护墙，而且越来越多地用地下连续墙代替桩基础、沉井或沉箱基础，承受更大荷载。

知识拓展

地下连续墙施工作业中触变泥浆的作用保护孔壁和防止孔壁渗水。

除以上优点外，地下连续墙在实际运用中，还存在一定的缺点和局限性，主要表现在以下几个方面：

①**在城市施工时，泥浆制备及废泥浆的处理比较麻烦，且作业现场易出现污染。**

②地下连续墙如果用作临时的挡土结构，比其他方法所用的费用要高些，因此造价相对偏高。

③如果施工方法不当或施工地质条件特殊，可能出现相邻墙段不能对齐和漏水的问题，接头质量较难控制，因此相邻段接头部位容易出现质量问题。

④施工技术要求高，在一些特殊的地质条件下（如很软的淤泥质土，含漂石的冲积层和超硬岩石等），施工难度很大。

⑤地下连续墙形成的墙面较为粗糙，需进一步进行处理。

(3)地下连续墙的适用范围。

由于受到施工机械的限制，地下连续墙的厚度具有固定的模数，不能像灌注桩一样根据桩径和刚度灵活调整。因此，地下连续墙只有在一定深度的基坑工程或其他特殊条件下才能显示出经济性和特有优势。一般适用于如下条件：

①开挖深度超过 10 m 的深基坑工程。

②支护结构亦作为主体结构的一部分，且对防水、抗渗有较严格要求的工程。

③采用逆作法施工，地上和地下同步施工时，一般采用地下连续墙作为围护墙。

④邻近存在保护要求较高的建(构)筑物，对基坑本身的变形和防水要求较高的工程。

⑤基坑内空间有限，地下室外墙与红线距离极近，采用其他支护结构无法满足留设施工操作要求的工程。

⑥在超深基坑中，例如 30～50 m 的深基坑工程，采用其他支护结构无法满足要求时，常采用地下连续墙作为支护结构。

(4)现浇地下连续墙的施工工艺。

现浇地下连续墙的施工工艺流程一般为：开挖导沟→修筑导墙，同时制备泥浆并输入→开挖沟槽→成槽后的刷壁与清基→吊放接头管→钢筋笼制作与吊放→下导管，浇筑水下混凝土→槽段接头→拔出接头管。

温馨提示

在开挖沟槽过程中，为保证槽壁的稳定，采用特制的泥浆护壁。泥浆应根据地质和地面沉降控制要求经试配确定。

①开挖导沟。

②修筑导墙，同时制备泥浆并输入。

地下连续墙成槽施工前，应沿其两侧设置导墙，如图 4-31 所示。导墙宜采用混凝土结构，且混凝土的设计强度等级不宜低于 C20。导墙底面不宜设置在新近填土上，且埋深不宜小于 1.5 m。导墙的强度和稳定性应满足成槽设备和顶拔接头管施工的要求。

图 4-31　地下连续墙导墙

地下连续墙施工应设置钢筋混凝土导墙，导墙施工应符合下列规定：

a. 导墙应采用现浇混凝土结构，混凝土强度等级不应低于 C20，厚度不应小于 200 mm。

b. 导墙顶面应高于地面 100 mm，高于地下水位 0.5 m 以上，导墙底部应进入原状土 200 mm 以上，且导墙高度不应小于 1.2 m。

c. 导墙外侧应用黏性土填实，导墙内侧墙面应垂直，其净距应比地下连续墙设计厚度加宽 40 mm。

d. 导墙混凝土应对称浇筑，达到设计强度的 70%后方可拆模，拆模后的导墙应加设对撑。

e. 遇暗浜、杂填土等不良地质时，宜进行土体加固或采用深导墙。

知识拓展

两片导墙之间的距离即为地下连续墙的厚度。导墙的作用主要表现在以下几个方面：作为挡土墙，防止槽口塌陷；作为测量的基准；支承重物；存储泥浆；防止雨水及地面水流入槽内。导墙中的泥浆主要起到稳定槽壁的作用，施工过程中泥浆面应始终保持在导墙顶面以下 200 mm 处，并高于地下水位 1.0 m 以上。

泥浆制备应符合下列规定：

a. 新拌制泥浆应经充分水化，贮放时间不应少于 24 h。

b. 泥浆的储备量宜为每日计划最大成槽方量的 2 倍以上。

c. 泥浆配合比应按土层情况试配确定，一般泥浆的配合比可根据表 4-33 选用。遇土层极松散、颗粒粒径较大、含盐或受化学污染时，应配制专用泥浆。

表 4-33　泥浆配合比

土层类型	膨润土/%	增黏剂 CMC/%	纯碱 Na_2CO_3/%
黏性土	8～10	0～0.02	0～0.50
砂土	10～12	0～0.05	0～0.50

知识拓展

泥浆的主要作用为护壁。此外,泥浆还能起到携砂、冷却和润滑的作用。

③开挖沟槽。

单元槽段宜采用间隔一个或多个槽段的跳幅施工顺序。每个单元槽段,挖槽分段不宜超过 3 个。成槽过程护壁泥浆液面应高于导墙底面 500 mm。

成槽施工应符合下列规定:

a. 单元槽段长度宜为 4～6 m。

b. 槽内泥浆面不应低于导墙面 0.3 m,同时槽内泥浆面应高于地下水位 0.5 m 以上。

c. 成槽机应具备垂直度显示仪表和纠偏装置,成槽过程中应及时纠偏。

d. 单元槽段成槽过程中抽检泥浆指标不应少于 2 处,且每处不应少于 3 次。

地下连续墙沟槽开挖的常用方法有钻抓式施工法、冲击式施工法和多头钻施工法。其中,钻抓式施工法适用于黏性土和 N 值小于 30 的砂性土,不适用于软黏土;冲击式施工法主要适用于硬土、老黏性土和夹有孤石的地层,多用于排桩式地下连续墙成孔;多头钻施工法适用于黏性土、沙质土、沙砾层及淤泥等土层。

知识拓展

划分单元槽段时除考虑长度外还应考虑接头的位置。确定单元槽段长度时主要考虑以下因素:设计要求、结构特点、地质条件、地面荷载、起重机起重能力、单位时间内混凝土的供应能力以及泥浆池的容积等。

考题探究

【多选题】地下连续墙开挖,对确定单元槽段长度因素说法正确的有(　　)。

A. 土层不稳定时,应增大槽段长度

B. 附近有较大地面荷载时,可减少槽段长度

C. 防水要求高时可减少槽段长度

D. 混凝土供应充足时可选用较大槽段

E. 现场起重能力强可选用较大槽段

【细说考点】本题主要考查影响单元槽段长度的因素。在进行地下连续墙的槽段开挖时,当土层不稳定时,为防止槽壁坍塌,应减少单元槽段的长度,以缩短挖槽时间。故选项 A 错误。单元槽段宜尽量长一些,以减少槽段的接头数量和增加地下连续墙的整体性,又可提高其防水性能和施工效率。故选项 C 错误。本题选 BDE。

④成槽后的刷壁与清基。

成槽后的刷壁与清基应符合下列规定:

a. 成槽后,应及时清刷相邻段混凝土的端面,刷壁宜到底部,刷壁次数不得少于 10 次,且刷壁器上无泥。

b. 刷壁完成后应进行清基和泥浆置换。

温馨提示

我国多采用置换法(即泥浆置换)进行清基,此外还可沉淀法进行清基。

c.清基后应对槽段泥浆进行检测，每幅槽段检测2处，取样点距离槽底0.5～1.0 m，清基后的泥浆指标应符合表4-34的规定。

表4-34　清基后的泥浆指标

项目		清基后泥浆	检验方法
比重	黏性土	≤1.15	比重计
	砂土	≤1.20	
黏度/s		20～30	漏斗计
含砂率/%		≤7	洗砂瓶

⑤吊放接头管。

⑥钢筋笼制作与吊放。

槽段钢筋笼应进行整体吊放安全验算，并设置纵横向桁架、剪刀撑等加强钢筋笼整体刚度的措施。

钢筋笼制作和吊装应符合下列规定：

a.钢筋笼加工场地与制作平台应平整，平面尺寸应满足制作和拼装要求。

b.分节制作钢筋笼同胎制作应试拼装，应采用焊接或机械连接。

c.钢筋笼制作时应预留导管位置，并应上下贯通。

d.钢筋笼应设保护层垫板，纵向间距为3～5 m，横向宜设置2～3块。

e.吊车的选用应满足吊装高度及起重量的要求。

f.钢筋笼应在清基后及时吊放。

g.异形槽段钢筋笼起吊前应对转角处进行加强处理，并应随入槽过程逐渐割除。

⑦下导管，浇筑水下混凝土。

当槽段长度不大于6 m时，槽段混凝土宜采用二根导管同时浇筑；当槽段长度大于6 m时，槽段混凝土宜采用三根导管同时浇筑。每根导管分担的浇筑面积应基本均等。

温馨提示

导管内径宜大于等于粗骨料粒径的4倍，通常取8倍左右。

水下混凝土应采用导管法连续浇筑，并应符合下列规定：

a.导管管节连接应密封、牢固，施工前应试拼并进行水密性试验。

b.导管水平布置距离不应大于3 m，距槽段两侧端部不应大于1.5 m，导管下端距离槽底宜为300～500 mm，导管内应放置隔水栓。

c.钢筋笼吊放就位后应及时灌注混凝土，间隔不宜大于4 h。

d.水下混凝土初凝时间应满足浇筑要求，现场混凝土坍落度宜为200 mm±20 mm，混凝土强度等级应比设计强度提高一级进行配制。

e.槽内混凝土面上升速度不宜小于3 m/h，同时不宜大于5m/h，导管埋入混凝土深度应为2～4 m，相邻两导管内混凝土高差应小于0.5 m。

f.混凝土浇筑面宜高出设计标高300～500 mm。

对于地下连续墙的混凝土浇筑要求，下面以考题探究的形式进行介绍。

考题探究

【单选题】地下连续墙的混凝土浇筑，除混凝土的级配满足结构强度要求外，还应满足的要求是(　　)。

A. 施工环境温度不低于 5 ℃　　B. 水下混凝土施工要求

C. 水泥用量小于 400 kg/m³　　D. 入槽坍落度小于 180 mm

【细说考点】本题主要考查地下连续墙的混凝土浇筑要求。地下连续墙浇筑用混凝土强度一般为 C30～C40，级配除了满足结构强度要求外，还要满足水下混凝土施工的要求。所用混凝土配合比按重力自密式流态混凝土设计，水胶比不应大于 0.55，水泥用量不宜小于 400 kg/m³。地下连续墙混凝土顶面应比设计高度超浇 0.5 m 以上。本题选 B。

⑧槽段接头。

槽段接头施工应符合下列规定：

a. 接头管(箱)及连接件应具有足够的强度和刚度。

b. 十字钢板接头与工字钢接头在施工中应配置接头管(箱)，下端应插入槽底，上端宜高出地下连续墙泛浆高度，同时应制定有效的防混凝土绕流措施。

c. 钢筋混凝土预制接头应达到设计强度的 100%后方可运输及吊放，吊装的吊点位置及数量应根据计算确定。

d. 铣接头施工应符合下列规定：套铣部分不宜小于 200 mm，后续槽段开挖时，应将套铣部分混凝土铣削干净，形成新鲜的混凝土接触面；导向插板宜选用长 5～6 m 的钢板，应在混凝土浇筑前，放置于预定位置；套铣一期槽段钢筋笼应设置限位块，限位块设置在钢筋笼两侧，可以采用 PVC 管等材料，限位块长度宜为 300～500 mm，间距为 3～5 m。

知识拓展

地下连续墙的接头分为施工接头和结构接头两类。施工接头包括接头管接头、接头箱接头、隔板式接头三种。结构接头的连接方法一般采用预埋连接钢筋法、预埋连接钢板法以及预埋剪力连接件法等。其中，应用最多的是预埋连接钢筋法。

⑨拔出接头管。

(5)预制地下连续墙施工工艺。

预制地下连续墙墙段(如图 4-32 所示)应达到设计强度值后方可运输及吊放，并应进行整体起吊安全验算。

图 4-32　预制地下连续墙墙段

预制地下连续墙施工应符合下列规定：

①预制地下连续墙应根据运输及起吊设备能力、施工现场道路和堆放场地条件，合理确定分幅和预制件长度，墙体分幅宽度应满足成槽稳定要求。

②预制地下连续墙宜采用连续成槽法进行成槽施工，预制地下连续墙成槽施工时应先施工转角幅后直线幅，成槽深度应比墙段埋置深度深 100～200 mm。

③预制墙段墙缝宜采用现浇钢筋混凝土接头，预制地下连续墙的厚度应比成槽厚度小 20 mm，预制墙段与槽壁间的前后缝隙宜采用压密注浆填充。

④墙段吊放时，应在导墙上安装导向架。

⑤清基后应对槽段泥浆进行检测，每幅槽段应检测 2 处，取样点应距离槽底 0.5～1.0 m，清基后的泥浆指标应符合表 4-35 的规定。

表 4-35　清基后的泥浆指标

项目		清基后泥浆	检验方法
比重	黏性土	≤1.15	比重计
	砂土	≤1.20	
黏度/s		25～30	漏斗计
含砂率/%		≤7	洗砂瓶

2. 冻结排桩法基坑支护技术

冻结排桩法基坑支护技术是结合冻结施工技术与排桩支护技术，将含水地层冻结形成隔水帷幕，以排桩作为支撑系统抵抗土压力，以满足大基坑的支护要求，冻结管应置于排桩外侧。**冻结排桩法支护技术适用于大体积深基础开挖施工、含水量高的地基基础施工、软土地基基础施工、地下水丰富的地基基础施工。**

3. 复合土钉墙基坑支护技术

复合土钉墙是指土钉墙与预应力锚杆、微型桩、旋喷桩、搅拌桩中的一种或多种组成的复合型支护结构。

复合土钉墙适用于黏土、粉质黏土、粉土、砂土、碎石土、全风化及强风化岩，夹有局部淤泥质土的地层中也可采用。地下水位高于基坑底时应采取降排水措施或选用具有截水帷幕的复合土钉墙支护。坑底存在软弱地层时应经地基加固或采取其他加强措施后再采用。软土地层中基坑开挖深度不宜大于 6 m，其他地层中基坑直立开挖深度不宜大于 13 m，可放坡时基坑开挖深度不宜大于 18 m。

4. 型钢水泥土搅拌墙基坑支护技术

型钢水泥土搅拌墙是在连续套接的三轴水泥土搅拌桩内插入型钢形成的复合挡土截水结构，通常称为 SMW 工法。

型钢水泥土复合搅拌桩（SMW 工法桩）支护技术一般适用于填土、淤泥质土、黏性土、粉土、砂性土、饱和黄土等地层，可用于开挖深度 15 m 以下的基坑围护工程。对于杂填土地层，施工前需清除地下障碍物；对于粗砂、砂砾等粗粒砂性土地层，应注意有无明显的流动地下水，以防止固化剂尚未硬化时流失而影响工程质量。

温馨提示

型钢的主要作用是增强搅拌桩的抗剪能力，而水泥土主要起到防渗和对型钢的围箍作用。

5. 工具式组合内支撑基坑支护技术

工具式组合内支撑基坑支护技术是在混凝土内支撑技术的基础上发展起来的一种内支撑结构体系，主要利用组合式钢结构构件截面灵活可变、加工方便、适用性广的特点，可在各种地质情况和复杂周边环境下使用。该技术具有施工速度快、支撑形式多样、计算理论成熟、可拆卸重复利用、节省投资等优点。

温馨提示

工具式组合内支撑适用于周围建筑物密集，施工场地狭小，岩土工程条件复杂或软弱地基等类型的深大基坑。

组合内支撑的施工工艺流程为：钢支撑吊装、就位、焊接→钢支撑施加预应力→斜撑、纵向系杆安装→临时钢立柱安装。

知识拓展

在进行支护体系拆除时，应待基础结构自下而上施工到支撑下 1.0 m 处且楼板混凝土强度达到 80% 以上时，开始拆除基础结构楼板下的支护体系，拆除顺序为自下而上，先水平构件，后垂直构件。

二、隧道工程施工技术 ★★★

（一）隧道工程内涵及分类

隧道是埋置于地层内的工程建筑物，是人类利用地下空间的一种形式。隧道可分为交通隧道、水工隧道、市政隧道、矿山隧道、军事隧道等。隧道结构构造，由主体构造物和附属构造物两大类组成。主体构造物通常指洞身衬砌和洞门构造物，附属构造物是主体构造物以外的其他建筑，是为了运营管理、维修养护、给水排水、供蓄发电、通风、照明、通信、安全等而修建的构造物。

（二）隧道工程施工方法

根据隧道所处位置的不同，隧道工程在进行施工时的方法也有所不同。通常情况下，山岭隧道采用钻爆法、掘进法（TBM 法）施工；浅埋及软土隧道采用明挖法（如图 4-33 所示）、盖挖法（如图 4-34 所示）、浅埋暗挖法、盾构法施工；水底隧道则多采用沉管法或盾构法施工。

图 4-33 明挖法隧道

图 4-34　盖挖法隧道

隧道工程各施工方法的特点、施工要求如表 4-36 所示。

表 4-36　隧道工程各施工方法的特点、施工要求

施工方法	特点	施工要求
钻爆法	(1)优点：施工灵活、尺寸不受限、施工设备无严格限制。 (2)缺点：通风性要求较高。 (3)坚硬和软弱围岩均适用，不宜在城市人口密集地区采用，不适用于长洞及地质条件很差的地方	(1)钻爆法进行钻孔时，最简单的方法是手风钻钻孔，但劳动强度较高，而钻车则是常用的效率较高且比较先进的机具。 (2)钻爆法施工时，可采用压入式(洞外到施工工作面)或吸出式(洞内浑浊空气排出洞外)两种通风方式，采用的风管分别对应塑料布等柔性管壁(压入式)和薄钢板等刚性排气管(吸出式)，我国多采用压入式通风
掘进法 (TBM 法)	适用深埋于岩体的长隧洞施工	(1)全断面掘进机可实现一次成型，通风要求低，开挖形成的洞壁较为光滑，有利于围岩的稳定，超挖及补衬混凝土回填量少；独臂钻适用于开挖软岩，不适用于地下水多、围岩不稳定地层；天井钻则专门用来开挖竖井或斜井，沿着导向孔从下往上钻进。 (2)围岩为破碎带时，常采用带盾构的 TBM 掘进法
明挖法	(1)优点：施工简单、技术成熟、施工效率高、成本低。 (2)缺点：对气候环境条件有一定要求	属于浅埋隧道的施工方法，适用于明洞及隧道洞口段不能用暗挖法施工时的情况
盖挖法	(1)优点：结构水平位移小、周围土体变形及沉降小、有利于保护周围建筑物、施工安全、受外界环境影响小。 (2)缺点：出土不方便、施工作业面小、工期较长、费用较基坑开挖和支挡开挖高	盖挖法分为盖挖顺作法、盖挖逆作法、盖挖半逆作法三种。其中，盖挖逆作法多用于深层及松软土层开挖
浅埋暗挖法	(1)与明挖法相比，施工灵活、不扰民、不污染环境、不干扰交通。 (2)与盾构法相比，简单易行、设备简单、适用范围较广。 (3)适用于不宜明挖施工的土质或软弱无胶结的砂、卵石等第四纪地层	(1)施工中应坚持“管超前、严注浆、短开挖、强支护、快封闭、勤量测”的施工方针。 (2)浅埋暗挖法施工的必要前提是对开挖面前方地层的预加固和预处理

（续表）

施工方法	特点	施工要求
盾构法	(1)软土或软岩中修建隧道的特殊施工方法 (2)盾构机的盾构壳体构造：位于盾构最前端的部分是切口环，切口环后为支承环，最后是盾尾	(1)确定盾构法施工的关键是详尽地掌握好各种盾构机的特征。 (2)选择适合土质条件的、确保工作面稳定的盾构机种及合理的辅助工法最重要
沉管法	(1)特点：埋深浅、造价低、工期短和隧道防水性能好。 (2)在水底隧道的水底段施工时应用较广	沉管法施工方式可分为钢壳方式和干船坞方式两种。其中，前者多用于双车道公路、单线铁路、下水管道等管段在 10 m 以内的地方；后者多用于多车道宽度大的公路(包括铁道、人行道并置情况)

知识拓展

浅埋暗挖法施工中“强支护”的施工工序依次为喷射混凝土→网构拱架→钢筋网→喷混凝土。

对于盾构机的分类及组成，下面以考题探究的形式进行介绍。

考题探究

【多选题】下列盾构机类型中，属于封闭式的有(　　)。

A. 机械式　　B. 网络式

C. 半机械式　　D. 泥水平衡式

E 土压平衡式

【细说考点】本题主要考查盾构机的分类。盾构机的类型包括开放式、部分开放式和封闭式。其中，封闭式的盾构机包括泥水平衡式和土压平衡式。盾构机的基本构造包括壳体、推进系统和衬砌拼装系统。盾构壳体由支承环、切口环和盾尾组成。其中，支承环是盾构结构的主体，是具有较强刚性的圆环结构。推进系统由液压设备和盾构千斤顶组成。拼装器是衬砌拼装系统的主要设备，主要有杠杆式拼装机和环式拼装机两种形式。本题选 DE。

（三）隧道围岩支护技术

隧道支护主要包括超前支护和初期支护等。隧道施工过程中，当遇到软弱破碎围岩时，其自支护能力是比较弱的，经常采用超前支护措施，即超前锚杆、插板、超前小导管、管棚及围岩预注浆加固等。初期支护是指在隧道开挖后，除围岩完全能够自稳而无需支护以外，在围岩稳定能力不足时，须加以支护才能使其进入稳定状态。其具体支护措施包括喷射混凝土、锚杆、钢支撑以及喷锚支护等。以下主要讲解喷射混凝土和锚杆的相关内容。

1. 喷射混凝土

喷射混凝土是一种原材料与普通混凝土相同，而施工工艺特殊的混凝土。

喷射混凝土可采取干式喷射混凝土和湿式喷射混凝土两种方式。其中，干式喷射混凝土是先将混凝土(砂石、水泥，包括粉状速凝剂)在现场干拌均匀，然后装入干喷机，依靠气力（压缩空气）将干混料通过胶管送到喷管，喷管上接有水管，干混料与水在喷管内混合，然后从喷嘴喷出，依靠喷射压力，混凝土粘接到岩石或其他材料表面，迅速凝结和硬化的施工方法。**干式喷射设备简单，价格较低，可以进行远距离压送，但施工时粉尘较多，且骨料回弹比较严重**。

干式喷射混凝土能否顺利施工及确保质量的关键在于是否采用了适宜的工作风压。施工时，**喷嘴处的水压必须大于工作风压**，通常情况下，以超过工作风压 0.1 MPa 左右为宜，**且喷射作业风压应随风管长度增加而增加**。混凝土的喷射宜分 2～3 层进行，**喷头与喷射作业面的最佳距离为 1 m，喷射混凝土所用骨料含水率以 5%～7%为宜**。

知识拓展

在进行喷射作业时，作业区段的宽度以 1.5～2.0 m 为宜，对于水平坑道，作业顺序为先墙后拱、自下而上；侧墙则从墙基开始，拱自拱脚开始；封拱区沿轴线由前向后。

喷射混凝土应有严格的控制，一次喷射厚度太薄，骨料易产生较大的回弹。具体喷射厚度如下：

(1)边墙。干式：掺速凝剂，70～100 mm；不掺速凝剂，50～70 mm。湿式：掺速凝剂，80～150 mm。

(2)拱部。干式：掺速凝剂，50～60 mm；不掺速凝剂，30～40 mm。湿式：掺速凝剂，60～100 mm。

湿式喷射混凝土是将水泥、砂、石和水按比例拌合均匀，用湿喷机压送至喷嘴进行喷射的方法。其粉尘和回弹量少，喷射混凝土的质量容易控制，但对喷射机械要求较高，机械清洗和故障处理较麻烦。

干式喷射混凝土因不环保且质量不稳定已被很多地方禁止使用。如大型洞室、大断面隧道、非富水围岩地质条件、C30 及以上强度等级喷射混凝土均不得采用干式喷射混凝土工艺。目前施工现场湿式喷射混凝土使用的较多。

考题探究

【多选题】关于隧道工程喷射混凝土支护，下列说法正确的有（　　）。

A. 拱形断面隧道开挖后先喷墙后喷拱

B. 拱形断面隧道开挖后直墙部分先从墙顶喷至墙脚

C. 湿喷法施工骨料回弹比干喷法大

D. 干喷法比湿喷法施工粉尘少

E. 封拱区应沿轴线由前向后喷射

【细说考点】本题主要考查喷射混凝土支护技术，需熟记喷射混凝土施工流程及特点。在进行混凝土喷射作业时，侧墙应自墙基开始。故选项 B 错误。相对湿喷法而言，干喷法施工粉尘多，且骨料回弹较严重。故选项 C，D 错误。本题选 AE。

2. 锚杆施工

锚杆是指在土（岩）体中钻孔，插入钢筋或钢绞线等受拉筋，并在锚固段灌注水泥浆锚入稳定土（岩）层内，另一端与结构体相连形成的受拉杆体，如图 4-35 所示。锚杆施工可单独使用，也可与喷射混凝土联合使用，以确保隧道工程中的支护安全。

图 4-35　锚杆施工

锚杆在进行布设时，方向要尽可能与岩层层面垂直相交。

采用普通水泥砂浆锚杆时，**砂浆强度等级不低于** M20，钻孔方向尽量与岩层主要结构面垂直。黏结砂浆应随拌随用，并在初凝前使用完。

采用早强水泥砂浆锚杆，可弥补普通水泥砂浆锚杆早期强度低的不足之处，多用于破碎、软弱围岩中。早强水泥砂浆锚杆施工时，注浆作业开始或中途停止超过30 min时，应测定砂浆坍落度，坍落度值小于 10 mm 时不得使用。早强药包内锚头锚杆施工，水泥药卷直径应比钻孔直径小 20 mm 左右，孔道长度应比锚杆短 4～5 cm。

考题探究

【多选题】以下关于早强水泥砂浆锚杆施工说法，正确的有(　　)。

A. 快硬水泥卷在使用前需用清水浸泡

B. 早强药包使用时严禁与水接触或受潮

C. 早强药包的主要作用为封堵孔口

D. 快硬水泥卷的直径应比钻孔直径大 20 mm 左右

E. 快硬水泥卷的长度与锚固长度相关

【细说考点】本题主要考查早强水泥砂浆锚杆施工。早强药包内锚头锚杆是以早强砂浆卷、树脂卷或快硬水泥卷作为内锚固剂的内锚头锚杆。早强药包使用前需用清水浸泡。故选项 B 错误。早强药包的主要作用在于加速水泥水化速度，促进混凝土早期强度的发展；既具有早强功能，又具有一定减水增强功能。故选项 C 错误。快硬水泥卷的直径应比钻孔直径小 20 mm 左右。故选项 D 错误。本题选 AE。

地下工程的早强水泥砂浆锚杆用树脂药包的，正常温度下需要搅拌的时间为 30 s，**当温度低于** 10 ℃**以下时，搅拌时间可适当延长** 45～60 s。

知识拓展

缝管式摩擦锚杆在安设前应检查风压，不得小于 0.4 MPa；胀壳式内锚头预应力锚索多用于中等以上围岩，可在较小的施工现场中作业，常用于高边坡、大坝以及大跨度地下隧道洞室的抢修加固及支护。

三、特殊施工技术

（一）特殊开挖方法

在地下工程施工过程中，通常有以下几种特殊开挖方法，即气压室法，冻结法，超前灌浆、超前锚杆法，分部开挖、分部支护法。

（二）管道敷设施工技术

在进行地下管道敷设时，可采用长距离顶管法（如图 4-36 所示）、气动夯管锤铺管法（如图 4-37所示）、导向钻进法（如图 4-38 所示）等。

图 4-36　长距离顶管法

图 4-37　气动夯管锤铺管法

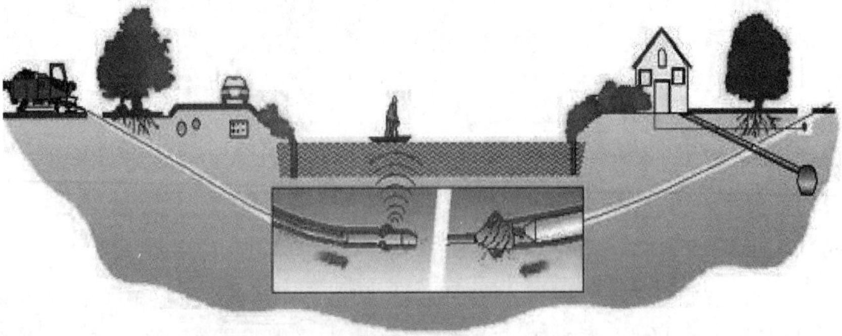

图 4-38　导向钻进法

长距离顶管法无须挖槽或在水下开挖土方，在进行顶管施工时，**其关键技术问题主要表现在顶力问题、方向控制、制止正面坍方等方面。**

知识拓展

长距离顶管施工中，压注触变泥浆的目的是减少顶管中的管壁四周摩阻力。

气动夯管锤铺管法和导向钻进法均为非开挖管线工程施工技术，适用于管径小于900 mm的管线铺设工程。

气动夯管锤铺管法适用地层范围较广，**几乎适用于除岩层外的所有地层，具有施工简捷，准确性高，速度快，成本低，精密度高，对地表影响小，不会引起地表隆起或沉降，工作坑要求低，不需进行深基坑支护作业等特点而被广大施工单位所接受。夯管锤对钢管动态夯进，产生强烈的冲击和振动。**

导向钻进法的成孔方式主要有干式和湿式两种，两种成孔方式均以斜面钻头来控制钻孔方向。

知识拓展

地下工程采用导向钻进行施工时，其导向钻头的选择应符合下列规定：在砾石层中钻进时，应选择镶焊小尺寸硬质合金的钻头；在致密砂层中钻进时，应选择小尺寸锥形钻头；在干燥软黏土层中钻进时，应选择中等尺寸钻头；在钙质土层钻中进时，应选择较小直径的钻头。

（三）沉井法施工技术

沉井法又称沉箱凿井法，也称普通沉井法，是在土层开挖前，在井筒设计位置，把预先制好的一段6～7 m长的整体井壁，靠自重局部沉入土中，然后在它的掩护下，边掘进边下沉，相应砌筑井壁。

沉井法的施工工艺流程为：测量放线、开挖基坑和搭设工作台→铺设垫层、承垫木→沉井制作→抽取垫木→挖土下沉→封底、回填、浇筑其他部分结构。其中，挖土下沉施工可分为排水挖土下沉和不排水挖土下沉两种。**前者适用于土层透水较差、排水时不致于产生流砂、涌水量较小的情况，后者则适用于地下水丰富，土层不稳定的情况。**封底可分干封底和湿封底两种，**沉井进行封底的判断标准是8 h内下沉量小于或等于10 mm。**

知识拓展

沉井出现施工偏差时，需通过中心线两侧挖土调整。当沉井中心线与设计中心线不重合时，可先在一侧挖土，使沉井倾斜，然后均匀挖土，使沉井沿倾斜方向下沉到沉井底面中心线接近设计中心线位置时再进行纠偏。

对于沉井施工工艺要求，下面以考题探究的形式进行介绍。

考题探究

【多选题】关于沉井施工工艺要求的说法，正确的有（　　）。

A. 沉井下沉至标高，应进行8 h沉降观测

B. 沉降观测时，若8 h内下沉量小于或等于10 mm，方可封底

C. 沉井制作高度较大时，基坑上应铺设一定厚度的砂垫层

D. 沉井采用不排水挖土下沉，要确保井内外水面在同一高度

E. 采用不排水封底法时，封底混凝土用导管法灌注

【细说考点】本题主要考查挖土下沉施工方法。挖土下沉施工可分为排水挖土下沉和不排水挖土下沉两种。前者适用于土层透水较差、排水时不致于产生流砂、涌水量较小的情况，后者则适用于地下水丰富，土层不稳定的情况。沉井采用不排水挖土下沉时，井内水面要高出井外水面1～2 m。本题选ABCE。

同步自测

答案详解 391—392

一、单项选择题（每题的备选项中，只有1个最符合题意）

1. 沿着第一次推过的原沟槽推土的施工方法是（　　）。

A. 下坡推土法　　B. 斜角推土法

C. 槽形推土法　　D. 多刀推土法

2. 当桩径<2 m，孔深≤60 m时，最适宜的成桩方式为（　　）。

A. 正循环钻孔灌注桩　　B. 反循环钻孔灌注桩

C. 钻孔扩底灌注桩　　D. 冲击成孔灌注桩

3. 填充墙与承重主体结构间的空（缝）隙部位施工，应在填充墙砌筑后（　　）天进行。

A. 7　　B. 14

C. 21　　D. 28

4. 常用于钢筋纵向连接及预应力钢筋与螺丝端杆的焊接方式为（　　）。

A. 闪光对焊　　B. 焊条电弧焊

C. 电阻点焊　　D. 电渣压力焊

5. 关于混凝土预制构件的吊装的说法，错误的是（　　）。

A. 预制构件通常在现场或工厂预制，预制通常采用叠浇法，重叠层数一般不超过4层

B. 上层构件的浇筑需等到下层构件混凝土达到设计强度的30%以后方可进行

C. 构件运输时，其强度不应低于设计混凝土强度标准值的75%

D. 柱在进行起吊时，采用滑行法柱受振动较小

6. 从路堤的一端或两端按横断面全部高度，逐步推进填筑的方法为（　　）。

A. 水平分层填筑法　　B. 纵向分层填筑法

C. 竖向填筑法　　D. 混合填筑法

7. 采用爆破法开挖时，可形成一个贯穿光爆炮孔且光滑平整的开挖面的爆破方法为（　　）。

A. 光面爆破　　B. 预裂爆破

C. 微差爆破　　D. 硐室爆破

8. 关于桥梁上部结构施工的说法，正确的是（　　）。

A. 支架现浇法工期短、施工质量易控制，但桥梁整体性较差

B. 预制安装法工期长，但桥梁整体性较好

C. 顶推施工法宜在等截面梁上使用

D. 转体施工法常在钢桥上使用，多用于正常通车线路上的桥梁工程的换梁

9. 可用于基坑侧壁安全等级为一级的支护方式是（　　）。

A. 水泥土桩墙　　B. 排桩与桩墙

C. 土钉墙　　D. 放坡开挖

10. 关于地下连续墙施工的说法,错误的是(　　)。

A. 导墙宜采用混凝土结构,且混凝土的设计强度等级不宜低于 C20

B. 导墙底面不宜设置在新近填土上,且埋深不宜小于 1.5 m

C. 浇筑混凝土时,槽段长度大于 6 m 时,槽段混凝土宜采用三根导管同时浇筑

D. 水下混凝土浇筑过程中,导管埋入混凝土面的深度宜为 3～6 m

11. 适宜在软土或软岩中修建隧道的施工方法为(　　)。

A. 钻爆法　　B. TBM 法

C. 盾构法　　D. 明挖法

二、多项选择题(每题的备选项中,有 2 个或 2 个以上符合题意,至少有 1 个错项)

1. 下列属于横撑式支撑形式的有(　　)。

A. 断续式水平挡土板支撑　　B. 连续式水平挡土板支撑

C. 垂直挡土板式支撑　　D. 水泥土搅拌桩

E. 钢板桩

2. 关于砌筑用脚手架的说法,错误的有(　　)。

A. 扣件式钢管脚手架的底座与垫板应放置在定位线上,垫板应采用长度不小于 2 跨、厚度不小于 50 mm、宽度不小于 200 mm 的木垫板

B. 纵向水平杆不同步或不同跨两个相邻接头在水平方向错开的距离不应小于 500 mm

C. 冲压钢脚手板、木脚手板、竹串片脚手板等,应设置在两根横向水平杆上

D. 脚手架立杆对接或搭接时,各接头中心至主节点的距离不宜大于步距的 1/3

E. 脚手架拆除作业必须由下而上逐层进行,严禁上下同时作业

3. 钢结构构件高强度螺栓连接形式有(　　)。

A. 机械连接　　B. 绑扎连接

C. 焊接　　D. 承压连接

E. 摩擦连接

4. 关于屋面保温层施工的说法,正确的有(　　)。

A. 当设置有隔汽层时,应先施工保温层,再施工隔汽层

B. 现浇泡沫混凝土应分层浇筑,养护时间不得少于 7 天

C. 保温层施工时,干铺的保温材料不宜在负温度下施工

D. 现浇泡沫混凝土的浇筑出料口离基层的高度不宜超过 1.5 m

E. 喷涂硬泡聚氨酯保温层施工时,一个作业面应分遍完成喷涂,每边喷涂厚度不宜大于 15 mm

5. 填石路堤的填筑方法主要有(　　)。

A. 混合填筑法　　B. 竖向填筑法

C. 分层压实法　　D. 冲击压实法

E. 强力夯实法

6. 下列属于悬臂施工法特点的有(　　)。

A. 支架用量少　　B. 在预制场生产

C. 设备投资大、操作复杂　　D. 整体性好、施工中可不断调整位置

E. 施工期间不影响通行

7. 浅埋及软土隧道施工常用的方法有(　　)。

A. 钻爆法　　B. 浅埋暗挖法

C. 掘进法　　D. 盾构法

E. 沉管法

8. 关于地下工程中喷射混凝土施工的说法，正确的有(　　)。

A. 干喷施工时，喷嘴处的水压必须大于工作风压

B. 在进行喷射作业时，作业区段的宽度以 1.5～2.0 m 为宜

C. 对于水平坑道，喷射顺序为先墙后拱、自上而下

D. 侧墙喷射顺序为从墙基开始，拱自拱脚开始

E. 混凝土的喷射宜分 2～3 层进行，喷头与喷射作业面的最佳距离为 1 m

答案速查

一、单项选择题

1. C　2. B　3. B　4. A　5. D　6. C　7. A　8. C　9. B　10. D　11. C

二、多项选择题

1. ABC　2. CE　3. DE　4. BE　5. BCDE　6. ADE　7. BD　8. ABDE

第五章 工程计量

命题分析

本章内容共包含工程计量的基本原理和方法、建筑面积计算规则、工程量计算规则与方法三个小节，内容涵盖较多，尤其在工程量计算规则与方法中，考点较为分散，应在理解的基础上加以记忆。本章在历年考试中涉及的分值占比较大，分值稳定在32分左右，一般单选题占22分左右，多选题占10分左右。

考点			考查频率
工程计量	工程计量的基本原理和方法	工程计量的基本原理	★★★★★
		工程计量的方法	★★
		混凝土结构施工图平面整体表示方法制图规则（现浇混凝土框架、剪力墙、梁、板）	★★★★★
		混凝土结构施工图平面整体表示方法制图规则（现浇混凝土板式楼梯）	★★
		混凝土结构施工图平面整体表示方法制图规则（独立基础）	★
	建筑面积计算规则	术语	★★
		总则	★
		基本规定	★
		建筑面积与高度	★★★★★
		建筑室外场地	★
	工程量计算规则与方法	土石方工程	★★★★★
		地基处理与边坡支护工程	★★★★★
		桩基工程	★★★★
		砌筑工程	★★★★★
		混凝土及钢筋混凝土工程	★★★★★
		金属结构工程	★★★
		木结构工程	★★
		门窗工程	★★★
		屋面及防水工程	★★★★
		保温、隔热、防腐工程	★★★★
		楼地面装饰工程	★★★★
		墙、柱面装饰与隔断、幕墙工程	★★★★
		天棚工程	★★★★
		油漆、涂料、裱糊工程	★★★★
		其他装饰工程	★
		措施项目	★★★★★

考点精讲

第一节　工程计量的基本原理和方法

一、工程计量的基本原理

（一）概述

根据《房屋建筑与装饰工程工程量计算标准》，工程量计算是按照工程设计文件、技术标准、统一的工程量计算标准等，进行工程数量计算的活动。

计算工程量是确定工程造价的重要依据；对于承包方而言，工程量是其进行生产经营管理的重要依据；对于发包方而言，工程量是其进行工程建设管理的重要依据。

工程计量可应用于BIM、云计算和人工智能中，BIM是指在建设工程及设施全生命周期内，对其物理和功能特性进行数字化表达，并依此设计、施工、运营的过程和结果的总称。BIM具有五大特点，即可视化、协调性、模拟性、优化性、可出图性。BIM技术对工程造价管理的主要作用在于使工程量计算更准确、高效。云计算是将工程计量结果传入云端储存与计算，从而提高计量速度与质量。运用人工智能技术，可以对文档和施工图纸等进行信息识别、提取、计算和分析，并总结工程量计算的趋势和规律，优化资源配置，预测工程量的变化。

知识助记

BIM的特点可概括为：化（优化性）模（模拟性）型（可出图性）调（协调性）试（可视性）。

（二）工程计量

工程计量除应符合《房屋建筑与装饰工程工程量计算标准》的规定外，还应依据的文件如图5-1所示。

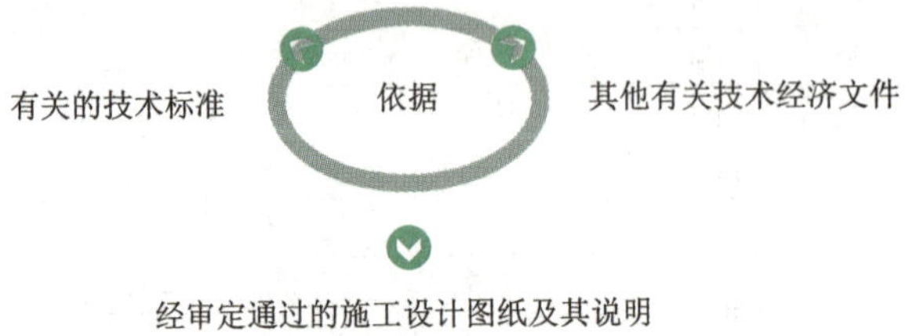

图5-1　工程计量的依据

知识拓展

工程总承包模式和施工发承包模式是国内常见的发承包模式。其中，工程总承包模式的编制依据包括《房屋工程总承包工程量计算规范》、方案设计文件、可行性研究文件、初步设计文件、其他有关技术经济文件。施工发承包模式的编制依据同工程计量的依据一致。

工程实施过程中的计量除应符合《房屋建筑与装饰工程工程量计算标准》的规定，还应符合现行国家标准《建设工程工程量清单计价标准》的相关规定。

工程计量时每一项目汇总的有效位数应符合下列规定：

(1)以“t”为单位,保留小数点后三位数字,第四位小数四舍五入。

(2)以“m”“m^2”“m^3”为单位,保留小数点后两位数字,第三位小数四舍五入。

(3)以“个”“根”“座”“套”“孔”“榀”为单位,取整数。

除《房屋建筑与装饰工程工程量计算标准》另有规定外,房屋建筑与装饰工程涉及电气、给排水、暖通等安装工程的项目,应按现行国家标准《通用安装工程工程量计算标准》的相应项目执行;涉及仿古建筑工程的项目,应按现行国家标准《仿古建筑工程工程量计算标准》的相应项目执行;涉及市政道路、路灯等市政工程的项目,应按现行国家标准《市政工程工程量计算标准》的相应项目执行;涉及园林绿化工程的项目,应按现行国家标准《园林绿化工程工程量计算标准》的相应项目执行。

(三)工程量清单编制

编制工程量清单应依据下列内容:《房屋建筑与装饰工程工程量计算标准》和现行国家标准《建设工程工程量清单计价标准》;国家及省级、行业建设主管部门颁发的其他专业工程计量标准和计价规定、补充的工程量计算规则;建设工程设计文件及技术资料;与建设工程项目有关的标准、规范;招标文件;施工现场情况和地勘水文资料;其他相关资料。

工程量清单的项目特征应结合图纸和规范的要求进行描述。

编制工程量清单时,若出现《房屋建筑与装饰工程工程量计算标准》附录中未包括的项目,编制人可做补充,并应符合下列规定:

(1)补充项目的编码由《房屋建筑与装饰工程工程量计算标准》的代码 01 与 B 和三位阿拉伯数字组成,并应从01B001 起顺序编制。

(2)补充的工程量清单应附有补充项目的项目名称、项目特征、计量单位、工程量计算规则、工作内容。不能计量的措施项应附有补充项目的项目名称、工作内容及包含范围。

1.项目编码

工程量清单应根据《房屋建筑与装饰工程工程量计算标准》规定的项目编码、项目名称、项目特征、计量单位和工程量计算规则进行编制。

工程量清单的项目编码应采用十二位阿拉伯数字表示,一至九位应按规定设置,十至十二位应根据拟建工程的工程量清单项目名称和项目特征设置,同一招标工程中的同一单项工程的项目编码不得有重码。

知识拓展

《房屋建筑与装饰工程工程量计算标准》和相关工程量计算标准各位数字的含义是:一、二位为专业工程代码(01—房屋建筑与装饰工程;02—仿古建筑工程;03—通用安装工程;04—市政工程;05—园林绿化工程;06—矿山工程;07—构筑物工程;08—城市轨道交通工程;09—爆破工程。以后进入国家标准的专业工程代码以此类推);三、四位为附录分类顺序码;五、六位为分部工程顺序码;七、八、九位为分项工程项目名称顺序码;十至十二位为清单项目名称顺序码。

当同一单项工程量清单中含有多个单位工程且工程量清单是以单位工程为编制对象时,在编制工程量清单时应特别注意对同一单项工程内项目编码十至十二位的设置不得有重码的规定。例如一个房屋建筑与装饰工程有 3 个单位工程,每一单位工程中都有项目特征相同的实心砖墙砌体,在工程量清单中又需反映 3 个不同单位工程的实心砖墙砌体工程量时,则第一个单位工程的实心砖墙砌体的项目编码应为 010401002001,第二个单位工程的实心砖墙砌体的项目编码应为 010401002002,第三个单位工程的实心砖墙砌体的项目编码应为 010401002003,并分别列出各单位工程实心砖墙砌体的工程量。

2. 项目名称

工程量计算规范中项目名称是清单项目命名的基础，在清单编制过程中，应当结合拟建工程的实际情况，将项目名称予以具体化，尤其针对归并或综合性较大的项目应当区分相应的项目名称并分别列项。

如《房屋建筑与装饰工程工程量计算标准》中“010802004”项目名称为“钢质防火门”，在具体编制工程量清单时按照拟建工程钢质防火门实际等级可列项为“甲级钢质防火门”“乙级钢质防火门”“丙级钢质防火门”。

3. 项目特征

工程量清单的项目特征是确定一个清单项目综合单价不可缺少的重要依据，在编制工程量清单时，必须对项目特征进行准确和全面地描述，应达到规范、简洁、准确、全面描述项目特征的要求。项目特征描述的内容应按《房屋建筑与装饰工程工程量计算标准》附录中的规定，结合拟建工程的实际，能满足确定综合单价的需要。

知识拓展

工程量清单项目特征描述的重要意义在于：项目特征是区分清单项目的依据；项目特征是确定综合单价的前提；项目特征是履行合同义务的基础；项目特征决定了工程实体的实质内容，直接决定工程实体的自身价值。

工程量清单的项目特征描述应能反映拟建工程的实际，既要反映图纸设计做法，还应符合规范施工要求。项目特征是构成分部分项工程项目、措施项目的本质特征，是对反映其自身价值的特征进行的描述，主要包括：项目的自身特征（如材质、型号、规格等）、项目的工艺特征以及项目对施工方法可能产生影响的特征。如编码“010503001”的“矩形柱”，其需要描述的项目特征有混凝土种类、混凝土强度等级。其中，混凝土种类是指清水混凝土、彩色混凝土等，如在同一地区既使用预拌（商品）混凝土，又允许现场搅拌混凝土时，也应注明。工程量清单特征的主要作用体现在：**提供确定综合单价的依据；区分具体清单项目，描述特有属性；明确质量要求，提供履行合同义务的基础**。

4. 计量单位

工程量清单的计量单位应按《房屋建筑与装饰工程工程量计算标准》附录中规定的计量单位确定。如编码“010103001”的“平整场地”，其计量单位为“m^2”；编码“010101001”的“挖单独土方”，其计量单位为“m^3”；编码“010202006”的“型钢桩、钢板桩”，其计量单位为“t”。

5. 工程量计算规则

工程量清单中所列工程量应按《房屋建筑与装饰工程工程量计算标准》附录中规定的工程量计算规则计算。所计算的工程量一般指净用量，即根据设计图纸计算的工程净用量，不考虑施工过程中的实际情况、施工方法、施工工艺等发生的施工余量。如《房屋建筑与装饰工程工程量计算标准》中编码“010101001”的“挖单独土方”，其工程量计算规则为“按原始地貌与预设标高之间的挖填尺寸，以体积计算”，即不考虑施工所需工作面、放坡等因素带来的挖土方增加量。若考虑此部分增加量，则在办理工程结算时，应按发包人认可的施工组织设计规定计算。

6. 工作内容

工程量计算规范中，工作内容是指具体施工作业内容，这些作业内容是为完成工程量清单项目所需要发生的，不同于项目特征，它是完成清单项目所要做的具体的施工作业和操作程序，是进行清单项目组价的基础。若某一项目的分部分项工程或措施已经明确，则可以按工作内容确定其工程成本。

温馨提示

注意区分项目特征与工作内容。如编码"010402001"的"砌块墙"，其项目特征为"砌块品种、规格、强度等级；墙体类型；墙体厚度；砂浆强度等级"，体现了砌块墙所用材料的品种、规格、强度等级等内容；工作内容为"砂浆制作；砌砖、砌块；刮缝；墙体顶缝、侧缝填塞处理"，体现了砌块墙施工的工艺与方法。

二、工程计量的方法

（一）一般方法

1. 按施工顺序计量

按施工先后顺序依次计算工程量，如按平整场地、挖地槽、基础垫层、砖石基础、回填土、砌墙、门窗、钢筋混凝土楼板安装、屋面防水、外墙抹灰、楼地面、内墙抹灰、粉刷、油漆等分项工程进行计算。

2. 按定额顺序计量

按当地定额中的分部分项编排顺序计算工程量，即从定额的第一分部第一项开始，对照施工图纸，若定额所列项目在施工图中存在的，则按该分部工程量计算规则计算工程量；若定额所列项目在施工图中不存在的，可先忽略此项目，继续查找下一个项目；若某项目的计算数据与其他分部项目的数据有关，可先将该项目列出，其工程量待有关项目工程量计算完成后，再进行计算。

3. 按图纸拟定一个有规律的顺序依次计量

（1）按顺时针方向计量。

从平面图左上角开始，按顺时针方向依次计算。如图 5-2 所示，外墙从左上角开始，依箭头所指示的次序计算，绕一周后又回到左上角。此方法适用于外墙、外墙基础、外墙挖地槽、楼地面、天棚、室内装饰等工程量的计算。

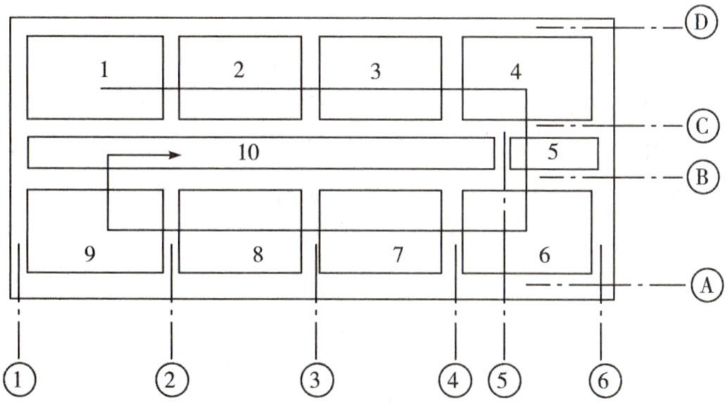

图 5-2　按顺时针方向计量

（2）按先横后竖，先上后下，先左后右的顺序计量。

以平面图上的横竖方向分别从左到右或从上到下依次计算，如图 5-3 所示。此方法适用于内墙、内墙挖地槽、内墙基础和内墙装饰等工程量的计算。

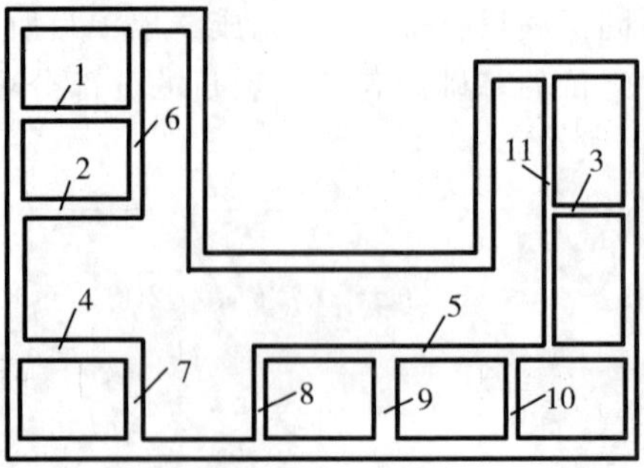

图 5-3　按先横后竖，先上后下，先左后右的顺序计量

(3)按图纸上的构、配件编号顺序计量。

在图纸上注明记号，按照各类不同的构、配件，如柱、梁、板等编号，按柱 Z1、Z2、Z3……，梁 L1、L2、L3……，板 B1、B2、B3……等构件编号依次进行计算。

(4)按平面图上的定位轴线编号顺序计量。

对于复杂工程，计算墙体、柱子和内外粉刷时，仅按上述顺序计算还可能发生重复或遗漏，这时，可按图纸上的轴线顺序进行计算，并将其部位以轴线号表示出来。如位于 A 轴线上的外墙，轴线长为①～②，可标记为 A:①～②。此方法适用于内外墙挖地槽、内外墙基础、内外墙砌体、内外墙装饰等工程量的计算。

知识助记

按图纸顺序计量：平面→立面→剖面，基本图→详图；按定额顺序计量：章→节→子目；按施工顺序：先施先算，后施后算；按顺时针方向计量：左右→上下→右左→下上，在平面图顺时针转圈计算。除上述工程量计算顺序的方法外，还可按工程量计算规范顺序计量，即附录在前先计算，附录在后后计算。

（二）统筹法

统筹法是指运用统筹法的基本原理，分析工程量计算中各分项工程量计算之间的固有规律和相互之间的依赖关系，根据"线"和"面"的运算规律，总结"三线、一面、一册"工程量计算统筹图，对施工过程即分项工程作出相应图解，合理安排工程量的计算程序，方便计算分项工程量，以达到节约时间，简化计算，提高工效，为及时、准确地编制工程预算提供科学数据的目的。

1. 统筹法的计算原理

统筹法计算的核心是"三线一面"，所谓 **"三线一面"是指外墙中心线（$L_{中}$）、外墙外边线（$L_{外}$）、内墙净长线（$L_{内}$）和底层建筑面积（$S_{底建面}$）**。统筹法计算的基本原理是：通过"三线一面"中具有共性的 4 个基数，分别连续用于多个相关分部分项工程量的计算，从而达到工程量快速、准确计算的目的。

统筹法简便、易用、易查，而且在计算工程量时可以重复使用已计算数据。统筹法计算工程量的基本要点是：统筹程序，合理安排；利用基数，连续计算；一次算出，多次使用；联系实际，灵活机动。可是，在实际工程计量中，要真正使用好统筹法，做到方便、快速、准确地计算出线、面、体的有关分项工程量也不易。可采用的统筹计算方法有分段计算法、分层计算法、增减计算法（补加计算法、补减计算法）。

知识巩固

例如，室内地面工程包括室内回填土、地面垫层和地面面层三道工序，按施工顺序或定额顺序等一般方法计算工程量与按统筹法计算工程量的对比，如图 5-4 所示。

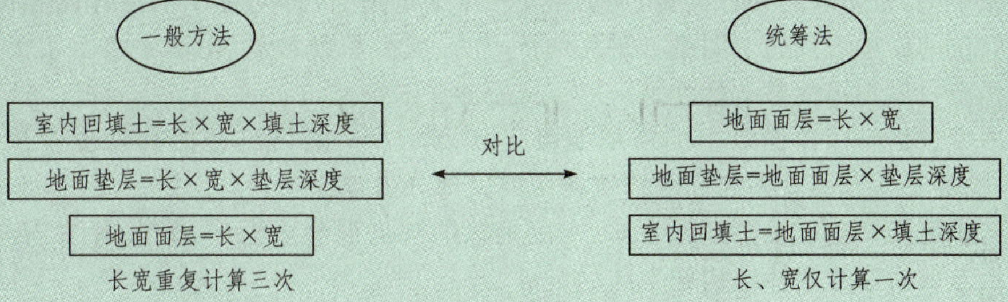

图 5-4　一般方法与统筹法计算工程量的对比

2. “三线、一面、一册”工程量计算统筹图

“三线、一面、一册”工程量计算统筹图中的“三线”“一面”含义同上文所述，“一册”是指汇编有大量数据和计算公式的《预算工作手册》。统筹图是基于统筹法计算工程量的原理和要点，由箭杆和节点组成，指示工程量计算顺序的程序图。**统筹图的主要程序线是指在“线”“面”基数上连续计算项目的线，次要程序线是指在分部分项项目上连续计算的线。**

统筹图作为一个程序图，贯穿三个基本原则：

(1)个性分别处理，共性合在一起。个性分别处理，就是把外墙中心线、内墙净长线、外墙外边线，与这些无关的楼地面面积，以及与线和面均无关的构配件和零星项目进行分别处理，归于不同的系统中。共性合在一起，就是将有关联的项目合在一起，归于同一系统中。

(2)先主后次，统筹安排。即用统筹法计算各分项工程量，要先算主要项目，后算次要项目，以达到连续计算的目的。如楼地面工程，先算面层，而相应的找平层等可照抄数据，其垫层工程量，则用面层乘以垫层厚度计算。

(3)独立项目单独处理。金属结构构件以及零星砌体、零星抹灰等，与墙长和楼地面面积无关的项目的工程量计算，均进行单独处理。

3. 统筹法计算工程量的程序

运用统筹法计算工程量时，应合理安排工程量的计算程序，一般采用的程序如下：

(1)熟悉施工图纸等相关资料。

(2)“三线一面”等基数的计算。

(3)基础工程量、外墙工程量、内墙工程量等分项工程量的计算。

(4)预制混凝土构件工程量、金属结构构件工程量、零星项目工程量等其他项目工程量的计算。

(5)将上述计算数据进行整理和汇总，并审查计算结果。

三、混凝土结构施工图平面整体表示方法制图规则（现浇混凝土框架、剪力墙、梁、板）★★★★★

《混凝土结构施工图平面整体表示方法制图规则和构造详图(现浇混凝土框架、剪力墙、梁、板)》是混凝土结构施工图采用建筑结构施工图平面整体表现方法简称“平法”的国家建筑标准设计图集。下面主要讲解平法制图规则。

（一）编制说明

平法的表达形式，概括来讲，是把结构构件的尺寸和配筋等信息，按照平面整体表示方法制图规则，直接表达在各类构件的结构平面布置图上，再与标准构造详图相配合，构成一套完整的结构设计施工图纸。平法的优点为：减少图纸数量（用图集表示了大量的标准结构详图）；实现平面整体标注。

该图集包括基础顶面以上的现浇混凝土柱、剪力墙、梁、板（包括有梁楼盖和无梁楼盖）等构件的平法制图规则和标准构造详图两大部分内容。

该图集适用于抗震设防烈度为6～9度地区的现浇混凝土框架、剪力墙、框架-剪力墙和部分框支剪力墙等主体结构施工图的设计。

（二）总则

按平法绘制结构施工图时，必须根据具体工程设计，按照各类构件的平法制图规则，在按结构（标准）层绘制的平面布置图上直接表示各构件的尺寸、配筋。结构施工图的编排，宜按基础、柱、剪力墙、梁、板、楼梯及其他构件的顺序排列。

在平面布置图上表示各构件尺寸和配筋的方式，分平面注写方式、列表注写方式和截面注写方式三种。

（三）柱平法施工图制图规则

1. 柱平法施工图的表示方法

柱平法施工图系在柱平面布置图上采用列表注写方式或截面注写方式表达。

2. 列表注写方式

列表注写方式，系在柱平面布置图上（一般只需采用适当比例绘制一张柱平面布置图，包括框架柱、转换柱、芯柱等），分别在同一编号的柱中选择一个（有时需要选择几个）截面标注几何参数代号，在柱表中注写柱编号、柱段起止标高、几何尺寸（含柱截面对轴线的定位情况）与配筋的具体数值，并配以柱截面形状及其箍筋类型的方式来表达柱平法施工图。

温馨提示

柱平法施工图中，框架柱、转换柱、芯柱、梁上柱、剪力墙上柱的标注代号分别为KZ、ZHZ、XZ、LZ、QZ。柱平法施工图列表注写方式示例如表5-1所示。

表5-1　柱平法施工图列表注写方式示例

柱号	标高/m	$b\times h$/(mm×mm)(圆柱直径D)	b_1/mm	b_2/mm	h_1/mm	h_2/mm	全部纵筋	b边一侧中部筋	h边一侧中部筋	箍筋类型号	箍筋	备注
KZ1	−4.530～−0.030	750×700	375	375	150	550	28Φ25			1(6×6)	ϕ10@100/200	—
	−0.030～19.470	750×700	375	375	150	550	24Φ25			1(5×4)	ϕ10@100/200	

注写箍筋类型编号及箍筋肢数，在箍筋类型栏内注写按相关规定的箍筋类型编号和箍筋肢数。箍筋肢数可有多种组合，应在表中注明具体的数值。

注写柱箍筋，包括钢筋种类、直径与间距。用斜线“/”区分柱端箍筋加密区与柱身非加密区长度范围内箍筋的不同间距。施工人员需根据标准构造详图的规定，在规定的几种长度值中取其最大者作为加密区长度。当框架节点核心区内箍筋与柱端箍筋设置不同时，应在括号中注明核心区箍筋直径及间距。

温馨提示

ϕ10@100/200，表示箍筋为 HPB300 钢筋，直径为 10 mm，加密区间距为 100 mm，非加密区间距为 200 mm。

ϕ10@100/200(ϕ12@100)，表示柱中箍筋为 HPB300 钢筋，直径为 10 mm，加密区间距为 100 mm，非加密区间距为 200 mm。框架节点核心区箍筋为 HPB300 级钢筋，直径为 12 mm，间距为 100 mm。

当箍筋沿柱全高为一种间距时，则不使用“/”线。

温馨提示

ϕ10@100，表示沿柱全高范围内箍筋均为 HPB300，钢筋直径为 10 mm，间距为 100 mm。

当圆柱采用螺旋箍筋时，需在箍筋前加“L”。

温馨提示

Lϕ10@100/200，表示采用螺旋箍筋，HPB300，钢筋直径为 10 mm，加密区间距为 100 mm，非加密区间距为 200 mm。

3. 截面注写方式

截面注写方式，系在柱平面布置图的柱截面上，分别在同一编号的柱中选择一个截面，以直接注写截面尺寸和配筋具体数值的方式来表达柱平法施工图。

当纵筋采用两种直径时，需再注写截面各边中部筋的具体数值(对于采用对称配筋的矩形截面柱，可仅在一侧注写中部筋，对称边省略不注)。采用截面注写方式表达的柱平法施工图示例如图 5-5 所示。

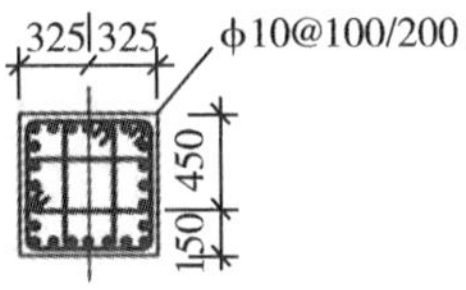

图 5-5　柱平法施工图截面注写方式示例

(四)剪力墙平法施工图制图规则

1. 剪力墙平法施工图的表示方法

剪力墙平法施工图系在剪力墙平面布置图上采用列表注写方式或截面注写方式表达。

剪力墙平面布置图可采用适当比例单独绘制，也可与柱或梁平面布置图合并绘制。当剪力墙较复杂或采用截面注写方式时，应按标准层分别绘制剪力墙平面布置图。

2. 列表注写方式

为表达清楚、简便，剪力墙可视为由剪力墙柱、剪力墙身和剪力墙梁三类构件构成。

列表注写方式，系分别在剪力墙柱表、剪力墙身表和剪力墙梁表中，对应于剪力墙平面布置图上的编号,用绘制截面配筋图并注写几何尺寸与配筋具体数值的方式,来表达剪力墙平法施工图。

编号规定:将剪力墙按剪力墙柱、剪力墙身、剪力墙梁(简称为墙柱、墙身、墙梁)三类构件分别编号。

(1)墙柱编号由墙柱类型代号和序号组成,表达形式应符合表5-2的规定。

表5-2 墙柱编号

墙柱类型	代号	序号
约束边缘构件	YBZ	××
构造边缘构件	GBZ	××
非边缘暗柱	AZ	××
扶壁柱	FBZ	××

(2)墙身编号,由墙身代号(Q)、序号以及墙身所配置的水平与竖向分布钢筋的排数组成,其中排数注写在括号内。表达形式为:Q××(××排)。

(3)墙梁编号,由墙梁类型代号和序号组成,表达形式应符合表5-3的规定。

表5-3 墙梁编号

墙梁类型	代号	序号
连梁	LL	××
连梁(跨高比不小于5)	LLk	××
连梁(对角暗撑配筋)	LL(JC)	××
连梁(对角斜筋配筋)	LL(JX)	××
连梁(集中对角斜筋配筋)	LL(DX)	××
暗梁	AL	××
边框梁	BKL	××

3.截面注写方式

截面注写方式,系在按标准层绘制的剪力墙平面布置图上,以直接在墙柱、墙身、墙梁上注写截面尺寸和配筋具体数值的方式表达剪力墙平法施工图。

选用适当比例原位放大绘制剪力墙平面布置图,其中对墙柱绘制配筋截面图;对所有墙柱、墙身、墙梁分别按图集规定进行编号,并分别在相同编号的墙柱、墙身、墙梁中选择一根墙柱、一道墙身、一根墙梁进行注写。

4.剪力墙洞口的表示方法

无论采用列表注写方式还是截面注写方式,剪力墙上的洞口均可在剪力墙平面布置图上原位表达。

洞口的具体表示方法:

(1)在剪力墙平面布置图上绘制洞口示意,并标注洞口中心的平面定位尺寸。

(2)在洞口中心位置引注:洞口编号、洞口几何尺寸、洞口所在层及洞口中心相对标高、洞口每边补强钢筋,共四项内容。具体规定如下。

①洞口编号:矩形洞口为JD××(××为序号),圆形洞口为YD××(××为序号)。

②洞口几何尺寸:矩形洞口为洞宽×洞高($b\times h$),圆形洞口为洞口直径D。

③洞口所在层及洞口中心相对标高，相对标高指相对于本结构层楼（地）面标高的洞口中心高度，应为正值。

④洞口每边补强钢筋，分以下几种不同情况：

a.当矩形洞口的洞宽、洞高均不大于 800 mm 时，此项注写为洞口每边补强钢筋的具体数值。当洞宽、洞高方向补强钢筋不一致时，分别注写沿洞宽方向、沿洞高方向补强钢筋，以“/”分隔。

知识巩固

(1)JD2 400×300 2～5 层：+1.000 3⌀14，表示 2～5 层设置 2 号矩形洞口，洞宽 400 mm、洞高 300 mm，洞口中心距结构层楼面 1 000 mm，洞口每边补强钢筋为3⌀14。

(2)JD4 800×300 6 层：+2.500 3⌀18/3⌀14，表示 6 层设置 4 号矩形洞口，洞宽 800 mm、洞高 300 mm，洞口中心距 6 层楼面 2 500 mm，沿洞宽方向每边补强钢筋为 3⌀18，沿洞高方向每边补强钢筋为 3⌀14。

b.当矩形或圆形洞口的洞宽或直径大于 800 mm 时，在洞口的上、下需设置补强暗梁，此项注写为洞口上、下每边暗梁的纵筋与箍筋的具体数值（在标准构造详图中，补强暗梁梁高一律定为 400 mm，施工时按标准构造详图取值，设计不注。当设计者采用与该构造详图不同的做法时，应另行注明），圆形洞口时尚需注明环向加强钢筋的具体数值；当洞口上、下边为剪力墙连梁时，此项免注；洞口竖向两侧设置边缘构件时，亦不在此项表达（当洞口两侧不设置边缘构件时，设计者应给出具体做法）。

温馨提示

(1)JD5 1 000×900 3 层：+1.400 6⌀20 ϕ8@150(2)，表示 3 层设置 5 号矩形洞口，洞宽 1 000 mm、洞高 900 mm，洞口中心距 3 层楼面 1 400 mm；洞口上下设补强暗梁；暗梁纵筋为 6⌀20，上、下排对称布置；箍筋为 ϕ8@150，双肢箍。

(2)YD5 1 000 2～6 层：+1.800 6⌀20 ϕ8@150(2) 2⌀16，表示 2～6 层设置 5 号圆形洞口，直径为 1 000 mm，洞口中心距结构层楼面 1 800 mm；洞口上下设补强暗梁；暗梁纵筋为 6⌀20，上、下排对称布置；箍筋为 ϕ8@150，双肢箍；环向加强钢筋 2⌀16。

c.当圆形洞口设置在连梁中部 1/3 范围（且圆洞直径不应大于 1/3 梁高）时，需注写在圆洞上下水平设置的每边补强纵筋与箍筋。

d.当圆形洞口直径大于 300 mm，但不大于 800 mm 时，此项注写为洞口上下左右每边布置的补强纵筋的具体数值，以及环向加强钢筋的具体数值。

温馨提示

注意矩形(圆形)洞口设置补强钢筋与补强暗梁的界限。

5.地下室外墙的表示方法

地下室外墙编号，由墙身代号、序号组成。表达为 DWQ××。

地下室外墙平面注写方式，包括集中标注墙体编号、厚度、贯通钢筋、拉结筋等和原位标注附加非贯通钢筋等两部分内容，当仅设置贯通钢筋，未设置附加非贯通钢筋时，则仅做集中标注。

地下室外墙的集中标注，规定如下：

(1)注写地下室外墙编号，包括代号、序号、墙身长度(注为××～××轴)。

(2)注写地下室外墙厚度 b_w=×××。

(3)注写地下室外墙的外侧、内侧贯通钢筋和拉结筋。

温馨提示

地下室外墙以 OS 代表外墙外侧贯通钢筋；以 IS 代表外墙内侧贯通钢筋；以 tb 打头注写拉结筋直径、钢筋种类及间距，并注明“矩形”或“梅花”。

地下室外墙的原位标注，主要表示在外墙外侧配置的水平非贯通钢筋或竖向非贯通钢筋。

(五)梁平法施工图制图规则

1. 梁平法施工图的表示方法

梁平法施工图系在梁平面布置图上采用平面注写方式或截面注写方式表达。

2. 平面注写方式

平面注写方式，系在梁平面布置图上，分别在不同编号的梁中各选一根梁，用在其上注写截面尺寸和配筋具体数值的方式来表达梁平法施工图。

平面注写包括集中标注与原位标注。集中标注表达梁的通用数值，原位标注表达梁的特殊数值。当集中标注中的某项数值不适用于梁的某部位时，则将该项数值原位标注，施工时，原位标注取值优先(如图 5-6 所示)。

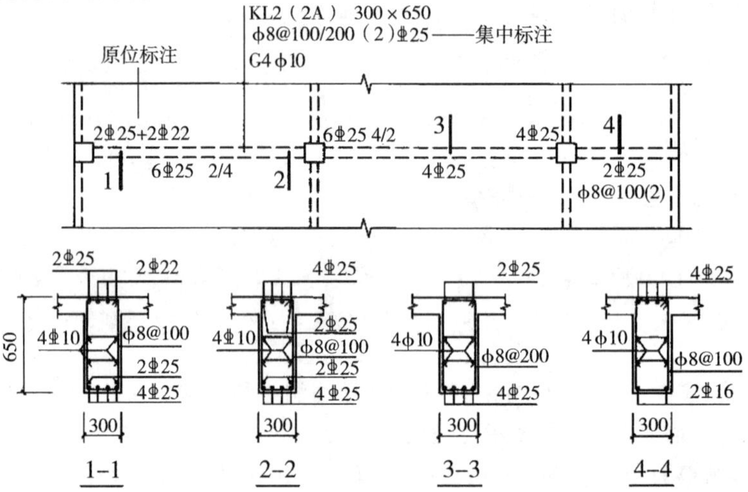

图 5-6 平面注写方式示例

梁编号由梁类型代号、序号、跨数及有无悬挑代号几项组成，并应符合表 5-4 的规定。

表 5-4 梁编号

梁类型	代号	序号	跨数及是否带有悬挑
楼层框架梁	KL	××	(××)、(××A)或(××B)
楼层框架扁梁	KBL	××	(××)、(××A)或(××B)
屋面框架梁	WKL	××	(××)、(××A)或(××B)
框支梁	KZL	××	(××)、(××A)或(××B)

（续表）

梁类型	代号	序号	跨数及是否带有悬挑
托柱转换梁	TZL	××	(××)、(××A)或(××B)
非框架梁	L	××	(××)、(××A)或(××B)
悬挑梁	XL	××	(××)、(××A)或(××B)
井字梁	JZL	××	(××)、(××A)或(××B)

注：a. (××A)为一端有悬挑，(××B)为两端有悬挑，悬挑不计入跨数。

b. 楼层框架扁梁节点核心区代号为 KBH。

c. 非框架梁 L、井字梁 JZL 表示端支座为铰接；当非框架梁 L、井字梁 JZL 端支座上部纵筋为充分利用钢筋的抗拉强度时，在梁代号后加“g”。

d. 当非框架梁 L 按受扭设计时，在梁代号后加“N”。

知识巩固

KL1(3A)表示第 1 号框架梁，3 跨，一端有悬挑。

梁集中标注的内容，有五项必注值及一项选注值（集中标注可以从梁的任意一跨引出），规定如下：

(1)梁编号，该项为必注值。其中，对井字梁编号中关于跨数应符合相关规定。

(2)梁截面尺寸，该项为必注值。当为等截面梁时，用 $b\times h$ 表示；当为竖向加腋梁时，用 $b\times h$ Y$c_1\times c_2$表示，其中 c_1 为腋长，c_2 为腋高（如图 5-7 所示）；当为水平加腋梁时，一侧加腋时用 $b\times h$ PY$c_1\times c_2$表示，其中 c_1 为腋长，c_2 为腋宽，加腋部位应在平面图中绘制（如图 5-8 所示）；当有悬挑梁且根部和端部的高度不同时，用斜线分隔根部与端部的高度值，即为 $b\times h_1/h_2$（如图 5-9 所示）。

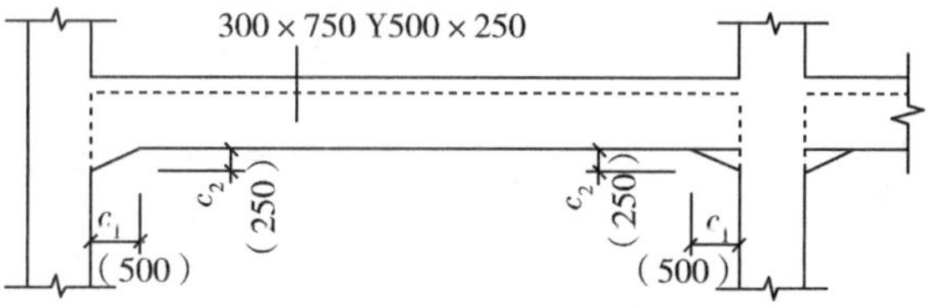

图 5-7 竖向加腋截面注写示意

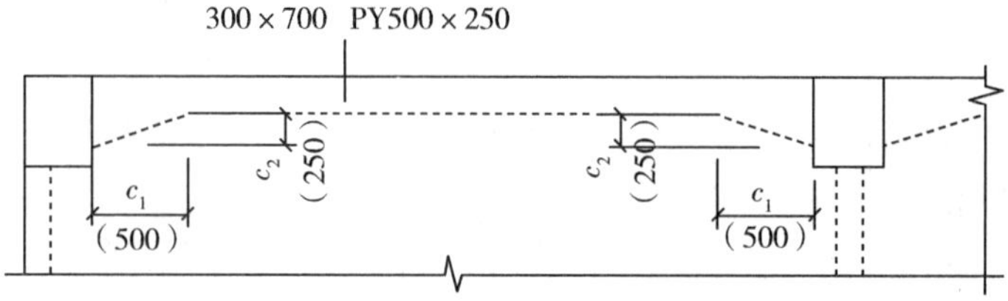

图 5-8 水平加腋截面注写示意

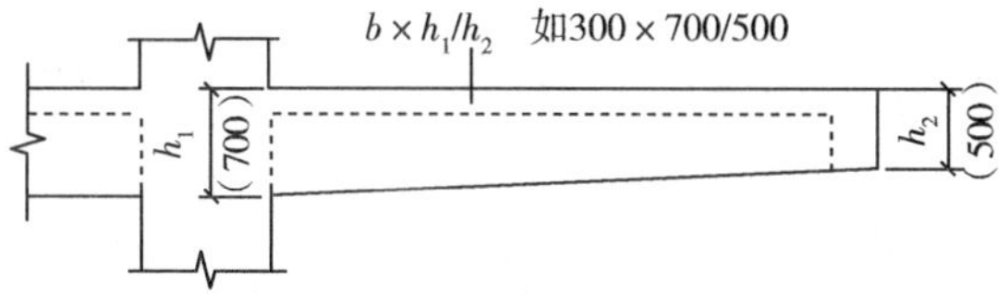

图 5-9 悬挑梁不等高截面注写示意

(3)梁箍筋，包括钢筋种类、直径、加密区与非加密区间距及肢数，该项为必注值。箍筋加密区与非加密区的不同间距及肢数需用斜线“/”分隔；当梁箍筋为同一种间距及肢数时，则不需用斜线；当加密区与非加密区的箍筋肢数相同时，则将肢数注写一次；箍筋肢数应写在括号内。加密区范围见相应抗震等级的标准构造详图。

知识巩固

ϕ8@150/200(4)，表示箍筋为 HPB300 钢筋，直径为 8 mm，加密区间距为 150 mm，非加密区间距为 200 mm，均为四肢箍。

非框架梁、悬挑梁、井字梁采用不同的箍筋间距及肢数时，也用斜线“/”将其分隔开来。注写时，先注写梁支座端部的箍筋（包括箍筋的箍数、钢筋种类、直径、间距与肢数），在斜线后注写梁跨中部分的箍筋间距及肢数。

(4)梁上部通长筋或架立筋配置（通长筋可为相同或不同直径采用搭接连接、机械连接或焊接的钢筋），该项为必注值。所注规格与根数应根据结构受力要求与箍筋肢数等构造要求而定。当同排纵筋中既有通长筋又有架立筋时，应用加号“+”将通长筋和架立筋相联。注写时需将角部纵筋写在加号的前面，架立筋写在加号后面的括号内，以示不同直径及与通长筋的区别。当全部采用架立筋时，则将其写入括号内。

知识巩固

2Φ22 用于双肢箍；2Φ22+(4ϕ12)用于六肢箍，其中 2Φ22 为通长筋，4ϕ12 为架立筋。

当梁的上部纵向钢筋和下部纵向钢筋为全跨相同，且多数跨配筋相同时，此项可加注下部纵筋的配筋值，用分号“;”将上部与下部纵筋的配筋值分隔开来，少数跨不同者，按相关规定处理。

知识巩固

3Φ22;3Φ20 表示梁的上部配置 3Φ22 的通长筋，梁的下部配置 3Φ20 的通长筋。

(5)梁侧面纵向构造钢筋或受扭钢筋配置，该项为必注值。当梁腹板高度 $h_w \geq 450$ mm 时（如图 5-10 所示），需配置纵向构造钢筋，所注规格与根数应符合规范规定。此项注写值以大写字母 G 打头，接续注写设置在梁两个侧面的总配筋值，且对称配置。

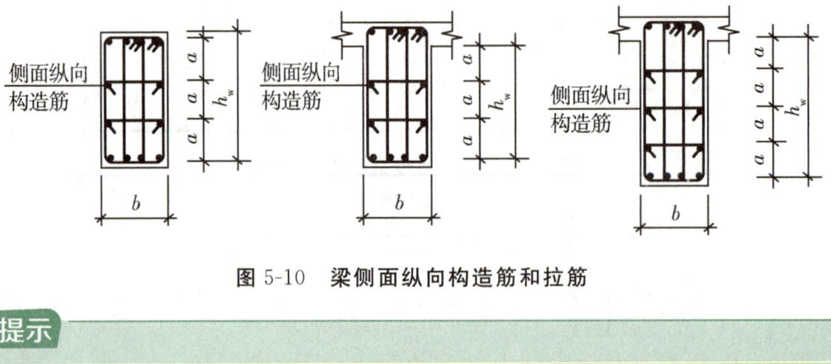

图 5-10　梁侧面纵向构造筋和拉筋

温馨提示

G4ϕ10，表示梁的两个侧面共配置 4ϕ10 的纵向构造钢筋，每侧各配置 2ϕ10。

当梁侧面需配置受扭纵向钢筋时，此项注写值以大写字母 N 打头，接续注写配置在梁两个侧面的总配筋值，且对称配置。受扭纵向钢筋应满足梁侧面纵向构造钢筋的间距要求，且不再重复配置纵向构造钢筋。

温馨提示

N6 ⌀25，表示梁的两个侧面共配置 6 ⌀25 的受扭纵向钢筋，每侧各配置 3 ⌀25。

(6)梁顶面标高高差，该项为选注值。梁顶面标高高差，系指相对于结构层楼面标高的高差值。对于位于结构夹层的梁，则指相对于结构夹层楼面标高的高差。有高差时，需将其写入括号内，无高差时不注。

温馨提示

例如，某结构标准层的楼面标高分别为 44.950 m 和 48.250 m，当这两个标准层中某梁的梁顶面标高高差注写为(－0.100)时，即表明该梁顶面标高分别相对于 44.950 m和 48.250 m 低 0.100 m。

梁原位标注的内容规定如下：

(1)梁支座上部纵筋，该部位含通长筋在内的所有纵筋。

①当上部纵筋多于一排时，用斜线"/"将各排纵筋自上而下分开。

②当同排纵筋有两种直径时，用加号"＋"将两种直径的纵筋相联，注写时将角部纵筋写在前面。

③当梁中间支座两边的上部纵筋不同时，需在支座两边分别标注；当梁中间支座两边的上部纵筋相同时，可仅在支座的一边标注配筋值，另一边省去不注(如图 5-11 所示)。

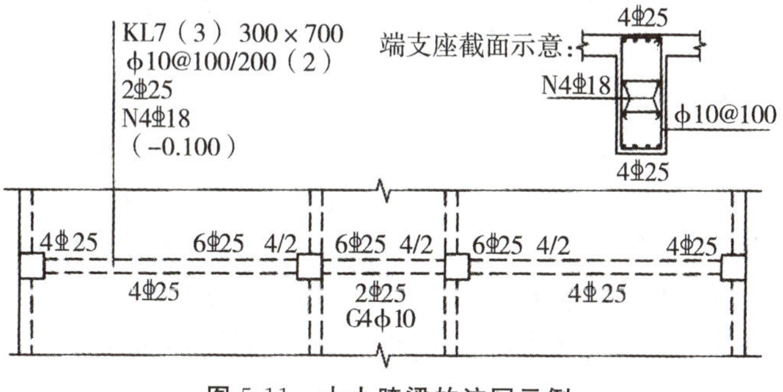

图 5-11　大小跨梁的注写示例

④对于端部带悬挑的梁，其上部纵筋注写在悬挑梁根部支座部位。当支座两边的上部纵筋相同时，可仅在支座的一边标注配筋值。

知识巩固

a. 梁支座上部纵筋注写为 6 ⌀25 4/2，则表示上一排纵筋为 4 ⌀25，下一排纵筋为 2 ⌀25。

b. 梁支座上部有 4 根纵筋，2 ⌀25 放在角部，2 ⌀22 放在中部，在梁支座上部应注写为 2 ⌀25＋2 ⌀22。

(2)梁下部纵筋。

①当下部纵筋多于一排时，用斜线"/"将各排纵筋自上而下分开。

②当同排纵筋有两种直径时，用加号"＋"将两种直径的纵筋相联，注写时角筋写在前面。

③当梁下部纵筋不全部伸入支座时，将不伸入梁支座的下部纵筋数量写在括号内。

④当梁的集中标注中已按规定分别注写了梁上部和下部均为通长的纵筋值时，则不需在梁下部重复做原位标注。

知识巩固

a. 梁下部纵筋注写为 6⌀25 2(−2)/4，则表示上排纵筋为 2⌀25，且不伸入支座；下排纵筋为 4⌀25，全部伸入支座。

b. 梁下部纵筋注写为 2⌀25+3⌀22(−3)/5⌀25，表示上排纵筋为 2⌀25 和 3⌀22，其中 3⌀22 不伸入支座；下排纵筋为 5⌀25，全部伸入支座。

(3)当在梁上集中标注的内容（即梁截面尺寸、箍筋、上部通长筋或架立筋，梁侧面纵向构造钢筋或受扭纵向钢筋及梁顶面标高高差中的某一项或几项数值）不适用于某跨或某悬挑部分时，则将其不同数值原位标注在该跨或该悬挑部位，施工时应按原位标注数值取用。

当在多跨梁的集中标注中已注明加腋，而该梁某跨的根部却不需要加腋时，则应在该跨原位标注等截面的 $b\times h$，以修正集中标注中的加腋信息（如图 5-12 所示）。

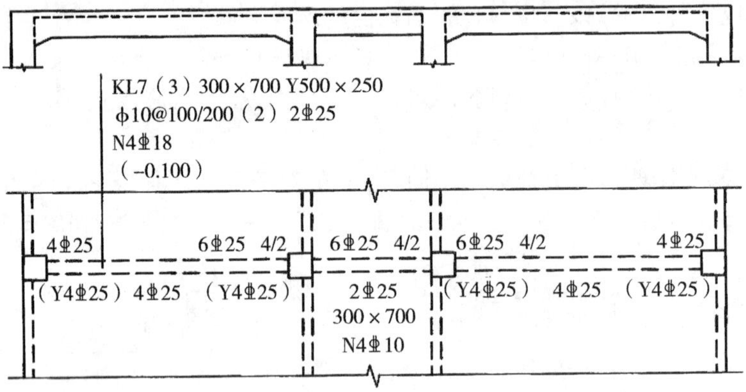

图 5-12　梁竖向加腋平面注写方式表达示例

(4)附加箍筋或吊筋，将其直接画在平面布置图中的主梁上，用线引注总配筋值。对于附加箍筋，设计尚应注明附加箍筋的肢数，箍筋肢数注在括号内（如图 5-13 所示）。当多数附加箍筋或吊筋相同时，可在梁平法施工图上统一注明，少数与统一注明值不同时，再原位引注。

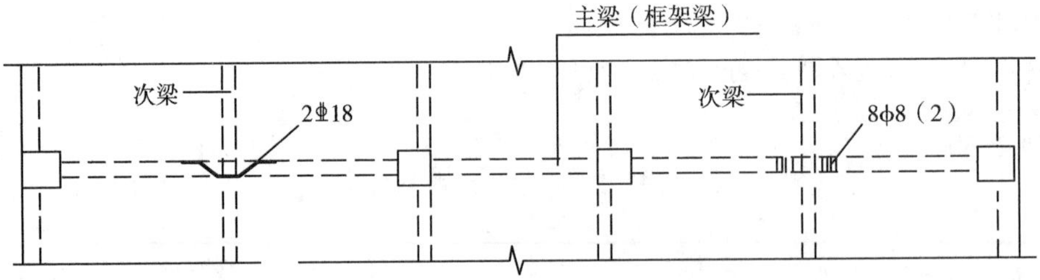

图 5-13　附加箍筋和吊筋的画法示意

(5)代号为 L 的非框架梁，当某一端支座上部纵筋为充分利用钢筋的抗拉强度时；对于一端与框架柱相连、另一端与梁相连的梁（代号为 KL），当其与梁相连的支座上部纵筋为充分利用钢筋的抗拉强度时，在梁平面布置图上原位标注，以符合“g”表示（如图 5-14 所示）。

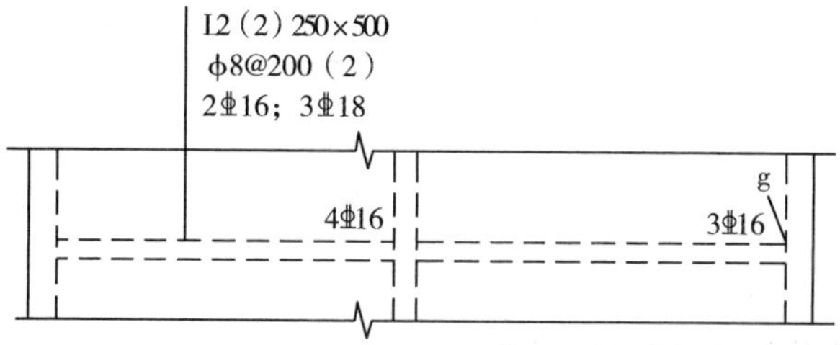

图 5-14 梁一端采用充分利用钢筋抗拉强度方式的注写示例

框架扁梁注写规则同框架梁，对于上部纵筋和下部纵筋，尚需注明未穿过柱截面的梁纵向受力钢筋的根数（如图 5-15 所示）。

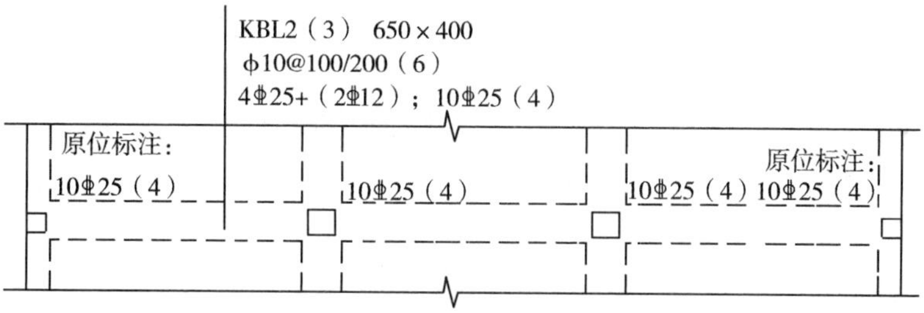

图 5-15 框架扁梁平面注写方式示例

3. 截面注写方式

截面注写方式，系在分标准层绘制的梁平面布置图上，分别在不同编号的梁中各选择一根梁用剖面号引出配筋图，并在其上注写截面尺寸和配筋具体数值的方式来表达梁平法施工图。

在截面配筋详图上注写截面尺寸 $b \times h$、上部筋、下部筋、侧面构造筋或受扭筋以及箍筋的具体数值时，其表达形式与平面注写方式相同。

截面注写方式既可以单独使用，也可与平面注写方式结合使用。

（六）有梁楼盖平法施工图制图规则

1. 有梁楼盖平法施工图的表示方法

有梁楼盖平法施工图，系在楼面板和屋面板布置图上，采用平面注写的表达方式。板平面注写主要包括板块集中标注和板支座原位标注。

为方便设计表达和施工识图，规定结构平面的坐标方向为：

(1)当两向轴网正交布置时，图面从左至右为 x 向，从下至上为 y 向。

(2)当轴网转折时，局部坐标方向顺轴网转折角度做相应转折。

(3)当轴网向心布置时，切向为 x 向，径向为 y 向。

此外，对于平面布置比较复杂的区域，如轴网转折交界区域、向心布置的核心区域等，其平面坐标方向应由设计者另行规定并在图上明确表示。

2. 板块集中标注

板块集中标注的内容：板块编号，板厚，上部贯通纵筋，下部纵筋以及当板面标高不同时的标高高差。

对于普通楼面，两向均以一跨为一板块；对于密肋楼盖，两向主梁（框架梁）均以一跨为一板块（非主梁密肋不计）。所有板块应逐一编号，相同编号的板块可择其一做集中标注，其他仅注写置于圆圈内的板编号，以及当板面标高不同时的标高高差。

板块编号按表 5-5 的规定。

表 5-5　板块编号

板类型	代号	序号
楼面板	LB	××
屋面板	WB	××
悬挑板	XB	××

板厚注写为 h=×××（为垂直于板面的厚度）；当悬挑板的端部改变截面厚度时，用斜线分隔根部与端部的高度值，注写为 h=×××/×××；当设计已在图注中统一注明板厚时，此项可不注。

纵筋按板块的下部纵筋和上部贯通纵筋分别注写（当板块上部不设贯通纵筋时则不注），并以 B 代表下部纵筋，以 T 代表上部贯通纵筋，B&T 代表下部与上部；x 向纵筋以 X 打头，y 向纵筋以 Y 打头，两向纵筋配置相同时则以 X&Y 打头。

当纵筋采用两种规格钢筋"隔一布一"方式时，表达为，xx/yy@×××，表示直径为 xx 的钢筋和直径为 yy 的钢筋间距相同，两者结合后的实际间距为×××，直径 xx 的钢筋的间距为×××的 2 倍，直径 yy 的钢筋的间距为×××的 2 倍。

温馨提示

注意区分板的下部纵筋和上部贯通纵筋的注写。

温馨提示

(1)有一楼面板块注写为：LB5 h=110 B：X⌀12@125；Y⌀10@110，表示 5 号楼面板，板厚 110 mm，板下部配置的纵筋 x 向为⌀12@125，y 向为⌀10@110；板上部未配置贯通纵筋。

(2)有一楼面板块注写为：LB5 h=110 B：X⌀10/12@100；Y⌀10@110，表示 5 号楼面板，板厚 110 mm，板下部配置的纵筋 x 向为⌀10、⌀12 隔一布一，⌀10 和⌀12 之间间距为 100 mm，y 向为⌀10@110；板上部未配置贯通纵筋。

(3)有一悬挑板注写为：XB2h=150/100　B：Xc&Yc⌀8@200，表示 2 号悬挑板，板根部厚 150 mm，端部厚 100 mm，板下部配置构造钢筋双向均为⌀8@200（上部受力钢筋见板支座原位标注）。

同一编号板块的类型、板厚和贯通纵筋均应相同，但板面标高、跨度、平面形状以及板支座上部非贯通纵筋可以不同，如同一编号板块的平面形状可为矩形、多边形及其他形状等。施工预算时，应根据其实际平面形状，分别计算各块板的混凝土与钢材用量。

考题探究

【单选题】有梁楼盖平法施工图中标注的"XB2 h=120/80 B：Xc⌀8@150；Yc⌀@200；T：X⌀8@150"，下列选项中，理解正确的是（　　）。

A."XB2 h"表示"2 块楼面板"

B."Xc⌀8@150"表示"板下部配 x 向构造筋⌀8@150"

C."Yc⌀8@200"表示"板上部配构造筋⌀8@200"

D."T：X⌀8@150"表示"竖向和 x 向配贯通纵筋⌀8@150"

【细说考点】本题主要考查梁楼盖平法施工图的标注。应熟记并理解各部分内容表示的含义。“XB2 h=120/80 B:Xc⏀8@150;Yc⏀@200;T:X⏀8@150”分别表示2号悬挑板、板根部厚120 mm、端部厚80 mm、板下部配 x 向构造筋⏀8@150、板下部配 y 向构造筋⏀8@200、板上部配 x 向贯通纵筋⏀8@150。本题选B。

3. 板支座原位标注

板支座原位标注的内容:板支座上部非贯通纵筋和悬挑板上部受力钢筋。

板支座原位标注的钢筋,应在配置相同跨的第一跨表达(当在梁悬挑部位单独配置时则在原位表达)。在配置相同跨的第一跨(或梁悬挑部位),垂直于板支座(梁或墙)绘制一段适宜长度的中粗实线(当该筋通长设置在悬挑板或短跨板上部时,实线段应画至对边或贯通短跨),以该线段代表支座上部非贯通纵筋,并在线段上方注写钢筋编号(如①②等)、配筋值、横向连续布置的跨数(注写在括号内,当为一跨时可不注),以及是否横向布置到梁的悬挑端。

板支座上部非贯通纵筋自支座边线向跨内的伸出长度,注写在线段的下方位置。

当中间支座上部非贯通纵筋向支座两侧对称伸出时,可仅在支座一侧线段下方标注伸出长度,另一侧不注,如图5-16所示。

当向支座两侧非对称伸出时,应分别在支座两侧线段下方注写伸出长度,如图5-17所示。

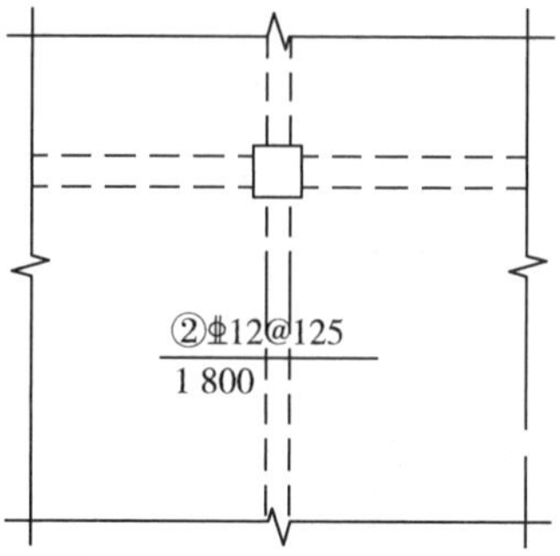

图5-16 板支座上部非贯通纵筋对称伸出

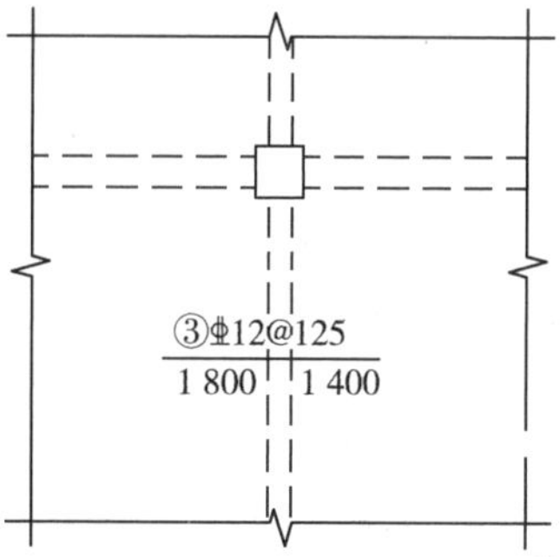

图5-17 板支座上部非贯通纵筋非对称伸出

知识巩固

图5-16表示板支座上部每侧配置⏀12@125的非贯通纵筋,两侧对称,伸出长度均为1 800 mm。图5-17表示板支座上部每侧配置⏀12@125的非贯通纵筋,两侧非对称,左侧伸出长度为1 800 mm,右侧伸出长度为1 400 mm。

当板的上部已配置有贯通纵筋,但需增配板支座上部非贯通纵筋时,应结合已配置的同向贯通纵筋的直径与间距采取“隔一布一”方式配置。“隔一布一”方式,为非贯通纵筋的标注间距与贯通纵筋相同,两者组合后的实际间距为各自标注间距的1/2。

(七)无梁楼盖平法施工图制图规则

1. 无梁楼盖平法施工图的表示方法

无梁楼盖平法施工图,系在楼面板和屋面板布置图上,采用平面注写的表达方式。

板平面注写主要有板带集中标注、板带支座原位标注两部分内容。

2. 板带集中标注

集中标注应在板带贯通纵筋配置相同跨的第一跨(x 向为左端跨,y 向为下端跨)注写。相同编号的板带可择其一做集中标注,其他仅注写板带编号。

板带集中标注的具体内容为:板带编号、板带厚、板带宽和贯通纵筋。

板带编号按表 5-6 的规定。

表 5-6 板带编号

板带类型	代号	序号	跨数及有无悬挑
柱上板带	ZSB	××	(××)(××A)或(××B)
跨中板带	KZB	××	(××)(××A)或(××B)

注:a. 跨数按柱网轴线计算(两相邻柱轴线之间为一跨)。

b.(××A)为一端有悬挑,(××B)为两端有悬挑,悬挑不计入跨数。

当局部区域的板面标高与整体不同时,应在无梁楼盖的板平法施工图上注明板面标高高差及分布范围。

3. 板带支座原位标注

板带支座原位标注的具体内容为:板带支座上部非贯通筋。

以一段与板带同向的中粗实线段代表板带支座上部非贯通纵筋;对柱上板带,实线段贯穿柱上区域绘制;对跨中板带,实线段横贯柱网轴线绘制。在线段上注写钢筋编号(如①②等)、配筋值及在线段的下方注写自支座中线向两侧跨内的伸出长度。

当板带支座非贯通纵筋自支座中线向两侧对称伸出时,其伸出长度可仅在一侧标注;当配置在有悬挑端的边柱上时,该筋伸出到悬挑尽端,设计不注。当支座上部非贯通纵筋呈放射分布时,设计者应注明配筋间距的定位位置。

不同部位的板带支座上部非贯通纵筋相同者,可仅在一个部位注写,其余则在代表非贯通纵筋的线段上注写编号。

4. 暗梁的表示方法

暗梁平面注写包括暗梁集中标注、暗梁支座原位标注两部分内容。施工图中在柱轴线处画中粗虚线表示暗梁。

暗梁集中标注包括暗梁编号、暗梁截面尺寸(箍筋外皮宽度×板厚)、暗梁箍筋、暗梁上部通长筋或架立筋四部分内容。暗梁编号按表 5-7 的规定。

表 5-7 暗梁编号

构件类型	代号	序号	跨数及有无悬挑
暗梁	AL	××	(××)(××A)或(××B)

注:a. 跨数按柱网轴线计算(两相邻柱轴线之间为一跨)。

b.(××A)为一端有悬挑,(××B)为两端有悬挑,悬挑不计入跨数。

暗梁支座原位标注包括梁支座上部纵筋、梁下部纵筋。当在暗梁上集中标注的内容不适用于某跨或某悬挑端时,则将其不同数值标注在该跨或该悬挑端,施工时按原位注写取值。

四、混凝土结构施工图平面整体表示方法制图规则(现浇混凝土板式楼梯)★★

《混凝土结构施工图平面整体表示方法制图规则和构造详图(现浇混凝土板式楼梯)》是现浇混凝土板式楼梯施工图采用建筑结构施工图平面整体表示方法(简称“平法”)的国家建筑标准设计图集。下面主要讲解平法制图规则。

(一)编制说明

平法的表达形式,概括来讲是把结构构件的尺寸和配筋等信息,按照平面整体表示方法制图规则,直接表达在各类构件的结构平面布置图上,再与标准构造详图相结合,构成一套完整的结构设计。

该图集适用于抗震设防烈度为6～9度地区的现浇钢筋混凝土板式楼梯结构施工图的设计。

(二)总则

梯板的平法注写方式包括平面注写、剖面注写和列表注写三种。

按平法绘制结构施工图时,应当用表格或其他方式注明包括地下和地上各层的结构层楼(地)面标高、结构层高及相应的结构层号。

(三)现浇混凝土板式楼梯平法施工图制图规则

1. 现浇混凝土板式楼梯平法施工图的表示方法

现浇混凝土板式楼梯平法施工图有平面注写、剖面注写和列表注写三种表达方式。

楼梯平面布置图,应采用适当比例集中绘制,需要时绘制其剖面图。

2. 楼梯类型

楼梯包含14种类型,如表5-8所示。

表5-8 楼梯类型

梯板代号	适用范围		是否参与结构整体抗震计算
	抗震构造措施	适用结构	
AT	无	剪力墙、砌体结构	不参与
BT			
CT	无	剪力墙、砌体结构	不参与
DT			
ET	无	剪力墙、砌体结构	不参与
FT			
GT	无	剪力墙、砌体结构	不参与
ATa	有	框架结构、框剪结构中框架部分	不参与
ATb			不参与
ATc			参与
BTb	有	框架结构、框剪结构中框架部分	不参与
CTa	有	框架结构、框剪结构中框架部分	不参与
CTb			
DTb	有	框架结构、框剪结构中框架部分	不参与

楼梯注写:楼梯编号由梯板代号和序号组成,如AT××、BT××、ATa××等。

3. 平面注写方式

平面注写方式,系在楼梯平面布置图上注写截面尺寸和配筋具体数值的方式来表达楼梯施工图。包括集中标注和外围标注。

楼梯集中标注的内容有五项,具体规定如下:

(1)梯板类型代号与序号,如AT××。

(2)梯板厚度,注写为 $h=×××$。当为带平板的梯板且踏步段板厚度和平板厚度不同时，可在梯板厚度后面括号内以字母 P 打头注写平板厚度。

（3）踏步段总高度和踏步级数，之间以“/”分隔。

（4）梯板上部纵向钢筋（纵筋）、下部纵向钢筋（纵筋），之间以“；”分隔。

（5）梯板分布筋，以 F 打头注写分布钢筋具体值，该项也可在图中统一说明。

知识巩固

h=130(P150)，130 表示梯段板厚度，150 表示梯板平板段的厚度。

平面图中梯板类型及配筋的完整标注示例如下（AT 型）：

AT1，h=120	梯板类型及编号，梯板板厚
1 800/12	踏步段总高度/踏步级数
⏀10@200；⏀12@150	上部纵筋；下部纵筋
Fϕ8@250	梯板分布筋（可统一说明）

对于 ATc 型楼梯，集中标注中尚应注明梯板两侧边缘构件纵向钢筋及箍筋。

楼梯外围标注的内容，包括楼梯间的平面尺寸、楼层结构标高、层间结构标高、楼梯的上下方向、梯板的平面几何尺寸、平台板配筋、梯梁及梯柱配筋等。

4. 剖面注写方式

剖面注写方式需在楼梯平法施工图中绘制楼梯平面布置图和楼梯剖面图，注写方式包含平面图注写和剖面图注写两部分。

楼梯平面布置图注写内容，包括楼梯间的平面尺寸、楼层结构标高、层间结构标高、楼梯的上下方向、梯板的平面几何尺寸、梯板类型及编号、平台板配筋、梯梁及梯柱配筋等。

楼梯剖面图注写内容，包括梯板集中标注、梯梁梯柱编号、梯板水平及竖向尺寸、楼层结构标高、层间结构标高等。

梯板集中标注的内容有四项，具体规定如下：

（1）梯板类型及编号，如 AT××。

（2）梯板厚度，注写为 h=×××。当梯板由踏步段和平板构成，且梯板踏步段厚度和平板厚度不同时，可在梯板厚度后面括号内以字母 P 打头注写平板厚度。

（3）梯板配筋。注明梯板上部纵筋和梯板下部纵筋，用分号“；”将上部与下部纵筋的配筋值分隔开来。

（4）梯板分布筋，以 F 打头注写分布钢筋具体值，该项也可在图中统一说明。

知识巩固

剖面图中梯板配筋完整的标注如下（AT）：

AT1，h=120	梯板类型及编号，梯板板厚
⏀10@200；⏀12@150	上部纵筋；下部纵筋
Fϕ8@250	梯板分布筋（可统一说明）

对于 ATc 型楼梯，集中标注中尚应注明梯板两侧边缘构件纵向钢筋及箍筋。

5. 列表注写方式

列表注写方式，系用列表方式注写梯板截面尺寸和配筋具体数值的方式来表达楼梯施工图。

列表注写方式的具体要求同剖面注写方式，仅将剖面注写方式中的梯板配筋注写项改为列表注写项即可。

6. 其他

按平法绘制楼梯施工图时，与楼梯相关的平台板、梯梁和梯柱的注写编号由类型代号和序号组成。平台板代号为 PTB，梯梁代号为 TL，梯柱代号为 TZ。

楼层平台梁板配筋可绘制在楼梯平面图中，也可在各层梁板配筋图中绘制；层间平台梁板配筋在楼梯平面图中绘制。楼层平台板可与该层的现浇楼板整体设计。

五、混凝土结构施工图平面整体表示方法制图规则（独立基础）

《混凝土结构施工图平面整体表示方法制图规则和构造详图（独立基础、条形基础、筏形基础、桩基础）》是混凝土结构施工图采用建筑结构施工图平面整体表示方法（简称“平法”）的国家建筑标准设计图集。下面主要讲解平法制图规则。

（一）编制说明

平法的表达形式，概括来讲，是把结构构件的尺寸和配筋等信息，按照平面整体表示方法制图规则，直接表达在各类构件的结构平面布置图上，再与标准构造详图相结合，构成一套完整的结构设计施工图纸。

该图集适用于现浇混凝土独立基础、条形基础、筏形基础（分为梁板式和平板式）及桩基础施工图的设计。

（二）总则

按平法绘制的现浇混凝土的独立基础、条形基础、筏形基础及桩基础施工图，以平面注写方式为主、截面注写方式为辅表达各类构件的尺寸和配筋。

（三）独立基础平法施工图制图规则

1. 独立基础平法施工图的表示方法

独立基础平法施工图，有平面注写、截面注写和列表注写三种表达方式，设计者可根据具体工程情况选择一种，或将两种方式相结合进行独立基础的施工图设计。

2. 独立基础编号

各种独立基础编号按表 5-9 的规定。

表 5-9 独立基础编号

类型	基础底板截面形状	代号	序号
普通独立基础	阶形	DJj	××
	锥形	DJz	××
杯口独立基础	阶形	BJj	××
	锥形	BJz	××

3. 独立基础的平面注写方式

独立基础的平面注写方式，分为集中标注和原位标注两部分内容。

普通独立基础和杯口独立基础的集中标注，系在基础平面图上集中引注：基础编号、截面竖向尺寸、配筋三项必注内容，以及基础底面标高（与基础底面基准标高不同时）和必要的文字注解两项选注内容。素混凝土普通独立基础的集中标注，除无基础配筋内容外均与钢筋混凝土普通独立基础相同。

独立基础集中标注的具体内容规定如下：

（1）注写独立基础编号（必注内容），编号由代号和序号组成，应符合表 5-10 的规定。

(2)注写独立基础截面竖向尺寸(必注内容)。下面以普通独立基础和杯口独立基础为例分别进行说明。

①普通独立基础。注写 $h_1/h_2/\cdots\cdots$，具体标注为：

a. 当基础为阶形截面时，如图 5-18 所示，该图为三阶；当为更多阶时，各阶尺寸自下而上用“/”分隔顺写。当基础为单阶时，其竖向尺寸仅为一个，即为基础总高度，如图 5-19 所示。

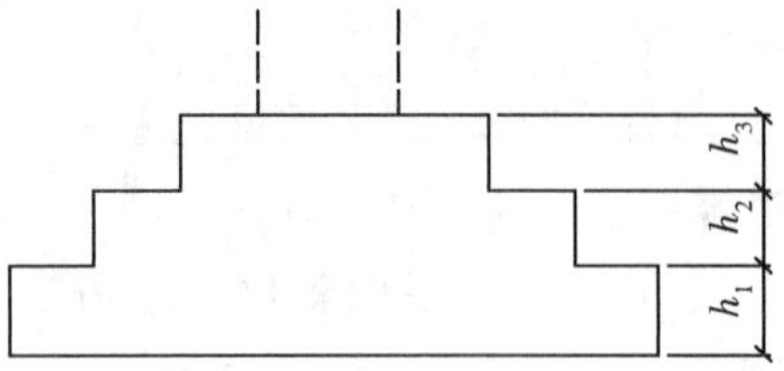

图 5-18　阶形截面普通独立基础竖向尺寸

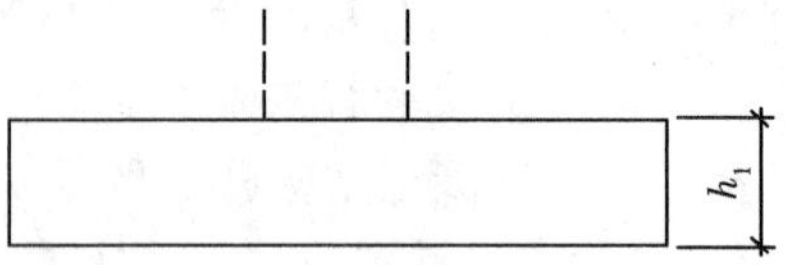

图 5-19　单阶普通独立基础竖向尺寸

b. 当基础为锥形截面时，注写为 h_1/h_2，如图 5-20 所示。

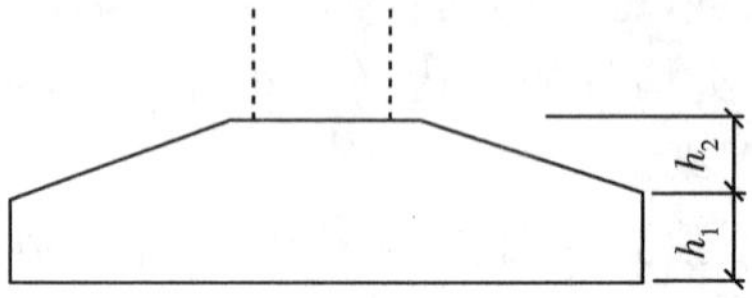

图 5-20　锥形截面普通独立基础竖向尺寸

②杯口独立基础。

a. 当基础为阶形截面时，其竖向尺寸分两组，一组表达杯口内，另一组表达杯口外，两组尺寸以“,”分隔，注写为：α_0/α_1，$h_1/h_2/\cdots\cdots$，其中 α_0 为杯口深度。

b. 当基础为锥形截面时，注写为：α_0/α_1，$h_1/h_2/h_3\cdots\cdots$。

(3)注写独立基础配筋(必注内容)。

①注写独立基础底板配筋。普通独立基础和杯口独立基础的底部双向配筋注写规定如下：

Ⅰ. 以 B 代表各种独立基础底板的底部配筋。

Ⅱ. x 向纵筋以 X 打头，y 向纵筋以 Y 打头注写；当两向配筋相同时，则以 X&Y 打头注写。

②注写杯口独立基础顶部焊接钢筋网。以 Sn 打头引注杯口顶部焊接钢筋网的各边钢筋。

③注写普通独立基础带短柱竖向尺寸及钢筋。当独立基础埋深较大，设置短柱时，短柱配筋应注写在独立基础中。具体注写规定如下：

Ⅰ. 以 DZ 代表普通独立基础短柱。

Ⅱ. 先注写短柱纵筋，再注写箍筋，最后注写短柱标高范围。注写为：角筋/x 边中部筋/y 边中部筋，箍筋，短柱标高范围。

温馨提示

当短柱配筋标注为：DZ 4Φ20/5Φ18/5Φ18，φ10@100，−2.500～−0.050，表示独立基础的短柱设置在−2.500 m～0.050 m 高度范围内，配置 HRB400 竖向纵筋和 HPB300 箍筋。其竖向纵筋为：角筋 4Φ20、x 边中部筋 5Φ18、y 边中部筋 5Φ18；其箍筋直径为 10 mm，间距 100 mm。

钢筋混凝土和素混凝土独立基础的原位标注，系在基础平面布置图上标注独立基础的平面尺寸。对相同编号的基础，可选择一个进行原位标注；当平面图形较小时，可将所选定进行原位标注的基础按比例适当放大；其他相同编号者仅注编号。原位标注的具体内容规定如下：

(1)普通独立基础。原位标注 $x,y,x_i,y_i,i=1,2,3\cdots\cdots$。其中，$x,y$ 为普通独立基础两向边长，x_i,y_i 为阶宽或锥形平面尺寸(当设置短柱时，尚应标注短柱对轴线的定位情况，用 x_{DZi} 表示)。

对称阶形截面普通独立基础的原位标注，如图 5-21 所示；非对称阶形截面普通独立基础的原位标注，如图 5-22 所示；设置短柱独立基础的原位标注，如图 5-23 所示。

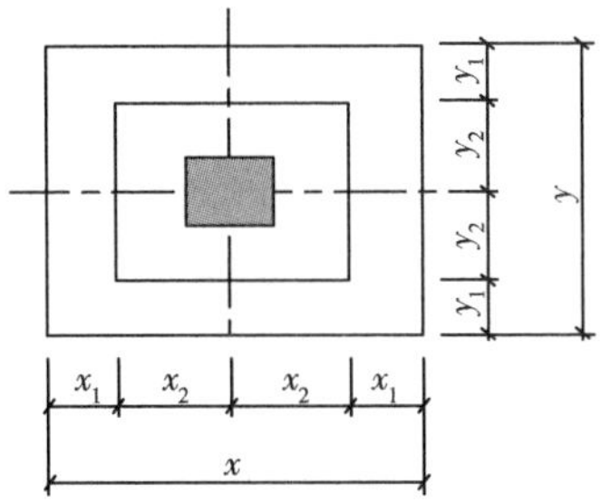

图 5-21　对称阶形截面普通独立基础原位标注

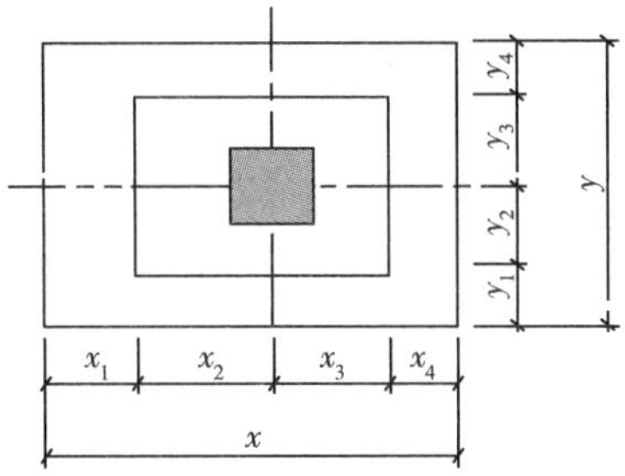

图 5-22　非对称阶形截面普通独立基础原位标注

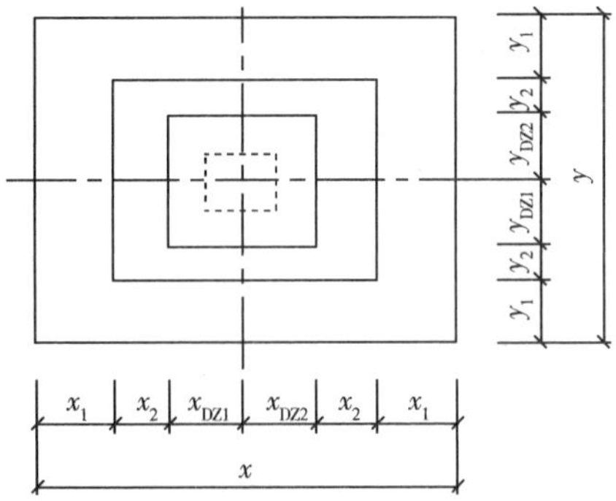

图 5-23　设置短柱独立基础原位标注

(2)杯口独立基础。原位标注 $x,y,x_u,y_u,x_{ui},y_{ui},t_i,x_i,y_i,i=1,2,3\cdots\cdots$。其中，$x,y$ 为杯口独立基础两向边长，x_u、y_u 为杯口上口尺寸，x_{ui},y_{ui} 为杯口上口边到轴线的尺寸，t_i 为杯壁上口厚度，下口厚度为 t_i+25 mm，x_i,y_i 为阶宽或锥形截面尺寸。

独立基础通常为单柱独立基础，也可为多柱独立基础(双柱或四柱等)。多柱独立基础的编号、几何尺寸和配筋的标注方法与单柱独立基础相同。

考题探究

【单选题】对独立柱基础底板配筋平法标注图中的"T:7 ⌽ 18@100/⌽ 10@200"，理解正确的是(　　)。

A."T"表示底板底部配筋

B."7 ⌽ 18@100"表示 7 根 HRB335 级钢筋，间距 100 mm

C."⌽ 10@200"表示直径为 10 mm 的 HRB335 级钢筋，间距 200 mm

D."7 ⌽ 18@100"表示 7 根受力筋的配置情况

【细说考点】本题主要考查独立基础的平法注写方式，需熟记各部分的含义及解释。独立基础配置的受力钢筋和分布筋可能会产生混淆，应注意区分。独立柱基础底板配筋平法标注图中，T 表示基础底板顶部配筋。7 ⌽ 18@100 表示配置平行于两柱轴心连线的受力筋 7 根(压轴线一根，两边按间距 100 mm 各布 3 根)，HRB400 级钢筋，直径为 18 mm。⌽ 10@200 表示：沿底板顶部受力筋下垂直布置分布筋，HRB400 级钢筋，直径为 10 mm，每隔 200 mm 布置一根。本题选 D。

（四）条形基础平法施工图制图规则

条形基础平法施工图，有平面注写和列表注写两种表达方式，设计者可根据具体工程情况选择一种，或将两种方式相结合进行条形基础的施工图设计。

当绘制条形基础平面布置图时，应将条形基础平面与基础所支承的上部结构的柱、墙一起绘制。当基础底面标高不同时，需注明与基础底面基准标高不同之处的范围和标高。

当梁板式基础梁中心或板式条形基础板中心与建筑定位轴线不重合时，应标注其定位尺寸；对于编号相同的条形基础，可仅选择一个进行标注。

（五）梁板式筏形基础平法施工图制图规则

梁板式筏形基础平法施工图，系在基础平面布置图上采用平面注写方式进行表达。

当绘制基础平面布置图时，应将梁板式筏形基础与其所支承的柱、墙一起绘制。梁板式筏形基础以多数相同的基础平板底面标高作为基础底面基准标高。当基础底面标高不同时，需注明与基础底面基准标高不同之处的范围和标高。

通过选注基础梁底面与基础平板底面的标高高差来表达两者间的位置关系，可以明确其“高板位”（梁顶与板顶一平）、“低板位”（梁底与板底一平）以及“中板位”（板在梁的中部）三种不同位置组合的筏形基础，方便设计表达。

对于轴线未居中的基础梁，应标注其定位尺寸。

（六）桩基础平法施工图制图规则

1. 灌注桩平法施工图的表示方法

灌注桩平法施工图，系在灌注桩平面布置图上采用平面注写方式或列表注写方式进行表达。

灌注桩平面布置图，可采用适当比例单独绘制，并标注其定位尺寸。

2. 平面注写方式

平面注写方式，系在灌注桩平面布置图上集中标注灌注桩的编号、尺寸、纵筋、箍筋、桩顶标高和单桩竖向承载力特征值，如图 5-24 所示。

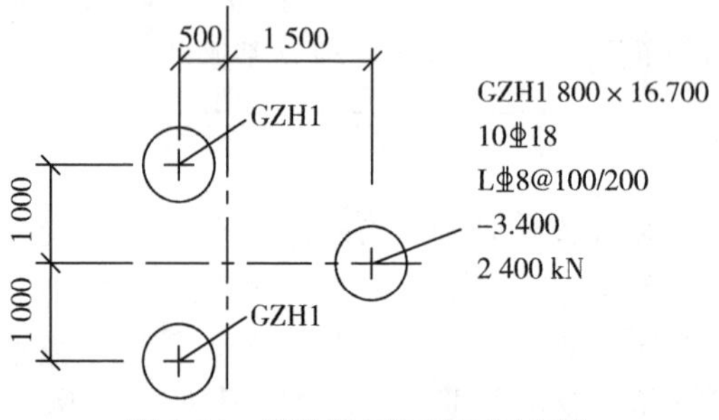

图 5-24　灌注桩平面注写示意图

桩平面注写内容规定如下：

(1)注写桩编号，桩编号由类型和序号组成，应符合表 5-10 的规定。

表 5-10　桩编号

类型	代号	序号
灌注桩	GZH	××
扩底灌注桩	GZHk	××

(2)注写桩尺寸，包括桩径 D 和桩长 L，当为扩底灌注桩时，还应增加扩底端尺寸 D_0/

h_b/h_c或 $D_0/h_b/h_{c1}/h_{c2}$。其中 D_0 表示扩底端直径，h_b 表示扩底端锅底形矢高，h_c（h_{c1}、h_{c2}）表示扩底端高度，如图 5-25 所示。

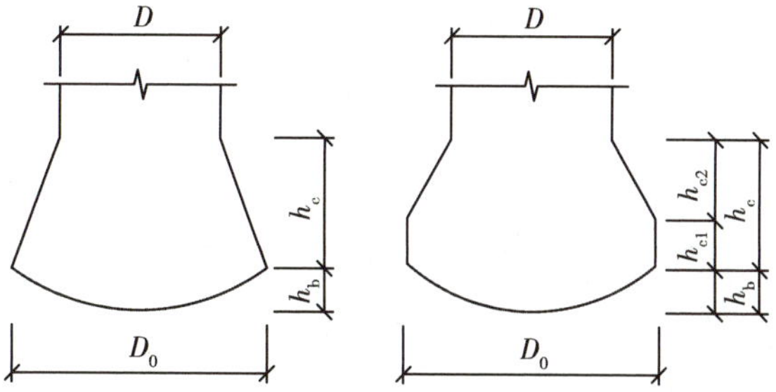

图 5-25 扩底灌注桩扩底端示意

(3)注写桩纵筋，包括桩周均布的纵筋根数、钢筋种类、直径、从桩顶起算的纵筋配置长度。

①通长等截面配筋：注写全部纵筋如××Φ××。

②部分长度配筋：注写桩纵筋如××Φ××/$L1$，其中 $L1$ 表示从桩顶起算的入桩长度。

③通长变截面配筋：注写桩纵筋包括通长纵筋××Φ××；非通长纵筋××Φ××/$L1$，其中 $L1$ 表示从桩顶起算的入桩长度。通长纵筋与非通长纵筋沿桩周间隔均匀布置。

温馨提示

15Φ20，15Φ18/6 000，表示采用通长变截面配筋方式，桩通长纵筋为 15Φ20；桩非通长纵筋为 15Φ18，从桩顶起算的入桩长度为 6 000 mm。实际桩上段纵筋为 15Φ20+15Φ18，通长纵筋与非通长纵筋间隔均匀布置于桩周。

(4)以大写字母 L 打头，注写桩螺旋箍筋，包括钢筋种类、直径与间距。

①用斜线“/”区分桩顶箍筋加密区与桩身箍筋非加密区长度范围内箍筋的间距。图集中箍筋加密区为桩顶以下 5D(D 为桩身直径)，若与实际工程情况不同，需设计者在图中注明。

②当桩身位于液化土层范围内时，箍筋加密区长度应由设计者根据具体工程情况注明，或者箍筋全长加密。

温馨提示

LΦ8@100/200，表示箍筋强度级别为 HRB400 钢筋，直径为 8 mm，加密区间距为 100 mm，非加密区间距为 200 mm，L 表示采用螺旋箍筋。

LΦ8@100，表示沿桩身纵筋范围内箍筋均为 HRB400 钢筋，直径为 8 mm，间距为 100 mm，L 表示采用螺旋箍筋。

(5)注写桩顶标高。

(6)注写单桩竖向承载力特征值，单位以 kN 计。

设计时应注意：当考虑箍筋受力作用时，箍筋配置应符合《混凝土结构设计规范》的有关规定，并另行注明。

焊接加劲箍由设计另行注明。设计未注明时，图集规定：当钢筋笼长度超过 4 m 时，应每隔 2 m 设一道直径为 12 mm 焊接加劲箍。桩顶进入承台高度 h，桩径小于 800 mm 时取 50 mm，桩径大于或等于 800 mm 时取 100 mm。

3. 列表注写方式

列表注写方式，系在灌注桩平面布置图上，分别标注定位尺寸；在桩表中注写桩编号、桩尺寸、纵筋、螺旋箍筋、桩顶标高、单桩竖向承载力特征值，注写规则同平面注写方式。

灌注桩列表注写的格式如表5-11所示。

表5-11 灌注桩表

桩号	桩径 D/mm	桩长 L/m	通长纵筋	非通长纵筋	箍筋	桩顶标高/m	单桩竖向承载力特征值/kN
GZH1	800	16.700	16⌽18	—	L⌽8@100/200	−3.400	2 400
GZH2	800	16.700	—	16⌽18/6 000	L⌽8@100/200	−3.400	2 400
GZH3	800	16.700	10⌽18	10⌽20/6 000	L⌽8@100/200	−3.400	2 400

注：a. 表中可根据实际情况增加栏目。例如：当采用扩底灌注桩时，增加扩底端尺寸。

b. 当为通长等截面配筋方式时，非通长纵筋一栏不注，如表中GZH1；当为部分长度配筋方式时，通长配筋一栏不注，如表中GZH2；当为通长变截面配筋方式时，通长纵筋和非通常纵筋均应注写，如表中GZH3。

4. 桩基承台平法施工图的表示方法

桩基承台平法施工图，有平面注写、列表注写、截面注写三种表达方式，设计者可根据具体工程情况选择一种，或将两种方式相结合进行桩基承台施工图设计。

5. 桩基承台编号

桩基承台分为独立承台和承台梁，分别按表5-12和表5-13的规定编号。

表5-12 独立承台编号表

类型	独立承台截面形状	代号	序号	说明
独立承台	阶形	CTj	××	单阶截面即为平板式独立承台
	锥形	CTz	××	

注：杯口独立承台代号可为BCTj和BCTz，设计注写方式可参照杯口独立基础，施工详图应由设计者提供。

表5-13 承台梁编号

类型	代号	序号	跨数及有无外伸
承台梁	CTL	××	(××)端部无外伸 (××A)一端有外伸 (××B)两端有外伸

6. 独立承台的平面注写方式

独立承台的平面注写方式，分为集中标注和原位标注两部分内容。

独立承台的集中标注，系在承台平面上集中引注：独立承台编号、截面竖向尺寸、配筋三项必注内容，以及承台板底面标高（与承台底面基准标高不同时）和必要的文字注解两项选注内容。具体规定如下：

(1)注写独立承台编号（必注内容），编号由代号和序号组成，应符合表5-12的要求。

(2)注写独立承台截面竖向尺寸（必注内容）。即注写 $h_1/h_2/......$

(3)注写独立承台配筋（必注内容）。底部与顶部双向配筋应分别注写，顶部配筋仅用于双柱或四柱等独立承台。当独立承台顶部无配筋时则不注顶部。注写规定如下：

①以 B 打头注写底部配筋，以 T 打头注写顶部配筋。

②矩形承台 x 向配筋以 X 打头，y 向配筋以 Y 打头；当两向配筋相同时，则以 X&Y 打头。

③当为等边三桩承台时，以“△”打头，注写三角布置的各边受力钢筋(注明根数并在配筋值后注写“×3”)。

温馨提示

△6 ⌽25@150×3，表示等边三桩承台每边各配置 6 根直径为 25 mm 的 HRB400 钢筋，间距为 150 mm。

④当为等腰三桩承台时，以“△”打头注写等腰三角形底边的受力钢筋＋两对称斜边的受力钢筋(注明根数并在两对称配筋值后注写“×2”)。

温馨提示

△5 ⌽22@150＋6 ⌽22@150×2，表示等腰三桩承台底边配置 5 根直径为 22 mm 的 HRB400 钢筋，间距为 150 mm；两对称斜边各配置 6 根直径为 22 mm 的 HRB400 钢筋，间距为 150 mm。

⑤当为多边形(五边形或六边形)承台或异形独立承台，且采用 x 向和 y 向正交配筋时，注写方式与矩形独立承台相同。

⑥两桩承台可按承台梁进行标注。

设计和施工时应注意：三桩承台的底部受力钢筋应按三向板带均匀布置，且最里面的三根钢筋围成的三角形应在柱截面范围内。

(4)注写基础底面标高(选注内容)。当独立承台的底面标高与桩基承台底面基准标高不同时，应将独立承台底面标高注写在括号内。

(5)必要的文字注解(选注内容)。当独立承台的设计有特殊要求时，宜增加必要的文字注解。

独立承台的原位标注，系在桩基承台平面布置图上标注独立承台的平面尺寸，相同编号的独立承台，可仅选择一个进行标注，其他仅注编号。

第二节　建筑面积计算规则

为规范民用建筑空间与部位的基本尺度、技术性要求及通用技术措施，制定《民用建筑通用规范》。《民用建筑通用规范》是民用建筑空间尺寸与部位的控制性底线要求，具有法规强制效力，必须严格遵守。

一、术语 ☆☆

建筑基地是指根据用地性质和使用权属确定的建筑工程项目的使用场地。

道路红线是指城市道路用地的边界线。

用地红线是指建筑基地的边界线。

建筑控制线是指控制建(构)筑物基底不得超越的边界线。

层高是指建筑物各层之间以楼(地)面面层(设计完成面)计算的垂直距离，屋顶层由该层楼面面层(设计完成面)至平屋面的结构面层或至坡屋顶的结构梁顶与外墙结构面延长线的交点计算的垂直距离。

室内净高是指室内有效使用空间的垂直距离。

地下室是指房间楼（地）面低于室外设计地坪的高度超过该房间建筑层高的1/2者为地下室。

半地下室是指房间楼（地）面低于室外设计地坪的高度超过该房间建筑层高的1/3，且不超过1/2者为半地下室。

设备层是指建筑中其有效面积全部或大部分用来布置设备的楼（地）面层。

架空层是指建筑物中仅有结构支撑而无外围护系统的开敞楼层。

台阶是指连接不同标高的楼（地）面，供人行的阶梯式踏步。

坡道是指连接不同标高的楼（地）面的斜坡式交通道。

楼梯是指由连续行走的梯级、休息平台和维护安全的栏杆（或栏板）、扶手以及相应的支承结构组成的作为楼层之间垂直交通用的建筑部件。

公共厨房是指供居住者共同使用或为公共服务的加工制作食品的炊事场所。

公共厕所（卫生间）是指供居民和流动人口共同使用的厕所（卫生间）。

母婴室是指为便于哺乳期妇女给婴儿哺乳或集乳设置的专用房间。

栏杆是指具有一定的安全高度，用以保障人身安全或分隔空间用的防护分隔构件。

阳台是指附设于建筑物外墙，可供人活动的室外空间，设有安全防护措施。

建筑幕墙是指由面板与支承结构体系（支承装置与支承结构）组成的可相对主体结构有一定位移能力或自身有一定变形能力、不承担主体结构所受作用的建筑外围护墙。

顶棚是指建筑空间顶面的底部。

吊顶是指悬吊在房屋屋顶或楼板结构下的顶棚。

管道井是指建筑物中用于布置设备管线及设备的竖向井道。

烟道是指排放各种烟气的管道、井道。

通风道是指建筑物内用于组织进、排风的管道、井道。

变形缝是指为防止建筑物在外界因素作用下，结构内部产生附加变形和应力，导致建筑物开裂、碰撞甚至破坏而预留的构造缝，包括伸缩缝、沉降缝和防震缝。

二、总则

民用建筑的建设和使用维护应遵循下列基本原则：

（1）应按照可持续发展的原则，正确处理人、建筑与环境的相互关系，营建与使用功能匹配的合理空间。

（2）应贯彻节能、节地、节水、节材、保护环境的政策要求。

（3）应与所处环境协调，体现时代特色、地域文化。

三、基本规定

民用建筑建设应遵循安全、卫生、健康、舒适的原则，为人们的生活、工作、交流等社会活动提供合理的使用空间，使用空间应满足人体工学的基本尺度要求。

民用建筑选址应满足安全要求。

居住建筑应保障居住者生活安全及私密性，并应满足采光、通风和隔声等方面的要求。

教育、办公科研、商业服务、公众活动、交通、医疗及社会民生服务等公共建筑除应满足各类活动所需空间及使用需求外，还应满足交通、人员集散的要求。

四、建筑面积与高度 ★★★★★

（一）建筑面积

（1）建筑面积应按建筑每个自然层楼（地）面处外围护结构外表面所围空间的水平投影面积计算。

知识拓展

上述（1）对面积计算的界面作出了规定。“每个自然层”为非单层建筑时，建筑面积应为建筑各自然层面积的总和；“楼（地）面处”是指楼（地）面的设计完成面，对于没有结构楼板的地面，应为混凝土垫层顶面；“外围护结构”是指外墙，包括作为外围护结构的玻璃幕墙、金属幕墙、石材幕墙、人造板材幕墙等；“外表面”是指外围护结构的设计完成面，建筑外围护结构一般由墙体、保温层、饰面层组成，设计完成面即装饰面层外边线；当幕墙作为外围护结构时，“外表面”为幕墙面板外边线（如图5-26所示）。

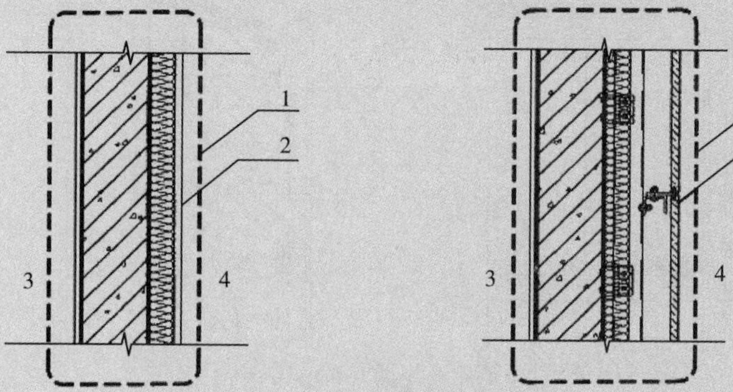

1—外围护结构；2—外围护结构外表面；3—室内；4—室外

图5-26 外围护结构外表面示意图

（2）总建筑面积应按地上和地下建筑面积之和计算，地上和地下建筑面积应分别计算。

（3）室外设计地坪以上的建筑空间，其建筑面积应计入地上建筑面积；室外设计地坪以下的建筑空间，其建筑面积应计入地下建筑面积。

知识拓展

上述（3）对地上、地下建筑面积的划分作出了规定。

当室外设计地坪位于建筑空间的中间时，若该建筑空间的楼（地）面低于室外设计地坪的高度大于该空间建筑层高的1/2，应计入地下建筑面积；若其楼（地）面低于室外设计地坪的高度小于或等于该空间建筑层高的1/2，则计入地上建筑面积。

对于室外设计地坪为坡地的情况，建筑空间的楼（地）面低于室外设计地坪的高度应以平均高度计算。

（4）永久性结构的建筑空间，有永久性顶盖、结构层高或斜面结构板顶高在2.20 m及以上的，应按下列规定计算建筑面积：

①有围护结构、封闭围合的建筑空间，应按其外围护结构外表面所围空间的水平投影面积计算。

②无围护结构、以柱围合,或部分围护结构与柱共同围合,不封闭的建筑空间,应按其柱或外围护结构外表面所围空间的水平投影面积计算。

③无围护结构、单排柱或独立柱、不封闭的建筑空间,应按其顶盖水平投影面积的1/2计算。

④无围护结构、有围护设施、无柱、附属在建筑外围护结构、不封闭的建筑空间,应按其围护设施外表面所围空间水平投影面积的1/2计算。

知识拓展

为了满足公众权益和公众利益,(4)按照建筑空间的基本特征对建筑面积的计算作出了原则规定。计算面积的前提条件有以下三点:一是永久性结构的建筑空间,此永久性结构是相对临时性结构而言,即不包括临时房屋、活动房屋、简易房屋;二是要有永久性顶盖,不包括临时搭建的各类顶盖,如临时性遮阳篷等;三是结构层高或斜面结构板顶高度在2.20 m及以上(如图5-27所示)的建筑空间。

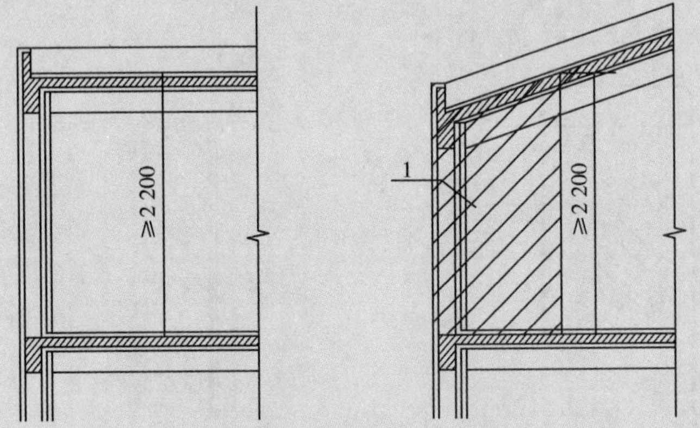

1—不计算建筑面积的区域

图5-27　结构层高或斜面结构板顶高度在2.20 m及以上的建筑空间示意图

①上述①包括:建筑外围护结构以内的各类使用空间及局部楼层;地下室、半地下室及其相应出入口;与室内相通的变形缝;建筑内的设备层、管道层、避难层;立体书库、立体仓库、立体车库;水箱间、电梯机房;门厅、大厅及门厅、大厅内的回廊;封闭的通廊、挑廊、连廊,封闭架空通道;有顶盖的采光井;室内有围护设施的悬挑看台、舞台灯控室、室内场馆看台下部空间;附属在建筑物外墙的落地橱窗等。但不包括有永久性顶盖,有围护结构、均布荷载不大于0.5 kN/m^2,且点荷载不大于1 kN的室内非上人顶盖,如展览、机场等建筑中的房中房顶部。

建筑内的楼梯(间)、电梯井、提物井、管道井、通风排气竖井、烟道应按建筑自然层计算建筑面积。

②上述②包括:由墙、柱围合的雨篷、车棚、货棚、站台、有顶盖平台、有顶盖空中花园;门廊、门斗;室外楼梯;地下车库出入口;室外场馆看台下部空间;有柱的室外连廊;建筑物架空层及吊脚架空层;结构转换层等。

③上述③包括:由单排柱或独立柱支撑的室外连廊、车棚、货棚、站台、室外场馆看台雨篷、单排柱或独立柱支撑的室外楼梯等。

④上述④包括:无柱的室外挑廊、连廊、檐廊;出挑的无柱室外楼梯;出挑的有顶盖空中花园等,不包含无柱雨篷。

(5)阳台建筑面积应按围护设施外表面所围空间水平投影面积的1/2计算;当阳台封闭时,应按其外围护结构外表面所围空间的水平投影面积计算。

知识拓展

可以计算建筑面积的阳台必须有顶盖;无盖阳台按露台考虑,不计算建筑面积。

(6)下列空间与部位不应计算建筑面积:

①结构层高或斜面结构板顶高度小于2.20 m的建筑空间。

②无顶盖的建筑空间。

③附属在建筑外围护结构上的构(配)件。

④建筑出挑部分的下部空间。

⑤建筑物中用作城市街巷通行的公共交通空间。

⑥独立于建筑物之外的各类构筑物。

知识拓展

不计算建筑面积的空间与部位:

①结构层高或斜面结构板顶高度小于2.20 m的建筑空间:层高小于2.20 m的设备管道夹层、结构板顶高度小于2.20 m的坡屋顶等。

②无顶盖的建筑空间:室外平台、室外挑台、露台、室外游泳池、室外台阶、坡道、建筑屋面、屋顶花园、花架;无顶盖架空通廊;各种操作平台、上料平台、设备平台。

③附属在建筑外围护结构的构(配)件,指附属在外围护结构的装饰、遮阳、设备平台等构(配)件,如:附属在外墙的装饰柱、门窗线脚、勒脚、突出墙面的装饰线条、空调机板、遮阳板、建筑挑檐、无柱雨篷等非建筑外围护结构系统的构(配)件(如图5-28所示)。

④建筑出挑部分的下部空间(如图5-29所示)。

⑤建筑物中用作城市街巷通行的公共交通空间:骑楼、建筑的过街通道等。

⑥独立于建筑物之外的各类构筑物:烟筒、水塔、水(油)罐、栈桥、储仓、储油(水)池等。

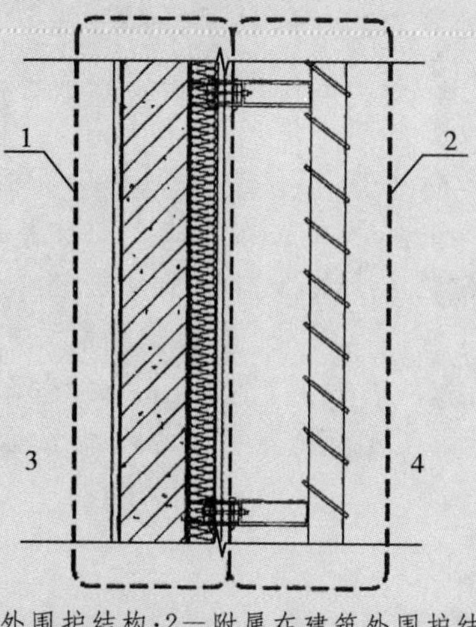

1—外围护结构;2—附属在建筑外围护结构上的构(配)件;3—室内;4—室外

图5-28　附属在建筑外围护结构系统的构(配)件

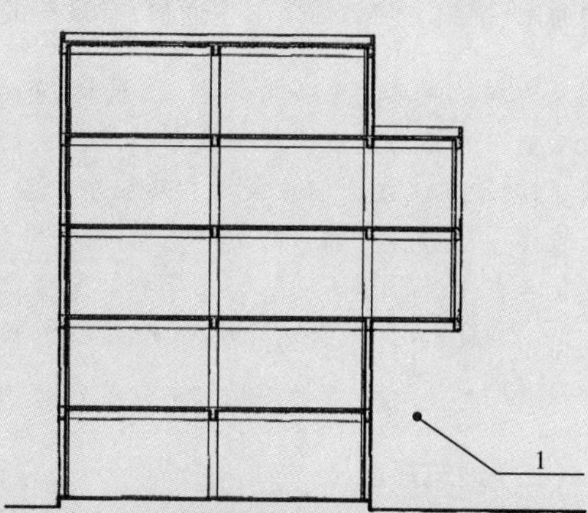

1—建筑出挑部分的下部空间

图5-29　建筑出挑部分的下部空间示意图

(7)功能空间使用面积应按功能空间墙体内表面所围合空间的水平投影面积计算。

(8)功能单元使用面积应按功能单元内各功能空间使用面积之和计算。

(9)功能单元建筑面积应按功能单元使用面积、功能单元墙体水平投影面积、功能单元内阳台面积之和计算。

知识拓展

(7)～(9)规定了功能空间使用面积、功能单元使用面积、功能单元建筑面积的计算方法，强调计算功能单元本身的使用面积和建筑面积，不包含功能单元之外的公共门厅、公共走道、公共楼梯等的面积。

功能空间使用面积：即房间净面积，这里"墙体内表面"是指围合功能空间的墙体基层表面，不包含墙体饰面层(如图 5-30 所示)。功能空间是组成功能单元的最小元素，如：对于住宅建筑，功能空间使用面积即为住宅内某独立空间，卧室、客厅、厨房或卫生间的使用面积。

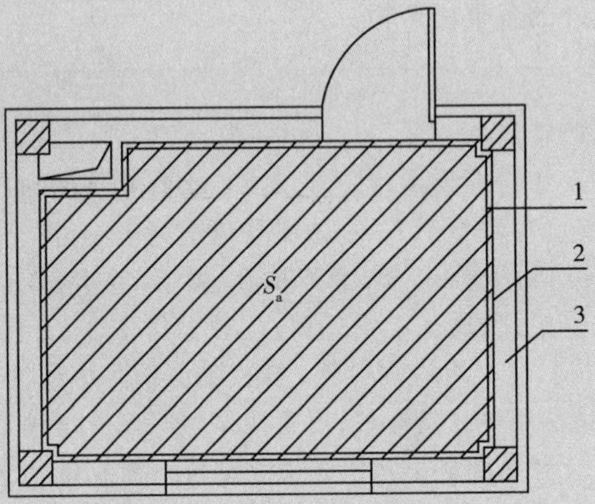

(功能空间使用面积$=S_a$)

1—功能空间；2—饰面层；3—墙体

图 5-30 功能空间使用面积示意图

功能单元使用面积：为各功能空间使用面积之和。如：对于住宅建筑，功能单元使用面积即为住宅套内使用面积，其面积为套内卧室、起居室、过厅、过道、厨房、卫生间、厕所、储藏室、壁柜等功能空间使用面积的总和。

功能单元建筑面积：为功能单元使用面积、功能单元墙体面积、功能单元阳台面积及为本功能单元服务的烟囱、通风道、管道井面积之和。其中，功能单元墙体面积为功能单元各功能空间周围的围护或承重墙体，或其他承重支撑体的水平投影面积。其中，功能单元之间的分隔墙和功能单元与公共建筑空间的分隔墙等公共墙，按其水平投影面积的一半计入功能单元墙体面积；外墙(包括山墙)按其水平投影面积计入功能单元墙体面积。功能单元阳台面积按围护设施外表面所围空间水平投影面积的 1/2 计算面积，当阳台封闭时，应按其外围护结构外表面所围空间的水平投影面积计算全面积。

(二)建筑高度

(1)平屋顶建筑高度应按室外设计地坪至建筑物女儿墙顶点的高度计算，无女儿墙的建筑应按至其屋面檐口顶点的高度计算。

(2)坡屋顶建筑应分别计算檐口及屋脊高度，檐口高度应按室外设计地坪至屋面檐口或坡屋面最低点的高度计算，屋脊高度应按室外设计地坪至屋脊的高度计算。

(3)当同一座建筑有多种屋面形式，或多个室外设计地坪时，建筑高度应分别计算后取其中最大值。

知识拓展

上述(1)～(3)对除特殊情形[即下述(4)(5)]外的建筑物高度起算点进行了规定，基本的原则是真实地反映建筑物的实际高度，《民用建筑通用规范》中规定的建筑高度有别于《建筑设计防火规范》里的建筑高度。其中，坡屋顶建筑应分别计算檐口(如图5-31、图5-32所示)和屋脊高度，此处的檐口高度是指室外设计地坪至屋面檐口(坡屋面最低点)的高度，也即檐口结构板最外缘的顶标高(如图5-31所示)；当有檐沟时，檐口高度为檐沟(或构件)最外缘的顶标高(如图5-32所示)。当同一座建筑物有多种屋面形式，或台地建筑有多个室外设计地坪(地面面层)的情形(不包含地下室的下沉庭院)，建筑高度应分别计算后取其中最大值(如图5-33所示)，若 $H_2 \geqslant H_3$，且 $H_2 \geqslant H_1$，则建筑高度为 H_2；对于坡地建筑，室外地坪起算点，应为建筑围护结构外表面与室外设计地坪(地面面层)交界的最低处(如图5-34所示)。

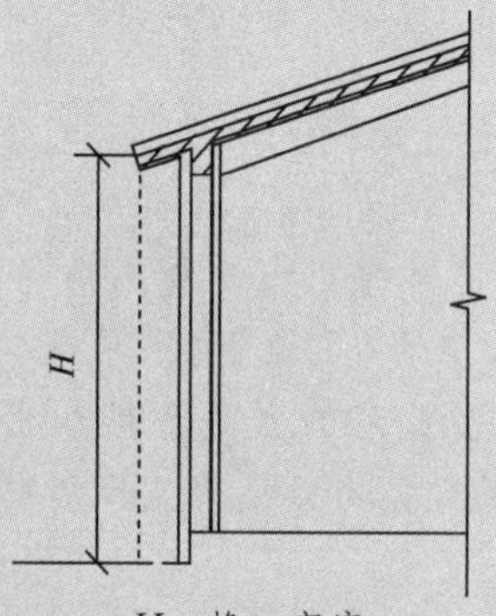

H—檐口高度

图5-31 檐口高度计算示意图

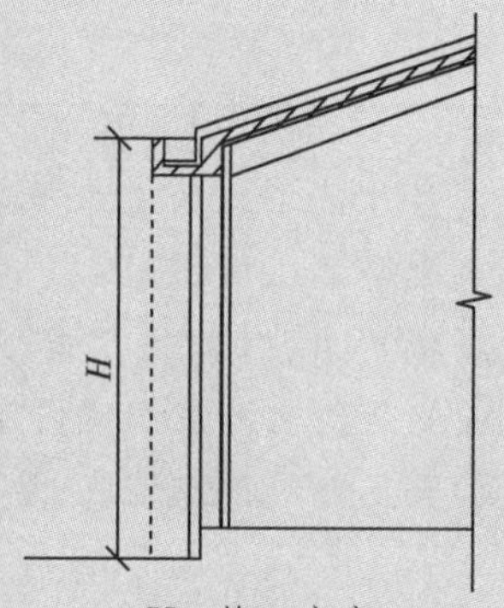

H—檐口高度

图5-32 有檐沟时檐口高度计算示意图

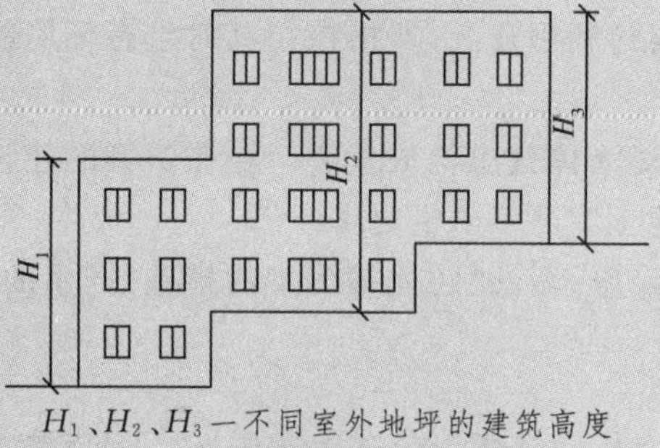

H_1、H_2、H_3—不同室外地坪的建筑高度

图5-33 建筑高度计算示意图

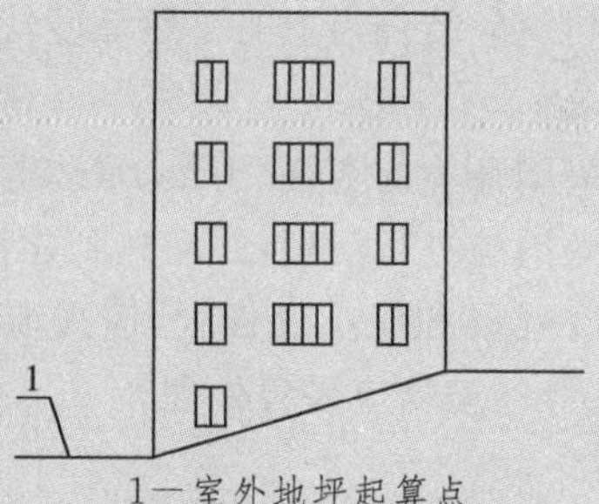

1—室外地坪起算点

图5-34 坡地建筑室外地坪起算点示意图

(4)机场、广播电视、电信、微波通信、气象台、卫星地面站、军事要塞等设施的技术作业控制区内及机场航线控制范围内的建筑，建筑高度应按建筑物室外设计地坪至建(构)筑物最高点计算。

(5)历史建筑，历史文化名城名镇名村、历史文化街区、文物保护单位、风景名胜区、自然保护区的保护规划区内的建筑，建筑高度应按建筑物室外设计地坪至建(构)筑物最高点计算。

知识拓展

对上述(4)(5)所列两种控制区的建筑，考虑航空、通信安全，以及减少对历史建筑保护区的风貌影响，建筑高度计算按建(构)筑物的最高点计算，包括建筑屋顶的局部突出物，也要求计入建筑高度。

(6)对(4)(5)条规定以外的建筑，屋顶设备用房及其他局部突出屋面用房的总面积不超过屋面面积的1/4时，不应计入建筑高度。

知识拓展

屋顶设备用房及其他局部突出屋面用房是指屋顶楼梯间、电梯机房、水箱间、装饰塔等。

(7)建筑的室内净高应满足各类型功能场所空间净高的最低要求，地下室、局部夹层、公共走道、建筑避难区、架空层等有人员正常活动的场所最低处室内净高不应小于2.00 m。

知识拓展

室内净高是满足建筑功能的基本要素，也是保证安全、人身健康、公众权益和公共利益的控制性底线要求。第(7)条提出了民用建筑的室内净高应满足各类型功能场所空间净高的最低要求，并对民用建筑的通用空间，如地下室、局部夹层、公共走道、建筑避难区、架空层给出了最低室内净高要求。此处的室内净高为室内楼(地)面面层(设计完成面)至上部吊顶或楼板、屋面板底面之间有效使用空间的垂直距离。

五、建筑室外场地 ★

民用建筑应结合当地的自然环境特征，集约利用资源，严格控制其对生态环境的不利影响。

建筑周围环境的空气、土壤、水体等不应对人体健康构成危害。存在污染的建设场地应采取有效措施进行治理，并应达到建设用地土壤环境质量要求。

建筑在建设和使用过程中，应采取控制噪声、振动、眩光等污染的措施，产生的废物、废气、废水等污染物应妥善处理。

第三节　工程量计算规则与方法

一、土石方工程 ★★★★★

(一)单独土石方

单独土石方工程量清单的项目设置、项目特征描述的内容、计量单位及工程量计算规则应按表5-14的规定执行。

表 5-14 单独土石方(编码:010101)

项目名称	项目特征	计量单位	工程量计算规则	工作内容
挖单独土方	土类别	m^3	按原始地貌与预设标高之间的挖填尺寸,以体积计算	开挖;装车;场内运输;障碍物清除
挖单独石方	岩石类别			
单独土石方回填	材料品种;密实度			运输;回填;压实

(二)基础土石方

基础土石方工程量清单的项目设置、项目特征描述的内容、计量单位及工程量计算规则应按表 5-15 的规定执行。

表 5-15 基础土石方(编码:010102)

项目名称	项目特征	计量单位	工程量计算规则	工作内容
挖基坑土方	土类别;开挖深度;基底处理方式	m^3	按设计图示基础(含垫层)底面积另加工作面面积,乘以挖土深度,以体积计算	开挖、放坡(若有)、挡土板围护(若有);装车;场内运输;清底修边;基底夯实;基底钎探
挖沟槽土方			基础沟槽土方,按照设计图示基础(含垫层)底面积另加工作面面积,乘以挖土深度,以体积计算。管沟土方按设计图示管底基础(含垫层)底面积另加工作面面积,乘以挖土深度,以体积计算;无管底基础及垫层时,按管外径的水平投影面积另加工作面面积,乘以挖土深度,以体积计算。管道线路上各类井的土方并入管沟土方内计算	
挖冻土	冻土厚度		按设计图示开挖面积乘以厚度,以体积计算	开挖;装车;场内运输
挖淤泥流砂	开挖深度		按设计图示位置、界限,以体积计算	
挖基坑石方	开挖深度;岩石类别		按设计图示基础(含垫层)底面积另加工作面面积,乘以挖石深度,以体积计算	开挖、放坡(若有)、挡土板围护(若有);装车;场内运输;检底修边
挖沟槽石方	开挖深度;岩石类别		基础沟槽石方按照设计图示基础(含垫层)底面积另加工作面面积,乘以挖石深度,以体积计算。管沟石方按设计图示管底基础(含垫层)底面积另加工作面面积,乘以挖石深度,以体积计算;无管底基础及垫层时,按管外径的水平投影面积另加工作面面积,乘以挖石深度,以体积计算。管道线路上各类井的石方并入管沟石方内计算	
回填方	填方部位;材料品种;密实度		按设计图示尺寸以体积计算。 基础回填,按设计图示基础(含垫层)底面积另加工作面面积,乘以回填深度,减去回填范围内建筑物(构筑物)、基础(含垫层)、管道,以体积计算。 房心回填,按回填区的净体积计算	运输;回填;压实

(三)平整场地及其他

平整场地及其他工程量清单的项目设置、项目特征描述的内容、计量单位及工程量计算规则应按表 5-16 的规定执行。

表 5-16　平整场地及其他（编码：010103）

项目名称	项目特征	计量单位	工程量计算规则	工作内容
平整场地	土石类别	m^2	按设计图示尺寸以建筑物首层建筑面积计算。建筑物地下室结构外边线突出首层结构外边线时，其突出部分的建筑面积合并计算	土方挖、填、运；场地找平
余方弃置		m^3	按挖方清单项目工程量减回填清单项目工程量（可利用），以体积计算	装卸；外运；消纳

（四）其他规定

单独土石方项目，是指为使施工场地达到预设标高（设计室外标高/设计室外地面做法底标高/委托人指定标高）所进行的土石方工程。工作内容中的“障碍物清除”，是指对开挖时可随土石方一并挖除的天然障碍物的清除工作。

基础土石方项目，是指预设标高以下为实施基础施工所进行的土石方工程。

项目特征中的“土类别”“岩石类别”可按表 5-17、表 5-18 确定，如有需要可增加干土、湿土的描述。如土类别、岩石类别不能准确划分时，可依据地勘报告进行描述。

表 5-17　土分类表

土分类	土的名称
一、二类土	粉土、砂土（粉砂、细砂、中砂、粗砂、砾砂）、粉质黏土、弱中盐渍土、软土（淤泥质土、泥炭、泥炭质土）、软塑红黏土、冲填土
三类土	黏土、碎石土（圆砾、角砾）混合土、可塑红黏土、硬塑红黏土、强盐渍土、素填土、压实填土
四类土	碎石土（卵石、碎石、漂石、块石）、坚硬红黏土、超盐渍土、杂填土

表 5-18　岩石分类表

岩石分类		代表性岩石
软质岩	极软岩	（1）全风化的各种岩石。 （2）强风化的软岩。 （3）各种半成岩
	软岩	（1）强风化的坚硬岩。 （2）中等（弱）风化～强风化的较坚硬岩。 （3）中等（弱）风化的较软岩。 （4）未风化的泥岩、泥质页岩、绿泥石片岩、绢云母片岩等
	较软岩	（1）强风化的坚硬岩。 （2）中等（弱）风化的较坚硬岩。 （3）未风化～微风化的：凝灰岩、千枚岩、砂质泥岩、泥灰岩、泥质砂岩、粉砂岩、砂质页岩等
硬质岩	较坚硬岩	（1）中等（弱）风化的坚硬岩。 （2）未风化～微风化的：熔结凝灰岩、大理岩、板岩、白云岩、石灰岩、钙质砂岩、粗晶大理岩等
	坚硬岩	未风化～微风化的：花岗岩、正长岩、闪长岩、辉绿岩、玄武岩、安山岩、片麻岩、硅质板岩、石英岩、硅质胶结的砾岩、石英砂岩、硅质石灰岩等

干土、湿土的划分，以地质勘测资料的地下常水位为准，地下常水位以上为干土，以下

为湿土。地表水排出后，土的含水率大于或等于25%时为湿土。含水率超过液限，土和水的混合物呈现流动状态时为淤泥。温度在0 ℃及以下，并夹含有冰的土为冻土。本文中的冻土，指短时冻土和季节冻土。

沟槽、基坑土石方的划分：基础土石方中，底宽≤3 m且底长≥3倍底宽的为沟槽，超出上述范围的为基坑。底宽、底长均不包含工作面尺寸。

挖沟槽、基坑土石方的工作面宽度应按设计要求进行计算，无设计要求时可按表5-19、表5-20计算。

表5-19 基础施工所需工作面宽度计算表

基础材料	每边各增加工作面宽度/mm
砖基础	200
浆砌毛石、条石基础	250
混凝土基础、垫层(支模板)	600
基础垂直面做砂浆防潮层	400(自防潮层面)
基础垂直面做防水层或防腐层	1 000(自防水层或防腐层面)
支挡土板	100(在上述宽度外另加)

表5-20 管沟施工每侧所需工作面宽度计算表

管道材质	管道结构宽/mm			
	≤500	≤1 000	≤2 500	>2 500
混凝土及钢筋混凝土管道/mm	400	500	600	700
其他材质管道/mm	300	400	500	600

注：管道结构宽，有管座的按基础外缘，无管座的按管道外径。

基础土方的开挖深度，自预设标高算至基础(含垫层)底标高，下有石方的算至土石分界线。

项目特征中的“基底处理方式”可描述为基底夯实、基底钎探等。如基础土石方采用逆作法等特殊工艺时，应增加相应特征描述。

基础石方开挖深度应按石方开挖前标高至基础(含垫层)底标高计算。

计算土石方的开挖、回填工程量时，均不考虑不同密实状态的土、石体积折算。

二、地基处理与边坡支护工程 ★★★★★

(一)地基处理

地基处理工程量清单项目设置、项目特征描述的内容、计量单位及工程量计算规则应按表5-21的规定执行。

表5-21 地基处理(编码:010201)

项目名称	项目特征	计量单位	工程量计算规则	工作内容
换填垫层	换填材料种类及配比；换填方式及压实系数；掺加剂(料)品种	m^3	按设计图示尺寸以体积计算	铺设土工材料(若有)，分层铺填；碾压、振密或夯实

（续表）

项目名称	项目特征	计量单位	工程量计算规则	工作内容
预压地基	预压方式；排水竖井种类、断面尺寸、排列方式、间距、深度；预压荷载、时间；砂垫层厚度	m^2	按设计图示处理范围以面积计算	设置排水竖井、盲沟、滤水管；铺设砂垫层、密封膜；堆载、卸载或抽气设备安拆、抽真空、挖除砂垫层
强夯地基	略			略
振冲密实地基（不填料）	略			略
填料桩复合地基	地层类别；桩形式；空桩长度、桩长；桩径；填充材料种类及配比	m^3	按设计桩截面面积乘以桩长以体积计算	成孔、填料、振实或夯实；泥浆排放或场内运输
水泥粉煤灰碎石桩复合地基	略			略
水泥土搅拌桩复合地基	地层类别；空桩长度、桩长；桩截面尺寸；做法、搅拌要求；水泥强度等级、掺量		按设计图示桩体尺寸以体积计算	材料制备；预搅下沉，喷浆（粉）搅拌提升
旋喷桩复合地基	地层类别；空桩长度、桩长；桩截面尺寸；喷射注浆类型；水泥强度等级、掺量	m	按设计图示尺寸以桩长计算	浆液制备；插入喷射管、喷射注浆；拔管、冲洗；泥浆排放或场内运输
注浆加固地基	地层类别；空钻深度、注浆深度；注浆间距；浆液种类及配比；水泥强度等级	m^3	按设计加固地基尺寸以体积计算	成孔；注浆导管制作、安装；浆液制作、压浆
褥垫层	材料种类及配比；厚度；铺设方式及压实系数		按设计图示尺寸以体积计算	铺设、压实

（二）基坑与边坡支护

基坑与边坡支护工程量清单项目设置、项目特征描述的内容、计量单位及工程量计算规则应按表5-22的规定执行。

表5-22　基坑与边坡支护（编码：010202）

项目名称	项目特征	计量单位	工程量计算规则	工作内容
地下连续墙	地层类别；墙体厚度；成槽深度；混凝土种类、强度等级；接头形式	m^3	按设计图示墙体尺寸以体积计算	略
型钢水泥土搅拌墙	地层类别；搅拌桩直径；水泥强度等级、掺量；型钢规格型号；型钢是否拔出		按设计图示成墙截面尺寸乘以桩长以体积计算	略
咬合灌注桩	地层类别；桩长、桩径；混凝土种类、强度等级	m	按设计图示尺寸以桩长计算	略
预制钢筋混凝土板桩	略			略

（续表）

项目名称	项目特征	计量单位	工程量计算规则	工作内容
型钢桩、钢板桩	地层类别；截面形式或组合截面形式；钢桩材质规格和型号；送桩深度、桩长；是否拔出	t	按设计图示尺寸以质量计算	工作平台搭设、拆除；插桩、锁口连接；沉桩、接桩、拔桩；刷防护材料
锚杆（锚索）	地层类别；锚杆（索）类型、深度、部位；杆体材料品种、规格、数量；预应力值；浆液种类、强度等级	m	按设计图示尺寸以钻孔深度计算	工作平台搭设、拆除；成孔；锚杆（锚索）制作、插入；隔离套管、定位支架安装；浆液制作、注浆；预应力锚杆张拉、锁定
土钉	地层类别；土钉类型、深度、部位；杆体材料品种、规格、数量；浆液种类、强度等级	m	按设计图示尺寸以土钉置入深度计算	工作平台搭设、拆除；成孔；土钉制作、杆体插入或打入；浆液制作、注浆
喷射混凝土、水泥砂浆	部位；厚度；材料种类；混凝土（砂浆）类型、强度等级	m^2	按设计图示尺寸以面积计算	工作平台搭设、拆除；修整边坡；混凝土（砂浆）输送、喷射、养护；钻排水孔、安装排水管
钢筋混凝土支撑	部位；混凝土种类；混凝土强度等级	m^3	按设计图示尺寸以体积计算	混凝土输送、浇筑；混凝土振捣、养护
钢筋混凝土支撑的模板	构件部位	m^2	按模板与现浇混凝土构件的接触面积计算	略
钢筋混凝土腰梁、冠梁	部位；混凝土种类；混凝土强度等级	m^3	按设计图示尺寸以体积计算	混凝土输送、浇筑；混凝土振捣、养护
钢筋混凝土腰梁、冠梁的模板	构件部位	m^2	按模板与现浇混凝土构件的接触面积计算	略
钢支撑	部位、连接方式；钢材品种、规格	t	按设计图示尺寸以质量计算。不扣除孔眼质量，焊条、铆钉、螺栓等不另增加质量	构件制作（摊销、租赁）；构件安装；探伤；刷漆；拆除
钢腰梁、冠梁				
泥浆外运	泥浆来源	m^3	按成槽、成孔尺寸，以体积计算	处置；运输；消纳

（三）其他规定

本节各清单项目工作内容均包括无法自行移动的大型施工机械的场内就位及移位，也包括各清单项目全面实施前的试夯、试打等现场试验工序。

除另有说明外，本节基坑与边坡支护各清单项目中均包括施工过程中所必需的土石方挖填。

项目特征中的“地层类别”应按表 5-17 和表 5-18 的规定，并根据岩土工程勘察报告进行描述。

项目特征及工程量计算规则中的“桩长”应包括桩尖（若有），空桩长度＝孔深－桩长，孔深为自然地面至设计桩底的深度。

项目特征中的“混凝土种类”可描述为预拌（商品）混凝土、现场搅拌混凝土、清水混凝土、彩色混凝土、水下混凝土、防水混凝土、耐酸混凝土、毛石混凝土、轻骨料混凝土等。

换填垫层的“换填材料种类”可描述为砂石、粉质黏土、灰土、粉煤灰、矿渣等。如有土工合成材料，则应增加相应特征描述。

预压地基的“预压方式”可描述为堆载预压、真空预压、堆载与真空联合预压等。设计设置排水竖井的，在项目特征描述中应明确竖井种类、断面尺寸、排列方式、间距和深度等。

填料桩复合地基的“桩形式”可描述为振冲碎石桩、沉管砂石桩、灰土（土）挤密桩、夯实水泥土桩、柱锤冲扩桩等。设计文件指定成孔方式的，清单编制时应增加“成孔方式”的描述。

水泥土搅拌桩复合地基的“做法”可描述为单轴、双轴和三轴等，“搅拌要求”可描述为浆液搅拌法（即湿法）、粉体搅拌法（即干法）。

旋喷桩复合地基的“喷射注浆类型”可描述为单管、双重管、三重管等。

本节中，同类桩的重复套打、截面咬合不增加相应工程量。

泥浆外运的“泥浆来源”应按泥浆所产生的清单项目进行描述。泥浆外运包括将施工现场的泥浆进行处置、运输到指定地点，应满足国家及当地行政主管部门关于建筑垃圾消纳和处置的要求。

喷射混凝土（砂浆）的钢筋网、钢丝网应按混凝土及钢筋混凝土工程中“钢筋网片”“钢丝网”项目列项；地下连续墙和混凝土桩的钢筋笼，应按混凝土及钢筋混凝土工程中“钢筋笼”项目列项。钢筋混凝土支撑、冠梁、腰梁的钢筋应按混凝土及钢筋混凝土工程中“现浇混凝土基础及联系梁钢筋”项目列项。以上钢筋制作、安装使用混凝土及钢筋混凝土工程相应项目编码列项时均需描述使用部位。

本节未列出的支护桩，应按相关项目列项，截（凿）桩头应按桩基工程相关项目列项，重力式水泥土墙应按“水泥土搅拌桩复合地基”项目列项，砖、石挡土墙、护坡应按本砌筑工程中的相关项目列项，混凝土挡土墙应按混凝土及钢筋混凝土工程中的相关项目列项。

三、桩基工程 ★★★★

（一）预制桩

预制桩工程量清单项目设置、项目特征描述的内容、计量单位及工程量计算规则应按表 5-23 的规定执行。

表 5-23　预制桩（编码：010301）

项目名称	项目特征	计量单位	工程量计算规则	工作内容
预制钢筋混凝土实心桩	地层类别；送桩深度、桩长；桩截面形式、尺寸；混凝土强度等级	m	按设计图示尺寸以桩长计算	工作平台搭设、拆除；桩机竖拆、移位；沉桩、接桩；送桩、空孔回填；刷防护材料
预制钢筋混凝土空心桩	地层类别；送桩深度、桩长；桩截面形式、尺寸；桩尖类型；混凝土强度等级			工作平台搭设、拆除；桩机竖拆、移位；桩尖制作安装；沉桩、接桩；桩芯取土；送桩、空孔回填；刷防护材料

（续表）

项目名称	项目特征	计量单位	工程量计算规则	工作内容
钢管桩	地层类别；送桩深度、桩长；材质；管径、壁厚	t	按设计图示尺寸以质量计算	略
静钻根植桩	略	m	按设计图示尺寸以植入桩桩长计算	略
截（凿）桩头	桩类型；桩头截面、高度；混凝土强度等级；有无钢筋	根	按设计图示数量计算	截（切割）桩头；凿平；废料外运、弃置；钢筋整理

（二）灌注桩

灌注桩工程量清单项目设置、项目特征描述的内容、计量单位及工程量计算规则应按表 5-24 的规定执行。

表 5-24　灌注桩（编码：010302）

项目名称	项目特征	计量单位	工程量计算规则	工作内容
泥浆护壁成孔灌注桩	地层类别；空桩长度、桩长；桩径；混凝土种类、强度等级	m^3	按设计截面面积乘以设计桩长以体积计算，截面局部扩大部分体积并入计算	护筒埋设；成孔、固壁；混凝土输送、灌注、养护；空孔回填；泥浆制备、排放或场内运输
干作业机械成孔灌注桩，爆扩成孔灌注桩	地层类别；空桩长度、桩长；桩径；扩孔直径、高度；混凝土种类、强度等级			成孔、扩孔；混凝土输送、灌注、振捣、养护；空孔回填
钻孔压灌桩	地层类别；空钻长度、桩长；钻孔直径；材料种类、配比、强度等级	m	按设计图示尺寸以桩长计算	钻孔；浆液制备、注浆、投放骨料、补浆；混凝土输送、压灌、养护；空孔回填
灌注桩后注浆	注浆导管材料、规格；注浆导管长度；单孔注浆量；水泥强度等级	孔	按设计图示注浆孔数计算	注浆导管制作、安装；浆液制作、注浆
声测管	材质、规格；连接要求	m	按设计图示桩长乘以管根数计算	制作、管底封堵；分段安装、连接；注水、管口封堵

（三）其他规定

本节各清单项目工作内容均包括无法自行移动的大型施工机械的场内就位及移位。

项目特征中的“地层类别”应按表 5-17 和表 5-18 的规定，并根据岩土工程勘察报告进行描述。

项目特征及工程量计算规则中的“桩长”应包括桩尖（若有），空桩长度＝孔深－桩长，孔深为自然地面至设计桩底的深度。

项目特征中的“混凝土种类”可描述为预拌（商品）混凝土、现场搅拌混凝土、清水混凝土、彩色混凝土、水下混凝土、防水混凝土、耐酸混凝土、毛石混凝土、轻骨料混凝土等。

打桩方式及成孔机械由投标人自行确定，若设计有要求时，应在项目特征中增加相关描述。

打试验桩和打斜桩应按照项目单独编码列项，并应在项目特征中注明试验桩或斜桩（斜率）。

各预制桩项目工作内容均包括预制桩的场内堆放、场内转运，还包括使用成品预制桩时的成品桩购置工作及使用现场预制桩时的桩制作全部工序。使用现场预制桩时，应在项目特征中增加相关描述。

预制钢筋混凝土实心桩、预制钢筋混凝土空心桩应按相应截面形式分别编码列项，其项目特征中的桩截面形式、混凝土强度等级、桩尖类型等可直接用标准图集的相关代号或设计桩型描述。

预制钢筋混凝土桩的桩顶与桩承台的连接构造应按混凝土及钢筋混凝土工程的基础相关项目编码列项。空心桩、钢管桩整体填充混凝土时，应按混凝土及钢筋混凝土工程中“填充混凝土”项目编码列项。

泥浆护壁成孔灌注桩是指在泥浆护壁条件下成孔的采用水下灌注混凝土的桩。

内夯沉管灌注桩应按“沉管灌注桩”编码列项，外管封底部分体积并入桩工程量内。

干作业机械成孔灌注桩是指在不用泥浆护壁和套管护壁的情况下，用钻机成孔后下钢筋笼并灌注混凝土的桩，适用于地下水位以上的土层。

四、砌筑工程 ★★★★★

（一）砖砌体

砖砌体工程量清单项目设置、项目特征描述的内容、计量单位及工程量计算规则应按表 5-25 的规定执行。

表 5-25　砖砌体(编码:010401)

项目名称	项目特征	计量单位	工程量计算规则	工作内容
砖基础	砖品种、规格、强度等级；基础类型；砂浆强度等级；防潮层材料种类	m^3	按设计图示尺寸以体积计算。扣除地梁(圈梁)、构造柱所占体积，不扣除基础大放脚 T 形接头处的重叠部分及嵌入基础内的钢筋、铁件、管道、基础砂浆防潮层和单个面积≤0.3 m^2 的孔洞所占体积。附墙垛基础宽出部分体积并入计算，靠墙暖气沟的挑檐不增加体积。 墙基础长度：外墙基础按外墙中心线、内墙基础按内墙净长计算	砂浆制作；砌砖；水平防潮层铺设
实心砖墙，多孔砖墙，空心砖墙	砖品种、规格、强度等级；墙体类型；墙体厚度；砂浆强度等级		按设计图示尺寸以体积计算。扣除门窗洞口，嵌入墙内的柱、梁、板及凹进墙内的壁龛、管槽、暖气槽、消火栓箱所占体积，不扣除单个面积≤0.3 m^2 的孔洞及墙内檩头、垫木、木楞头、沿缘木、木砖、门窗走头、加固钢筋、木筋、铁件、管道所占的体积。凸出墙面的墙垛并入计算，腰线、挑檐、压顶、窗台线、虎头砖、门窗套凸出墙面部分的体积不并入计算。 同材质围墙柱及围墙压顶并入围墙体积内计算。 墙长度：外墙按中心线、内墙按净长计算，框架间墙不区分内外墙均按净长计算	砂浆制作；砌砖；刮缝；墙体顶缝、侧缝填塞处理

（续表）

项目名称	项目特征	计量单位	工程量计算规则	工作内容
实心砖柱，多孔砖柱	砖品种、规格、强度等级；柱截面尺寸；砂浆强度等级	m^3	按设计图示尺寸以体积计算。扣除混凝土及钢筋混凝土梁垫、梁头、板头所占体积	砂浆制作；砌砖；刮缝
砖检查井	略	座	按设计图示数量计算	略
零星砌砖	零星砌砖名称、部位；砖品种、规格、强度等级；砂浆强度等级	m^3	按设计图示尺寸以体积计算	砂浆制作；砌砖；刮缝
砖散水、地坪	砖品种、规格、强度等级；垫层材料种类、厚度；散水、地坪厚度；面层种类、厚度；砂浆强度等级	m^2	按设计图示水平投影面积计算	地基找平、夯实；铺设垫层；砌砖；抹砂浆面层
砖地沟、明沟	略	m	按设计图示尺寸以中心线长度计算	铺设垫层；底板混凝土输送、浇筑、振捣、养护；砌砖；刮缝、抹灰
贴砌砖墙	略	m^3	按设计图示尺寸以体积计算	砂浆制作；砌砖

（二）砌块砌体

砌块砌体工程量清单项目设置、项目特征描述的内容、计量单位及工程量计算规则应按表 5-26 的规定执行。

表 5-26　砌块砌体（编码：010402）

项目名称	项目特征	计量单位	工程量计算规则	工作内容
砌块墙	砌块品种、规格、强度等级；墙体类型；墙体厚度；砂浆强度等级	m^3	（详见实心砖墙、多孔砖墙、空心砖墙的工程量计算规则）	砂浆制作；砌砖、砌块；刮缝；墙体顶缝、侧缝填塞处理
砌块柱	砌块品种、规格、强度等级；柱截面尺寸；砂浆强度等级		按设计图示尺寸以体积计算。扣除混凝土及钢筋混凝土梁垫、梁头、板头所占体积	砂浆制作；砌砖、砌块；刮缝

（三）石砌体

石砌体工程量清单项目设置、项目特征描述的内容、计量单位及工程量计算规则应按表 5-27 的规定执行。

表 5-27　石砌体(编码:010403)

项目名称	项目特征	计量单位	工程量计算规则	工作内容
石基础	石料种类、规格；基础类型；砂浆强度等级；防潮层材料种类	m^3	按设计图示尺寸以体积计算。不扣除基础砂浆防潮层及单个面积≤0.3 m^2的孔洞所占体积，附墙垛基础宽出部分体积并入计算，靠墙暖气沟的挑檐不增加体积。 墙基础长度：外墙基础按中心线、内墙基础按净长计算	砂浆制作；吊装；砌石；防潮层铺设
石勒脚	石料种类、规格；石表面加工要求；勾缝要求；砂浆强度等级		按设计图示尺寸以体积计算，不扣除单个面积≤0.3 m^2的孔洞所占的体积	砂浆制作；吊装；砌石；石表面加工；勾缝
石墙	略		(详见实心砖墙、多孔砖墙、空心砖墙的工程量计算规则)	
石挡土墙	略		按设计图示尺寸以体积计算	略
石柱				略
石栏杆	略	m	按设计图示尺寸以长度计算	
石护坡	石料种类、规格；垫层材料种类、厚度；护坡厚度、高度；石表面加工要求；勾缝要求；砂浆强度等级	m^3	按设计图示尺寸以体积(不含垫层)计算	铺设垫层；石料加工；砂浆制作；砌石；石表面加工；勾缝
石台阶				
石坡道				
石地沟、明沟	略	m	按设计图示尺寸以中心线长度计算	略

(四)轻质墙板

轻质墙板工程量清单项目设置、项目特征描述的内容、计量单位及工程量计算规则应按表 5-28 的规定执行。

表 5-28　轻质墙板(编码:010404)

项目名称	项目特征	计量单位	工程量计算规则	工作内容
轻质墙板	墙板材质，厚度；安装部位；连接方式；填缝及填充要求	m^2	按设计图示尺寸以面积计算	清理基层、水刷墙板粘结面；调铺砂浆或专用胶粘剂；拼装墙板，粘网格布条；填灌板下细石混凝土及填充层等墙板安装操作
轻质保温一体墙板	墙板材质、厚度；保温材料规格、材质；安装部位；连接方式；填缝及填充要求			

(五)其他规定

砖石基础的“基础类型”可描述为柱基础、墙基础、管道基础等。

基础与墙(柱)身使用同一种材料时，以设计室内地面为界(有地下室者，以地下室室内设计地面为界)，以下为基础，以上为墙(柱)身。基础与墙(柱)身使用不同材料时，材料分界线位于设计室内地面高度±300 mm 以内的，以不同材料分界线为界；±300 mm 以外的，以设计室内地面为界。

砖围墙以设计室外地坪为界，以下为基础，以上为墙身。

墙体项目特征中的“墙体类型”可描述为直形、弧形等，也可按外墙、内墙、女儿墙、围墙等墙体部位进行描述。

以下构件应按“零星砌砖”项目编码列项：砖砌台阶、台阶挡墙、梯带、花台、花池、栏板；砖砌钢台、炉灶、蹲台、池槽、池槽腿、地垄墙；砖砌腰线、挑檐、压顶、窗台线、虎头砖、门窗套凸出墙面的部分及单个面积≤0.3 m^2的孔洞填塞等。

依附构件或者依附墙体砌筑的贴砌砖（如地下室外墙防水层的保护砖墙），应按“贴砌砖墙”项目编码列项。

石砌体的“石料种类”可描述为砂石、青石等，“石料规格”可描述为粗料石、细料石等。

石基础、石勒脚、石墙的划分：基础与勒脚应以设计室外地坪为界。勒脚与墙身应以设计室内地面为界。石围墙以设计室外地坪为界，两侧地坪标高不同时，应以较低地坪标高为界，以下为基础，以上为墙身；当两侧标高之差为挡土墙时，挡土墙以上为墙身。

石台阶项目包括石梯带（垂带），不包括石梯膀，石梯膀应按“石挡土墙”项目编码列项。

砖墙、砌体墙等的加筋、墙体拉结筋、压砌钢筋网片，应按混凝土及钢筋混凝土工程中相关项目编码列项。

检查井内的钢爬梯、砖地沟里的钢支架等应按金属结构工程中相关项目编码列项。

砖（石）地沟、明沟、若设计施工有防水要求时，应按屋面及防水工程中相关项目编码列项。

附墙砌筑的烟囱、通风道、垃圾道应按设计图示尺寸以体积（扣除孔洞所占体积）计算，并入所依附的同材质墙体体积内。当设计要求孔洞内需抹灰时，应按墙、柱面装饰与隔断、幕墙工程中“零星抹灰”项目编码列项。

如设计图纸说明做法见标准图集时，应在项目特征中注明标准图集的编号、节点大样编号及所在页号。

五、混凝土及钢筋混凝土工程 ★★★★★

（一）基础及楼地面垫层

基础及楼地面垫层工程量清单项目设置、项目特征描述的内容、计量单位及工程量计算规则应按表5-29的规定执行。

表5-29 基础及楼地面垫层（编码：010501）

项目名称	项目特征	计量单位	工程量计算规则	工作内容
基础垫层	基础形式；厚度；材料品种、强度要求、配比	m^3	按设计图示尺寸以体积计算。不扣除伸入垫层的桩头所占体积	混凝土输送、浇筑、振捣、养护；其他材料的现场拌和、铺设、找平、压实
楼地面垫层	部位；厚度；材料品种、强度要求、配比			

（二）现浇混凝土构件

现浇混凝土构件工程量清单项目设置、项目特征描述的内容、计量单位及工程量计算规则应按表5-30的规定执行。

表 5-30　现浇混凝土构件(编码:010502)

项目名称	项目特征	计量单位	工程量计算规则	工作内容
独立基础	混凝土种类；混凝土强度等级；基础类型	m^3	按设计图示尺寸以体积计算。不扣除伸入桩承台的桩头所占体积。与筏形基础一起浇筑的，凸出筏形基础上下表面的其他混凝土构件的体积，并入相应筏形基础体积内	混凝土输送、浇筑、振捣、养护；预留孔眼二次灌浆
条形基础				
筏形基础				
设备基础	混凝土种类；混凝土强度等级；灌浆材料及强度等级		按设计图示尺寸以体积计算	
基础联系梁	混凝土种类；混凝土强度等级		按设计图示截面面积乘以梁长以体积计算。梁长：所联系基础之间的净长度	
钢筋混凝土柱			按设计断面面积乘以柱高以体积计算。扣除劲性钢骨架所占体积，附着在柱上的牛腿并入柱体积内。 柱高：柱基上表面至柱顶之间的高度，其楼层分界线为各层楼板上表面，其与柱帽的分界线为柱帽下表面	混凝土输送、浇筑、振捣、养护
劲性钢筋混凝土柱				
钢管混凝土柱	略		按需浇筑混凝土的钢管内截面面积乘以钢管高度以体积计算	
地下室外墙，钢筋混凝土墙	混凝土种类；混凝土强度等级；墙体厚度		按设计图示尺寸以体积计算。扣除门窗洞口及单个面积＞0.3 m^2 的孔洞所占体积，墙柱、墙梁及突出墙面部分并入墙体体积内。 墙高：墙基上表面至墙顶之间的高度，与板相交时内、外墙高度均算至板顶	孔洞预留；混凝土输送、浇筑、振捣、养护
钢筋混凝土梁，劲性钢筋混凝土梁	混凝土种类；混凝土强度等级；坡度		按设计图示尺寸以体积计算。扣除劲性钢骨架所占体积，伸入砌体墙内的梁头、梁垫并入梁体积内。 梁长：梁与柱相交时，梁长算至柱侧面；主梁与次梁相交时，次梁长算至主梁侧面。 梁高：梁顶部与板相交时，梁高算至板顶；梁中部、底部与板相交时，梁高不扣除板厚	混凝土输送、浇筑、振捣、养护
实心楼板	混凝土种类；混凝土强度等级		按设计图示尺寸以体积计算。不扣除单个面积≤0.3 m^2 的孔洞所占体积，伸入砌体墙内的板头以及板下柱帽并入板体积内；板与现浇墙、梁相交时，板尺寸算至墙、梁侧面	
空心楼板			按设计图示尺寸以体积计算。扣除内置筒芯、箱体部分的体积，板下柱帽并入板体积内。 板与现浇墙、梁相交时，板尺寸算至墙、梁侧面	

（续表）

项目名称	项目特征	计量单位	工程量计算规则	工作内容
空心板内置筒芯	略	m	按设计图示放置筒芯的长度计算	定位、放线、试排；筒芯、箱体等内置材料安装、加固等；检查、校正、清理
空心板内置箱体	略	个	按设计图示放置筒芯的数量计算	
坡屋面板	混凝土种类；混凝土强度等级；坡度	m^3	按设计图示尺寸以体积计算。不扣除单个面积≤0.3 m^2 的孔洞所占体积，伸入砌体墙内的板头以及屋脊八字相交处的加厚混凝土并入板体积内。 坡屋面板与屋面梁相交时，板尺寸算至梁侧面	混凝土输送、浇筑、振捣、养护
坡道板	略		按设计图示尺寸以体积计算。不扣除单个面积≤0.3 m^2 的孔洞所占体积	
其他板	略		按设计图示尺寸以构件净体积计算。依附其上的混凝土上翻、线条、外凸造型等并入板体积内。 其他板与楼板、屋面板水平连接时，以外墙外边线为界；与梁水平连接时，以梁外边线为界；与梁、楼板竖向连接时，以梁、楼板上下表面为界	
楼梯	混凝土种类；混凝土强度等级；楼梯形式		按设计图示尺寸以体积计算。嵌入砌体墙内的部分并入楼梯体积内	
构造柱	混凝土种类；混凝土强度等级		按设计断面面积乘以柱高以体积计算。与砌体嵌接部分(马牙槎)并入柱体积内。 柱高：非通长构造柱高度，自其生根构件(基础、基础圈梁、下部梁、下部板等)的上表面算至其锚固构件(上部梁、上部板等)的下表面；通长构造柱高度自其生根构件的上表面算至柱顶	
圈梁			按设计图示截面面积乘以梁长以体积计算。遇洞口变截面部分并入圈梁体积内。 圈梁与构造柱连接时，梁长算至构造柱(不含马牙槎)的侧面	
过梁			按设计图示截面面积乘以梁长以体积计算。梁长按设计规定计算，设计无规定时，按梁下洞口宽度两端各加 250 mm	
填充混凝土	略		按设计图示填充部位尺寸，以体积计算	
零星现浇构件	略		按设计图示尺寸，以构件净体积计算	
挡土墙	略	m^3	按设计图示尺寸以体积计算。不扣除泄水孔所占体积，墙垛及突出墙面部分并入墙体体积内	

（续表）

项目名称	项目特征	计量单位	工程量计算规则	工作内容
电缆沟、地沟	略	m	按设计图示尺寸，以中心线长度计算	地基夯实；垫层材料现场拌和、铺设；混凝土输送、浇筑、振捣、养护；刷防护材料
化粪池、检查井	略	座	按设计图示数量计算	地基夯实；垫层材料现场拌和、铺设；混凝土输送、浇筑、振捣、养护；刷防护材料；井盖安装（若有）
散水	略	m^2	按设计图示尺寸以水平投影面积计算	地基夯实；垫层材料现场拌和、铺设；混凝土输送、浇筑、振捣、养护；变形缝、分隔缝填塞
地坪				
坡道			按设计图示尺寸以斜面积计算	
台阶	略		按设计图示尺寸以水平投影面积计算。与上部平台相连时，算至最上一级踏步踏面，该踏面无设计宽度时，按下一级踏面宽度计算	地基夯实；垫层材料现场拌和、铺设；混凝土输送、浇筑、振捣、养护
后浇带	部位；混凝土种类；混凝土强度等级	m^3	按设计图示尺寸以体积计算	设置钢丝网或快速收口板留置后浇带；混凝土交接面、钢筋等的清理；混凝土输送、浇筑、振捣、养护

（三）一般预制混凝土构件

一般预制混凝土构件工程量清单项目设置、项目特征描述的内容、计量单位及工程量计算规则应按表 5-31 的规定执行。

表 5-31 一般预制混凝土构件(编码:010503)

项目名称	项目特征	计量单位	工程量计算规则	工作内容
矩形柱,异型柱,矩形梁,异型梁,拱形梁,过梁,吊车梁,其他梁	图代号;混凝土强度等级;砂浆(细石混凝土)种类及强度等级	m^3	按设计图示尺寸以体积计算	构件就位、安装;接头灌缝、养护
屋架,天窗架	略			构件就位、拼装、安装;接头灌缝、养护
实心条板,空心条板,大型板	略	m^3	按设计图示尺寸以体积计算。不扣除单个面积≤0.3 m^2的孔洞及宽度≤40 mm的板缝所占的体积,空心板空洞体积亦不扣除,伸入墙内的板头并入板体积内计算	构件就位、安装;接头灌缝、养护
盖板、井圈	略	套	按设计图示尺寸以数量计算	略
垃圾道、通风道、烟道	略	m	按设计图示尺寸以长度计算	构件就位、安装;接头灌缝、养护
其他构件		m^3	按设计图示尺寸以体积计算	

(四)装配式预制混凝土构件

装配式预制混凝土构件工程量清单项目设置、项目特征描述的内容、计量单位及工程量计算规则应按表 5-32 的规定执行。

表 5-32 装配式预制混凝土构件(编码:010504)

项目名称	项目特征	计量单位	工程量计算规则	工作内容
实心柱,单梁,叠合梁	构件规格或图号;混凝土强度等级;连接方式;灌浆料材质	m^3	按设计图示构件尺寸以体积计算。接缝灌浆层体积并入构件体积内。不扣除构件内钢筋、预埋部件、预留孔洞、灌浆套筒及后浇键槽所占体积,构件外露钢筋、连接件及吊环体积亦不增加	支撑杆连接件预埋,结合面清理;构件吊装、就位、校正、垫实、固定,坐浆料铺筑;接头区构件预留钢筋、连接件整理及连接;灌(注)浆料;搭设及拆除钢支撑
叠合楼板	构件类型;构件规格或图号;混凝土强度等级		按设计图示构件尺寸以体积计算不扣除构件内钢筋、预埋部件、预留孔洞、构件边缘倒角及后浇键槽所占体积,构件外露钢筋、连接件及吊环体积亦不增加	结合面清理;构件吊装、就位、校正、垫实、固定,坐浆料铺筑;钢筋整理;搭设及拆除钢支撑
实心剪力墙板、夹心保温剪力墙板、叠合剪力墙板	略		按设计图示构件尺寸扣除门窗洞口以体积计算。坐浆层体积并入构件体积内。不扣除:构件内钢筋、预埋部件、预留孔洞所占体积;灌浆套筒、灌浆孔道及后浇键槽所占体积;相邻预制墙板锚环连接处灌浆体积。构件外露钢筋、连接件及吊环体积亦不增加	略

（续表）

项目名称	项目特征	计量单位	工程量计算规则	工作内容
外挂墙板，女儿墙	构件规格或图号；混凝土强度等级；连接方式；接缝处防水要求	m^3	按设计图示构件尺寸以体积计算。不扣除构件内钢筋、预埋部件、预留孔洞、后浇键槽及预制墙板拼缝所占体积，构件外露钢筋、连接件及吊环体积亦不增加	略
楼梯	略		按设计图示构件尺寸以体积计算。不扣除构件内钢筋、预埋部件、预留孔洞、后浇键槽及预制构件拼缝所占体积，构件外露钢筋、连接件及吊环体积亦不增加	略
阳台、凸(飘)窗、空调板、其他构件	略			略
叠合梁、板后浇混凝土，叠合剪力墙后浇混凝土	部位；混凝土种类；混凝土强度等级；浇筑方式		按设计图示尺寸以体积计算。不扣除构件内钢筋、预埋部件、预留孔洞所占的体积，预制构件边缘倒角部分及后浇混凝土键槽部分亦不增加	混凝土输送、浇筑、振捣、养护

（五）混凝土模板

混凝土模板工程量清单项目设置、项目特征描述的内容、计量单位及工程量计算规则应按表5-33的规定执行。

表5-33　混凝土模板（编码：010505）

项目名称	项目特征	计量单位	工程量计算规则	工作内容
垫层模板	垫层部位	m^2	按模板与现浇混凝土垫层的接触面积计算	模板制作；模板及支撑安装；刷隔离剂；模板及支撑拆除；清理模板粘结物及模内杂物；模板及支撑整理、小修、堆放
基础模板	基础类型		按模板与现浇混凝土构件的接触面积计算	
基础联系梁模板、柱面模板	模板形式			
墙面模板			按模板与现浇混凝土构件的接触面积计算。扣除门窗洞口及单个面积>0.3 m^2的孔洞所占面积，洞侧壁面积并入计算；不扣除单个面积≤0.3 m^2的孔洞所占的面积，洞侧壁面积亦不计算	
梁模板			按模板与现浇混凝土构件的接触面积计算。梁板连接时，边缘处梁侧模不扣除板厚	
楼板、屋面板、坡道板模板			按模板与现浇混凝土构件的接触面积计算。扣除单个面积>0.3 m^2的孔洞所占面积，洞侧壁面积并入计算；不扣除单个面积≤0.3 m^2的孔洞所占的面积，洞侧壁面积亦不计算	
其他板模板	构件名称；模板形式			
柱帽模板	模板形式		按模板与现浇混凝土构件的接触面积计算	
楼梯模板	楼梯形式；模板形式			

（续表）

项目名称	项目特征	计量单位	工程量计算规则	工作内容
构造柱模板	略	m^2	按混凝土外露宽度乘以柱高以面积计算。与砌体嵌接处按混凝土外露面最大宽度计算	模板制作；模板及支撑安装；刷隔离剂；模板及支撑拆除；清理模板粘结物及模内杂物；模板及支撑整理、小修、堆放
圈梁模板			按模板与现浇混凝土构件的接触面积计算。圈梁与构造柱连接时，梁长算至构造柱（含马牙槎）的侧面	
过梁模板			按模板与现浇混凝土构件的接触面积计算。过梁梁长设计无规定时，按梁下洞口宽度两端各加 250 mm，计算侧模面积	
零星现浇构件模板	构件名称；模板形式		按模板与现浇混凝土构件的接触面积计算	
挡土墙模板	模板部位		按模板与现浇混凝土构件的接触面积计算。不扣除单个面积≤0.3 m^2的孔洞所占的面积，洞侧壁模板亦不增加	
井（池）模板	模板形式		按模板与现浇混凝土构件的接触面积计算	
电缆沟、地沟模板	构件名称			
台阶模板	模板部位			
后浇带模板	后浇带部位		按模板与后浇带的接触面积计算	
叠合构件后浇混凝土模板	后浇部位		按模板与后浇混凝土构件的接触面积计算	

（六）钢筋及螺栓、铁件

钢筋及螺栓、铁件工程量清单项目设置、项目特征描述的内容、计量单位及工程量计算规则应按表 5-34 的规定执行。

表 5-34 钢筋及螺栓、铁件（编码：010506）

项目名称	项目特征	计量单位	工程量计算规则	工作内容
现浇混凝土基础及联系梁钢筋，现浇混凝土柱钢筋，现浇混凝土地下室外墙钢筋，现浇混凝土墙钢筋，现浇混凝土梁钢筋，现浇混凝土楼板及屋面板钢筋，现浇混凝土坡道板钢筋，现浇混凝土其他板钢筋，现浇混凝土楼梯钢筋，现浇混凝土二次结构钢筋，现浇混凝土零星构件钢筋，现浇混凝土挡土墙钢筋，现浇混凝土散水、坡道钢筋，现浇混凝土地坪钢筋，现浇混凝土台阶钢筋	钢筋种类、规格	t	按设计图示钢筋中心线长度乘以单位理论质量计算。设计（包括规范规定）标明的搭接和锚固长度应并入计算	钢筋制作；钢筋安装、固定；钢筋连接

（续表）

项目名称	项目特征	计量单位	工程量计算规则	工作内容
叠合构件后浇混凝土钢筋	构件类型；钢筋种类、规格	t	按设计图示钢筋中心线长度乘以单位理论质量计算。叠合预制构件伸入后浇部分的钢筋不计算，相邻现浇构件伸入后浇部分的预留钢筋不并入计算	钢筋制作；钢筋安装、固定；钢筋连接
砌体工程内配钢筋	钢筋种类、规格；布置方式	t	按设计图示钢筋中心线长度或设计（含规范）要求的钢筋计算长度乘以单位理论质量计算，设计（包括规范规定）标明的搭接和锚固长度应并入计算	钢筋制作；钢筋安装、固定；钢筋连接
屋面刚性层内配钢筋，装饰工程内配钢筋	钢筋种类、规格	t	按设计图示钢筋中心线长度或设计（含图集）要求的钢筋计算长度乘以单位理论质量计算	钢筋制作；钢筋安装、固定
钢筋网片	钢筋种类、规格；使用部位	t	按设计图示钢筋网面积乘以单位理论质量计算	钢筋网制作；钢筋网安装、固定
钢筋笼	钢筋种类、规格；使用部位	t	按设计图示钢筋中心线长度乘以单位理论质量计算。设计（包括规范规定）标明的搭接应计算在内，灌注桩允许超灌长度内的钢筋应并入计算	钢筋笼制作；钢筋笼安装；钢筋整理
预应力钢筋	钢筋（丝束、绞线）种类、规格；锚具种类；张拉方式；砂浆强度等级	t	按设计图示钢筋（丝束、绞线）中心线长度乘单位理论质量计算	略
钢丝网	钢丝网规格；使用部位	m^2	按设计（包括规范规定）要求以面积计算	钢丝网裁切、敷设、固定
螺栓	螺栓种类；规格；使用部位；端头处理方式	套	按设计（包括规范规定）要求以数量计算	螺栓、铁件制作；螺栓、铁件安装；对拉螺栓端头处理
预埋铁件	钢材种类；规格；铁件尺寸	t	按设计图示尺寸以质量计算	螺栓、铁件制作；螺栓、铁件安装；对拉螺栓端头处理

（续表）

项目名称	项目特征	计量单位	工程量计算规则	工作内容
结构抗(隔)震支座	支座种类;支座规格;使用部位	套	按设计图示数量计算	定位板安装、拆除;连接件安装固定;支座安装
阻尼器	阻尼器种类;阻尼器规格;使用部位			配套连接件或节点板定位、焊接;阻尼器拼装、安装

(七)其他规定

现浇混凝土构件通用说明：

(1)项目特征中的“混凝土种类”可描述为预拌(商品)混凝土、现拌混凝土，清水混凝土、彩色混凝土，防水混凝土、耐酸混凝土，毛石混凝土、轻骨料混凝土等。

(2)现浇钢筋混凝土构件，均不扣除构件内钢筋、螺栓、预埋铁件、张拉孔道所占体积，但应扣除劲性骨架的型钢所占体积。

现浇钢筋混凝土基础说明：

(1)独立基础的“基础类型”可描述为普通、杯口、独立桩承台等；条形基础的“基础类型”可描述为板式、梁板式等；筏形基础的“基础类型”可描述为平板式、梁板式等。

(2)独立桩承台按“独立基础”项目编码列项，承台梁应按“基础联系梁”项目编码列项，整片浇筑的桩承台应按“筏形基础”项目编码列项。

(3)箱式满堂基础的底板应按“筏形基础”项目编码列项，其余构件应按柱、梁、墙、板相应项目分别编码列项。框架式设备基础应按基础、柱、梁、墙、板相应项目分别编码列项。

现浇钢筋混凝土柱、墙说明：

(1)钢管混凝土柱的“填充形式”可描述为实心、空心。当填充形式为空心时，需描述空心率。

(2)建筑物中，起挡土作用的地下室外围护墙应按“地下室外墙”项目编码列项，其余现浇混凝土墙应按“钢筋混凝土墙”项目编码列项。钢筋混凝土墙除剪力墙身(简称墙身)外，还包括剪力墙柱(简称墙柱)和剪力墙梁(简称墙梁)。墙柱指约束边缘构件、构造边缘构件、非边缘暗柱、扶壁柱，呈十、T、Y、L、一字等形状，按柱式配筋，墙柱与墙身相连还可能形成工、[、Z字等形状，墙梁指连梁、暗梁、边框梁，处于填充墙大洞口或其他洞口上方，按梁式配筋。

(3)**墙与柱连接时墙算至柱边，墙与梁连接时墙算至梁底，墙与板连接时板算至墙侧**。

(4)异型柱水平各方向上截面高度与厚度之比均大于4时，应按“钢筋混凝土墙”项目编码列项。

现浇钢筋混凝土梁、板说明：

(1)梁坡度≥20%时，需描述坡度。

(2)钢板上浇筑的混凝土板应按“实心楼板”项目编码列项，计算工程量时应扣除钢板所占体积，并计算因压型钢板板面凹凸造成的混凝土体积增减。

(3)空心板内置筒芯、箱体是指在混凝土浇筑前，为形成现浇空心楼盖的内部空腔而预先安装放置玻纤增强复合筒芯、叠合箱、蜂巢芯等。

(4)**屋面板坡度＜20%时，应按“实心楼板”项目编码列项，坡度≥20%时，应按“坡屋面板”项目编码列项，并描述坡度。**

(5)坡道板是指满足通行要求的架空式坡道，其“坡道形式”可描述为直线式、曲线式、组合式等。

(6)挑檐板、天沟板、雨篷板、凸飘窗顶(底)板、凸飘窗侧立板、下挂板、栏板、造型板等应按“其他板”项目分别编码列项。

现浇钢筋混凝土楼梯及其他说明：

(1)楼梯项目的“楼梯形式”可描述为直形、弧形、螺旋、板式、梁式、单跑、双跑、三跑等。楼梯包括楼梯梯段、楼梯梁、楼梯休息平台、平台梁。当楼梯与楼板无楼梯梁连接时，以楼梯的最上一级踏步边缘加300 mm为界。

(2)阳台应按现浇混凝土梁、板等相应构件分别编码列项。

(3)填充混凝土项目适用于在已完成的结构体内，为满足设计要求而进行的混凝土浇筑。

(4)散水、坡道、地坪项目特征中的“嵌缝材料种类”需描述设计图纸注明的功能性分隔缝材料种类，无需描述为留置施工缝而使用的分隔材料种类。

(5)架空式混凝土台阶应按“楼梯”项目编码列项。

一般预制混凝土构件说明：

(1)非装配式的预制混凝土构件应按“一般预制混凝土构件”的相应项目编码列项。

(2)预制混凝土构件或预制钢筋混凝土构件，设计图纸标注做法见标准图集时，在项目特征中描述标准图集的编号、节点大样编号及所在页号即可。

(3)一般预制混凝土构件的工作内容中不包含使用大型垂直运输机械进行的吊装工作，大型垂直运输机械的使用应包含在“措施项目”中。

装配式预制混凝土构件说明：

(1)装配式构件自带钢筋之外的钢筋应按“钢筋及螺栓、铁件”的相应项目编码列项。

(2)装配式构件安装包括构件固定所需临时支撑的搭设及拆除，如采用特殊工艺，则应在项目特征中描述支撑(含支撑用预埋铁件)的种类及搭设方式。

(3)装配式构件工程量计算规则中的预埋部件，是指预埋钢板、螺栓、套筒、螺母、线盒、电盒、线管、木砖等。

(4)叠合楼板预制板之间的后浇混凝土板带，应并入“叠合梁、板后浇混凝土”内计算。

混凝土模板说明：

(1)设计图纸或交工标准对现浇混凝土构件表面有特殊要求的，如清水混凝土、表面纹饰造型混凝土等，其模板项目特征中需增加“混凝土表面要求”；设计图纸要求使用定制模板浇筑异型混凝土构件的，其模板项目特征中需增加“模板定制要求”；发包人对模板材质、支模方式等有特殊要求的，可在项目特征中补充描述。

(2)项目特征中的“模板形式”可描述为直形模板、倾斜模板(适用于坡度≥20%的构件斜面)、弧形模板(适用于半径≤12 m的构件弧面)、拱形模板等。

(3)其他板模板、零星现浇构件模板应按相应现浇混凝土构件的项目名称分别编码列项。

(4)浇筑混凝土地坪、散水、坡道如使用模板，应按“垫层模板”项目编码列项。

(5)墙与柱连接时算至柱边，墙与梁连接时墙算至梁底；墙与板连接时板算至墙侧；柱、墙、梁、板、栏板相互连接的重叠部分，应扣除重叠部分的模板面积。

钢筋及螺栓、铁件说明：

(1)各钢筋项目的工作内容均应包含相应的措施钢筋；钢筋的制作包含钢筋清理、调直、切断、弯曲成型等全部制作工序；钢筋的安装、固定包含基层清理及钢筋就位、定位、支撑、绑扎、焊接等全部安装工序；钢筋的连接包含搭接、焊接、机械连接、检查清理等全部连接工序。

(2)现浇混凝土构件的钢筋应按构件的钢筋项目分别编码列项；一般预制混凝土构件及装配式预制混凝土构件中的钢筋，包含在相应构件中，不单独列项计量。

(3)地下连续墙、灌注桩的钢筋，应按“钢筋笼”项目编码列项。

(4)构造柱、圈梁、过梁等构件的钢筋，应按“现浇混凝土二次结构钢筋”项目编码列项。

(5)现浇混凝土井、池及电缆沟、地沟中的钢筋，应按“现浇混凝土零星构件钢筋”项目编码列项。

(6)各构件及分部工程中如使用成型钢筋网、成品钢丝网，应按“钢筋网片”“钢丝网”项目编码列项。

(7)预应力钢筋、钢丝束、钢绞线应区分材料种类、规格等项目特征分别编码列项。

(8)现浇混凝土中的预埋螺栓、锚入混凝土结构的化学螺栓、因特殊需要留置在混凝土内不周转使用的对拉螺栓，应按“螺栓”项目编码列项；钢结构中使用的螺栓，应执行金属结构工程相应规定。

(9)现浇混凝土结构中的后浇带部位的钢筋不单独列项计量，其工程量并入与其对应的现浇构件钢筋工程量中。

(10)伸出各现浇构件的锚固钢筋，应按设计要求确定长度，并入该构件的钢筋工程量内。

(11)各钢筋项目除设计(包括规范规定)标明的搭接外，其他施工搭接(如定尺搭接)不计算工程量。

(12)各钢筋项目均不计算非设计要求的马凳筋、斜撑筋、抗浮筋、垫铁等措施钢筋的工程量。

(13)非设计要求的植筋，均不单独列项计量。如设计有要求时，应按对应构件钢筋项目分别编码列项，并增加植入要求的描述。

六、金属结构工程 ★★★

(一)钢网架

钢网架工程量清单项目设置、项目特征描述的内容、计量单位及工程量计算规则应按表 5-35 的规定执行。

表 5-35 钢网架(编码:010601)

项目名称	项目特征	计量单位	工程量计算规则	工作内容
钢网架	结构形式、跨度；杆件钢材品种、规格；节点形式、连接方式；节点钢材品种、规格；构件涂(镀)层要求；探伤要求	t	按设计图示尺寸以质量计算。不扣除孔眼的质量，焊条、螺钉(或销子)等不另增加质量	拼装；吊装就位；安装；探伤；补刷油漆
钢网壳				

（二）钢屋架钢托架、钢桁架

钢屋架、钢托架、钢桁架工程量清单项目设置、项目特征描述的内容、计量单位及工程量计算规则应按表5-36的规定执行。

表5-36　钢屋架、钢托架、钢桁架（编码：010602）

项目名称	项目特征	计量单位	工程量计算规则	工作内容
钢屋架	钢材品种、规格；屋架跨度及起拱高度；构件涂（镀）层要求；探伤要求	t	按设计图示尺寸以质量计算。不扣除孔眼的质量，焊条、铆钉、普通螺栓等不另增加质量	拼装；吊装就位；安装；探伤；补刷油漆
钢托架，钢桁架	钢材品种、规格；构件涂（镀）层要求；探伤要求			

（三）钢柱

钢柱工程量清单项目设置、项目特征描述的内容、计量单位及工程量计算规则应按表5-37的规定执行。

表5-37　钢柱（编码：010603）

项目名称	项目特征	计量单位	工程量计算规则	工作内容
实腹钢柱，空腹钢柱	柱类型；钢材品种、规格；构件涂（镀）层要求；探伤要求	t	按设计图示尺寸以质量计算。不扣除孔眼的质量，焊条、铆钉、普通螺栓等不另增加质量，钢柱上的节点板、加强环、内衬管、牛腿及悬臂梁等并入钢柱工程量内	拼装；吊装就位；安装；探伤；补刷油漆
钢管柱	钢材品种、规格；构件涂（镀）层要求；探伤要求			

（四）钢梁

钢梁工程量清单项目设置、项目特征描述的内容、计量单位及工程量计算规则应按表5-38的规定执行。

表5-38　钢梁（编码：010604）

项目名称	项目特征	计量单位	工程量计算规则	工作内容
钢梁	梁类型；钢材品种、规格；构件涂（镀）层要求；探伤要求	t	按设计图示尺寸以质量计算。不扣除孔眼的质量，焊条、铆钉、普通螺栓等不另增加质量，节点板、加强肋、制动梁、制动板、制动桁架、车挡并入钢梁及吊车梁工程量内	拼装；吊装就位；安装；探伤；补刷油漆
钢吊车梁	钢材品种、规格；构件涂（镀）层要求；探伤要求			

（五）钢板楼板、墙板、屋面板

钢板楼板、墙板、屋面板工程量清单项目设置、项目特征描述的内容、计量单位及工程量计算规则应按表5-39的规定执行。

表 5-39 钢板楼板、墙板、屋面板(编码:010605)

项目名称	项目特征	计量单位	工程量计算规则	工作内容
钢板楼板	钢材品种、规格;钢板型号、厚度;构件涂(镀)层要求	m^2	按设计图示尺寸以铺设水平投影面积计算。不扣除单个面积≤0.3 m^2 的柱,垛及孔洞所占面积	拼装;吊装就位;安装;探伤;补刷油漆;接缝、嵌缝
钢板墙板	钢材品种、规格;钢板(复合板)型号、厚度;构件涂(镀)层要求;复合板夹芯材料种类、规格;接缝、嵌缝材料种类		按设计图示尺寸以铺挂展开面积计算。扣除门窗洞口所占面积,不扣除单个面积≤0.3 m^2 的梁、孔洞所占面积,包角、包边、窗台泛水等不另加面积	
钢屋面板			按设计图示尺寸以铺设斜面面积计算。不扣除房上烟囱、风帽底座、风道、小气窗、斜沟等所占面积,小气窗的出檐部分不增加面积	

(六)钢天窗架、墙架、挡风架

钢天窗架、墙架、挡风架工程量清单项目设置、项目特征描述的内容、计量单位及工程量计算规则应按表 5-40 的规定执行。

表 5-40 钢天窗架、墙架、挡风架(编码:010606)

项目名称	项目特征	计量单位	工程量计算规则	工作内容
钢天窗架,钢挡风架,钢墙架	钢材品种、规格;构件涂(镀)层要求;探伤要求	t	按设计图示尺寸以质量计算。不扣除孔眼的质量,焊条、铆钉、普通螺栓等不另增加质量	拼装;吊装就位;安装;探伤;补刷油漆

(七)其他钢构件

其他钢构件工程量清单项目设置、项目特征描述的内容、计量单位及工程量计算规则应按表 5-41 的规定执行。

表 5-41 其他钢构件(编码:010607)

项目名称	项目特征	计量单位	工程量计算规则	工作内容
钢拉索	钢材品种、规格;索体类型;锚具及接头类型;构件涂(镀)层要求;探伤要求	t	按设计图示尺寸以索体质量计算。不扣除孔眼的质量,锚具及接头等不另增加质量	索体安装;锚具安装;张拉、索力调整;补刷油漆
钢支撑、钢拉条,钢檩条	钢材品种、规格;构件类型;构件涂(镀)层要求;探伤要求		按设计图示尺寸以质量计算。不扣除孔眼的质量,焊条、铆钉、普通螺栓等不另增加质量	吊装就位;安装;探伤;补刷油漆

（续表）

项目名称	项目特征	计量单位	工程量计算规则	工作内容
钢平台，钢走道	钢材品种、规格；构件涂（镀）层要求；探伤要求	t	按设计图示尺寸以质量计算。不扣除孔眼的质量，焊条、铆钉、普通螺栓等不另增加质量，依附平台或走道的型钢并入其工程量内	拼装；吊装就位；安装；探伤；补刷油漆
钢梯，钢护栏	略		按设计图示尺寸以质量计算。不扣除孔眼的质量，焊条、铆钉、普通螺栓等不另增加质量	
钢漏斗，钢板天沟	略		按设计图示尺寸以质量计算。不扣除孔眼的质量，焊条、铆钉、普通螺栓等不另增加质量，依附漏斗或天沟的型钢并入其工程量内	
零星钢构件	构件名称；钢材品种、规格；构件涂（镀）层要求；探伤要求		按设计图示尺寸以质量计算。不扣除孔眼的质量，焊条、铆钉、普通螺栓等不另增加质量	吊装就位；安装；探伤；补刷油漆

（八）钢构件制作及其他

钢构件制作及其他工程量清单项目设置、项目特征描述的内容；计量单位及工程量计算规则应按表 5-42 的规定执行。

表 5-42　钢构件制作及其他（编码：010608）

项目名称	项目特征	计量单位	工程量计算规则	工作内容
钢构件制作	钢材品种、规格；构件类型；加工方式；探伤要求	t	按设计图示尺寸以质量计算。不扣除孔眼的质量，焊条、铆钉、普通螺栓等不另增加质量	放样、划线、截料；平直、钻孔；拼接、焊接；成品矫正、除锈；成品编号堆放
高强螺栓	螺栓种类、规格	套	按设计图示数量计算	安装；补刷油漆
支座	支座种类、规格			
剪力栓钉	栓钉种类、规格			焊接；探伤；补刷油漆

（九）金属制品

金属制品工程量清单项目设置、项目特征描述的内容、计量单位及工程量计算规则应按表 5-43 的规定执行。

表 5-43　金属制品（编码：010609）

项目名称	项目特征	计量单位	工程量计算规则	工作内容
金属百页护栏	略	m^2	按设计图示尺寸以框外围展开面积计算	埋置铁件及螺栓；安装；校正
金属栅栏，金属网栏	材料品种、规格；边框及立柱型钢品种、规格			
金属井（沟）盖及盖座	略	套	按设计图示数量计算	井盖及盖座安装

（十）其他规定

实腹钢柱的“柱类型”可描述为十字、T、L、H 形等；空腹钢柱的“柱类型”可描述为箱形、格构式等。

钢梁的“梁类型”可描述为H、L、T 形、箱形、格构式等。

劲性钢筋混凝土柱梁中的劲性钢骨架、钢管混凝土柱中的钢管，应按《房屋建筑与装饰工程工程量计算标准》附录相关项目编码列项，其混凝土和钢筋应按混凝土及钢筋混凝土工程中相关项目编码列项。

压型钢板楼承板、钢筋桁架楼承板应按“钢板楼板”项目编码列项。钢板楼板上浇筑钢筋混凝土，其混凝土和钢筋应按混凝土及钢筋混凝土工程中相关项目编码列项。

钢墙架项目包括墙架柱、墙架梁和连接杆件。

本节未列项目不依附于主钢构件的单独金属构件，应按“零星钢构件”项目编码列项。

各钢构件项目均按半成品编制，工作内容不包含构件制作，半成品加工过程中的刷漆要求应在项目特征“构件涂（镀）层要求”中进行描述。若构件为现场制作，应按“钢构件制作”项目编码列项。

高强螺栓、支座、剪力栓钉的质量不计入相应钢构件的工程量中，应区分不同种类单独编码列项。

钢构件施工过程中刷油漆及防火涂料等，应按油漆、涂料、裱糊工程中相关项目编码列项。

金属制品按成品现场安装编制，工作内容不包含金属制品的制作。

七、木结构工程

（一）木屋架

木屋架工程量清单项目设置、项目特征描述的内容、计量单位及工程量计算规则应按表 5-44 的规定执行。

表 5-44　木屋架（编码：010701）

项目名称	项目特征	计量单位	工程量计算规则	工作内容
屋架	屋架种类；跨度；材料品种、规格；刨光要求；拉杆及夹板种类；防护材料种类	榀	按设计图示数量以榀计算	制作；安装；刷防护材料

（二）木构件

木构件工程量清单项目设置、项目特征描述的内容、计量单位及工程量计算规则应按表 5-45 的规定执行。

表 5-45　木构件（编码：010702）

项目名称	项目特征	计量单位	工程量计算规则	工作内容
木柱，木梁，木檩	构件规格尺寸；木材种类；刨光要求；防护材料种类	m^3	按设计图示尺寸以体积计算	制作；安装；刷防护材料
木楼梯	略	m^2	按设计图示尺寸以水平投影面积计算。不扣除宽度≤300 mm 的楼梯井，伸入墙内部分不计算	
装配式木楼梯	略		按设计图示尺寸以水平投影面积计算。不扣除套管、线盒及宽度≤300 mm 的楼梯井所占的面积，伸出梯板的连接件面积亦不增加	就位、拼接；组装、安装；刷防护材料；接缝处填塞及表面处理
其他木构件	略	m^3	按设计图示尺寸以体积计算	略

（三）屋面木基层

屋面木基层工程量清单项目设置、项目特征描述的内容、计量单位及工程量计算规则应按表5-46的规定执行。

表5-46　屋面木基层（编码：010703）

项目名称	项目特征	计量单位	工程量计算规则	工作内容
屋面木基层	椽子断面尺寸及椽距；望板材料种类、厚度；防护材料种类	m^2	按设计图示尺寸以面积计算。不扣除房上烟囱、风帽底座、风道、小气窗、斜沟等所占面积。小气窗的出檐部分不增加面积	椽子制作、安装；望板制作、安装；刷防护材料

（四）其他规定

屋架的“屋架种类”可描述为木、钢木。按标准图集设计的，应注明标准图集的编号、节点大样编号及所在页号。

屋架的跨度应以上、下弦中心线两交点之间的距离计算。

带气楼的屋架和马尾、折角以及正交部分的半屋架，应按"屋架"项目编码列项。

木楼梯的栏杆（栏板）、扶手应按其他装饰工程中的相关项目编码列项。

八、门窗工程 ★★★

（一）木门

木门工程量清单项目设置、项目特征描述的内容、计量单位及工程量计算规则应按表5-47的规定执行。

表5-47　木门（编码：010801）

项目名称	项目特征	计量单位	工程量计算规则	工作内容
木质门	门洞口尺寸；门类型；开启方式；框、扇木材材质；玻璃品种、厚度；五金种类、规格；其他工艺要求	m^2	按设计图示洞口尺寸以面积计算	门（含框）安装；玻璃安装；五金配件安装；嵌缝打胶
木质门带套	门洞口尺寸；门类型；开启方式；门扇木材材质；门套材质、规格；玻璃品种、厚度；五金种类、规格；其他工艺要求			门套安装；门扇安装；玻璃安装；五金配件安装；嵌缝打胶
木质连窗门	门连窗洞口尺寸；门类型及开启方式；窗类型及开启方式；框、扇木材材质；玻璃品种、厚度；五金种类、规格；其他工艺要求			门连窗（含框）安装；玻璃安装；五金配件安装；嵌缝打胶
木质防火门	门洞口尺寸；防火等级；开启方式；玻璃品种、厚度；五金种类、规格；防护材料种类			门（含框）安装；玻璃安装；五金配件安装；嵌缝打胶；刷防护材料
木门框	木材材质；框截面尺寸；防护材料种类	m	按设计图示尺寸以框中心线长度计算	木门框制作、安装；刷防护材料
门锁安装	锁品种；锁规格；工艺要求	套	按设计图示数量计算	安装

（二）金属门

金属门工程量清单项目设置、项目特征描述的内容、计量单位及工程量计算规则应按表 5-48 的规定执行。

表 5-48 金属门（编码：010802）

项目名称	项目特征	计量单位	工程量计算规则	工作内容
金属（塑钢）门	略	m^2	按设计图示洞口尺寸以面积计算	略
彩板门，防盗门	门洞口尺寸；框、扇材质；五金种类、规格；其他工艺要求			
钢质防火门	门洞口尺寸；防火等级；开启方式；框、扇材质；玻璃品种、厚度；五金种类、规格；防护材料种类			门（含框）安装；玻璃安装；五金配件安装；嵌缝打胶

（三）金属卷帘（闸）门

金属卷帘（闸）门工程量清单项目设置、项目特征描述的内容、计量单位及工程量计算规则应按表 5-49 的规定执行。

表 5-49 金属卷帘（闸）门（编码：010803）

项目名称	项目特征	计量单位	工程量计算规则	工作内容
金属卷帘（闸）门，防火卷帘（闸）门	门洞口尺寸；门材质；五金种类、规格；驱动类型；其他工艺要求	m^2	按设计图示洞口尺寸以面积计算	门安装；启动装置、活动小门、五金配件安装

（四）厂库房大门、特种门

厂库房大门、特种门工程量清单项目设置、项目特征描述的内容、计量单位及工程量计算规则应按表 5-50 的规定执行。

表 5-50 厂库房大门、特种门（编码：010804）

项目名称	项目特征	计量单位	工程量计算规则	工作内容
木板大门，钢木大门，全钢板大门	门洞口尺寸；开启方式；门框、扇材质；五金种类、规格；防护材料种类；其他工艺要求	m^2	按设计图示洞口尺寸以面积计算	门（含框）安装；五金配件安装；刷防护材料
防护铁丝门，金属格栅门，钢质花饰大门			按设计图示门框尺寸以面积计算。无门框时以扇面积计算	门（含框）安装；五金配件安装
特种门	略		按设计图示洞口尺寸以面积计算	

（五）其他门

其他门工程量清单项目设置、项目特征描述的内容、计量单位及工程量计算规则应按表 5-51 的规定执行。

表 5-51 其他门（编码：010805）

项目名称	项目特征	计量单位	工程量计算规则	工作内容
电子感应门	略	套	按设计图示数量计算	门（含框）安装；启动装置、五金、电子配件安装；嵌缝打胶
电动旋转门	略			
电动伸缩门	略			

（续表）

项目名称	项目特征	计量单位	工程量计算规则	工作内容
全玻自由门	略	m^2	按设计图示洞口尺寸面积计算	门（含框）安装；五金配件安装；嵌缝打胶
不锈钢饰面门，复合材料门	略			

（六）木窗

木窗工程量清单项目设置、项目特征描述的内容、计量单位及工程量计算规则应按表 5-52 的规定执行。

表 5-52　木窗（编码：010806）

项目名称	项目特征	计量单位	工程量计算规则	工作内容
木质窗	窗洞口尺寸；窗类型；开启方式；框、扇木材材质及规格；玻璃品种、厚度；五金种类、规格；其他工艺要求	m^2	按设计图示洞口尺寸以面积计算	窗（含框）安装；玻璃安装；五金配件安装；嵌缝打胶
木飘（凸）窗			按设计图示尺寸以框外围展开面积计算	
木橱窗	略		按设计图示尺寸以框外围展开面积计算	略
木纱窗	略		按纱扇框的外围尺寸以面积计算	略

（七）金属窗

金属窗工程量清单项目设置、项目特征描述的内容、计量单位及工程量计算规则应按表 5-53 的规定执行。

表 5-53　金属窗（编码：010807）

项目名称	项目特征	计量单位	工程量计算规则	工作内容
金属（塑料）窗	略	m^2	按设计图示洞口尺寸以面积计算	窗（含框）安装；玻璃安装；五金配件安装；嵌缝打胶
金属防火窗	略			
金属百叶窗	窗洞口尺寸；框材质、规格；百叶材料品种、规格			窗安装；五金配件安装
金属纱窗	开启方式；框材质、规格；窗纱材质、规格；五金种类、规格		按纱扇框的外围尺寸以面积计算	窗安装；五金配件安装
金属格栅窗	窗洞口尺寸；框、扇材质及规格；五金种类、规格		按设计图示洞口尺寸以面积计算	
金属（塑钢）橱窗	框材质及规格；玻璃品种、厚度；防护材料种类		按设计图示尺寸以框外围展开面积计算	略
金属（塑钢）飘（凸）窗	略			窗安装；玻璃安装；五金配件安装；嵌缝打胶
彩板窗	略		按设计图示洞口尺寸以面积计算	
复合材料窗	略			

(八)门窗套

门窗套工程量清单项目设置、项目特征描述的内容、计量单位及工程量计算规则应按表 5-54 的规定执行。

表 5-54 门窗套(编码:010808)

项目名称	项目特征	计量单位	工程量计算规则	工作内容
木门窗套,金属门窗套	基层材料品种、规格;面层材料品种、规格;线条品种、规格;防护材料种类	m^2	按设计图示尺寸以展开面积计算	略
石材门窗套	粘结层材质、厚度;石材品种、规格;线条品种、规格			略
成品门窗套	材料品种、规格			清理基层;成品门窗套安装

(九)窗台板

窗台板工程量清单项目设置、项目特征描述的内容、计量单位及工程量计算规则应按表 5-55 的规定执行。

表 5-55 窗台板(编码:010809)

项目名称	项目特征	计量单位	工程量计算规则	工作内容
窗台板	找平层材质;粘结层材质、厚度;窗台板材质、规格	m^2	按设计图示尺寸以展开面积计算	基层清理;抹找平层;窗台板制作、安装

(十)窗帘、窗帘盒、轨

窗帘、窗帘盒、轨工程量清单项目设置,项目特征描述的内容,计量单位及工程量计算规则应按表 5-56 的规定执行。

表 5-56 窗帘、窗帘盒、轨(编码:010810)

项目名称	项目特征	计量单位	工程量计算规则	工作内容
窗帘	略	m^2	按设计窗帘覆盖面积计算	制作;安装
窗帘盒	略	m	按设计图示尺寸以长度计算	
窗帘轨	略			

(十一)其他规定

木门的“门类型”可描述为镶板木门、企口木板门、实木装饰门、胶合板门、夹板装饰门、木纱门、全玻门(带木质扇框)、木质半玻门(带木质扇框)等。

金属门的“门类型”可描述为金属平开门、金属推拉门、金属地弹门、全玻门(带金属扇框)、金属半玻门(带扇框)等。

特种门的“门类型”可描述为冷藏门、冷冻间门、保温门、变电室门、隔音门、防射线门、人防门、金库门等。

单独制作、安装木门框应按“木门框”项目编码列项。

单独安装门锁应按“门锁安装”项目编码列项。

门五金包含合页、铰链、拉手、锁具、插销、门吸、闭门器、滑轮滑轨、地弹簧、角码、螺丝等完成门安装所需的各类配件。

金属卷帘(闸)门的“驱动类型”可描述为手动、电动等。

木窗的“窗类型”可描述为木百叶窗、木组合窗、木天窗、木固定窗、木装饰空花窗等。

金属窗的“窗类型”可描述为金属组合窗、防盗窗等。

窗五金包含合页、铰链、拉手、锁具、插销、风钩、风撑、滑轮滑轨、角码、螺丝等完成窗安装所需的各类配件。

对门窗的胶压、封边、雕刻、纹饰等工艺有特殊要求的，可在项目特征"其他工艺要求"中进行描述。

窗帘打褶等工艺可在“其他工艺要求”中进行描述。

窗帘轨的“轨的形式”可描述为单轨、双轨等。

九、屋面及防水工程 ★★★★

(一)屋面

屋面工程量清单项目设置、项目特征描述的内容、计量单位及工程量计算规则应按表5-57的规定执行。

表5-57　屋面(编码:010901)

项目名称	项目特征	计量单位	工程量计算规则	工作内容
瓦屋面	瓦品种、规格;铺设及搭接方式;卧瓦层砂浆种类及厚度;持钉层材料种类及厚度;顺水条、挂瓦条品种及规格	m^2	按设计图示尺寸以斜面积计算。不扣除房上烟囱、风帽底座、风道、小气窗、斜沟等所占面积,小气窗的出檐部分、瓦搭接重叠部分不增加面积	卧瓦层或持钉层铺设及养护;顺水条、挂瓦条铺钉(若有);安瓦、作瓦脊
阳光板屋面,玻璃钢屋面	屋面板品种、规格;屋面板固定方式;接缝、嵌缝材料种类	m^2	按设计图示尺寸以斜面积计算。不扣除屋面面积≤0.3 m^2的孔洞所占面积,搭接重叠部分不增加面积	屋面板安装;屋脊盖板安装;接缝、嵌缝、收口
玻璃采光顶	骨架材料种类及型号;框格形式玻璃品种、规格、表面处理;隔离带、框边封闭材料品种	m^2	按设计图示外表面积计算	略
金属板幕墙顶	骨架材料种类及型号;框格形式;面层材料品种、规格、表面处理;隔离带、框边封闭材料品种	m^2	按设计图示外表面积计算	略
膜结构屋面	略	m^2	按设计图示尺寸以需要覆盖的水平投影面积计算	略
屋面成品天沟、檐沟	略	m	按设计图示尺寸以沟中心线长度计算	略
屋面变形缝	略	m	按设计图示尺寸以长度计算	略

（二）屋面防水及其他

屋面防水及其他工程量清单项目设置、项目特征描述的内容、计量单位及工程量计算规则应按表 5-58 的规定执行。

表 5-58 屋面防水及其他（编码：010902）

项目名称	项目特征	计量单位	工程量计算规则	工作内容
屋面卷材防水	卷材品种、规格、厚度；防水层数；防水层做法	m^2	按设计图示尺寸以面积计算：斜屋顶（不包括平屋顶找坡）按斜面积计算，平屋顶按水平投影面积计算；不扣除房上烟囱、风帽底座、风道、屋面小气窗和斜沟所占面积，相应上述部位上翻不增加；屋面的女儿墙、伸缩缝、设备基础和天窗等处的上翻部分，并入屋面工程量内	略
屋面涂膜防水	防水膜品种；涂膜厚度、遍数；增强材料种类			基层处理；刷基层处理剂；铺布、喷涂防水层
屋面柔性隔离层	隔离层材料种类；隔离层厚度、遍数；隔离层做法			略
屋面刚性层	刚性层材料种类及强度等级；刚性层厚度；刚性层作用；嵌缝材料种类		按设计图示尺寸以面积计算。不扣除房上烟囱、风帽底座、风道等所占面积	基层处理；刚性层铺筑、界格、养护
屋面排水管	略	m	按设计图示尺寸以长度计算，如设计未标注尺寸，以檐口至设计室外散水上表面垂直距离计算	排水管及配件安装、固定；雨水斗、山墙出水口、雨水管子安装；接缝、嵌缝；刷漆
屋面排（透）气管	排（透）气管品种、规格；接缝、嵌缝材料种类；油漆品种、刷漆遍数		按设计图示尺寸以长度计算	排（透）气管及配件安装、固定；铁件制作、安装；接缝、嵌缝；刷漆
屋面（廊、阳台）泄（吐）水管	略	个	按设计图示数量计算	略
屋面排水板	排水板材质、规格；排水板铺设方式	m^2	按设计图示尺寸以面积计算，斜屋顶按斜面积计算，平屋顶按水平投影面积计算	清理基层；排水板铺设、压条、收口
天沟、檐沟防水	防水材料品种、规格；防水层数、厚度、遍数；防水层做法		按设计图示尺寸以展开面积计算	基层处理；刷底油；铺防水卷材或喷涂防水层

（三）墙面防水、防潮

墙面防水、防潮工程量清单项目设置、项目特征描述的内容、计量单位及工程量计算规则应按表 5-59 的规定执行。

表 5-59 墙面防水、防潮（编码：010903）

项目名称	项目特征	计量单位	工程量计算规则	工作内容
墙面卷材防水	卷材品种、规格、厚度；防水层数；防水层做法	m^2	按设计图示尺寸以面积计算	基层处理；刷粘结剂；铺防水卷材；搭接缝处理、封边、收口
墙面涂膜防水	防水膜品种；涂膜厚度、遍数；增强材料种类			基层处理；刷基层处理剂；铺布、喷涂防水层
墙面砂浆防水	略			略
墙面变形缝	略	m	按设计图示尺寸以长度计算	略

（四）楼（地）面防水、防潮

楼（地）面防水、防潮工程量清单项目设置、项目特征描述的内容、计量单位及工程量计算规则应按表 5-60 的规定执行。

表 5-60 楼（地）面防水、防潮（编码：010904）

项目名称	项目特征	计量单位	工程量计算规则	工作内容
楼（地）面卷材防水	卷材品种、规格、厚度；防水层数；防水层做法；上翻高度	m^2	按设计图示尺寸以主墙间净面积计算，扣除凸出面的构筑物、设备基础及单个面积$>0.3\ m^2$的柱、垛、烟囱和孔洞等所占面积。楼（地）面防水上翻高度$\leqslant$300 mm 时，工程量并入楼地面防水工程量内	略
楼（地）面涂膜防水	防水膜品种；涂膜厚度、遍数；增强材料种类；上翻高度			基层处理；刷基层处理剂；铺布、喷涂防水层
楼（地）面砂浆防水（防潮）	防水（防潮）层做法；砂浆厚度、种类及强度等级；上翻高度			基层处理；砂浆制作、摊铺、养护
楼（地）面变形缝	略	m	按设计图示尺寸以长度计算	略

（五）基础防水及止水带

基础防水及止水带工程量清单项目设置，项目特征描述的内容，计量单位及工程量计算规则应按表 5-61 的规定执行。

表 5-61 基础防水及止水带（编码：010905）

项目名称	项目特征	计量单位	工程量计算规则	工作内容
基础卷材防水	卷材品种、规格、厚度；防水层数；防水层做法	m^2	按图示尺寸以面积计算。不扣除桩头及单个面积$\leqslant 0.3\ m^2$的孔洞所占面积，与筏形基础、防水底板相连的其他基础、电梯井坑的防水按展开面积并入计算	略
基础涂膜防水	防水膜品种；涂膜厚度、遍数；增强材料种类			略
止水带	止水带材料种类；止水带尺寸；铺设方式	m	按设计图示尺寸以中心线长度计算	略

（六）其他规定

瓦屋面的“瓦品种”可描述为块瓦、沥青瓦、波形瓦等，如设计为卧瓦，应对卧瓦层进行描述；如设计为挂瓦，应对顺水条、挂瓦条及持钉层进行描述；如设计为直接钉瓦，应对持钉层进行描述，以屋面木基层或钢筋混凝土基层作为持钉层的，持钉层可不描述。

阳光板屋面、玻璃钢屋面的屋架、屋檐等支承结构应按金属结构工程、木结构工程中相关项目编码列项。

随幕墙工程设计的“金属板幕墙顶”应按规定编码列项，其他形式的金属板屋面应按金属结构工程中“钢屋面板”项目编码列项。

种植屋面过道应按“屋面柔性隔离层”项目编码列项。

屋面工程的护栏、保护层及刚性隔离层应按“屋面刚性层”项目编码列项，并在“刚性层作用”项目特征中进行描述；屋面保温材料形成的找坡层、屋面防水保温一体化工程应按保温、隔热、防腐工程中“保温隔热屋面”项目编码列项。

“天沟、檐沟防水”项目是指外挑天沟、檐沟部位的防水，与屋面相连的内天沟、檐沟的防水并入屋面防水计算。

各变形缝项目均应按单侧做法的项目特征进行描述。若为双侧做法且做法一致时，工程量乘以系数 2；双侧做法不一致时，两侧应分别编码列项。

楼（地）面防水上翻高度大于 300 mm 时，应按墙面防水相应项目编码列项。

防水底板等各类基础的侧面、上表面防水工程量应并入基础防水工程量内，按板以上的挡土墙防水应按墙面防水列项并计算工程量。

防水层、隔离层的搭接、拼缝、压边、留槎用量及为满足施工规范所需的附加层用量均不另行计算。但设计文件中标注具体尺寸的附加层，应计算工程量，并按附加层材质、做法等项目特征单独编码列项。

墙面防水找平层应按墙、柱面装饰与隔断、幕墙工程中“立面砂浆找平层”项目编码列项；楼（地）面及基础防水找平层应按楼地面装饰工程相关找平层项目编码列项；基础防水细石混凝土保护层应按楼地面装饰工程中“细石混凝土楼地面”项目编码列项。

屋面及防水工程中，设计采用成型钢筋网片、成品钢丝网，应按混凝土及钢筋混凝土工程中“钢筋网片”“钢丝网”项目编码列项；设计采用其他形式的钢筋，应按“屋面刚性层内配钢筋”项目编码列项。

十、保温、隔热、防腐工程 ☆☆☆☆

（一）保温、隔热

保温、隔热工程量清单项目设置、项目特征描述的内容、计量单位及工程量计算规则应按表 5-62 的规定执行。

表 5-62　保温、隔热（编码：011001）

项目名称	项目特征	计量单位	工程量计算规则	工作内容
保温隔热屋面	保温隔热方式及材料名称；保温隔热材料规格、性能、厚度；隔汽层材料品种、厚度；防护材料种类	m^2	按设计图示尺寸以面积计算。不扣除单个面积≤0.3 m^2 的孔洞所占面积	略
保温隔热天棚	保温隔热方式及材料名称；保温隔热材料规格、性能、厚度；防护材料种类		按设计图示尺寸以面积计算。不扣除单个面积≤0.3 m^2 的柱、垛、孔洞所占面积，与天棚相连的梁按展开面积并入天棚工程量内	略

（续表）

项目名称	项目特征	计量单位	工程量计算规则	工作内容
保温隔热墙面	保温隔热部位；保温隔热方式及材料名称；保温隔热材料规格、性能、厚度；龙骨材料品种、规格；防护材料种类	m^2	按设计图示尺寸以面积计算。扣除门窗洞口所占面积，不扣除单个面积≤0.3 m^2的梁、孔洞所占面积；门窗洞口侧壁以及与墙相连的柱，并入墙面工程量内	基层清理；涂刷界面剂、界面砂浆；安装龙骨，填、贴、挂保温材料，粘贴、固定保温板，抹压保温料，喷涂发泡保温材料；粘贴防火隔离带；保温材料嵌缝、填缝，打密封膏；铺、刷（喷）防护材料
保温柱、梁			按设计图示尺寸以面积计算。 柱按设计图示柱断面保温层中心线展开长度乘保温层高度以面积计算，不扣除单个面积≤0.3 m^2的梁所占面积。 梁按设计图示梁断面保温层中心线展开长度乘保温层长度以面积计算	
保温隔热楼地面	略		按设计图示尺寸以面积计算。不扣除单个面积≤0.3 m^2的柱、垛、孔洞所占面积。门洞、空圈、暖气包槽、壁龛的开口部分不增加面积	略
其他保温隔热	略		按设计图示尺寸以展开面积计算。不扣除单个面积≤0.3 m^2的孔洞所占面积	略

（二）防腐面层

防腐面层工程量清单项目设置、项目特征描述的内容、计量单位及工程量计算规则应按表5-63的规定执行。

表5-63　防腐面层（编码：011002）

项目名称	项目特征	计量单位	工程量计算规则	工作内容
防腐混凝土面层	略	m^2	按设计图示尺寸以面积计算。 平面：扣除凸出地面的构筑物、设备基础所占面积，不扣除单个面积≤0.3 m^2的柱、垛、孔洞所占面积，门洞、空圈、暖气包槽、壁龛的开口部分不增加面积。 立面：扣除门窗洞口所占面积，不扣除单个面积≤0.3 m^2的梁、孔洞所占面积，门窗洞口侧壁、垛突出部分按展开面积并入墙面积内	略
防腐砂浆面层	略			略
防腐胶泥面层	略			略
玻璃钢防腐面层	略			略
聚氯乙烯板面层	略			略
块料防腐面层	略			基层清理；铺贴块料；胶泥调制、勾缝
池、槽块料防腐面层	防腐池、槽名称、代号；块料品种、规格；粘结材料种类；勾缝材料种类		按设计图示尺寸以展开面积计算	

（三）其他防腐

其他防腐工程量清单项目设置、项目特征描述的内容、计量单位及工程量计算规则应按表 5-64 的规定执行。

表 5-64 其他防腐（编码：011003）

项目名称	项目特征	计量单位	工程量计算规则	工作内容
隔离层防腐	隔离层部位；隔离层材料品种；隔离层做法；粘贴材料种类	m^2	按设计图示尺寸以面积计算。 平面：扣除凸出地面的构筑物、设备基础所占面积，不扣除单个面积≤0.3 m^2的柱、垛、孔洞等所占面积，门洞、空圈、暖气包槽、壁龛的开口部分不增加面积。 立面：扣除门窗洞口面积，不扣除单个面积≤0.3 m^2的梁、孔洞所占面积，门窗洞口侧壁、垛突出部分按展开面积并入墙面积内	基层清理、刷油；制备材料；隔离层铺设
砌筑沥青浸渍砖	略	m^3	按设计图示尺寸以体积计算	略
防腐涂料	涂刷部位；基层材料类型；刮腻子的种类、遍数；涂料品种、刷漆遍数	m^2	（详见隔离层防腐的工程量计算规则）	基层清理；刮腻子；刷涂料

（四）其他规定

保温隔热层兼具装饰作用时，应按《房屋建筑与装饰工程工程量计算标准》中相关项目编码列项。

保温、隔热项目特征中的“保温隔热方式”可描述为干铺、铺钉、填塞、点粘、满粘、干挂、挂钉、喷涂、抹压、浇筑等。

柱帽保温隔热应并入天棚保温隔热工程量内。

“保温柱、梁”项目适用于不与墙、天棚相连的独立柱、梁。

池槽保温隔热应按“其他保温隔热”项目编码列项。

设计对保温材料的导热、燃烧、吸湿、耐久等性能有明确等级要求的，应在各项目“保温隔热材料性能”中进行描述。

防腐踢脚线应按楼地面装饰工程中踢脚线相关项目编码列项。

砌筑沥青浸渍砖的“浸渍砖砌法”可描述为平砌、立砌。

十一、楼地面装饰工程 ★★★★

（一）整体面层及找平层

整体面层及找平层工程量清单项目设置、项目特征描述的内容、计量单位及工程量计算规则应按表 5-65 的规定执行。

表 5-65　整体面层及找平层（编码：011101）

项目名称	项目特征	计量单位	工程量计算规则	工作内容
水泥砂浆楼地面	略	m^2	按设计图示尺寸以面积计算。扣除凸出地面构筑物、设备基础、室内管道、地沟、柱、垛、附墙烟囱及孔洞所占面积。门洞、空圈、暖气包槽、壁龛的开口部分并入相应的工程量内	基层清理；找平层铺设；面层铺设
细石混凝土楼地面	略			
自流平楼地面	略			略
耐磨楼地面	略			基层处理；找平层铺设；面层铺设
塑胶地面	底胶种类，厚度；面胶种类，厚度；颗粒种类			基层清理；底胶配料摊铺；面胶配料摊铺；摊铺颗粒；清扫养护
平面砂浆找平层	找平层厚度；砂浆种类及强度等级		按设计图示尺寸以面积计算。扣除凸出地面构筑物、设备基础、室内管道、地沟等所占面积，不扣除≤0.3 m^2 柱、垛、附墙烟囱及孔洞所占面积。门洞、空圈、暖气包槽、壁龛的开口部分不增加面积	基层清理；找平层铺设
细石混凝土找平层	找平层厚度；混凝土强度等级			
自流平找平层	界面剂材料种类、遍数；找平层厚度、材料种类			基层处理；涂界面剂；找平层铺设

（二）石材及块料面层

石材及块料面层工程量清单项目设置、项目特征描述的内容、计量单位及工程量计算规则应按表 5-66 的规定执行。

表 5-66　石材及块料面层（编码：011102）

项目名称	项目特征	计量单位	工程量计算规则	工作内容
石材楼地面，拼碎石材楼地面，块料楼地面	找平层厚度、材料种类及强度等级；结合层厚度、材料种类及强度等级；面层材料品种、规格；勾缝材料种类；防护层材料种类；面层处理方式	m^2	按设计图示尺寸以面积计算。门洞、空圈、暖气包槽、壁龛的开口部分并入相应的工程量内	基层清理；找平层铺设；面层铺设、磨边；勾缝；刷防护材料；酸洗、打蜡、结晶

（三）橡塑面层

橡塑面层工程量清单项目设置、项目特征描述的内容、计量单位及工程量计算规则应按表 5-67 的规定执行。

表 5-67　橡塑面层（编码：011103）

项目名称	项目特征	计量单位	工程量计算规则	工作内容
橡塑板楼地面，橡塑卷材楼地面	结合层厚度、材料种类及强度等级；面层材料品种、规格；压条种类	m^2	按设计图示尺寸以面积计算。门洞、空圈、暖气包槽、壁龛的开口部分并入相应的工程量内	基层清理；面层铺设；压条装钉
塑胶运动地板	面层材料品种、规格；固定方式；附加层材料种类和厚度；压条种类			基层清理；附加层铺贴；面层铺设；压条装钉

(四)其他材料面层

其他材料面层工程量清单项目设置、项目特征描述的内容、计量单位及工程量计算规则应按表 5-68 的规定执行。

表 5-68 其他材料面层(编码:011104)

项目名称	项目特征	计量单位	工程量计算规则	工作内容
地毯楼地面	基层种类;面层材料品种、规格;粘结材料种类;固定配件材料种类、规格	m^2	按设计图示尺寸以面积计算。门洞、空圈、暖气包槽、壁龛的开口部分并入相应的工程量内	基层清理;铺贴面层;装钉压条
竹、木(复合)地板,金属复合地板	龙骨材料种类、规格、铺设间距;基层材料种类、规格;面层材料品种、规格;防护材料种类			基层清理;龙骨铺设;基层铺设;面层铺设;刷防护材料

(五)踢脚线

踢脚线工程量清单项目设置、项目特征描述的内容、计量单位及工程量计算规则应按表 5-69 的规定执行。

表 5-69 踢脚线(编码:011105)

项目名称	项目特征	计量单位	工程量计算规则	工作内容
水泥砂浆踢脚线	踢脚线高度;底层厚度、砂浆种类及强度等级;面层厚度、砂浆种类及强度等级	m	按设计图示尺寸以长度计算	基层清理;底层和面层抹灰
石材踢脚线,块料踢脚线	略			略
塑料板踢脚线	踢脚线高度;结合层厚度、材料种类及强度等级;面层材料品种、规格			基层清理;基层铺贴;面层铺设
木质踢脚线,金属踢脚线	踢脚线高度;基层材料种类、规格;面层材料品种、规格			

(六)楼梯面层

楼梯面层工程量清单项目设置、项目特征描述的内容、计量单位及工程量计算规则应按表 5-70 的规定执行。

表 5-70 楼梯面层(编码:011106)

项目名称	项目特征	计量单位	工程量计算规则	工作内容
水泥砂浆楼梯	略	m^2	按设计图示尺寸以面层展开面积计算。楼梯与楼地面相连时,算至最上一级踏步踏面(该踏面无设计宽度时按 300 mm 计算)	略
石材楼梯,块料楼梯	略			略
地毯楼梯	基层种类;面层材料品种、规格;粘结材料种类;固定配件材料种类、规格;楼梯部位			基层清理;面层铺设;固定配件安装
木板(复合)楼梯	略			略
橡塑板楼梯,橡塑卷材楼梯	粘结层厚度、材料种类及强度等级;面层材料品种、规格;压条种类;楼梯部位			基层清理;面层铺设;压条装钉

（七）台阶装饰

台阶装饰工程量清单项目设置、项目特征描述的内容、计量单位及工程量计算规则应按表 5-71 的规定执行。

表 5-71　台阶装饰(编码:011107)

项目名称	项目特征	计量单位	工程量计算规则	工作内容
水泥砂浆台阶	找平层厚度、材料种类及强度等级;面层厚度、砂浆种类及强度等级;防滑条材料种类;面层处理方式	m^2	按设计图示尺寸以面层展开面积计算。台阶与楼地面相连时,算至最上一级踏步踏面(该踏面无设计宽度时,按下一级踏面宽度计算)	基层清理;找平层铺设;面层铺设;贴嵌防滑条
石材台阶,拼碎石材台阶,块料台阶	略			略
剁假石台阶	找平层厚度、材料种类及强度等级;结合层厚度、材料种类及强度等级;面层材料品种、规格			清理基层;找平层铺设;面层铺设

（八）零星装饰项目

零星装饰项目工程量清单项目设置、项目特征描述的内容、计量单位及工程量计算规则应按表 5-72 的规定执行。

表 5-72　零星装饰项目(编码:011108)

项目名称	项目特征	计量单位	工程量计算规则	工作内容
石材零星项目,拼碎石材零星项目,块料零星项目	略	m^2	按设计图示尺寸以面积计算	略
水泥砂浆零星项目	略			略
车库标线、标识	标线类型;面层材料品种、厚度		标线按设计图示尺寸以面积计算。标识按设计图形以外接矩形面积计算	基层处理;涂刷
广角镜安装	样式、材质、规格	个	按设计图示数量计算	安装
标志牌		m^2	按设计图示尺寸以面积计算	
车挡		个	按设计图示数量计算	
减速带,墙柱面防撞条		m	按设计图示尺寸以长度计算	

（九）装配式楼地面及其他

装配式楼地面及其他工程量清单项目设置、项目特征描述的内容、计量单位及工程量计算规则应按表 5-73 的规定执行。

表 5-73 装配式楼地面及其他(编码:011109)

项目名称	项目特征	计量单位	工程量计算规则	工作内容
架空地板	龙骨材料种类、规格、铺设间距;基层材料种类、规格;面层材料品种、规格;防护材料种类;压条种类	m^2	按设计图示尺寸以面积计算。门洞、空圈、暖气包槽、壁龛的开口部分并入相应的工程量内	基层清理;龙骨铺设;基层铺设;面层铺设;刷防护材料;压条装钉
装配式踢脚线	踢脚线高度;踢脚线材料种类、规格;卡扣材质、种类、规格	m	按设计图示尺寸以长度计算	基层清理;卡扣安装;面层安装

(十)其他规定

楼地面基层需做处理时,应在项目特征的找平层中进行描述。

水泥砂浆、细石混凝土楼地面的"面层处理方式"可描述为拉毛、提浆压光等;耐磨楼地面中的"面层处理方式"可描述为磨光、打蜡等;块料、石材楼地面中的"面层处理方式"可描述为酸洗、打蜡、结晶等。

楼地面垫层应按"楼地面基垫层"项目编码列项。

拼碎石材项目的面层材料在特征描述时,不可用描述规格。

石材、块料与粘接材料的结合面刷防渗材料的种类应在防护层材料种类中描述。

橡塑面层、其他材料面层项目中如涉及找平层,应按找平层相关项目编码列项。

楼梯面层的"楼梯部位"可描述为楼梯踏步、休息平台、楼梯侧面等。

面积≤0.5 m^2 的少量分散的楼地面装饰应按零星装饰相关项目编码列项。

十二、墙、柱面装饰与隔断、幕墙工程 ★★★★

(一)墙、柱面抹灰

墙、柱面抹灰工程量清单项目设置、项目特征描述的内容、计量单位及工程量计算规则应按表 5-74 的规定执行。

表 5-74 墙、柱面抹灰(编码:011201)

项目名称	项目特征	计量单位	工程量计算规则	工作内容
墙、柱面一般抹灰	略	m^2	按设计图示尺寸以面积计算。扣除墙裙、门窗洞口面积;不扣除单个面积≤0.3 m^2 的孔洞面积,不扣除挂镜线、墙与构件交接处的面积;附墙柱、梁、垛、烟囱侧壁并入相应的墙面面积内;门窗洞口和孔洞的侧壁及顶面不增加面积	基层清理;分层抹灰;面层处理;分格嵌缝
墙、柱面装饰抹灰	略			
墙、柱面勾缝	勾缝类型;勾缝材料种类;勾缝基层部位、材质			基层清理;勾缝
立面砂浆找平层	基层类型;找平层厚度、砂浆种类及强度等级			基层清理;抹灰找平

(二)零星抹灰

零星抹灰工程量清单项目设置、项目特征描述的内容、计量单位及工程量计算规则应按表 5-75 的规定执行。

表 5-75　零星抹灰(编码:011202)

项目名称	项目特征	计量单位	工程量计算规则	工作内容
零星项目一般抹灰	略	m^2	按设计图示尺寸以展开面积计算	略
零星项目装饰抹灰	略			
零星项目砂浆找平	基层类型、部位;找平层厚度、砂浆种类及强度等级			基层清理;抹灰找平

(三)墙、柱面块料面层

墙、柱面块料面层工程量清单项目设置、项目特征描述的内容、计量单位及工程量计算规则应按表 5-76 的规定执行。

表 5-76　墙、柱面块料面层(编码:011203)

项目名称	项目特征	计量单位	工程量计算规则	工作内容
石材墙、柱面,拼碎石材墙、柱面,块料墙、柱面	基层类型、部位;安装方式;骨架材料种类、规格;面层材料品种、规格;缝宽、勾缝材料种类;防护材料种类;面层处理方式	m^2	按设计图示镶贴后表面积计算	基层清理;粘结层铺贴或骨架安装(若有);面层铺贴或安装;勾缝;刷防护材料;磨光、酸洗、打蜡

(四)零星块料面层

零星块料面层工程量清单项目设置、项目特征描述的内容、计量单位及工程量计算规则应按表 5-77 的规定执行。

表 5-77　零星块料面层(编码:011204)

项目名称	项目特征	计量单位	工程量计算规则	工作内容
石材零星项目,拼碎石材零星项目,块料零星项目	基层类型、部位;安装方式;骨架材料种类、规格;面层材料品种、规格;缝宽、勾缝材料种类;防护材料种类;面层处理方式	m^2	按设计图示镶贴后表面积计算	基层清理;粘结层铺贴或骨架安装(若有);面层铺贴或安装;勾缝;刷防护材料;磨光、酸洗、打蜡

(五)墙、柱饰面

墙、柱饰面工程量清单项目设置、项目特征描述的内容、计量单位及工程量计算规则应按表 5-78 的规定执行。

表 5-78　墙、柱饰面(编码:011205)

项目名称	项目特征	计量单位	工程量计算规则	工作内容
墙、柱面装饰板	略	m^2	按设计图示饰面外围尺寸以面积计算。扣除门窗洞口面积,不扣除单个面积 $\leqslant 0.3\ m^2$ 的孔洞所占面积	略
墙、柱面装饰浮雕	基层类型;安装方式;浮雕材料种类;浮雕样式		按设计图示尺寸以面积计算	基层清理;材料制作;安装成型

(续表)

项目名称	项目特征	计量单位	工程量计算规则	工作内容
墙、柱面装配式装饰板	基层类型、部位;配套件种类、规格;面层材料品种、规格	m^2	按设计图示饰面外围尺寸以面积计算	基层清理;运输、安装;勾缝、塞口
墙、柱面软包	略		按设计图示饰面外围尺寸以面积计算	略
墙、柱面保温装饰一体板	略			略

(六)幕墙工程

幕墙工程工程量清单项目设置、项目特征描述的内容、计量单位及工程量计算规则应按表 5-79 的规定执行。

表 5-79　幕墙工程(编码:011206)

项目名称	项目特征	计量单位	工程量计算规则	工作内容
构件式玻璃幕墙	骨架材料种类及型号;框格形式;面层材料品种、规格、表面处理;隔离带、框边封闭材料品种	m^2	按设计图示框外围尺寸以面积计算。扣除开启扇面积	骨架(含埋件)制作、安装;面层安装;防雷引下;隔离带、框边封闭;勾缝、塞口;清洗
构件式石材幕墙,构件式金属板幕墙,构件式人造板幕墙			按设计图示外表面积计算	
单元式幕墙	结构形式;面层材料品种、规格、表面处理;隔离带、框边封闭材料品种		按设计图示框外围尺寸以投影面积计算。扣除开启扇面积	埋件制作、安装,单元板块、其他板块的安装;防雷引下;隔离带、框边封闭;嵌缝、塞口;清洗
全玻(无框玻璃)幕墙	玻璃品种、规格;粘结塞口材料种类;固定方式		按设计图示尺寸以面积计算。扣除开启扇面积	幕墙安装;防雷引下;嵌缝、塞口;清洗
点支承玻璃幕墙	略			略
幕墙开启扇	略		按设计图示扇外围尺寸以面积计算	略

(七)隔墙、隔断

隔墙、隔断工程量清单项目设置、项目特征描述的内容、计量单位及工程量计算规则应按表 5-80 的规定执行。

表 5-80　隔墙、隔断(编码:011207)

项目名称	项目特征	计量单位	工程量计算规则	工作内容
轻质隔墙,轻质隔断	略	m^2	按设计图示框外围尺寸以面积计算。不扣除单个面积≤0.3 m^2 的孔洞所占面积;同材质的浴厕门面积并入计算	略
成品隔断	隔断材料品种、规格;配件品种、规格;固定方式		按设计图示框外围尺寸以面积计算	隔断安装;嵌缝、塞口

（八）其他规定

如墙、柱面基层需做处理或抹灰时需贴压网格布，应在项目特征的各层做法中进行描述。

砂浆找平项目适用于仅做找平层的立面抹灰。

墙、柱面抹石灰砂浆、水泥砂浆、混合砂浆、聚合物水泥砂浆、麻刀石灰浆、石膏灰浆等应按墙、柱面一般抹灰列项，项目特征描述中的“面层处理方式”可描述为拉毛、提浆压光等；“装饰抹灰类型”可描述为水刷石、斩假石、干粘石、假面砖等。

各种壁柜、碗柜、飘窗板、空调搁板、暖气罩、池槽、花台、凸出墙面的飘窗、挑板等抹灰以及面积≤0.5 m^2 的少量分散的墙、柱面抹灰应按零星抹灰相关项目编码列项。

零星项目抹石灰砂浆、水泥砂浆、混合砂浆、聚合物水泥砂浆、麻刀石灰浆、石膏灰浆等应按“零星项目一般抹灰”项目编码列项，项目特征描述中的“面层处理方式”可描述为拉毛、提浆压光等；“装饰抹灰类型”可描述为水刷石、斩假石、干粘石、假面砖等。

拼碎石材项目的面层材料在特征描述时，可不用描述规格。

石材、块料与粘接材料的结合面刷防渗材料的种类应在防护层材料种类中描述。

块料面层项目的“安装方式“可描述为砂浆或粘结剂粘贴、挂贴、干挂等。

挑檐、天沟、腰线、窗台线、门窗套、飘窗板、空调搁板、压顶、扶手、雨篷周边和壁柜、碗柜、池槽、花台，以及面积≤0.5 m^2 的少量分散的墙、柱面块料面层应按零星块料面层相关项目编码列项。

块料面层项目的“面层处理方式”可描述为磨光、酸洗、打蜡等。

幕墙工程的“框格形式”可描述为明框、半隐框、全隐框等。

单元式幕墙的“结构形式”可描述为全单元式幕墙和半单元式幕墙等。

点支承玻璃幕墙的“支承结构形式”可描述为钢结构点支式，钢拉杆点支式和钢拉索点支式等。

幕墙工程中的玻璃采光顶和金属板幕墙顶应按屋面及防水工程中相关项目编码列项。

幕墙开启前的“驱动类型”可描述为手动、电动等。

轻质隔墙、轻质隔断适用于现场下料、制作、安装隔墙、隔断的情况。采购成品、半成品现场拼装、安装时，应按成品隔断列项。

十三、天棚工程 ★★★★

（一）天棚抹灰

天棚抹灰工程量清单项目设置、项目特征描述的内容、计量单位及工程量计算规则应按表 5-81 的规定执行。

表 5-81　天棚抹灰（编码：011301）

项目名称	项目特征	计量单位	工程量计算规则	工作内容
天棚抹灰	基层类型；抹灰厚度、砂浆种类及强度等级	m^2	按设计图示尺寸以水平投影面积计算。不扣除垛、柱、附墙烟囱、检查口和管道所占的面积；带梁天棚的梁两侧抹灰面积并入天棚面积内；板式楼梯底面抹灰按斜面面积计算；锯齿形楼梯底板抹灰按展开面积计算	基层清理；底层抹灰；抹面层

(二)天棚吊顶

天棚吊顶工程量清单项目设置、项目特征描述的内容、计量单位及工程量计算规则应按表 5-82 的规定执行。

表 5-82 天棚吊顶(编码:011302)

<table>
<tr><th>项目名称</th><th>项目特征</th><th>计量单位</th><th>工程量计算规则</th><th>工作内容</th></tr>
<tr><td>平面吊顶天棚</td><td rowspan="2">略</td><td rowspan="9">m^2</td><td>按设计图示尺寸以水平投影面积计算。扣除与天棚相连的窗帘盒所占的面积;不扣除检查口、附墙烟囱、柱垛和管道以及单个面积≤0.3 m^2 的独立柱、孔洞所占面积</td><td rowspan="3">基层清理、吊杆安装;龙骨安装;基层板铺贴;面板铺贴;开孔及洞口处理;嵌缝;刷防护材料</td></tr>
<tr><td>跌级吊顶天棚</td><td rowspan="2">按设计图示尺寸以水平投影面积计算。天棚面中的灯槽及跌级天棚面积不展开计算。扣除与天棚相连的窗帘盒所占的面积,不扣除检查口、附墙烟囱、柱垛和管道以及单个面积≤0.3 m^2 的独立柱、孔洞所占面积</td></tr>
<tr><td>艺术造型吊顶天棚</td><td>略</td></tr>
<tr><td>格栅吊顶</td><td>略</td><td rowspan="6">按设计图示尺寸以水平投影面积计算</td><td>略</td></tr>
<tr><td>吊筒吊顶</td><td>吊筒形状、规格;吊筒材料种类;防护材料种类</td><td>基层清理;吊筒制作、安装;刷防护材料</td></tr>
<tr><td>藤条造型悬挂吊顶</td><td rowspan="2">骨架材料种类、规格;面板材料品种、规格</td><td rowspan="2">基层清理;龙骨安装;铺贴面板</td></tr>
<tr><td>织物软雕吊顶</td></tr>
<tr><td>装饰网架吊顶</td><td>网架材料品种、规格</td><td>基层清理;网架制作、安装</td></tr>
</table>

(三)天棚其他装饰

天棚其他装饰工程量清单项目设置、项目特征描述的内容、计量单位及工程量计算规则应按表 5-83 的规定执行。

表 5-83 天棚其他装饰(编号:011303)

<table>
<tr><th>项目名称</th><th>项目特征</th><th>计量单位</th><th>工程量计算规则</th><th>工作内容</th></tr>
<tr><td>成品装饰带</td><td>装饰带型式、尺寸;材料品种、规格;安装固定方式</td><td>m</td><td>按设计图示尺寸以中心线长度计算</td><td>安装、固定</td></tr>
<tr><td>成品装饰口</td><td>装饰口材料品种、规格;安装固定方式;防护材料种类</td><td>个</td><td>按设计图示数量计算</td><td>安装、固定;刷防护材料</td></tr>
<tr><td>挡烟垂壁</td><td>略</td><td rowspan="3">m^2</td><td>按设计图示尺寸以面积计算</td><td>略</td></tr>
<tr><td>块料梁面</td><td>略</td><td>按设计图示镶贴后表面积计算</td><td>略</td></tr>
<tr><td>装饰板梁面</td><td>略</td><td>按设计图示饰面外围尺寸面积计算</td><td>略</td></tr>
</table>

（四）其他规定

平面吊顶天棚和跌级吊顶天棚指一般直线型吊顶天棚。天棚面层在同一标高者应按“平面吊顶天棚”项目编码列项，天棚面层不在同一标高者应按“跌级吊顶天棚”项目编码列项。

天棚面层不在同一标高的一般直线型吊顶天棚，高差≤400 mm 且跌级≤3 级时，应按“跌级吊顶天棚”项目编码列项；高差>400 mm 或跌级>3 级时，应按“艺术造型吊顶天棚”项目编码列项。圆弧形、拱形等造型天棚应按“艺术造型吊顶天棚”项目编码列项。

跌级吊顶天棚的“吊顶形式”可描述跌级级别，艺术吊顶天棚的“吊顶形式”可描述为藻井天棚、吊挂式天棚、阶梯形天棚、锯齿形天棚等。

为满足吊顶内照明、通风、音响等设备的安装要求，需对其进行的裁切、开孔、接口等工作均包括在相应天棚项目的工作内容中。

挡烟垂壁的“形式”可描述为活动、固定等。

无天棚的独立梁抹灰按“天棚抹灰”项目编码列项。“块料梁面”“装饰板梁面”适用于无天棚的独立梁装饰以及梁面装饰与所在天棚吊顶装饰做法不同时的情况。

块料梁面项目的“安装方式”可描述为砂浆或粘结剂粘贴、挂贴、干挂等，“面层处理方式”可描述为磨光、酸洗、打蜡等。

十四、油漆、涂料、裱糊工程 ★★★★

（一）木材面油漆

木材面油漆工程量清单项目设置、项目特征描述的内容、计量单位及工程量计算规则应按表 5-84 的规定执行。

表 5-84　木材面油漆（编码：011401）

<table>
<tr><th>项目名称</th><th>项目特征</th><th>计量单位</th><th>工程量计算规则</th><th>工作内容</th></tr>
<tr><td>木门油漆，木窗油漆</td><td>门、窗类型；腻子种类；刮腻子遍数；防护材料种类；油漆品种、刷漆遍数</td><td>m²</td><td>按设计图示洞口尺寸以面积计算</td><td rowspan="4">基层清理；刮腻子；刷防护材料、油漆</td></tr>
<tr><td>木板条、线条油漆</td><td>略</td><td>m</td><td>按设计图示尺寸以中心线长度计算</td></tr>
<tr><td>木材面油漆</td><td rowspan="2">腻子种类；刮腻子遍数；防护材料种类；油漆品种、刷漆遍数</td><td rowspan="3">m²</td><td>按设计图示尺寸以面积计算</td></tr>
<tr><td>木地板油漆</td><td rowspan="2">按设计图示尺寸以面积计算。空洞、空圈、暖气包槽、壁龛的开口部分并入相应的工程量内</td></tr>
<tr><td>木地板烫硬蜡面</td><td>略</td><td>略</td></tr>
</table>

（二）金属面油漆

金属面油漆工程量清单项目设置、项目特征描述的内容、计量单位及工程量计算规则应按表 5-85 的规定执行。

表 5-85 金属面油漆(编码:011402)

<table>
<tr><th>项目名称</th><th>项目特征</th><th>计量单位</th><th>工程量计算规则</th><th>工作内容</th></tr>
<tr><td>金属门油漆,金属窗油漆</td><td>略</td><td rowspan="2">m^2</td><td>按设计图示洞口尺寸以面积计算</td><td>略</td></tr>
<tr><td>金属面油漆</td><td rowspan="2">构件名称;腻子种类;刮腻子遍数;防护材料种类;油漆品种、遍数或厚度</td><td>按设计图示尺寸以面积计算</td><td rowspan="2">基层清理;刮腻子;喷或刷防护材料、油漆</td></tr>
<tr><td>金属构件油漆</td><td rowspan="2">t</td><td rowspan="2">按设计图示尺寸以构件质量计算</td></tr>
<tr><td>金属构件除锈</td><td>除锈方式;除锈等级</td><td>基层清理;除锈</td></tr>
</table>

(三)抹灰面油漆

抹灰面油漆工程量清单项目设置、项目特征描述的内容、计量单位及工程量计算规则应按表 5-86 的规定执行。

表 5-86 抹灰面油漆(编码:011403)

<table>
<tr><th>项目名称</th><th>项目特征</th><th>计量单位</th><th>工程量计算规则</th><th>工作内容</th></tr>
<tr><td>抹灰面油漆</td><td>基层类型;腻子种类;刮腻子遍数;防护材料种类;油漆品种、刷漆遍数</td><td>m^2</td><td>按设计图示尺寸以面积计算</td><td rowspan="2">基层清理;刮腻子;刷防护材料、油漆</td></tr>
<tr><td>抹灰线条油漆</td><td>略</td><td>m</td><td>按设计图示尺寸以中心线长度计算</td></tr>
<tr><td>刮腻子</td><td>基层类型;腻子种类;刮腻子遍数</td><td>m^2</td><td>按设计图示尺寸以面积计算</td><td>基层清理;刮腻子</td></tr>
</table>

(四)喷刷涂料

喷刷涂料工程量清单项目设置、项目特征描述的内容、计量单位及工程量计算规则应按表 5-87 的规定执行。

表 5-87 喷刷涂料(编码:011404)

<table>
<tr><th>项目名称</th><th>项目特征</th><th>计量单位</th><th>工程量计算规则</th><th>工作内容</th></tr>
<tr><td>墙面喷刷涂料</td><td>略</td><td rowspan="3">m^2</td><td rowspan="2">按设计图示尺寸以展开面积计算。洞口侧壁面积并入相应喷刷部位中计算</td><td rowspan="4">基层清理;刮腻子;刷、喷涂料</td></tr>
<tr><td>天棚喷刷涂料</td><td>略</td></tr>
<tr><td>空花格、栏杆刷涂料</td><td>略</td><td>按设计图示尺寸以单面外围面积计算</td></tr>
<tr><td>线条刷涂料</td><td>略</td><td>m</td><td>按设计图示尺寸以中心线长度计算</td></tr>
<tr><td>金属面喷刷防火涂料</td><td rowspan="3">构件名称;耐火等级要求;涂料品种、遍数或厚度</td><td>m^2</td><td>按设计图示尺寸以面积计算</td><td rowspan="3">基层清理;刷、喷涂料</td></tr>
<tr><td>金属构件喷刷防火涂料</td><td>t</td><td>按设计图示尺寸以构件质量计算</td></tr>
<tr><td>木材构件喷刷防火涂料</td><td>m^2</td><td>按设计图示尺寸以面积计算</td></tr>
</table>

(五)裱糊

裱糊工程量清单项目设置、项目特征描述的内容、计量单位及工程量计算规则应按表 5-88 的规定执行。

表 5-88 裱糊(编码:011405)

项目名称	项目特征	计量单位	工程量计算规则	工作内容
墙纸裱糊，织锦缎裱糊	基层类型；腻子种类；刮腻子遍数；粘结材料种类；防护材料种类；面层材料品种、规格	m^2	按设计图示尺寸以面积计算	基层清理；刮腻子；面层铺粘；刷防护材料

(六)其他规定

木门油漆的“门类型”可描述为木大门、单层木门、双层(一玻一纱)木门、双层(单裁口)木门、全玻自由门、半玻自由门、装饰门及有框门或无框门等。

木窗油漆的“窗类型”可描述为单层木窗、双层(一玻一纱)木窗、双层框扇(单裁口)木窗、双层框三层(二玻一纱)木窗、单层组合窗、双层组合窗、木百叶窗、木推拉窗等。

木板条、线条油漆包括木扶手、窗帘盒、封檐板、顺水板、挂衣板、黑板框、挂镜线、窗帘棍、木线条油漆。

木材面油漆包括木护墙、木墙裙、窗台板、筒子板、盖板、门窗套、踢脚线、清水板条天棚、檐口、木方格吊顶天棚、吸音板墙面、天棚面、暖气罩、其他木材面等。

金属门油漆的“门类型”可描述为平开门、推拉门、钢制防火门等。

金属窗油漆的“窗类型”可描述为平开窗、推拉窗、固定窗、组合窗、金属格栅窗等。

抹灰面油漆和刷涂料工作内容中包括刮腻子。“刮腻子”项目仅适用于单独进行满刮腻子的设计做法。油漆踢脚线应按“抹灰线条油漆”项目编码列项。

墙面喷刷涂料的“喷刷涂料部位”可描述为内墙、外墙。

墙面油漆和喷刷涂料外墙时，应增加墙面分割界缝做法的特征描述。

本节所列分部工程，仅适用于发生于施工现场的油漆、涂料、裱糊工程。

十五、其他装饰工程 ✪

(一)柜、架、台

柜、架、台工程量清单项目设置、项目特征描述的内容、计量单位及工程量计算规则应按表 5-89 的规定执行。

表 5-89 柜、架、台(编码:011501)

项目名称	项目特征	计量单位	工程量计算规则	工作内容
装饰柜，装饰架，装饰台	略	m^2	按设计图示尺寸以正投影面积计算	略
成品柜、架、台	名称；规格、型号；安装方式			安装(安放)；五金配件安装

(二)装饰线条

装饰线条工程量清单项目设置、项目特征描述的内容、计量单位及工程量计算规则应按表 5-90 的规定执行。

表 5-90 装饰线条(编码:011502)

项目名称	项目特征	计量单位	工程量计算规则	工作内容
成品装饰线条	基层类型；线条材料品种、规格；防护(填充)材料种类	m	按设计图示尺寸以中心线长度计算	安装

(三)扶手、栏杆、栏板装饰

扶手、栏杆、栏板装饰工程量清单项目设置、项目特征描述的内容、计量单位及工程量计算规则应按表 5-91 执行。

表 5-91 扶手、栏杆、栏板装饰(编码:011503)

项目名称	项目特征	计量单位	工程量计算规则	工作内容
带扶手的栏杆、栏板	略	m	按设计图示以栏杆、栏板中心线长度计算	制作、安装;刷防护材料
不带扶手的栏杆、栏板	略			
扶手	略		按设计图示以扶手中心线长度计算	
成品带扶手栏杆、栏板	成品栏杆(板)种类、规格;固定件种类、规格		按设计图示以栏杆、栏板中心线长度计算	安装

(四)暖气罩

暖气罩工程量清单项目设置、项目特征描述的内容、计量单位及工程量计算规则应按表 5-92 的规定执行。

表 5-92 暖气罩(编码:011504)

项目名称	项目特征	计量单位	工程量计算规则	工作内容
暖气罩	暖气罩材质;规格;防护材料种类	m^2	按设计图示尺寸以垂直投影面积(不展开)计算	制作、安装;刷防护材料、油漆
成品暖气罩	成品暖气罩规格型号;固定件种类、规格			安装

(五)浴厕配件

浴厕配件工程量清单项目设置、项目特征描述的内容、计量单位及工程量计算规则应按表 5-93 的规定执行。

表 5-93 浴厕配件(编码:011505)

项目名称	项目特征	计量单位	工程量计算规则	工作内容
洗漱台	材料品种、规格;支架品种、规格	m^2	按设计图示尺寸以台面外接矩形面积计算。不扣除孔洞、挖弯、削角所占面积;挡板、吊沿板面积并入台面面积内	安装
洗厕配件	配件名称;配件品种;规格	个	按设计图示数量计算	
镜面玻璃	略	m^2	按设计图示尺寸以边框外围面积计算	略
镜箱	略	个	按设计图示数量计算	略

(六)雨篷、旗杆、装饰柱

雨篷、旗杆、装饰柱工程量清单项目设置、项目特征描述的内容、计量单位及工程量计算规则应按表 5-94 的规定执行。

表 5-94　雨篷、旗杆、装饰柱(编码:011506)

项目名称	项目特征	计量单位	工程量计算规则	工作内容
装饰板雨篷	雨篷固定方式;骨架材料种类、规格、中距;装饰板材料品种、规格;嵌缝材料种类;防护材料种类	m^2	按设计图示尺寸以水平投影面积计算	骨架制作、安装;基层、面层安装;刷防护材料、油漆
金属旗杆	略	根	按设计图示数量计算	略
成品装饰柱	略			略

(七)招牌、灯箱

招牌、灯箱工程量清单项目设置、项目特征描述的内容、计量单位及工程量计算规则应按表 5-95 的规定执行。

表 5-95　招牌、灯箱(编码:011507)

项目名称	项目特征	计量单位	工程量计算规则	工作内容
平面、箱式招牌	箱体规格;基层材料种类;面层材料品种;防护材料种类	m^2	按设计图示尺寸以正立面边框外围面积计算。复杂形状的凸凹造型部分不增加面积	基层安装;箱体及支架制作、安装;面层制作、安装;刷防护材料、油漆
竖式标箱		个	按设计图示数量计算	
灯箱				
信报箱	略			

(八)美术字

美术字工程量清单项目设置、项目特征描述的内容、计量单位及工程量计算规则应按表 5-96 的规定执行。

表 5-96　美术字(编码:011508)

项目名称	项目特征	计量单位	工程量计算规则	工作内容
美术字	基层类型;镌字材料材质;字体规格;固定方式;油漆品种、刷漆遍数	个	按设计图示数量计算	制作、安装;刷油漆

(九)其他规定

装饰柜的"名称"可描述为柜台、酒柜、衣柜、存包柜、鞋柜、书柜、厨房壁柜、木壁柜、厨房低柜、厨房吊柜、矮柜、吧台背柜、酒吧吊柜,装饰架的"名称"可描述为货架、书架等,装饰台的"名称"可描述为酒吧台、展台、收银台、服务台等。

洗厕配件项目的"配件名称"可描述为晒衣架、帘子杆、浴缸拉手、卫生间扶手、毛巾杆(架)、毛巾环、卫生纸盒、肥皂盒等。

装饰板雨篷的"装饰板材料品种"可描述为玻璃、阳光板、金属板等。

十六、措施项目 ★★★★★

(一)措施项目

措施项目工程量清单项目设置、单位、工作内容应按表 5-97 的规定执行。

表 5-97　措施项目(编码:011601)

项目名称	单位	工作内容
脚手架	项	搭设脚手架、斜道、上料平台,铺设安全网,铺(翻)脚手板,转运、改制、维修维护,拆除、堆放、整理,外运、归库等
垂直运输		垂直运输机械进出场及安拆,固定装置、基础制作、安装,行走式机械轨道的铺设、拆除,设备运转、使用等
其他大型机械进出场及安拆		除垂直运输机械以外的大型机械安装、检测、试运转和拆卸,运进、运出施工现场的装卸和运输,轨道、固定装置的安装和拆除等
施工排水		提供满足施工排水所需的排水系统,包括设备安拆、调试及配套设施的设置等,设备运转、使用等
施工降水		提供满足施工降水所需的降水系统,包括设备安拆、调试及配套设施的设置等,设备运转、使用等
临时设施		为进行建设工程施工所需的生活和生产用的临时建(构)筑物和其他临时设施。包括临时设施的搭设、移拆、维修、清理、拆除后恢复等,以及因修建临时设施应由承包人所负责的有关内容
文明施工		施工现场文明施工、绿色施工所需的各项措施
环境保护		施工现场为达到环保要求所需的各项措施
安全生产		施工现场安全施工所需的各项措施
冬雨季施工增加		在冬季或雨季施工,引起防寒、保温、防滑、防潮和排除雨雪等措施的增加,人工、施工机械效率的降低等内容
夜间施工增加		因夜间或在地下室等特殊施工部位施工时,所采用照明设备的安拆、维护、照明用电及施工人员夜班补助、夜间施工劳动效率降低等内容
特殊地区施工增加		在特殊地区(高温、高寒、高原、沙漠、戈壁、沿海、海洋等)及特殊施工环境(邻公路、邻铁路等)下施工时,弥补施工降效所需增加的内容
二次搬运		因施工场地条件及施工程序限制而发生的材料、构配件、半成品等一次运输不能到达堆放地点,必须进行二次或多次搬运所发生的内容
已完工程及设备保护		建设项目施工过程中直至竣工验收前,对已完工程及设备采取的必要保护措施
既有建(构)筑物、设施保护		在工程施工过程中,对既有建(构)筑物及地上、地下设施进行的遮盖、封闭、隔离等必要临时保护措施

(二)其他规定

发包人提供设计图纸并要求按其施工的措施项目,可参照分部分项工程补充编码列项。

“脚手架”包括工程施工过程中,按照相关规范要求及满足施工作业的需求所搭设的全部脚手架。

“垂直运输”仅包括工程施工过程中的大型垂直运输机械。使用其他吊装机械及人力辅助工具进行的垂直运输,包含在相应分部分项工作内容中。

“临时设施”“文明施工”“环境保护”“安全生产”工作内容的包含范围,应参考各省、自治区、直辖市或行业建设主管部门的相关规定进行补充。

同步自测

答案详解 392—394

一、单项选择题(每题的备选项中,只有1个最符合题意)

1. 关于工程量的含义的说法,错误的是(　　)。

A. 工程量是按特定规则,以物理或自然计量单位表示的建设工程相关项目或结构构件数量

B. 准确计算工程量对工程计价至关重要,是工程计价活动中最基本的工作

C. 工程量在工程竣工时不能作为向建设发包方结算工程价款的依据

D. 工程量是发包方编制建设计划、筹集资金、进行投资控制等的重要依据

2. 平法施工图中,转换柱的标注代号为(　　)。

A. XHZ　　B. ZHZ

C. LZ　　D. QZ

3. 梁下部纵筋注写为“2Φ25+3Φ22(−3)/3Φ25”,下列选项中表述正确的是(　　)。

A. 表示梁下部纵筋分三排

B. 梁上排纵筋为2Φ25和3Φ22

C. 3Φ22为梁下排纵筋且不伸入支座

D. 梁第三排纵筋为3Φ25,全部伸入支座

4. 关于剪力墙平法施工图是“YD5 1 000 +2.000 6Φ20 φ8@150 2Φ16”的说法,错误的是(　　)。

A. YD5 1 000表示5号圆形洞口,直径1 000 mm

B. +2.000表示洞口中心距本结构层楼面2 000 mm

C. 6Φ20表示补强暗梁的纵筋

D. φ8@150表示洞口环向加强钢筋

5. 关于建筑面积的说法,错误的是(　　)。

A. 建筑面积主要是建筑每个自然层楼(地)面处外围护结构外表面所围空间水平投影的面积

B. 功能单元建筑面积包含功能单元使用面积、功能单元墙体水平投影面积等

C. 功能单元使用面积按功能单元内各功能空间使用面积之和计算

D. 功能单元本身的使用面积和建筑面积,包含功能单元之外的公共门厅、公共走道、公共楼梯等的面积

6. 下列构筑物中,不应计算建筑面积的是(　　)。

A. 结构层高2.50 m的设备管道夹层　　B. 有顶盖的室外平台

C. 附属在外围护结构的设备平台　　D. 结构板顶高度2.40 m的坡屋顶

7. 关于建筑高度计算规则的说法，正确的是（　　）。

A. 无女儿墙时，平屋顶建筑高度按室外设计地坪至屋面檐口顶点高度计算

B. 坡屋顶建筑只需计算檐口高度，无需计算屋脊高度

C. 同一建筑有多种屋面形式或多个室外设计地坪时，建筑高度应分别计算后取最大值

D. 屋顶设备用房及局部突出屋面用房，无论面积多大都应计入建筑高度

8. 根据《房屋建筑与装饰工程工程量计算标准》，关于土石方工程的说法，错误的是（　　）。

A. 单独土石方项目是为使施工场地达到预设标高所进行的土石方工程

B. 基础石方开挖深度按石方开挖前标高至基础（含垫层）底标高计算

C. 挖淤泥流砂工程量按设计图示位置、界限，以体积计算

D. 回填方工程量按设计图示尺寸以体积计算，项目特征无需描述填方材料品种

9. 下列基坑与边坡支护工程中，工程量按设计图示尺寸以质量计算的是（　　）。

A. 地下连续墙　　B. 型钢水泥土搅拌墙

C. 型钢桩、钢板桩　　D. 钢筋混凝土支撑

10. 根据《房屋建筑与装饰工程工程量计算标准》，关于灌注桩的说法，正确的是（　　）。

A. 泥浆护壁成孔灌注桩工程量按设计截面面积乘以成孔长度以体积计算

B. 内夯沉管灌注桩按“沉管灌注桩”编码列项，外管封底部分体积需单独计算

C. 干作业机械成孔灌注桩适用于地下水位以上的土层，其项目特征需描述空桩长度

D. 钻孔灌注桩工程量按设计图示以桩长计算，项目特征无需描述材料种类

11. 根据《房屋建筑与装饰工程工程量计算标准》，关于砖基础工程的说法，错误的是（　　）。

A. 砖基础工程量按设计图示尺寸以体积计算，靠墙暖气沟的挑檐不增加工程量

B. 砖基础外墙按外墙中心线，内墙按内墙净长线计算

C. 砖基础工作内容不包括防潮层铺设，故防潮层应单独列项

D. 砖基础工程量清单编制特征描述应包括基础类型

12. 根据《房屋建筑与装饰工程工程量计算标准》，关于石砌体工程量计算的说法，正确的是（　　）。

A. 石基础工程量不包括附墙垛基础宽出部分体积

B. 石勒脚工程量计算时，要扣除单个面积大于 0.1 m^2 的孔洞所占体积

C. 石护坡工程量按设计图示尺寸以水平投影面积计算

D. 石台阶工程量按设计图示尺寸以体积计算

13. 根据《房屋建筑与装饰工程工程量计算规标准》，关于门窗工程的说法，正确的是（　　）。

A. 电子感应门、电动旋转门工程量按设计图示洞口尺寸以面积计算

B. 木飘（凸）窗工程量按设计图示尺寸以框外围展开面积计算

C. 金属纱窗工程量按设计图示洞口尺寸以面积计算

D. 门窗套工程量按设计图示尺寸以洞口面积计算

14. 根据《房屋建筑与装饰工程工程量计算标准》，关于屋面及防水工程计算的说法，正确的是（　　）。

A. 瓦屋面工程量按设计图示尺寸以水平投影面积计算

B. 阳光板屋面扣除屋面面积≤0.3 m^2的孔洞所占面积

C. 膜结构屋面工程量按设计图示尺寸以需要覆盖的水平投影面积计算

D. 屋面成品天沟工程量按设计图示尺寸以水平投影面积计算

15. 根据《房屋建筑与装饰工程工程量计算标准》，关于保温隔热墙面工程量计算的说法，错误的是（　　）。

A. 按设计图示尺寸以面积计算，扣除门窗洞口所占面积

B. 不扣除单个面积≤0.3 m^2的梁、孔洞所占面积

C. 门窗洞口侧壁以及与墙相连的柱，并入墙面工程量内

D. 设有龙骨的保温隔热墙面，龙骨需另列项计算工程量

16. 整体面层及找平层工程量计算中，水泥砂浆楼地面按设计图示尺寸以面积计算时，需扣除的是（　　）。

A. 单个面积≤0.3 m^2的柱、垛所占面积

B. 凸出地面构筑物、设备基础、室内管道、地沟、柱、垛、附墙烟囱及孔洞所占面积

C. 门洞、空圈、暖气包槽、壁龛的开口部分

D. 单个面积≤0.3 m^2的附墙烟囱及孔洞所占面积

17. 根据《房屋建筑与装饰工程工程量计算规标准》，零星抹灰的工程量计算规则是（　　）。

A. 按设计图示尺寸以面积计算

B. 按设计图示尺寸以展开面积计算

C. 按设计图示尺寸以长度计算

D. 按设计图示数量计算

18. 关于天棚抹灰工程量计算规则的说法，错误的是（　　）。

A. 按设计图示尺寸以水平投影面积计算

B. 不扣除垛、柱、附墙烟囱、检查口和管道所占的面积

C. 带梁天棚的梁两侧抹灰面积单独列项计算

D. 板式楼梯底面抹灰按斜面面积计算

19. 根据《房屋建筑与装饰工程工程量计算标准》，木门油漆、木窗油漆的工程量（　　）。

A. 按设计图示洞口尺寸以面积计算

B. 按设计图示尺寸以中心线长度计算

C. 按设计图示尺寸以面积计算

D. 按设计图示尺寸以体积计算

20. 根据《房屋建筑与装饰工程工程量计算标准》，关于其他装饰工程工程量计算的说法，正确的是（　　）。

A. 柜、架、台工程量按设计图示尺寸以水平投影面积计算

B. 装饰线条工程量按设计图示尺寸以中心线长度计算

C. 带扶手的栏杆（栏板）工程量按设计图示以扶手中心线长度计算

D. 暖气罩工程量按设计图示尺寸以水平投影面积计算

二、多项选择题（每题的备选项中，有 2 个或 2 个以上符合题意，至少有 1 个错项）

1. 下列项目中，按设计图示尺寸以面积计算的有（ ）。

A. 屋面卷材防水　　B. 屋面涂膜防水

C. 屋面柔性隔离层　　D. 屋面排水管

E. 屋面排(透)气管

2. 根据《房屋建筑与装饰工程工程量计算标准》，关于防腐面层工程量计算的说法，正确的有（ ）。

A. 按设计图示尺寸以斜面积计算

B. 平面防腐面层需扣除凸出地面的构筑物、设备基础所占面积

C. 平面防腐面层不扣除单个面积≤0.3 m^2的柱、垛、孔洞所占面积

D. 立面防腐面层需扣除门窗洞口所占面积，门窗洞口侧壁、垛突出部分按展开面积并入墙面积内

E. 立面防腐面层不扣除单个面积≤0.3 m^2的梁、孔洞所占面积，且门洞、空圈、暖气包槽、壁龛的开口部分需增加面积

3. 根据《房屋建筑与装饰工程工程量计算标准》，关于零星装饰项目工程量计算的说法，正确的有（ ）。

A. 清单项目设置包括石材零星项目、拼碎石材零星项目等

B. 面积≤0.5 m^2的少量分散楼地面装饰应按“零星装饰”项目编码列项

C. 石材零星项目工程量等按设计图示尺寸以面积计算

D. 车挡工程量按设计图示数量计算

E. 减速带、墙柱面防撞条工程量按设计图示尺寸以面积计算

4. 根据《房屋建筑与装饰工程工程量计算标准》，关于墙、柱面块料面层工程量计算的说法，正确的有（ ）。

A. 清单项目设置包括石材墙(柱面)、拼碎石材墙(柱面)、块料墙(柱面)

B. 工程量按设计图示镶贴后表面积计算

C. 项目特征需描述基层类型、部位，安装方式等内容

D. 若有骨架安装，骨架需另列项计算工程量

E. 还需描述面层材料品种、规格；缝宽、勾缝材料种类等

5. 根据《房屋建筑与装饰工程工程量计算标准》，关于天棚吊顶工程量计算的说法，正确的有（ ）。

A. 清单项目设置包括平面吊顶天棚、跌级吊顶天棚等

B. 平面吊顶天棚工程量按设计图示尺寸以水平投影面积计算，需扣除与天棚相连的窗帘盒所占面积

C. 跌级吊顶天棚工程量按设计图示尺寸以水平投影面积计算，天棚面中的灯槽及跌级天棚面积需展开计算

D. 格栅吊顶、吊筒吊顶工程量按设计图示尺寸以水平投影面积计算

E. 平面吊顶天棚不扣除单个面积≤0.3 m^2 的独立柱、孔洞所占面积

6. 关于喷刷涂料的清单项目设置及计算规则的说法，正确的有（　　）。

A. 清单项目设置包含墙面喷刷涂料、天棚喷刷涂料等

B. 墙面喷刷涂料、天棚喷刷涂料工程量按设计图示尺寸以展开面积计算，洞口侧壁面积并入相应喷刷部位中计算

C. 空花格、栏杆刷涂料工程量按设计图示尺寸以单面外围面积计算

D. 线条刷涂料工程量按设计图示尺寸以中心线长度计算

E. 金属构件喷刷防火涂料、木材构件喷刷防火涂料工程量均按设计图示尺寸以面积计算

答案速查

一、单项选择题

1. C　2. B　3. B　4. D　5. D　6. C　7. C　8. D　9. C　10. C
11. C　12. D　13. B　14. C　15. D　16. B　17. B　18. C　19. A　20. B

二、多项选择题

1. ABC　2. BCD　3. ABCD　4. ABCE　5. ABDE　6. ABCD

答案详解

第一章　工程地质

一、单项选择题

1. B。【解析】矿物的颜色，是矿物对可见光波的吸收作用产生的，按成色原因，有自色、他色、假色之分。其中，自色可以作为鉴别矿物的特征，他色和假色则不能。

2. D。【解析】对于深路堑和高边坡来说，其最不利的情况是路线走向与岩层走向平行，边坡与岩层的倾向一致，且边坡倾角大于岩层倾角。此种情况下，路基稳定性易遭到破坏。深路堑、高边坡路线关系分析图如下图所示。

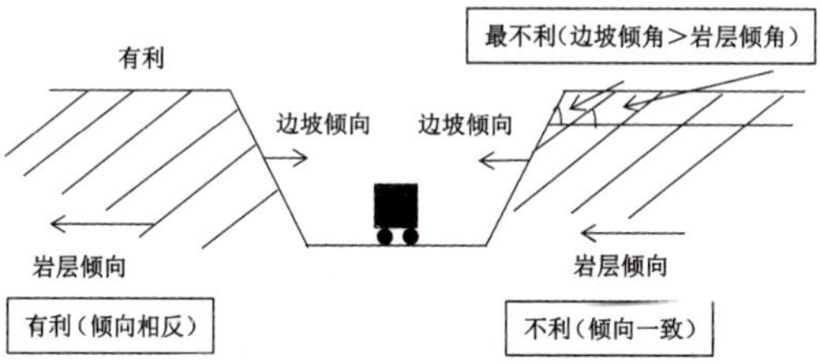

深路堑、高边坡路线关系分析图

3. B。【解析】地下水按埋藏条件可分为三大类，即包气带水、潜水和承压水。其中，饱和带中第一个稳定隔水层之上、具有自由水面的含水层中的重力水，称为潜水。

4. A。【解析】地下水按含水层的空隙性质可分为三大类，即孔隙水、裂隙水和岩溶水。裂隙水根据基岩裂隙成因，可分为风化裂隙水、成岩裂隙水和构造裂隙水。其中，风化裂隙水主要受大气降水的补给，有明显季节循环交替性，常以泉的形式排泄于河流中。

5. C。【解析】在对特殊地基进行处理时，浅埋溶洞宜采用充填法、跨越法、挖填夯实法、垫层法；深埋溶洞宜采用充填法、注浆法、桩基法；落水洞及浅埋溶沟宜采用充填法、跨越法。

6. A。【解析】影响边坡稳定性的因素相当复杂，总体来说可分为内在因素和外在因素两类，前者包括岩体的结构特征及地应力、地质构造、边坡岩土性质等；后者包括风化作用、水的作用(包括地表水的作用和地下水的作用)、地震、人为因素、(包括人工挖掘和爆破)工程荷载等。

7. B。【解析】当隧道顶部围岩中有缓倾夹泥结构面存在时，要特别警惕岩体塌方，如产生塌方后不及时处理会造成冒顶。

8. A。【解析】当建筑物基础底面位于地下水位以下时，地下水对基础底面产生静水压力，即产生浮托力。通常，浮托力的计算方法如下：(1)按地下水位100%计算浮托力，适用于基础位于粉土、砂土、碎石土和节理裂隙发育的岩石地基上时。(2)按地下水位50%计算浮托力，适用于基础位于节理裂隙不发育的岩石地基上时。此外，当建筑物基础位于黏性土地基上时，其浮托力较难确切地确定，应结合地区的实际情况依照经验考虑。

9. D。【解析】流砂根据严重程度可以分为轻微流砂、中等流砂和严重流砂三类。严重流砂是指基坑开挖时流砂的冒出速度会迅速增加，有时会像开水煮沸时的翻泡，此时基坑底部成为流动状态，给施工带来很大困难，甚至影响邻近建筑物的安全。

10. A。【解析】地质环境对工程造价的影响主要包括：(1)选择有利的路线。(2)施工过程中，对特殊不良地质认识不足导致的工程造价增加。(3)勘察资料的准确性。其中，对工程造价起决定性作用的是选择有利的路线。对工程造价造成直接影响的是勘察资料的准确性。

二、多项选择题

1. CDE。【解析】变质岩是指已存在的各种岩石(岩浆岩、沉积岩或早先形成的变质岩)，在地壳中由于物理和化学条件的改变(高温、高压或化学性质活泼的气体、液体的影响)，使原来岩石的结构、构造或矿物成分等发生变化而形成的新的岩石，如板岩、千枚岩、云母片岩、片麻岩、大理岩、石英岩等。选项 A 属于岩浆岩；选项 B 属于沉积岩。

2. ABC。【解析】确定岩层在空间分布状态的要素称为岩层的产状要素，一般用岩层面在空间的水平延伸方向、倾斜方向和倾斜程度进行描述，分别称为岩层的走向、倾向、倾角，这三者统称为岩层的产状三要素。

3. ACE。【解析】结构面的产状、延续性和抗剪强度是对岩体影响较大的物理力学性质。结构面的规模大小相差悬殊。大者可延展数十千米，宽度可达数十米。规模小者延展仅数十厘米或数十米，甚至可以是很微小的不连续裂隙。

4. ABDE。【解析】隧洞位置选择时，其进出口地段的边坡应下陡上缓，并无崩塌滑坡等。故选项 C 错误。

5. ABE。【解析】包气带水属于无压水。故选项 C 错误。一般情况下潜水分布区与补给区一致。故选项 D 错误。

6. ACDE。【解析】常见的提升边坡稳定措施包括防渗及排水、削坡、支挡建筑、锚固等。当采用支挡建筑方式时，支挡建筑应修建在不稳定岩体的下部，才能起到更好的加固目的。故选项 B 错误。

第二章　工程构造

一、单项选择题

1. C。【解析】框架结构是指由许多梁和柱共同组成的框架来承受房屋全部荷载的结构。高层的民用建筑和多层的工业厂房，砖墙承重已不能适应荷载较大的要求，往往采用框架作为承重结构。框架结构的特点是平面布置灵活，自重轻，节省材料，可建造较大空间，但是侧向刚度较差。

2. C。【解析】悬挑式阳台按悬挑方式的不同，可分为挑梁式和挑板式两种。其中，挑梁式阳台压入墙壁内的长度一般不小于悬挑长度的 1.5 倍，挑板式阳台一般不超过 1.2 m。

3. B。【解析】排架结构主要用于单层厂房，由屋架、柱子和基础构成横向平面排架，是厂房的主要承重体系，再通过屋面板、吊车梁、支撑等纵向构件将平面排架联结起来，构成整体的空间结构。它是单层工业厂房中最基本和应用最为普遍的结构形式。

4. D。【解析】道路交通量达到饱和时的设计年限按道路等级分为三种：快速路、主干路为 20 年；次干路为 15 年；支路为 10～15 年。

5. C。【解析】护肩路基的护肩高度不宜超过 2 m，其护肩的内外侧均应直立，顶面宽度不应侵占硬路肩或行车道及路缘带的路面范围。故选项 C 错误。

6. A。【解析】路拱坡度的确定应以有利于路面排水和保障行车安全平稳为原则。坡度大小主要视路面种类、表面平整度、粗糙度、道路纵坡大小等而定。道路横坡应根据路面宽度、路面类型、纵坡及气候条件确定，宜采用 1.0%～2.0%。快速路及降雨量大的地区宜采用 1.5%～2.0%；严寒积雪地区、透水路面宜采用 1.0%～1.5%。保护性路肩横坡度可比路面横坡度加大 1.0%。故选项 B、C、D 错误。

7. D。【解析】常见的简支梁桥有简支板桥、箱型简支梁桥、肋梁式简支梁桥三种类型。简支板桥主要用于小跨径桥梁，跨径在 4～8 m、6～13 m、8～16 m 时所采用的板材分别为钢筋混凝土实心板、钢筋混凝土空心倾斜预制板、预应力混凝土空心预制板。箱型简支梁桥适用于桥面较宽、跨度较大的预应力混凝土梁桥斜交桥和弯桥。肋梁式简支梁桥主要用于中等跨度桥梁，跨径在 8～12 m、20～50 m 时所采用的材料分别为钢筋混凝土简支梁、预应力混凝土简支梁。

8. C。【解析】地下工程可根据开发深度的不同分为浅层地下工程、中层地下工程和深层地下工程。浅层地下工程是指埋深为地表下 0～10 m 的地下工程，多用于商业、文娱和部分业务空间。中层地下工程是指埋深为地表下 10～30 m 的地下工程，多用于地下交通、地下污水及城市水、电、气、通信等公用设施。深层地下工程是指埋深为地表下 30 m 之下的地下工程，多用于高速地下交通轨道、油库、冷库、危险品仓库等。

9. B。【解析】地铁路网布置形式如单线式、蛛网式相较于其他形式单环式、多线式、蛛网式、棋盘式等，具有运送能力大、减少乘客换乘次数、减轻市区换乘压力等特点。

二、多项选择题

1. BCE。【解析】基础的类型有很多，按受力特点及材料性能分类，基础可分为刚性基础和柔性基础；按构造形式分类，基础可分为独立基础、条形基础、井格基础(柱下十字交叉基础)、筏形基础、箱形基础、桩基础等。故选项 A 错误。箱形基础适用于上部结构荷载大、对地基不均匀沉降要求严格、地基软弱土层厚、建筑面积不太大的重要高层建筑。故选项 D 错误。

2. ACDE。【解析】现浇式钢筋混凝土楼板按受力和支承情况分为板式楼板、梁板式肋形楼板、井字形肋楼板以及无梁式楼板等。其中，梁板式肋形楼板主梁沿短跨布置，次梁与主梁垂直布置，板支承在次梁上，板将荷载传递给次梁，再由次梁传递给主梁。故选项 B 错误。

3. ABE。【解析】屋面水落管的数量与屋面集水面积大小、单根水落管允许集水面积 F、每小时最大降雨量 H、水落管管径 D 等因素有关，并且存在下列关系：$F=438D^2/H$。

4. ADE。【解析】T 形吊车梁适用于柱距 6 m，跨度小于 30 m，吨位小于 30 t 的厂房。工字形吊车梁适用于柱距 6 m，跨度 12～33 m，起重量 5～25 t 的厂房。故选项 B，C 错误。

5. BCD。【解析】当设计速度大于 60 km/h 时，小客车专用车道的最小宽度宜为 3.5 m。故选项 A 错误。保护性路肩宽度自路缘带外侧算起，快速路不应小于 0.75 m。故选项 E 错误。

6. ABDE。【解析】悬臂梁桥的结构特点是悬臂跨与挂孔跨交替布置，一般为奇数跨布置。故选项 C 错误。

7. ABCE。【解析】与城市关系不大的转运贮库应布置在城市下游，避免干扰居民生活。故选项 D 错误。

第三章　工程材料

一、单项选择题

1. D。【解析】冷轧带肋钢筋中，CRB550、CRB600H 为普通钢筋混凝土用钢筋，CRB650、CRB800、CRB800H 为预应力混凝土用钢筋，CRB680H 既可作为普通钢筋混凝土用钢筋，也可作为预应力混凝土用钢筋使用。

2. C。【解析】由于氮的时效作用，使钢的硬度、强度提高，塑性和韧性降低，可焊性变差。对于普通低合金钢来说，时效现象是有害的，会加剧钢的时效敏感性和冷脆性。

3. D。【解析】火山灰质硅酸盐水泥适用于大体积混凝土、蒸汽养护混凝土、抗硫酸盐侵蚀的混凝土、一般钢筋混凝土以及有抗渗要求的混凝土。

4. D。【解析】对于采用泵送的混凝土，碎石的最大粒径应不超过输送管径的 1/3，卵石的最大粒径应不超过输送管径的 1/2.5。故选项 D 错误。

5. B。【解析】高强混凝土是指强度等级为 C60 及 C60 以上的混凝土。故选项 A 错误。高强混凝土比普通混凝土突出的问题是延性差、脆性大、强度的拉压比降低。故选项 C、D 错误。

6. A。【解析】沥青混合料应具有高温稳定性、低温抗裂性、良好的耐久性、表面抗滑性和施工和易性等。未对抗冲击性做出要求。

7. C。【解析】花岗石的构造致密、质地坚硬、强度高、耐磨、密度大、吸水率极低，为酸性硬石材。其耐酸、抗风化、耐久性好，使用年限长。所含石英在高温下会发生晶变、体积膨胀而开裂、剥落，所以不耐火，但因此而适宜制作火烧板。

8. D。【解析】钢化玻璃其实是一种预应力玻璃，为提高玻璃的强度，通常使用化学或物理的方法，在玻璃表面上形成一个压应力层（内部处于拉应力状态，内外拉压应力处于平衡状态），玻璃承受外力时首先抵消表层应力，从而提高了承载能力，增强玻璃自身抗风压性、寒暑性、冲击性等。故选项 D 错误。

9. D。【解析】APP 改性沥青防水卷材常用于防水、防潮工程，尤其适用于高温或有强烈太阳辐射地区的建筑工程防水，一般用冷粘法或自粘法施工。

10. C。【解析】矿物棉的最高使用温度为 600 ℃；石棉的最高使用温度为 500～600 ℃；玻璃棉的最高使用温度为 400 ℃；陶瓷纤维的最高使用温度为 1 100～1 350 ℃。

二、多项选择题

1. BD。【解析】钢材的主要性能包括力学性能和工艺性能。力学性能包括拉伸性能、冲击性能、硬度性能、疲劳性能等；工艺性能包括冷弯（弯曲）性能和焊接性能。

2. ABDE。【解析】水泥的强度是指水泥胶砂试件的抗折、抗压强度，是胶砂的强度，不是净浆的强度。故选项 C 错误。

3. ABCD。【解析】提高混凝土耐久性的措施除了选项 A，B，C，D 外，还有选用质量良好、级配合理的骨料。

4. ACE。【解析】氯化聚氯乙烯（PVC-C）管使用的胶水有毒性，一般不用于饮用水管道系统。故选项 B 错误。丁烯（PB）管有较高的强度，韧性好、无毒。其长期工作水温为 90 ℃左右，最高使用温度可达 110 ℃，可用于热水管。故选项 D 错误。

5. ABCE。【解析】快干水泥为胶凝材料的无机防火堵料（无机防火堵料）的耐火极限高，固化快速，力学强度极高，可承受一定重量，具有可拆性，无毒无味，水密性、气密性和防火性能好。故选项 D 错误。

第四章　工程施工技术

一、单项选择题

1. C。**【解析】**槽形推土法是推土机重复在一条作业线上切土和推土，使得地面逐渐形成一条浅沟槽，即沿着第一次推过的原沟槽施工，在沟槽中推运土可减少散失，增大推运土量，减少运土时间。下坡推土法是借推土机自重，增大铲刀的切土深度和运土数量，以提高推土能力和缩短推土时间。斜角推土法是将回转式铲刀斜装在推土机的拱形支架上，推土机前进时土向一侧流动的推土作业方法，适用于基槽、管沟回填且无倒车余地时采用，可减少机械来回行驶，提高作业效率。多刀推土即多次铲土、分批集中、一次推送，在较硬的土中，推土机切土深度较小，宜多次铲土，先将土集中在一个或几个中间点，再一次推送，以保持铲前满载，有效缩短运输时间。

2. B。**【解析】**泥浆护壁成孔灌注桩根据成孔方式的不同，可分为正循环钻孔灌注桩、反循环钻孔灌注桩、钻孔扩底灌注桩和冲击成孔灌注桩。其中，反循环钻孔灌注桩适用于黏性土、砂土、细粒碎石土、强风化、中等到微风化岩石，桩径＜2 m，孔深≤60 m 的场地。

3. B。**【解析】**填充墙砌体砌筑，应待承重主体结构检验批验收合格后进行。填充墙与承重主体结构间的空（缝）隙部位施工，应在填充墙砌筑 14 天后进行。

4. A。**【解析】**钢筋焊接常见的方法有电阻点焊、闪光对焊、焊条电弧焊、电渣压力焊、气压焊。其中，闪光对焊是将两钢筋以对接形式水平安放在对焊机上，利用电阻热使接触点金属熔化，产生强烈闪光和飞溅，迅速施加顶锻力完成的一种压焊方法。闪光对焊常用于钢筋纵向连接及预应力钢筋与螺丝端杆的焊接。

5. D。**【解析】**预制构件的吊装主要包括柱的吊装，屋架的吊装，天窗架、屋面板的吊装以及吊车梁的吊装。其中，柱的起吊分为单机吊装柱（旋转法、滑行法）和双机抬吊（滑行法、递送法）。滑行法的特点是柱的布置灵活、起重半径小、起重杆不转动，操作简单，但滑行过程中柱子易受到振动，适用于柱子较长较重，现场狭窄或桅杆式起重机吊装。柱在起吊时受振动较小的是旋转法。故选项 D 错误。

6. C。**【解析】**路基的填筑方法有水平分层填筑法、竖向填筑法、纵向分层填筑法和混合填筑法等。其中，竖向填筑法是指从路堤的一端或两端按横断面全部高度，逐步推进填筑的方法。在深谷、陡坡、断岩、泥沼等地段，机械无法进场的路堤，无法自下而上分层填筑时，可采用竖向填筑法。

7. A。**【解析】**光面爆破是指沿开挖边界布置密集炮孔，采取不耦合装药或装填低威力炸药，在主爆区之后起爆，以形成平整的轮廓面的爆破作业。光面爆破可形成光滑平面的开挖面。

8. C。**【解析】**支架现浇法的特点是无须预制场地，桥梁整体性好，但工期长、质量不易控制、材料耗用大、成本高、施工期间易受洪水及漂流物威胁，对通航和桥下交通有影响。故选项 A 错误。预制安装法的特点是质量易保证，机械化施工可缩短工期、成本低、桥梁变形小，缺点是桥梁整体性差。故选项 B 错误。横移施工法常在钢桥上使用，多用于正常通车线路上的桥梁工程的换梁。故选项 D 错误。

9. B。**【解析】**水泥土桩墙与土钉墙适用于基坑侧壁安全等级为二、三级的基坑支护。故选项 A、C 错误。放坡开挖适用于基坑侧壁安全等级为三级的基坑支护。故选项 D 错误。

10. D。【解析】水下混凝土浇筑过程中，导管埋入混凝土面的深度宜为 2～4 m。故选项 D 错误。

11. C。【解析】盾构法是在软土或软岩中修建隧道的特殊施工方法，详尽地掌握好各种盾构机的特征是确定盾构法施工的关键。选择适合土质条件的，确保工作面稳定的盾构机种及合理的辅助工法最重要。

二、多项选择题

1. ABC。【解析】按照挡土板的不同，横撑式支撑可分为水平挡土板式和垂直挡土板式两类。其中，水平挡土板式支撑又可分为断续式水平挡土板支撑和连续式水平挡土板支撑两种。横撑式支撑适用于开挖狭窄的基坑或管沟。

2. CE。【解析】冲压钢脚手板、木脚手板、竹串片脚手板等，应设置在三根横向水平杆上。故选项 C 错误。脚手架拆除作业必须按自上而下的顺序按步逐层进行，不应上下同时作业。故选项 E 错误。

3. DE。【解析】钢结构构件高强度螺栓连接形式有摩擦连接、承压连接和张拉连接。

4. BE。【解析】当设置有隔汽层时，应先施工隔汽层，再施工保温层。故选项 A 错误。保温层施工时，干铺的保温材料可在负温度下施工。故选项 C 错误。现浇泡沫混凝土的浇筑出料口离基层的高度不宜超过 1 m。故选项 D 错误。

5. BCDE。【解析】填石路堤的填筑方法主要有竖向填筑法（倾填法）、分层压实法（碾压法）、冲击压实法和强力夯实法四种。

6. ADE。【解析】悬臂施工法特点主要表现为支架用量少，施工期间不影响通行；悬臂挂篮浇筑法施工简便、整体性好、施工中可不断调整位置，适用于跨径大于 100 m 的桥梁；悬臂拼装法施工速度快、精度较高，适用于跨径 100 m 以下的桥梁。选项 B、C 为移动支架逐孔施工法特点。

7. BD。【解析】常见的隧道施工方法有钻爆法、掘进法、明挖法、暗挖法、浅埋暗挖法、盾构法、沉管法等。其中，明挖法、暗挖法、浅埋暗挖法、盾构法多用于浅埋及软土隧道施工。

8. ABDE。【解析】喷射混凝土时，对于水平坑道，其作业顺序为先墙后拱、自下而上。故选项 C 错误。

第五章　工 程 计 量

一、单项选择题

1. C。【解析】工程量在工程竣工时是向工程建设发包方结算工程价款的重要依据。故选项 C 错误。

2. B。【解析】平法施工图中，框架柱、转换柱、芯柱的标注代号分别为 KZ、ZHZ、XZ。

3. B。【解析】梁下部纵筋注写为 2⌀25＋3⌀22（－3）/3⌀25，表示梁下部纵筋分两排，上排纵筋为 2⌀25 和 3⌀22，其中 2⌀25 伸入支座，3⌀22 不伸入支座；下排纵筋为 3⌀25，全部伸入支座。

4. D。【解析】剪力墙平法施工图中，“YD5 1 000＋2.000 6⌀20 ϕ8@150 2⌀16”表示 5 号圆形洞口，直径 1 000 mm，洞口中心距本结构层楼面 2 000 mm，洞口上下设补强暗梁，暗梁纵筋为 6⌀20，箍筋为 ϕ8@150，环向加强钢筋为 2⌀16。

5. D。【解析】功能单元本身的使用面积和建筑面积，不包含功能单元之外的公共门厅、公共走道、公共楼梯等的面积。故选项 D 错误。

6. C。【解析】附属在建筑外围护结构上的构（配）件不应计算建筑面积。附属在建筑外围护结构的构（配）件，指附属在外围护结构的装饰、遮阳、设备平台等构（配）件，如：附属在外墙的装饰柱、门窗线脚、勒脚、突出墙面的装饰线条、空